静压支挡结构手册

［日］国际静压桩学会 主编
张建民 王 睿 审
张利民 范 刚 译

中国建筑工业出版社

著作权合同登记图字：01-2019-7112 号

图书在版编目（CIP）数据

静压支挡结构手册/［日］国际静压桩学会主编；张利民等译. —北京：中国建筑工业出版社，2019.5
ISBN 978-7-112-23311-3

Ⅰ.①静… Ⅱ.①国… ②张… Ⅲ.①静压桩-支挡结构-手册 Ⅳ.①TU753.3-62

中国版本图书馆 CIP 数据核字（2019）第 028615 号

原　　作：Press-in retaining structures：a handbook（2016）
編 著 者：国際圧入学会（英語名：International Press-in Association-IPA）
著作権者：国際圧入学会（英語名：International Press-in Association-IPA）

静压法最早由日本提出，本手册正是基于日本在静压法设计与施工方面所积累的丰富工程经验编写而成。

静压桩机是一种利用静力将夹持住的桩或板桩压入地基的机械，通过夹住已经压入的桩获得压桩反力，其优点在于：施工环保，噪声及地基振动小，环境影响小；无须临时结构，施工场地及空间小，施工周期短，成本低；施工安全性和施工精度高；适用于多种场地条件；适用于多种桩型；施工质量好，且在压桩过程中可自动获取监测数据。

本手册集合了与静压法设计、施工相关的实用信息，并对全球多个地区的大量支挡结构施工实例进行了详细的介绍。相信本书的出版有助于广大土木工程师增进对静压法的了解，并作为从事压桩施工的工程师、设计人员、承包商及业主方的必备参考用书。

责任编辑：刘婷婷　刘文昕　王　梅
责任校对：王　烨

静压支挡结构手册
［日］国际静压桩学会　主编
张建民　王　睿　审
张利民　范　刚　译
*
中国建筑工业出版社出版、发行（北京海淀三里河路 9 号）
各地新华书店、建筑书店经销
霸州市顺浩图文科技发展有限公司制版
上海盛通时代印刷有限公司印刷
*
开本：880×1230 毫米　1/16　印张：25¼　字数：766 千字
2019 年 10 月第一版　2019 年 10 月第一次印刷
定价：**358.00** 元
ISBN 978-7-112-23311-3
（33612）

静压支挡结构手册

编写委员会

名誉主任　日下部治　国际静压桩学会理事长
主　　任　张建民　中国工程院院士，清华大学土木水利学院院长
高级顾问　杨　磊　上海隧道工程股份有限公司副总裁，国际静压桩学会理事
委　　员　王恒栋　上海市政工程设计研究总院（集团）有限公司副总工程师，教授级高级工程师
委　　员　林家祥　上海城建（集团）公司研究院院长，教授级高级工程师
委　　员　欧孝夺　广西大学土木建筑工程学院教授，国家安全专家
委　　员　王桂萱　大连大学土木工程技术研究与开发中心教授，国际静压桩学会审计
委　　员　菊池喜昭　东京理科大学教授，国际静压桩学会理事
委　　员　寺师昌明　株式会社技研制作所顾问，国际静压桩学会理事
委　　员　松本树典　金泽大学教授，国际静压桩学会理事
委　　员　石井一嘉　国际静压桩学会秘书长
委　　员　陈国主　日本株式会社技研制作所上海代表处首席代表
委　　员　何洪娟　国际静压桩学会秘书

监修委员会

主　　审　张建民　中国工程院院士，清华大学土木水利学院院长
副　　审　王　睿　清华大学水利水电工程系助理研究员
委　　员　胡倩倩　清华大学岩土工程博士

翻译委员会

主　　译　张利民　香港科技大学教授，国际静压桩学会理事
副　　译　范　刚　四川大学水利水电学院特聘副研究员

序

本手册是一本有关静压支挡结构设计与施工的实用性很强的工具书，其大部分背景资料源自基于日本四十多年工程应用经验的工程手册《Press-in retaining structures：a handbook》（2016 年英文版），并收录了美国、英国、加拿大、法国等世界许多国家的工程实例。同时，考虑到不同地区设计规范和工程实践存在的差异，编者还进行了广泛修改和诸多补充。

利用静压植桩机进行支挡结构施工起源于日本，目前已经推广应用到全球的许多国家。静压植桩机是一种利用静力将夹持住的桩或板桩压入地基的压桩机械，通过压入的桩获得压桩反力且具备自主移动功能。采用静压植桩机所形成的静压技术有如下主要特点：（1）噪声及地基振动小，环境影响小；（2）无需临时结构，施工场地及空间小，施工周期短，成本低；（3）施工安全性和精度高；（4）适用于多种场地条件，既可用于硬质场地，也可用于穿透既有结构；（5）适用于多种桩型；（6）施工质量好，能确保高质量的桩或板桩结构。除此之外，静压植桩机还具有一个显著优势，即可以在压桩过程中自动获取机械性能参数及贯入阻力随压桩深度变化的监测数据。这类监测数据的积累将有助于静压植桩机功能提升及静压技术改进。

当前我国工程建设实践迫切需要各种行之有效的基础工程技术的创新、推广和应用。作为该手册编委会主任，非常高兴有机会介绍静压技术，深切期望该技术能够在我国工程建设实践中发挥应有作用。该手册的编写和发行，对我国岩土工程领域的科技工作者了解、掌握和应用静压技术无疑是非常有益的。

在此，向本手册编委会成员以及中国建筑工业出版社表示衷心的感谢。为促进该手册在我国出版发行，国际静压桩学会理事长日下部治和该学会秘书长石井一嘉两次到访北京，也在此特别向他们表示感谢。

中国工程院院士

中国土木工程学会土力学及岩土工程分会理事长 張建民

2019 年 6 月

目　　录

本手册术语定义

本手册中的术语定义如下：

1. 压桩

表示利用各种静荷载将桩压入土体的技术，其中压桩反力由压桩机自重或周围桩体的抗拔力提供。

注：“顶桩”可被用作等价术语。

2. 顶桩

表示一种利用各种静荷载将桩插入土体的方法，所需反力由压桩机自重或周围桩体的抗拔力提供。“压桩”可以用作其等价术语。

3. 顶桩/压桩机械

一种利用静荷载，例如液压，将桩/板桩插入场地的机械。

4. 静压法（静压植桩机压桩方法）

静压植桩机借助已压入桩/板桩的抗拔力作为反力，利用静荷载将桩/板桩压入场地的方法。

5. 静压植桩机

利用静荷载（液压）以及提前插入的桩的抗拔力将桩插入场地的压桩机械，这是一个包含多种类型压桩机的集合术语，例如管桩压桩机、除芯桩机、超近接桩机等。

6. 静压植桩机的基本配置

用于桩或者板桩安装的静压植桩机的基本配置，由一个动力单元，一个反作用力基座，一个无线电控制夹桩器以及一个桩用镭射校准仪组成。

7. 压入工法

包含特别设计的施工流程和系统化的机械，用于处理建筑场地上的建筑空间限制，例如狭窄施工空间，净空高度限制以及邻接既有建筑物的施工。

8. 悬臂嵌入式支挡结构/挡土墙

仅由嵌入的桩/板桩和钢管桩组成的结构或墙，不采用拉杆、锚或者内支撑，常被用作挡土结构。

9. 嵌入式墙/结构

由桩/板桩形成的地下连续墙，通常起挡土作用。

10. 初期压入

在没有提供反力的桩/板桩时，插入几根初始桩/板桩的插桩过程。

11. 压拔

当贯入抵抗力较大时，在压桩过程中不断重复贯入和拔出的施工过程，可降低桩侧摩阻力和桩端阻力。

12. 压入力

由静压植桩机主油缸液压提供的用于压桩的静力。压入力的最大值作为一个控制施工的压入参数，是压入数据监测系统显示和记录的数据之一。

13. 引拔力

由静压植桩机主油缸液压提供的用于拔出桩/板桩的静力，是压入数据监测系统显示和记录的数据之一。

14. 反力

压桩或拔桩所需的反力。

15. 反力桩

提前压入并被静压植桩机夹钳住以向新桩压入提供反力的桩。

16. 贯入阻力

桩在压入过程中所受的阻力，主要包括桩的端阻力、侧摩阻力及板桩连锁摩阻力。

17. 贯入速度

桩贯入的速度，是一个控制桩基施工效率的重要参数之一，是压入数据监测系统显示和记录的数据之一。

18. 拔桩速度

桩的拔出速度，是控制插桩效率的重要压入参数之一，是压入数据监测系统显示和记录的数据之一。

19. 贯入长度［l_p］

桩在贯入或拔出过程中的长度。

20. 净压入长度（l_p-l_e）

每一次贯入-拔出循环时桩/板桩的净压入长度。

21. 拔桩长度［l_e］

在贯桩和拔桩过程中拔出的桩/板桩的长度

22. 压入参数

静压植桩机沉桩过程的操作性参数，如最大压入力、压入速度、贯入长度和拔桩长度，常作为控制静压植桩机沉桩过程的目标参数，将影响沉桩效率和施工时间控制。

23. 压入数据

一个与沉桩过程中获取的监测数据等价的术语，例如实际压入力、引拔力、贯入和拔出速度等。根据场地条件的不同，这些数据可能与施工前确定的值相同或不同。

24. 压入数据监测系统

能够获取、分类、记录并以一种易于理解的方式显示沉桩过程中多种数据的系统。这一系统还包含了实现桩合理化施工管理和性能保证的功能，例如核实桩是否到达指定土层，土体状态评估以及确定适当的压入参数。

25. 监测数据

压入数据监测系统显示和记录的资料，例如压入速度，用于控制沉桩过程。

26. 夹头

静压植桩机的一个组件，通过夹钳紧握桩/板桩并将其压入场地，可在夹头架内旋转。

27. 固定夹

静压植桩机的一个组件，通过钳住已压入桩/板桩而获得反力（根据静压植桩机的类型，一台桩机有 3 个或 4 个夹钳）。

28. 配重

安置于反作用力基座上为沉桩施工初期提供反力的重量。

29. 反作用力基座

通过增加配重的方式为压桩施工初期几根桩的施工提供反力的装置。

30. 动力单元自走装置

无临设工程施工的组件之一，用于搬运桩机的动力单元。它配备了一个柴油引擎，以已施工的 U 形或帽形板桩作为轨道并在其上移动。

31. 桩材搬运装置

无临设工程施工的组件之一，用于搬运桩/板桩。这一装置配备了一个柴油引擎，以已压入的 U 形或帽形板桩作为轨道并在其上移动。

32. 桩用自走式吊车

一种利用固定夹夹紧已压入桩/板桩的起吊装置，这是无临设工程施工工法的一个基本组成部分。

33. 标准压桩

在没有水刀并用或旋转切削压桩等辅助的情况下，由静压植桩机进行压桩。

34. 工法辅助

在静压法沉桩过程中降低贯入阻力的各种技术，例如针对不同的场地条件分别采用水刀并用压入法、螺旋钻并用压入法和旋转切削压入法。

35. 水刀并用压入法

将桩压入砂质地基时，利用水刀并用压入可以有效地减轻贯入抵抗力。桩端附近安装的喷射嘴通过喷射高压水，增强土粒子间的空隙水压力，并创造土粒子可以轻松移动的临时状态。同时，向地面涌出的高压水降低了桩表面与土体的摩擦，并可防止土体进入锁口内部发生压密。

36. 旋转切削

一种通过旋转桩底带有环形钻头管桩的压桩方法，这种方法用于含有砾石、卵石、岩体，甚至是含有既有混凝土结构的硬质场地上的管桩施工。

37. 旋转压入工法

一种利用螺旋桩机安装钢管桩的旋转切削压入法。

38. 旋入式静压植桩机

静压植桩机的一种，用于利用旋转切削进行钢管桩施工。

39. 管桩端环形钻头

附于钢管桩桩尖带有切削钻头的钢环，用于旋转切削压入。

40. 螺旋钻法

一种在坚硬地基中采用螺旋钻掘进的静压法辅助措施。

41. 夹头附属装置

一种用于避免螺旋桩机的夹头架与既有钢管桩接触的设备。它不仅用于将钢管桩压入至设计高程，还用于螺旋桩机的自走，此外还可用于安装连接件，例如钢管桩之间的等边角钢。

42. 空压并用压入工法

一种当使用螺旋桩机时，通过在桩端注入压缩空气且与水润滑工法同时使用以降低回转阻力的工法。

43. 水润滑工法

通过在钢管桩的底部注入少量水以降低钢管桩与土体间摩阻力的工法。与水刀并用压入法相比，这一工法并不需要大量用水。

44. 邻近铁路压入工法

一种在邻近铁路轨道区域内施工而又不影响列车运营的压入工法。

45. 低净空工法

一种用于克服建造空间限制的压入工法。净空限制下桩/板桩的施工可以通过“超低空间静压植桩机”实现。

46. 狭窄场地压入工法

一种用于克服场地空间限制的工法，适用于密集的城市地区或起重机无法进入的空间。

47. 超近距离压入工法

一种在与邻近建筑/结构十分接近的场地内，甚至是零间隙的区域内使用的压桩工法。

48. 隔桩工法

以 2.5 倍桩径为恒定压桩桩间距的钢管桩压桩工法。

49. 无临设工程施工

一个可以让所有必要的压桩施工设备在既有桩/板桩上自己移动（自走式）的压桩工法。

50. 自走

连续墙施工过程中，在不借助吊车的情况下静压植桩机的前移或后退。静压植桩机的自走通过如下顺序实现：夹桩，插桩至足够深度，松钳，提升并移动静压植桩机到一个新的工作位置。

51. 后退自走

在不借助吊车的情况下，静压植桩机利用专用附件在连续墙/结构上的后退移动。

52. 桩/拉森钢板桩

用于压入地基的桩/板桩。

53. 打入桩

通过冲击或振动而贯入场地的桩。

54. 钻孔灌注桩

一种通过挖孔或钻孔，并在孔内灌注素混凝土或加筋混凝土的桩型，成孔时孔壁可用护筒或不用护筒。

55. 预制桩

在工厂内预制的桩/板桩，可在施工现场直接使用。

56. 空心钻孔桩法

一种由护筒组成且在掘进时将护筒内土体同时移除而形成的桩。

57. 桩端

桩/板桩的底部。

58. 桩顶

已压入桩/板桩的上端。

59. 计划法线

施工计划中指定的桩/板桩打桩线。

60. 计划桩顶高程

压入桩/板桩的计划桩顶高程。

61. 互锁

将板桩沿纵向锁接而形成一道连续墙或结构。

62. 闭塞

在沉桩过程中开口的桩内部被土体堵塞，这种情况也出现在钢板桩的凹槽部分，给沉桩带来极大的施工障碍。

63. 旋入式组合桩挡土墙

利用组合螺旋法建造的由帽型钢板桩和钢管桩组合而成的墙。

第 1 章

绪 论

1.1 本手册使用范围

静压法利用静荷载将钢板桩、钢管板桩、钢管桩和混凝土板桩等工厂预制桩材压入场地至设计深度，在压入过程中通过夹持住已经压入的桩或板桩获得压桩的反力。静压法能在多种限制条件下进行施工，显著地拓宽了嵌入式桩板结构的使用范围。静压法已在多个领域得到运用，包括道路、铁路、机场、电站、自来水厂、污水处理厂、灌排水措施、河流、港口、海湾、海岸工程、海洋工程、浸蚀控制工程及建筑工程。静压法已为多种工程提供了解决方案，例如建造新设施、对现有支挡结构（护岸和河堤）进行加固或功能扩展、围堰或临时支挡结构等临时结构的施工、建造创新结构（地下自行车停车场）。静压法也已被运用于其他非挡土结构，例如止水结构、压力隔离墙结构、抗液化措施以及结构基础。本手册 1.3 节和 1.4 节将进一步介绍静压法的应用。

本手册主要基于日本的工程经验介绍了静压法的规划、勘察、设计和施工的基本概念。需要注意的是，本手册提供的信息仅供参考，如任何人以本手册作为依据进行勘察、设计和施工，本手册不能作为免责依据。

为了顺利完成工程项目，必须满足以下几个条件，这些条件也是目前大部分规范及标准的前提条件：

(1) 在勘察、设计和施工中，相关人员应遵守所在国家或地区的法律和标准。

(2) 在勘察、设计和施工中，应保证相关人员的连续性及相互间的良好沟通，为了在业主、设计方和施工承包方之间实现这一要求，每一个阶段的信息都应记录在档，并做好相互间的信息分享。

(3) 应由具有专业资质的人员进行勘察、收集数据及评估设计和施工的必要参数。

(4) 结构设计人员应具有相应的资质和经验。

(5) 在施工现场及预制工厂实行适当的管理和质量控制措施，包括建筑部件的加工阶段。

(6) 应由具有专业资质、专业知识及工程经验的人员按照相关规定、图纸和说明进行施工。

(7) 按照相关的标准或说明书使用施工材料及产品。

(8) 在结构的设计使用年限内进行适当的保养以确保结构的安全性和适用性。

(9) 结构的使用目的与设计目的应一致。

1.2 手册背景

本手册编写参考了欧洲规范、美国规范及日本规范。为了解上述三个地区目前勘察和设计规范的趋势，编委会分别参考了日本规范 Geocode21—JGS4001—2004 中基于性能设计概念的基础设计准则，欧洲规范 Eurocode7—EN1997—1 中岩土工程设计第 1 部分（一般规则），以及美国公路桥梁设计规范（2012）。目前上述三个规范均基于极限状态设计的概念，但是，不同地区之间结构性能评估方法存在差异。关于上述三个设计标准的对比，可以参考 Simpson 等的文章（2009）。

本手册基于日本规范 Geocode 21 中的基本准则介绍了结构的设计流程、性能需求、极限状态、设计工况，以及结构性能评估过程中需要考虑的条目。对于性能标准和评估方法的细节，附录 B 基于设计实例介绍了日本的设计方法。本手册详细介绍了一种利用静压桩机进行压桩施工的方法（以下统称为“静压法”），总结了静压法施工管理及质量控制相关的条目。在施工相关章节的编写中，本手册参考了日本国内与之类似的压桩施工方法的施工指南以及欧洲标准。

本手册共计 4 章及附录 A、B、C，其中第 2 章和第 3 章介绍了悬臂式嵌入挡土墙或支挡结构（以下统称为“悬臂式挡土墙或支挡结构”），这一结构目前运用最广，未来也将被广泛采用。

第 1 章　绪论

本章介绍了本手册的使用范围、手册背景、静压法的特点、桩以及静压桩机的类型、静压桩机的适用性、压桩方法的选择、嵌入式结构的应用实例以及相关的标准和指南。

第 2 章　规划及勘察

本章介绍了规划和勘察阶段的基本准则、流程及需要考虑的问题。

第 3 章　设计

本章介绍了极限状态设计的概念、性能需求以及悬臂式挡土墙的设计流程。

第 4 章　施工

本章介绍了静压桩机的基本组件、坚硬土层的工法辅助措施、施工场地限制条件下的施工工法、施工流程、施工管理及质量控制方法。

附录 A　静压法的应用

本部分介绍了静压法的施工实例、施工方法、围堰施工的安全评价条目及五大设计准则。

附录 B　设计条目

本部分介绍了设计下列四种常见悬臂式支挡结构的日本规范，以及静压法工程实例。

悬臂式支挡结构的类型及相应的设计标准：

（1）道路挡土墙：

“Design and Construction Guideline for Steel Tubular Pile Earth Retaining Wall by Gyropress Method（Rotary Cutting Press-in Method）”，International Press-in Association（IPA），March 2014.

（2）河流护岸：

“Design Instruction of Disaster Restoration Works”，Association of Nationwide Disaster Prevention，July 2012.

（3）港口码头：

“Technical Standards and Commentaries for Port and Harbour Facilities in Japan”，The Overseas Coastal Area Development Institute of Japan，July 2007.

（4）铁路临时工程：

“Design Standards for Railway Structures and Commentary（Design of Retaining Works）”，Railway Bureau of Ministry of Land，Infrastructure，Transport and Tourism（MLIT）and Railway Technical Research Institute（RTRI），March 2001.

附录 C　相关参考资料——静压法特征研究

本部分总结了与静压法相关的代表性研究成果。

1.3　采用静压桩机的压桩方法（静压法）

“压桩”是一个表示利用静荷载将桩压入场地的通用术语，压桩的反作用力可以来自桩机自身的巨大自重，也可以来自临近桩的抗拔力。“顶桩”可以视作是一个与“压桩”等价的术语。由于压桩和顶桩采用的是静力，因此压桩和顶桩的共同优点是低振动和低噪声[2,3]。本节首先介绍静压法，将静压法与利用其他方式获得反力的压桩和顶桩方法进行对比，随后对静压法的特点进行介绍。

1.3.1　压桩和顶桩方法

在压桩和顶桩过程中，桩在静荷载（例如液压）的作用下被压或顶入场地。压桩和顶桩反力的获得方法有多种：利用重物的恒载（重力打桩机）；桩机设备和桩的自重加桩的抗拔力；利用已经插入的桩的抗拔力（静压桩机）[4]。典型的施工机械如图 1.3-1～图 1.3-3 所示，各类机械的性能对比如表 1.3-1 所示。

图 1.3-1　利用重物恒载的施工机械（重力打桩机）

图 1.3-2　利用板桩抗拔力的施工机械（Pile Master）

图 1.3-3　利用已经压入的桩抗拔力的施工机械（静压桩机）

静压法中，桩由桩机液压提供的静力压入地基。在施工过程中静压桩机承受着向上的反作用力，如图 1.3-4 所示。静压桩机夹持住已经压入的桩并利用其抗拔力作为静压桩机反作用力的主要来源。静压桩机的夹钳使得静压桩机可以在已经压入的桩上自走，施工过程中桩机不断向前自走从而实现桩的连续压入。

如表 1.3-1 所示，静压桩机的压桩方法（静压法）不同于其他方法。静压法不需要使用大型重物或临时结构给桩机提供反作用力，这使得静压法的施工空间不受限制[2,4]。另外，施工过程中可以获取所有桩的施工数据，这些数据可用于评估场地状态[5,6]及优化压桩操作。

综上所述，采用静压法进行压桩施工具有显著的优点。

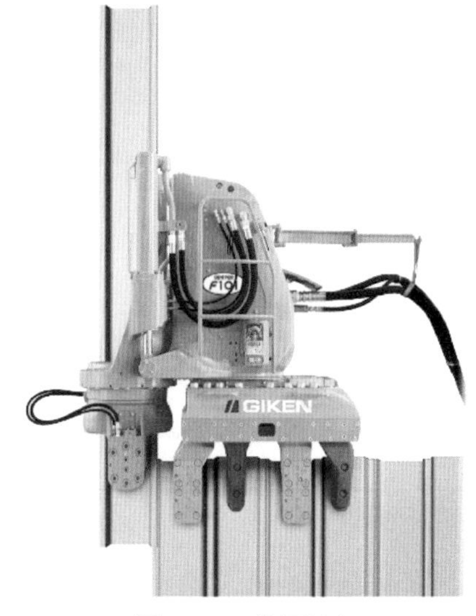

图 1.3-4　静压桩机

不同压桩或顶桩方法的机械性能对比※1 表 1.3-1

条目＼机械类型	重力打桩机	Pile Master	静压桩机	螺旋转机（一种静压桩机）
反力来源	重物的恒载	桩或板桩的抗拔力	已经插入的桩或板桩的抗拔力	
使用国家	中国	英国	日本	
打桩方法	桩或板桩被置于顶桩机上，顶桩机位于地基上	在一个临时构件中建造几个钢板桩，然后吊起顶桩机，将顶桩机置于钢板桩的顶端，并用顶桩机夹持住每一根钢板桩。临时构件的施工须在顶桩施工前完成	静压设备置于已经插入的桩或板桩的顶端，然后将需要压入的桩或板桩放入压桩机	静压设备置于已经压入的钢管桩的顶端，然后将需要压入的钢管桩放入压桩机
确保压桩反力和打桩精度的方法	借助机器自重及配重提供的反力，一次将一根桩或板桩压入场地。 由于机器的尺寸及总重较大，可能需要根据场地条件在机器的下方铺设打桩垫，且这些垫子需要随着打桩的进度而移动	在打桩初期，借助机械和板桩的自重作为反力，内部的一半板桩被压入，随后借助机械的自重和已经顶入的板桩的抗拔力作为反力，将外部的一半板桩压入场地。通过反复交替以上操作，将板桩压入场地内。 由于需吊起顶桩机械，施工的高度较高，且持桩的位置为板桩的顶端，因此，其工作性能及打桩精度低。为了改善这一不足，德国开发了一种带有导杆的顶桩机械[25]	借助已经插入的桩或板桩的抗拔力作为反力，一次将一根桩或板桩压入场地。 在施工过程中可通过反复贯桩和拔桩降低压桩的阻力，因此具有良好的工作性能和打桩精度	借助已经插入的钢管桩的抗拔力作为反力，采用旋转切削法一次将一根钢管桩压入场地。 在施工过程中可通过反复上下冲击降低压桩的阻力，因此具有良好的工作性能和打桩精度
最大顶桩力	10MN	2MN/根板桩	4MN	3MN
最大扭矩	—	—	—	1MN・m
适用桩型	各种桩或板桩※2 最大直径 800mm， 600mm 宽×600mm 深	钢板桩 （Z 型，U 型和 H 型）	各种桩或板桩※3 最大直径 1500mm （钢管板桩）	钢管桩 最大直径 2500mm
桩或板桩的摆放位置限制	无	最少 8 根平行桩作为一个单元	临近压桩地点	
持桩位置	—	桩或板桩的顶端	接近地表	
施工所需范围	大	小	小	
狭窄空间施工的适用性	不能使用	中等	高	
低净空环境施工的适用性	不能使用	不能使用	高	
可移动性	低	中等	高（在已压入的桩或板桩上自走）	
适用地基类型	除了硬质场地外的任何土质场地	相对柔软的层状场地	所有场地类型※4	

注：※1 本表基于参考文献［4］。

※2 预应力混凝土桩、预应力高强度混凝土桩、方形混凝土桩、钢管桩等。

※3 使用钢管桩的情况下。

※4 采用工法辅助措施的静压法的情况下。

1.3.2 静压桩机静压法的特点

1. 静压桩机静压法的发展

静压法的最主要特点是利用已经压入的桩或板桩的抗拔力作为压入新桩或板桩的反作用力。静压法的这一特点来源于工程经验，工程经验表明已经压入的桩的抗拔力远大于压入新桩需要的反力。基于这一工程经验，开发了一种低振动、低噪声的静压施工机械。这一机械通过夹持已经压入的桩或板桩并借助其抗拔力作为压入新桩的反作用力。基于这一概念，研发人员于1975年7月开发了一种环保的液压压桩机械（即静压桩机 KGK-100A）。

2. 静压桩机的压桩机理

图1.3-5展示了在压桩及拔桩过程中桩身、桩机及桩周土体的受力状态。如图中左侧所示，静压桩机利用液压以及通过夹持住已经压入的桩或板桩而获得的反作用力将桩压入场地。无论液压多大，均不可能对桩施加大于反作用力的静压作用力。因此，压桩的效率将受到场地对新桩的贯入阻力以及接头联锁阻力的影响。通过采用适当的压入参数及工法辅助措施，静压桩机在压桩过程中借助静压法能有效地降低贯入阻力，进而提高压桩效率。对静压法而言，阐明反作用力、阻力及压桩方法的影响是重要的问题。随着静压法的发展，研究者们对静压桩机及静压法已经开展了大量的研究，对静压桩机及静压法的认识不断得到深化。

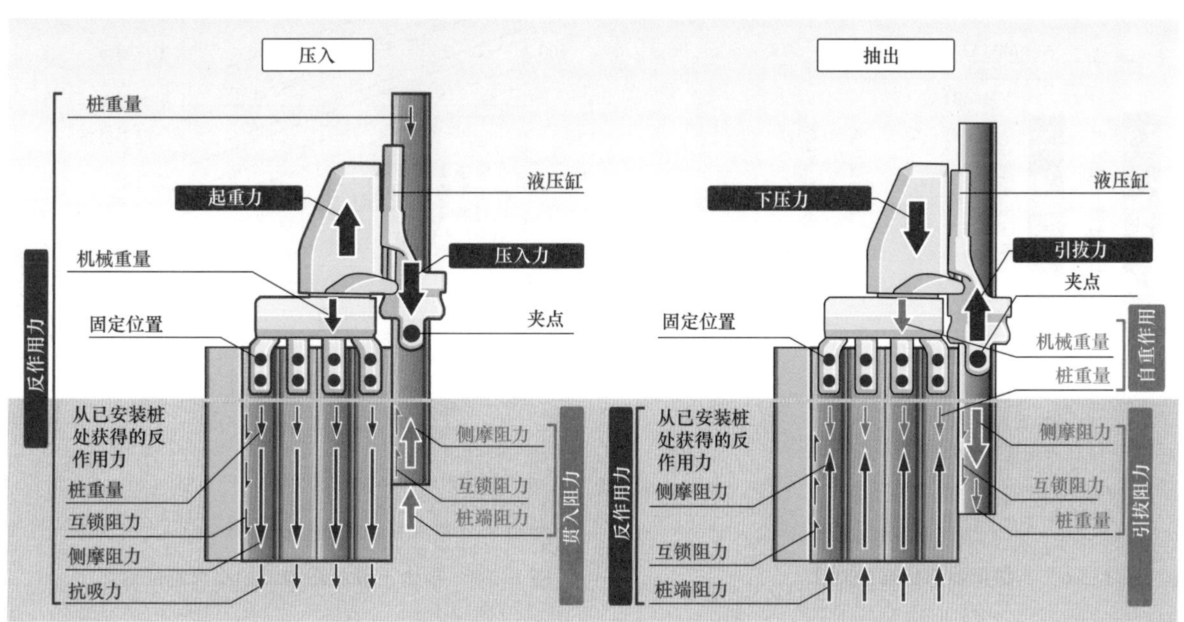

图1.3-5 新桩压入及拔出时作用在桩上的反力及阻力

（1）压入过程中的桩

静压法中，在压桩过程中控制作用于桩上的桩端阻力、侧摩阻力及接头联锁阻力的总和始终小于从已经压入的桩上获得的反力。压桩过程中作用于桩上的阻力主要通过调节压入速度[4,7-12]及反复贯拔桩[2,4,10,13,14]进行控制。如果不能显著地降低贯入阻力，则压桩施工需要借助高压水流（水刀并用压入法）[15,16]及螺旋钻（螺旋钻并用压入法），或者借助旋转切削方法（旋转切削压入法）[4,10]以降低桩的贯入阻力。

（2）用于获取反作用力的桩

把桩压入场地后，这些桩将用于为后续压桩操作提供反作用力。压桩操作完成后，压桩过程中被削弱的地基阻力（特别是侧摩阻力）随着时间逐渐恢复[2,17,18]，并被用作压入下一根桩的反力。众所周知，由于桩周土体的剪胀以及桩端附近的吸力，桩的抗拔力会增大[19]。

（3）压入桩的性能

由静压法压入的桩在使用阶段展现出了卓越的工作性能，已有经验表明，没有借助辅助措施（如水刀并用压入法、螺旋钻并用压入法）压入的桩与借助了辅助（非静压法）压入的桩相比具有更好的性能。由于在压桩过程中置换了更多的土体，静压法压入的桩与钻孔灌注桩相比具有更高的竖向承载力及桩端刚度。与其他方法（冲击锤和或振动）贯入的桩相比，静压法施工的桩也具有更高的竖向承载力及桩端刚度[2,4,20]。需要指出的是，静压法中反复的贯拔桩操作将提高压桩结束后的桩端刚度[13]。竖向刚度的提高是由群桩效应引起的，当桩以圆形或方形的形式连续压入时，其横向承载力及横向刚度均大于钻孔灌注桩[24]。

更详细的介绍参见附录C.1。

3. 低振动和低噪声

与利用振动或锤击将桩打入场地的施工方法相比，静压法利用静力进行压桩施工具有良好的静音性能。图1.3-6表明静压桩机动力单元的噪声水平低于日本国土交通省规定的极低噪声标准。图1.3-7对比了打桩施工与静压法压桩施工的噪声特征[3]，对比结果表明静压法的噪声水平低于打桩施工的噪声水平。静压桩机施工时距离噪音源1m处的噪声水平低于噪声控制法案规定的85dB，距离噪声源2m处的噪声水平低于英国标准5228规定的70dB（相当于商务办公室内的噪声水平）。

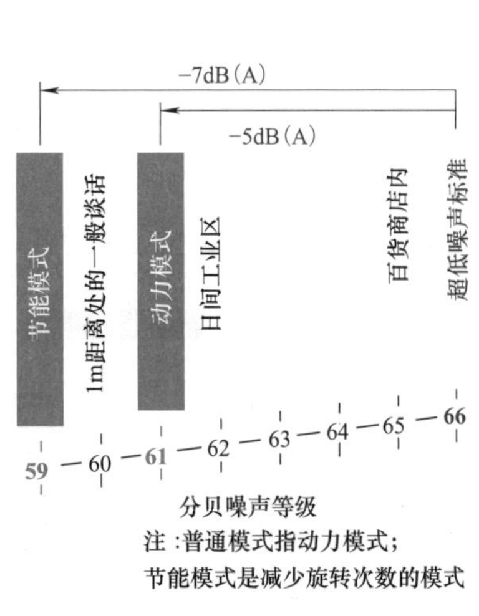

图1.3-6 与极低噪声标准的对比

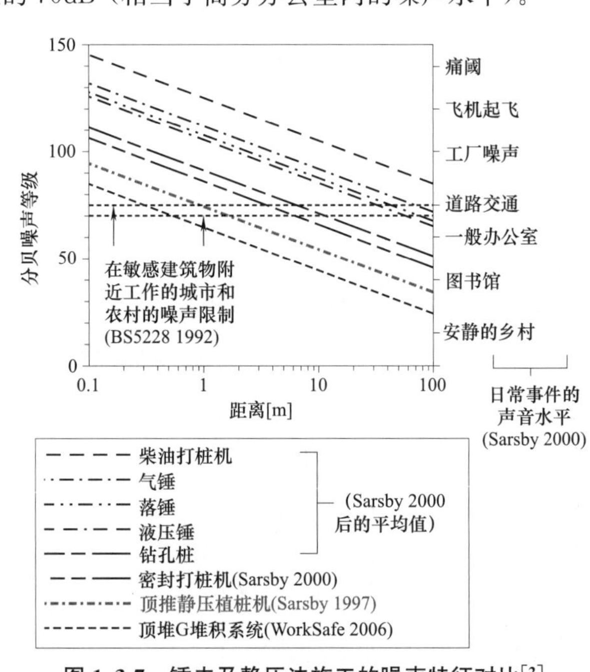

图1.3-7 锤击及静压法施工的噪声特征对比[2]

图1.3-8对比了冲击或振动锤打桩施工和静压法压桩施工的振动水平。对比结果表明，静压法压

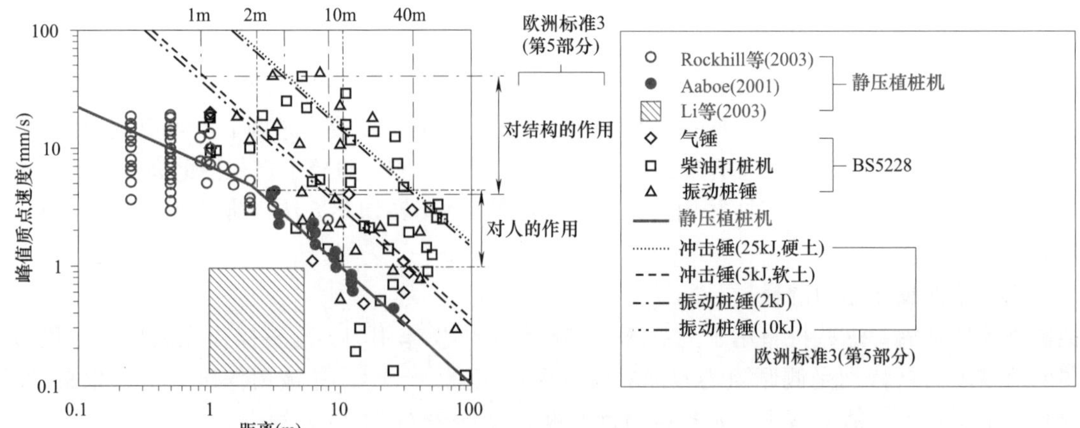

图1.3-8 冲击或振动锤打桩施工和静压法压桩施工的振动特性对比

桩施工的振动水平显著低于冲击或振动锤打桩施工的振动水平。静压法施工时距离振动源 2m 处的振动水平低于欧洲标准 Eurocode 3 规定的对人体造成干扰的振动水平（大致等同于路面交通或发动机产生的振动水平）。

静压法已被用于多处施工振动必须得到控制的建筑场地[25]。在利用静压桩机进行压桩施工的实例中，静压桩机距其他既有结构或铁路十分接近，静压桩机的施工振动不能对既有邻接建筑物造成影响（引起位移）。图 1.3-9 所示为部分工程实例。附录 A.5 节介绍了更多的工程实例。

图 1.3-9　必须考虑施工噪声及振动的邻接压桩工程实例

当利用螺旋钻进行静压施工或是在地表附近硬质地层上利用旋转切削法进行钢管桩施工时，施工的噪声和振动水平可能会较高，因此，即使利用静压法进行施工也必须注意控制噪声及振动水平。对于对施工振动和噪声敏感的场地，在进行压桩施工前必须采取适当的措施以降低施工噪声和振动。

4. 硬质场地的辅助措施

静压桩机可以在不借助辅助的情况下进行松散砂土场地及黏土场地上的施工，但是，当桩体需要贯入压实的砂层、碎石层或地下混凝土结构时，静压桩机的施工便需要借助辅助措施。对于压实的砂层可以采用水刀并用工法，如图 1.3-10 所示。当在更坚硬的场地上进行钢板桩和钢管板桩的施工时，例如压实的碎石层或砾石层，则可以采用螺旋钻工法进行压桩施工，如图 1.3-11 所示。当地基中有更多的卵石或障碍物，例如钢筋混凝土，在不移除这些卵石或障碍物的情况下可以利用旋转切削工法进行压桩施工，旋转切削工法中桩端装配有环形钻头（螺旋桩机，如图 1.3-12～图 1.3-14 所示）。

5. 有限施工空间限制的处理工法

静压桩机已经得到广泛运用，在多种限制条件下也能施工，例如狭窄空间下的施工、无法搭建临时施工平台情况下的施工、存在施工障碍情况下的施工、斜坡上的施工或水上施工。

图 1.3-10　水刀并用工法

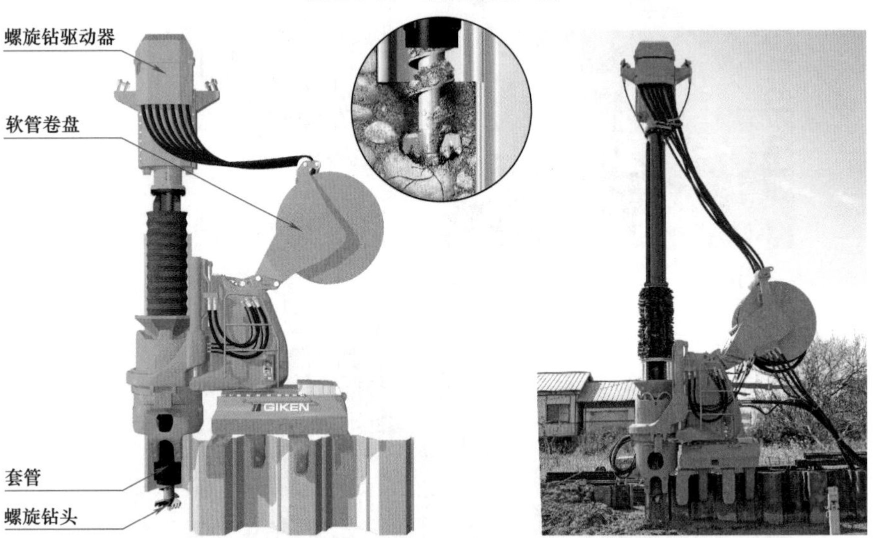

图 1.3-11　螺旋钻并用工法

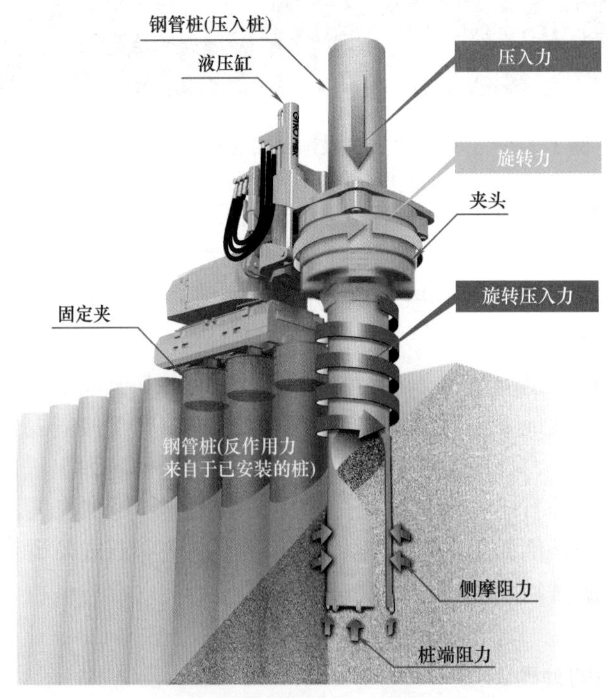

图 1.3-12　螺旋桩机

图 1.3-13 带有环形钻头的钢管桩

图 1.3-14 螺旋桩机进行现有河流护岸工程的压桩施工

在这些情况下，可以采用一种被称作“无施工平台工法”的施工方法。这种工法中所有的施工设备均在已经压入的桩上自走，如图 1.3-15 所示。无施工平台工法由一个动力单元自走装置、一台用于吊桩的桩用自走吊车以及用于移动桩材的桩材搬运装置构成。

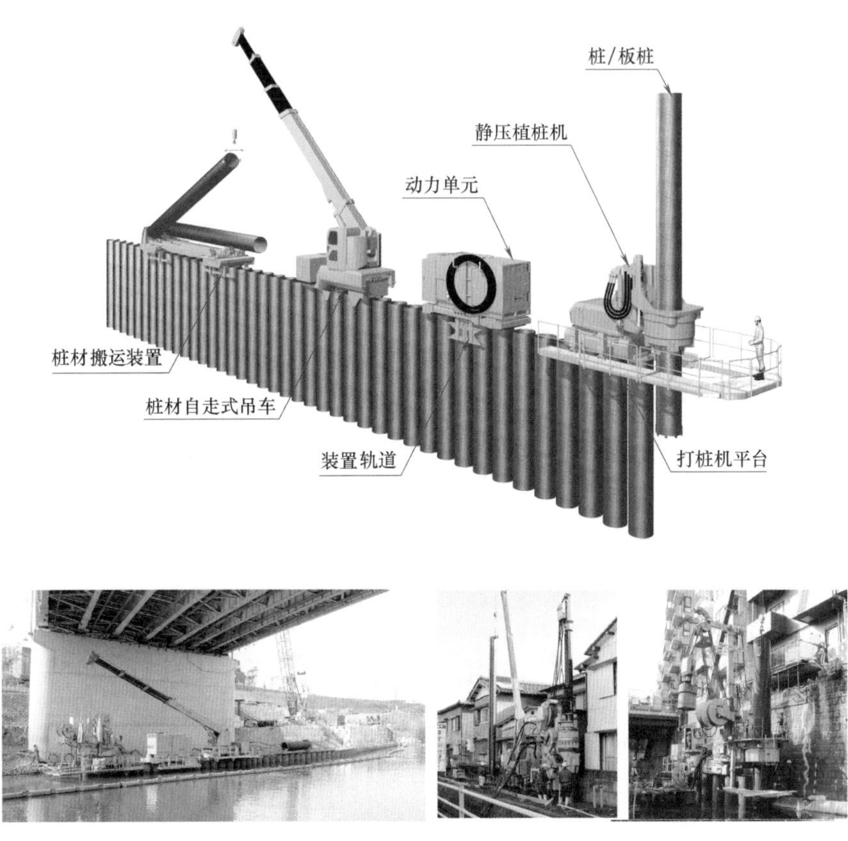

图 1.3-15 无施工平台工法

如图 1.3-16 所示，静压桩机能够应对多种施工限制条件下的施工。在净空条件受限的桥下施工时，可以利用特殊设计的静压桩机，其降低了机械的高度且配置了一个可以轻松连接垂直短桩的机械接头。由于静压法的高稳定性及低振动特性，在进行临近既有设施（如房屋、公路、铁路）的压桩施工时具有明显的优势。这种情况下，需要采用一种经过特殊设计的静压桩机，其在既有建筑物方向上所需的施工宽度最小。更多细节参见本手册第 4 章。

图 1.3-16　静压桩机适用于多种施工条件受限情况下的压桩施工

6. 用静压法施工嵌入墙的优势

与其他方法相比，静压桩机能有效地降低施工场地面积及所需人工，因此，静压桩机的施工成本及施工周期可能低于其他方法。

（1）静压法的施工优势

与临时挡土墙前方修建的混凝土重力式挡土墙相比（图 1.3-17），静压桩机施工悬臂式嵌入支挡结构具有以下优势：

- 降低施工面积；
- 降低回填土方量；
- 避免了修建临时支挡结构；
- 无需将既有结构置于挡土墙后方。

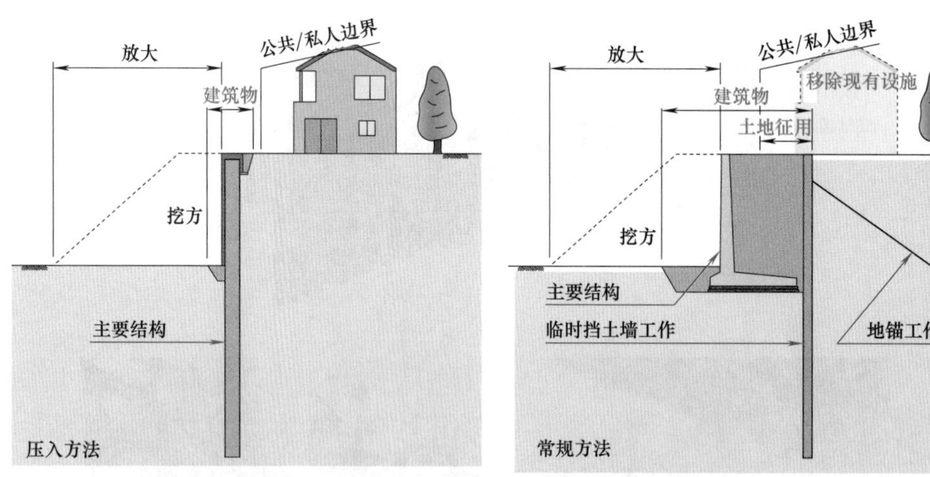

图 1.3-17　静压法与其他方法的施工场地对比

（2）多种场地条件下静压法的优势

借助工法辅助措施的情况下，静压桩机能够应对多种地基条件及施工条件，例如，借助旋转切削工法的螺旋桩机能将桩压入硬质地基或穿既有透钢筋混凝土结构。静压法能够实现在保持既有结构功能不变的情况下贯穿既有结构，或在既有结构后方建造悬臂式支挡结构。因此，静压法无须在移除现有结构之前在现有结构后方修建临时的支挡结构，这有效减小了施工场地面积。图 1.3-14 展示了河流护岸的工程实例，图 1.3-18 展示了道路支挡结构的工程实例。

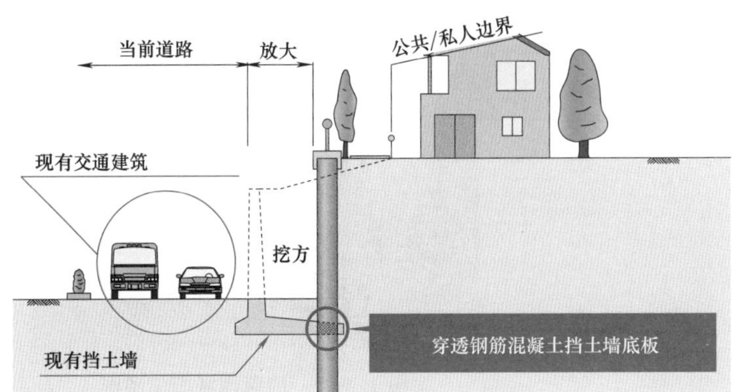

图 1.3-18 道路拓宽工程中穿透既有支挡结构示意图

（3）无施工平台工法的优势

与其他方法相比，前文第 5 条所描述的无施工平台工法在降低施工场地面积方面具有较大优势，而利用其他方法进行压桩施工时需要搭建临时施工平台。适用于无施工平台工法的情况包括城市河流中桥墩的加固工程，以及边坡上的支挡结构施工。如图 1.3-19 所示，当在狭窄的城市区域内利用钢管桩进行河流护岸工程施工时，需要搭建一个临时的支墩或平台作为整个压桩过程中大型机械（例如起重机）的工作平台。这不仅增加了施工占用的空间，也减小了河流的过水面积。但是，使用无施工平台工法时仅需要在施工的起点占用极小的面积堆放施工材料。在河流长度方向上施工机械所需长度得到满足的前提下，便可不借助临时施工支墩或平台进行连续的压桩施工。采用这一工法施工占用的场地面积小，且不影响河流的过水面积。河流护岸的施工实例如图 1.3-19～图 1.3-21 所示。

图 1.3-19 城市河流护岸工程中静压法与其他方法的对比

（4）减少施工工作量

如前文所示，由于静压法不需要施工临时支挡结构和临时施工平台，因此，静压法可减少施工工作量。另外，与钢筋混凝土重力式挡墙相比，静压法施工中压入的桩即为支挡结构主体结构的一部分，因此施工工作量显著减少，施工周期显著缩短。

（5）缩短施工周期及降低施工成本

为了展示静压法降低施工周期及施工成本的优势，以图 1.3-19 所示城市河流护岸工程为例，表

图 1.3-20　河堤修复工程实例

图 1.3-21　河流围堰施工实例

1.3-2 将无施工平台工法与其他需要修建临时施工平台的方法进行了对比。由于静压法提高了施工效率，且不需要修建和拆除临时工程，静压法的施工周期仅为其他方法的 64%。静压法每 100m 的直接施工成本几乎和其他方法相同，但是，因不需要搭建临时施工平台，静压法的间接施工成本低于其他方法。

静压法与其他方法施工周期的对比　　　　**表 1.3-2**

静压法(无施工平台工法)		
主要结构	钢管板桩施工	
	土方工程	
	外挂板安装	
		64%　→　100%
其他方法(内部开挖+临时支墩工程方法)		
主要结构	钢管板桩施工	
	土方工程	
	外挂板安装	
临时支墩工程	搬运钢管板桩	
	土方工程	
	外挂板安装	

详细的比较条件如下：

- 长度：100m。
- 钢管板桩：直径 900mm，厚度 10mm，长度 12m。
- 场地条件：砂层，标准贯入试验锤击数 $N=20$。
- 河流护岸：外挂板在前。
- 使用的机械：

静压法：静压桩机（钢管板桩，无施工平台工法）；

其他方法：挖坑机，履带式起重机（起重能力 50～55t）。

- 临时工程：

静压法：不需要临时工程；

其他方法：需要临时支墩，临时工程面积 100m×100m（10000m^2），桩材为 H 型钢（300×300），长度为 15m。

7. 降低环境影响

（1）减少二氧化碳排放

静压法通过缩短施工周期减小了施工的规模，同时也减少了对环境的损害。如前文第 6 条（3）所示，当与钻孔桩施工方法相比时，无施工平台工法不需要修建临时施工平台。表 1.3-3 中其他方法的比值为 1.24，无施工平台工法的比值为 1.0，表明无施工平台工法的二氧化碳排放大概可以降低 20%。

静压法与其他施工方法 CO_2 排放量对比 **表 1.3-3**

静压法（无施工平台工法）

工程类型	外形和尺寸	材料（原料制备阶段）CO_2	材料（材料交付阶段）CO_2	材料（共计）CO_2
钢管板桩静压	ϕ900×10×12m	0.78	0.00	0.78
土方工程（结构开挖）		0.00	0.02	0.02
外挂板（混凝土）		0.19	0.00	0.19
合计		0.97	0.03	1.00

其他方法（内部开挖＋临时支墩工程方法）

工程类型	外形和尺寸	材料（原料制备阶段）CO_2	材料（材料交付阶段）CO_2	材料（共计）CO_2
钢管板桩静压	ϕ900×10×12m	0.78	0.00	0.78
土方工程（结构开挖）		0.00	0.02	0.02
外挂板（混凝土）		0.19	0.00	0.19
临时支墩工程	H-594	0.04	0.00	0.04
	槽钢 380	0.02	0.00	0.02
	内衬板	0.07	0.00	0.07
	H-300	0.11	0.00	0.11
合计		1.21	0.03	1.24

注：表中对比数据的计算依据为日本土木工程师学会“The design guideline for the environmental impact reducing type civil engineering structures 2001”，以及日本建筑机械化协会“The guideline of measures against global warming in construction”。

（2）减少施工影响面积

在需要考虑施工对生态环境影响的区域内进行压桩，无施工平台工法能将施工对周围环境的影响降至最低。图 1.3-22 展示了一个无施工平台工法的实例。

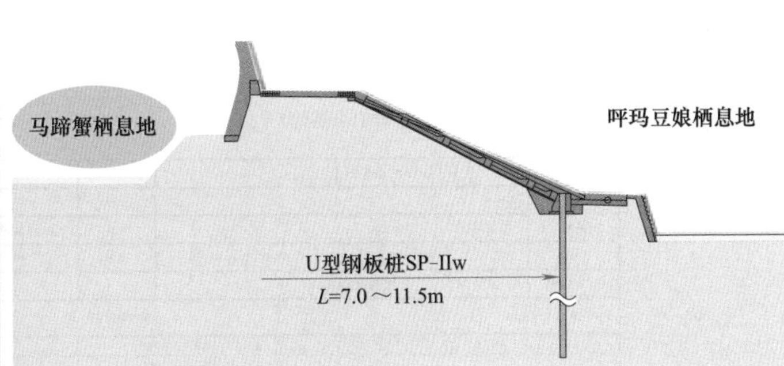

图 1.3-22 需要考虑施工对生态环境影响的施工实例

（3）环境影响小

静压法是一种低振动和低噪声的施工方法，同时也是一种对环境影响较小的施工方法。一方面因其开挖量小，废弃物排放量小；另一方面，施工机械油量使用少，废气排放量小。在建筑规范或建筑场地对环保有特殊要求的情况下，静压桩机是一个合适的选择。

8. 施工数据的自动采集及工程应用

静压桩机在进行压桩操作时，需要设置压桩参数使其达到施工控制目标值，例如最大压入力和最大压入速度，如本手册第4.4.5（2）节所述。在压桩施工过程中，静压桩机可以监测实际的压入力及压入速度，如本手册第4.4.5（3）节所述。静压桩机的压入数据监测系统能在压桩操作过程中记录和显示所有桩的压入数据。

如图1.3-23所示，监测数据能用于评估场地条件、确保桩的性能状态以及优化压桩参数。桩机操作人员在施工初期压入几根桩后便可根据桩机自身的施工状态及压入数据监测系统所显示的监测结果对压入参数进行修改，进而实现对压桩操作的优化。随后，优化后的压桩参数可以用于静压桩机的自动操作。静压桩机配备了自动操作系统，在设置压入参数后静压桩机可以实现自动压桩操作。为了评估场地条件，需要估计场地的标准贯入试验锤击数 N 及地基土分类，用于确定压桩施工的终止条件，或用于在与预期条件存在较大差异的场地上判断是否需要对施工参数进行修改。准确的压入参数可保证桩的工作性能状态（例如承载力）。静压桩机获得的压桩参数应妥善保存，并用于改进静压桩机及工法辅助工法。

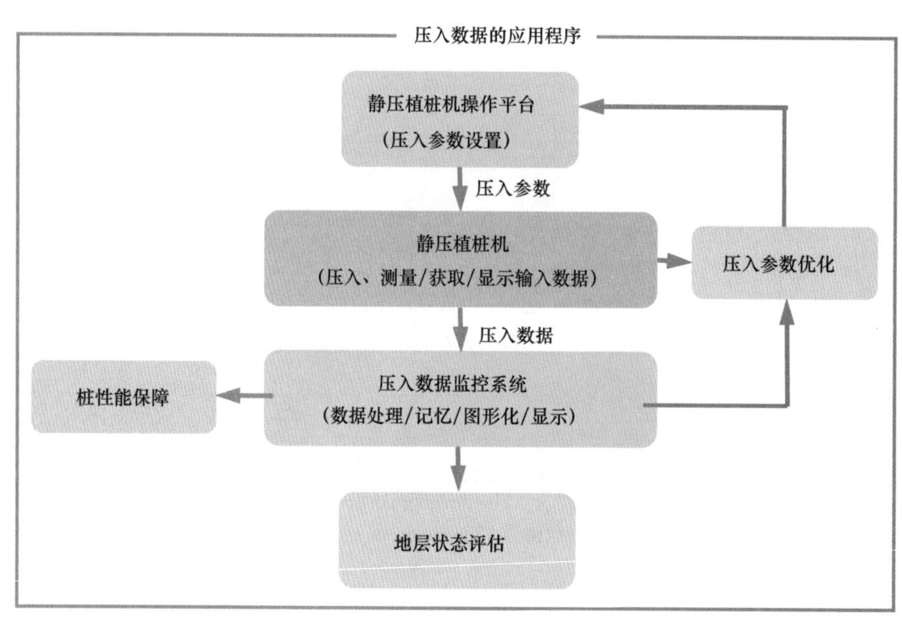

图1.3-23　压桩参数的获取及应用

图1.3-24展示了一台静压桩机利用压入数据监测系统获取的压桩参数，例如压入力、扭矩及压入速度等。

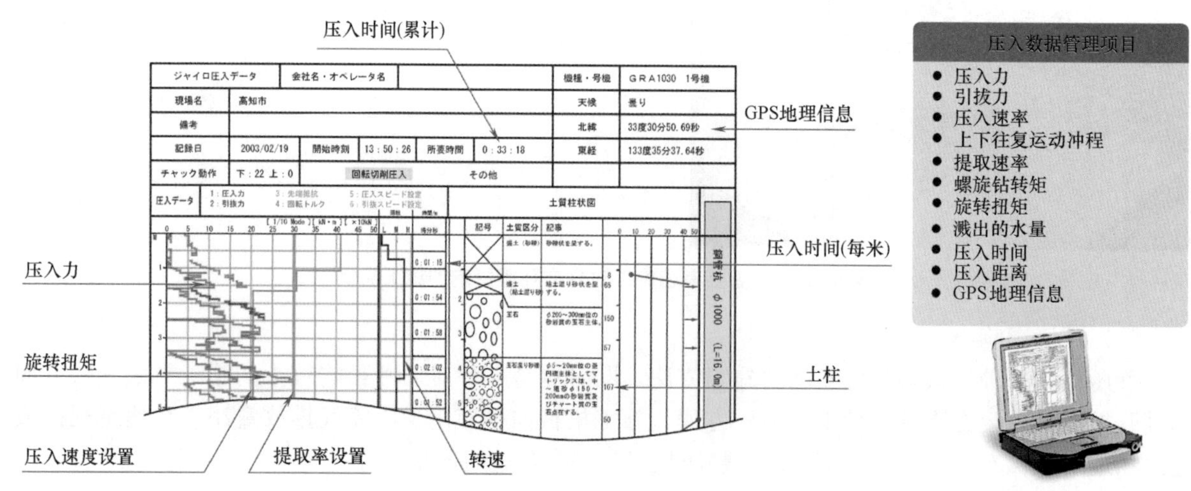

图1.3-24　压入数据监测系统获取的典型施工数据

9. 静压法的其他特点

（1）由于充分利用了已经压入的桩的反作用力，因此，静压桩机的压桩机械较其他方法尺寸更小、质量更轻。

（2）由于静压桩机牢固夹钳住已经压入的桩，因此，静压桩机没有倾覆的风险。

（3）由于在压桩操作过程中静压桩机通过液压控制和夹持需要压入的桩，故桩与邻近建筑物碰撞的风险低。鉴于此，在进行临近铁路及公路的压桩施工时静压桩机是一个合适的选择。

（4）静压桩机可以进行遥控操作，操作者可以在一个安全的位置操作静压桩机，如图 1.3-25 所示。

（5）无论施工条件如何，由于静压桩机通过液压能牢固地夹持住桩，且能精确地调整和控制静压桩机的移动方向，因此，静压桩机能够保证较高的施工精度。不同于其他方法中夹桩点位于桩的顶端，静压桩机的夹桩点距离地表较近，因此桩的弯曲和扭曲可以忽略不计，确保了静压桩机具有较高的压桩精度。

（6）静压桩机可以使用多种工厂预制的桩或板桩，例如钢桩和混凝土桩，因此，可以根据工程需求选择最合适的桩或板桩。

图 1.3-25 静压桩机的遥控操作

10. 结语

静压法特点总结如下：

（1）环境影响小

• 噪声低，振动低

由于静压法采用静力进行压桩，静压法的噪声水平及振动水平较低，同时能降低压桩施工对周围环境、周围场地及周围既有建筑物的影响。

• 环境负荷低

静压法土方开挖量小，因此废弃物排放量小。静压桩机液压系统采用生物降解油料，对环境污染小。

• 地形扰动小

由于压入的桩或板桩能够直接作为嵌入式支挡结构，与其他方法相比，静压法可以减小移除既有结构和临时结构的工作量。另外，静压法可以降低施工对周围场地的不利影响，缩短施工周期，减少 CO_2 的排放量。

（2）施工面积小，施工周期短，施工成本低

• 施工机械体积小

由于紧凑型静压桩机的发展，现有的静压桩机具有极小的宽度和长度，使得狭窄空间内或是上方净空受限条件下的压桩施工成为可能。

• 施工场地面积小

由于施工机械位于已经压入的桩上方，且静压法利用轻便的机械从已经压入的桩上获得压桩的反作用力，因此，静压法将降低受施工影响的场地面积。

• 无施工平台工法

这是一种将具有自走功能的压桩机械全部置于已经压入的桩顶端的工法，这种工法可以实现在没有施工平台的情况下（例如水上或边坡上）的连续压桩施工。

• 施工周期短，施工成本低

由于静压法施工不需要搭建临时支挡结构或临时施工平台，因此其缩短了施工周期，降低了施工成本。

（3）施工方法安全可靠

• 较低的倾覆可能性

由于静压桩机牢固地夹钳住已经压入的桩或板桩，因此，当静压法施工出现机械倾倒或摇摆时，对周围交通或建筑物造成突然冲击的风险较低。

• 遥控操作

借助无线操作，可以在一个安全的地方实现对静压桩机的操作。

• 施工精度高

通过静压桩机牢固地夹钳住已经压入的桩或板桩，静压法能精确地控制被压入桩或板桩的位置和方向，因此，静压桩机的施工精度较高。

（4）适用于多种地基类型

• 适用于硬质场地

借助工法辅助措施，桩能被压入硬质场地。

• 能够穿透既有结构

借助旋转切削工法，静压桩机能够穿透大尺寸的砾石和障碍物，例如钢筋混凝土支挡结构。在保持既有支挡结构功能的同时，静压法可以进行新桩的压入或补救工程的施工。

（5）适用于多种类型的桩

根据工程建设的目的和用途，可以选用绝大部分类型的钢制或混凝土桩。

（6）先进的压桩技术，高质量的施工方法

• 压入数据监测系统

静压桩机的压入数据监测系统在压桩过程中能监测、输出和显示压桩数据。压入数据监测系统能确保操作者对压桩操作进行合理的管理，同时能保证桩的工作性能，例如检验桩是否压入至指定土层、评估场地条件及确定合适的压入参数。

1.3.3　各类桩及静压植桩机

静压法可以采用多种预制的桩或板桩，同时可以根据不同的桩型选择静压植桩机的类型。本节介绍适用于静压法的各种桩型及静压植桩机。

1. 桩

可采用静压植桩机进行施工的桩或板桩类型如图 1.3-26 所示。其大致可以划分为钢板桩、钢管桩和混凝土板桩。这些桩或板桩可以在工厂里按照统一的质量标准进行预制，依据工程目的选择合适的桩型。静压法可以选择的桩型及其截面特性如表 1.3-4 所示。截面特性是一个表征桩材单位长度重量、尺寸、截面模量、惯性矩等参数的术语。

2. 静压植桩机

针对图 1.3-26 所示的多种预制桩或板桩，目前已经开发了多种具有特殊夹钳装置及压桩工法的静压植桩机，如图 1.3-27 所示。关于静压植桩机的详细介绍参见本手册第 4 章。

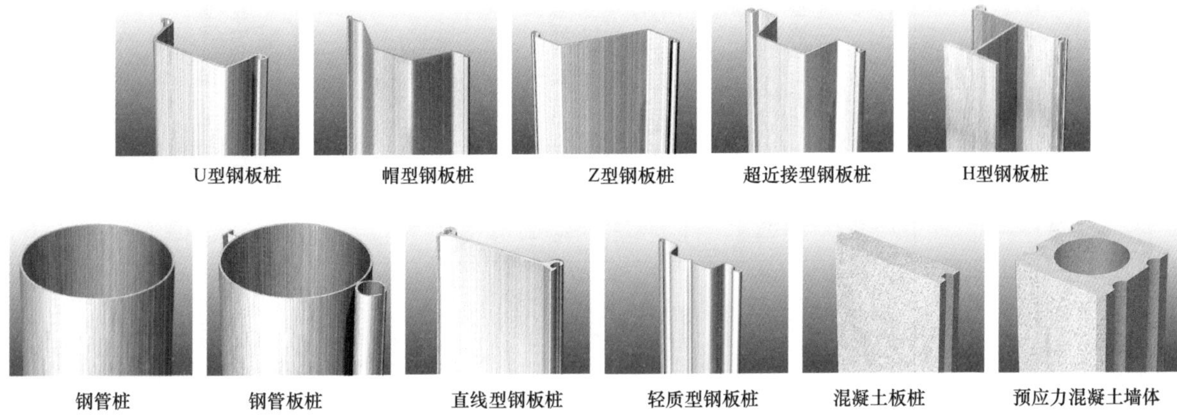

图 1.3-26 桩或板桩类型

能够用于静压法的桩或板桩的截面特性 表 1.3-4

桩/板桩		可压入桩/板桩的尺寸和类型		惯性矩 I (cm^4/m)	截面模量 W (cm^3/m)
		有效宽度(mm)	类型		
钢板桩	U 型	400～600	Ⅱ-Ⅶ$_L$,AU,PU,GU LARSSEN	8740～86000	874～3820
	Z 型	575～708	AZ,HOESCH,PZC	18140～1210610	1200～5010
	帽型	900	10H,25H,45H,50H	10500～51100	902～2760
	超近接型	600	NS-SP-J	12090	1175
	H 型	W:500 H:350～588	J-Domeru,NS-BOX	115000～345000	4970～8680
	直线型	500	FL,FXL	396,570	89,121
	轻质型	333	NL-3,LSP-B	636～762	171～204
		500	LSP-5	3620～5080	452～626
钢管桩	钢管板桩	直径 500～1500 (接头类型:P-P,P-T,L-T)		55900～2010000	2230～26700
	钢管桩	直径 500～1500,2000,2500		41800～14900000(每根桩)	1670～119000(每根桩)
混凝土桩	预应力混凝土墙结构	L×W:600×600,800×800		1518000～3765000	50600～94140
		L×W:700×700		2397000～2540000	68490～72560

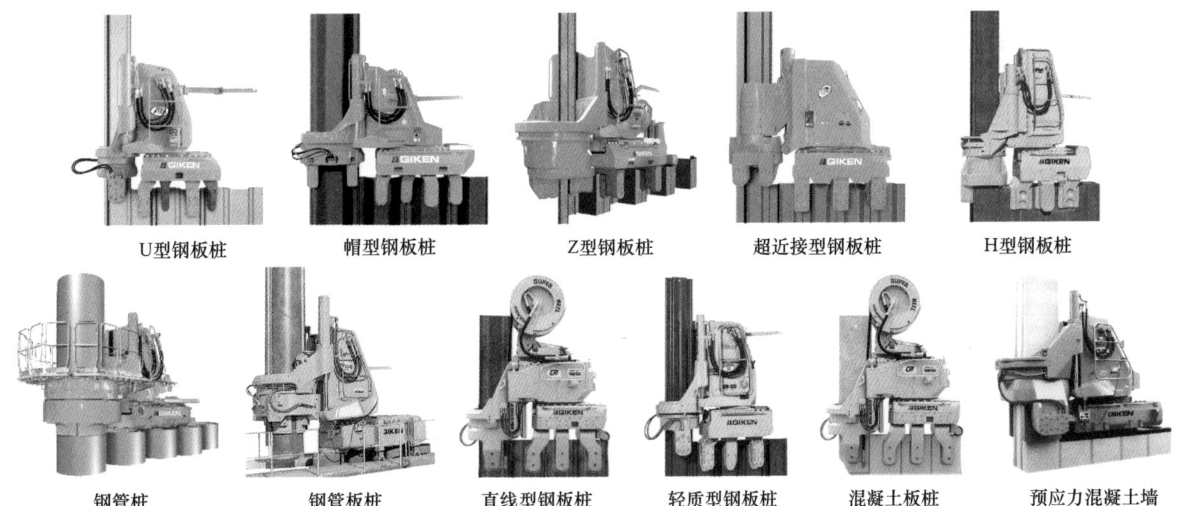

图 1.3-27 各种静压植桩机类型

1.3.4 不同场地条件及场地限制条件下静压法的应用

借助工法辅助，采用静压法的静压植桩机适用于多种场地条件，也适用于多种场地限制条件下的压桩施工，例如施工净空受限或施工空间受限情况下的压桩施工。表 1.3-5 展示了各种桩型及静压

静压植桩机的规格 **表 1.3-5**

桩/板桩		类型/外形		静压植桩机类型	掘进辅助措施※1,※2				克服场地条件限制的施工工法※5				施工结果※8※9		
		有效宽度(mm)	类型		标准掘进,无掘进辅助措施,适用地基:砂土,黏土	水刀并用,适用地基:砂土,黏土	螺旋钻并用,适用地基:砂土,黏土,碎石土,岩质	旋转切削,适用地基:砂土,黏土,碎石土,岩质	无施工平台工法	狭窄空间工法	净空限制工法	邻接既有建筑物施工	最大桩长(每一种方法)	场地条件:最大标准贯入试验锤击数(SPT-N 值)	场地条件:地质划分※10
钢板桩	U 型	400～600	Ⅱ-ⅥL AU,PU,GU LARSSEN	U 桩机	○ (SPT-N≤25)	○ (SPT-N≤50)	○ (SPT-N≤600※3)	—	○	○	○	※7	• 水刀并用压入 L=40m • 螺旋钻并用压入 L=33m	SPT-N>1500※3 (螺旋钻并用)	• 砂土,黏土,碎石土,岩层 • 存在利用螺旋钻并用在含直径 500mm 碎石场地上的施工记录 • 最大单轴抗压强度 200MPa 的岩层
钢板桩	Z 型	575～708	AZ HOESCH PZC	Z 桩机	○ (≤25)	○ (≤50)	○ (≤600※3)	—	○	○	※6	※7	• 水刀并用压入 L=45m • 螺旋钻并用压入 L=15.5m	SPT-N=600※3 (螺旋钻并用)	• 砂土,黏土,碎石土,岩层 • 存在利用螺旋钻并用在含直径 400mm 碎石场地上的施工记录 • 最大单轴抗压强度 23.5MPa 的岩层
钢板桩	帽型	900	10H,25H,45H,50H	帽型桩机	○ (≤25)	○ (≤50)	○ (≤180※3)	—	○	○	※6	※7	• 水刀并用压入 L=37.5m • 螺旋钻并用压入 L=14m	SPT-N=180※3 (螺旋钻并用)	• 砂土,黏土,碎石土
钢板桩	超近接型	600	NS-SP-J	超近接桩机	○ (≤20)	○ (≤50)	○ (≤180※3)	—	○	○	※6	○	• 水刀并用压入 L=20.5m • 螺旋钻并用压入 L=20.5m	SPT-N=300※3 (螺旋钻并用)	• 砂土,黏土,碎石土 • 存在利用螺旋钻并用在含直径 300mm 碎石场地上的施工记录
钢板桩	H 型	宽:500 深度:350～588	J-Domeru,NS-BOX	H 型桩机	○ (≤7)	○ (≤30)	○ (≤600※3)	—	○	○	※6	※7	• 水刀并用压入 L=45.5m • 螺旋钻并用压入 L=14.5m	SPT-N=150※3 (螺旋钻并用)	• 砂土,黏土,碎石土,岩层 • 最大单轴抗压强度 20MPa 的岩层

续表

桩/板桩		类型/外形		静压植桩机类型	掘进辅助措施※1,※2				克服场地条件限制的施工工法※5				施工结果※8※9		
		有效宽度（mm）	类型		标准掘进，无掘进辅助措施，适用地基：砂土，黏土	水刀并用，适用地基：砂土，黏土	螺旋钻并用，适用地基：砂土，黏土，碎石土，岩质	旋转切削，适用地基：砂土，黏土，碎石土，岩质	无施工平台工法	狭窄空间工法	净空限制工法	邻接既有建筑物施工	最大桩长（每一种方法）	场地条件：最大标准贯入试验锤击数（SPT-N 值）	场地条件：地质划分※10
钢板桩	直线型	500	FL，FXL	直线桩机	○（≤10）	○（≤20）	—	—	○	○	※6	※7	• 水刀并用压入 L=18m	SPT-N=33（水刀并用）	• 砂土，黏土
钢板桩	轻质型	333	NL-3，LSP-B	沟槽式桩机	○（≤20）	○（≤30）	—	—	—	—	※6	※7	• 水刀并用压入 L=6m	SPT-N=30（水刀并用）	• 砂土，黏土
钢板桩	轻质型	500	LSP-5	沟槽式桩机	○（≤20）	○（≤30）	—	—	—	—	※6	○	• 水刀并用压入 L=8m	SPT-N=30（水刀并用）	• 砂土，黏土，碎石土
钢管桩	钢管板桩	ϕ500～1500（接头：P-P，P-T，L-T）		钢管桩机	○（≤15）	○（≤75）	○（≤600※3）	—	○	○	○	※7	• 水刀并用压入 L=59.5m • 螺旋钻并用压入 L=41m	SPT-N>1500※3（螺旋钻并用）	• 砂土，黏土，碎石土，岩层 • 最大单轴抗压强度 10MPa 的岩层
钢管桩	钢管桩	ϕ500～1500，ϕ2000，ϕ2500		螺旋桩机	○	○	○	○	○	○	○	※7	• 桩直径 1000mm，L=53m	SPT-N>1500※3	• 砂土，黏土，碎石土，岩层 • 存在于既有 7.8m 高桥墩上利用预钻孔旋转切削静压施工的记录 • 最大单轴抗压强度 98MPa 的岩层
混凝土桩	混凝土板桩	500	KF100-KF190	混凝土桩机	○※4	○（≤30）	—	—	○	○	※6	※7	• 水刀并用压入 L=9.5m	SPT-N=33（水刀并用）	• 砂土，黏土，碎石土
混凝土桩	混凝土板桩	1000	KC150-KC350	混凝土桩机	○※4	○（≤30）	—	—	—	—	※6	※7	• 水刀并用压入 L=14m	SPT-N=36（水刀并用）	• 砂土，黏土，碎石土
混凝土桩	预应力混凝土墙	600mm 宽，600mm 深 800mm 宽，800mm 深		墙桩机	○※4	○（≤75※3）	—	—	—	—	※6	※7	• 水刀并用压入 L=24m	SPT-N=75（水刀并用）	• 砂土，黏土，碎石土
混凝土桩	预应力混凝土墙	700mm 宽，700mm 深		墙桩机	○※4	○（≤75※3）	○（≤600※3）	—	—	—	※6	※7	• 水刀并用压入 L=23.5m	SPT-N=600※3（螺旋钻并用）	• 砂土，黏土，碎石土，岩层 • 存在利用螺旋钻并用在含直径 400mm 碎石场地上的施工记录

续表

桩/板桩		类型/外形		静压植桩机类型	掘进辅助措施[※1,※2]				克服场地条件限制的施工工法[※5]				施工结果[※8※9]		
		有效宽度（mm）	类型		标准掘进，无掘进辅助措施，适用地基：砂土，黏土	水刀并用，适用地基：砂土，黏土	螺旋钻并用，适用地基：砂土，黏土，碎石土，岩质	旋转切削，适用地基：砂土，黏土，碎石土，岩质	无施工平台工法	狭窄空间工法	净空限制工法	邻接既有建筑物施工	最大桩长（每一种方法）	场地条件：最大标准贯入试验锤击数 SPT-N 值	场地条件：地质划分[※10]
组合墙	帽型钢板桩	900	10H，25H，45H，50H	静压植桩机 F301	○（≤25）	○（≤50）	○（≤180[※3]）	—	○	○	○	※7	• 10H 型，L=15m	SPT-N=180[※3]	• 砂土，黏土，碎石土
	钢管桩	ϕ600，ϕ800，ϕ1000			○	○	○	○					• 桩直径 800mm，L=13m	SPT-N=49	• 砂土，黏土，碎石土
	Z 型钢板桩	575～708	AZ HOESCH PZC	静压植桩机 F401	○（≤25）	○（≤50）	○（≤600[※3]）	—	○	○	○	※7	• 水刀并用压入 L=45m • 螺旋钻并用压入 L=15.5m	SPT-N=600[※3]（螺旋钻并用）	• 砂土，黏土，碎石土，岩层 • 存在利用螺旋钻并用在含直径 400mm 碎石场地上的施工记录 • 最大单轴抗压强度 23.5MPa 的岩层
	钢管桩	ϕ800，ϕ1000，ϕ1200			○	○	○	○					• 桩直径 800mm，L=13m	SPT-N=49	• 砂土，黏土，碎石土

注：※1 参见日本国土交通省的成本估算标准。
※2 参见日本静压桩协会的成本估算资料。
※3 标贯试验 N 值大于 50 的等价 N 值，为 50 次锤击后贯入深度小于 30cm 时的估计 N 值。
※4 根据场地条件选用，适用于水刀并用压入法。
※5 参见“施工指南”4.2.1（2）节：克服场地条件限制的静压工法。
※6 由桩或板桩顶部的净空高度决定。
※7 由桩或板桩与障碍物之间的横向距离决定。
※8 GIKEN 公司提供的工程记录（截至 2015 年 3 月 31 日）。
※9 最大桩长、最大 SPT-N 值（或者最硬岩层的单轴抗压强度）及场地条件均是实际施工记录中的最大值。
※10 岩石的分级按照日本电力中央研究所（CRIEPI）的分级标准。

植桩机的规格，同时也列举了适于单独利用静压法并借助工法辅助措施（水刀并用压入法、螺旋钻并用压入法或旋转切削压入法）进行施工的最大场地土体强度（以标准贯入试验锤击数 N 表示）。

表 1.3-5 中列举了最大桩长及用最大标准贯入试验锤击数 N 表征的场地条件，供技术人员选择静压法工法辅助措施及静压植桩机时参考。更多关于静压植桩机的适用类型及克服不同场地限制的施工工法参见本手册第 4 章，工程实例参见本手册附录 A.1 节及 A.2 节。

1.3.5　压桩方法对比

本节以典型桩型为例，对比静压法与其他压桩方法。需要注意的是，本节未讨论的桩型常被用于特殊用途，因此在选择桩型时需要充分考虑工程的目的。根据桩的外形、材质、尺寸、施工条件及用途的不同，其施工方法存在差异，在选择合适的压桩方法时，需要针对上述几个方面进行充分的比较和考量。表 1.3-6 展示了每一种压桩方法的特点。

钢板桩不同压桩方法的特点　　**表 1.3-6**

压桩方法	优　点	缺　点
锤击法	• 较大的锤击力； • 较高的施工效率	• 高噪声，强振动； • 烟雾及油污污染； • 桩顶易被压碎
振动锤法	• 较高的施工效率； • 可以利用挖掘辅助钻孔； • 借助水刀并用压入法可以实现在硬质场地上的施工	• 高噪声，强振动； • 不适用于岩质场地
螺旋钻并用顶桩法（三点支撑式打桩机）	• 低噪声，低振动； • 可以利用挖掘辅助钻孔； • 钢板桩变形小	• 施工机械体积大，施工场地面积大； • 机械搬运困难，机械装配和拆卸规模大
内部挖孔桩法	• 低噪声，低振动； • 可以利用挖掘辅助钻孔； • 桩体变形小	• 施工机械体积大，施工场地面积大； • 机械搬运困难，机械装配和拆卸规模大
钻孔桩法	• 低噪声，低振动； • 可以利用挖掘辅助钻孔； • 桩体变形小	• 施工机械体积大，施工场地面积大； • 机械搬运困难，机械装配和拆卸规模大
静压法（静压植桩机）	• 由于压桩反作用力来自于已经压入的桩或板桩，压桩反作用力大； • 施工效率高； • 施工机械可移动性强，工作性能好； • 低噪声，低振动； • 可以利用挖掘辅助钻孔； • 因为桩的夹持点低，桩体变形小； • 可用于狭窄空间内的施工； • 借助螺旋钻可在硬质场地上施工； • 借助多种工法辅助工法可在硬质场地上实现压桩施工； • 旋转切削压入法（螺旋钻法）能使钢管桩穿透硬质地基或场地内埋藏的既有结构	• 在硬质场地上施工时需要工法辅助

1. 钢板桩的压入（U 型、Z 型、帽型和超近接型）

钢板桩的施工有 4 种方法：锤击法，振动锤方法，螺旋钻并用顶桩法及静压法，如表 1.3-6 所示。

由于噪声及振动，锤击法不能在城市内使用。振动锤方法因其适用性强且施工简单易行，因此常被采用。但是，当在民宅附近施工时这一方法有时会造成扰民。螺旋钻并用顶桩法借助一个三点支撑式的打桩机，其优点是噪声及振动水平低，不需要特殊的施工机械。另一方面，这一方法需要较大的施工场地，且与静压植桩机相比这一方法设备的可移动性较差。静压法的噪声及振动水平低，能够实现在狭窄空间内的压桩施工，且在借助工法辅助措施的情况下静压法能用于多种场地条件下的施工。

2. 轻质钢板桩的压入

钢板桩的施工有 2 种方法：锤击法和静压法，如表 1.3-6 所示。由于材料的轻质特性，轻质钢板桩易于搬运，常用于城市较浅深度内的污水处理工程。与普通钢板桩相比，其截面刚度较小，因此轻质钢板桩不适用于挡土墙结构。轻质钢板桩的压桩方法特点与其他钢板桩相同。

3. 钢管板桩的压入（P-P 型连接件，P-T 型连接件及 C-T 型连接件）

钢管板桩的施工有 4 种方法：锤击法，振动锤方法，内部挖孔桩法及静压法，如表 1.3-6 所示。其中锤击法和振动锤法因其施工简便、适用性强，过去常被使用。

由于钢管板桩的截面大于钢板桩，因此与其他方法相比，当利用冲击锤和振动锤进行钢管板桩施工时，需要施加更大的冲击和振动能量。水刀并用压入法有时被当作振动锤方法的一种工法辅助措施，用于降低掘进过程中的地基阻力。

对于螺旋钻并用的内部挖孔桩法，在钢管板桩上安装螺旋钻头，并安装三点支撑式打桩机，压桩过程中噪声及振动水平低。另一方面，与静压法相比，这一方法需要更大尺寸的施工机械及更大面积的施工场地。在无工法辅助的情况下，这一方法能在最大标准贯入试验锤击数 N 为 15 的场地上进行压桩施工。因此，当地基锤击数 N 超过 15 时，压桩施工往往需要借助水刀并用压入法或螺旋钻并用压入法。与内部挖孔桩法相比，即使静压法也需要借助螺旋钻并用压入法作为工法辅助措施，但静压法不需要配备用于安装螺旋钻的导杆，因而静压法的施工设备尺寸较小。鉴于此，在施工效率及施工安全方面静压法优于其他方法。

4. 钢管桩的压入

钢管板桩的施工有 4 种方法：锤击法，振动锤方法，钻孔桩法及静压法，如表 1.3-6 所示。与钢管板桩不同，钢管桩不需要连接件，故其适用的地基类型更广。钢管桩施工采用借助了旋转切削工法辅助措施的静压法，称为螺旋钻法。

根据日本国内的使用情况，针对不同场地条件及限制条件的钢管桩施工方法及特点如表 1.3-7 所示。锤击法及振动锤法在施工工程中经常引起噪声及振动问题。钻孔桩法需较大尺寸的施工设备及较大面积的施工场地，且由于在场地上钻孔并将预制的桩压入钻孔内，将引起钻孔弃土及泥浆处理问题。相较其他方法，旋转切削静压法（螺旋钻法）是一种静力压桩方法，且不会对周围环境造成不良影响，因此具有较大的优越性。另外，其在施工效率及施工安全性方面还具有显著的优势，例如土体扰动最小、无废土及废弃泥浆、施工机械体积小。

钢管桩不同施工方法的特点　　　　**表 1.3-7**

施工方法 \ 选择标准		场地					地下水	施工			环境		
		层间存在硬层	砾径＜50mm	砾径 50～100mm	砾径 100～500mm	切断岩墙和钢筋混凝土	高水位	水上施工	狭窄空间施工	在已压入桩顶施工	振动和噪音	对临近结构的影响	污泥及废水处理
打入法	冲击锤	△	○	△	×	×	○	○	△	×	×	△	○
	振动锤（标准）SPT-N≤50	×	○	△	×	×	○	○	△	×	△	△	○
	振动锤（高压水流）SPT-N＜50	△	○	△	×	×	○	○	△	×	△	△	○

续表

选择标准 施工方法		场地					地下水	施工			环境		
		层间存在硬层	砾径＜50mm	砾径50～100mm	砾径100～500mm	切断岩墙和钢筋混凝土	高水位	水上施工	狭窄空间施工	在已压入桩顶施工	振动和噪音	对临近结构的影响	污泥及废水处理
钻孔桩法	内部挖孔桩法	○	○	△	×	×	○	×	△	×	○	○	×
静压法	旋转切削法（钢管桩）	○	○	○	○	○	○	○	○	○	○	○	○

注：1. ○—具有较高适用性；△—具有一定适用性；×—不适用

2. 根据日本道路协会“公路桥梁规范 2012”中的“6. 基础类型的应用实例”（P613）进行修订。

5. 混凝土板桩的压入

本手册讨论的混凝土板桩是一种压入式混凝土板桩，其施工方法有 3 种：振动锤方法，螺旋钻并用顶桩法（采用一种泥浆凝固方法）及静压法，如表 1.3-6 所示。

如果桩体的张力超过其抗裂强度，混凝土板桩中可能造成裂缝的发育。由于在加工阶段没有施加预应力，因此此类桩并不适合采用锤击法进行施工。

预应力混凝土板桩的施工方法与钢板桩类似，但在施工过程中必须小心操作以免在桩内引起裂缝。与钢板桩相比，混凝土板桩的材料特性较差。

当利用振动锤法或静压法在相对较硬场地上进行混凝土板桩施工时，需要借助水刀并用压入法。值得注意的是，这些方法不能像钢板桩一样用于更硬的场地。泥浆凝固法有时用于硬质场地上的混凝土板桩施工，以避免混凝土板桩在施工过程中出现裂缝。施工时，提前在地基上利用三点支撑式打桩机钻一个孔，用泥浆置换出孔内的泥土，然后将混凝土板桩插入这一钻孔内。这一流程需要两个阶段的施工，施工变得相对复杂，且需要大型的施工机械和较大面积的施工场地，施工机械的可移动性也较差。

6. 预应力混凝土墙的压入

预应力混凝土墙（PC 墙）的施工有 3 种方法：内部挖孔桩法，钻孔桩法及静压法，如表 1.3-6所示。预应力混凝土墙虽然由混凝土制成，但由于其施加了预应力，故不易像混凝土板桩那样出现裂缝。预应力混凝土墙的截面为矩形，其压入阻力较大，与钢管桩相比，其压入施工需要更大的冲击或振动能量，同时施工造成的噪声及振动影响也更大。鉴于此，在城市内进行预应力混凝土墙施工时不能采用锤击法或振动锤法，而通常采用内部挖孔桩法。利用静压法进行预应力混凝土墙施工时需要大型的设备，且由于需要处理废土及泥浆废液，也需要较大面积的施工场地。在硬质场地或含有碎石和砾石的场地内进行预应力混凝土墙施工时常常采用钻孔桩法，而非内部挖孔桩法，但采用钻孔桩法的注意事项与采用内部挖孔桩法类似。由于预应力高强混凝土桩（PHC 桩）同样具有矩形截面，因此可以采用上述预应力混凝土墙的施工方法对其进行施工。

不借助任何工法辅助措施的静压法仅能用于较软场地上的施工，因此，静压法通常伴随着螺旋钻法一并使用。但借助螺旋钻法的静压法在施工效率和安全性方面存在优势，其降低了施工机械的尺寸及施工场地的面积，且与钻孔桩法和内部挖孔桩法相比这种方法不需要大尺寸的导杆。

7. 组合墙的压入

本节组合墙结构指钢管桩和帽型钢板桩的组合，其施工方法被称作“组合螺旋法”。仅需要更换静压植桩机的一个机械部件（夹头）即可利用静压植桩机施工组合墙结构。

1.4　静压法施工嵌入式桩板结构的应用

静压法是一种将嵌入式墙体结构或连续桩体结构持续压入场地内的方法，目前，静压法已经被用作多种用途，其最主要的用途是悬臂式挡土墙和支挡结构。即使作用于结构上的荷载超过设计值，当具有足够嵌入长度时，结构也不易完全丧失其功能。这一结构因其具有弹性特征，目前受到越来越多的关注，并且可以预见这一结构将会被运用于更多的领域。

本节将介绍嵌入式支挡结构的应用以及选择静压法的原因。嵌入式结构的应用如图 1.4-1 所示。嵌入式结构的应用主要包括以下 7 个方面：

支挡结构（挡土墙、河堤、海堤、临时支挡结构、围堰等）；

河堤加固；

抗液化措施；

截水墙；

压力隔离墙；

路堤坍塌和滑坡防治；

地基基础。

嵌入式结构的每一种应用详细介绍如下。

1. 支挡结构（挡土墙、堤坝、海堤、临时支挡结构、围堰等）（图 1.4-1*a*～*k*）

桩或板桩作为悬臂式嵌入支挡结构，用以抵抗作用在其上的土压力或水压力，并将土压力或水压力传递至地基中。悬臂式嵌入支挡结构已被广泛使用，未来也将得到广泛的运用。

（1）公路和铁路

静压法常被用于道路的开挖和拓宽（图 1.4-1*a*～*c*），这一过程需要修建挡土墙、开挖、回填及修建临时支挡结构。静压法施工的桩或板桩可以作为支挡结构主体结构的一部分，因其施工规模较小，使得静压法在结构后方场地受限（例如城区）的情况下成为一种优越的施工方法。除此之外，由于静压植桩机的结构紧凑，在必要条件下可以使用无施工平台工法，这也使得静压法成为一种在场地受限条件下优先选择的施工方法。

对于同一平面内的立交工程，采用静压法可以减少复杂的车道变更及长期的交通管制。由于静压植桩机操作时夹钳住已经压入的桩或板桩，其倾覆或摇摆的可能性较低，因此，静压法可以应用于允许位移小、施工精度要求高的铁路工程。

（2）港口及河流

静压法可用于港口及河流的堤坝和护岸工程（图 1.4-1*e*～*h*），同样对于公路工程而言，静压法可显著降低大型土方工程和临时围堰工程的施工规模。在水上修建新的护岸工程时，当采用无施工平台工法时，仅需在施工起点搭建临时的工作平台，后续的施工可以在没有临时施工平台船的辅助下完成。另外，静压法可用于现有工程的改进和加固，如修复、加固、增高、改进现有海堤和河堤。例如，当防护墙由于老化出现性能退化时，可以利用静压法在现有防护墙前方或后方修建一道新的防护墙，以实现修复或抗震加固原有防护墙的目的。对于狭窄场地内的城市河流防护墙修复工程，可以利用螺旋钻法将混凝土防护墙压入地基内（图 1.4-1*g*、*h*）。当城市高速公路横跨河流防护墙时，上方的施工空间有限，可以采用克服上方净空受限条件下的施工工法（图 1.4-1*h*）。

（3）临时工程

自立式支挡结构常被用作临时挡土墙，或者用作临时围堰（图 1.4-1*i*、*j*）。当施工场地上方空间受限时，例如在既有桥梁下方进行施工时，采用特殊加工的静压植桩机将具有明显优势。

（4）地下自行车和汽车停车场

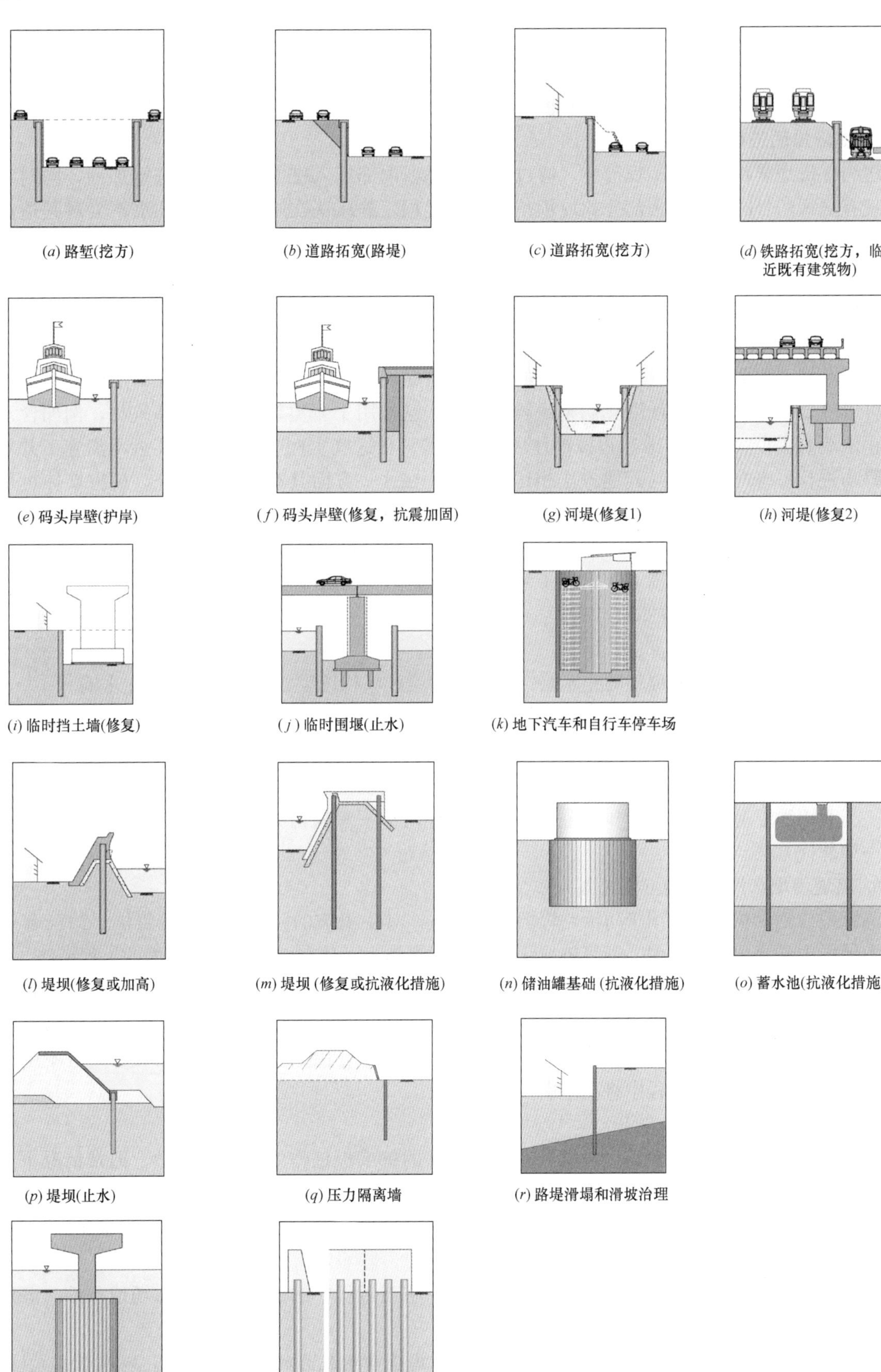

(*a*) 路堑(挖方)

(*b*) 道路拓宽(路堤)

(*c*) 道路拓宽(挖方)

(*d*) 铁路拓宽(挖方，临近既有建筑物)

(*e*) 码头岸壁(护岸)

(*f*) 码头岸壁(修复，抗震加固)

(*g*) 河堤(修复1)

(*h*) 河堤(修复2)

(*i*) 临时挡土墙(修复)

(*j*) 临时围堰(止水)

(*k*) 地下汽车和自行车停车场

(*l*) 堤坝(修复或加高)

(*m*) 堤坝(修复或抗液化措施)

(*n*) 储油罐基础(抗液化措施)

(*o*) 蓄水池(抗液化措施)

(*p*) 堤坝(止水)

(*q*) 压力隔离墙

(*r*) 路堤滑塌和滑坡治理

(*s*) 钢管板桩围堰基础

(*t*) 嵌入墙基础(钢管桩)

图 1.4-1 压入法应用实例

作为支挡结构的一种应用形式，借助高精度的施工，静压法已被用于地下自行车和汽车停车场的建造（图 1.4-1*k*）。这类停车场采用一种快速停车和取车的方法，有效减轻了交通拥堵，已在东京首都圈范围内得到广泛应用。关于地下自行车和汽车停车场的综述参见本手册附录 B.3 节。

2. 堤坝加固工程（图 1.4-1*i*、*m*）

作为抵抗地震和海啸的工程措施，通过在既有堤坝内部压入桩或板桩对其进行加固，同时实现加高现有堤坝的目的。由于大部分的堤坝均为土质堤坝，静压法在施工过程中几乎不会对其造成振动影响，不会对堤坝的结构造成伤害（图 1.4-1*i*、*m*）。另外，在堤坝内部利用两排钢板桩形成止水墙，可以防止堤坝地基的液化（图 1.4-1*m*）。鉴于上述优点，2011 年日本东部大地震后静压法已被广泛应用于海岸堤坝工程。

3. 抗液化措施（图 1.4-1*l*～*o*）

堤坝及储油罐地基的液化是不容忽视的，通过在堤坝地基及储油罐地基内部利用板桩形成地下墙体可以降低墙体周围土体的液化病害风险。静压法已被用于多类新建和既有建筑物，例如含双排板桩止水墙的堤坝（图 1.4-1*m*）以及罐体周围的围堰。在这些实例中，往往需要近距离施工并对地下障碍物进行妥善的处理，与其他方法相比，静压法在这一方面具有优势。另外，板桩墙体可用作止水墙，配合同时挖掘的抽水井，可以降低墙体封闭区域内的水位，进而有效降低这一区域内的液化风险。此外，对于在既有堤坝内部压入一排钢管桩进行堤坝加固的情况（图 1.4-1*l*），将钢管桩压入下部未液化土层，即使周围土体出现了液化现象，堤坝的高度仍可以保持不变。海堤工程方面的应用综述参见本手册附件Ⅱ的 3-2 节。

4. 止水墙（图 1.4-1*p*）

桩或板桩可被用作河流堤坝的止水墙，或土体污染区域和垃圾处理设施周围的止水墙。

5. 压力隔离墙（图 1.4-1*q*）

当在新近地基上修建土质路堤时，孔隙水压力会随着地基应力的增大而消散，进而导致地基沉降。这种情况下，桩或板桩能够用作压力隔离墙以限制周围地基中应力增长的扩散，进而防止地基沉降。当利用深层搅拌方法修建压力隔离墙时，水泥对地下水的污染不容忽视，此时，静压法可以作为一种替代方法。

6. 路堤坍塌和滑坡防治（图 1.4-1*r*）

钢管桩或钢管板桩可以用于防治路堤坍塌和滑坡，其中滑坡的防治常采用钢管桩。2011 年日本东部大地震中路堤出现了坍塌，钢管桩或钢管板桩可以作为一种有效防治路堤坍塌的工程措施。

滑坡的防治工程随滑坡范围及滑坡土层厚度的不同而不同。静压法适用于多种桩体材料，从用于加固小型路堤的钢板桩到防治大型滑坡的大直径钢管桩。另外，即使桩需要嵌入到滑动带以下的坚硬地层，也可采用借助螺旋钻法或旋转切削方法的静压法。由于静压法的振动较小，且不引起应力释放，因此静压法施工过程中将不会引发滑坡失稳。

7. 地基基础（图 1.4-1*s*、*t*）

静压法将桩或板桩压入地基，可以利用这些压入的桩或板桩作为结构的基础。通常情况下，可连续地将钢管桩或钢管板桩压入地基内，用作围堰的基础（图 1.4-1*s*）。

对非连续桩的情况，已开发了一种隔桩工法。在这种工法中，以恒定的桩间距将桩压入地基中。这种工法将广泛用于挡土墙的基础（图 1.4-1*t*）。

静压植桩机不仅能保证施工流程，而且能够利用施工过程中的监测数据评估场地条件。静压植桩机的上述优点可以确保基础工程的建造质量。

【补充】 除了用于墙体结构，静压法还可用于考虑垂向承载力的道路挡土墙，以及自立式结构，例如河流护岸。图 1.4-2 展示了一个横跨河流的桥梁实例，关于这个实例，参见“Design and construction guideline of steel tubular retaining wall by the Gyropress (Rotary Cutting Press-in) Method”（IPA，March 2014）。

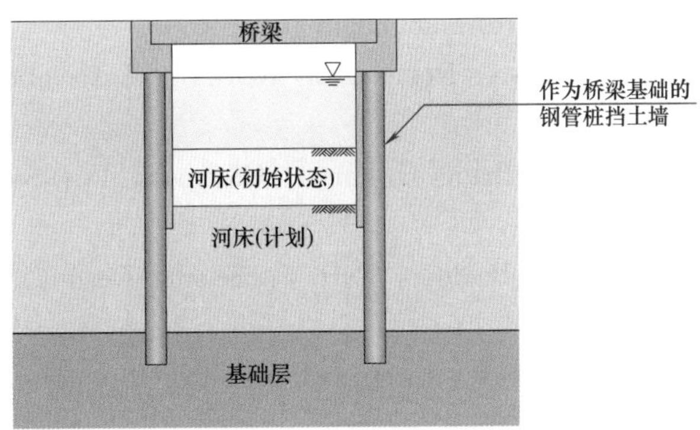

图 1.4-2 横跨河流的桥梁

1.5 相关标准和指南

静压植桩机施工的嵌入式墙体结构具有多种应用形式，包括挡土墙、堤坝、护岸、临时挡土墙及围堰。但是，这些结构的设计和施工标准来自于不用的管理实体，且这些标准针对的是不同的场地条件及施工条件。如对每一种条件进行详细陈述将过于繁琐，因此，本手册主要集中于悬臂式（嵌入）支挡结构的基本事项。

静压法施工的嵌入墙具有多种用途，对于本手册未涉及的结构，应参考其他相关的标准。

"螺旋钻法（螺旋切削静压法）施工钢管桩挡土墙的设计及施工指南"（日文版）已经由 IPA 于 2014 年出版，这一手册介绍了螺旋切削静压法的应用。如果要修改或变更这些标准和指南，应对其一致性进行检查，并对新旧规范进行详细的对比。

本手册参考的标准及指南列表如下（英文）：

(1) "Principles for Foundation Designs Grounded on a Performance-based Design Concept", Japanese Geotechnical Society, March 2006.

(2) "Technical Standards and Commentaries for Port and Harbour Facilities in Japan", The Overseas Coastal Area Development Institute of Japan, December 2009.

(3) "EN 1997-1 (2004): Eurocode 7: Geotechnical design-Part 1: General rules", European Committee for Standardization, November 2004.

(4) "EN 12063: 1999, Execution of special geotechnical work-Sheet pile walls", European Committee for Standardization, February 1999.

(5) "EN 1536: 2010+A1: 2015, Execution of special geotechnical works-Bored piles", European Committee for Standardization, June 2015.

(6) "EN 12699: 2015, Execution of special geotechnical work-Displacement piles", European Committee for Standardization, April 2015.

(7) "Principles for Foundation Designs Grounded on a Performance-based Design Concept", Japanese Geotechnical Society, March, 2006.

(8) "Design and Construction Guideline for Steel Tubular Pile Earth Retaining Wall by Gyropress Method (Rotary Cutting Press-in Method)", International Press-in Association, March 2014.

(9) "Design Manual of Cantilever Steel Sheet Pile Retaining Walls", Japanese Association for Steel Pipe Piles and Advanced Construction Technology Center, December 2007.

(10) "Technical Standards and Commentaries for Port and Harbour Facilities in Japan", The O-

verseas Coastal Area Development Institute of Japan, July 2007.

(11) "Design Instruction of Disaster Restoration Works", Association of Nationwide Disaster Prevention, July 2012.

(12) "Specifications for Highway Bridges, Part I: Common, IV: Substructures", Japan Road Association, March 2012.

(13) "Specifications for Highway Bridges, Part V: Seismic Design", Japan Road Association, March 2012.

(14) "Road Earthwork, Guideline for the Construction of Retaining Structures", Japan Road Association, July 2012.

(15) "Road Earthwork, Guideline for the Construction of Temporary Structures", Japan Road Association, March 1999.

(16) "Commentary and Application of Highway Structure Act", Japan Road Association, February 2004.

(17) "Outline of Road Earthwork", Japan Road Association, June 2009.

(18) "Road Earthwork, Guideline for Soft Ground Measure Work", Japan Road Association, August 2012.

(19) "Handbook of Pile Foundation Design", Japan Road Association, January 2007.

(20) "Handbook of Pile Foundation Construction", Japan Road Association, January 2007.

(21) "Japanese Standard for Tunneling: Cut and Cover Works", Japan Society of Civil Engineers, July 2006.

(22) "Design Examples of Port and Harbour Structures", Coastal Development Institute of Technology, March 2007.

(23) "Guideline of Fisheries Infrastructure Technology", National Association of Fisheries Infrastructure, 2003.

(24) "Design Calculation Examples of Fisheries Infrastructures", National Association of Fisheries Infrastructure, 2004.

(25) "Guideline of Aseismic Performance Assessment of River Structures (draft)", Flood Control Division, River Bureau, Ministry of Land, Infrastructure, Transport and Tourism, February 2012.

(26) "Design Outline II: Retaining Walls", Nippon Expressway Research Institute Company Limited (NEXCO RI), July 2012.

(27) "Design Standards for Railway Structures and Commentary (Cut and Cover Tunnels)", Railway Technical Research Institute (RTRI), March 2001.

(28) "Design Standards for Railway Structures and Commentary (Foundation Structures)", RTRI, January 2012.

(29) "Design Standards for Railway Structures and Commentary (Earth Retaining Structures)", RTRI, January 2012.

(30) "Design Standards for Railway Structures and Commentary (Aseismic Design)", RTRI, September 2012.

(31) "Guidelines for Design and Construction of Earth Retaining Structures", Architectural Institute of Japan, February 2002.

(32) "Specifications for Protection Fence Installation", Japan Road Association, January 2008.

(33) "Standard Specifications of Protection Fence for Vehicles", Japan Road Association,

March, 2004.

(34) "Road Earthwork, Guideline for Cut Slope Works and Slope Stabilization Works", Japan Road Association, June 2009.

(35) "Handbook of Road Earthquake Disaster Measure (Earthquake Disaster Restoration)", Japan Road Association, March 2007.

(36) "Guideline of Building Foundation Design", Architectural Institute of Japan, October 2001.

(37) "Handbook of Small Building Foundation Design", Architectural Institute of Japan, January 2008.

(38) "Technical Guideline for Safe Construction in Civil Engineering Works", Ministry of Land, Infrastructure, Transport and Tourism (MLIT), March 2009.

(39) "Technical Guideline for Safe Construction with Construction Machines", Ministry of Land, Infrastructure, Transport and Tourism (MLIT), March 2005.

(40) "Outline on Public Disaster Prevention Measures in Construction Works", Ministry of Construction (currently MLIT), January 1993.

(41) "Manual on Safe Construction with Construction Machines", Ministry of Land, Infrastructure, Transport and Tourism (MLIT), April 2010.

(42) "Construction Management Standard and Specified Values in Civil Engineering Works (draft)", Ministry of Land, Infrastructure, Transport and Tourism (MLIT), March 2013.

(43) "Standard Specification and Commentary for Building Construction Works, JASS3: Earthworks and Earth Retaining Works, JASS4: Foundation and Foundation Slab Works", Architectural Institute of Japan, October 2009.

参考文献

[1] Simpson, B., Morrison, P., Yasuda, S., Townsend, B. and Gazetas, G.: State of the art report: analysis and design, *Proceedings of the 17 th International Conference on Soil Mechanics and Geotechnical Engineering*, pp. 2873-2929, 2009.

[2] White, D. J. and Deeks, A. D.: Recent research into the behaviour of jacked foundation piles, *Advances in Deep Foundations*, pp. 3-26, 2007.

[3] White, D. J., Finlay, T., Bolton, M. and Bearss, G.: Press-in piling: ground vibration and noise during pile installation, *International Deep Foundations Congress*, ASCE, Special Publication 116, pp. 363-371, 2002.

[4] White, D. J., Deeks, A. D. and Ishihara, Y.: Novel piling: axial and rotary jacking, *Proceedings of the 11 th International Conference on Geotechnical Challenges in Urban Regeneration*, CD, 2010.

[5] Ishihara, Y., Ogawa, N., Okada, K. and Kitamura, A.: Estimating subsurface information from data in press-in piling, *5 th IPA International Workshop in Ho Chi Minh*, *Press-in Engineering 2015*, pp. 53-67, 2015.

[6] Ishihara, Y., Haigh, S. and Bolton, M. D.: Estimating base resistance and N value in rotary press-in, *Soils and Foundations*, *Vol. 55*, *No. 4*, pp. 788-797, 2015.

[7] Bolton, M. D., Haigh, S. K., Shepley, P. and Burali d' Arezzo, F.: Identifying ground interaction mechanisms for press-in piles, *Proceedings of 4 th IPA International Workshop in Singapore*, *Press-in Engineering 2013*, pp. 84-95, 2013.

[8] Jeager, R. A., DeJong, J. T., Boulanger, R. W., Low, H. E. and Randolph, M. F.: Variable penetration rate CPT in an intermediate soil, *2 nd International Symposium on Cone Penetration Testing*, *CPT2010*, 8p, 2010.

[9] Finnie, I. M. S. and Randolph, M. F.: Punch-through and liquefaction-induced failure of shallow foundations on

calcareous sediments, *Proceedings of International Conference on Behaviour of Offshore Structures*, *BOSS' 94*, pp. 217-230, 1994.

[10] Ishihara, Y., Okada, K., Nishigawa, M., Ogawa, N., Horikawa, Y. and Kitamura, A.: Estimating PPT Data Via CPT-Based Design Method, *Proceedings of 3 rd IPA International Workshop in Shanghai*, *Press-in Engineering 2011*, pp. 84-94, 2011.

[11] Randolph, M. F., Leong, E. C. and Houlsby, G. T.: One-dimensional analysis of soil plugs in pipe piles, *Geotechnique*, *Vol. 41*, *No. 4*, pp. 587-598, 1991.

[12] Silva, M. F., White, D. J. and Bolton, M. D.: An analytical study of the effect of penetration rate on piezocone tests in clay, *International Journal for Numerical and Analytical Methods in Geomechanics*, *Vol. 30*, pp. 501-527, 2006.

[13] Burali d'Arezzo, F., Haigh, S. K. and Ishihara, Y.: Cyclic jacking of piles in silt and sand, *Installation Effects in Geotechnical Engineering-Proceedings of the International Conference on Installation Effects in Geotechnical Engineering*, *ICIEGE 2013*, pp. 86-91, 2013.

[14] White, D. J. and Bolton, M. D.: Observing friction fatigue on a jacked pile, *Centrifuge and Constitutive Modelling: Two Extremes*, pp. 347-354, 2002.

[15] Tsinker, G. P.: Pile jetting, *Journal of Geotechnical Engineering*, *Vol. 114*, *No. 3*, pp. 326-334, 1988.

[16] Shepley, P.: Water injection to assist pile jacking, *Ph. D. Thesis*, *University of Cambridge*, *235* p., 2013.

[17] Komurka, V. E., Wagner, A. B. and Edil, T. B.: Estimating soil/pile set-up, *Wisconsin Highway Research Program #0092-00-14*, *Final Report*, 43p., 2003.

[18] Fujita, K. and Ueda, K.: Elapsed days and bearing capacity after pile driving, lecture and discussion abstract at a symposium on the issues in the vertical loading test methods of piles, *Tsuchi to Kiso* (*Soil and Foundation*), *Vol. 19*, *No. 6*, p. 28, 1971 (in Japanese).

[19] Kato, T. and Kokusho, T.: Deformation rate dependency of the extraction bearing capacity of piles in a saturated ground by the seepage force similarity model tests, *Prpceedings*, *Japanese Society of Civil Engineers*, *C* (*Geosphere Engineering*), *Vol. 68*, *No. 1*, pp. 117-126, 2012 (in Japanese).

[20] Liyanapathirana, D. S., Deeks, A. D. and Randolph, M. F.: Numerical modelling of the driving response of thin-walled open-ended piles, *International Journal for Numerical and Analytical Methods on Geomechanics*, *Vol. 25*, *No. 9*, pp. 933-953, 2001.

[21] Lehane, B. M., Schneider, J. A. and Xu, X.: CPT-based design of displacement piles in siliceous sands, *Advances in Deep Foundations*, pp. 69-86, 2007.

[22] Lehane, B. M., Schneider, J. A. and Xu, X.: The UWA-05 method for prediction of axial capacity of driven piles in sand, *International Symposium on Frontiers in Offshore Geotechnics*, pp. 683-689, 2005.

[23] Yetginer, A. G., White, D. J. and Bolton, M. D.: Field measurements of the stiffness of jacked piles and pile groups, *Geotechnique*, Vol. 56, No. 5, pp. 349-354, 2006.

[24] Li, Z.: Piled foundations subjected to cyclic loads or earthquakes, *Ph. D. Thesis*, *University of Cambridge*, 290p., 2010.

[25] Komeyama, K.: Large-scale excavation works under a space restricted condition, Extension works of the Kochi Airport, Doboku Seko (Engineering works), Vol. 42, No. 9, pp. 26-33, 2001 (in Japanese).

[26] Arcelo Mittal: Chapter11 Installation of sheet piles, *Piling Handbook 8 th edition*, pp. 10-11, 2008.

注：此处列举的参考文献及最新研究成果可在国际静压桩学会的官方网站上查找：http://www.press-in.org。

第 2 章

规划和勘察

2.1 规　　划

2.1.1 基本方针

嵌入式支挡结构具有多种用途，包括挡土墙、护岸、临时支挡结构及临时围堰。因此，了解嵌入式支挡结构的建造目的及功能需求，并制定与建造目的匹配的施工规划尤为重要。应在充分掌握拟建场地周围结构、施工环境、地形地貌、工程地质及场地条件的前提下制定施工规划。制定施工规划时应考虑对周围环境的保护、施工安全性以及缩减施工周期和施工成本。另一方面，施工时可能会遇到一系列限制条件，例如施工场地狭窄、施工邻近既有建筑物或地下结构、环境保护限制、施工场地地形复杂等。在进行结构设计之前，应对上述限制条件进行调查和整理，并在此基础上制定施工规划。施工规划中应充分考虑针对上述限制条件的应对措施。

施工规划的制定者应是熟悉嵌入式结构特征、设计及施工的专业技术人员。因此，有关部门应对施工规划人员的技术水平进行资格认证。

2.1.2 规划阶段的讨论主题

利用静压法建造悬臂嵌入式支挡结构时，支挡结构形式、截水必要性、支挡结构刚度以及施工方法会随着地形条件、场地条件及地下水条件的变化而变化。规划阶段应考虑悬臂嵌入式支挡结构的稳定性、安全性、可使用性、施工周期、施工成本以及其与周围环境和景观的协调性。

作为参考，表 2.1-1 列举了与本手册相关的悬臂嵌入式支挡结构的主要类型。规划阶段需要考虑的内容如下所述。

1. 施工场地地形地貌、工程地质条件、场地条件、地下水条件及天气条件

静压法施工的结构类型应根据施工场地地形地貌、工程地质条件、场地条件、设计高度和开挖深度进行选择。另外，由于地下水条件影响支挡结构的稳定性，尤其是开挖基坑的稳定性，因此施工规划时还应考虑场地的地下水条件。具体包括以下各项：

（1）场地地表情况及地表地层倾向；

（2）土体分层及土层厚度、碎石百分比、碎石尺寸、是否存在卵石、持力层位置及其倾向、是否存在岩层；

（3）软弱地层厚度、地下水位、是否存在液化地层、是否存在地表下陷的可能；

（4）天气条件、降雨强度、是否存在异常天气、潮位变化；

（5）地震及海啸历史记录。

2. 对周围环境、结构的影响和施工限制条件

静压法可用于近接施工。施工规划应检查近接施工对周围建筑物的影响以及近接施工的控制值，具体包括以下各项：

（1）周围建筑物的基础类型、建筑用途、间距；

（2）施工周期和施工时间的限制；

（3）对周围环境的影响；

（4）对周围结构（建筑物、公路、铁路）的影响程度；

（5）施工空间的限制（净空限制、施工场地宽度和长度的限制）。

3. 施工条件

考虑施工安全性和可操作性，施工规划应检查以下各项（参考本手册 4.2 节）：

（1）计划的施工线路附近是否存在埋于地下的市政公共设施（电力管线、燃气管线、自来水管线及污水管线）及其他结构；

（2）净空限制，例如高压电线及桥梁；

（3）施工过程中地下水位的变化及降水方法；

（4）可能出现的施工废弃物及处理方法；

（5）邻近既有建筑物的施工方法；

（6）施工设备和材料的运输许可和限制条件、是否存在临时施工设备；

（7）施工噪声和振动的防治措施；

（8）施工周期和施工时间的限制；

（9）潮位对施工的影响，出现洪涝灾害时施工机械的撤离措施；

（10）拔桩对周围结构的影响；

（11）施工机械的安全及其他限制条件的验证。

4. 性能需求

在基于性能的设计方法中，应根据极限状态和设计工况确定结构的性能需求，同时考虑结构的服务性、安全性、稳定性和重要性。

5. 设计工况

在整理各类勘察结果（包括场地条件和地基条件）的基础上确定设计参数，包括桩材刚度和强度。同时，应确定设计中需要考虑的荷载类型、荷载组合形式以及荷载作用方式。

悬臂嵌入式挡土墙结构　　表 2.1-1

结　　构	概　　述	可 施 工 性
钢板桩挡土墙	通过连续压入钢板桩形成钢板桩挡土墙，钢板桩之间进行联锁连接	• 可具有防水性（取决于板桩的类型）； • 与静压法相比，锤击法和振动锤法将引起噪声和振动； • 锤击法和振动锤法难以在硬质场地上进行施工，但借助螺旋钻掘进的静压法可实现硬质场地上的压桩施工； • 适用于高度低于 4m 的挡土墙
钢管桩-钢板桩挡土墙	通过连续压入钢管桩和钢板桩形成钢板管桩-钢板桩挡土墙，钢管桩和钢板桩之间进行联锁连接	• 可具有防水性（对桩体之间缝隙进行填充处理）； • 如果需要考虑施工造成的噪声和振动，可采用钻孔法或静压法进行施工； • 通常情况下，适用于低于 10m 的挡土墙，当墙体高度较高时，应对施工过程进行详尽检查
钢管桩挡土墙	通过连续压入钢管桩形成钢板桩挡土墙，钢管桩之间不进行联锁连接	• 利用螺旋桩机进行施工； • 当需要考虑挡土墙的防水性时，采用截水材料（例如型钢、混凝土灰浆、橡胶材料）可实现防水性； • 在桩端装配切削钻头，借助旋转切削压入工法可实现硬质场地上的压桩施工； • 通常情况下，适用于低于 10m 的挡土墙，当墙体高度较高时，应对施工过程进行详尽检查

2.2 勘　　察

2.2.1 基本方法

在充分了解悬臂嵌入式支挡结构的建造目的和用途后，将进行勘察以获取必要的设计参数，基于勘察获取的参数方可实现经济、合理的设计和施工。勘察过程中，不仅需要考虑场地的地形地貌、工程地质条件、地表水及地下水，还需要考虑施工场地周围的建筑物情况、施工条件、环境条件、与周边景观的协调性，以及建筑物养护和管理的可操作性。当在施工阶段需要进行补充勘察时，或在施工阶段发现实际场地条件与勘察结果存在差异时，应进行补充勘察，以满足设计和施工的需求。

勘察工作应由熟悉岩土工程勘察和场地地质条件的专业技术人员完成，并由相关专业技术人员完成岩土工程勘察以外的勘察内容。具体的勘察内容由勘察方和设计方共同确定。

2.2.2　勘察条目

为了获取悬臂嵌入式支挡结构设计和施工的必要参数，其勘察应包括文献收集、场地勘察、岩土工程勘察、施工条件勘察和环境保护勘察。

1. 文献收集

文献收集的对象主要包括地图（例如地形图、地质图）和施工场地周围市政设施或其他建筑的设计资料。文献收集的对象还包括施工场地所在国家或地区的标准和规范、既有岩土工程资料、记录周围建筑及其施工信息的资料以及环境保护的相关资料。施工场地周围建筑物的资料以及周围场地的勘察资料对施工场地的岩土工程勘察具有较高的参考价值。

对于施工场地周围的建筑物而言，其结构信息、基础类型、设计承载力及建成后的变形资料有助于勘察单位更好地了解场地条件。另外，周围建筑物的施工记录（包括施工方法、施工过程中遇见的问题、建筑材料）能为制定静压法的施工计划提供有用信息。关于环境保护方面，应收集施工场地周围环境保护及景观保护方面的法律法规，以及现有土地使用状态方面的资料。具体包括以下几项：

（1）相关的标准和法规；

（2）场地勘察资料（地质构造）；

（3）周围既有建筑物的资料（基础类型、结构变形、施工记录）；

（4）环境保护（环境及景观保护方面的标准）。

2. 场地勘察

场地勘察的范围应大于拟施工场地的范围。场地勘察获取的信息，连同文献收集的结果，将一并用于规划施工场地的地下勘察。场地勘察包括以下几项：

（1）地形地貌、地质条件及土体；

（2）目前场地内的道路、建筑物及既有地下结构的状况；

（3）地表及植被状况；

（4）地表水、地下水和泉水；

（5）周围环境状态及土地使用情况。

3. 地下勘察

地下勘察可获得设计、施工和后期结构养护各个阶段必要的场地信息。应在考虑悬臂嵌入式支挡结构的类型、规模、重要程度以及场地地形条件的前提下，根据勘察所处的阶段（初步勘察阶段或详细勘察阶段）确定地下勘察的深度和广度，以及探勘、钻孔和取样的数量。必要情况下，在设计和施工阶段应进行补充勘察。

场地地质构造及其工程特性（如标准贯入试验锤击数 N 值、岩体单轴抗压强度、土体类型、地下水、岩层倾向）是影响施工的重要因素，同时也是静压法中选择工法辅助措施的重要参考。另外，液化地层将对结构的设计造成较大的影响，因此，在进行地下勘察时应重点勘察场地内是否存在液化地层。地下勘察的三个阶段分别为：

（1）初步勘察阶段——场地内的土层分布概况，施工问题地层的识别。

（2）详细勘察阶段——详细的场地土层分布情况，地基的工程特性及地下水状态。

（3）补充勘察阶段——设计和施工的补充信息，必要时土层的描述可与设计阶段不同。

作为参考，表 2.2-1 列出了港口及港口设施勘察时钻孔和探勘的大致间隔，表 2.2-2 总结了日本挡土墙设计时场地勘察的内容及设计参数。表 2.2-3 列出了与表 2.2-2 对应的地下勘察方法及岩土体材料实验室测试标准。需要注意的是，勘察方法与每个国家的设计方法和施工方法相关，因此，勘察方法需要与设计方法及施工方法一致。

土体的分层及特性对选择合适的静压植桩机及工法辅助措施至关重要。静压法适用于具有低～中等强度的均匀地层，在这样的场地中反力桩可以获得适当的侧阻力。另一方面，在压实的砂层以及 SPT-N 值大于 25 的砂层或碎石层中，采用标准静压法进行压桩施工存在困难，此时需要采用水刀并用压入法作为工法辅助措施。需要注意的是，如果土体中碎石的尺寸和百分比较大，仅采用水刀并用压入法工法辅助措施时施工仍可能存在较大困难。因此，确定工法辅助措施前需对场地状态进行充分校核。对于含有卵石和巨石的场地，以及岩质场地，可选用螺旋钻并用工法辅助措施，也可选用旋转切削工法辅助措施。当在勘察阶段发现场地中存在岩层时，应查明岩体强度、裂隙状态、岩层尺寸以及岩体风化破碎程度等参数，以确定场地的施工可能性。根据适当的岩体分类方法对其进行分类，并利用单轴抗压试验确定岩体的强度参数。

钻孔及探勘的大致间距[1]　　**表 2.2-1**

对于垂直方向和水平方向地层相对均匀的情况（单位：m）

阶　段		纵向		横向			
		间距		间距		距离法线最大距离	
		钻孔	探勘	钻孔	探勘	钻孔	探勘
初步勘察阶段	广阔区域	300～500	100～300	50	25	50～100	
	有限区域	50～100	20～50				
详细勘察阶段		50～100	20～50	20～30	10～15		

对于地层复杂的情况（单位：m）

阶　段	纵向		横向			
	间距		间距		距离法线最大距离	
	钻孔	探勘	钻孔	探勘	钻孔	探勘
初步勘察阶段	＜50	15～20	20～30	10～15	50～100	
详细勘察阶段	10～30	5～10	10～20	5～10		

注：某些情况下探勘可能需要进行钻孔，本表列举的探勘不需要进行钻孔。对于需要钻孔的探勘，应选用本表中钻孔的间距。本表来源于日本港口协会"港口及港口设施技术标准"[1]。

挡土墙的地下勘察和设计参数[2]　　**表 2.2-2**

勘察内容※1		主要勘察结果	符号	勘察结果的用途					确定的设计参数
				土压力计算	基础承载能力	整体稳定性	沉降	液化	
土体测试※2	含水率	天然含水率	w_n				○		初始孔隙比 e_0 压缩性指标 C_c
	液限、塑限 筛分试验、比重计分析	一致性指标	w_l, w_p				○	○	
		颗粒级配曲线 平均粒径	F_c D_{50}					○	
		土体分类		○※4	○				土压力系数 K_A, K_0, K_p 容许承载力 q_a
	压缩试验	最大干密度 最优含水率	$p_{d,max}$ w_{opt}						桩背填土容重 y_t
	湿密度	湿密度	p_t	○	○	○		○	容重 y_t
	固结试验	固结指标 固结系数 可压缩性 固结屈服应力 e-log p 曲线	C_c C_v m_v p_c				○		黏聚力 c_t

续表

勘察内容※1		主要勘察结果	符号	勘察结果的用途					确定的设计参数
				土压力计算	基础承载能力	整体稳定性	沉降	液化	
土体测试※2	无侧限压缩试验	无侧限压缩强度	q_u		○	○			地基反力系数 k_v,k_h
		变形模量	E_{50}		○		○		
	三轴压缩试验	强度参数	c,φ	○	○	○			地基反力系数 k_v,k_h
		变形模量	E_{50}		○		○		
	电力学及化学试验	pH 值、电阻率、水溶性盐浓度							
现场测试	标准贯入试验	SPT-N 值		○※5	○	○	○	○	强度参数 c,φ 地基反力系数 k_v,k_h
	平板载荷试验(天然基础)	极限承载力	Q_u		○		○		强度参数 c,φ 地基反力系数 k_v,k_h
		地基反力系数	k_v						
	钻孔弹模计试验(桩基础)	变形模量	E_b		○				地基反力系数 k_v,k_h
	地下水勘察	地下水位		○	○	○	○	○	
			勘察频率※3	• 挡土墙长度方向每 40～50m 布置一个勘察点 • 挡土墙施工位置处至少布置一个勘察点					

注：※1 根据土体类型、含水率、排水条件及场地施工条件确定获取土体强度参数的试验方法。

※2 取样进行土体试验，当场地地基较软且地形及地质条件复杂时，应在临近两个标准贯入试验点之间进行触探试验（静力触探试验或瑞典触探试验）。

※3 当场地内不同位置处地形及地质条件差别较大时，应在邻近两个勘察位置之间挡土墙的施工位置处进行补充勘察。

※4 用于确定土体能否用作墙背填料，或是用于土体分类。

※5 用于开挖边坡不稳定时的情况，或用于 U 型挡土墙的开挖土压力计算。

日本岩土工程学会的地下勘察方法及岩土体材料室内试验测试标准　　表 2.2-3

分类	日本岩土工程学会(JGS)标准	日本工业学会(JIS)标准	标准名称	卷号
岩土体分类	JGS 0051-2009	—	工程岩土体材料分类方法	※1
物理参数测试	JGS 0111-2009	JIS A1202：2009	土颗粒密度测试方法	※1
	JGS 0121-2009	JIS A1203：2009	土体含水量测试方法	※1
	JGS 0131-2009	JIS A1204：2009	土体粒径分布测试方法	※1
	JGS 0141-2009	JIS A1205：2009	土体液限及塑限测试方法	※1
	JGS 0161-2009	JIS A1224：2009	砂土最小及最大密度测试方法	※1
	JGS 0191-2009	JIS A1225：2009	土体体积密度测试方法	※1
渗透及固结特性测试	JGS 0311-2009	JIS A1218：2009	饱和土渗透特性测试方法	※1
	JGS 0411-2009	JIS A1217：2009	利用荷载增量法测试土体一维固结特性的试验方法	※1
力学性能测试	JGS 0511-2009	JIS A1216：2009	土体无侧压缩试验方法	※1
	JGS 0520-2009	—	三轴试验土样的制备	※1
	JGS 0521-2009	—	土体不固结不排水三轴压缩试验	※1
	JGS 0522-2009	—	固结土体不排水三轴压缩试验	※1
	JGS 0523-2009	—	土体固结不排水三维压缩试验	※1
	JGS 0524-2009	—	土体固结排水三轴压缩试验	※1
土样	JGS 1221-2012	—	含固定活塞的薄壁管取样器土样制取方法	※2
	JGS 1222-2012	—	旋转双管取样器制取土样方法	※2

续表

分类	日本岩土工程学会(JGS)标准	日本工业学会(JIS)标准	标准名称	卷号
土样	JGS 1223-2012	—	旋转三管取样器制取土样方法	※2
	JGS 3211-2012	—	旋转管式取样器制取软岩试样方法	※3
地下水勘察	JGS 1311-2012	—	孔内地下水位测试方法	※4
探勘	—	JIS A1219：2013	标准贯入试验方法	※2
	—	JIS A1220：2013	机械锥贯入试验方法	※2
	—	JIS A1221：2013	瑞典式重量探测试验方法	※2
	JGS 1431-2012	—	便携式圆锥贯入试验方法	※3
	JGS 1433-2012	—	便携式动态圆锥贯入试验方法	※3
	JGS 1435-2012	—	电锥贯入试验方法	※3
载荷试验	JGS 1521-2012	—	土质场地平板载荷试验方法	※2
	JGS 1531-2012	—	评估场地指标的旁压试验	※2
	JGS 3511-2012	—	岩体现场直剪试验方法	※2
	JGS 3531-2012	—	评估场地力学性能的旁压试验	※2

注：※1 日本岩土工程学会（JGS）标准：岩土体材料实验室测试标准，Vol. 1，2015 年 12 月。[3]
※2 日本岩土工程学会（JGS）标准：岩土工程及岩土环境工程勘察方法，Vol. 1，2015 年 12 月。[4]
※3 日本岩土工程学会（JGS）标准：岩土工程及岩土环境工程勘察方法，Vol. 2，2016 年。
※4 日本岩土工程学会（JGS）标准：岩土工程及岩土环境工程勘察方法，Vol. 3，2017 年。

4. 施工条件勘察

施工场地的勘察结果将用于选择施工方法和编制施工计划。施工条件勘察应包括：地形及地质条件勘察，周围既有建筑物勘察，以及施工场地内既有地下结构勘察。

（1）地形及地质条件勘察

用于选择施工方法，包括施工场地的地形勘察、河流湖泊勘察（地下水、废水处理）以及施工材料运输路径勘察。

（2）周围既有建筑物勘察

用于制定施工计划，其勘察内容包括：与邻近既有建筑物的距离、邻近既有建筑物的位移限制、施工场地上方的净空限制。当场地内存在遗弃的桩基础或混凝土结构时，应对遗弃的桩基础或混凝土结构进行勘察，并制定相关的计划，以研究这些既有结构的清理方法及新结构的施工方法。

（3）既有地下结构勘察

包括地下结构的埋置方法、具体的埋置位置、施工绕过地下管线结构或隧道结构的可能性（自来水管道、污水管道、燃气管道及通信电缆）。

5. 环境保护勘察

环境保护勘察的内容主要包括地表塌陷对环境的影响、地下水位波动对环境的影响、噪声和振动对周围建筑物的影响、周边地区有关噪声和振动的规定以及施工废弃物的处理措施。同时，环境保护勘察中应考虑施工对周围景观的影响。

6. 静压桩机压桩数据的使用

压桩施工过程中，静压植桩机的压入管理系统可以监测和记录大量的施工数据（静压数据），包括实际贯入力、拔桩力、旋转切削扭矩及压桩速率等。通过分析这些数据，静压植桩机的桩贯入试验系统（PPT 系统）可对土体分类及土体强度进行实时分析。PPT 系统可在每一根桩的压入位置处生成一个连续的 SPT-N 值剖面。静压植桩机评估得到的场地信息可用于进一步完善岩土工程勘察结果。

在大型工程项目中，有时会在施工开始前进行试点施工。试点施工获取的资料能有效帮助施工方选择合适的静压植桩机类型及工法辅助措施，以保证压桩施工的高效性和精确性。

如果施工阶段发现土体参数与设计阶段采用的参数存在较大差异时，应将这一差异及时告知业主，必要时应对原始设计进行复审（参见 1.3.1 节第 7 条和 4.4.1 节）。

2.2.3 勘察报告

为了工程项目的顺利完成，在悬臂嵌入式支挡结构的勘察、设计和施工阶段，项目相关人员（包括业主、设计方、勘察方和施工承包商）之间应以文件的形式及时进行工程信息的交换和分享。因此，勘察方应编制勘察报告并将其交予业主和设计方。勘察报告应包括文献收集、场地勘察、岩土工程勘察、施工条件勘察以及环境保护勘察的结果。业主应在结构的使用年限内妥善保管勘察报告。

参考文献

[1] The Overseas Coastal Area Development Institute of Japan: Technical Standards and Commentaries for Port and Harbour Facilities in Japan, p. 208, December 2009.

[2] Japan Road Association, Road Earthwork, Guideline for the Construction of Retaining Structures, p. 38, July 2012（日文）.

[3] Japanese Geotechnical Society (JGS): JGS STANDARDS: Laboratory Testing Standards of Geomaterials, Vol. 1, December 2015.

[4] Japanese Geotechnical Society (JGS): JGS STANDARDS: Geotechnical and Geoenvironmental Investigation Methods, Vol. 1, December 2015.

第 3 章 设计

3.1　概　　述

静压法是一种能压入多种类型预制桩的施工方法。通常，静压法也可以采用压桩的方式进行悬臂式（嵌入式）挡土墙结构的施工。静压法将钢墙或混凝土墙连续地压入地基即可形成简单的悬臂式嵌入支挡结构。本章将介绍静压法施工悬臂墙的方法。

通常情况下，结构应满足从施工阶段到设计寿命阶段内的一系列性能需求，关于这一设计准则的阐述可以参见 ISO 2394 中的“结构可靠性的一般原则”，欧洲规范 Eurocode 7（CENEN1997-I）中的“岩土工程设计第一部分：一般规则”，日本岩土工程协会的标准之一，JGS 4001-2004 中的“基于性能设计概念的基础设计准则”，或者“美国公路桥梁设计规范（2012）”。目前各个国家的规范均试图阐明极限状态设计法中结构必须满足的性能指标，但在将极限状态与设计状态进行组合考虑时，两者仍存在一些不可忽视的差异。本章的阐述与规范 Geocode 21 相符。

本章的内容包括三个部分：3.2 节介绍了基于性能设计的基本准则、假定荷载以及悬臂式墙的材料；3.3 节综述了悬臂式嵌入支挡结构的现行设计方法；3.4 节介绍了设计报告的主要内容。基于 Geocode 21 规定的设计准则，日本有关部门正在修改其具体的设计标准，因此，目前日本仍然采用基于性能的设计标准。

本手册附录 B 介绍了目前日本采用的设计方法细节及一些设计实例。对于那些规定了性能需求和设计规范的案例，在实际设计中这些性能需求和设计规范应该得到体现。

3.2　设计中的一般问题

3.2.1　设计基本准则

悬臂式嵌入支挡结构的设计应该满足其性能需求以及业主根据项目目标所提出的标准。

悬臂式嵌入支挡结构是一种利用桩或板桩形成的嵌入式结构，常被用于仅依靠岩土工程材料（例如土、岩体、回填土和水）自身不能满足稳定性需求的路堤或路堑边坡。悬臂式嵌入支挡结构通过抵抗主动土压力的方式防止边坡失稳、垮塌及地表变形。本手册介绍的悬臂墙借助开挖基底以下地基提供的反力，单独以桩或板桩的结构形式来抵抗悬臂墙后的土压力和水压力。如 1.5 节所示，悬臂式嵌入支挡结构已被应用于多种用途，其重要程度取决于工程建设的目的。

图 3.2-1 展示了设计中性能需求的层次。性能需求表征了一个结构满足其设计目标的功能，性能指标应该以具体的（可能是定量的）方式进行表述，以便通过适当的方式对其进行验证。需要注意的是，结构的性能需求或性能指标并不能单独定义，结构的性能需求会随着结构从施工阶段到使用阶段外部荷载组合形式的改变而改变。

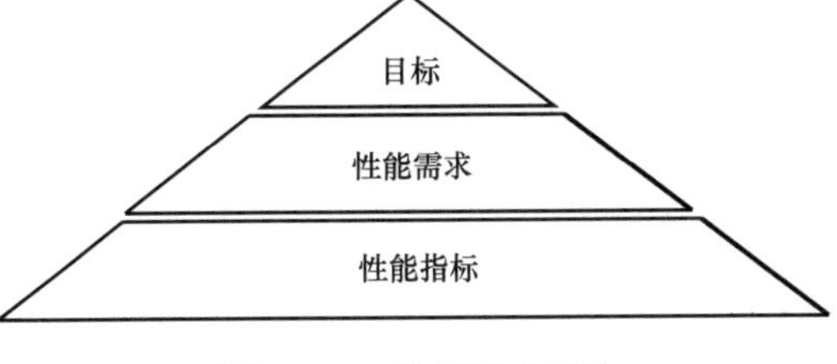

图 3.2-1　性能需求层次

1. 极限状态

极限状态是一个临界状态，超过这一状态，结构将不能继续满足其性能需求。根据结构的性能需求，本手册规定了几种极限状态下的性能指标。主要的极限状态包括正常使用极限状态、可修复极限状态及承载能力极限状态，同时还存在一些其他的极限状态。需要注意的是，可修复性极限状态是 Geocode 21 中一种特有的极限状态，这种极限状态假定结构在经过修复后仍可以使用，即使在遭遇小概率但强破坏性事件的情况下（例如强震、海啸），结构的破坏程度仍未达到承载能力的极限状态。

正常使用极限状态　加固地基或悬臂式嵌入支挡结构仍可以正常使用的极限状态。

可修复极限状态　加固地基或悬臂式嵌入支挡结构通过经济可行的修复仍可以有限使用的极限状态。

承载能力极限状态　加固地基或悬臂式嵌入支挡结构可能已经出现较大损坏，但结构尚未破坏或造成重大人员伤亡的极限状态。

2. 荷载分类

对于在悬臂式嵌入支挡结构设计验证中需要考虑的荷载，本手册做如下假定：

（1）支挡地基的土压力及水压力（包括附加荷载）；

（2）支挡结构的自重；

（3）地震惯性力；

（4）其他。

这些荷载的分类如下：

永久荷载　结构设计寿命内一直存在的荷载，其大小随时间的波动幅度与其平均值相比可以忽略。永久荷载包括结构自重、固定荷载、土压力、水压力、被动位移以及结构性能退化。

可变荷载　其幅值随时间的波动幅度与其平均值相比不能忽视的荷载。可变荷载的变化是不定向的。典型的可变荷载包括活荷载（可移动荷载）、温度作用、地震作用、海啸荷载、波浪荷载、风荷载、冰荷载。在易于遭受地震灾害的日本，结构的设计寿命内可能遭受的中度地震和海啸常被当作可变荷载，它们分别被称为1级地震和1级海啸。

偶然荷载　在结构设计寿命内出现概率较小但不能忽视的荷载。典型的偶然荷载包括由碰撞、爆炸、火灾、地震及海啸引起的荷载。在易于遭受地震灾害的日本，结构的设计寿命内出现概率较低但破坏能量极大的罕遇地震和海啸常被当作偶然荷载，并分别被称为2级地震和2级海啸。

临时荷载　在结构建造过程中及结构更新时应该考虑的荷载。施工过程中的结构系统与施工结束后的结构系统通常存在差异，在结构设计时应该考虑到这一差异。

3. 设计工况

指设计中考虑的荷载组合形式。对于悬臂式嵌入支挡结构而言，其主要的设计工况包括持久工况、极端工况、偶然工况及瞬态工况，以及一些其他的设计工况。

持久工况　指作用了长期荷载的工况，或是具有高发生概率的工况，由多种永久荷载的组合进行定义，或是由永久荷载与高发生频率的可变荷载的组合进行定义。

极端工况　指具有低发生概率的工况，由永久荷载与低发生概率的可变荷载的组合进行定义。

偶然工况　指无任何时间规律随机发生的工况，由永久荷载和偶然荷载的组合进行定义。

瞬态工况　是一种考虑结构施工或结构加固翻新时荷载的工况，由多种临时荷载的组合进行定义。

4. 性能指标

悬臂式嵌入支挡结构的性能需求是其为了满足设计目标必须具备的功能描述，由业主决定。性能需求主要包括安全性、适用性和可修复性，以及一些其他性能需求类型。

性能指标是用来验证结构是否满足性能需求的规定项目。针对直立式挡土结构及加固的地基在设计寿命内的多种设计工况和极限状态，规定的性能指标应该在适当可靠度下得到满足。性能矩阵是一种描述性能指标的有效方法。表3.2-1以性能矩阵的形式展示了悬臂式嵌入支挡结构及加固地基基于结构重要性的性能指标。其中，设计工况是性能矩阵的纵轴，加固地基及悬臂式嵌入支挡结构的极限状态是性能矩阵的横轴。

性能矩阵的概念 **表 3.2-1**

设计状态/荷载组合 结构破坏

荷载强度

	正常使用极限状态	可修复极限状态	承载能力极限状态
持久工况	● ○ △		
极端工况	● ○	△	
偶然工况		●	○ △

注：●—重要结构；○—一般结构；△—易于修复的结构。

在悬臂式嵌入支挡结构的设计中，为了使结构在适当可靠度的情况下满足各项性能标准，以下指标需要进行验证：

（1）设计规范中规定的性能指标；

（2）施工过程中的振动和噪声；

（3）墙的位移；

（4）墙体材料中产生的应力；

（5）保证墙体材料（桩或板桩）稳定性的必要嵌入深度；

（6）悬臂式嵌入支挡结构开挖基底的稳定性；

（7）包括支挡结构在内的地基整体稳定性；

（8）对墙后既有建筑物或邻近施工区域建筑物的影响。

设计人员应充分掌握结构设计的专业技能，设计人员应是经过相关部门认可的合格技术人员。

在悬臂式支挡结构的勘察、设计及施工各个阶段，与项目相关的各类人员，包括业主、设计人员、勘察人员、承包商及建筑材料供应商应以书面文件的形式交换和分析工程信息。勘察结果应以勘察报告的形式由勘察人员提供给业主和设计人员，当勘察报告没有直接提交给设计人员时，业主应该将勘察报告交予设计人员。设计人员基于勘察报告的内容进行设计，并将设计的结果以设计报告的形式提交给业主。在结构的设计使用年限内业主应保存这些资料。

悬臂式嵌入支挡结构的性能验证流程如图 3.2-2 所示。

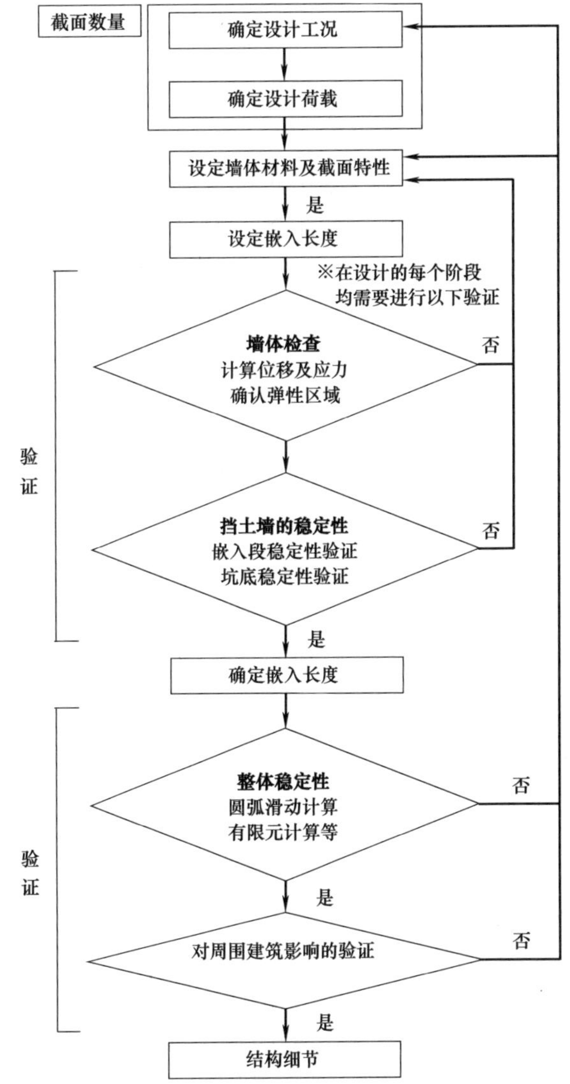

图 3.2-2 悬臂式（嵌入式）结构的性能验证程序

3.2.2 基于施工记录的设计复核和设计变更

在静压植桩机的压桩操作中，能够从静压植桩机上获得实时的施工数据，例如压入力、扭矩及压入速率。压入数据监测系统能够采集并输出这些数据，并且能够基于监测数据对场地状况进行评估。静压植桩机的这一功能补充了设计阶段的场地信息，使设计人员能够更好地理解场地条件。因此，静压植桩机获得的施工数据能用于提高设计和施工的可行性、合理性，并用于设计验证。当施工规模较大，必须进行试点施工时，或者施工过程中对土层的连续性存在疑问时，可以利用压入数据监测系统对施工进行设计复核和变更。

3.2.3　荷载

荷载的确定应该基于结构的目的、应用形式以及相关的标准和指南。荷载的确定服务于结构设计，并应满足相关的设计标准和指南。作为参考，本节以道路悬臂式嵌入挡土墙为例，介绍设计过程中确定结构荷载的方法。

1. 概述

对于悬臂式嵌入支挡结构，下列荷载应作为设计荷载：

(1) 自重；

(2) 土压力和水压力；

(3) 地震作用；

(4) 地表荷载；

(5) 雪荷载；

(6) 风荷载；

(7) 碰撞荷载；

(8) 其他荷载。

荷载的确定应该基于勘察结果和施工计划。将来可能出现变化的荷载是设计过程中的最危险荷载。通过适当组合上述荷载，对悬臂式嵌入支挡结构的设计进行验证。其中，地面荷载包括活荷载、建筑荷载及路堤荷载，其他荷载包括临时荷载。

2. 自重

因为钢材的重量相对较小，当使用钢板桩或钢管桩作为悬臂式嵌入支挡结构时，可以不考虑自重。另一方面，当利用混凝土衬砌进行外观美化或防腐处理时，结构的自重增大，结构的自重不能忽视。

3. 土压力和水压力

在悬臂式嵌入支挡结构的设计验证中，确定土压力及水压力的横向分量至关重要。横向压力的计算应基于悬臂式嵌入支挡结构的用途和形式，并与相关的设计标准和指南相符。对于悬臂式嵌入支挡结构前后水位存在差异的情况，应考虑结构前后存在的水位差。这种情况下，水压力的计算应该基于结构的用途及目前的场地条件。如果采取了排水工程，结构后方的水压力便可以不予考虑。如结构的一部分位于水面以下，例如护岸墙，即使存在排水工程，水位变化导致的水压力变化对结构的影响仍不容忽视。当结构前方的水位发生变化时，结构后方的水位变化可能存在延迟，此时需要考虑作用于结构上的残余水压力。

4. 地震作用

下列荷载应被视作地震作用：

(1) 悬臂式嵌入支挡结构及其附属结构的地震惯性力；

(2) 地震发生时结构后方的土压力（动土压力）。

5. 地表荷载

在悬臂式嵌入支挡结构的设计中，地表荷载的确定应考虑荷载的形式及荷载的作用条件等。

(1) 活荷载（如移动车辆荷载）。当悬臂式嵌入支挡结构的后方有道路时，应考虑例如移动车辆荷载之类的活荷载。

（2）邻近建筑物的荷载。应视为一种地表荷载，包括计划未来修建的建筑物。

6. 雪荷载

雪荷载的确定应根据悬臂式嵌入支挡结构施工场地内道路上的除雪工作管理状态。

7. 风荷载

当在悬臂式嵌入支挡结构上直接建造有隔声墙时，隔声墙上的荷载应视作风荷载。

8. 碰撞荷载

当在悬臂式嵌入支挡结构上直接建造有汽车防撞围栏时，碰撞荷载不容忽视。

9. 其他荷载

当施工扰动、邻近建筑物、环境变化、温度变化及干燥收缩等因素对结构产生影响时，这些因素可以被视作其他荷载。

10. 荷载组合

表3.2-2给出了荷载组合的示例，其中，持久工况的设计应采用自重、土压力、水压力和地表荷载的组合形式，而极端工况及偶然工况的设计应采用自重、地震荷载和地表荷载的组合形式。

荷载的组合 **表3.2-2**

考虑事项 / 荷载	持久工况		可变工况（地震）
	有地表荷载	无地表荷载	
自重	○	○	○
土压力和水压力	○	○	—
地震活动的影响（土压力和水压力）	—	—	○
地表荷载	○	—	○
其他	必要时需要考虑的其他荷载		

3.2.4 材料

悬臂式嵌入挡土墙施工主要采用预制桩，预制桩可能包括钢板桩、混凝土板桩或钢管桩。这些桩材应满足一定的性能要求，例如强度、可加工性、耐久性、环境适应性，针对这些桩材的性能需求应做出明确的规定。

钢材在使用前应根据其用途及使用环境对其进行防腐性检验。目前市场上有多种截面形态的预制桩材，在选用桩材时应充分考虑每一种桩材的截面模量。

1. 板桩、钢管桩

悬臂式嵌入支挡结构使用的钢材应满足一定的性能需求，并应对其性能需求作出明确规定。在对钢材的性能进行检验时，应根据相关规范及钢材的使用环境（自然环境）对钢材的防腐性进行充分检验。由于混凝土制品的材料性能个体间可能存在差异，因此还应对混凝土制品的性能进行检验。

2. 钢材特性

根据不同行业的标准，悬臂式嵌入支挡结构使用的钢材性能可能存在一定差异，因此，选择钢材性能时应充分参考各个行业的标准。需要注意的是，由于常被过高估计，应根据相关标准对临时结构的容许应力进行检验。现场焊接时，焊接部分的容许应力有时设置较低，应根据相关标准对焊接部位的容许应力进行检验。当利用机械连接代替焊接时，应对机械连接部分的容许应力进行检验。

3. 锈蚀范围和防锈蚀方法

水和氧气是钢材腐蚀的原因。钢材的腐蚀程度受其使用环境、水质及桩体结构的影响较大，因此，不同的规范具有不同的防腐措施。

4. 接头系数

压桩过程中通过倒转每一根板桩使其连接点位于墙体中心，导致施工完成后U型钢板桩墙的截面中轴线与各单桩的中轴线并不重合。单个钢板桩的截面模量与邻近由U型钢板桩相互连接形成的墙体结构的截面模量差异较大。当墙体遭受弯曲应力（例如土压力）以及作用于中心线（接头所在位置）垂直方向的纵向剪力时，接头处可能出现缝隙。这种情况下，邻近的钢板桩有时不能作为一个整体发挥作用，计算墙体截面模量时，需将接头间不出现相互错动时的墙体截面模量乘以一个折减系数，即接头系数。

3.3 悬臂式嵌入支挡结构的设计

3.3.1 设计考虑的主要问题

在悬臂式嵌入支挡结构的设计中，不仅需要考虑支挡结构自身的稳定性，同时还需要考虑开挖基底的稳定性、包括支挡结构在内的整体稳定性以及对周围环境的影响。除了考虑已经施工完成的结构外，设计者还应注意施工振动和噪声对周围结构的影响。

在悬臂式嵌入支挡结构的设计中，应根据结构的用途及性能需求选择合适的施工方法。悬臂式嵌入支挡结构具有多种用途，例如公路保护工程、港口、码头及临时挡土结构。本手册将介绍道路钢管挡土墙结构的设计流程以及港口嵌入式板桩支挡结构的设计流程。

本手册附录B介绍了日本目前采用的性能验证方法及相关设计实例。

3.3.2 墙结构的设计

1. 道路挡土墙设计流程

本节介绍道路嵌入式钢管挡土墙的设计流程。设计荷载的确定参考本手册3.2.3节，材料选择及截面性能确定参考本手册3.2.4节。

（1）钢管桩挡土墙性能需求的确定

考虑施工对钢管桩挡土墙结构前方和后方结构（例如道路、铁路、建筑物、河流及港口）的影响，钢管桩挡土墙及其加固场地的性能需求可根据极限状态进行考虑。

正常使用极限状态：在设计假定荷载作用下，挡土墙及周围结构保持较好完整性，挡土墙的性能未受影响。

可修复极限状态：设计假定荷载对周围结构造成的损伤有限，经过简单修复后挡土墙结构即可恢复使用功能。

承载能力极限状态：设计假定荷载作用下挡土墙结构可能已经出现较大损坏但结构尚未破坏。

本手册列举了日本抗震规范中常见的地震等级，其中一级地震水平指发生中等强度地震概率较大的地震水平，二级地震指在结构设计寿命年限内发生强震概率较小的地震水平。挡土墙结构设计工况的荷载形式为：

持久工况：永久荷载（自重、土压力、水压力及地表荷载）、雪荷载、风荷载、碰撞荷载、其他荷载以及上述荷载的组合。

极端工况：主要考虑一级地震作用。

偶然工况：主要考虑二级地震作用。

表3.3-1介绍了三种极限状态下钢管桩挡土墙在安全性、可修复性及可服务性方面的性能需求，表3.3-2展示了不同设计工况下的性能矩阵。需要注意的是，应根据假定的设计工况、目标结构及其类型确定钢管桩挡土墙的性能需求。

钢管桩挡土墙性能需求示例 **表 3.3-1**

性能需求	安全性	可修复性		可服务性
		短期可修复性	长期可修复性	
正常使用极限状态	钢管桩挡土墙结构未倾覆，挡土墙前方及后面的路面未失稳破坏，即使挡土墙下沉时也未出现次生灾害（如洪水）	不需要进行结构功能恢复	仅需进行简单修复	结构功能未出现问题
可修复极限状态		经过紧急修复即可恢复结构功能	需要进行新的施工或者修复才能恢复结构功能	结构功能部分受损，但经过快速修复即可实现结构功能恢复
承载能力极限状态				

性能矩阵 **表 3.3-2**

性能需求 / 设计工况	正常使用极限状态	可修复极限状态	承载能力极限状态
持久工况	◎○△		
极端工况	◎○△		
偶然工况		◎△	○

注：◎—特别重要的道路；○—重要的道路；△—河流及港口护岸、海堤。

（2）性能验证方法

在钢管桩挡土墙的设计中，应对上文中介绍的性能需求进行验证。验证时，可采用基于线性地表反作用力模型的静态验证方法（以下称为“简化方法”）、基于弹塑性地表反作用力模型的静态验证方法（以下称为“弹塑性方法”），或者基于非线性动力分析的动态验证方法（以下称为“动力分析方法”）。图 3.3-1 展示了性能验证的流程。

如果钢管桩挡土墙满足表 3.3-3 中稳定性及可服务性的各项指标，则认为其满足性能需求。当钢管桩挡土墙的容许应力和容许位移均满足本手册要求时，则也可认为钢管桩挡土墙满足性能需求。上述两种满足钢管桩挡土墙性能需求的情况下，均应保证钢管桩挡土墙的整体稳定性，包括开挖基底的稳定性和挡土墙结构的稳定性。表 3.3-4 介绍了简化方法、弹塑性方法及动力分析方法的选择实例。

性能指标 **表 3.3-3**

性能需求	钢管桩挡土墙的稳定性		周围建筑物的可服务性
	钢管桩挡土墙自身稳定性	挡土墙前方被动侧场地的稳定性	
正常使用极限状态	应力水平≤普通容许应力或地震作用下的容许应力	设计场地中钢管桩挡土墙的横向位移≤钢管桩挡土墙嵌入段场地横向阻力可以在弹性范围内进行计算时的位移	挡土墙墙顶横向位移≤容许位移
可修复极限状态	应力水平≤屈服应力	钢管桩挡土墙嵌入段端部存在弹性区	挡土墙墙顶横向位移≤容许位移
承载能力极限状态			—

设计工况及性能验证方法 **表 3.3-4**

设计工况	性能验证方法
持久工况或极端工况	简化方法
偶然工况	弹塑性方法或动力分析方法

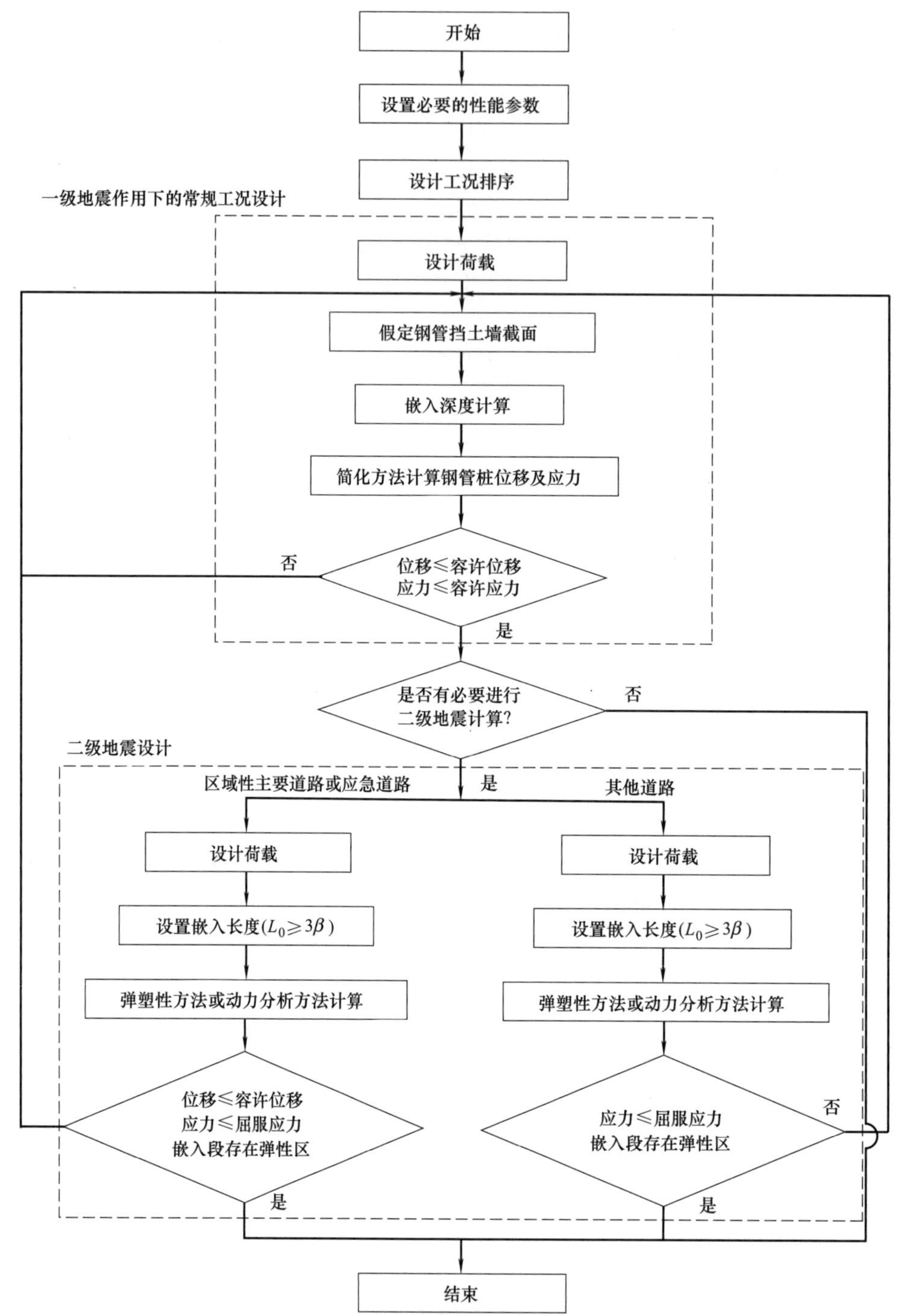

图 3.3-1　钢管桩挡土墙性能验证流程

（3）设计地面标高的确定

在钢管桩挡土墙的设计阶段应确定设计场地标高。对于河流护岸工程，应充分考虑挡土墙前方河床的冲蚀。另外，场地应具有足够的侧向抗力，避免在软土场地或地震作用下可能出现液化的场地上设计挡土墙结构。

（4）腐蚀裕量

在钢管桩挡土墙设计时应考虑因腐蚀引起的钢管截面厚度降低，设计时应确定使用年限内结构的腐蚀裕量。周围环境对钢管桩挡土墙的腐蚀具有明显影响。钢管桩挡土墙的设计必须注意钢管的防腐，钢管桩挡土墙的钢管防腐应体现在结构设计、环境勘察及结构养护措施制定的每一个环节中。

（5）地基反力系数

应在充分核实场地土体勘察结果及试验结果的基础上确定地基反力系数 k_H。地基反力系数可用于结构计算。不同的标准和规范具有不同的地基反力系数计算方法，因此，在计算地基反力系数时应选用适合目标结构的标准和规范。

（6）容许位移

为了保证挡土墙结构的稳定性以及墙后地基的稳定性，应确定合适的挡土墙容许位移，以检验前文所述的钢管桩挡土墙的性能需求。如果业主确定了结构的容许位移值，则设计方应采用这一容许位移值。在正常使用极限状态下，容许位移应保持在一定范围内变化，此时场地内钢管桩挡土墙嵌入位置处的侧向抗力可在弹性范围内进行计算，场地不出现残余变形。在可修复极限状态或承载能力极限状态下，应根据挡土墙结构前后方场地的使用情况确定合适的容许位移值。当挡土墙周围存在其他建筑物时，在确定容许位移值时应考虑挡土墙可能对周围建筑物造成的影响。

（7）嵌入长度

为了满足钢管桩挡土墙的性能需求，应确定钢管桩挡土墙的嵌入长度。将钢管桩挡土墙的嵌入长度假定为半无限可简化钢管桩挡土墙的计算。

在日本，通常利用弹性地基上的线弹性模型计算钢管桩挡土墙的嵌入长度，计算公式如下：

$$L_0 \geqslant \frac{3}{\beta}$$

式中　L_0——嵌入长度（m）；

β——桩的特征参数（m^{-1}），按下式计算：

$$\beta = \sqrt[4]{\frac{k_H B}{4EI}};$$

k_H——地基反力系数（kN/m^3），通常在 $1/\beta$ 范围内取各层的平均值；

B——钢管桩挡土墙的单位宽度（1m）；

E——钢管桩挡土墙的杨氏模量（kN/m^2）；

I——钢管桩挡土墙单位宽度的惯性矩（m^4）。

2. 港口和海湾岸壁设计方法实例

本节将介绍港口悬臂式嵌入板桩岸壁的设计方法，关于设计荷载，参见上文 3.2.3 节和 3.2.4 节。

（1）说明

同“日本港口及港口设施技术标准”一致，关于港口悬臂式嵌入板桩岸壁工程的性能指标，本手册做如下说明：

1）板桩应具有一定的嵌入长度以保障结构的稳定性，并控制板桩中应力可能超过屈服应力的风险程度，使其不高于以土压力为主导荷载的荷载恒定工况下的风险阈值，以及以一级地震为主导荷载的荷载可变工况下的风险阈值。

2）对于上部存在其他结构的岸壁而言，上部结构完整性受损的风险应不大于以船舶停靠作用力为主导荷载的荷载可变工况下的风险阈值。

3）在自重为主导荷载的荷载恒定工况下，板桩底部地基出现滑移破坏的风险不大于风险阈值。

4）除上述各项外，悬臂式板桩的性能指标应满足桩顶位移量超过容许位移值的风险不大于以土压力为主导荷载的荷载恒定工况下的风险阈值，以及以一级地震、船舶停靠作用力、船舶牵引作用力为主导荷载的荷载可变工况下的风险阈值。

板桩、上部结构及板桩港口岸壁地基的性能指标，以及悬臂式（嵌入）港口岸壁结构的性能指标如表 3.3-5～表 3.3-8 所示。

桩板港口岸壁结构的性能指标及设计工况（不含偶然工况）　　表3.3-5

性能需求	设计工况			性能验证内容	标准极限值指标
	工况	主要荷载	非主要荷载		
可服务性	荷载恒定工况	土压力	水压力 附加荷载	必要的嵌入深度	以自重和土压力为主要荷载的荷载恒定工况下的系统失效概率（高抗震性能设施 $p_r=1.7\times10^{-4}$）（不具备高抗震性能的设施 $p_r=4.0\times10^{-3}$）
				板桩的屈服	
	荷载可变工况	一级地震	土压力 水压力 附加荷载	必要的嵌入深度	设计屈服应力（岸壁结构顶部容许位移：$D_a=15$cm）
				板桩的屈服	

桩板港口岸壁上部结构的性能指标及设计工况（不含偶然工况）　　表3.3-6

性能需求	设计工况			性能验证内容	标准极限值指标
	工况	主导荷载	非主导荷载		
可服务性	荷载恒定工况	土压力	附加荷载	上部结构截面的可服务性	弯曲压缩应力的极限值（正常使用极限状态）
	荷载可变工况	一级地震 船舶牵引荷载 船舶停靠荷载	土压力 附加荷载	上部结构截面的失效破坏	设计截面抗力（承载能力极限状态）

桩板港口岸壁基础的性能指标及设计工况（不含偶然工况）　　表3.3-7

性能需求	设计工况			性能验证内容	标准极限值指标
	工况	主导荷载	非主导荷载		
可服务性	荷载恒定工况	土压力	水压力 附加荷载	地基圆弧滑动失稳	以自重和土压力为主导荷载的荷载恒定工况下的系统失效概率（高抗震性能设施 $p_r=1.7\times10^{-4}$）（不具备高抗震性能的设施 $p_r=4.0\times10^{-3}$）

悬臂式桩板港口岸壁结构的性能指标及设计工况（不含偶然工况）　　表3.3-8

性能需求	设计工况			性能验证项	标准极限值指标
	工况	主导荷载	非主导荷载		
可服务性	荷载恒定工况	土压力	水压力施加荷载	板桩顶部变形	变形量的极限值
	荷载可变工况	一级地震船舶牵引荷载	土压力 水压力 附加荷载		

（2）性能验证的基本准则

1）本节内容用于港口嵌入式板桩岸壁结构的性能验证。

2）本节介绍的板桩墙性能验证方法仅适用于砂土场地，不适用于黏土场地。目前，针对黏土场地内嵌入式板桩墙的性能验证尚存在较多未知因素。另外，还需要考虑黏土场地的蠕变特性，因此，应尽可能地避免在黏土场地上修建此类结构。

3）图3.3-2展示了悬臂式嵌入板桩岸壁工程的性能验证流程。图中并未考虑地震诱发的地表沉降和液化的影响，当必须考虑液化的影响时，应对液化的可能性以及抗液化措施进行验证。一级地震为主导荷载的荷载可变工况下可采用简化方法进行性能验证。应利用较为详细的性能验证方法（例如考虑土-结构动力相互作用的非线性地震响应分析方法）对“高抗震性能设施”的位移进行检核。对于未被视作“高抗震设施”的嵌入式板桩岸壁工程，可忽略二级地震作用下的性能验证。

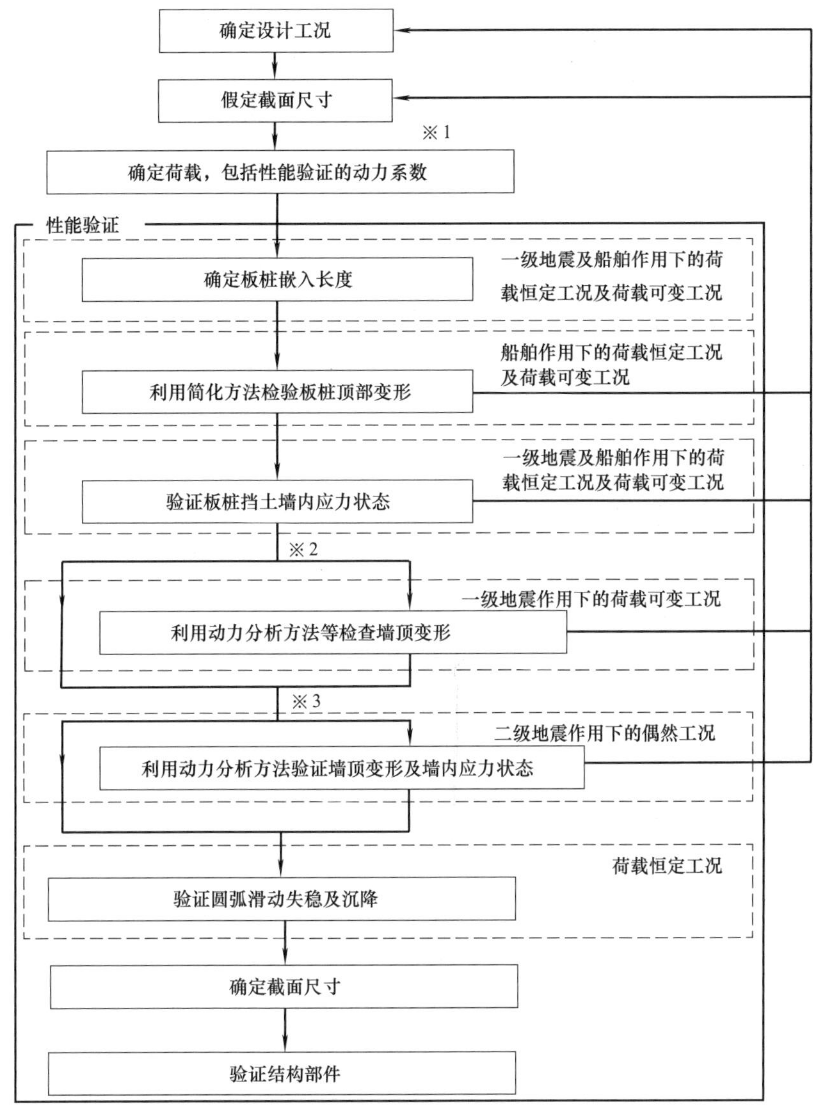

注：※1此处并未讨论液化的影响，因此需单独考虑液化影响。
　　※2必要情况下应利用动力分析方法对一级地震作用下的板桩顶部变形量进行检验；对于具有高抗震性能的结构而言，也应利用动力分析方法对其变形量进行检验。
　　※3具有高抗震性能的结构应进行二级地震作用下的性能验证。

图 3.3-2　悬臂式嵌入板桩港口岸壁结构的性能验证流程

3.3.3　基坑底部稳定性

应对悬臂式嵌入支挡结构开挖基底的稳定性进行设计以确保其稳定性。当开挖一侧与悬臂式嵌入支挡结构加固一侧之间不满足力的平衡条件时，开挖基底便可能出现失稳破坏。图 3.3-3 列举了几种典型的开挖基底破坏现象。开挖基底的稳定性是支挡结构稳定性的基础，在开挖基底上进行施工时应确保开挖基底不会失稳破坏。

开挖基底的失稳不仅严重影响支挡结构的安全，同时也威胁着周围场地上其他建筑物的安全。在设计阶段，应充分核实土体勘察资料，并在此基础上确定支挡结构的嵌入长度及场地所需刚度。当设计阶段不能确保支挡结构的稳定性时，应在施工阶段采用辅助措施，例如改良地基土和降低地下水位。

1. 沸砂

沸砂是一种因支挡结构加固场地一侧与开挖一侧水位差异导致的渗流现象，当渗流压力超过土

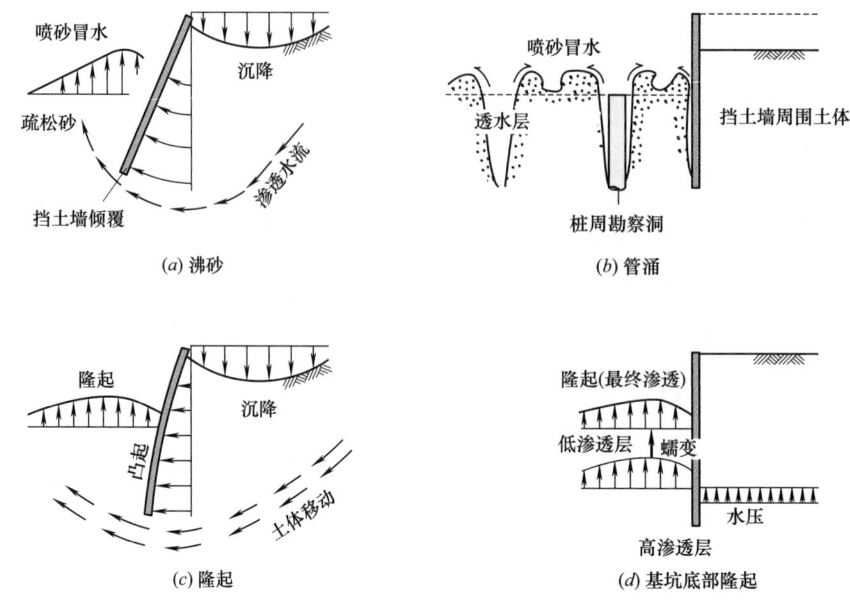

图 3.3-3 开挖基底的典型破坏现象

体有效应力时，砂粒会出现“沸腾”现象。可以采用极限水力梯度法、太沙基法以及简化的太沙基法对沸砂的稳定性进行检验。

2. 管涌

管涌是一种发生在围堰和支挡结构周围的局部“沸腾”现象。分析管涌时应考虑渗流路径长度与支挡结构嵌入深度之比以及水位差异。

3. 隆起（针对软黏土场地）

隆起是软黏土地基上开挖基底出现的一种溶胀现象。当支挡结构加固地基一侧开挖基底以上土体的重量大于开挖基底的承载能力，开挖基底土体便会开始出现隆起。可以采用安全系数分析或者圆弧滑动面分析对开挖基底隆起进行检验。

4. 基坑底部隆起

基坑底部隆起是开挖基底出现的一种溶胀现象。当低渗透性地层（如黏土层和细砂层）下方存在承压渗透层时可能出现基坑底部隆起现象。随着开挖施工的进行，开挖基底上部的竖向荷载逐渐降低，当渗透层内的承压力大于基底上部竖向荷载时基底开始隆起。可以采用考虑承压力与上部荷载之比的荷载平衡法对基坑底部隆起进行检验。

5. 基坑底部稳定工程措施

如前文所述，高渗透性砂土场地或碎石土场地中，当基坑开挖至地下水位线以下时，基坑底部可能出现沸砂、管涌及底部隆起等现象。软黏土场地中可能出现隆起现象。

沸砂、管涌及底部隆起（砂土场地和碎石土场地）的防治措施包括以下几种：

（1）将嵌入式板桩的嵌入长度延伸至不透水层；

（2）降低地下水位（降低水力梯度）；

（3）改良地基土。

隆起（软黏土场地）的防治措施包括以下几种：

（1）移除挡土墙后方的土体；

（2）增加板桩的嵌入长度并提高其刚度；

（3）改良地基土。

如图 3.3-4 所示。

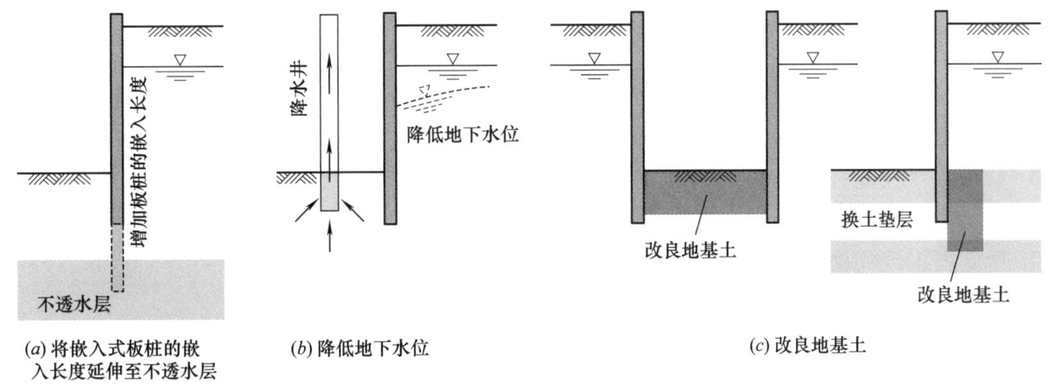

图 3.3-4 保证基坑底部稳定性的工程措施

3.3.4 整体稳定性

当地层内存在软土或饱和松砂时，应考虑地基的滑动失稳、固结沉降和液化。并应充分考虑施工场地的整体稳定性，包括周围场地的稳定性，必要时应采取相应的措施以防止施工场地的整体失稳。当在边坡上修建挡土墙结构时，可能出现影响整个边坡的整体失稳，因此，边坡整体稳定性验算应包含挡土墙后方的加固土体以及挡土墙基础。

黏土场地内的嵌入式挡土墙可能出现地基长期蠕变引起的变形，这种情况应对嵌入式挡土墙的稳定性进行检验。

上述整体稳定性称为外部稳定性，这是针对包含支挡结构（修建于软弱地基或边坡上）在内的整个地基的稳定性问题，如图 3.3-5 所示。可利用圆弧滑动法（包括费伦纽斯法）对边坡的稳定性进行评估。

当考虑黏土地基上板桩的变形时，应进行单独的数值分析，例如有限元分析。

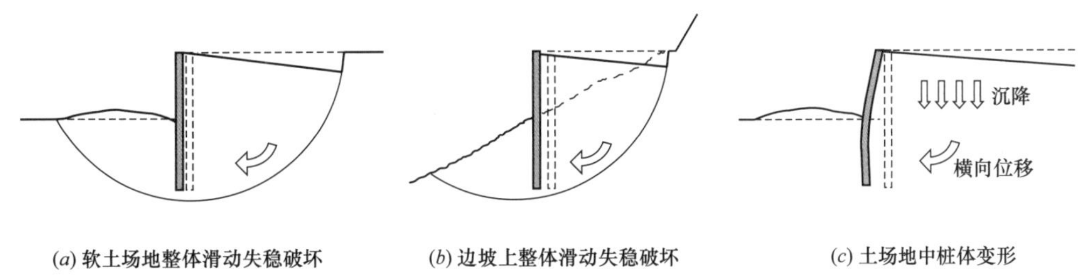

图 3.3-5 嵌入式支挡结构的整体稳定性（外部稳定性）

3.3.5 对周围结构的影响

开挖、降低地下水位、挡土墙拔出以及场地中应力状态的改变将引起悬臂式嵌入挡土墙出现位移和变形，这一位移和变形可能极大地影响位于挡土墙后方的既有结构。应对上述因素提前进行勘察和检查。影响周围结构的因素及其对策讨论如下。

1. 挡土结构变形导致的地面位移

为了估算基坑开挖导致的挡土墙变形引起的地表变形，日本道路学会“公路挡土结构，临时结构的施工指南”中介绍了基于原有施工记录的经验方法、基于开挖过程中墙体变形的滑动面分析方法以及数值分析方法（例如有限元计算方法）。降低支挡结构变形量的方法包括以下几种：

(1) 提高挡土墙刚度；

(2) 改良开挖基底下方地基土以提高其被动抵抗力；

(3) 施工掩埋式梁，减小支撑间距。

2. 降低地下水位导致的地表沉降

施工过程中的降水会降低开挖场地周围的地下水位，引起周围场地的地表沉降。为了预测这一地表沉降，在获得地下水位降低幅度后，可进行固结沉降计算、场地内应力状态及水流的有限元分析。减小地下水位降低幅度的方法包括以下几种：

(1) 采用截水性能较好的挡土墙；

(2) 增加挡土墙的嵌入深度，使其插入不透水层，以提高挡土墙的截水性能；

(3) 改良挡土墙一侧或两侧的地基土以提高挡土墙的截水性能。

3. 挡土墙拔起导致的地表沉降

如图3.3-6所示，当拔出临时挡土墙时，土体中将形成空洞，周围土体将向空洞内移动，使得场地变得松散，挡土墙拔出位置附近可能出现地表沉降。

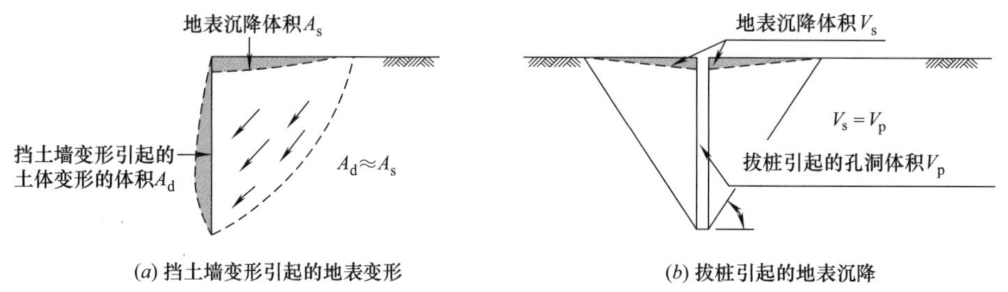

(a) 挡土墙变形引起的地表变形　(b) 拔桩引起的地表沉降

图3.3-6 对周围结构的影响

4. 应力释放导致的地表回弹

在基坑开挖过程中，因上部荷载移除，开挖基底处于卸荷状态，这可能导致开挖基底隆起。一般情况下，基底隆起量较小，但是，当施工场地周围存在地下结构时，开挖引起的基底隆起不容忽视。

3.4 设计报告

悬臂式嵌入支挡结构的设计最终应编制设计报告。设计报告应介绍勘察结果、设计流程及设计校核结果。具体包括以下几项：

(1) 设计工况；

(2) 施工的前提条件及施工流程；

(3) 场地土体的勘察结果（勘察位置、勘察时间及试验结果）；

(4) 校核方法（包括基于勘察结果的场地参数估算方法及详细的勘察方法）；

(5) 设计结果；

(6) 施工管理标准、施工进度计划及各个施工阶段的进度安排；

(7) 施工过程中需要勘察或监测的内容；

(8) 工程竣工后结构的养护和管理要点。

设计报告一方面用于向业主报告建筑物满足特定工况下的性能需求，另一方面，同时也用于向施工方传达设计设想及施工要点。上述(5)～(7)三项是设计报告中的重点内容，其对于顺利完成施工至关重要，具体包括以下内容：

- 施工时间规划，例如工作进度和关键路径；
- 达到设计深度的静压施工工法辅助措施；
- 硬质场地（例如岩石场地）上静压法的施工要点；
- 地表沉降、地基变形和地基振动的测试方法；

- 固定连接的方法，例如搭焊；
- 焊接质量；
- 钢材切割方法；
- 钢筋混凝土工程资料；
- 邻近既有建筑物拔桩施工的影响、施工对地表沉降及地下水的影响；
- 雨水的影响及调控地下水位的必要性；
- 渗透板桩墙或截水板桩墙的性能需求；
- 排水工程的性能保证、必要性、有关规范及排水工程的布置间距；
- 钢材的防锈防腐保护措施；
- 密封胶与防锈防腐涂层之间的兼容性；
- 关于开挖施工和地基土信息方面的要点；
- 施工过程中或竣工后的变形及损伤；
- 是否需要考虑施工对周围环境和景观的影响，以及考虑的方法。

参考文献

[1] International Press-in Association: *Design and Construction Guideline for Steel Tubular Pile Earth Retaining Wall by Gyropress Method* (*Rotary Cutting Press-in Method*), March 2014 (日文).

[2] The Overseas Coastal Area Development Institute of Japan: *Technical Standards and Commentaries for Port and Harbour Facilities in Japan*, pp. 711-748, December 2009.

[3] Japan Road Association: *Road Earthwork*, *Guideline for the Construction of Temporary Structures*, March 1999 (日文).

第 4 章
施 工

4.1 施工概述

如 1.3 节所述，根据反作用力来源的不同，目前存在多种压桩施工方法，其中，使用静压植桩机的静压法是最优的一种方法，并且已被广泛采用。本章对静压法作详细的介绍。

4.1.1　施工机械

静压法的施工机械主要包括静压植桩机、为液压泵提供动力的单元及用于固定机械及初始压桩操作的反力基座。

1. 施工机械的基本配置

施工机械的基本配置包括静压植桩机、动力单元、反力基座、无线电操作盘及桩用校准镭射仪。附属设备包括射水泵、软管卷盘、射水软管等。如图 4.1-1 所示。

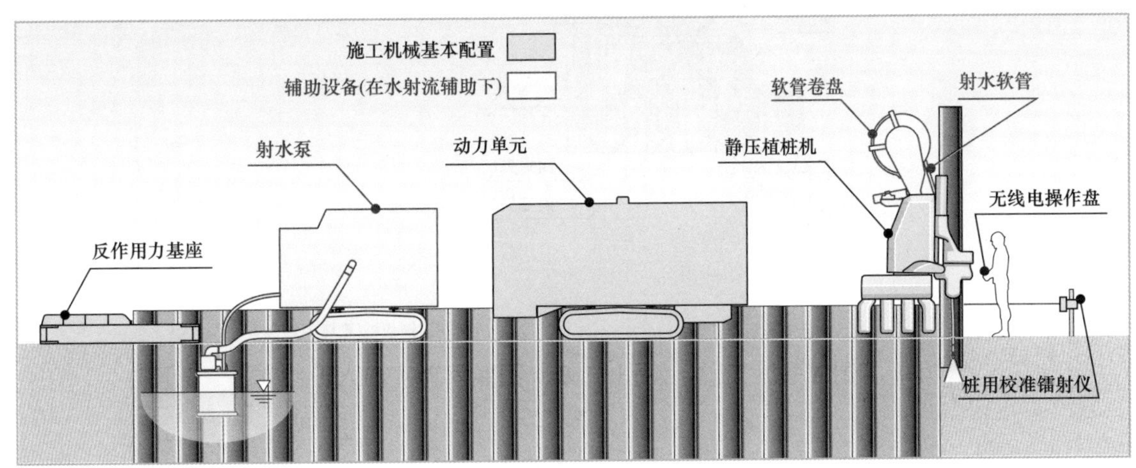

图 4.1-1　施工机械的基本配置

静压植桩机压桩的动力来源于液压。为了给静压植桩机提供液压，动力单元装备了一台液压泵以及一台柴油引擎，同时，引擎带动发电机给静压植桩机的操作系统提供电能。

在静压法施工初期，在并无桩或板桩可以提供反作用力的情况下，反力基座将为初始压桩操作提供反作用力［参见 4.3.2（2）节］。反力基座具有与静压植桩机及提供反作用力的配重相协调的结构。当搬运静压植桩机时反力基座可作为一个运输平台。

静压植桩机的操作通过一个无线电操作器实现，有两个操作选项：手动操作及自动操作。通过操作器可以准确地设置最大压桩力、压桩速度、压桩长度、拔桩长度［l_e］等参数。桩用校准镭射仪是一个控制施工的附属设备，其利用激光束确保压桩操作的准确性。关于桩用校准镭射仪的详细介绍参见附录 A.5 节。

2. 静压植桩机构件名称及功能

静压植桩机各构件名称如图 4.1-2 所示，各构件功能如表 4.1-1 所示。

静压植桩机各构件功能　　表 4.1-1

构件	功　能
固定夹	通过钳持已经压入的桩获得压入反作用力的构件。根据静压植桩机类型的不同，一般有 3 个或 4 个固定夹，从桩机移动方向的前端依次编号为 1 号、2 号、3 号和 4 号
机座	承载领杆和连接夹钳的组件
滑动座	连接领杆且可以在机座内部滑动的构件，其功能为确定桩的纵向位置，向前或向后移动领杆
上机身	引导桩上下移动并控制桩左右移动方向的组件，同时也是其他构件的储存空间

续表

构件	功　能
液压缸	用于通过上下移动桩将其压入场地内的液压油缸
夹头架	控制旋转的桩并与桩一起上下移动的组件
夹头	通过爪头抓紧桩并将桩压入场地的组件，被夹头架控制并在夹头架内旋转
多功能监视器	安装在领杆一侧的监视器，用于给操作人员提供压桩力、倾斜角等操作参数以及夹头的张开或紧闭状态，方便操作人员借助有线或无线设备检查压入施工的状态

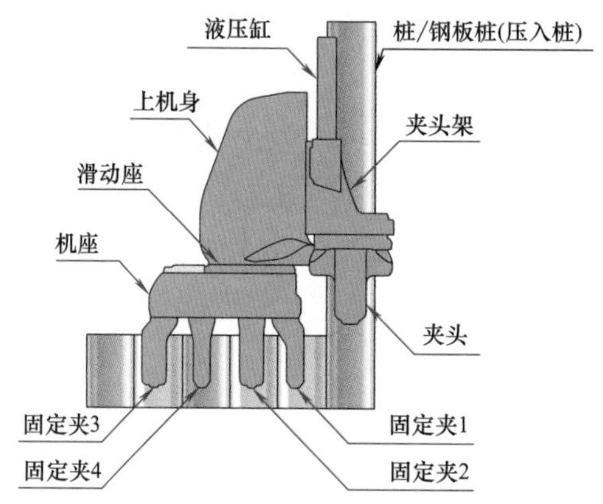

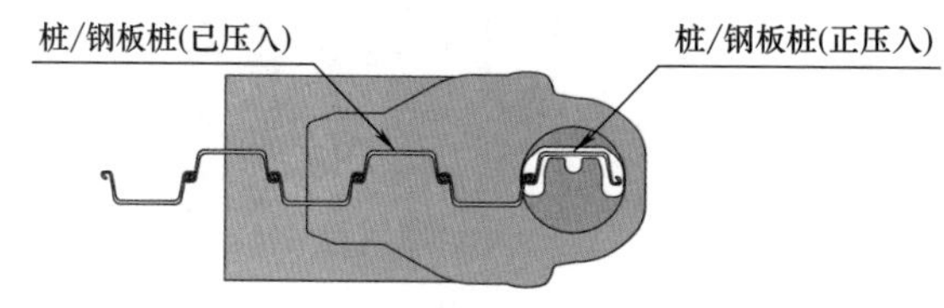

图 4.1-2　静压植桩机各构件名称

3. 静压植桩机的基本操作

如图 4.1-2 所示，静压植桩机包括用于夹紧桩的夹头、提供压桩力的液压缸以及一些通过夹紧已经压入的桩以固定施工机械的固定夹。

通过固定夹夹住已经压入的桩，借助这些桩的抗拔力作为压入新桩的反作用力，随后借助液压缸的液压将夹持的桩压入场地内。当完成一根桩的压入操作后，释放夹头并将夹头提起，再一次用夹头夹持下一根桩继续压桩操作。通过这样的方式，不断地将桩压入地基中。

当贯入阻力较大时，需要反复交替地进行贯入和拔桩操作，这一操作被定义为“压拔”。压拔将极大地降低桩的桩周摩阻力。在液压缸的一次冲击过程中，根据场地条件的不同，压拔操作将重复1～4 次。

压拔操作如图 4.1-3 所示，操作流程如图 4.1-4 所示。需要注意的是，图 4.1-4 展示的是在液压缸的一次冲击过程中进行的两次压拔操作。实际上，液压缸的一次冲击过程中压拔的次数由场地条件确定。

图 4.1-5 展示了静压植桩机利用自走式机械完成压桩的流程。当完成第 1 根桩的压入后，桩机的上部分（上机身、液压缸、夹头架及夹头）利用如图（*a*）所示的滑动座向前移动，随后桩机压入第 2 根桩，如图（*b*）所示。当夹头夹持第 2 根桩时，释放桩机的固定夹，桩机的配件（上机身、滑动座、机座及固定夹）被提升，桩机在桩上向前移动，如图（*c*）和（*d*）所示。在图（*e*）所示第⑤步时，第 2 根桩的安装已经完成，然后回到图（*a*）第①步继续下一根桩的压入。

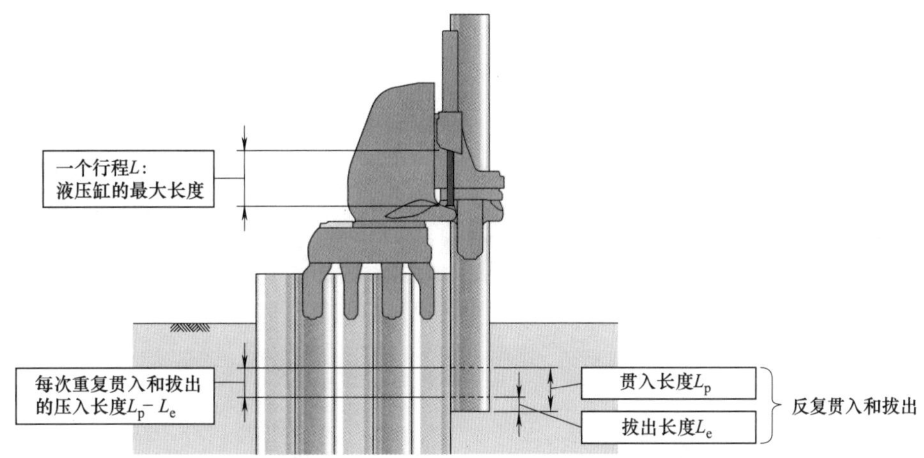

一个行程$=L$(cm) 一个行程是液压缸的最大长度

$L(\text{cm})=(L_p-L_e)\cdot n$(单次重复贯入和拔出)

贯入长度L_p(cm /单次贯入) 每次重复贯入和拔出的桩/钢板桩的贯入长度L_p

提取长度L_e(cm /单次贯入) 每次重复穿贯入和拔出的桩/钢板桩的拔出长度

贯入长度$=L_p-L_e$(cm/单次贯入) 每次重复贯入和拔出的桩/钢板桩的贯入长度

L_{p-e}=贯入长度L_p－拔出长度L_e

图 4.1-3 反复压桩拔桩操作示意图

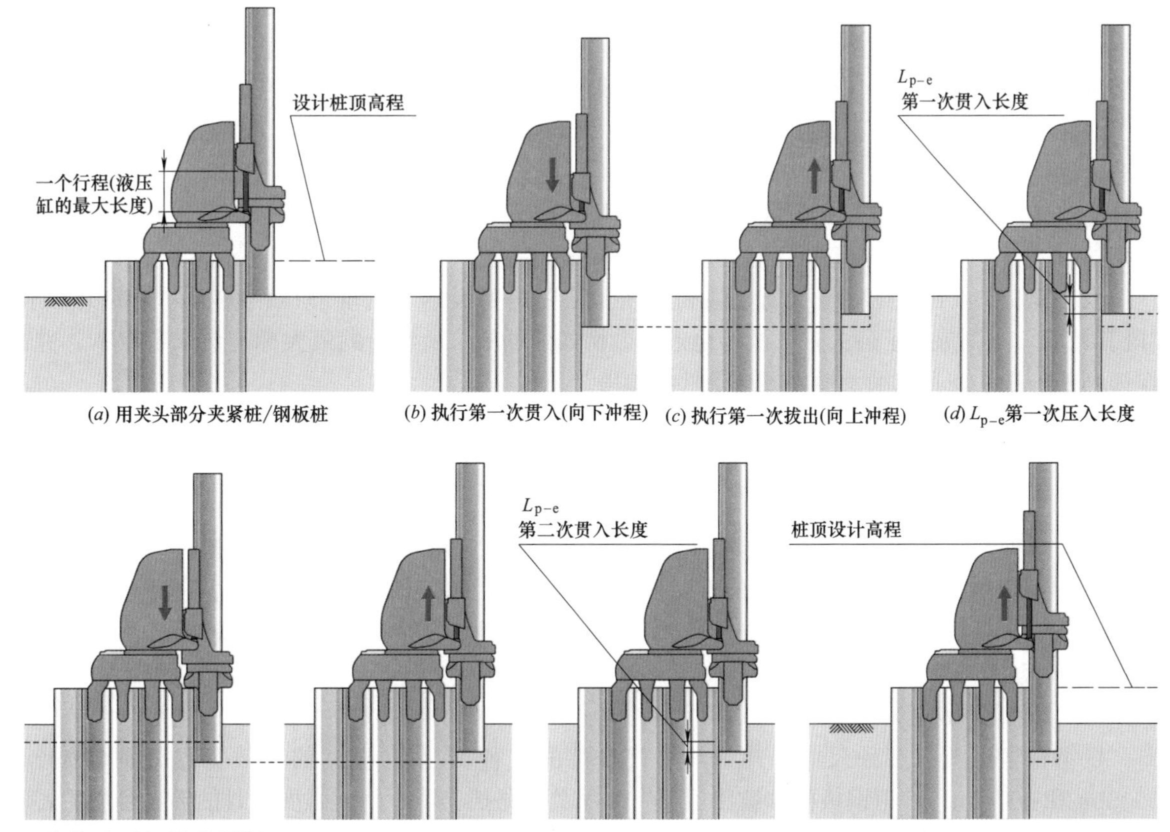

(*a*) 用夹头部分夹紧桩/钢板桩 (*b*) 执行第一次贯入(向下冲程) (*c*) 执行第一次拔出(向上冲程) (*d*) L_{p-e}第一次压入长度

(*e*) 贯入桩(第2次)到主油缸的最低点 (*f*) 进行(第2次)拔桩操作 (*g*) 一次完成第二次上下行程动作 (*h*) 松开夹头，将其移至设计桩顶高程。然后将桩压入桩顶的设计高度，重复上下行程运动

图 4.1-4 反复压桩拔桩操作流程

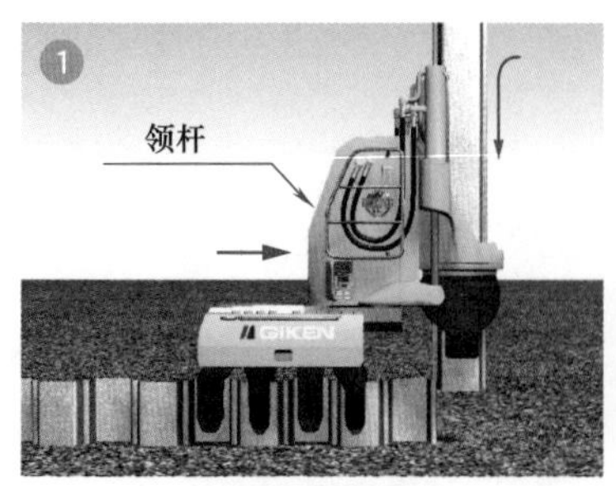

(a) 桩/钢板桩的安装

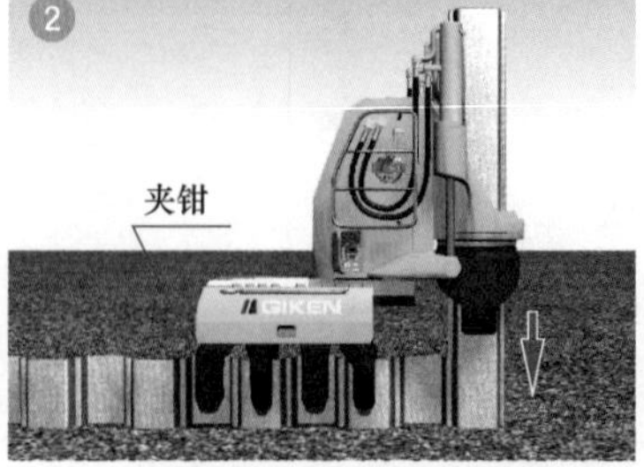

(b) 压入桩/钢板桩(上下运动)

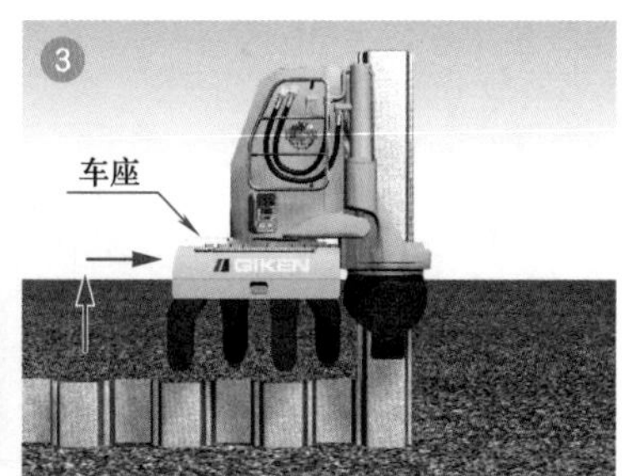

(c) 自前进运动

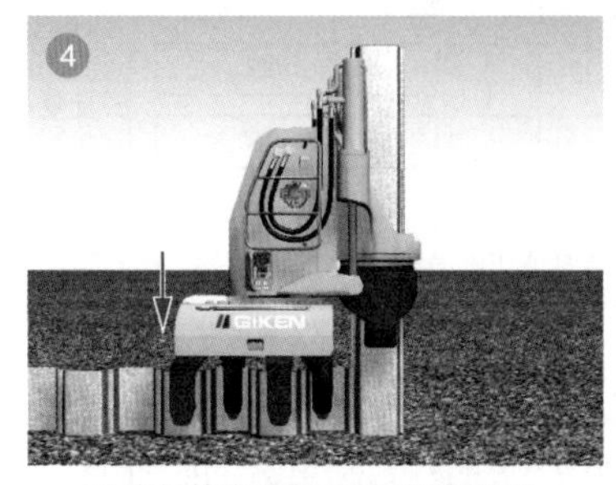

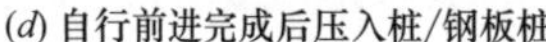

(d) 自行前进完成后压入桩/钢板桩

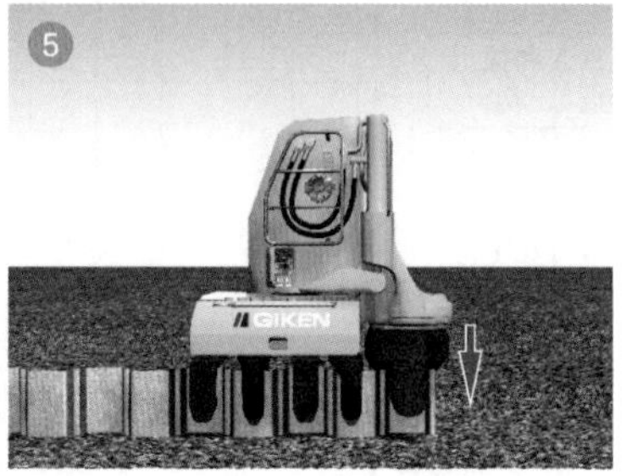

(e) 完成压入操作，重复步骤①～⑤

图 4.1-5　静压植桩机的基本操作

4.1.2　静压植桩机、工法辅助措施及克服施工困难因素的工法

在压桩施工过程中，需要选择与压入的桩相匹配的压桩机。同时，需要根据不同的场地条件选择工法辅助措施以及克服施工困难因素的工法。静压法能适用于多种场地条件，施工空间限制对静压法的施工影响最小。静压法针对不同类型的桩、不同的场地条件及不同施工空间障碍的应用如前文 1.3.4 节中表 1.3-5 所示。在“工法辅助”一列，分别针对未采用工法辅助的标准静压施工和借助工法辅助措施（水刀并用压入、螺旋钻并用压入、旋转切削压入）的静压施工两种情况，展示了每一种施工辅助措施的标准贯入击数 N 的使用范围。另外，根据土层的厚度、砾石和卵石的尺寸，以及桩的压入长度，需要对工法辅助的选择进行单独考虑。

表 1.3-5 中，在“克服施工场地限制静压工法”一列展示了目前静压植桩机可用的施工工法；“既有经验”一列展示了最大桩长及场地条件，例如前期施工所经历的最大标准贯入击数 N，并以此作为判断静压法使用范围及适用场地条件的参考。

关于静压植桩机的详细介绍参见附录 A.2 节。

4.1.3　桩

桩由多种预制材料组成，包括钢板桩（U 型钢板桩、Z 型钢板桩、帽型钢板桩、超近接型钢板桩、H 型钢板桩、直线型钢板桩及轻质钢板桩）、钢管桩（钢管板桩、钢管桩）、混凝土板桩、预应力混凝土墙，以及由钢板桩和钢管桩组合形成的组合墙结构。参见本手册图 1.3-26。

1. 钢板桩

（1）U 型钢板桩

U 型钢板桩具有多种尺寸，其中具有代表性的三种 U 型钢板桩的有效宽度分别为 400mm、500mm 和 600mm。U 型钢板桩常被用于河岸加固及道路挡土墙，因其强度大且能够重复使用，常被用于临时结构。U 型钢板桩具有对称的截面。

互锁后的 U 型钢板桩能形成一道有效厚度为两倍单桩厚度的连续钢墙。但是，必须注意的是，互锁的中轴上剪应力将达到最大值，同时，必须考虑因互锁处剪切不充分传递导致的截面性能降低。U 型钢板桩的典型截面形态如图 4.1-6 所示。

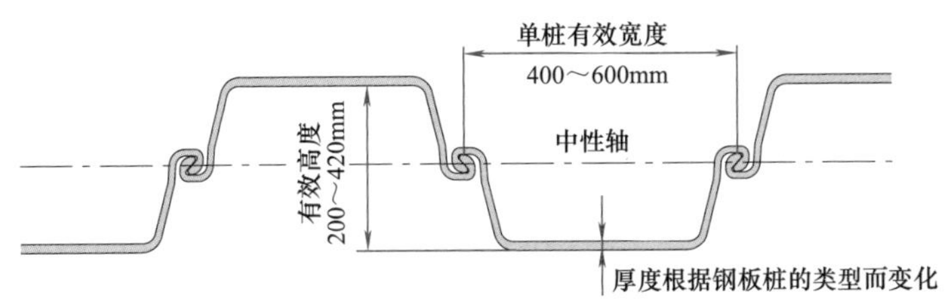

图 4.1-6 U 型钢板桩的典型截面形态

(2) Z 型钢板桩

Z 型钢板桩的互锁位置距离中轴线位置较远，且无需考虑互锁效率问题，因此，Z 型钢板桩在建造成本方面具有优势。Z 型钢板桩通常以两个工厂预制或是现场制作的互锁板桩的形式呈现（即“双排桩”）。与单排桩相比，双排桩具有更低的成本和更高的施工效率。Z 型钢板桩通常一端为舌型互锁，而另一端为爪型互锁。压入具有互锁结构的 Z 型钢板桩时，舌型互锁的一端应该位于压入操作的行进方向（EN12063）。Z 型桩的典型截面如图 4.1-7 所示。

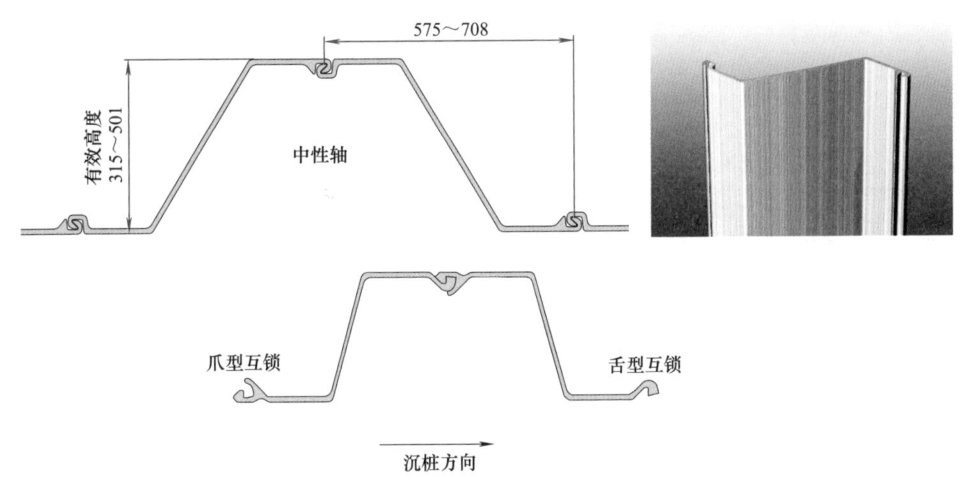

图 4.1-7 Z 型钢板桩的典型截面形态

(3) 帽型钢板桩

帽型钢板桩是近年来在日本发展起来的一种板桩。与 U 型钢板桩相比，帽型钢板桩在建造效率、结构强度及经济性方面具有优势。帽型钢板桩已经被应用于河流、港口及道路的挡土墙结构。帽型钢板桩的有效宽度为 900mm，帽型钢板桩的典型截面如图 4.1-8 所示。帽型钢板桩的互锁位置距离中轴线较远，因此无需考虑互锁效率的问题。

(4) 超近接型板桩

当拟建支挡结构与既有建筑物之间没有空隙时，需要针对近接压桩施工设计特别的静压植桩机和板桩。近接压桩施工的钢板桩有效宽度为 600mm，有效高度为 200mm，采用帽型截面，其互锁位置距离中轴线最远，因此，无需考虑互锁效率的问题。近接压桩施工所用钢板桩的典型截面如图 4.1-9 所示。

(5) H 型钢板桩

H 型钢板桩截面的有效宽度为 500mm，其截面互锁位置距离中轴线最远。H 型钢板桩刚度较大，桩板厚度较薄。可以选用有效高度为 344～588mm 的 H 型钢板桩进行压桩施工。H 型钢板桩的典型截面如图 4.1-10 所示。

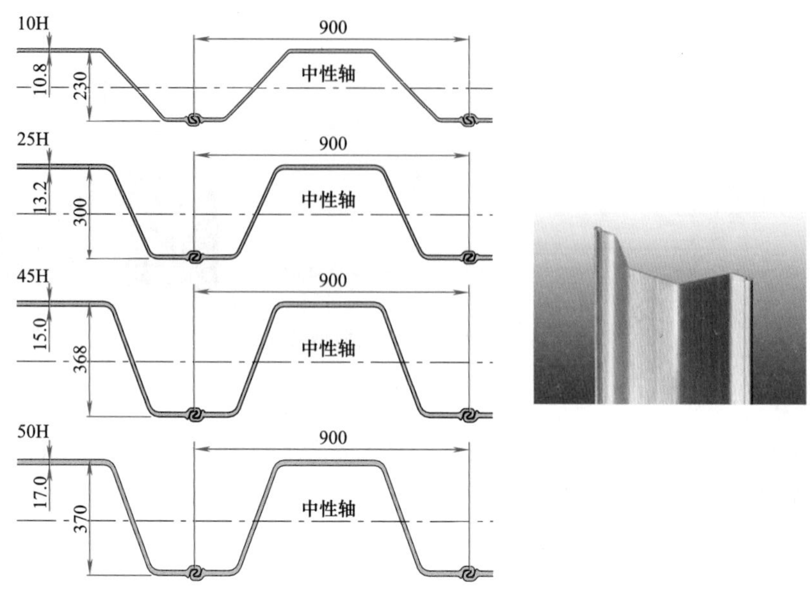

图 4.1-8　帽型钢板桩的典型截面形态

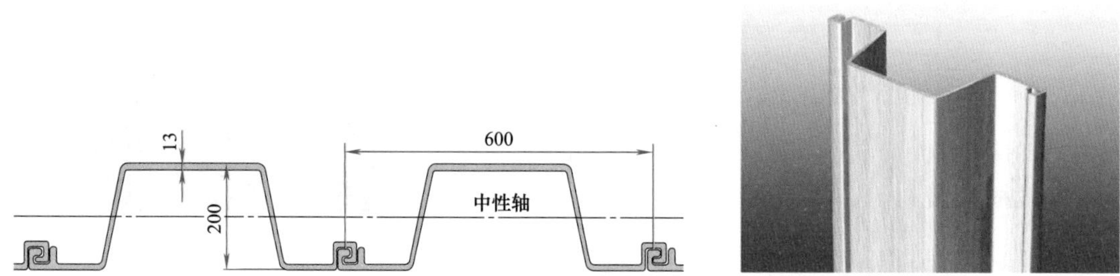

图 4.1-9　近接压桩施工所用钢板桩的典型截面

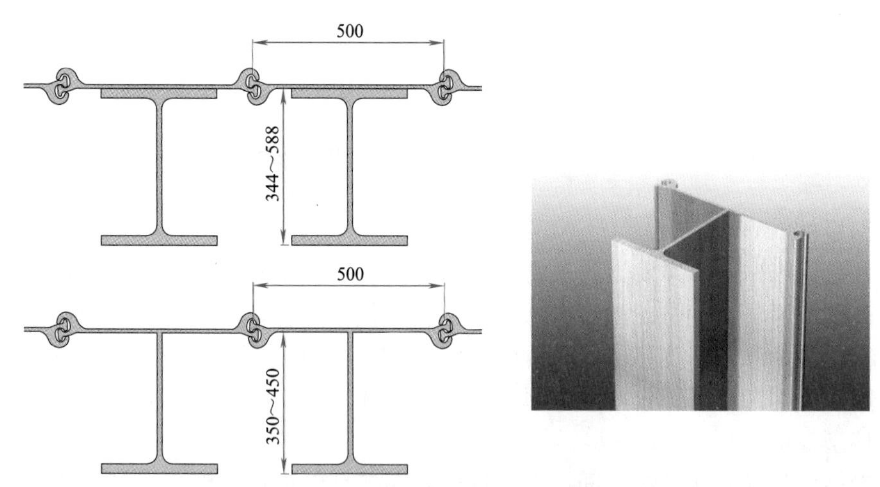

图 4.1-10　H型钢板桩的典型截面形态

（6）直线型钢板桩

直线型钢板桩两端均有具有较高互锁抗拉强度的互锁部件，常被用于圆形储罐基础的抗液化措施。可以采用有效宽度为500mm的直线型钢板桩进行压桩施工。直线型钢板桩的典型截面如图4.1-11所示。

（7）轻质钢板桩

轻质钢板桩由冷轧钢板构成，具有轻薄特性。轻质钢板桩可用于开挖深度较小的挡土结构，也

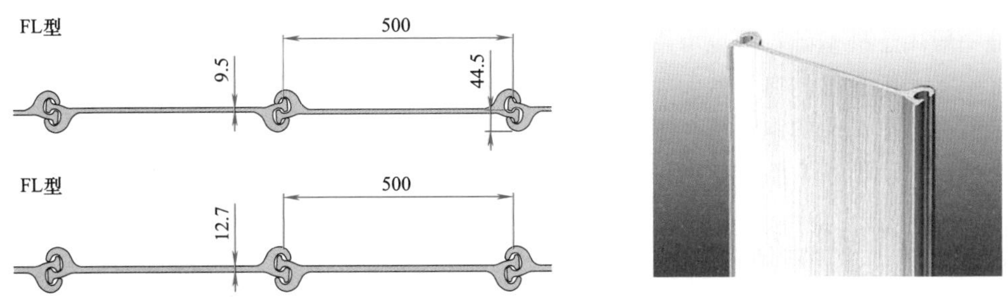

图 4.1-11 直线型钢板桩的典型截面形态

可用于排水通道较小的挡土墙。可以使用有效宽度为 333mm 的轻质钢板桩进行压桩施工。轻质钢板桩的典型截面如图 4.1-12 所示。

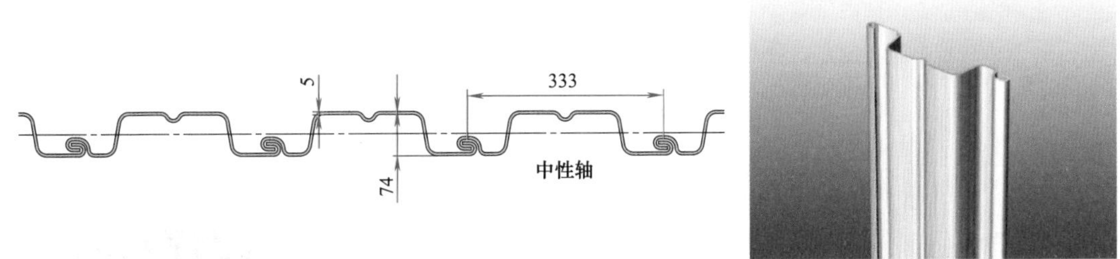

图 4.1-12 轻质钢板桩的典型截面形态

2. 钢管

(1) 钢管板桩

钢管板桩是一种具有互锁部件的钢管桩。其抗弯刚度较高，因此适用于大型结构，如海堤、河堤、道路挡土墙、桥梁基础和围堰等。通过改变桩径和板厚，钢管板桩可以具有不同的截面性能，因此，钢管板桩可用于修建经济节约型工程结构。可以选用桩径为 500～1500mm 的钢管板桩进行压桩施工。钢管板桩的互锁装置形态各异。桩径为 800mm 的钢管板桩的典型截面形态及典型互锁装置形状如图 4.1-13 所示。

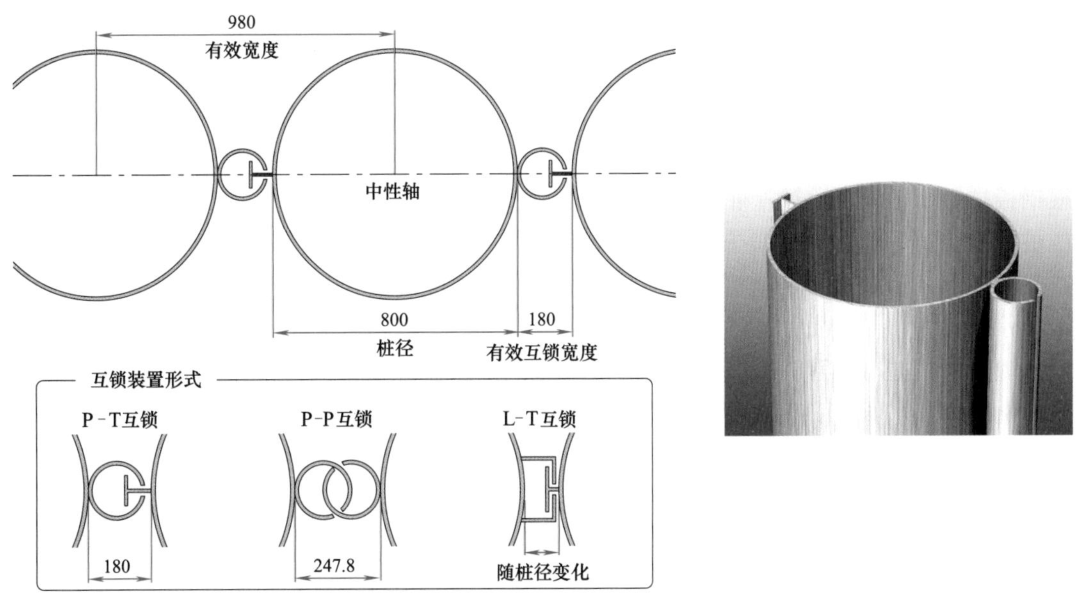

图 4.1-13 钢管板桩的典型截面形态及互锁装置

（2）钢管桩

钢管桩一般用于桩基础，但也可用于挡土墙等墙体结构。可以选用直径为500～2500mm的钢管桩进行压桩施工。钢管桩的典型截面如图4.1-14所示。在进行螺旋压桩施工时（旋转切削工法），可以使用桩端带有环形钻头的钢管桩（图4.1-15）。环形钻头附着在钢管桩的端部，以保证桩体的强度和刚度不受影响。环形钻头的数量由钢管桩的直径和地基土条件确定。

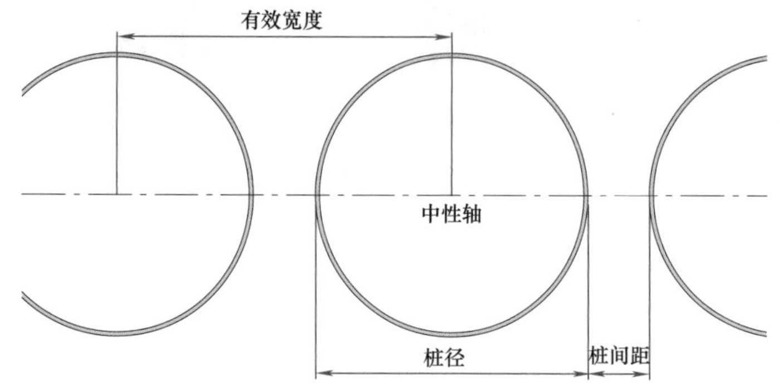

图4.1-14　钢管桩的典型截面形态

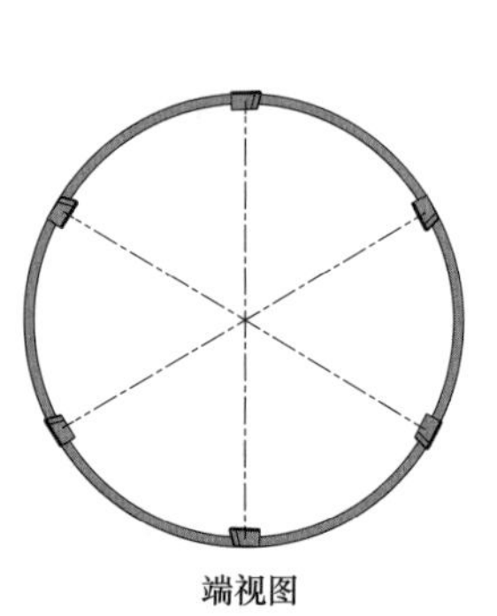

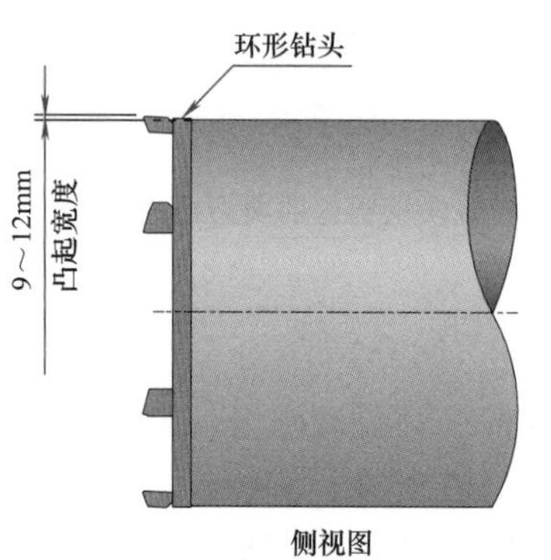

图4.1-15　桩头带有环形钻头的钢管桩

3. 组合墙结构（组合螺旋法）

组合墙结构由具有良好截水性能的钢板桩和具有较高刚度的钢管桩组合而成。针对这类组合墙结构的静压法称为组合螺旋法。根据墙体高度和场地条件，通过调整钢板桩长度、钢管桩直径、桩长和施工间距，可以建造功能齐全且经济实用的墙体结构。需要注意的是，如果相邻两根钢管桩之间的距离过大，墙体刚度的均匀性将得不到保证。因此，规范规定钢管桩和钢板桩须间隔布置，即每两根钢板桩中间须有一根钢管桩，如图4.1-16所示。

压桩施工中，可以选用10H～50H的帽型钢板桩和直径600～1000mm的钢管桩进行组合，或者575～708mm的Z型钢板桩和直径800～1000mm的钢管桩进行组合。组合墙结构的典型截面如图4.1-16所示。

规范规定钢板桩与钢管桩的顶部可用两个扁形钢条进行焊接，这使得作用于钢板桩上的水平作用力（由土压力和水压力引起）可以传递至钢管桩，并由钢管桩抵抗这一水平作用力。钢管桩和钢板桩的桩顶连接部分如图4.1-17所示。

4. 混凝土板桩

混凝土板桩由高强度钢筋混凝土制成，平面形混凝土板桩的有效宽度为500mm，槽形混凝土板桩的有效宽度为1000mm。其主要用于河岸护岸工程、渠道墙及道路挡土墙。

可以选用高度为100～190mm的平面形（500mm）混凝土板桩或高度为150～350mm的槽形（1000mm）混凝土板桩进行压桩施工。混凝土板桩应满足静压植桩机施工在强度、形状等方面的规

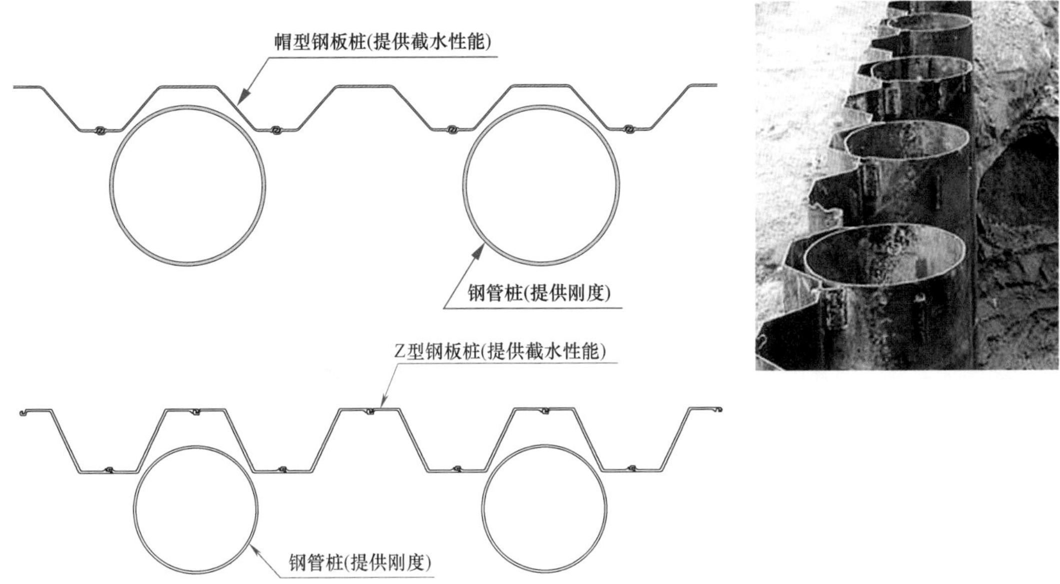

图 4.1-16 组合墙结构的典型截面形态

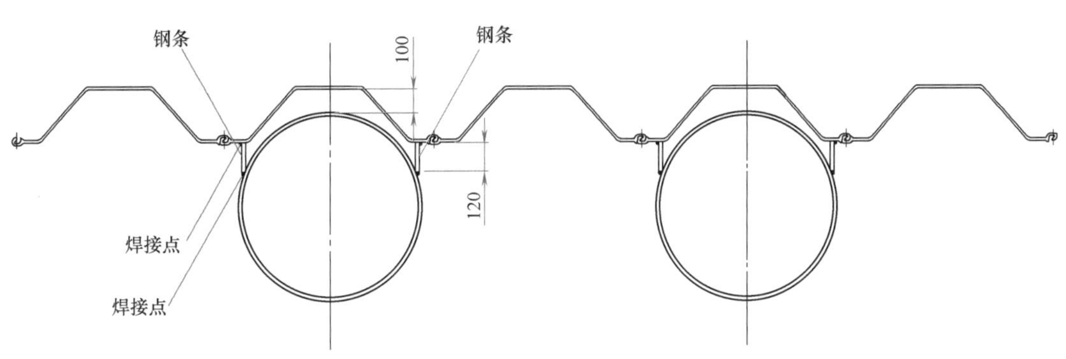

图 4.1-17 桩顶连接示意图

定。混凝土板桩的典型截面如图 4.1-18 所示。

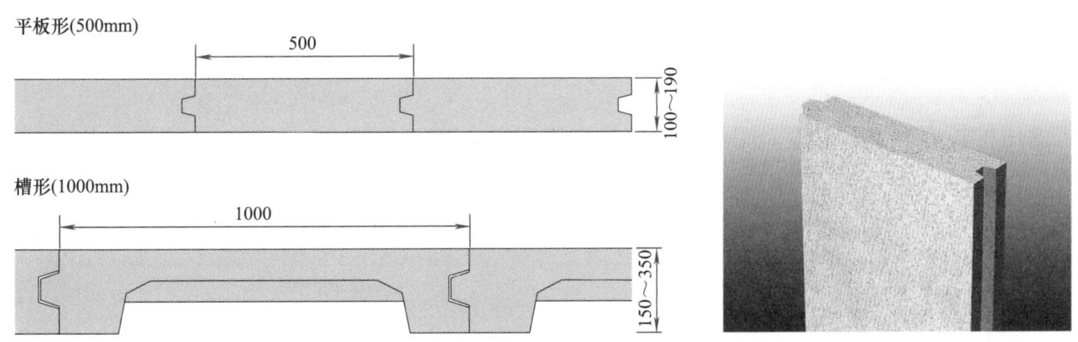

图 4.1-18 混凝土板桩的典型截面形态

5. 预应力混凝土墙

预应力混凝土墙由高强度预应力混凝土制成。与混凝土板桩相比，预应力混凝土墙可具有更大的墙体高度，可用于建造大截面的河岸护岸工程、道路支挡结构和挡土墙。

可以选用尺寸为 600mm×600mm、700mm×700mm 和 800mm×800mm 的预应力混凝土墙进行

压桩施工。预应力混凝土墙应满足静压植桩机施工在强度、形状等方面的规定。预应力混凝土墙的典型截面如图 4. 1-19 所示。

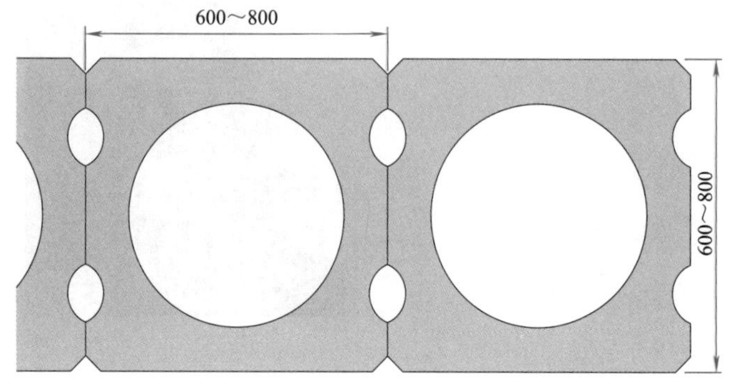

图 4. 1-19　预应力混凝土墙的典型截面形态

4. 2　施 工 计 划

4. 2. 1　施工计划的编制

静压桩施工时应根据设计图纸和相关规范编制施工计划，以确保施工的经济性和安全性。制定施工计划时，应考虑场地条件、障碍物、地面条件、地形条件、施工条件和环境保护。安全经济的施工计划应在全面校核施工规模、施工进度、施工工期、障碍物处理措施、环保措施、自然灾害防治措施、施工对周围建筑物影响的基础上制定。当需要考虑施工对周围结构的影响时，应通过试验和数值分析对潜在的影响进行分析。

制定施工计划时，应根据地基条件、施工条件和桩型选择合适的静压植桩机、工法辅助措施和压桩工法，以确保施工的安全性和可行性。此外，压桩施工时应避免对钢板桩和周围结构造成损害。

4. 2. 2　工法辅助措施的选择

各种静压法中，根据地基条件和埋置长度的不同，可以选择标准压入工法或附带辅助措施的其他压入工法，如水刀并用压入工法、螺旋钻并用压入工法、旋转切削压入工法等。这些辅助措施的主要目的是降低阻力，同时还可以降低施工过程中的振动和噪声，具有显著的环保效益。

考虑压桩长度和土体强度，工法辅助措施和桩型的合理组合形式如表 4. 2-1 和表 4. 2-2 所示。

适用于不同地基条件的钢板桩压入工法　　表 4. 2-1

压桩长度(m)	标准压入※1	水刀并用※1	螺旋钻并用※2	
			N_{max}≤180	180＜N_{max}≤600
25	U 型钢板桩 帽型钢板桩	U 型钢板桩 帽型钢板桩	U 型钢板桩 帽型钢板桩	U 型钢板桩
最大等效 SPT－*N* 值	25	50	180	600

注：※1 参考日本静压桩协会评估材料；

※2 适合利用螺旋钻并用工法施工帽型钢板桩的最大 SPT-*N* 值为 180。

适用于不同地基条件的钢管桩压入工法　　表 4.2-2

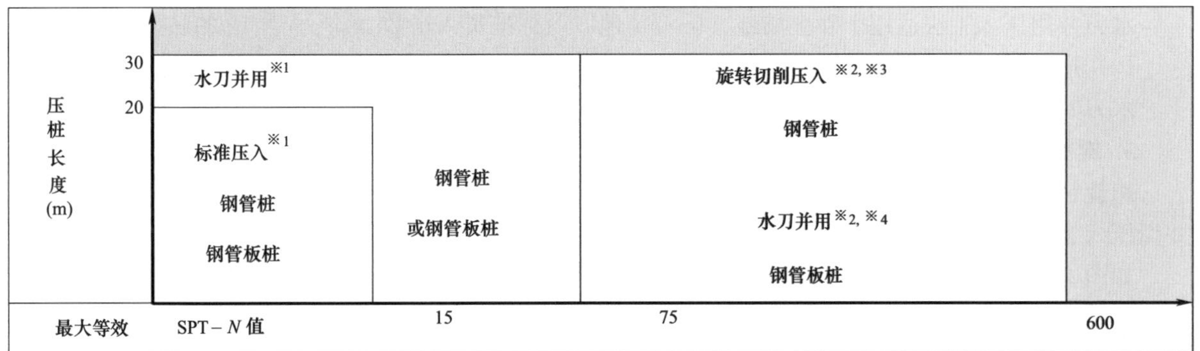

注：※1 参考日本静压桩协会评估材料；

※2 GIKEN 公司采用的数据；

※3 旋转切削压入工法仅适用于钢管桩；

※4 螺旋钻并用工法仅适用于钢管桩。

1. 标准压入

标准压入指在无任何工法辅助措施的情况下，仅借助静压植桩机的基本配置完成压桩施工。静压植桩机基本配置参见本手册 4.1.1（1）节。标准压入的施工实例参见附录 A.1.1 节。

• 标准压入装备的基本配置：由一台静压植桩机和一个动力单元组成。

• 适用地层：标准压入适用于标准贯入击数 N 值小于 25 的砂土和黏土场地。

• 适用桩型：标准压入适用于所有桩型。

2. 水刀并用压入

如图 4.2-1 所示，水刀并用压入工法是一种通过在桩端喷射高压水流以降低贯入阻力（桩端阻力、侧阻力和联锁阻力）的工法辅助措施。高压水流的作用包括：①临时增加孔隙水压力，降低土体的剪切强度；②减小土体与桩体之间的摩擦阻力；③减少土体在联锁部位的堵塞，降低联锁阻力。

图 4.2-1　水刀并用压入时的喷射水流

在水刀并用压入中，应根据场地条件确定合适的最小喷水量，并通过控制喷水压力对喷水量进行控制。如果喷水量过大，土体中的细土颗粒可能会被冲刷掉，导致周围地面变形。因此，应制定严格的施工计划以避免压桩施工对周围建筑物和地下设施造成影响。相关的施工实例参见附录 A.1.1 节。

(1) 水刀并用压入工法设备

如图 4.2-2 所示，水刀并用压入工法设备由静压植桩机、射水泵、软管卷盘、射水软管和喷嘴组成。

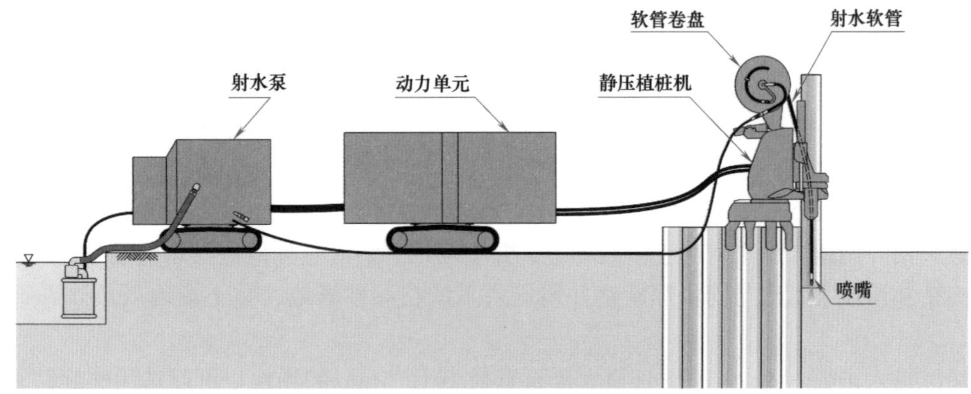

图 4.2-2　水刀并用压入工法的装备配置

（2）适用场地条件

水刀并用压入工法适用于砂土场地、砾石场地以及标准贯入击数 N 值小于 50 的黏土场地。

（3）适用桩型

水刀并用压入工法适用于所有桩型。

3. 螺旋钻并用压入

螺旋钻并用压入工法是一种利用钻头旋转以降低贯入阻力的工法辅助措施，可分为同步螺旋钻并用压入和超前螺旋钻并用压入。

如图 4.2-3 所示，同步螺旋钻并用压入工法中，首先利用钻头在桩端硬质场地中钻孔，随后在拔钻的同时将桩压入孔洞中。该方法可最大限度地减少开挖范围，降低周围地面沉降的风险。

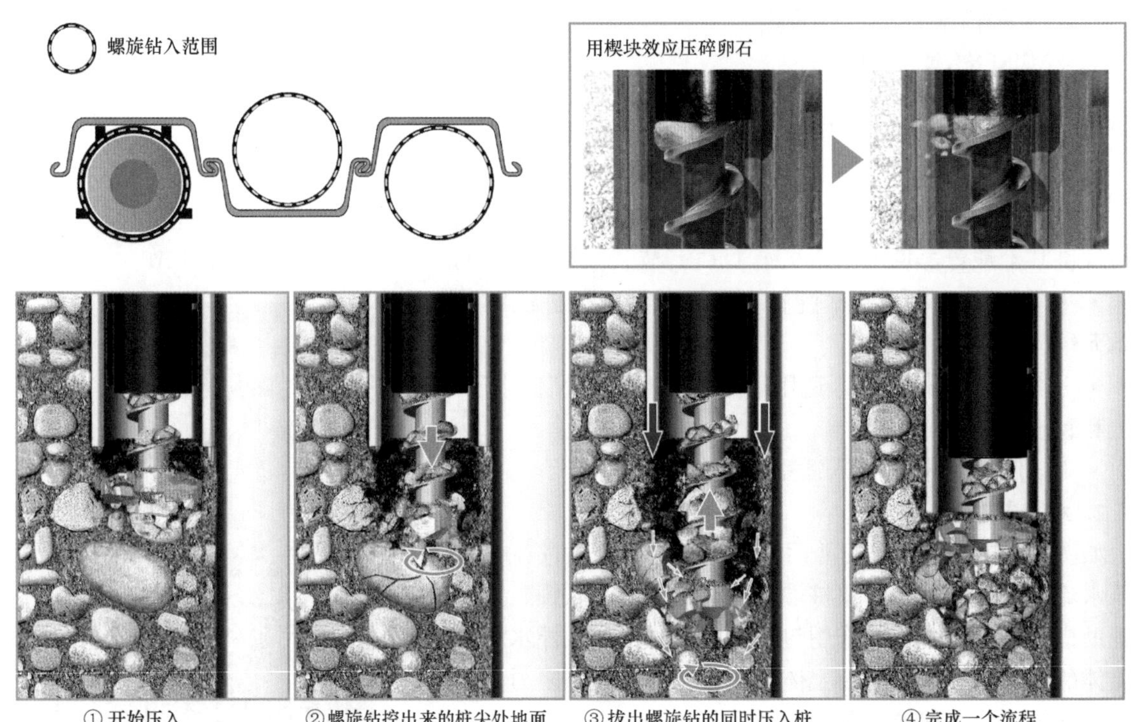

图 4.2-3　同步螺旋钻并用压入工法施工流程

对于等效标准贯入击数 N 值大于 75 的场地，压桩施工需要采用超前螺旋钻并用压入工法。该法包含两个步骤：第一步，利用具有比拟压入的桩更大横截面积的大直径螺旋钻进行前期钻孔至设计深度，随后在拔出螺旋钻的同时对钻孔进行回填；第二步，利用小直径螺旋钻，借助同步螺旋钻并用压入工法进行压桩施工。这一工法的施工流程为：利用大直径螺旋钻头进行预钻孔；拔钻（通过螺旋钻的反向转动对钻孔进行回填）；切换至小直径螺旋钻头，借助同步螺旋钻并用压入工法进行压桩施工；压桩完成（拔出小直径螺旋钻并回填）。如图 4.2-4 所示。相关施工实例参见附录 A.1 节。

（1）螺旋钻并用压入工法设备

如图 4.2-5 所示，螺旋钻并用压入工法的设备包括静压植桩机、促动器、套管、螺旋钻、螺旋钻头、软管卷盘。

（2）适用场地条件

超前螺旋钻并用压入工法适用于硬砂场地、黏土场地、砂砾石场地以及岩质场地。图 4.2-6 展示了超前螺旋钻并用压入工法与同步螺旋钻并用压入工法在硬砂场地、黏土场地以及砂砾石场地中的适用范围。

等效标准贯入击数 N 值小于 75 且最大砾石直径小于 75mm 的场地，可以选用螺旋钻并用压入工法进行压桩施工。对于等效标准贯入击数 N 值为 75～600 且最大砾石直径小于 200mm 的场地，可以

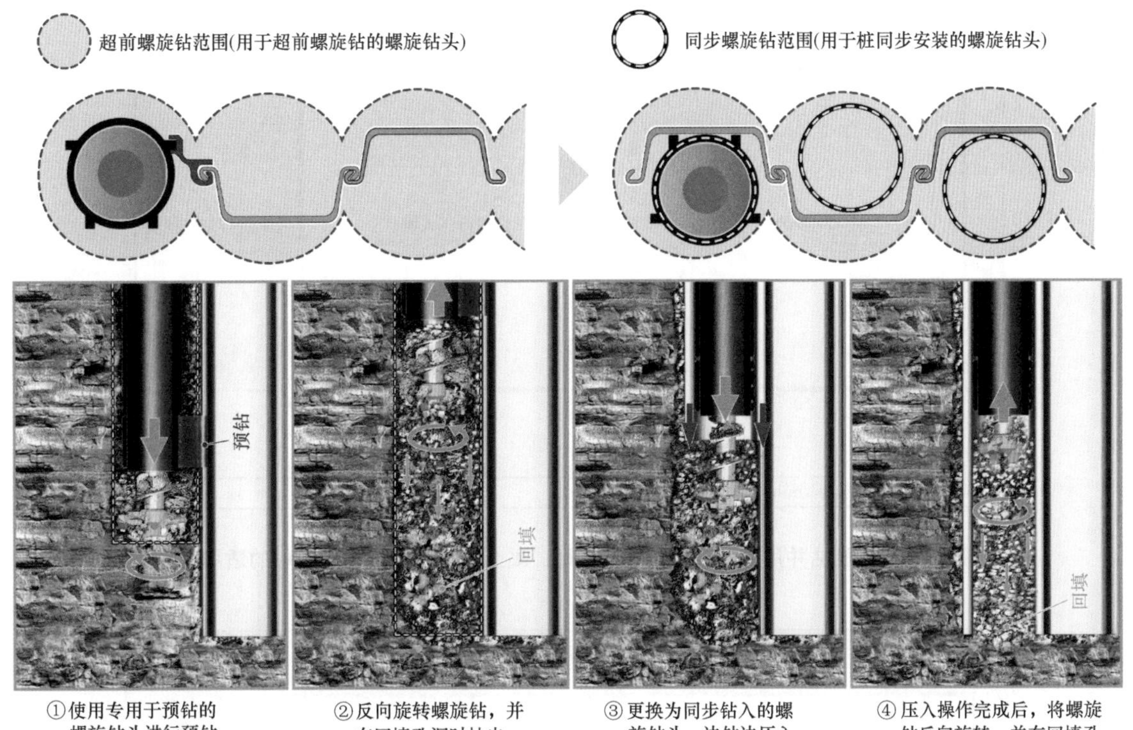

图 4.2-4 超前螺旋钻并用压入工法施工流程

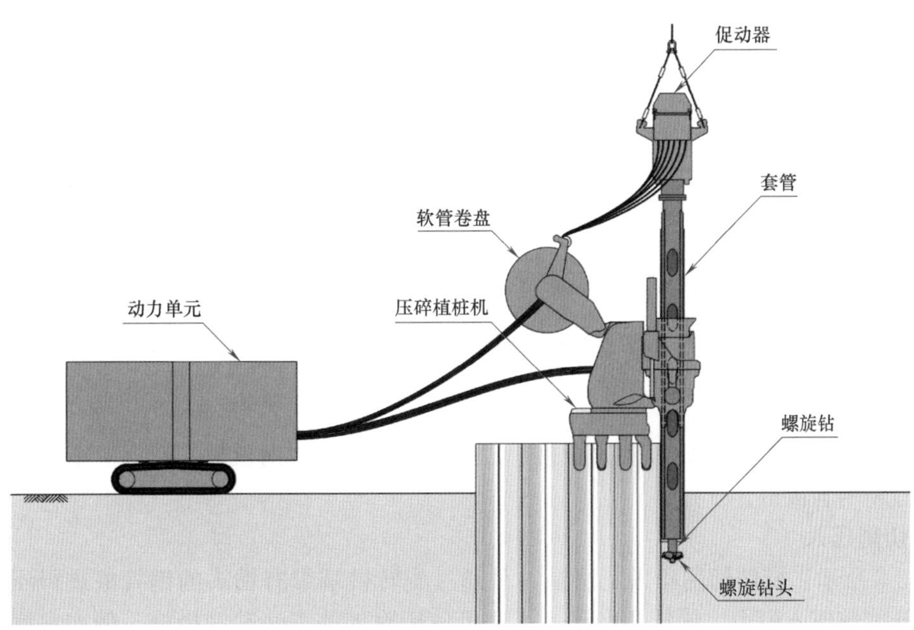

图 4.2-5 螺旋钻并用压入工法的设备

选用超前螺旋钻并用压入。需要注意的是，上述适用场地中砾石所占百分比应小于 60%，岩石的单轴抗压强度应小于 50N/mm²，压桩长度不超过 25m。

螺旋钻并用压入工法在岩石场地中的适用范围如图 4.2-7 所示。对岩石场地而言，只能选用超前螺旋钻并用压入工法。适用的岩石场地等效标准贯入击数 N 值应小于 600，单轴抗压强度应小于 40N/mm²。此外，适用岩石场地的岩石分类应介于 D 和 CM 之间（根据日本中央电力研究院标准，CRIEPI），岩体硬度应介于 E 和 C 之间。压桩长度不应超过 25m。

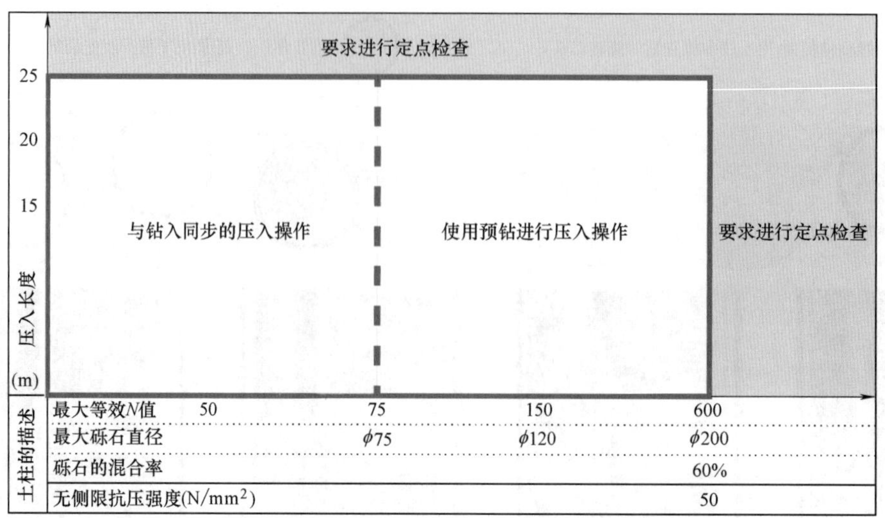

图 4.2-6　螺旋钻并用压入工法在硬砂场地、黏土场地和砂砾石场地中的适用范围

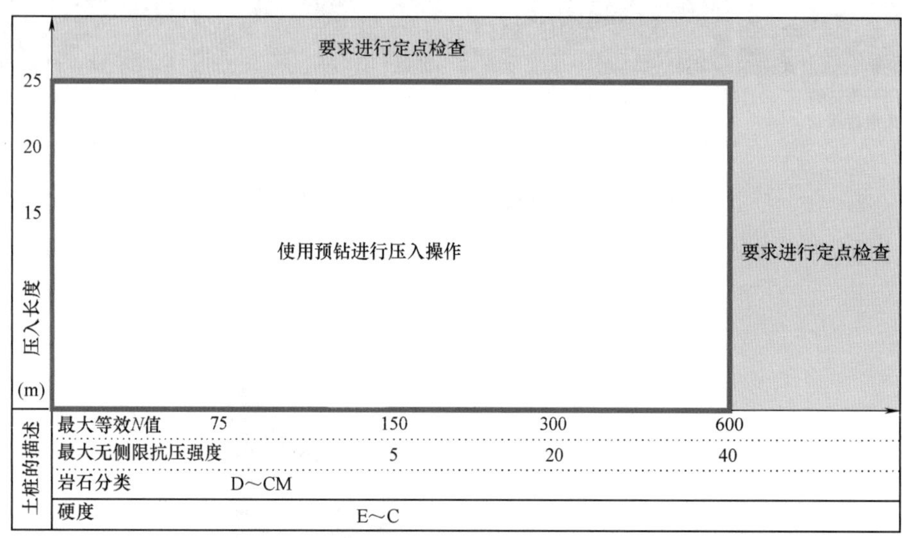

图 4.2-7　超前螺旋钻并用压入工法在岩石场地中的适用范围

（3）适用桩型

螺旋钻并用压入工法适用于 U 型钢板桩、Z 型钢板桩、帽型钢板桩、超近接型钢板桩、H 型钢板桩、钢管桩和钢管板桩。

4. 旋转切削压入

如图 4.2-8 所示，旋转切削压入工法是一种通过旋转桩端带有钻头的钢管桩进行压桩施工的工法。为了降低旋转压入阻力，旋转切削压入工法可使用附加的工法辅助措施，例如水润滑系统或空气润滑系统。更多细节可参考国际静压桩学会“借助螺旋钻并用工法的钢管桩挡土墙设计及施工指南（旋转切削静压法）”。

（1）旋转切削压入工法设备

旋转切削压入工法的设备包含螺旋桩机和水润滑系统（或空气润滑系统）。值得注意的是，水润滑系统通过向钻孔内注入 10～60L/min 的水流以降低钢管桩与地基土之间的摩擦阻力，而非像水刀并用压入工法一样注入大体积的水。图 4.2-9 展示了旋转切削压入工法的设备，图 4.2-10 和图 4.2-11分别为水润滑系统的示意图和规格参数。

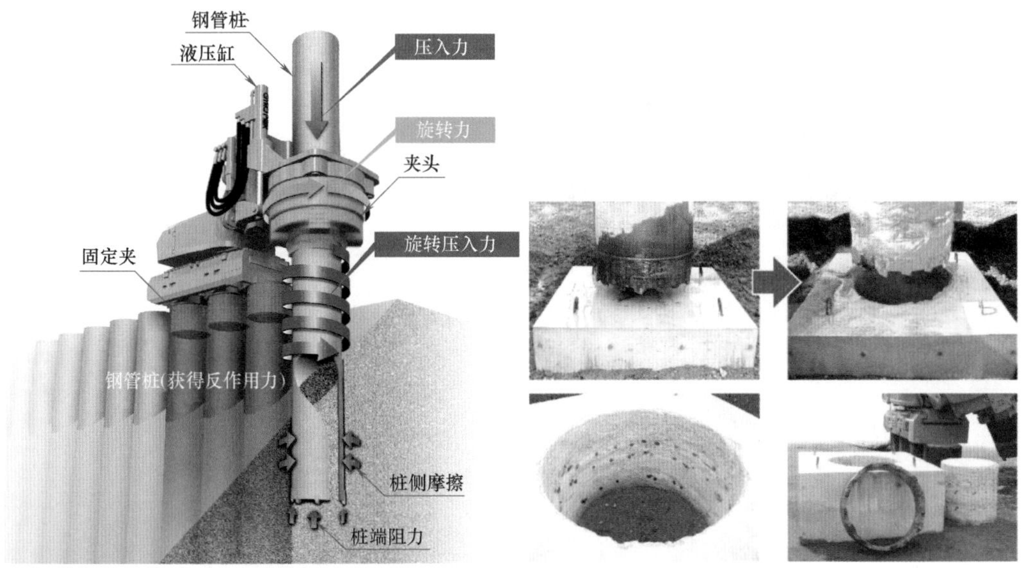

图 4.2-8 旋转切削压入工法示意图

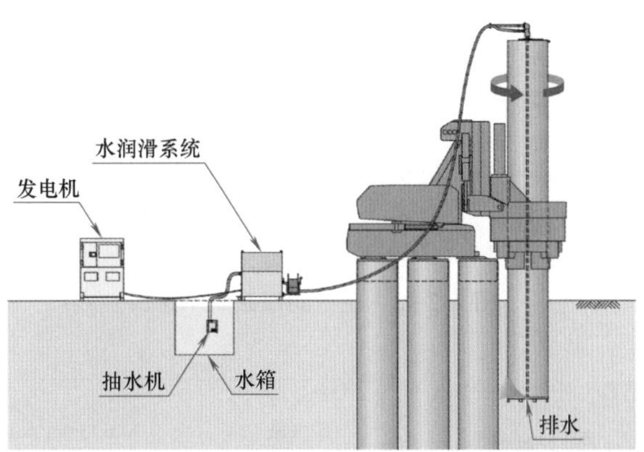

图 4.2-9 旋转切削压入工法的设备

图 4.2-10 水润滑系统示意图

当单独依靠水润滑系统不能有效降低桩土之间的摩擦阻力时，可同时借助空气润滑系统。空气润滑系统的最大空气供应量应小于 $15m^3/min$，并根据场地条件对空气供应量进行调整。空气润滑系统的示意图及规格参数分别如图 4.2-12 和图 4.2-13 所示。

(2) 适用场地

旋转切削压入工法适用于坚硬场地，如砂土场地、黏土场地、砂砾石场地、岩质场地以及含有地下障碍物（混凝土结构）的场地。

排水速度	10～60L/min
操作水压	Max58.8MPa
容积	300L

图 4.2-11　水润滑系统规格参数

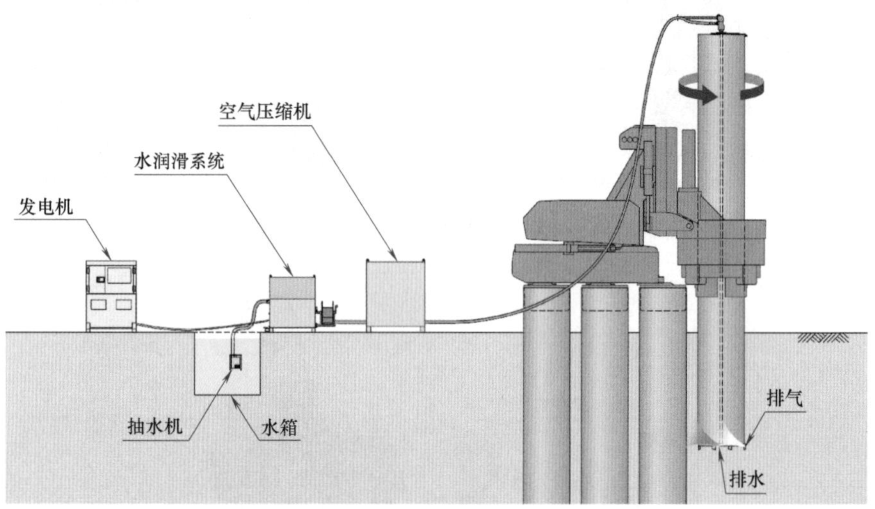

图 4.2-12　空气润滑系统示意图

出气量	Max15.0m³/min
操作压力	Max1.05MPa

图 4.2-13　空气润滑系统规格参数

（3）适用桩型及桩端钻头

旋转切削压入工法适用于桩径为 500～2500mm 的钢管桩。如图 4.2-14 所示，桩端环形钻头连接在钢管桩的端部，不影响桩的强度和刚度。桩端环形钻头由一个环形构件和一个掘进钻头（超硬合

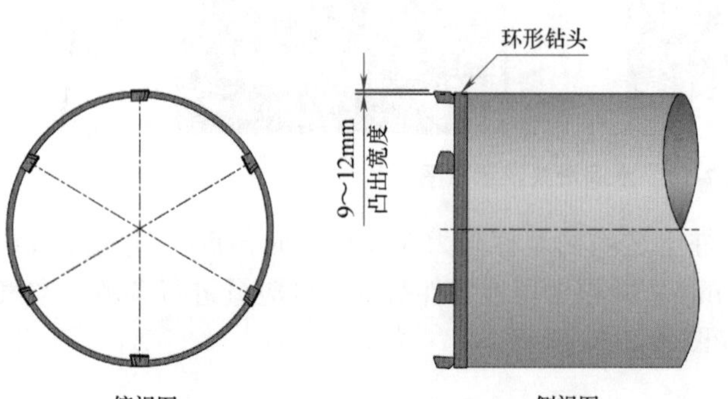

图 4.2-14　桩端环形钻头示意图

金）组成。桩端环形钻头的数量由钢管桩桩径和场地条件确定，桩端环形钻头的数量如表 4.2-3 所示。在日本，对于桩径为 600～800mm 的钢管桩，钻头厚度为 9mm；对于桩径为 800mm 以上的钢管桩，钻头厚度为 12mm。

桩端环形钻头数量　　表 4.2-3

场地条件 / 桩径(mm)	淤泥质场地 砂砾石场地 黏土场地 SPT-*N*≤50 卵石直径<100mm	砂质场地 砂砾石场地 黏土场地 SPT-*N*<200 卵石直径<100mm	砂质场地 砂砾石场地 黏土场地 200≤SPT-*N*<500 岩体 SPT-*N*≤500	含卵石场地 岩质场地 500≤SPT-*N*<1500
600	2	3	4	6
800	3	4	6	8
900	3	6	8	10
1000	4	6	8	10
1200	4	6	10	12
1300	5	8	10	14
1400	5	8	12	16
1500	5	8	12	16

4.2.3 克服施工现场条件限制的压入工法选择

为了扩展嵌入式墙体结构在各种场地受限条件下的应用，静压法开发了多种克服施工现场条件限制的压入工法，本节将对这些工法进行介绍。

1. 无临设工程施工

无临设工程施工中，所需的所有施工机械都是在先前压入的桩上自行移动。在施工条件受到限制的情况下，例如边坡上施工和水上施工，搭建临时施工平台或占用较大面积的施工场地往往难以实现，此时可采用无临设工程施工。如图 4.2-15 所示，无临设工程施工由静压植桩机、动力单元、

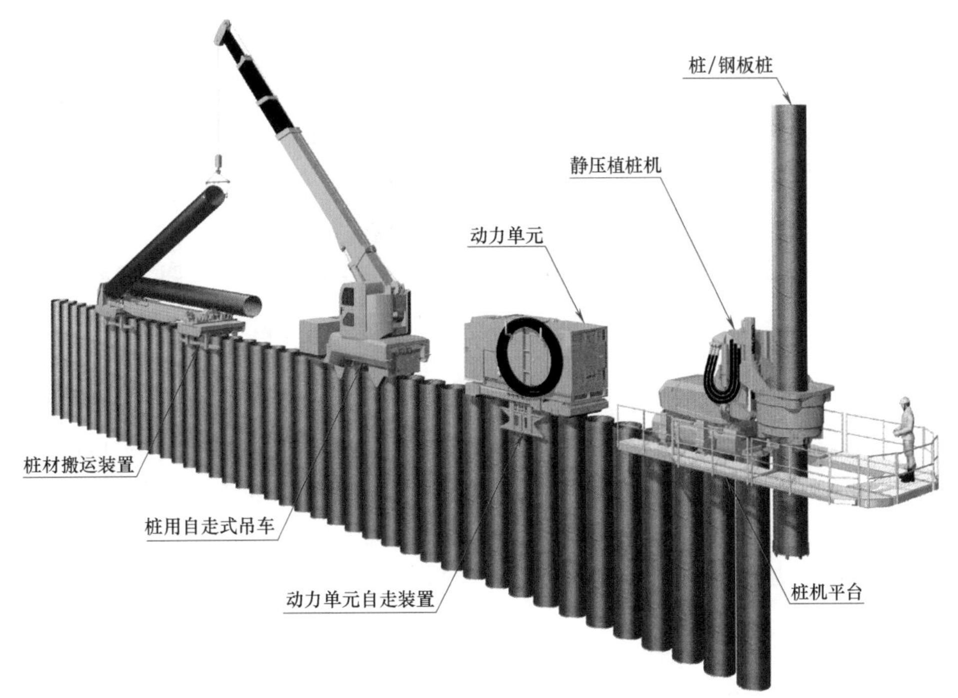

图 4.2-15　无临设工程施工示意图

动力单元移动装置、起重机以及桩材运输装置组成。

无临设工程施工适用于U型钢板桩、Z型钢板桩、帽型钢板桩、超近接型板桩、H型钢板桩、直线型钢板桩、钢管桩、钢管板桩和混凝土板桩。无临设工程施工的施工实例参见附录A.1节。

2. 狭窄场地压入工法

如图4.2-16所示，狭窄空间工法是一种用于在车载起重机无法进入的狭小空间内（城区和密集居民区）进行压桩施工的工法。其适用桩型及主要的施工设备型号由施工空间宽度以及与既有结构的间距确定。狭窄空间工法是在无临设工程施工的基础上发展而来的一种施工工法，主要用于在狭窄空间内进行压桩施工。狭窄空间工法设备由静压植桩机、动力单元、起重机和桩材运输装置组成。

狭窄空间工法适用于U型钢板桩、Z型钢板桩、帽型钢板桩、超近接型板桩、H型钢板桩、直线型钢板桩、钢管板桩、钢管桩和混凝土板桩。狭窄空间工法的施工实例参见附录A.1节。

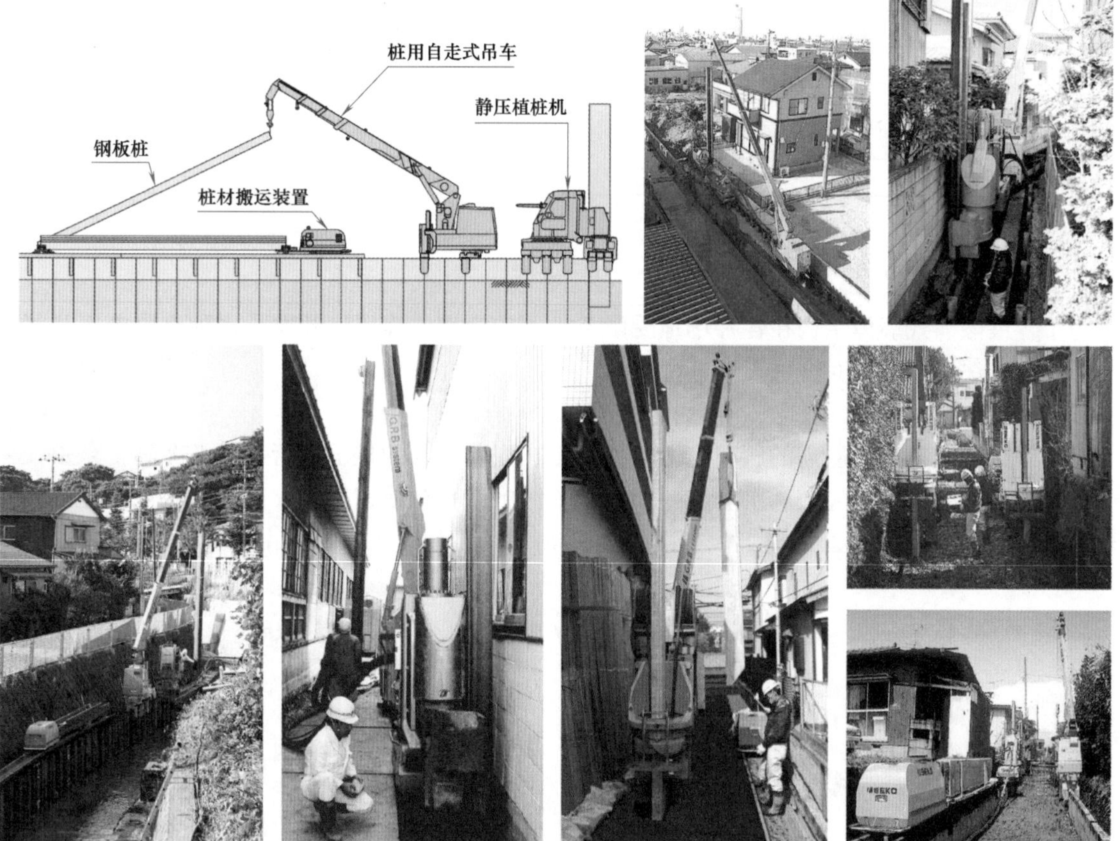

图4.2-16 狭窄空间工法示意图及应用实例

3. 低净空工法

如图4.2-17所示，低净空工法是一种可在净空限制条件下（如桥下施工）完成压桩施工的工法。其适应于U型钢板桩、特殊钢板桩、H型钢板桩、钢管桩、钢管板桩。

目前已经开发了用于低净空工法的超低空间静压植桩机（参见4.3.3节），与普通静压植桩机的对比如图4.2-18所示。超低空间静压植桩机自带起重设备，因此在低净空高度下进行压桩施工时无需起重机进行吊桩。

表4.2-4列举了低净空工法中桩的最小施工高度以及设置高度（最小施工高度下的桩长）。表中的特殊钢板桩为具有横向互锁功能的桩。这种特殊的静压植桩机称为“超低空间静压植桩机”，详见4.2.3（5）节。针对不同桩型的低净空工法如图4.2-19所示，施工实例参见附录A.1节。

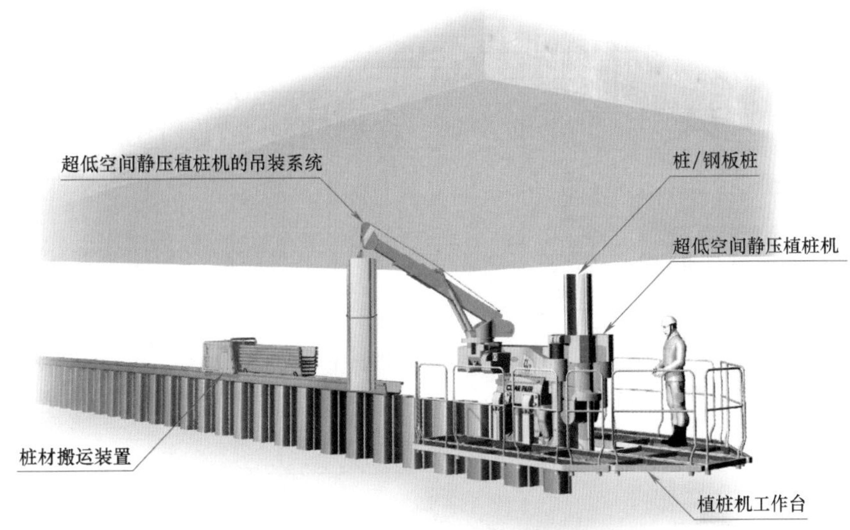

图 4.2-17　低净空工法示意图

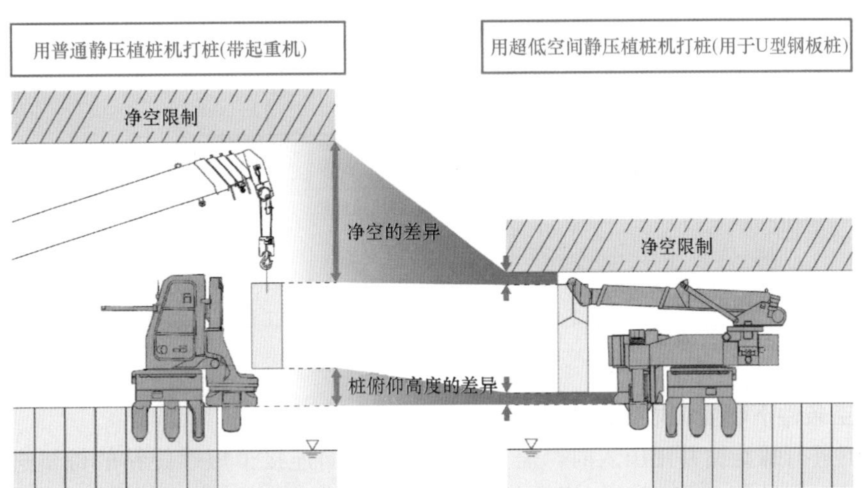

图 4.2-18　普通静压植桩机与超低空间静压植桩机的对比

针对不同桩型的最小施工高度及适用的静压植桩机　　表 4.2-4

桩		有效宽度	桩型	最小施工净空高度※1(m)	桩的设置长度(m)	桩机
钢板桩	U 型钢板桩 H 型钢板桩	400	Ⅱ～Ⅳ	1.55 (1.85)	1.2	U 型 超低空间静压植桩机
		500	$\mathrm{V_L}$，$\mathrm{VI_L}$	1.9 (2.1)	1.6	
	H 型钢板桩	500	H350～450	1.9 (2.1)	1.7	H 型 超低空间静压植桩机
特殊钢板桩		680	$\mathrm{II_w}$～$\mathrm{IV_w}$	1.0	单独考虑	超低空间静压植桩机
钢管桩	钢管板桩	桩径 800～1000mm		2.4	2.2	钢管 超低空间静压植桩机
	钢管桩	桩径 800～1000mm		4.0	2.3	螺旋 超低空间静压植桩机
		桩径 1300～1500mm		4.7	2.3	

注：※1 向后自走式装备用于设备的倒退移动，这种情况下最小施工净空高度采用括号内的值。

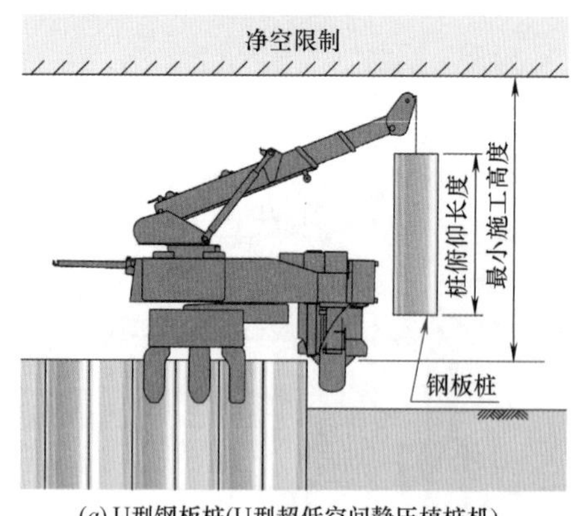

(a) U型钢板桩(U型超低空间静压植桩机)

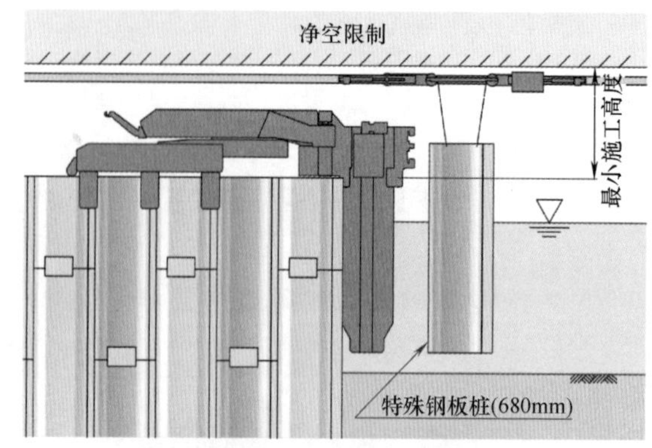

(b) 特殊钢板桩(横向联锁)(超低空间静压植桩机)

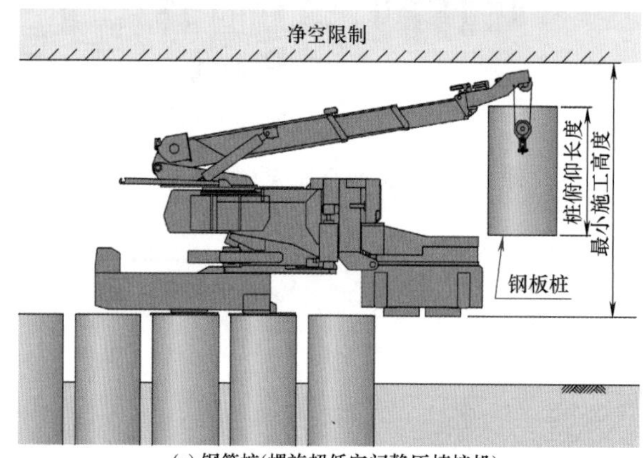

(c) 钢管桩(螺旋超低空间静压植桩机)

图 4.2-19　针对不同桩型的低净空工法

4. 有限净空条件下硬质场地压入工法

净空限制下进行螺旋钻并用压入时，需要采用垂直方向连接了短螺旋钻的桩机进行施工。如图 4.2-20 所示，这种工法配置了用于短螺旋钻垂直连接的起重装置，以及用于存储短螺旋钻的装置（见 4.3.2（3）节）。有限净空高度限制条件下硬质场地压入工法的最小净空高度为 7.0m，适用桩型为 U 型钢板桩（有效宽度为 400mm 和 600mm）。施工实例参见附录 A.1 节。

5. 超低净空条件下的压桩工法

随着具有特殊互锁结构的钢板桩以及允许相邻桩进行横向连接的桩机的发展，“超低空间静压植桩机”可在仅 1.0m 的净空高度下实现钢板桩压桩施工。这一工法适用于有效宽度为 600mm 的改进型 U 型钢板桩。

超低净空高度超低空间静压植桩机的外观如图 4.2-21 所示，其压桩程序见 4.3.3 节第 3.（2）款，施工实例如图 4.2-22～图 4.2-25 以及附录 A.1 节所示。

如图 4.2-26～图 4.2-28 所示，用于超低净空高度条件下施工的短桩配备了横向机械锁固装置，用于相邻桩之间的连接，此外，还配置有垂向的机械锁固装置，参见图 4.2-23。伴随着起重设备的发展，横向机械锁固装置有效地减少了必要的间隙，垂向机械锁固装置使得相邻短桩之间的连接更加容易。垂直机械锁固装置的弯曲强度、抗拉强度和止水性能均已通过试验验证。

6. 超近距离压入工法（零间隙工法）

超近距离压入工法是一种贴近既有结构的施工方法，如图 4.2-29 所示。该工法适用于城市地区紧邻既有建筑物的挡土墙施工，也可用于房屋之间狭窄空间内的水道墙施工。超近距离压入工法适用于针对这一工法特制的超近接型钢板桩（有效宽度为 600mm）。

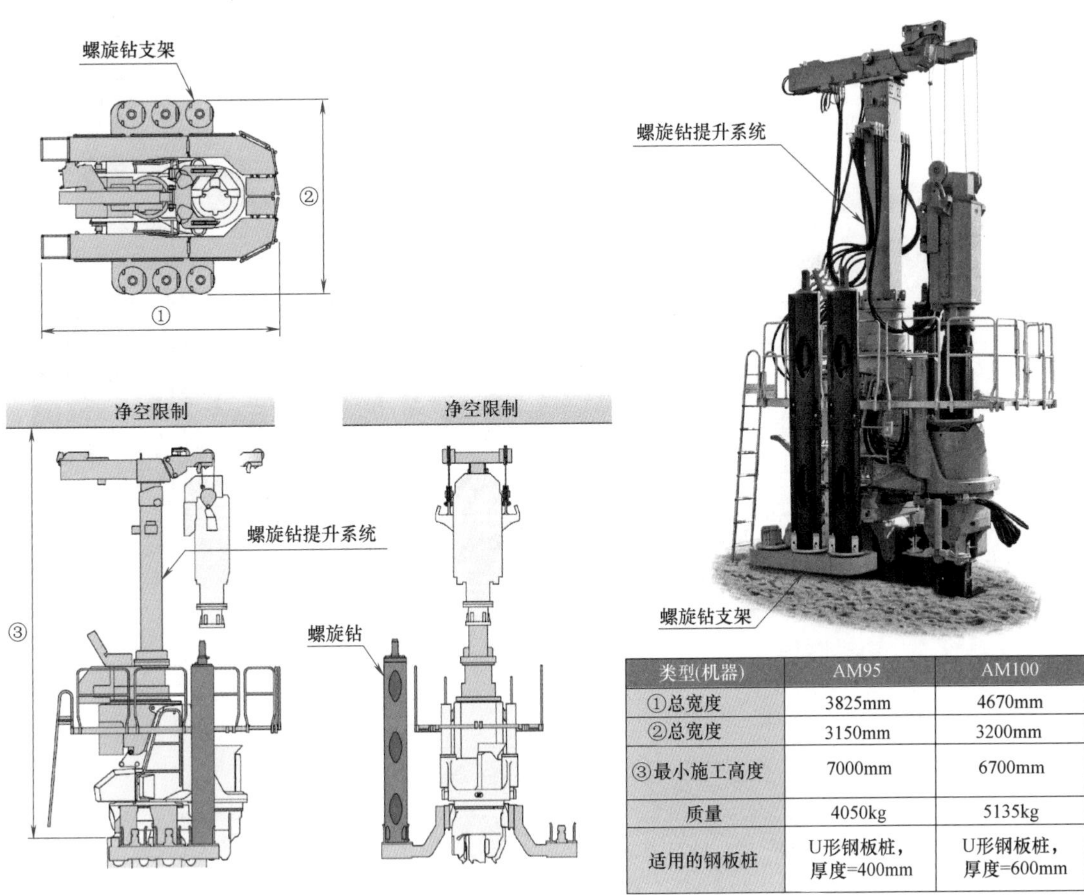

类型(机器)	AM95	AM100
①总宽度	3825mm	4670mm
②总宽度	3150mm	3200mm
③最小施工高度	7000mm	6700mm
质量	4050kg	5135kg
适用的钢板桩	U形钢板桩，厚度=400mm	U形钢板桩，厚度=600mm

图 4.2-20　有限净空高度限制条件下硬质场地压入工法示意图

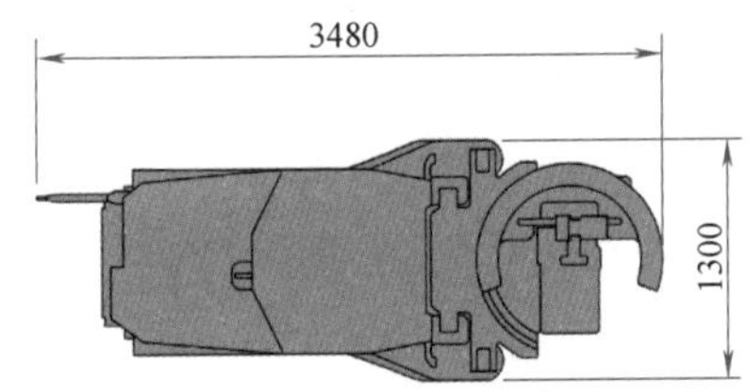

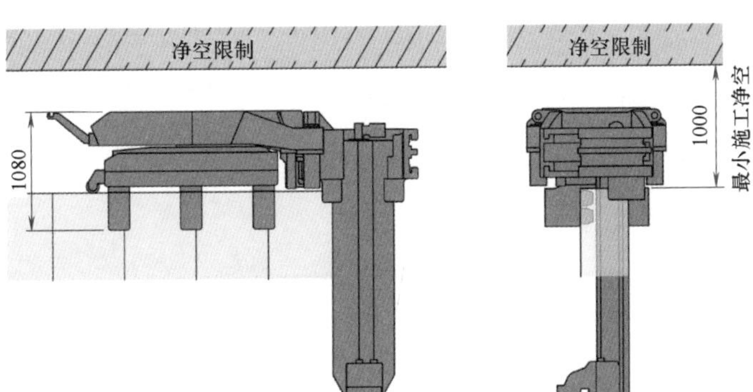

用于超低净空高度的植桩机	
压入力	686kN
冲程	360mm
动力单元	EU300H4
质量	7500kg
适用的钢板桩	U型特种钢板桩II_w～IV_w（用于横向联锁）

图 4.2-21　超低空间静压植桩机外观

图 4.2-22　超低空间静压植桩机施工实例

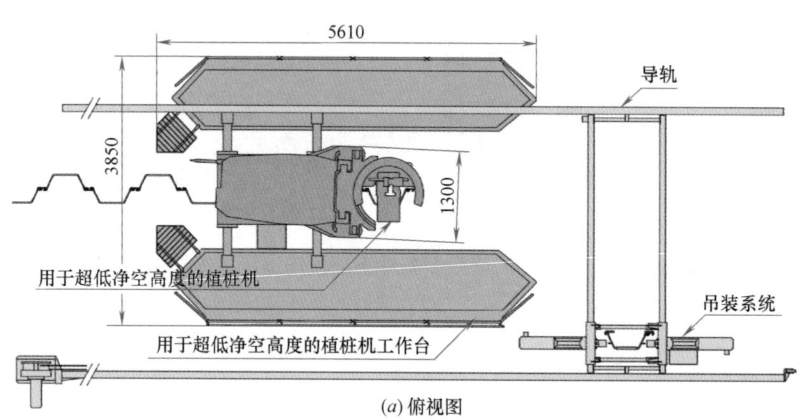

(*a*) 俯视图

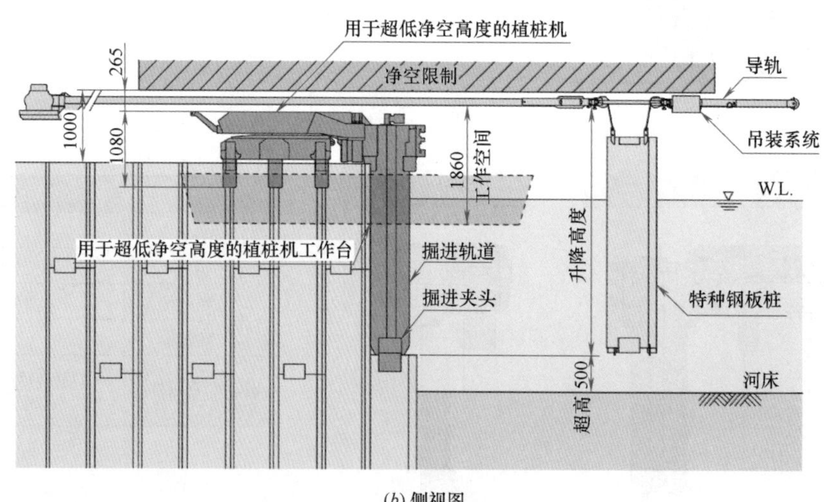

(*b*) 侧视图

图 4.2-23　超低净空高度超低空间静压植桩机施工示意图

图 4.2-24 超低净空高度条件下的施工实例（排水前）

图 4.2-25 超低净空高度条件下的施工实例（排水后）

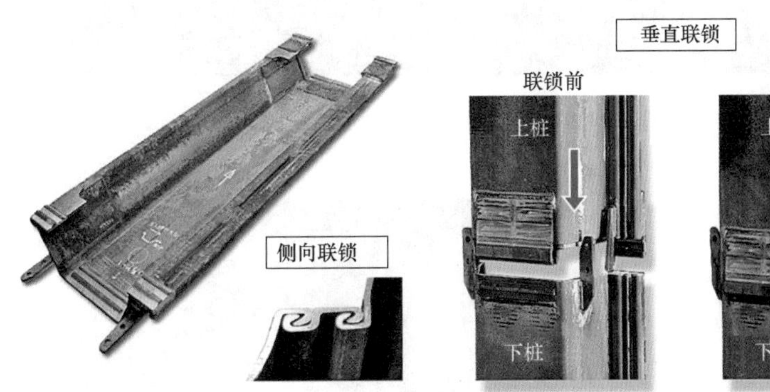

图 4.2-26 特殊钢板桩外观

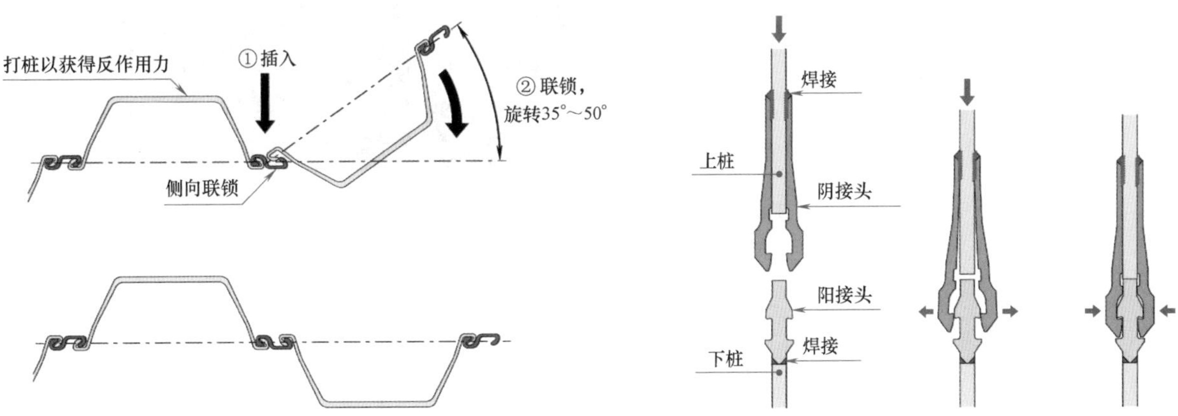

图 4.2-27 桩间横向机械锁固示意图

图 4.2-28 桩间垂向机械锁固示意图

超近距离压入工法使用超近接压桩机。超近接压桩机的外观及超近距离压入工法的施工实例如图 4.2-30 所示，而适用于超近距离压入工法的特制钢板桩的特性参数如图 4.2-31 所示。施工实例参见附录 A.1 节。

7. 邻近铁路压入工法

如图 4.2-32 所示，邻近铁路压入工法提高了临近铁路轨道压桩施工的安全性。在这种工法中，采用一种特制的起重机（即排桩机）进行吊桩操作。与普通起重机不同，这种起重机不进行横向转动，而是夹持住已经压入的桩体在压桩方向上垂直转动，并最终将桩材吊装至静压植桩机上。与一般起重机相比，这种起重机在吊装过程中不存在板桩摆动过大或倾覆的风险。因此，该工法可在不影响铁路正常运营的情况下进行压桩施工。施工实例参见附录 A.1 节。

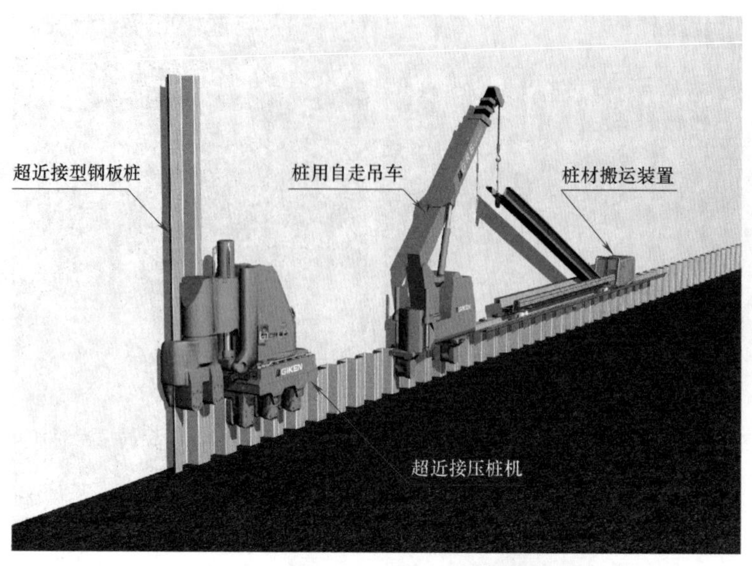

图 4.2-29 超近距离压入工法示意图

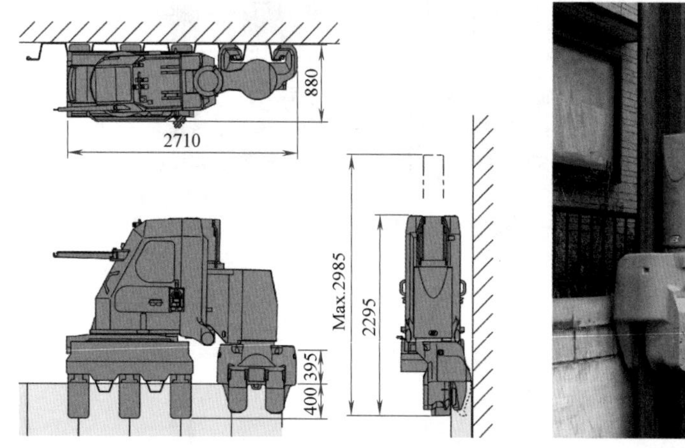

图 4.2-30 超近距离压入工法施工实例

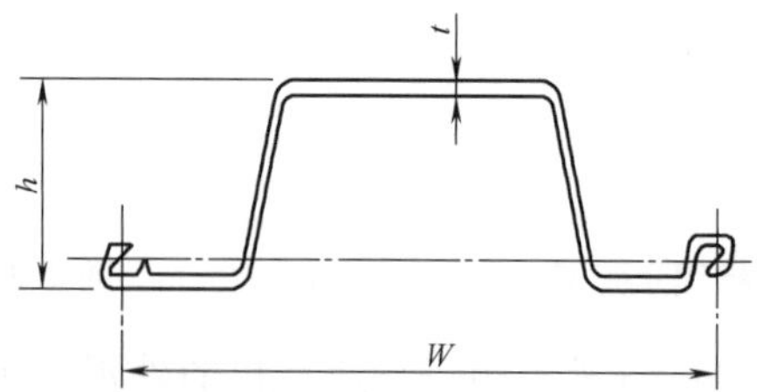

类型	尺寸			单桩性能				单位宽度(1m)墙体性能			
	有效宽度 W (mm)	高度 h (mm)	厚度 t (mm)	截面面积 (cm^2)	截面惯性矩 (cm^4)	截面模量 (cm^3)	质量 (kg/m)	截面面积 (cm^2)	截面惯性矩 (cm^4)	截面模量 (cm^3)	质量 (kg/m)
NS-SP-J	600	200	13.0	111.2	7250	705	87.3	185.3	12090	1175	145

图 4.2-31 超近接型钢板桩的特征参数

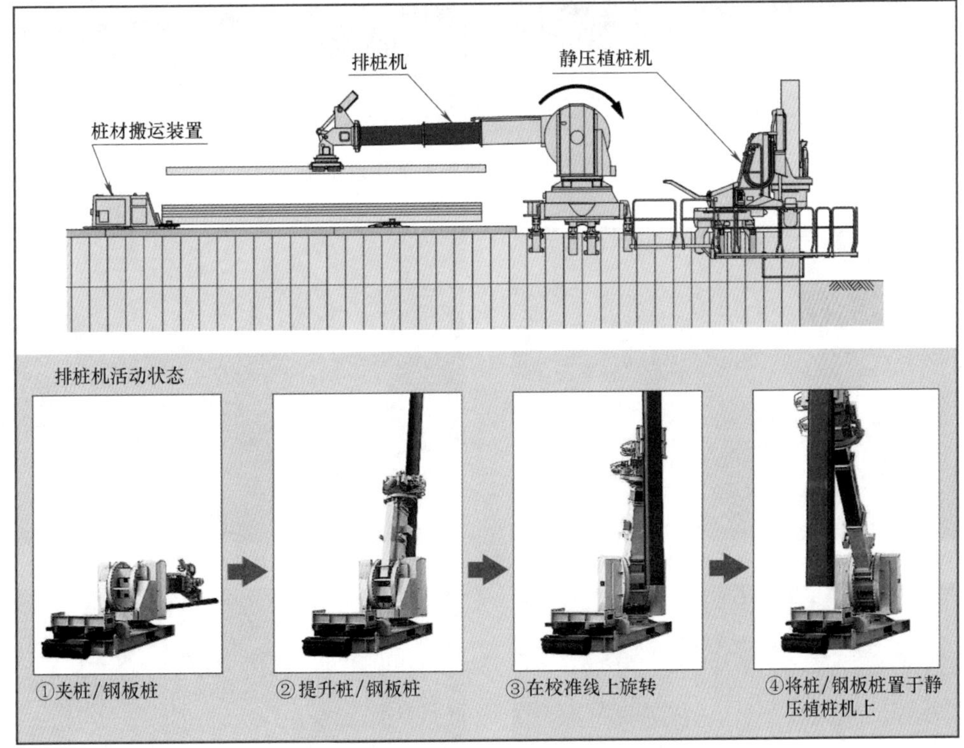

图 4.2-32　邻近铁路压入工法示意图

4.2.4　恒桩间距压入工法（隔桩工法）

钢管桩或钢管板桩被连续压入场地内从而形成连续的墙体结构。然而，当被用作桩基或作为滑坡防护桩时，往往需要桩之间保持恒定的间距。如图 4.2-33 所示，隔桩工法中，静压植桩机以恒定的桩心距 2.5D 将钢管桩压入场地内，其中 D 为钢管桩桩径。隔桩工法适用的静压植桩机类型包括可以压入钢管桩的钢管桩机或螺旋桩机。

在这种工法中，钢管桩上安装了配套附件以实现静压植桩机的自走和获取压桩反作用力，从而帮助静压植桩机实现自走并将钢管桩以恒定的间隔压入场地。

如图 4.2-34 所示，压桩施工时三个配套附件作为一组共同发挥作用。随着压入施工的不断推进，后方的附件被逐一吊起并向前移动，压桩施工推进过程中三个配套附件被反复使用。

隔桩工法用于海堤防护的施工实例如图 4.2-35 所示，其他施工实例参见附录 A.1 节。

图 4.2-33　恒桩间距压入工法示意图

(*a*) 使用掘进附件将桩压入计划高度

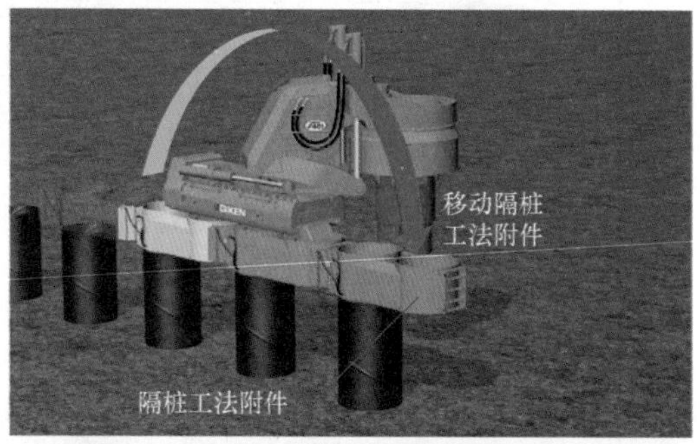

(*b*) 提升、移动并设置隔桩工法附件

(*c*) 螺旋钻进自行走

(*d*) 安装下一个桩并开始压入操作

图 4.2-34　恒桩间距压入工法施工流程

4.2.5　施工计划制定

进行施工规划时，应根据设计图纸和相关规范制定施工计划，以确保后续施工的经济性和安全性。施工计划文件应在考虑多种施工工况的基础上详细阐明施工方法、施工流程和施工管理方法等。

施工计划中必须对承包方规定的项目进行说明。

图 4.2-35 恒桩间距压入工法实例

应在充分理解静压法特点（如静压植桩机、辅助设备、设备布局以及施工程流程）的基础上制定施工计划，且充分考虑场地条件、周围环境条件、施工条件和施工规模。

施工计划中应包含以下条目：

- 施工机械、工法辅助措施及压入工法；
- 施工机械和设备的运输计划；
- 施工机械、设备和材料的堆放计划；
- 施工进度计划；
- 施工管理计划；
- 环境保护措施；
- 健康及安全管理计划。

1. 施工机械、工法辅助措施及压入工法

压入法中使用的主要机械包括静压植桩机、动力单元和起重机（见 4.1.1 节）。应根据选定的桩型确定合适的静压植桩机，根据地基条件和环境保护方面的要求确定合适的压桩方法，如标准压入、水刀并用压入工法、螺旋钻并用压入工法以及旋转切削压入工法（见 4.2.2 节）。在施工条件受限的情况下，可考虑无临设工程施工、狭窄空间工法、低净空工法以及超近距离压入工法（见 4.2.3 节）。

2. 施工机械和设备的运输计划

运输计划应在本手册第 2 章的基础上进行制定。应选择合适的运输工具对施工机械、设备和桩材进行搬运，如 30t 拖车、15t 和 11t 运货卡车等。由于道路或地形限制，可能桩材无法以设计的长度进行运输，此时需要将桩材截断成较短长度后进行运输，然后在施工现场进行拼装（参见 4.3.5 节）。

制定运输计划时，应遵守当地交通主管部门的规定。为了保护运输路线沿途道路设施的安全，防止交通事故，应遵守运输道路关于车辆宽度、重量和长度的规定，并据此选择具有合适载重能力的运输车辆。

（1）钢板桩压入施工设备的运输

① 标准压入施工设备的运输

如图 4.2-36 所示，静压植桩机、反作用力基座、动力单元以及施工平台等施工设备应装载在满足运输道路高度限制的卡车上。设备装载时应注意车辆的平衡，以防止运输过程中出现车辆倾覆，保证行车安全。

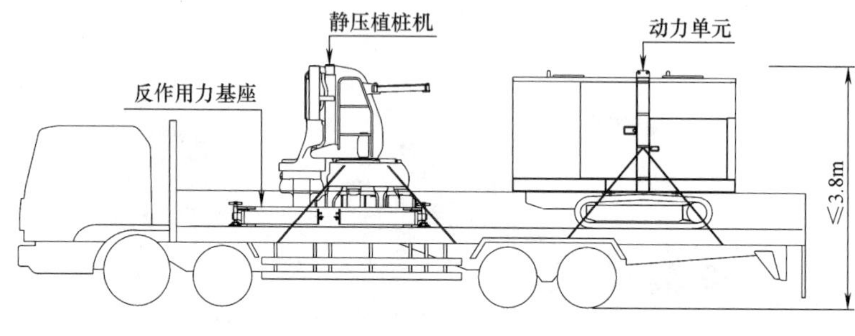

(*a*) 15t运货卡车

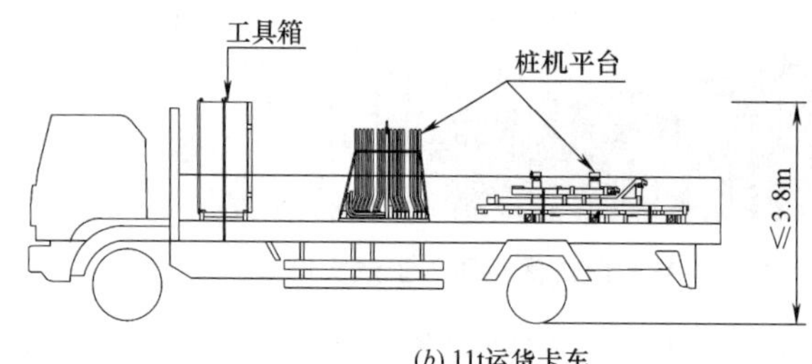

(*b*) 11t运货卡车

图 4.2-36　钢板桩标准压入施工设备的运输示意图

如图 4.2-37 所示，运输时静压植桩机应用夹钳固定于反作用力基座上，液压缸和夹头放置于较低位置，以保证运输过程中的安全。此外，应对液压软管之类的物品进行固定，可将其放置于动力单元内。

② 水刀并用压入施工设备的运输

进行水刀并用压入施工时，水泵、射水软管、喷嘴和水箱均随压桩设备一起运输。所需运输车辆的数量取决于必要的水泵数量（水泵数量由场地条件确定）。如图 4.2-38 所示，运输过程中软管卷盘应向静压植桩机前侧倾斜，以保证运输车辆高度不超过道路的高度限制。

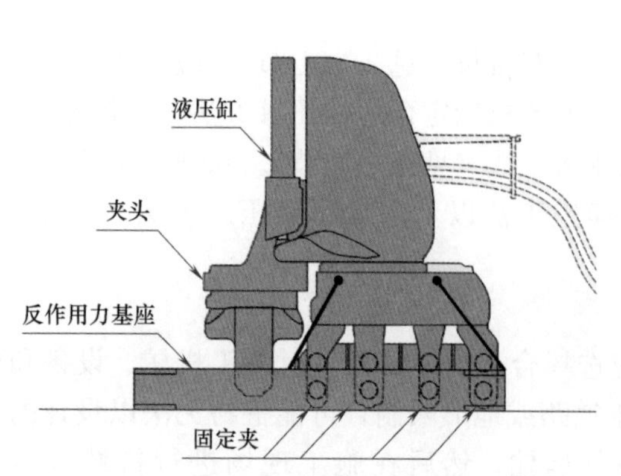

图 4.2-37　静压植桩机运输示意图

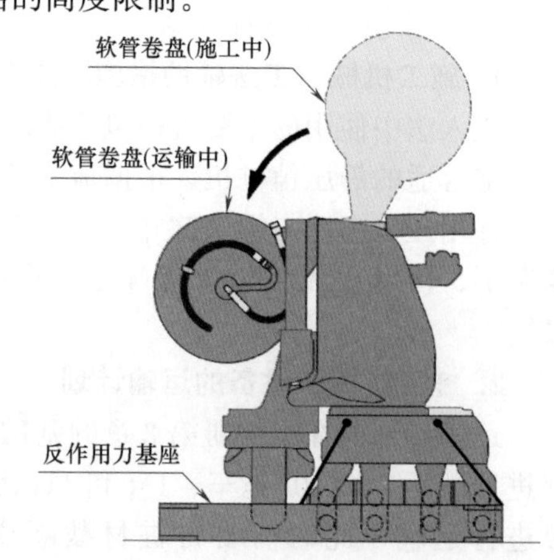

图 4.2-38　水刀并用压入设备运输示意图

③ 螺旋钻并用压入施工设备的运输

进行螺旋钻并用压入施工设备运输时，促动器、套管、螺旋钻和螺旋钻头均随桩机一起运输。必要的运输车辆数量取决于套管、螺旋钻的数量以及螺旋钻头的尺寸（由桩长和场地条件确定）。如图 4.2-39 所示，运输过程中，软管卷盘应向静压植桩机后侧倾斜，以保证运输车辆高度不超过道路的高度限制。

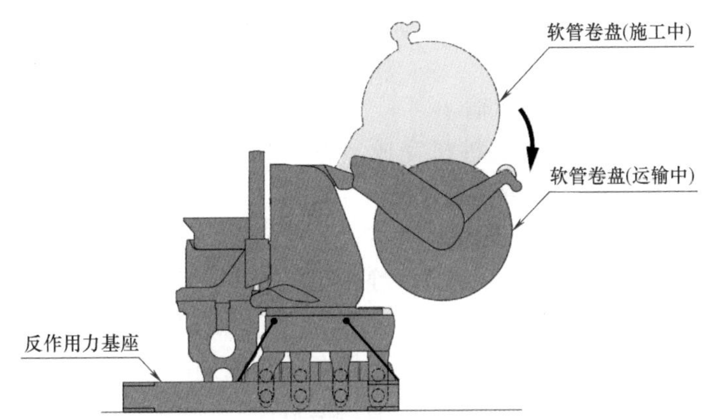

图 4.2-39 螺旋钻并用压入设备的运输示意图

（2）钢管桩压入施工设备的运输

① 钢管板桩标准压入施工设备的运输

用于钢管板桩压入施工的钢管桩机在运输时可拆分为多个部分。钢管桩机的类型与重量取决于拟选用的钢管桩的桩径。运输车辆的数量由拆分后的钢管桩机的重量确定，卡盘的运输过程中应保证其处于稳定状态。典型的钢管桩机运输如图 4.2-40 所示。

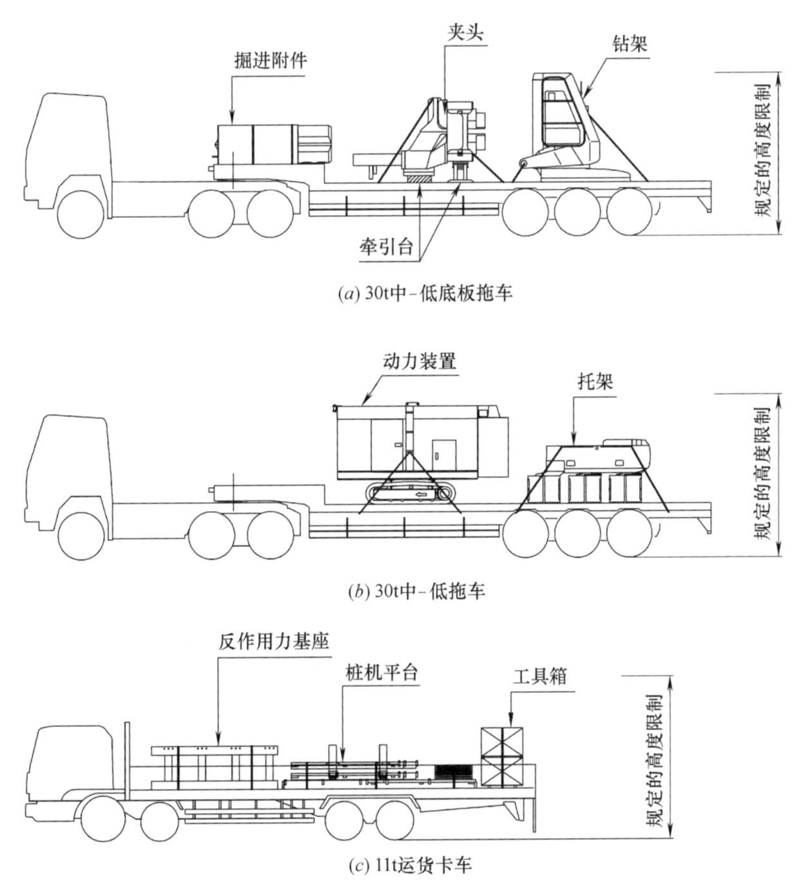

图 4.2-40 钢管板桩压入施工设备的运输示意图

② 钢管板桩水刀并用压入施工设备的运输

如图 4.2-40 所示，水刀并用压入施工时，水泵、卷盘、射水软管、喷嘴和水箱均随桩机一起运输。运输车辆的数量取决于必要的水泵数量，水泵数量由桩径和场地条件确定。

③ 钢管板桩螺旋钻并用压入设备的运输

如图 4.2-40 所示，螺旋钻并用压入施工时，促动器、套管、螺旋钻以及螺旋钻头均随桩机一起运输。运输车辆的数量取决于套管和螺旋钻的长度，或者螺旋钻头的尺寸（由桩长和场地条件确定）。

④ 钢管板桩旋转切削压入设备的运输

钢管板桩旋转切削压入施工由螺旋桩机完成，为了在施工现场进行螺旋桩机的组装，应在图 4.2-40 的基础上添加施工所需的水润滑系统设备。

（3）组合墙体结构压入施工设备的运输

组合墙体结构压入施工中（组合螺旋法），静压植桩机的卡盘和自走装置随静压植桩机一起运输。卡盘重量由所选用的钢管桩桩径决定，因此，应根据选用的钢管桩桩径确定运输的车辆。卡盘在运输过程中应保持稳定状态。组合墙体结构压入设备的运输如图 4.2-41 所示。

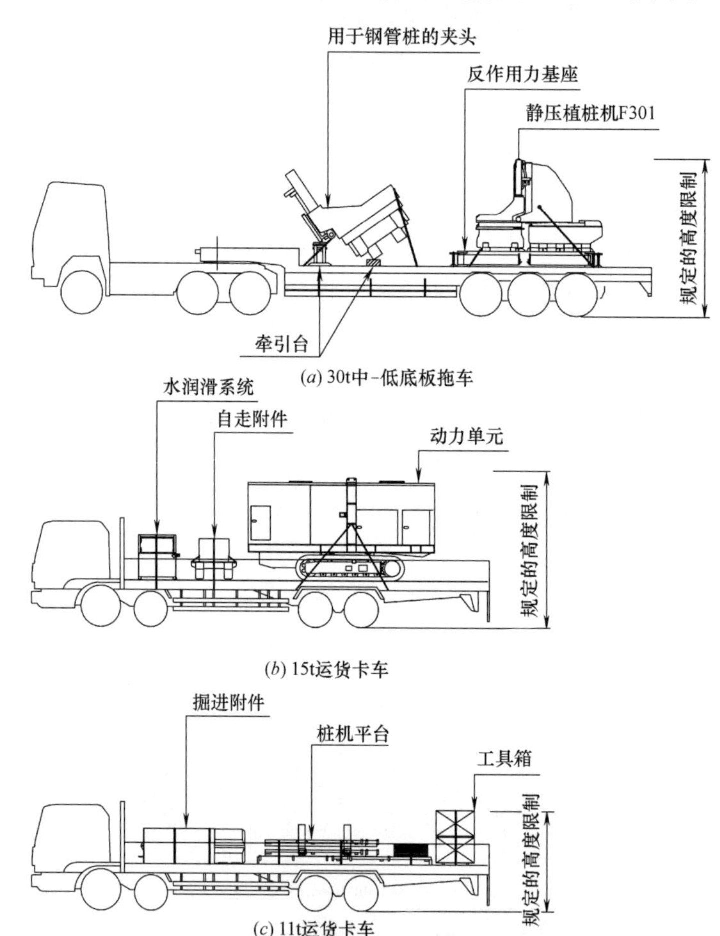

图 4.2-41　组合墙体结构压入设备的运输示意图

（4）无临设工程施工设备的运输

采用无临设工程施工时，起重机和桩材运输装置将随图 4.2-36（或图 4.2-40 和图 4.2-41）所示的设备一起运输。运输车辆的类型和大小取决于起重机是否需要拆卸以及起重机的重量。起重机的类型参见附录 A.1 节。

3. 施工机械、设备和材料的堆放计划

（1）钢板桩压入施工的堆放计划

参考本手册第 2 章，应在了解场地条件、周围环境、施工可行性和安全性的基础上制定施工机械、设备的堆放计划。每种施工方法对应的堆放计划如下所述。

① 标准压入施工

钢板桩标准压入施工的机械、设备和材料堆放计划如图 4.2-42 所示。施工推进过程中需按照图中推荐的范围（$B \times L$）堆放施工机械、设备和材料。当施工延伸距离较远且已超出起重机的施工半径时，则应随着施工的推进将施工机械、设备和材料前移。

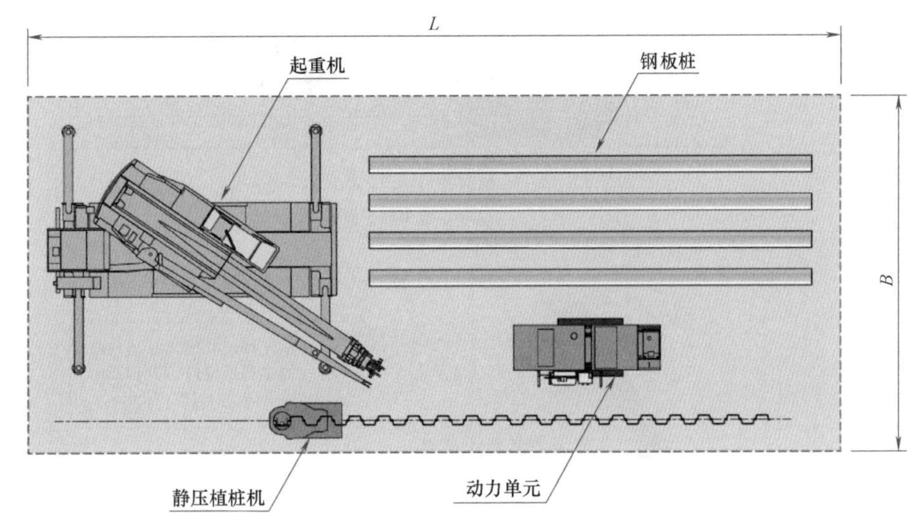

(a) 系统布局平面图

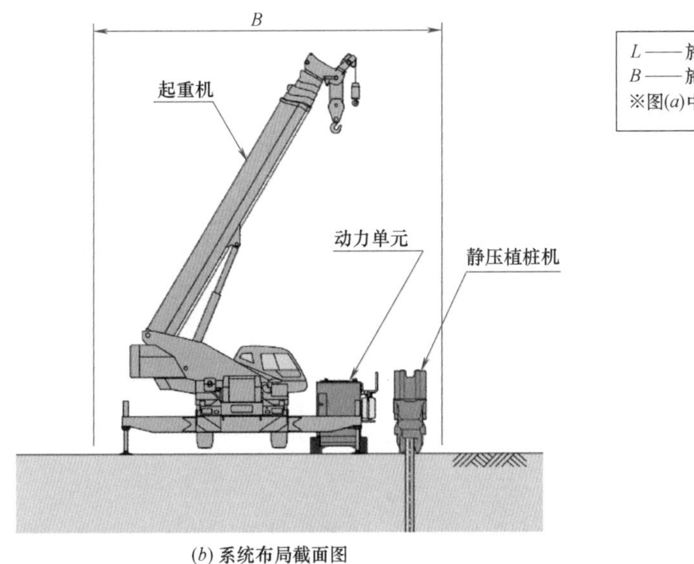

L —— 施工场地长度($L \geqslant 22.0$m)
B —— 施工场地宽度($B \geqslant 10.0$m)
※图(a)中的钢板桩长度L=12.0m

(b) 系统布局截面图

图 4.2-42 钢板桩标准压入施工设备堆放示意图

② 水刀并用压入施工

钢板桩水刀并用压入的施工机械、设备和材料堆放计划如图 4.2-43 所示。水刀并用压入施工中，应为水箱和水泵准备额外的堆放空间，并应保证足够的水源供应。根据场地条件，施工期间应合理处理施工产生的废水。

③ 螺旋钻并用压入施工

钢板桩螺旋钻并用压入的施工机械、设备和材料堆放计划如图 4.2-44 所示。螺旋钻并用压入施工中，应在施工场地上设置组装螺旋钻的场地，且考虑到螺旋钻装配所需的场地长度，施工场地必

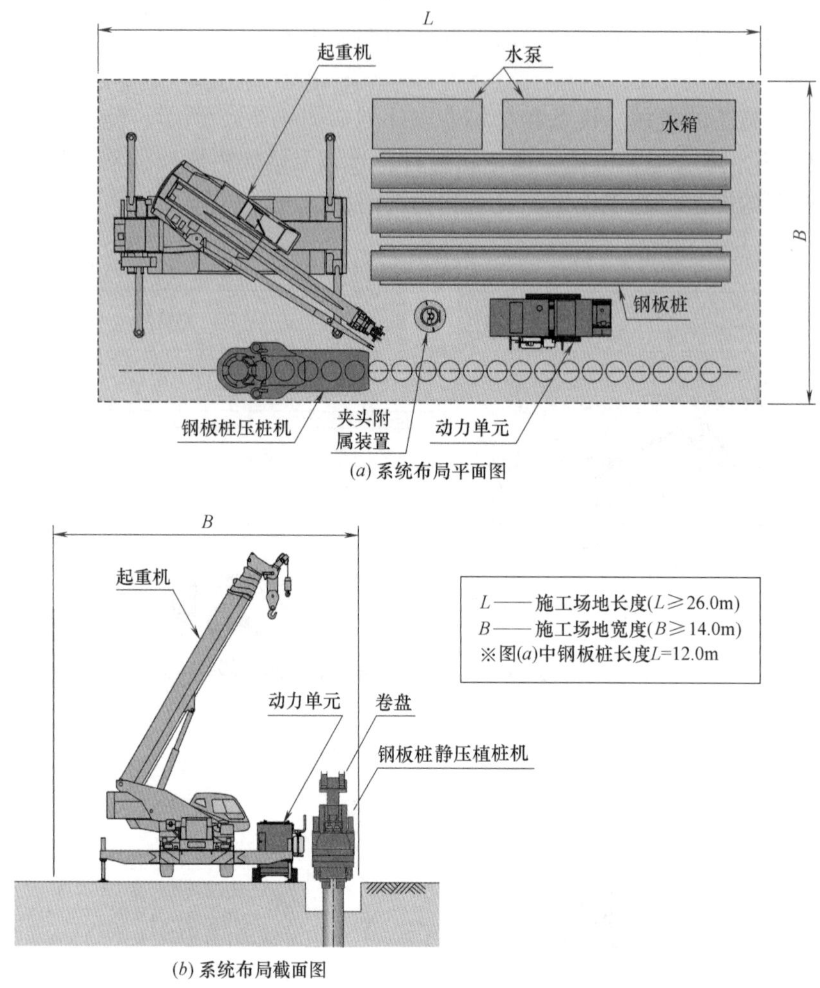

图 4.2-43 钢板桩水刀并用压入施工设备堆放示意图

须满足图 4.2-44 中所示的长度要求（L）。当施工场地受限，难以在地面进行螺旋钻组装时，可在吊装的同时进行螺旋钻的垂直组装。需要注意的是，垂直组装将比地面组装耗费更长的时间。

（2）帽型钢板桩压入施工堆放计划

帽型钢板桩标准压入、水刀并用压入以及螺旋钻并用压入的施工机械、设备和材料堆放计划与上述钢板桩的堆放计划类似。

（3）钢管板桩压入施工的堆放计划

① 标准压入施工

钢管板桩标准压入施工的设备堆放计划如图 4.2-45 所示。随着压桩施工的不断推进，图中所示的施工空间（B×L）逐渐向前移动。在不断向前推进的过程中应保证施工空间（B×L）不发生变化。

② 水刀并用压入施工

钢管板桩水刀并用压入的施工机械、设备和材料堆放计划如图 4.2-46 所示。在水刀并用压入施工中，应为水箱和水泵准备额外的堆放空间，并应保证足够的水源供应。根据场地条件，施工期间应合理处理施工产生的废水。

③ 螺旋钻并用压入施工

钢管板桩螺旋钻并用压入的施工机械、设备和材料堆放计划如图 4.2-47 所示。螺旋钻并用压入施工中，应在施工场地上设置组装螺旋钻的场地，且考虑到螺旋钻装配所需的场地长度，施工场地必须满足图中所示的长度要求（L）。当施工场地受限，难以在地面进行螺旋钻组装时，可在吊装的同时进行螺旋钻的垂直组装。需要注意的是，垂直组装将比地面组装耗费更长的时间。

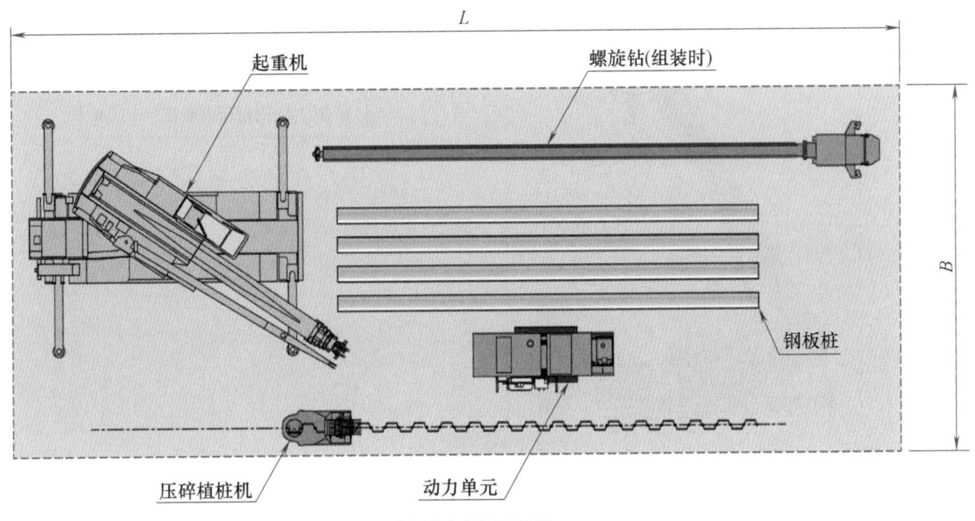

(*a*) 系统布局平面图

L——施工场地长度($L \geq 30.0$m)
B——施工场地宽度($B \geq 12.0$m)
※图(*a*)中钢管板桩长度L=12.0m

(*b*) 系统布局截面图

图 4.2-44　钢板桩螺旋钻并用压入施工设备堆放示意图

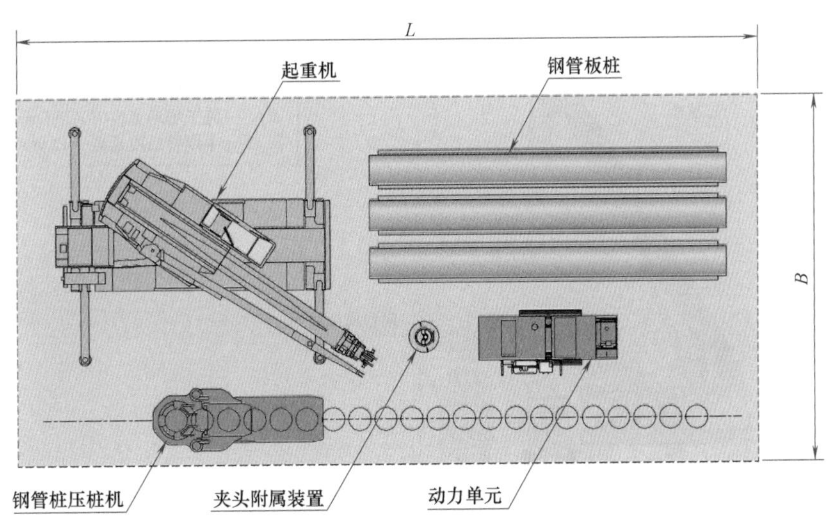

(*a*) 系统布局平面图

图 4.2-45　钢管板桩标准压入施工设备堆放示意图（一）

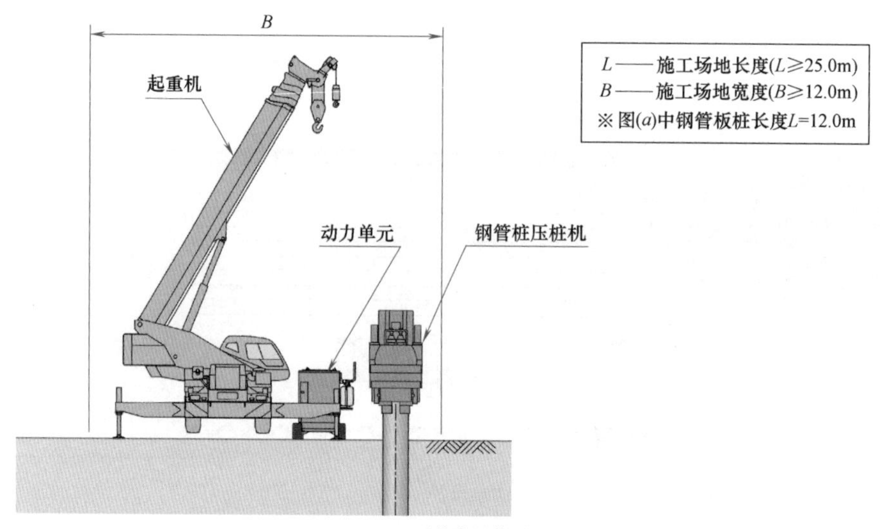

(b) 系统布局截面图

图 4.2-45 钢管板桩标准压入施工设备堆放示意图（二）

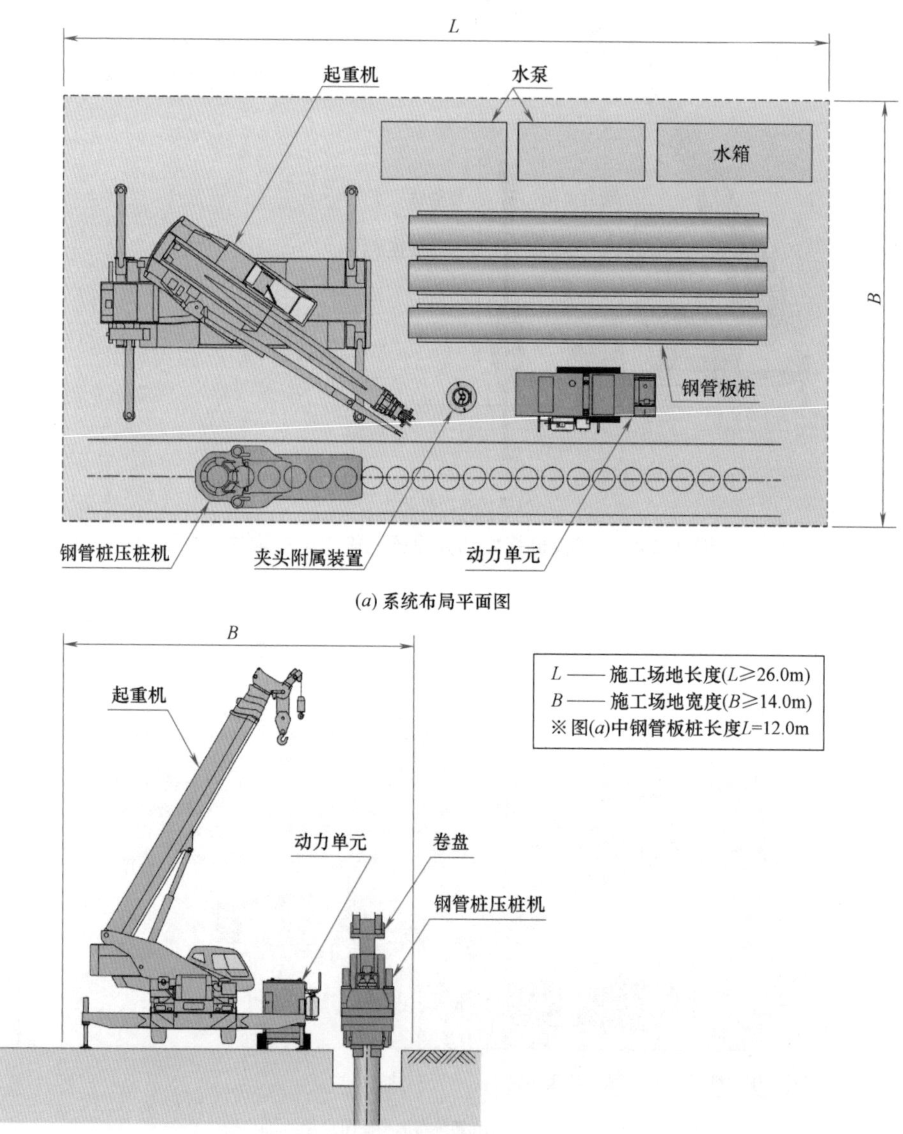

(b) 系统布局截面图

图 4.2-46 钢管板桩水刀并用压入施工设备堆放示意图

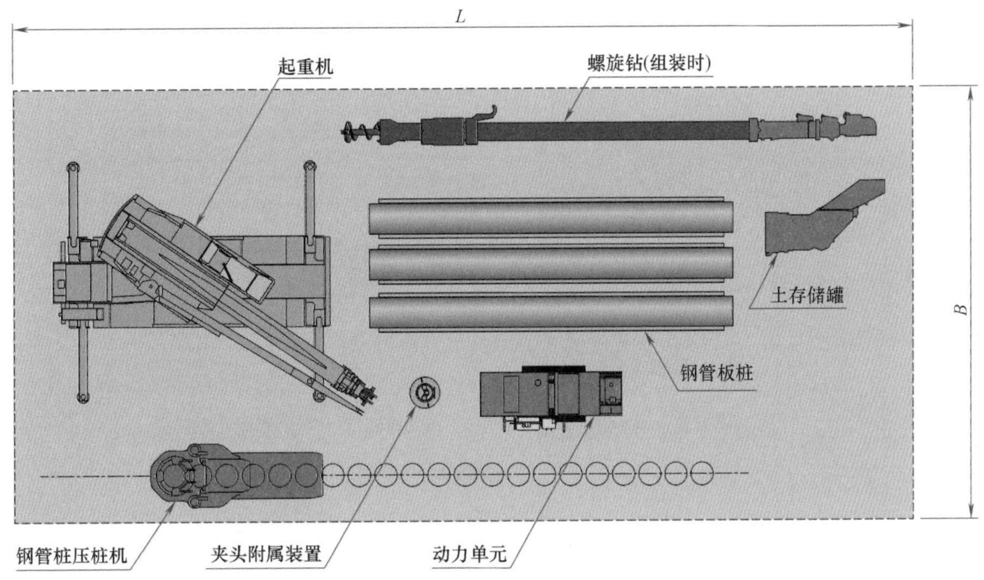

(a) 系统布局平面图

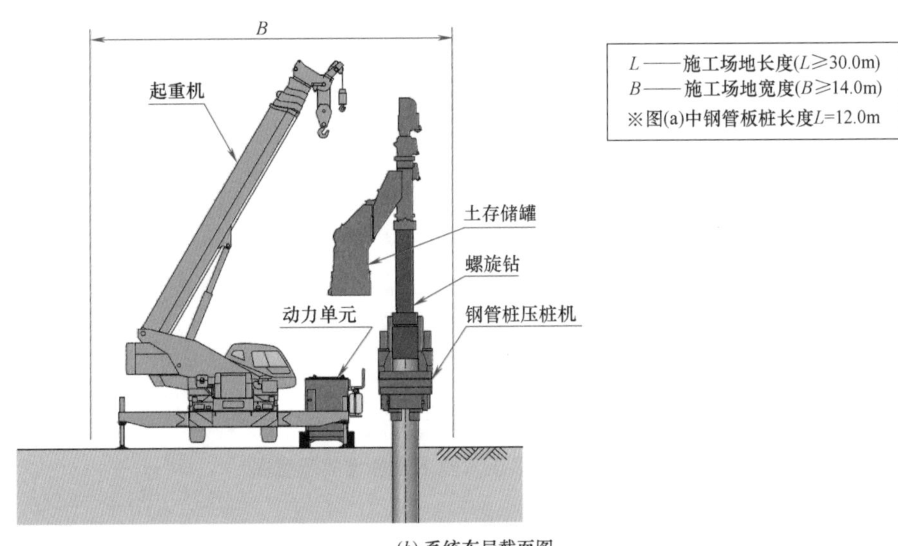

L——施工场地长度(L≥30.0m)
B——施工场地宽度(B≥14.0m)
※图(a)中钢管板桩长度L=12.0m

(b) 系统布局截面图

图 4.2-47　钢管板桩螺旋钻并用压入施工设备堆放示意图

（4）钢管桩压入施工的堆放计划

钢管桩标准压入施工的设备堆放计划如图 4.2-48 所示。随着施工的不断推进，图中所示的施工空间（$B\times L$）逐渐向前移动，前移过程中应确保施工空间（$B\times L$）始终紧靠螺旋桩机。

（5）组合墙体结构压入施工的堆放计划

组合墙体结构标准压入施工的设备堆放计划如图 4.2-49 所示。随着施工的不断推进，图中所示的施工空间（$B\times L$）逐渐向前移动，前移过程中应确保施工空间（$B\times L$）始终紧靠静压植桩机。

（6）混凝土钢板桩水刀并用压入施工的堆放计划

混凝土钢板桩压入的施工机械、设备和材料的堆放计划与上文钢板桩水刀并用压入施工的堆放计划类似。

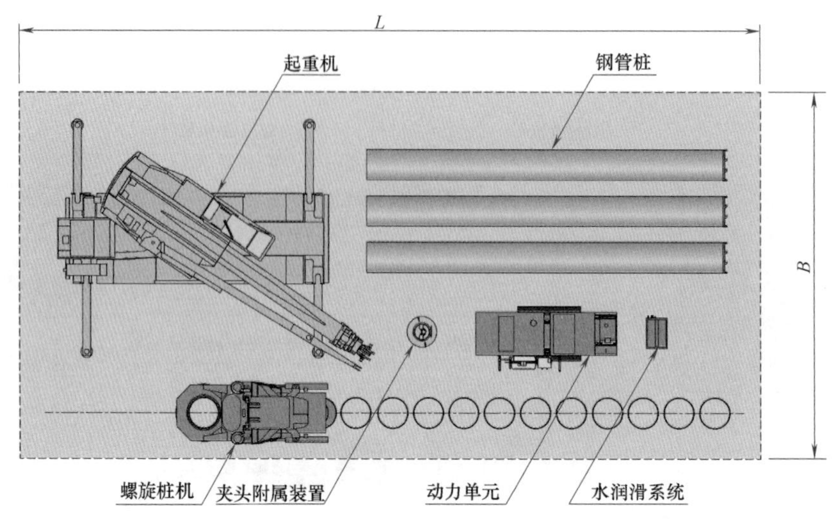

(*a*) 系统布局平面图

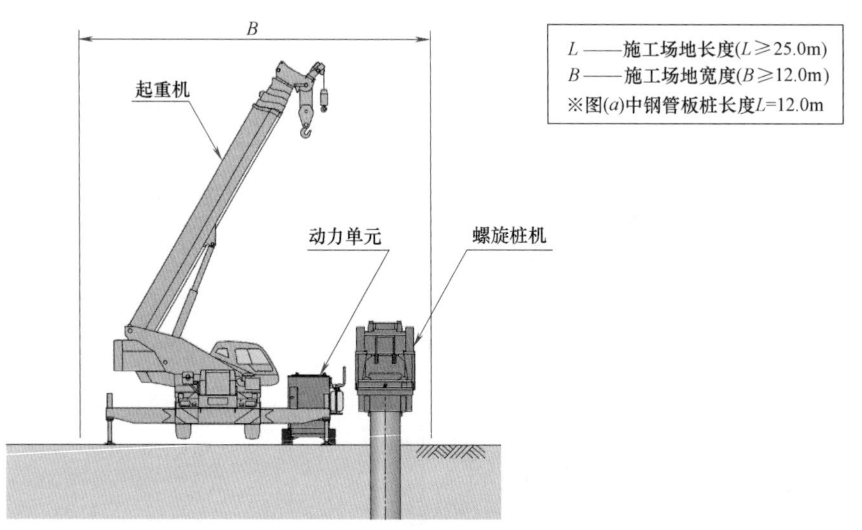

(*b*) 系统布局截面图

图 4.2-48　钢管桩标准压入施工设备堆放示意图

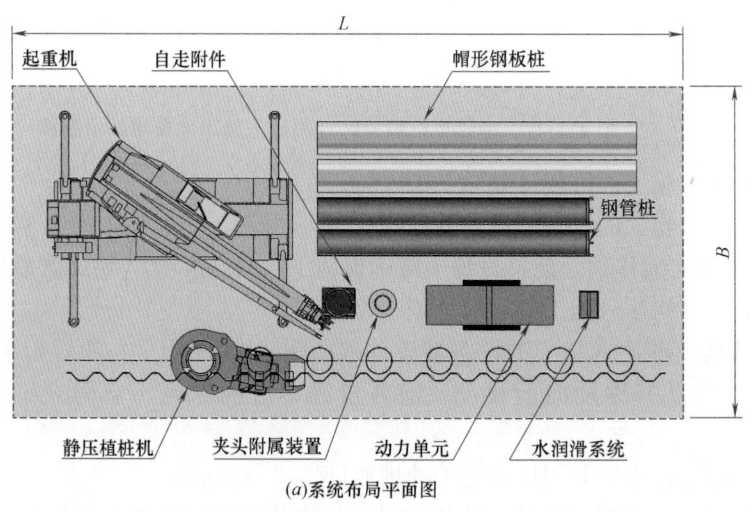

(*a*)系统布局平面图

图 4.2-49　组合墙体结构压入施工设备堆放示意图（一）

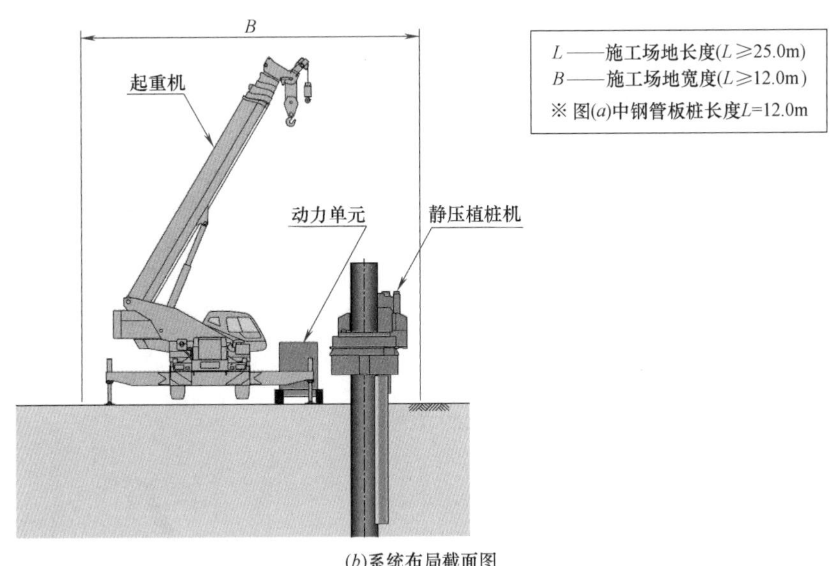

(b)系统布局截面图

图 4.2-49 组合墙体结构压入施工设备堆放示意图（二）

（7）无临设工程施工的堆放计划

上文 4.2.3 节第 3 条（1）～（6）介绍的堆放计划中，施工空间均沿着压桩基线布置。无临设工程施工适用于无施工空间的压桩施工，例如斜坡上或水上的压桩施工。无临设工程施工适用于多种类型的静压植桩机，此处以螺旋桩机为例，图 4.2-50 展示了采用螺旋桩机进行无临设工程施工的设备堆放示意图。其中，在施工初期将所有的施工设备（如桩机、起重机、桩材运输装置等）均堆放于压桩线的起始端，压桩开始后这些设备将在已经压入的桩上实现自走。上述压桩初始阶段所需的空间仅作为材料的堆放场所，而非压桩所需的施工空间。

（8）低净空工法的堆放计划

图 4.2-51 展示了低净空工法的施工机械、设备和材料的堆放实例（桥下施工）。图中所示的施工场地大小（$B\times L$）主要取决于起重机驳船和物料驳船的尺寸。

（9）超低净空条件下的压桩工法设备堆放计划

图 4.2-52 展示了超低净空条件下压桩工法的施工机械、设备和材料的堆放实例（桥下施工）。图中所示的施工场地大小（$B\times L$）主要取决于起重机驳船和物料驳船的尺寸。在狭窄的水道中进行施工时，图中所示的施工场地可位于河道旁的河岸上。

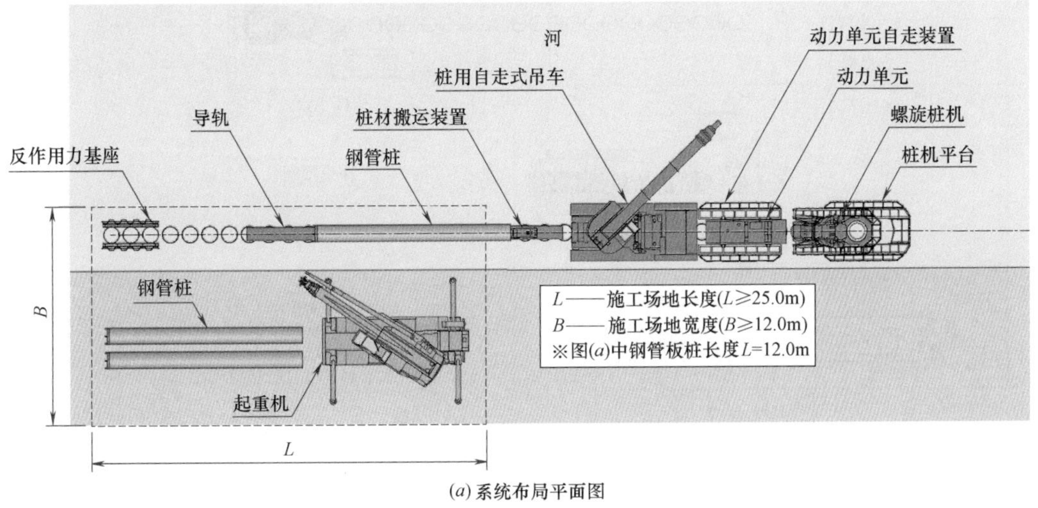

(a)系统布局平面图

图 4.2-50 无临设工程施工设备堆放示意图（一）

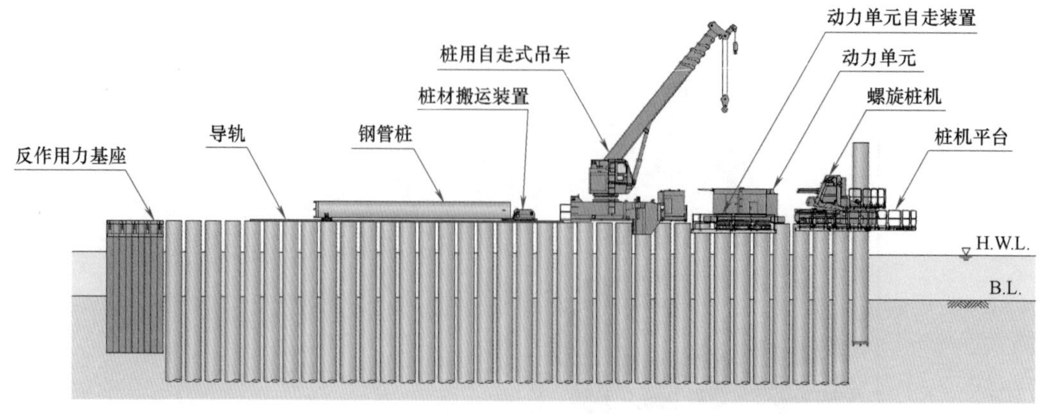

(b) 系统布局截面图

(c) 现场图

图 4.2-50　无临设工程施工设备堆放示意图（二）

4. 施工进度计划

施工进度计划对施工质量和工程造价具有极大影响，因此，编制施工进度计划非常重要。在勘察的基础上，应对施工场地过往的数据，如气象、降水、温度等进行调查，并将其反映到施工进度计划中。

施工进度计划应根据实际施工进度定时调整。当实际施工进度与施工进度计划存在较大差异时，应对施工进度计划进行重新评估和调整。

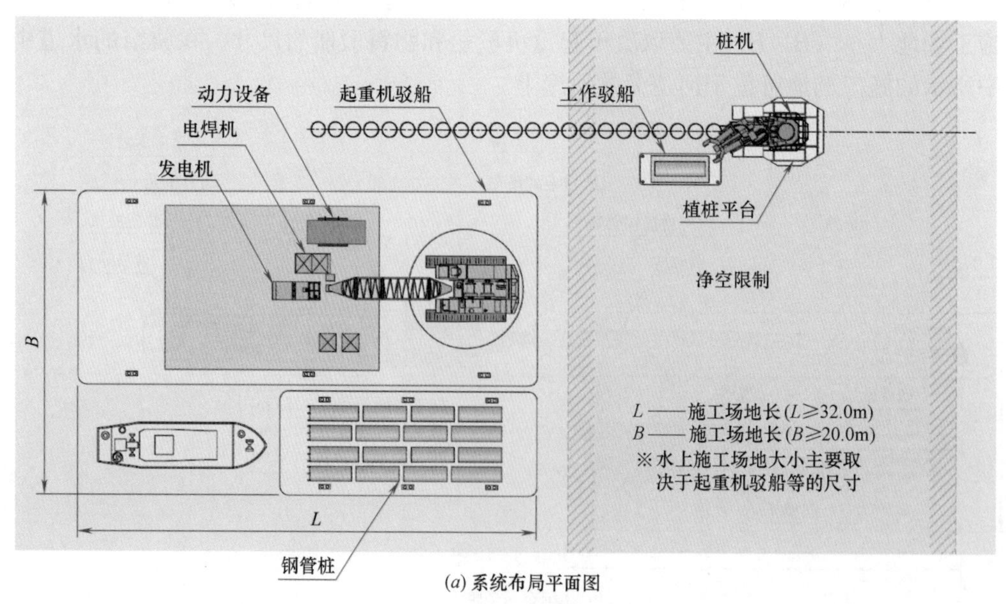

(a) 系统布局平面图

图 4.2-51　低净空工法设备堆放示意图（一）

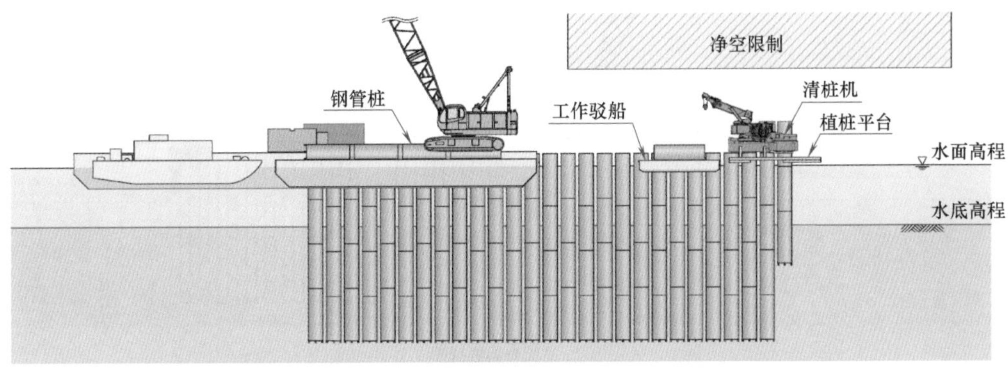

(b) 系统布局侧视图

(c) 现场图

图 4.2-51 低净空工法设备堆放示意图（二）

5. 施工管理计划

参考本手册 4.4 节。

6. 环保措施

施工对周围环境的影响包括地面变形、振动、噪声、废气、地下水位下降、水污染和泥浆废液污染等。为了减少或者避免上述影响，施工过程中应实时关注上述影响因素并采取相应防治措施。

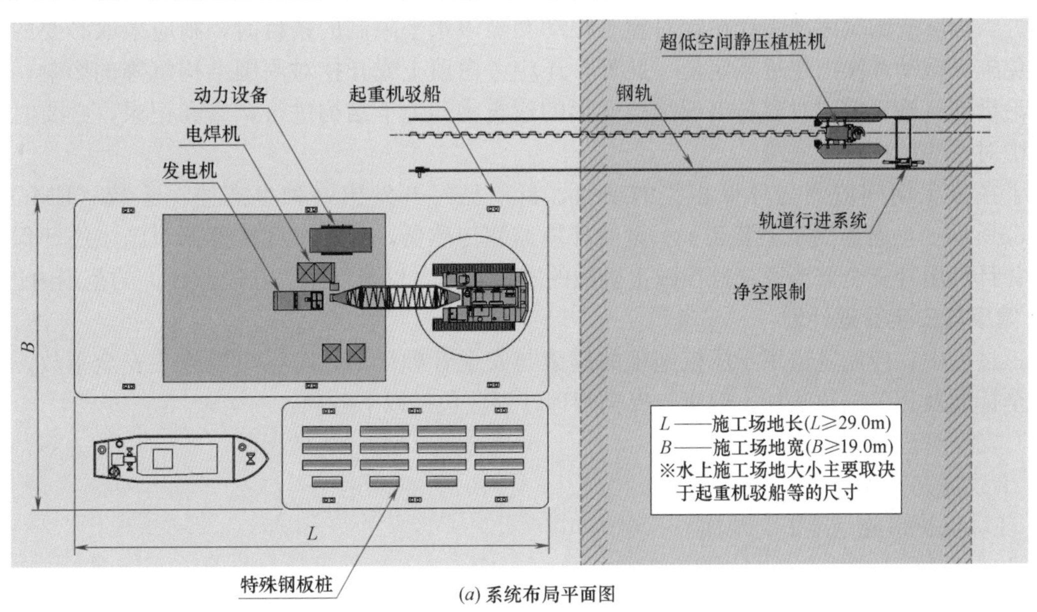

(a) 系统布局平面图

图 4.2-52 超低净空条件下的压桩工法设备堆放示意图（一）

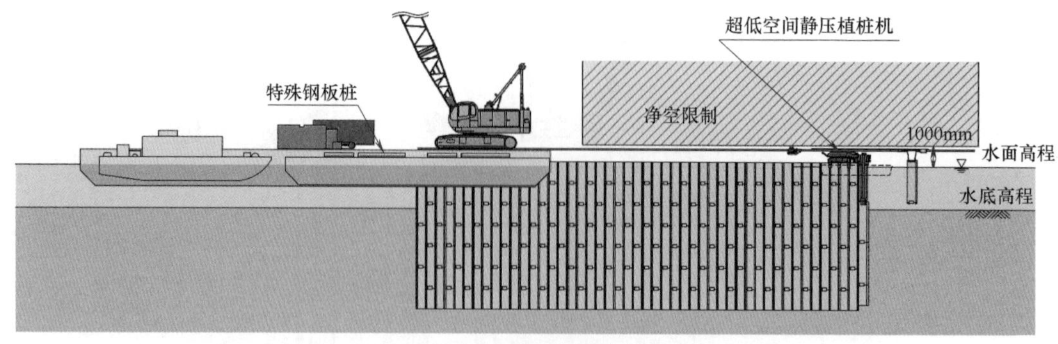

(b) 系统布局侧视图

(c) 现场图

图 4.2-52　超低净空条件下的压桩工法设备堆放示意图（二）

静压法施工产生的振动和噪声水平极低，但是，当选用螺旋钻并用压入工法或者旋转切削压入工法时，施工也可能产生一定的振动和噪声，当判断是否需要采取措施保护周围环境时，不能忽视这一点。当国际或国家标准中存在针对施工振动和噪声水平限制的条目时，则应采取必要的预防措施以避免施工振动和噪声超过规定值。此外，还应考虑填土或开挖对周围结构沉降的影响，并制定相应防治措施。施工前应对容易出现结构变形的建筑物和地下结构进行调查和记录，必要时应在施工过程中对这些结构进行监测。

为了在施工期间监测与环保相关的项目，目前已经开发出一种生态监测系统（EMOS），如图 4.2-53所示。生态监测车上装载了大量的环境监测传感器，利用车载传感器对施工的环保性进行监测，并且利用其安全监测系统监控施工机械的安全状态，以确保施工在规范允许的范围内进行。

7. 健康与安全管理计划

施工过程中，应制定适用于压桩施工的健康与安全管理计划，防止出现施工安全事故。根据国家的安全标准及相关法律法规，健康与安全管理计划应包括以下各项：

（1）安全管理计划

- 事故与灾害预防；
- 环境保护措施（地下、地面）；
- 防灾系统；
- 安全检查与巡查。

（2）施工安全教育与培训计划

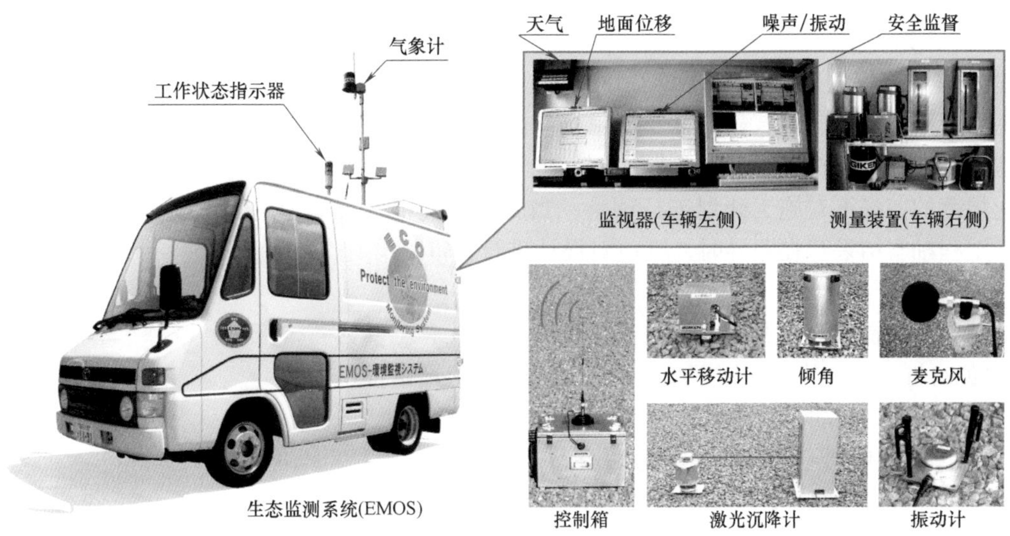

图 4.2-53 生态监测系统（EMOS）

- 安全教育和培训的计划及执行记录。

(3) 健康管理计划

- 保障良好的工作环境。

(4) 环保措施

- 边地区的环境保护；
- 特种施工机械的使用。

(5) 交通安全管理

- 第三者伤害预防；
- 安全运输计划；
- 公共道路使用安全措施；
- 交通许可证。

(6) 火灾预防

- 消防计划和灭火设施的使用；
- 易燃物品附近的禁火措施；
- 吸烟区划定。

日本相关的指南、大纲和手册包括：

- 土木工程安全施工技术指南；
- 施工机械安全操作技术指南；
- 施工中公共灾害预防措施大纲；
- 施工机械安全使用手册。

4.3 静压施工

4.3.1 施工准备

为了保证压桩施工的安全性和平稳性，必须进行施工前的准备工作。施工准备工作包含与临时设施相关的施工准备。

4.3.2　静压施工

1. 静压施工流程概述

施工前应根据桩径、地基条件以及克服场地限制条件的压入工法等制定压入施工计划，并按照制定的施工计划进行压桩施工。如不能按照已经制定的施工计划进行压桩施工，则应在满足设计图纸和行业规范的前提下对施工计划进行调整。当施工过程中发现场地的实际状况与设计图纸、规范以及岩土工程勘察结果存在差异时，则应对设计进行复审。

（1）桩的储存与操作

对桩的储存和操作应注意下列事项：

① 避免对桩材的直线性、锁固结果和油漆涂层造成严重损伤；

② 根据制造商的说明对桩材进行储存和操作；

③ 桩材的储存应便于施工时桩材的吊运；

④ 根据桩型、材质和尺寸对桩体进行分类储存，并进行标签标识；

⑤ 对直线型钢板桩进行操作时应谨慎，其在操作过程中容易出现变形；

⑥ 储存含防腐涂层的桩材时，需在相邻桩材之间插入木制间隔物；

⑦ 储存成捆的桩材时，确定木质间隔物的数量和放置位置应考虑桩材的长度和刚度，避免储存过程中桩体因自重产生弯曲；

⑧ 当对桩体进行横向吊运时，需用夹具和挂钩对桩体进行固定，避免吊运对桩体造成损伤，特别是造成锁固构件的损伤；

⑨ 对夹桩器进行遥控操作时，应预先确保操作的平稳性和安全性；

⑩ 借助摩擦夹持机制的起重装置使用时可能出现松动，在施工安全性不能得到保证的情况下应避免使用此类起重装置；

⑪ 在施工现场对桩体进行防锈和防腐保护时，应确保桩体的储存和操作满足健康、安全和环保方面的法律法规。

（2）设计基线的确定

如图 4.3-1～图 4.3-3 所示，压入施工时，设计基线（参考线）应位于中性轴或者横穿联锁点，以确保压桩施工的准确性。因施工测量主要通过经纬仪等测量仪器完成，因此设计基线应位于易于施工管理的位置。

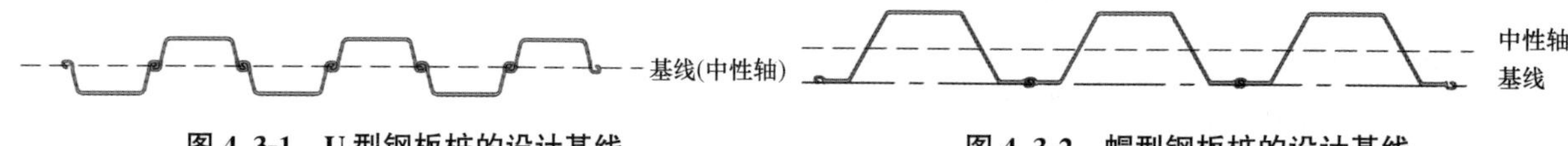

图 4.3-1　U 型钢板桩的设计基线

图 4.3-2　帽型钢板桩的设计基线

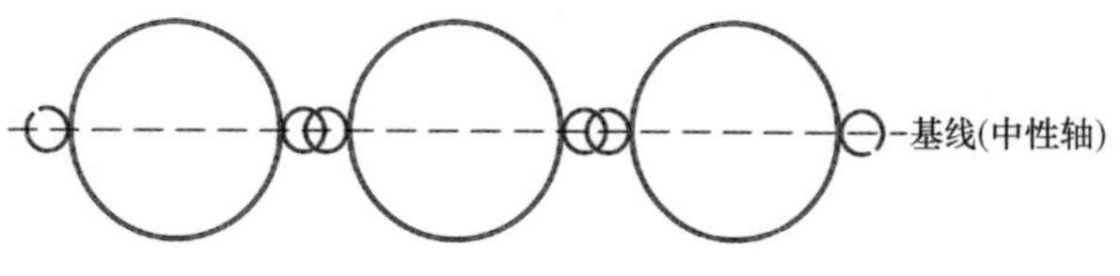

图 4.3-3　钢管板桩的设计基线

（3）沟槽

如图 4.3-4 和图 4.3-5 所示，为了给起重机和静压植桩机卡盘提供夹持桩头的空间，需在压桩方向开挖一个长条形的沟槽。沟槽的宽度和深度由静压植桩机的尺寸以及其他相关施工设备的尺寸决定。

需要注意的是，如果施工借助了工法辅助措施，确定沟槽的深度和宽度时还应考虑施工废水和泥浆废液的处理。

（4）初始压入施工

初始压入施工指在施工初期（场地中尚无已经压入的桩），将一根或多根桩压入场地中，这些桩将为后续的压桩施工提供反力。将静压植桩机装配于反力基座上便可以开始压桩施工。初始压入施

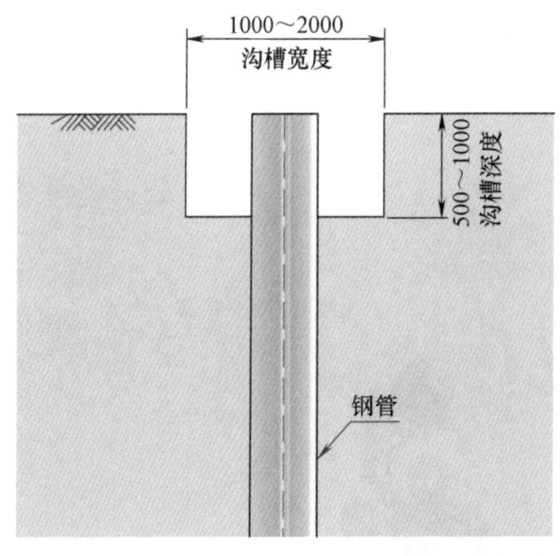

图 4.3-4 钢板桩施工沟槽尺寸

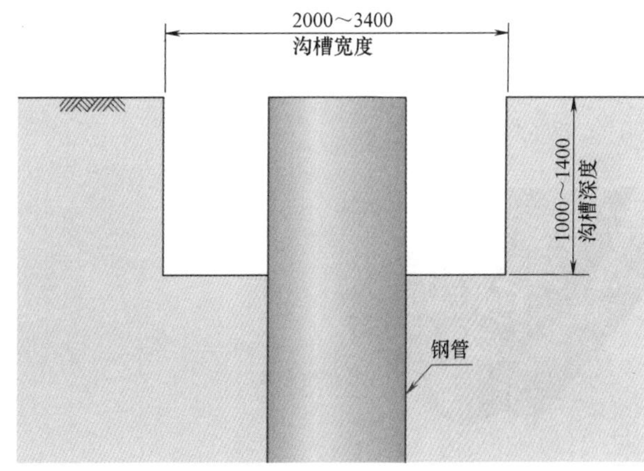

图 4.3-5 钢管施工沟槽尺寸

工主要借助静压植桩机、反力基座和基座上重物的自重。一般情况下，即将压入的桩体也可作为提供反力的重物。

考虑到静压植桩机的重量（包括反力基座）和反作用重物，应对放置反力基座的场地进行加固处理。可以通过机械碾压进行地基处理，或在反作用力基座下方放置钢板以防止反力基座出现沉降，确保压桩施工时静压植桩机处于水平状态。

钢管桩的初始压入中，应在反力基座的两侧压入两排 U 型钢板桩，并将这些钢板桩与反力基座相连，利用这些钢板桩的拔出阻力作为反力的来源（详情参见 4.3.2（2）节）。U 型钢板桩的数量和长度由压桩需要的反力大小决定。反力基座安装时应严格保证水平，不出现向任何一个方向的倾斜。

第一根桩位置和垂直度的准确性将影响后续桩的施工精度和施工效率。第一根桩的垂直度由基准线控制，第一根桩压入时应确保其不出现纵向或横向倾斜。如果第一根桩压入过程中出现倾斜，应立即停止压入施工并将其拔出，将桩纠正至垂直位置后再次进行压桩施工。

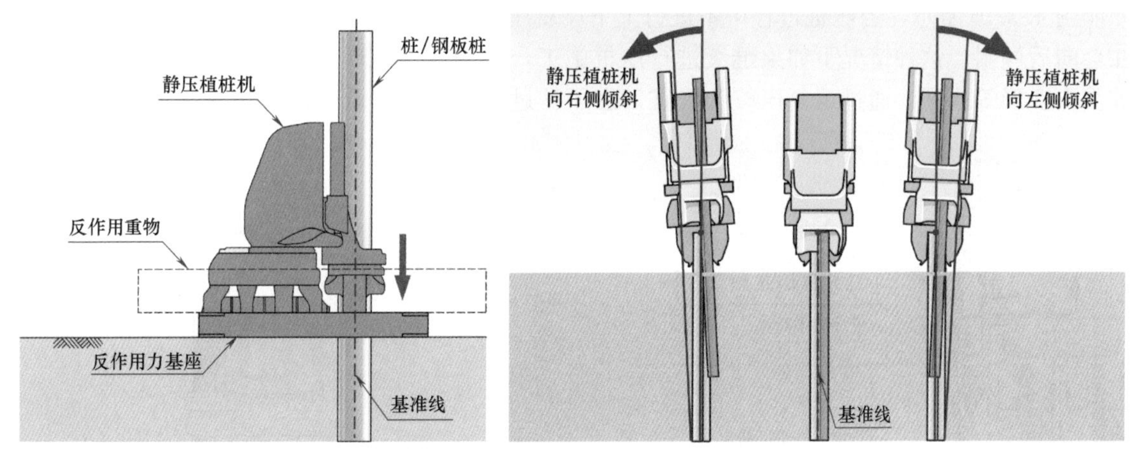

图 4.3-6 桩的初始压入与垂直度示意图

（5）桩的吊装

桩的吊装过程中应避免对桩体进行拖拽，因此，需在桩端安装滚轮，同时可减弱吊桩过程中产生的噪声。图 4.3-7 为桩端滚轮的示意图，关于桩端滚轮的更多细节参见附录 A.5 节。

桩的吊装操作应在吊车的起吊能力范围内进行，并考虑桩的形状、长度和重量。图 4.3-8 展示了利用无线电控制夹桩器进行吊桩操作的示意图，更多细节参见附录 A.5 节。

（6）压桩施工参数设置

如图 4.3-9 所示，压桩施工时应在考虑场地条件、桩型、桩长等因素的基础上设置合适的压桩施工参数。基本压桩施工参数包括最大压桩力、压桩速率和反复压桩拔桩距离（一次压桩拔桩操作的距离）。压桩施工参数决定了压桩效率，因此，必须选择合适的压桩施工参数［见 4.4.5（2）节］。

在压桩初期，根据既有施工经验和初期手动压桩操作获取的经验确定压桩施工参数。一旦确定了合适的压桩施工参数，可利用静压植桩机的自动操作系统实现准确、重复的压桩施工［见 4.4.5（4）节］。

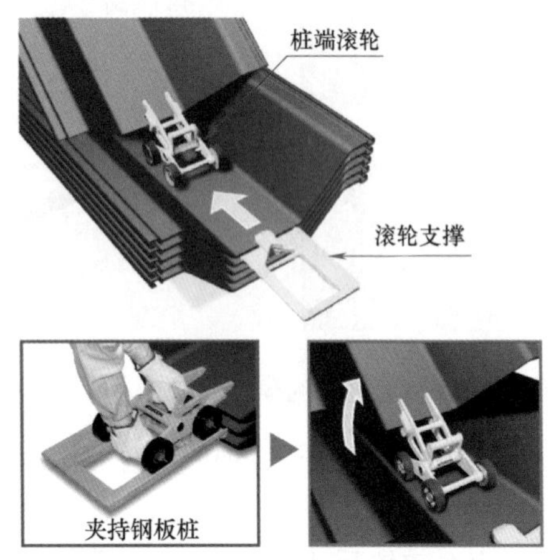

图 4.3-7　桩端滚轮示意图

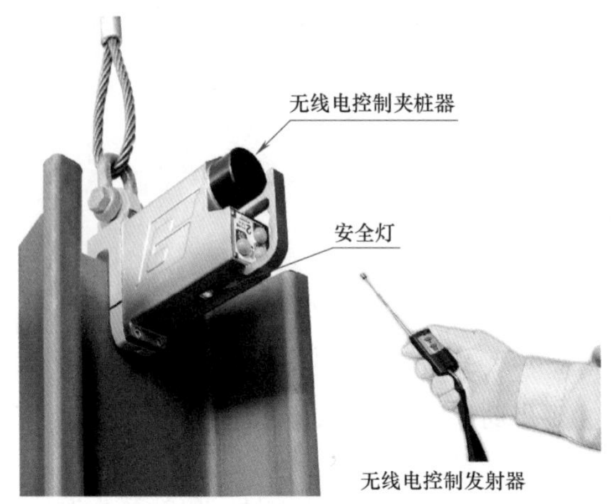

图 4.3-8　利用无线电控制夹桩器进行吊桩操作示意图

施工过程中，当场地条件发生改变时，应对压桩施工参数进行相应调整。选择最大压桩力时应确保静压植桩机的稳定性和压桩施工的可操作性。

（7）反复压桩和拔桩

施工过程中进行反复压桩和拔桩操作不仅能提高施工的精确性，还能减少压入阻力，提高压桩施工效率。验证反复压桩和拔桩效果的现场试验结果参见附录 C.2 节。

反复压桩和拔桩操作对施工的影响如下：

① 调整静压植桩机的姿态和桩体的垂直度

如图 4.3-10 所示，当压桩过程中不进行上下反复压桩和拔桩操作而仅单调压入时，静压植桩机往往会向后倾斜。这种情况下如果继续进行压桩施工，桩体将会出现倾斜，进而导致互锁阻力增大和桩截面变形等问题。通过反复压桩和拔桩，在压桩过程中可随时调整静压植桩机的姿态和桩体的

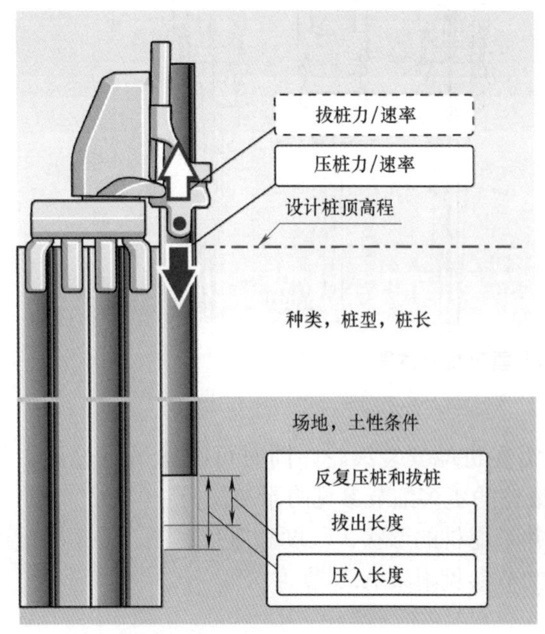

图 4.3-9　压桩施工参数示意图

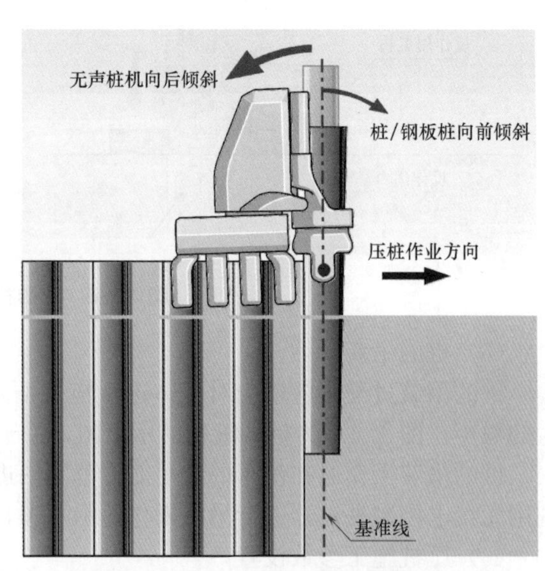

图 4.3-10　利用反复压桩和拔桩操作对静压植桩机的姿态和桩体的垂直度进行调整

垂直度。需要注意的是，不要设置过长的反复压桩和拔桩距离，否则静压植桩机可能出现前后左右的摇摆。

② 防止桩体扭曲和旋转

如果压桩过程中不进行反复压桩和拔桩操作，场地阻力及联锁阻力将随着压桩过程不断增大，压桩引起的应力将导致桩体出现扭曲或变形。为了避免施工过程中出现桩体的扭曲和变形，可通过反复压桩和拔桩操作降低压桩引起的应力。另外，反复压桩和拔桩可有效清除堵塞于联锁位置处的土体，进而降低桩体的联锁阻力。

如图 4.3-11 所示，由于场地阻力和联锁阻力的影响，桩体的前缘可能出现旋转。如果此时继续进行压桩施工，桩体变形将会增加，最终导致桩体偏离设计基线。施工时一旦发现桩体出现旋转，则应将桩体拔起并调整桩体前缘至压桩设计基线，随后再次进行压桩施工。

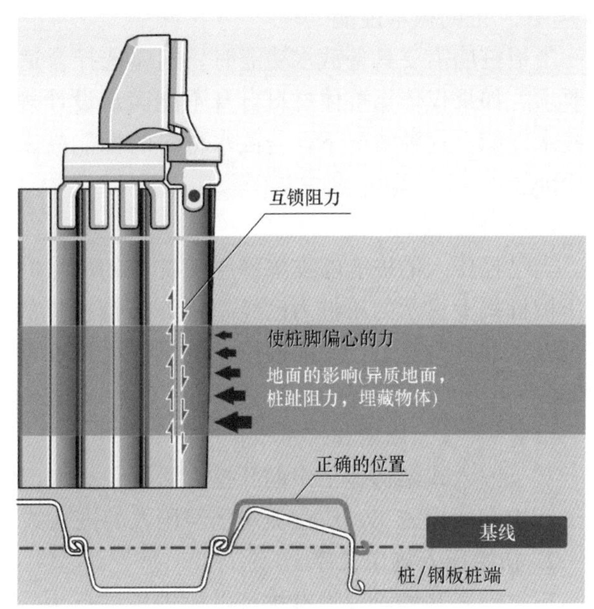

图 4.3-11 利用反复压桩和拔桩操作防止桩体出现扭曲和旋转

③ 降低侧阻力

反复压桩和拔桩过程中，桩体与周围土体分离，桩体的侧阻力降低。

④ 确保施工精度

压桩过程中，当桩体出现纵向或横向的倾斜和旋转，且桩体出现的倾斜和旋转已经超过了相关规范的允许值时，则应立即停止压桩施工，并将桩体拔出后再次进行压桩施工。再次压桩时，应重新校核最大压桩力、压入速率、反复压桩和拔桩距离等施工参数，必要时可借助掘进措施进行压桩施工。施工时可采用桩用校准镭射仪（图 4.3-12）、经纬仪或水准仪提高压桩施工精度。关于桩用校准镭射仪的更多细节参见附录 A.5 节。

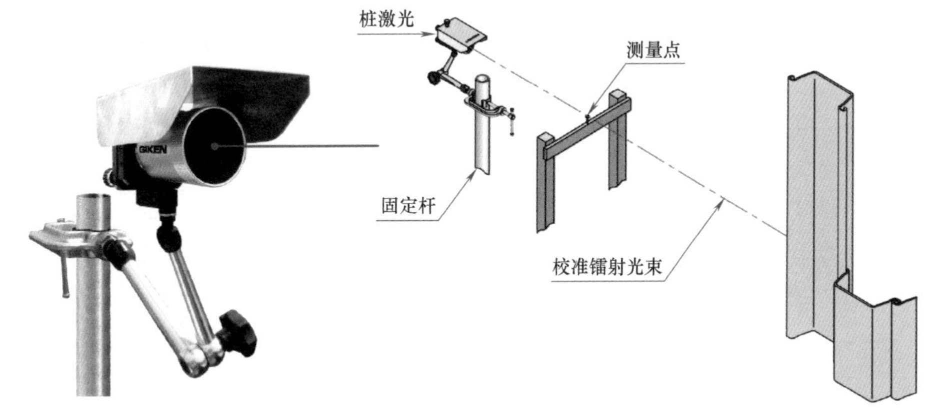

图 4.3-12 桩用校准镭射仪示意图

（8）预防互锁分离

当桩体之间出现互锁分离时，墙体结构的连续性丧失，结构不能满足设计功能。导致桩体互锁分离的可能原因包括：

① 桩体位置、垂直度和旋转量与设计值存在偏差；

② 场地条件较差；

③ 桩体柔软；

④ 桩体出现纵向倾斜。

为了防止桩体互锁分离，确定准确的压桩位置非常重要。反复压桩和拔桩是一种降低场地阻力、调整压桩位置、控制桩体变形的有效方法。

（9）利用板桩进行嵌入式墙体结构的封闭

当利用板桩进行嵌入式墙体结构的封闭时，应在确保压桩平面位置和垂直度的前提下进行压桩施工。必要时可采用工法辅助措施，如水刀并用压入工法。

（10）桩的截水性能

当板桩墙需要具备截水功能时，则应选择合适的桩体材料以使施工完成后的板桩墙满足截水性能要求。如果仅依靠桩体材料自身不能满足设计规定的截水性能，则应采用截水材料以提升板桩墙的截水性能。这种情况下，若截水材料的性能尚未进行验证，则需要对截水材料的截水性能进行试验验证。

（11）桩机自走

当已经压入的桩能够支撑静压植桩机的质量时，静压植桩机可在已经压入的桩上实现自走。当静压植桩机上显示的压桩力已经超过静压植桩机的自重时，则表明已经压入的桩具备了支撑静压植桩机自重的承载能力，此时静压植桩机便可以在已经压入的桩上实现自走，同时可以保证周围场地的安全。

（12）开挖、回填和排水

对于嵌入式结构施工中的开挖、回填和排水，应根据相关标准选择合适的压桩施工方法。此外，对于开挖和回填施工，应避免对已经压入的嵌入式结构造成伤害。

2. 初始压入施工工序

压桩施工开始阶段没有桩可以提供压桩反力，初始的几根桩由固定于反力基座上的静压植桩机压入，这一工序被称为初始压入施工。这些初始压入的桩将作为后续压桩施工的反力来源。不同类型的桩的初始压入施工工序如下：

（1）钢板桩

钢板桩初始压入施工期间，由于反力不足，需在反力基座上放置重物。即将压入的钢板桩可放置于反力基座上用于提供初始压入的反作用力。当静压植桩机移动至已经压入的桩上时，反作用力基座及其上方的重物将一并被移除。

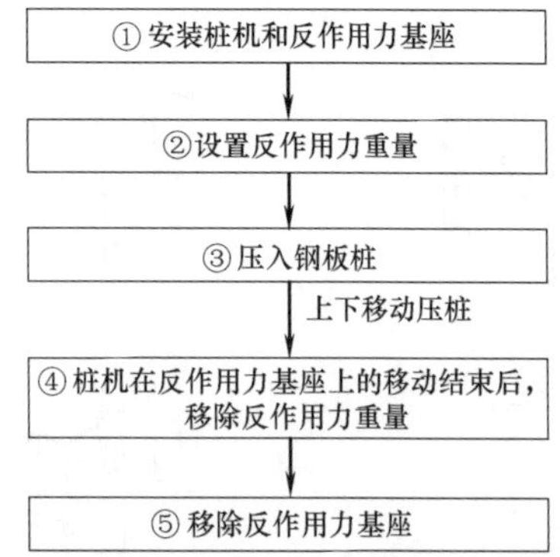

图 4.3-13　钢板桩初始压入施工流程

钢板桩的初始压入施工流程如图 4.3-13所示，初始压入施工工序如图 4.3-14 所示。反力基座的安装指南参见附录 A.4 节。

上述施工工序适用于 U 型钢板桩、Z 型钢板桩、帽型钢板桩、超近接型钢板桩、H 型钢板桩、直线型钢板桩、轻质钢板桩以及混凝土板桩。需要注意的是，对于水刀并用压入工法或螺旋钻并用压入工法，需在图 4.3-13 所示的施工流程中添加上述工法辅助措施所需的施工设备。

（2）钢管板桩和钢管桩

在钢管板桩和钢管桩的初始压入施工时，首先压入两排钢板桩，随后将反力基座放置于两排钢板桩之间。为了获取压桩

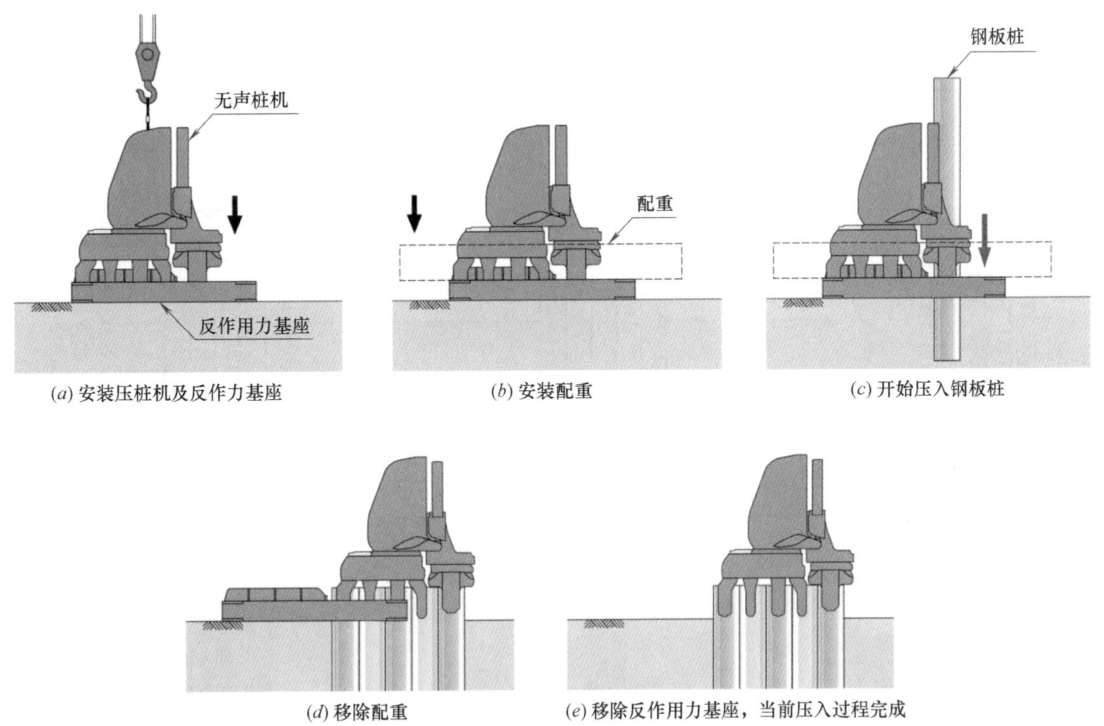

(a) 安装压桩机及反作用力基座　(b) 安装配重　(c) 开始压入钢板桩

(d) 移除配重　(e) 移除反作用力基座，当前压入过程完成

图 4.3-14　钢板桩初始压入施工工序

反力，需将两排钢板桩与反力基座进行连接。最后将静压植桩机组装在反作用力基座上，反力基座的安装指南参见附录 A.4 节。

钢管板桩和钢管桩的初始压入施工流程如图 4.3-15 所示，施工工序如图 4.3-16 所示。

图 4.3-15　钢管板桩和钢管桩的初始压入施工流程

上述施工工序适用于钢管板桩、钢管桩和预应力混凝土墙。预应力混凝土墙的施工桩机也可直接在反力基座上进行组装，如图 4.3-16 所示。当采用水刀并用压入工法或螺旋钻并用压入工法施工时，需在图 4.3-15 所示的施工流程中添加工法辅助措施所需的施工设备。

(3) 混凝土板桩

由于混凝土板桩的截面较大，其压入过程中的场地阻力较大。压入施工过程中，仅通过反力基座

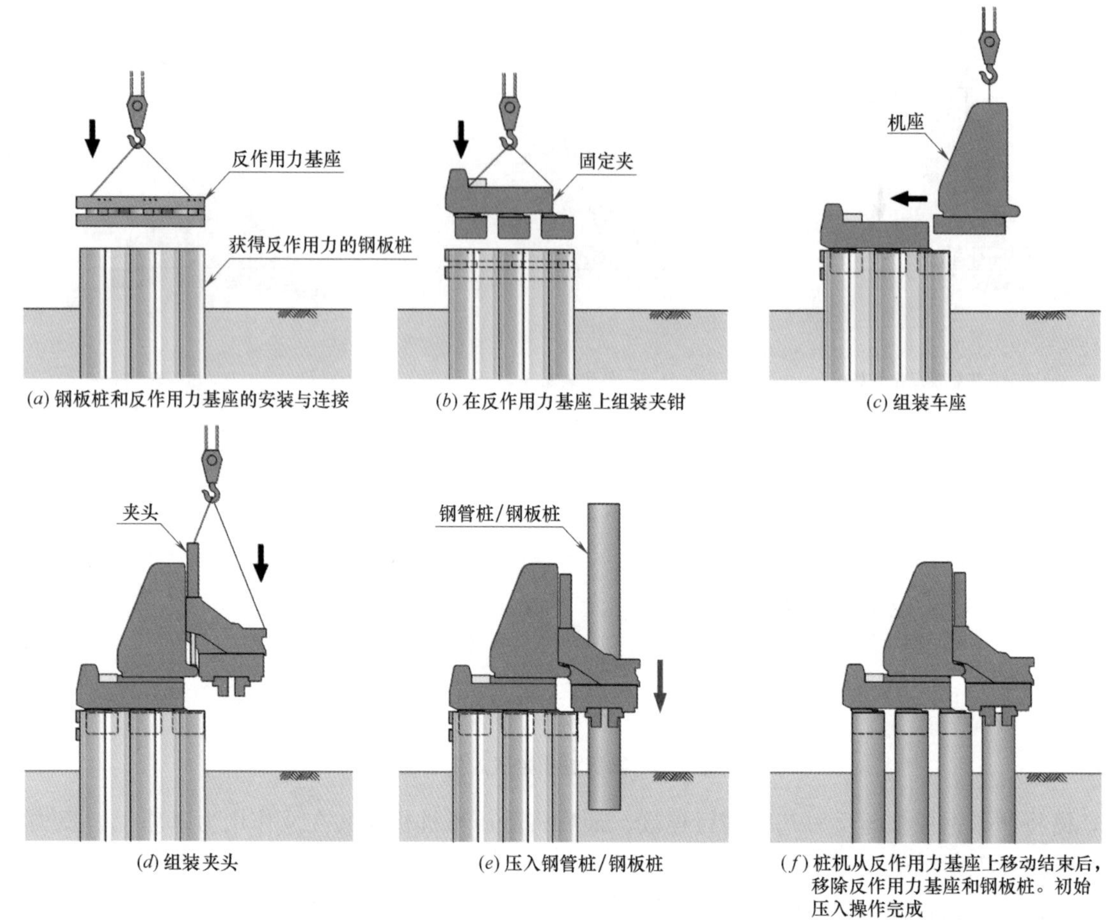

(a) 钢板桩和反作用力基座的安装与连接　(b) 在反作用力基座上组装夹钳　(c) 组装车座

(d) 组装夹头　(e) 压入钢管桩/钢板桩　(f) 桩机从反作用力基座上移动结束后，移除反作用力基座和钢板桩。初始压入操作完成

图 4.3-16　钢管板桩和钢管桩的初始压入施工工序

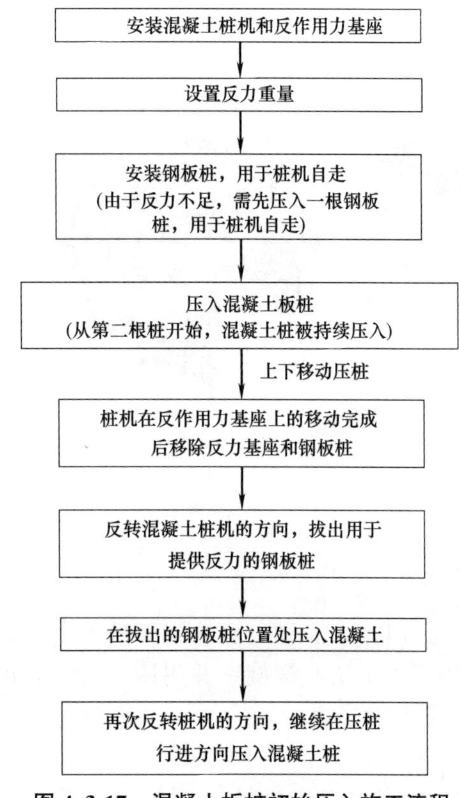

图 4.3-17　混凝土板桩初始压入施工流程

自身难以获得足够的反力。鉴于此，混凝土板桩压入施工时需首先压入一根用于桩机自走的特制钢板桩，并从第二根桩开始压入混凝土板桩。压入几根混凝土板桩后，当确定已经压入的混凝土板桩足以提供后续压桩所需的反力时，可将第一根压入的特制钢板桩拔出，并在拔出位置压入混凝土板桩。

混凝土板桩的初始压入施工流程如图 4.3-17 所示，施工工序如图 4.3-18 所示。

3. 标准静压施工工序

（1）钢板桩

钢板桩的标准压入施工指在不借助任何工法辅助措施的情况下进行钢板桩压桩施工。静压植桩机在已经压入的桩上移动，已经压入的桩形成连续的墙体结构。

钢板桩的标准压入施工流程如图 4.3-19 所示，施工工序如图 4.3-20 所示。

（2）钢管板桩

钢管板桩的标准压入施工指在不借助任何工法辅助措施的情况下进行钢管板桩压桩施工，压桩施工所需的反力来源于已经压入的钢管板桩。静压植桩机在已经压入的桩

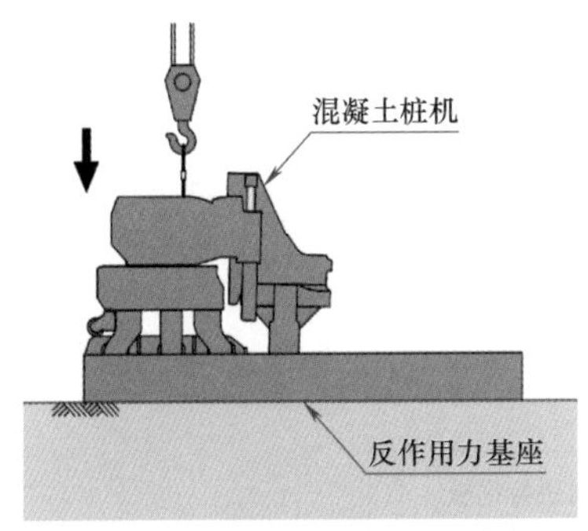

(a) 安装混凝土桩机和反作用力基座

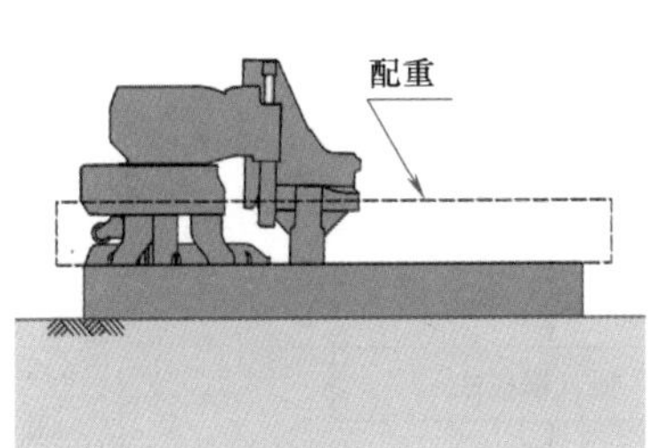

(b) 设置配重

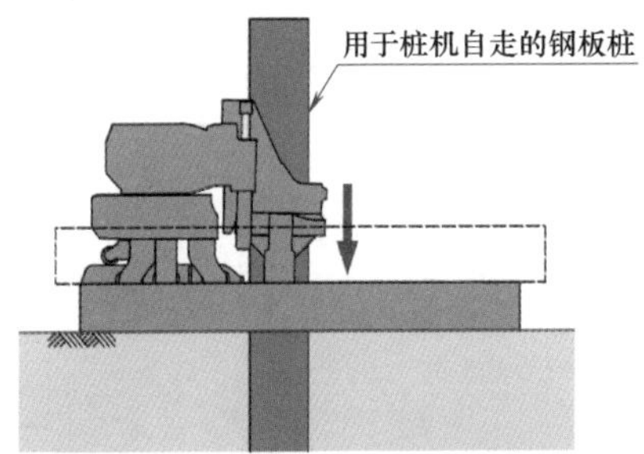

(c) 安装钢板桩，用于桩机自走，并开始作业

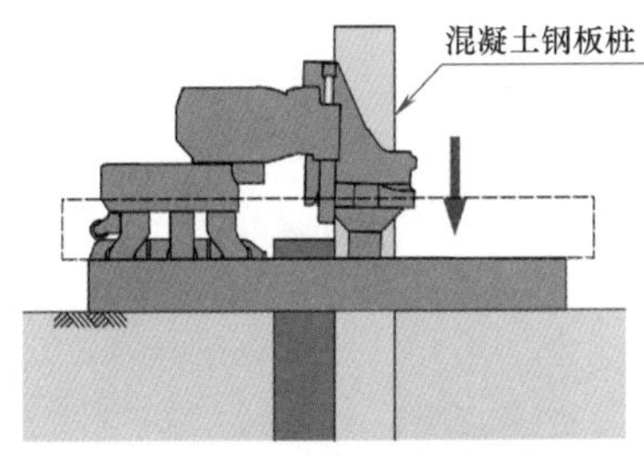

(d) 从第二根桩开始，混凝土桩被持续压入

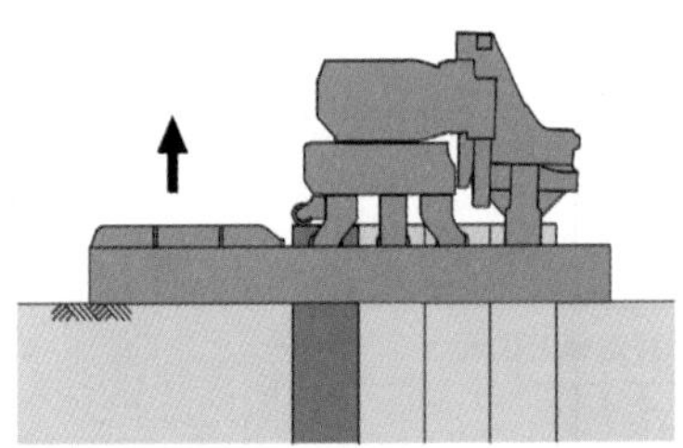
(e) 移除配重和反作用力基座

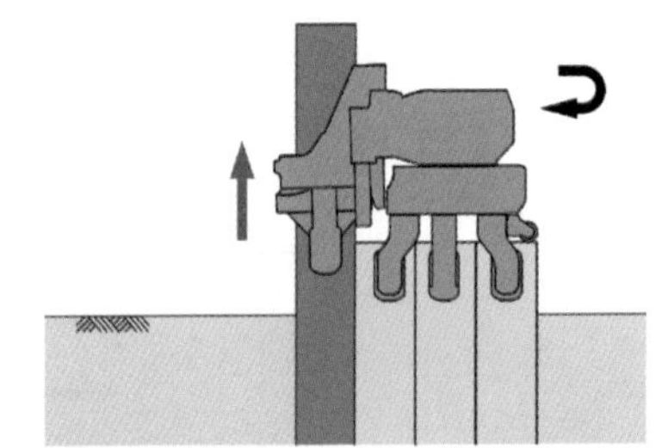
(f) 反转混凝土桩机的方向，拔出用于自走的钢板桩

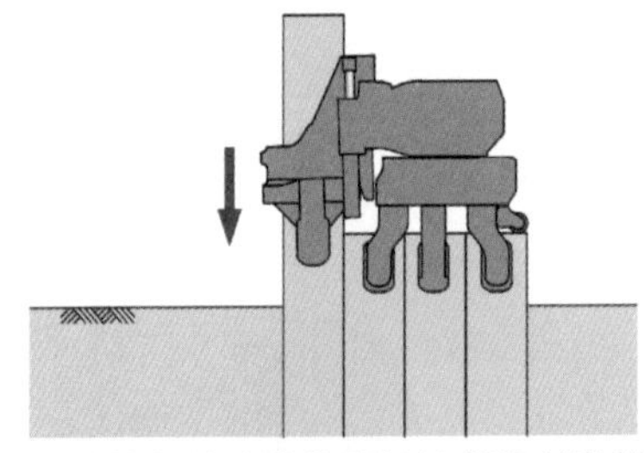
(g) 在拔出的钢板桩位置处压入混凝土钢板桩

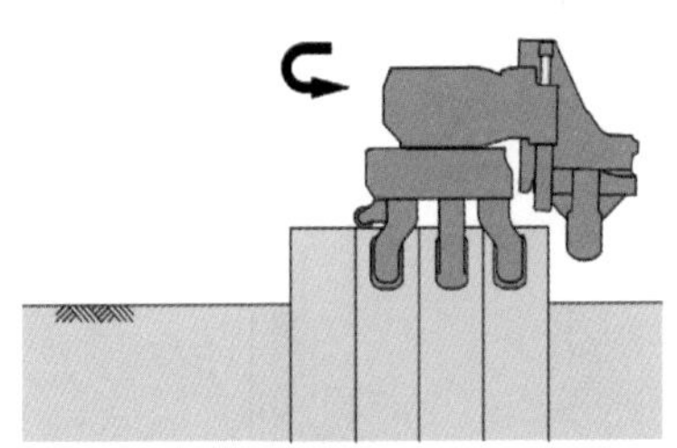
(h) 再次反转桩机的方向，继续在压桩行进方向压入混凝土桩

图 4.3-18 混凝土板桩初始压入施工工序

上移动，已经压入的钢管板桩形成连续的墙体结构。在钢管板桩的压入施工中，需要采用一种特制的压桩辅助设备，即一根用于避免桩机夹钳与已经压入的钢管板桩发生碰撞的延长钢管，如图 4.3-22 所示。当需要将钢管桩向下顶压至设计高程或需要桩机在桩顶自走时，应采用这一辅助设备。钢管桩机一般夹钳住 3 根已经压入的钢管板桩，但在角落处的压桩施工仅需夹钳住 2 根。

钢管板桩的标准压入施工流程如图 4.3-21 所示，标准压入施工工序如图 4.3-22 所示。

(3) 混凝土板桩

混凝土板桩的标准压入施工指在不借助任何工法辅助措施的情况下进行混凝土板桩压桩施工，压桩施工所需的反力来源于已经压入的混凝土板桩。静压植桩机在已经压入的混凝土板桩上移动，已经压入的混凝土板桩形成连续的墙体结构。

为了使压入的混凝土板桩与已经压入的混凝土板桩紧密接触，混凝土板桩的桩端一侧具有斜角，斜角面向压桩的行进方向，如图 4.3-24 所示。混凝土板桩的反复压桩和拔桩操作容易导致桩体内部出现裂缝，因此，反复压桩和拔桩操作并不适用于混凝土板桩，混凝土板桩的压桩施工宜采用水刀并用压入工法以降低桩侧摩阻力。

混凝土板桩标准压入施工流程如图 4.3-23 所示，标准压入施工工序如图 4.3-24 所示。

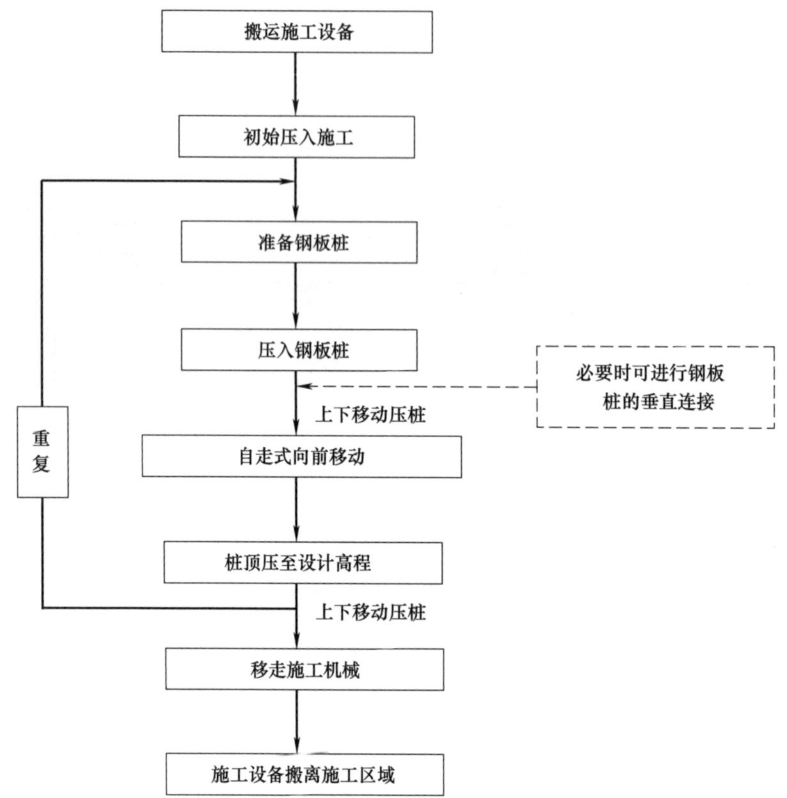

图 4.3-19　钢板桩标准压入施工流程

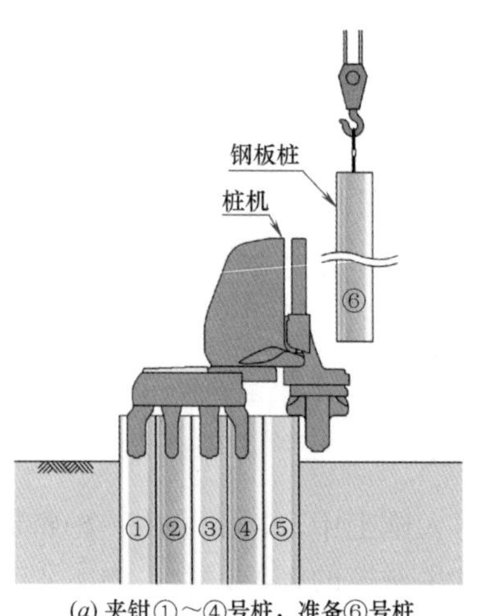

(*a*) 夹钳①～④号桩，准备⑥号桩

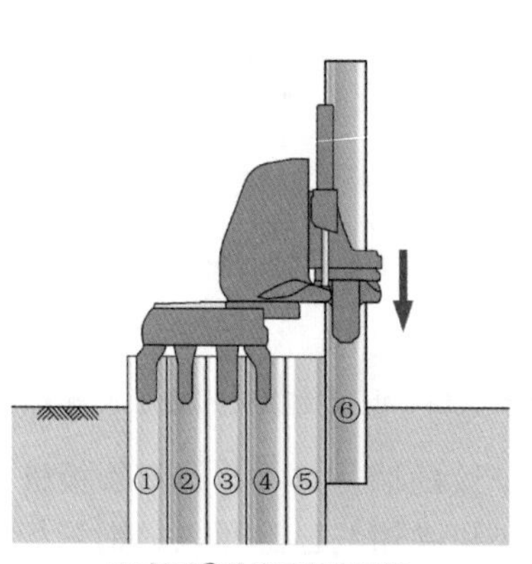

(*b*) 保证⑥号桩垂直且对准基线，开始压入

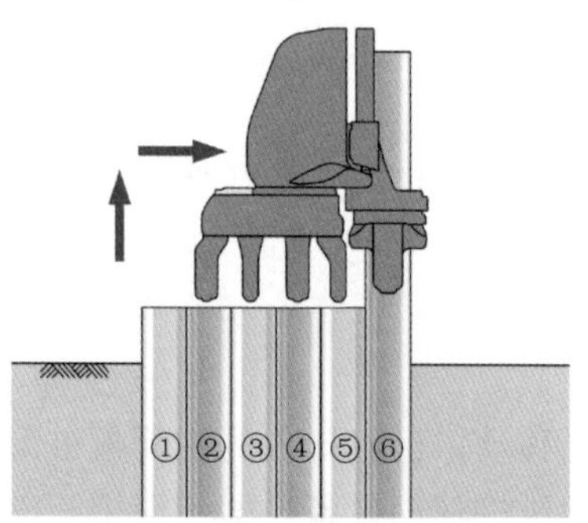

(*c*) 确保压入的钢板桩能够承受桩机重量后，桩机将被抬起并自走前进

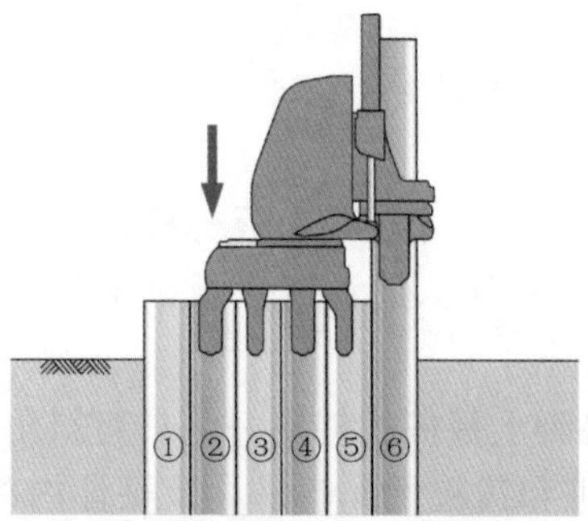

(*d*) 降低静压植桩机位置，夹钳②到⑤号钢板桩，完成向前自走

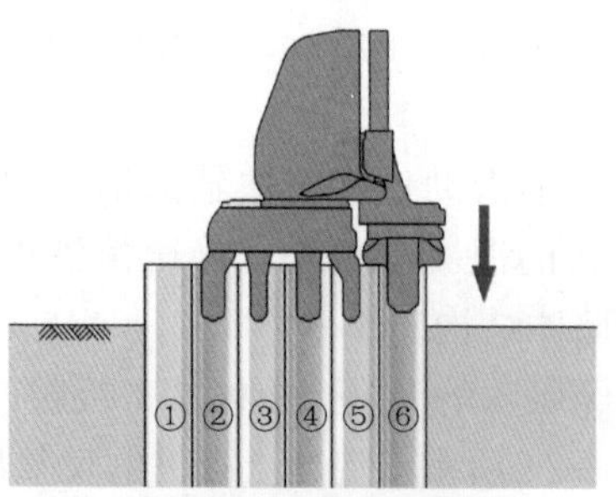

(*e*) 压入⑥号钢板桩到桩顶设计高程，之后重复步骤(*a*)～(*e*)，由钢板桩②～⑤号提供反作用力

图 4.3-20　钢板桩标准压入施工工序

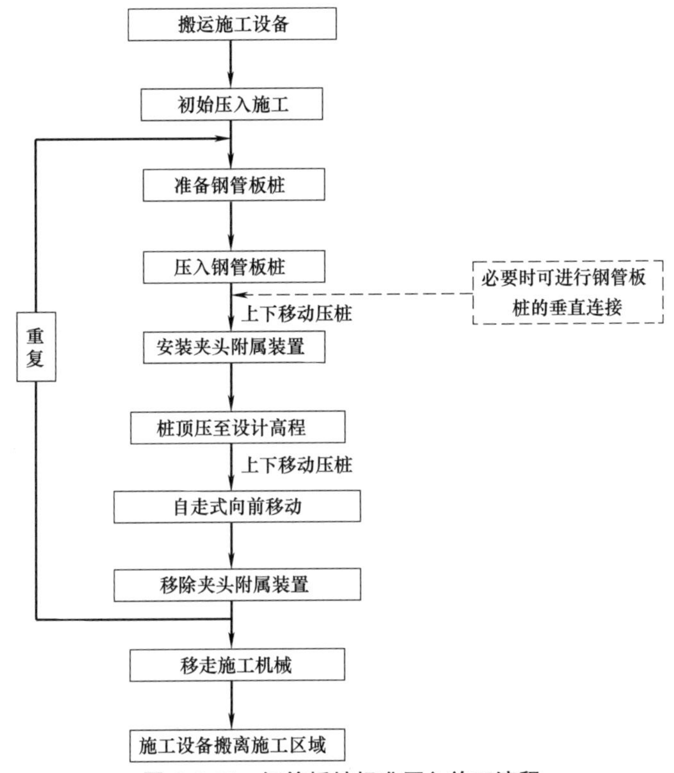

图 4.3-21 钢管板桩标准压入施工流程

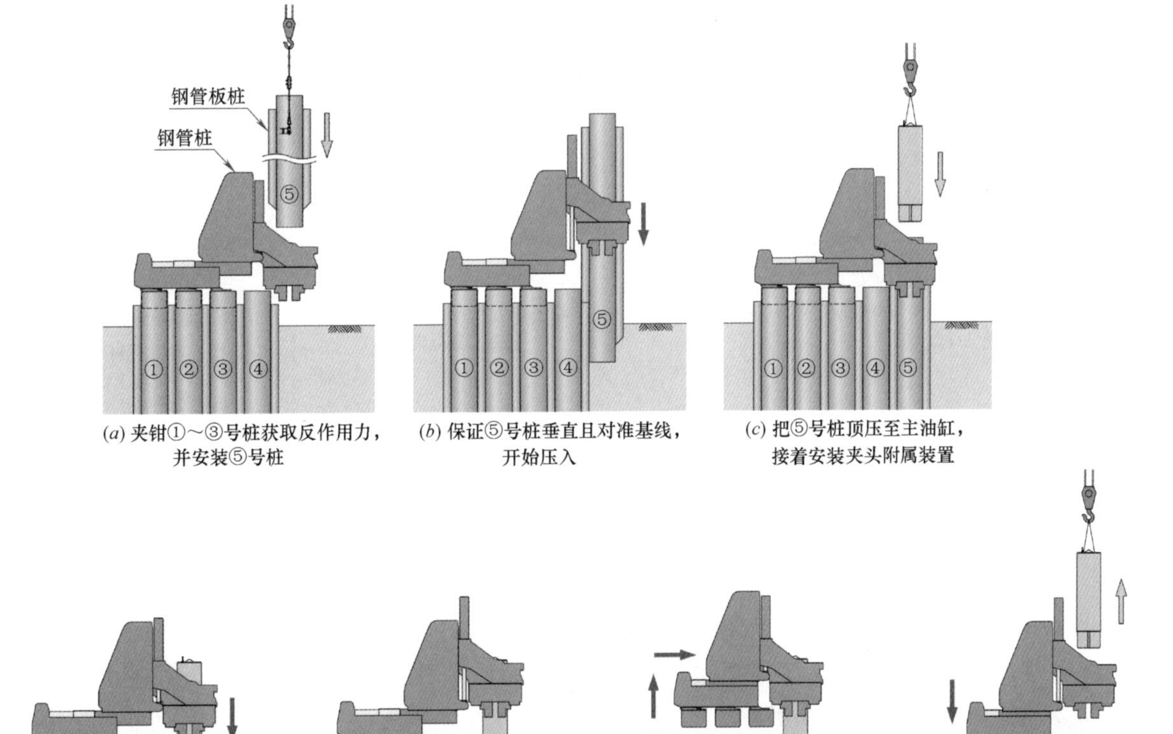

钢管板桩
钢管桩

(*a*) 夹钳①～③号桩获取反作用力，并安装⑤号桩

(*b*) 保证⑤号桩垂直且对准基线，开始压入

(*c*) 把⑤号桩顶压至主油缸，接着安装夹头附属装置

(*d*) 把⑤号桩顶压至设计高程，接着夹钳住夹头附属装置

(*e*) 夹紧夹头附属装置，保证可以承受桩机重量

(*f*) 升高桩机，使其向前自走

(*g*) 降低桩机，夹持②～④号钢管板桩，完成自走。重复步骤(*a*)～(*g*)，使用钢管板②～④号桩提供反作用力

图 4.3-22 钢管板桩标准压入施工工序

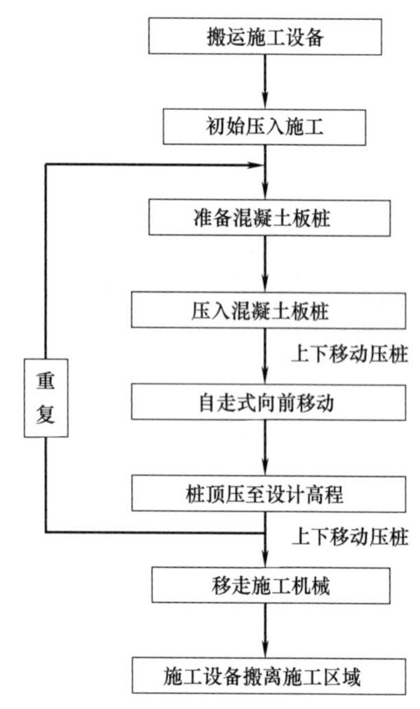

图 4.3-23　混凝土板桩标准压入施工流程

（4）预应力混凝土墙

预应力混凝土墙的标准压入施工指在不借助任何工法辅助措施的情况下进行预应力混凝土墙压入施工，压入施工所需的反力来源于已经压入的预应力混凝土墙。静压植桩机在已经压入的预应力混凝土墙上移动，已经压入的预应力混凝土墙形成连续的墙体结构。如图 4.3-25 所示。在对预应力墙进行吊装时应在预应力混凝土墙的顶部安装垫圈，垫圈与预应力混凝土墙之间利用螺栓进行连接。当预应力混凝土墙的压入施工完成后，拆下垫圈，并将其安装于下一片需要吊装的预应力混凝土墙上。预应力混凝土墙的截面较大，在含碎石场地内进行反复压桩和拔桩操作时预应力混凝土墙容易与场地内的碎石发生碰撞，两者之间的碰撞可能影响预应力混凝土墙结构的完整性，因此，预应力混凝土墙的压入施工宜采用水刀并用压入工法或螺旋钻并用压入工法，以降低桩端阻力和桩侧摩阻力。

预应力混凝土墙的标准压入施工流程如图 4.3-25 所示，标准压入施工工序如图 4.3-26 所示。

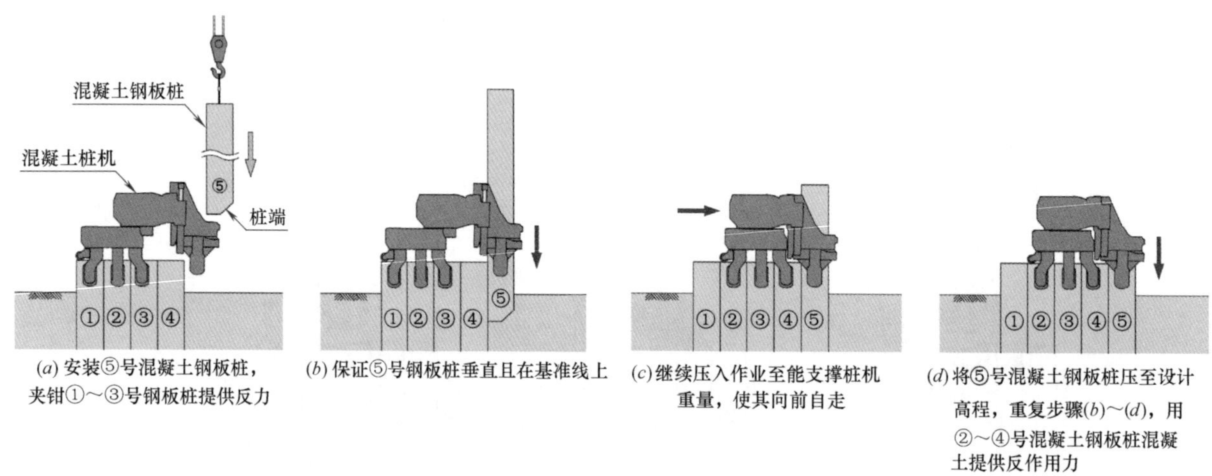

(*a*) 安装⑤号混凝土钢板桩，夹钳①～③号钢板桩提供反力　(*b*) 保证⑤号钢板桩垂直且在基准线上　(*c*) 继续压入作业至能支撑桩机重量，使其向前自走　(*d*) 将⑤号混凝土钢板桩压至设计高程，重复步骤(*b*)～(*d*)，用②～④号混凝土钢板桩混凝土提供反作用力

图 4.3-24　混凝土板桩标准压入施工工序

4. 水刀并用压入施工工序

（1）钢板桩

如图 4.3-28 所示，除钢板桩水刀并用压入的必要步骤（b）和步骤（f）以外，钢板桩水刀并用压入施工工序与其标准压入施工工序相同。进行水刀并用压入时应确保喷嘴插入喷嘴锁扣中，并利用图 4.3-27 所示的插销将喷嘴固定。

钢板桩水刀并用压入施工流程如图 4.3-27 所示，施工工序如图 4.3-28 所示。

（2）钢管板桩

如图 4.2-30 所示，除钢管板桩水刀并用压入的必要步骤（b）和步骤（h）以外，钢管板桩水刀并用压入施工工序与其标准压入施工工序相同。进行水刀并用压入时应确保喷嘴插入喷嘴锁扣中，并利用图 4.3-29 所示的插销将喷嘴固定。

钢管板桩水刀并用压入施工流程如图 4.3-29 所示，施工工序如图 4.3-30 所示。

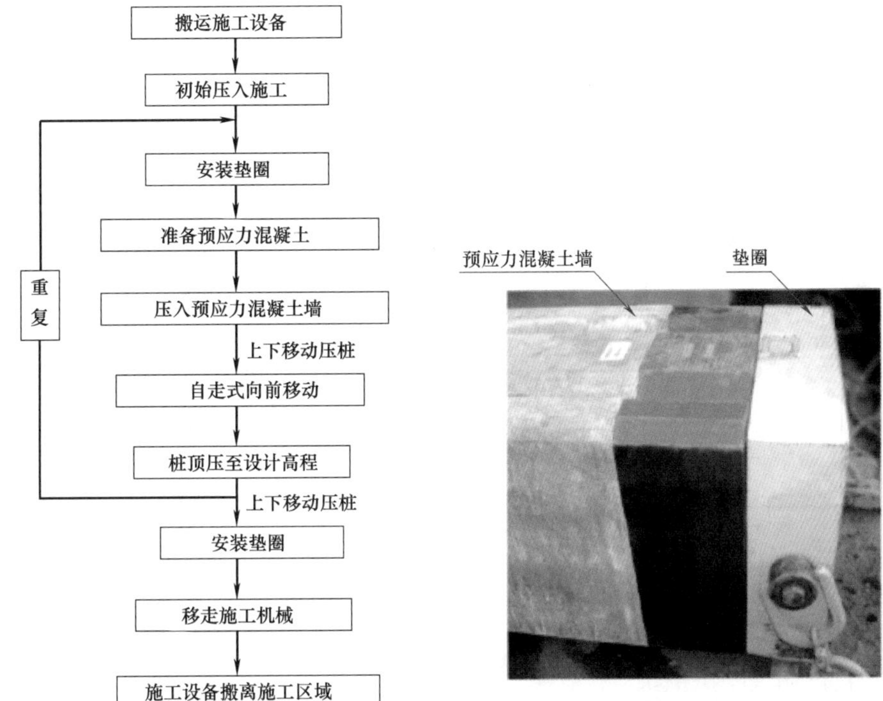

图 4.3-25　预应力混凝土墙标准压入施工流程

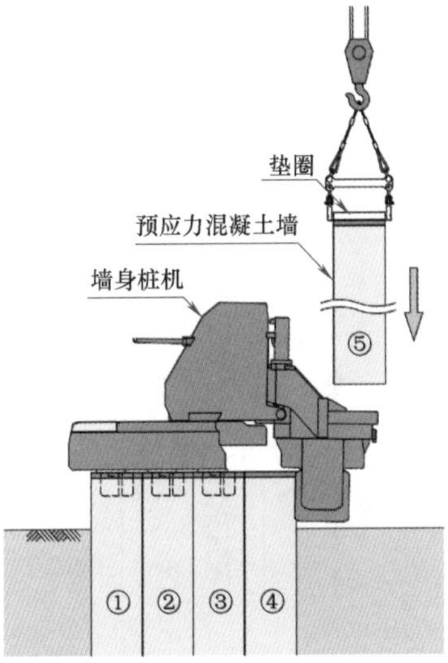

垫圈

预应力混凝土墙

墙身桩机

⑤

① ② ③ ④

(*a*) 准备⑤号墙体，夹钳①～③号墙体获取反作用力

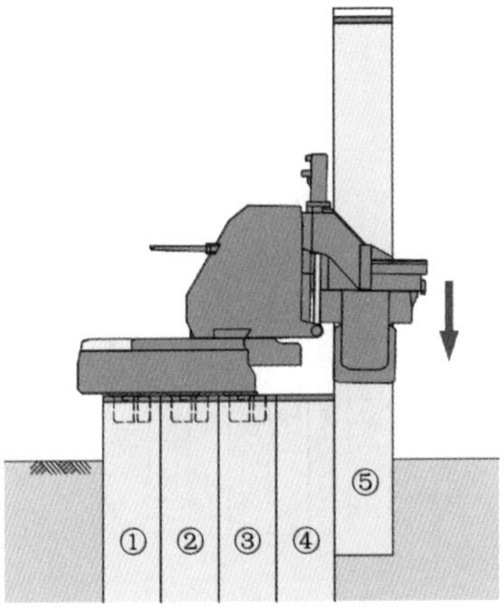

⑤

① ② ③ ④

(*b*) 保证⑤号墙体垂直并在基线上，开始压入

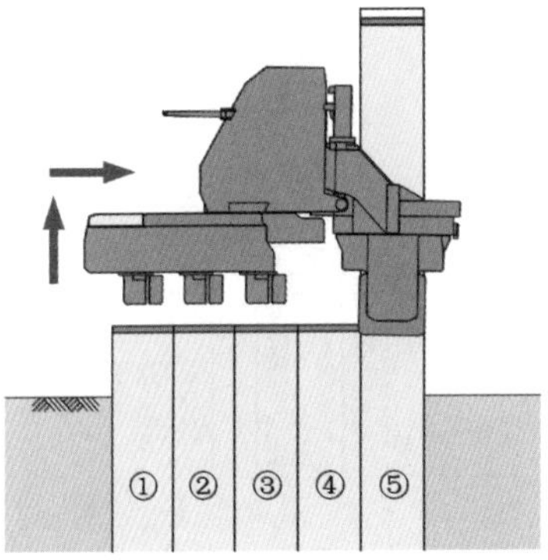

① ② ③ ④ ⑤

(*c*) 继续压入至墙体能支撑桩机，使其向前自走

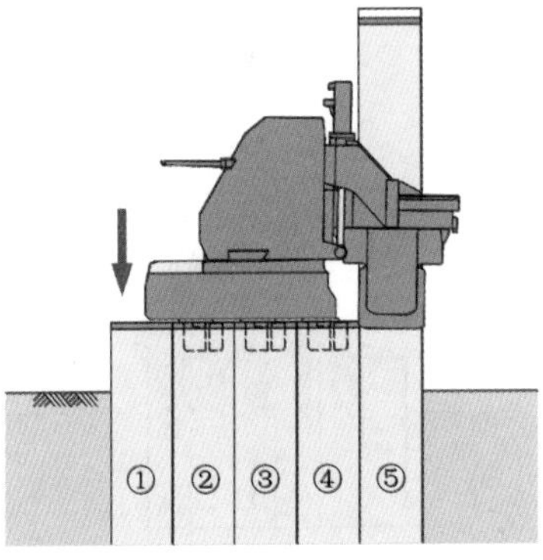

① ② ③ ④ ⑤

(*d*) 夹持②～④号墙身，完成向前自走

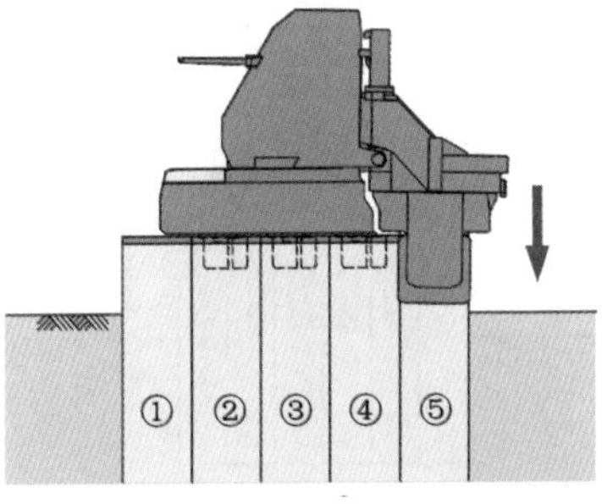

① ② ③ ④ ⑤

(*e*) 压入⑤号墙至设定高程，接着重复步骤(*b*)～(*d*)，使用②～④号墙体提供反作用力

图 4.3-26　预应力混凝土墙标准压入施工工序

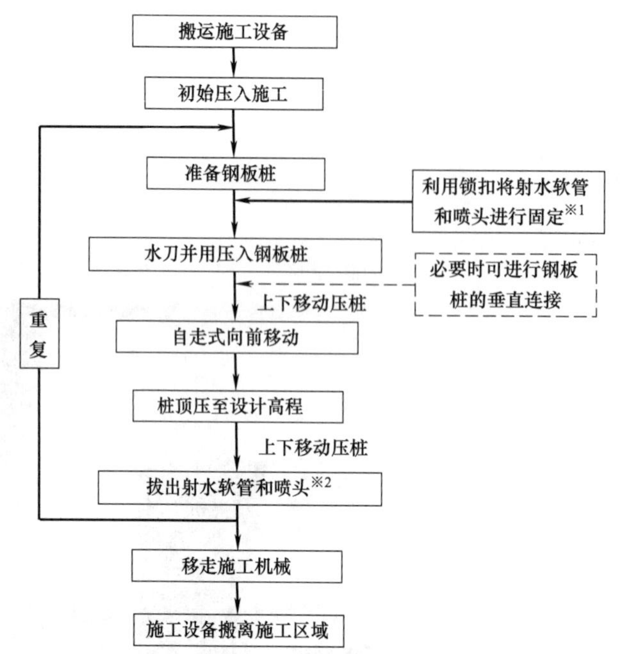

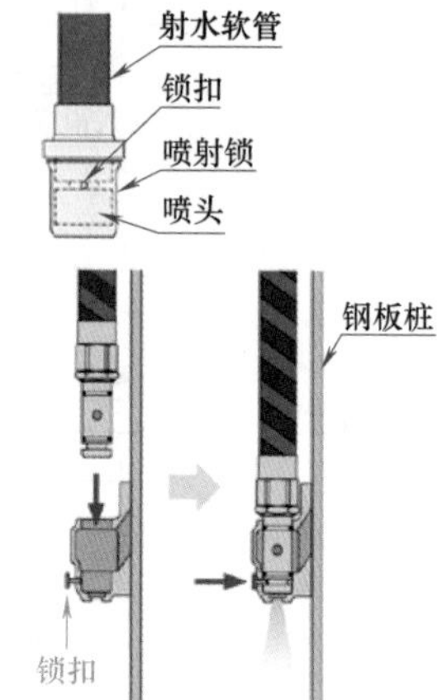

注：※ 1锁扣在压桩前已经焊接在板桩上，将射水软管和喷嘴插入锁扣并固定；
※ 2 打开锁扣，将喷射软管卷起。

图 4. 3-27　钢板桩水刀并用压入施工流程

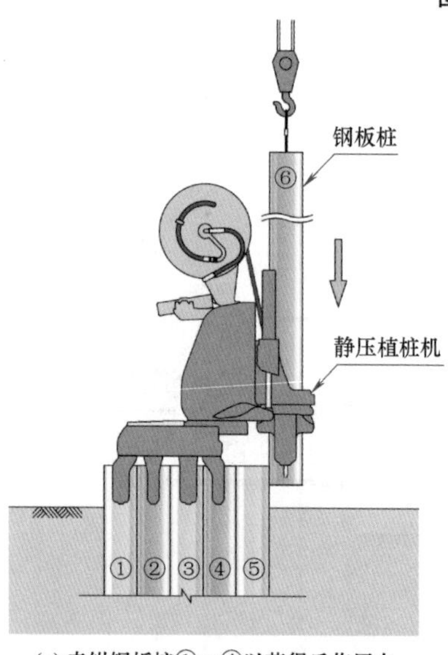

(*a*) 夹钳钢板桩①～④以获得反作用力，并准备钢板桩⑥

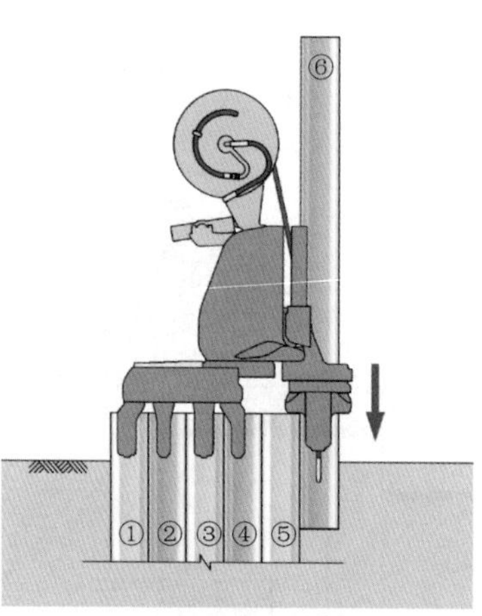

(*b*) 确保钢板桩⑥垂直且对齐，并开始水刀并入压桩操作

(*c*) 继续压入操作到可以支撑桩机重量的位置，抬起桩机，然后让它向前移动

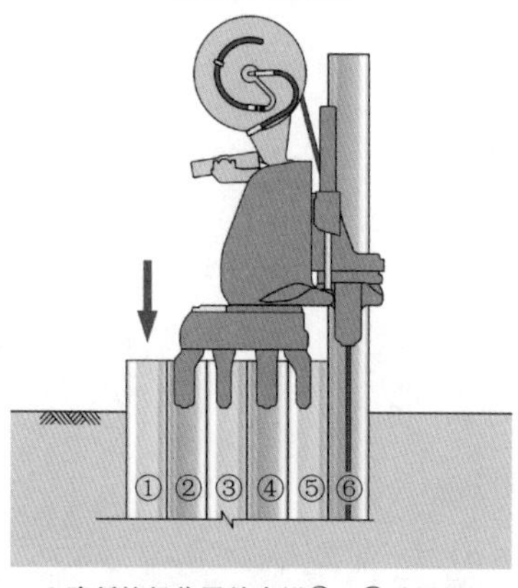

(*d*) 降低桩机位置并夹钳②～⑤号钢板桩。完成向前自走

(*e*) 压入钢板桩⑥到桩顶设计高程

(*f*) 拔出射水软管和喷头。然后重复步骤(a)至(f)，使用钢板桩②～⑤作为反作用力源

图 4. 3-28　钢板桩水刀并用压入施工工序

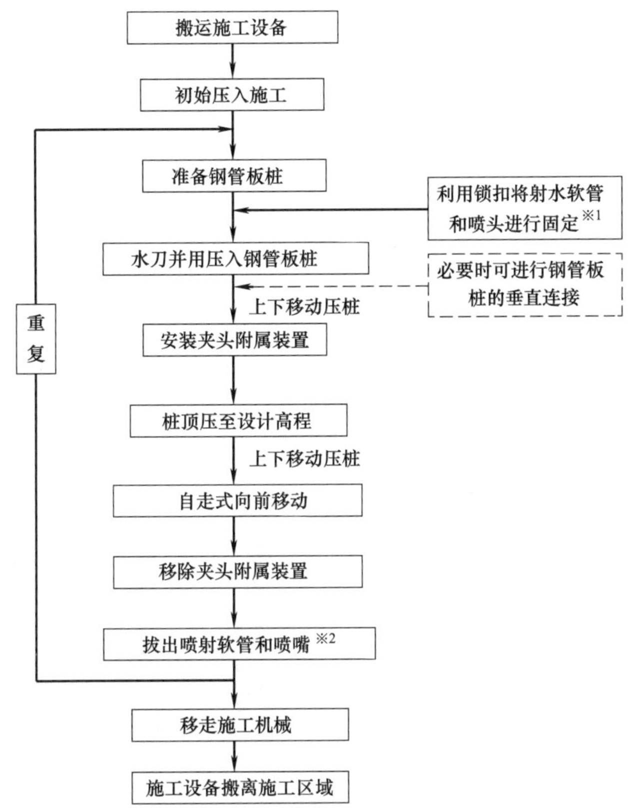

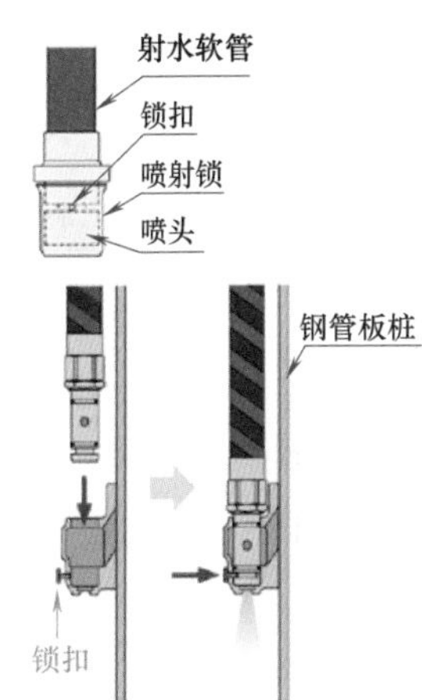

注：※1 锁扣在压桩前已经焊接在板桩上，将射水软管和喷嘴插入锁扣并固定；

※2 打开锁扣，卷起射水软管。

图 4.3-29 钢管板桩水刀并用压入施工流程

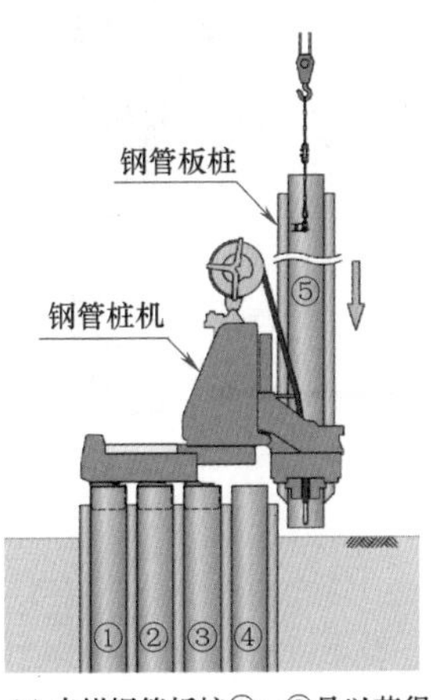

(*a*) 夹钳钢管板桩①～③号以获得反作用力，并准备钢管板桩⑤号

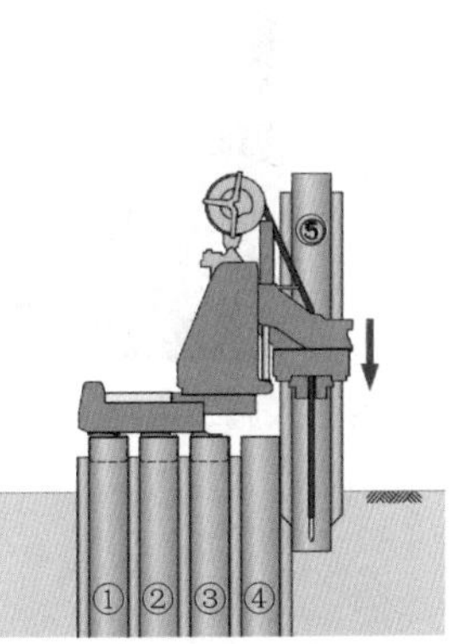

(*b*) 确保钢管板桩⑤号垂直且对齐，开始水刀并入压桩操作

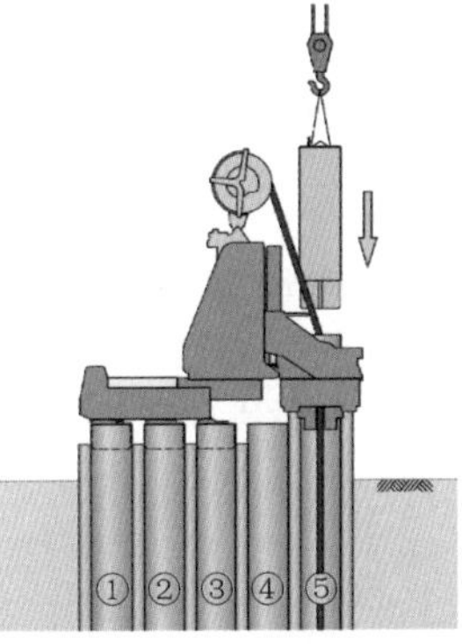

(*c*) 继续压入操作到钢管板桩⑤号顶端至主油缸，安装夹头附属装置

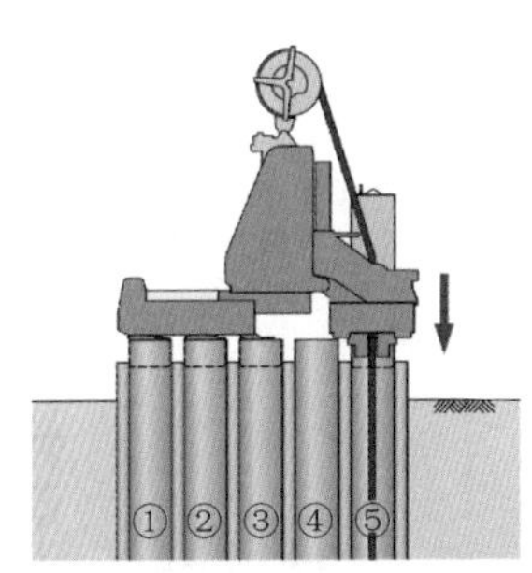

(*d*) 夹钳夹头附属装置，压入钢管板桩⑤号至设计桩顶高程

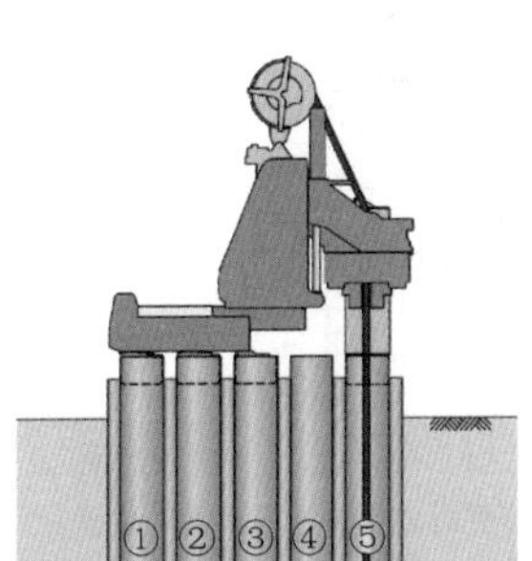

(*e*) 夹钳夹头附属装置上部，确保能够承受桩机重量

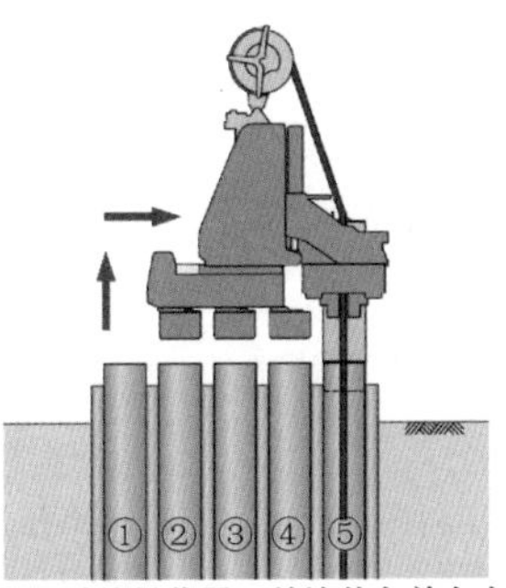

(*f*) 抬升桩机位置，并让其向前自走

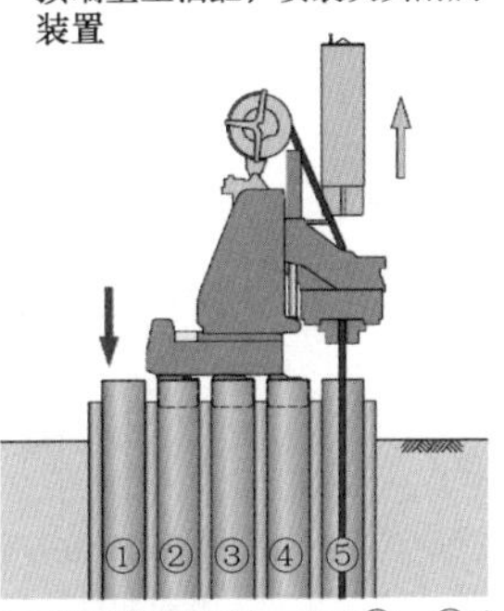

(*g*) 降低桩机位置，夹钳②～④号钢管板桩，完成向前自走，移除夹头附属装置

(*h*) 拔出射水软管和喷头，重复步骤(*a*)～(*h*)，使用钢板桩②～④号作为反作用力源

图 4.3-30 钢管板桩水刀并用压入施工工序

（3）混凝土板桩

混凝土板桩水刀并用压入施工的施工工序与其标准压入施工工序相同。水刀并用压入时应确保喷嘴插入喷嘴锁扣中，并利用图 4.3-31 所示的插销将喷嘴固定。

混凝土板桩水刀并用压入施工流程如图 4.3-31 所示，施工工序如图 4.3-32 所示。

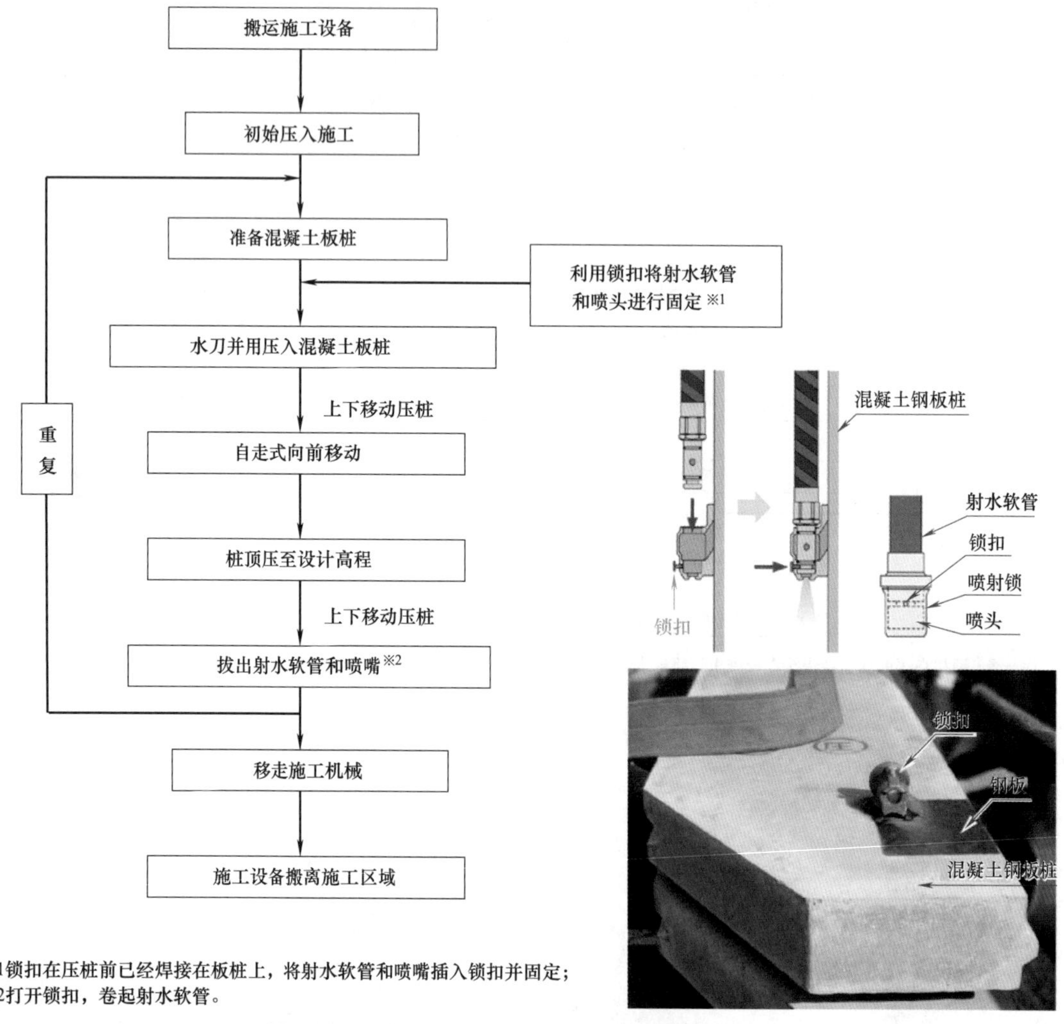

注：※1锁扣在压桩前已经焊接在板桩上，将射水软管和喷嘴插入锁扣并固定；
※2打开锁扣，卷起射水软管。

图 4.3-31　混凝土板桩水刀并用压入施工流程

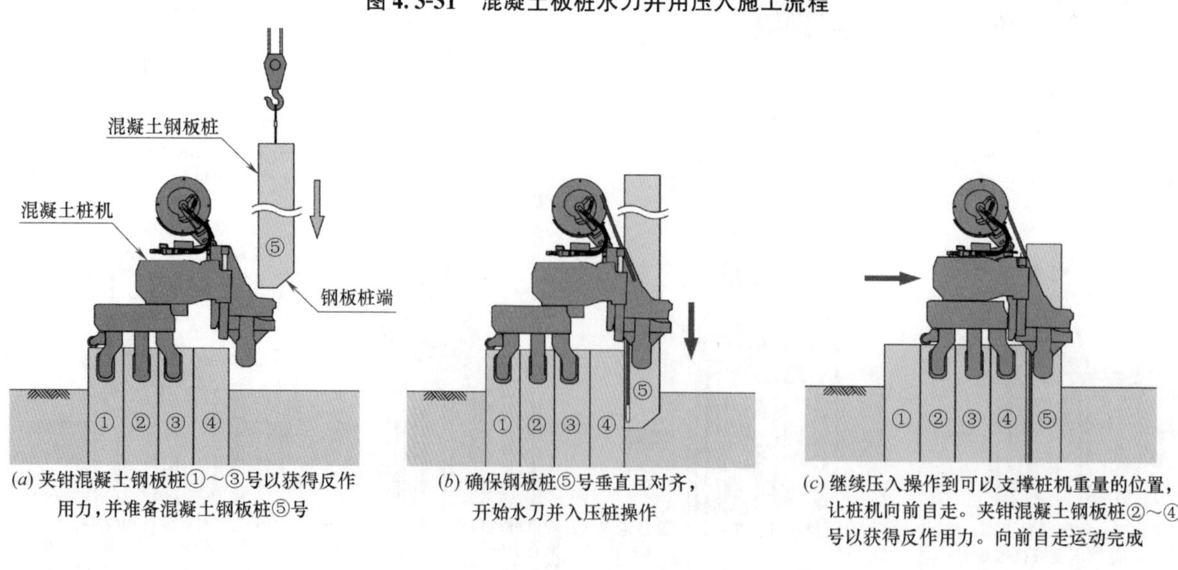

(a) 夹钳混凝土钢板桩①～③号以获得反作用力，并准备混凝土钢板桩⑤号

(b) 确保钢板桩⑤号垂直且对齐，开始水刀并入压桩操作

(c) 继续压入操作到可以支撑桩机重量的位置，让桩机向前自走。夹钳混凝土钢板桩②～④号以获得反作用力。向前自走运动完成

图 4.3-32　混凝土板桩水刀并用压入施工工序（一）

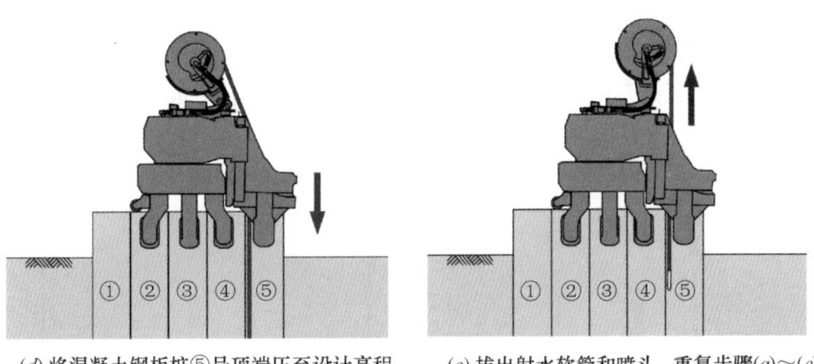

(d) 将混凝土钢板桩⑤号顶端压至设计高程

(e) 拔出射水软管和喷头。重复步骤(a)~(e)，使用钢板桩②~⑤号作为反作用力源

图 4.3-32　混凝土板桩水刀并用压入施工工序（二）

5. 螺旋钻并用压入施工工序

（1）钢板桩

螺旋钻并用压入过程中，大部分被置换的土体将用于拔钻后钻孔回填，并对未用于钻孔回填的土体进行处理。拔钻时利用刮泥器对套管上附着的泥土进行清理，刮泥器的详细介绍参见附录A.5节。

钢板桩螺旋并用压入施工流程如图 4.3-33 所示，施工工序如图 4.3-34 所示。

（2）Z 型钢板桩

Z 型钢板桩螺旋钻并用压入施工流程与前文介绍的钢板桩螺旋钻并用压入施工流程一致。Z 型钢板桩螺旋钻并用压入施工流程如图 4.3-35 所示，施工工序如图 4.3-36 所示。

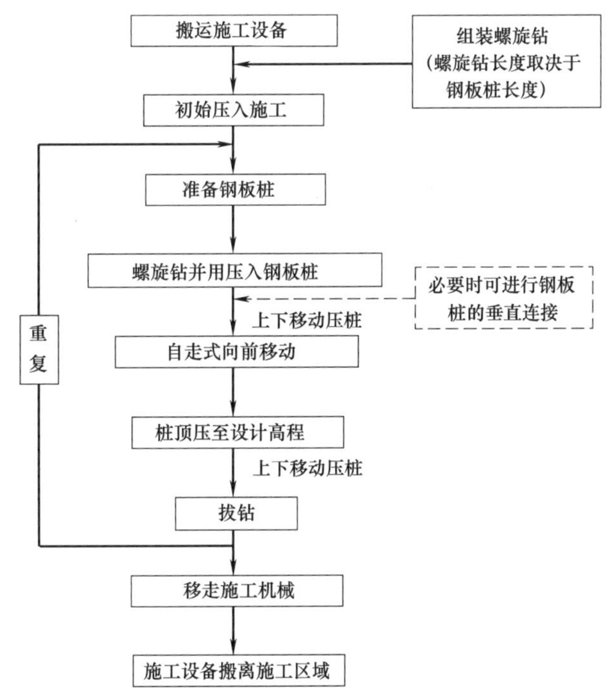

图 4.3-33　钢板桩螺旋钻并用压入施工流程

（3）钢管板桩

钢管板桩螺旋钻并用压入施工中，由于置换的土体将从钢管桩内部运出，因此，应将置换土储存罐放置在桩顶，置换的土体将直接排放至储存罐内。储存罐内的土体将用于拔桩后钻孔回填，并对未用于钻孔回填的土体进行处理。

钢管板桩螺旋钻并用压入施工流程如图 4.3-37 所示，施工工序如图 4.3-38 所示。

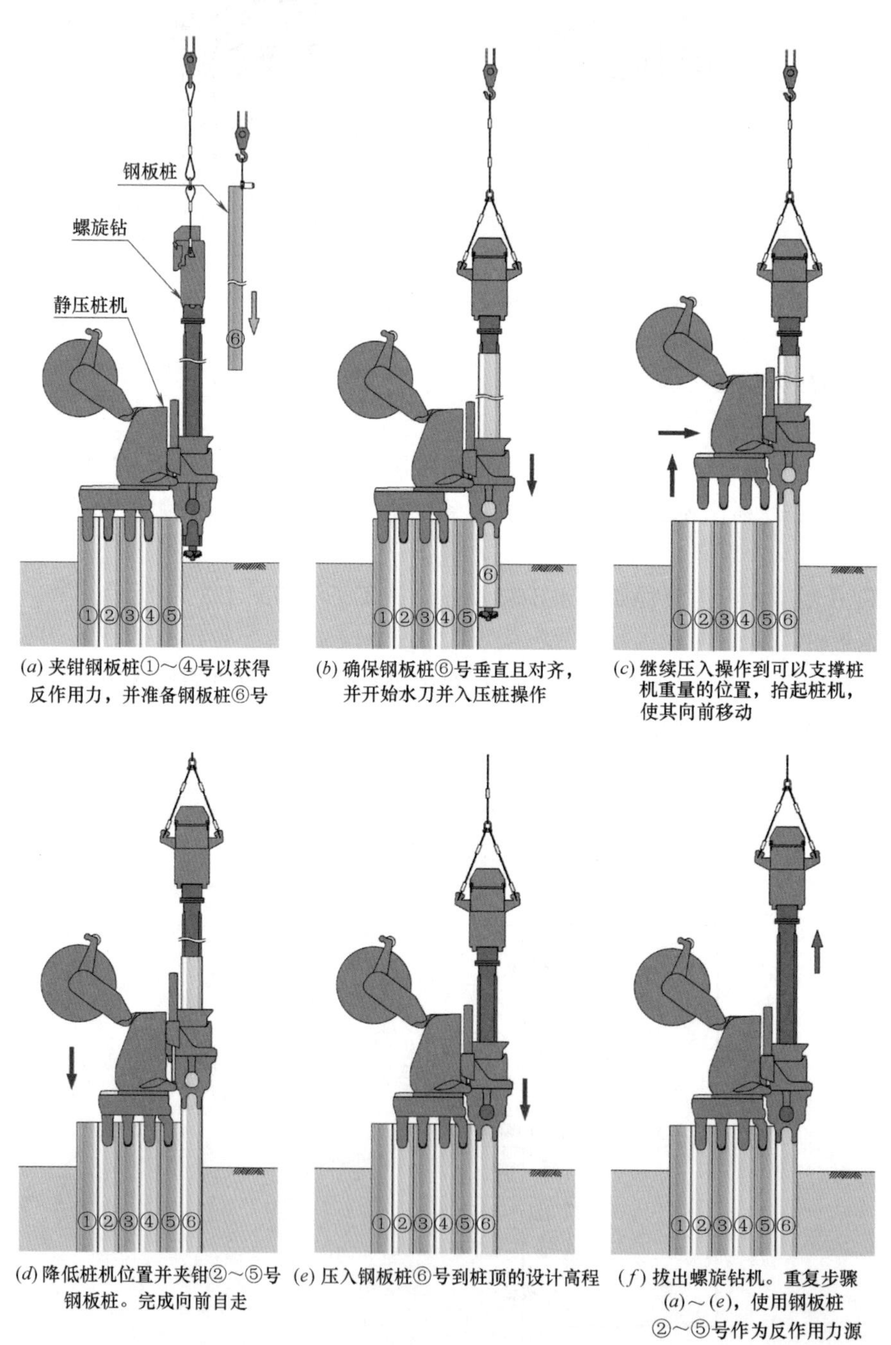

图 4.3-34 钢板桩螺旋钻并用压入施工工序

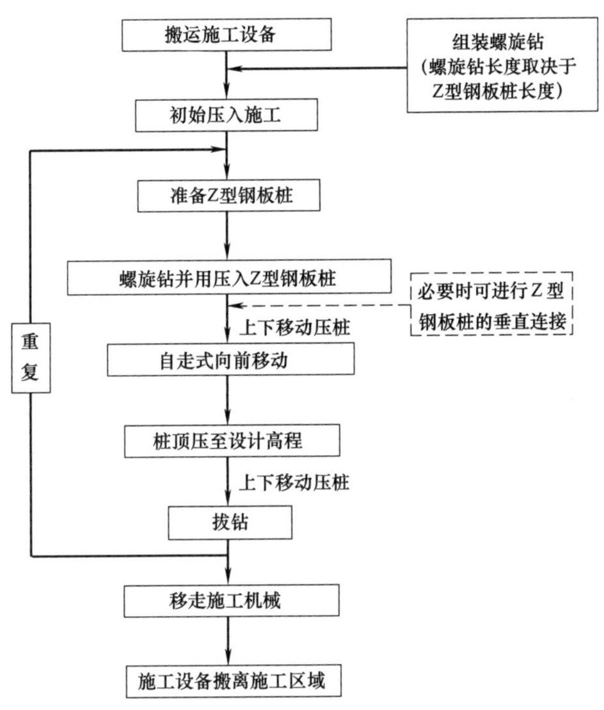

图 4.3-35 Z 型钢板桩螺旋钻并用压入施工流程

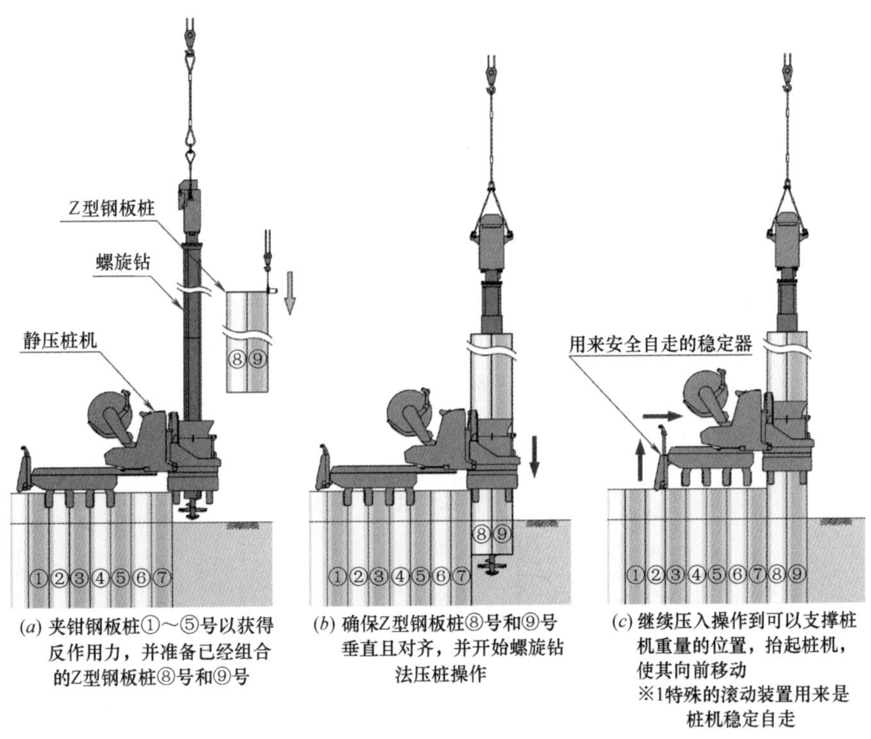

图 4.3-36 Z 型钢板桩螺旋钻并用压入施工工序（一）

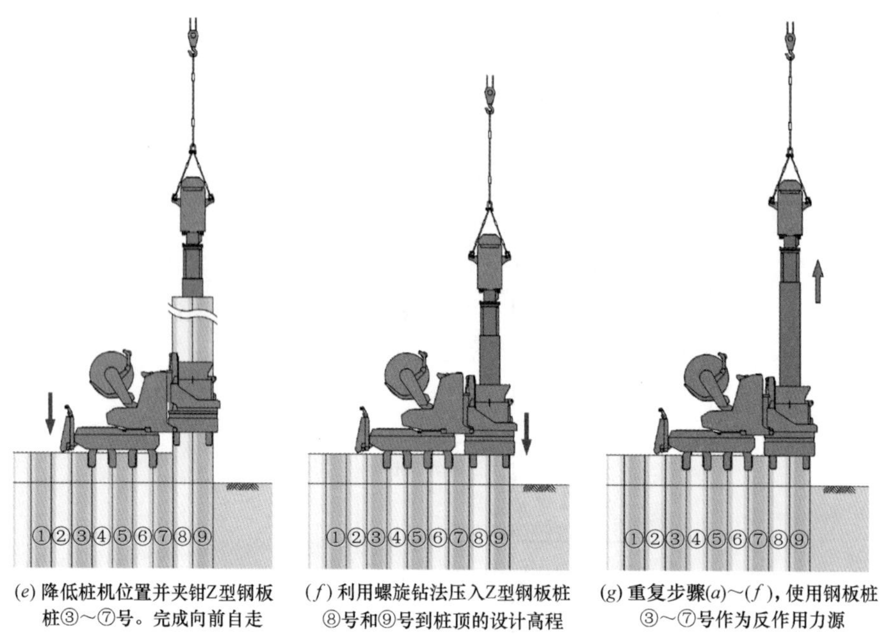

(e) 降低桩机位置并夹钳Z型钢板桩③～⑦号。完成向前自走　(f) 利用螺旋钻法压入Z型钢板桩⑧号和⑨号到桩顶的设计高程　(g) 重复步骤(a)～(f)，使用钢板桩③～⑦号作为反作用力源

图 4.3-36　Z 型钢板桩螺旋钻并用压入施工工序（二）

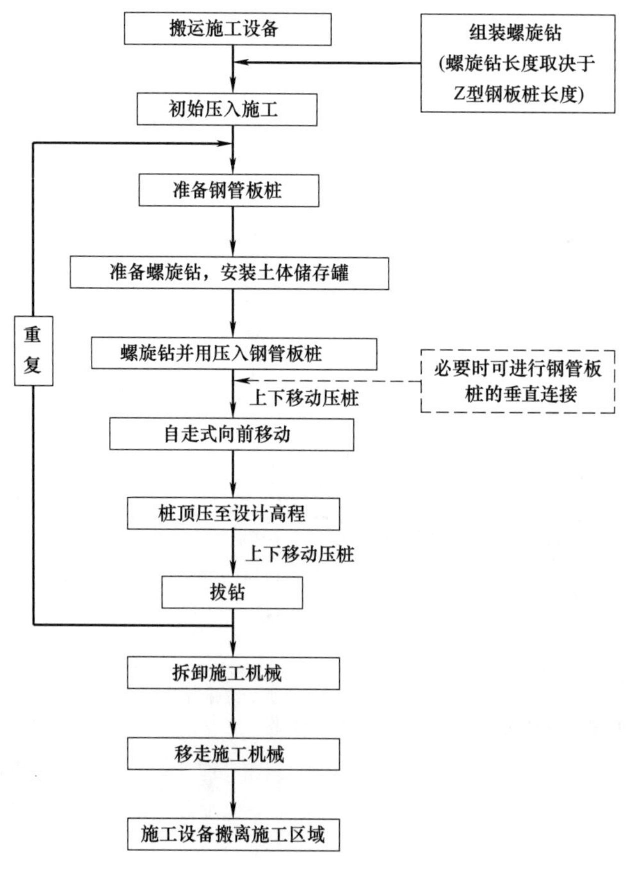

图 4.3-37　钢管板桩螺旋钻并用压入施工流程

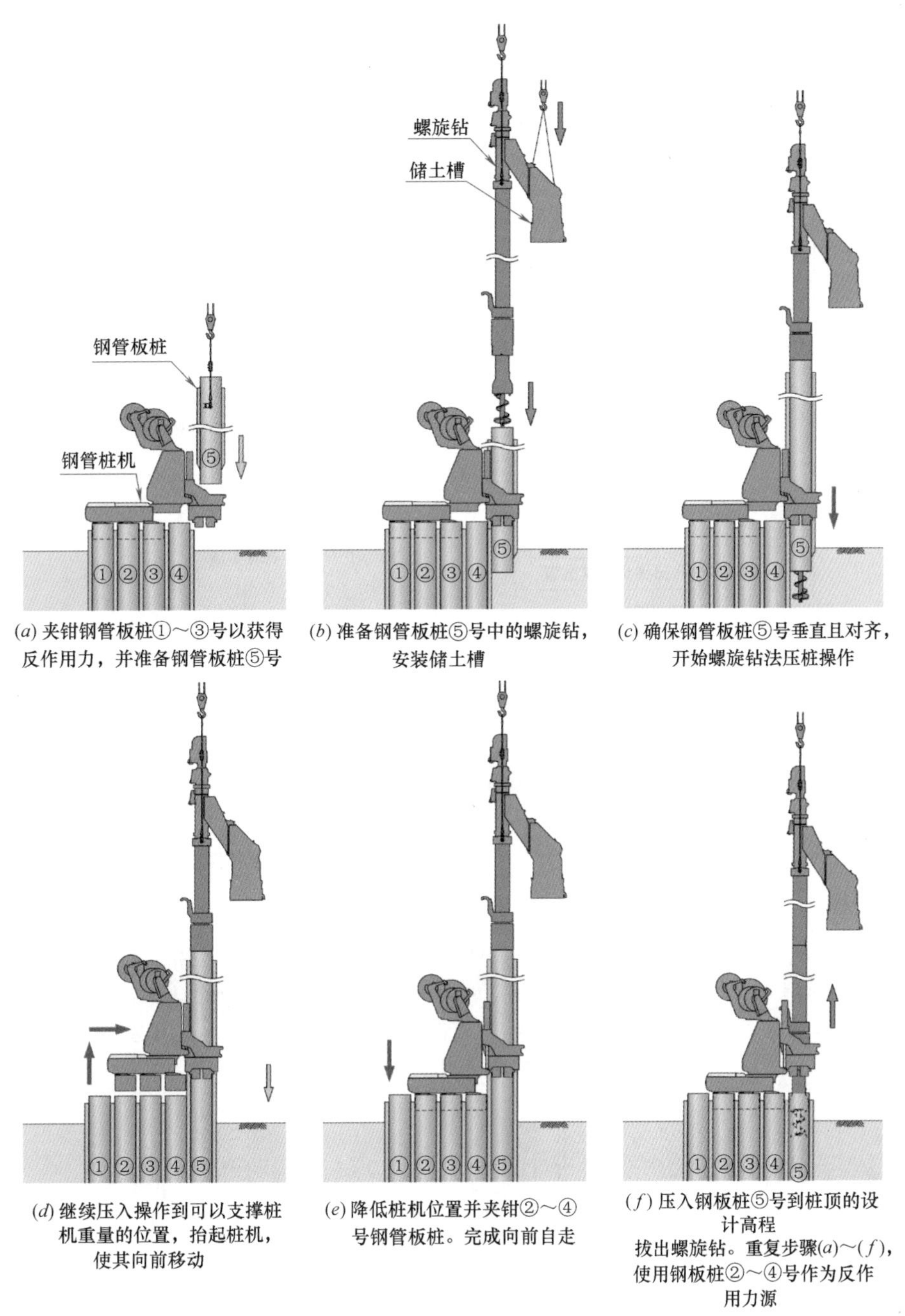

图 4.3-38　钢管板桩螺旋钻并用压入施工工序

6. 旋转切削压入施工工序

（1）钢管桩

钢管桩旋转切削压入施工是一种利用已经压入的钢管桩作为压桩反力来源，采用旋转切削方式将钢管桩压入场地内的施工方法。螺旋桩机在不借助外力的情况下可在桩上实现自走，将钢管桩成排地压入场地内，形成连续的墙体结构。旋转切削压入工法采用一种桩头带有环形钻头的钢管桩，参见图 4.1-15。

当压桩施工场地中探明存在地下障碍物时，需要首先将预钻桩压入场地内。预钻桩的主要目的是清除场地内设计压桩位置处的地下障碍物。一旦场地内设计压桩位置处的障碍物被移除后，拔出预钻桩，再利用旋转切削压入工法将钢管桩压入场地内设计压桩位置处。为了提高压桩掘进效率，可增加桩端环形钻头的数量。

钢管桩旋转切削压入施工流程如图 4.3-39 所示，施工工序如图 4.3-40 所示。

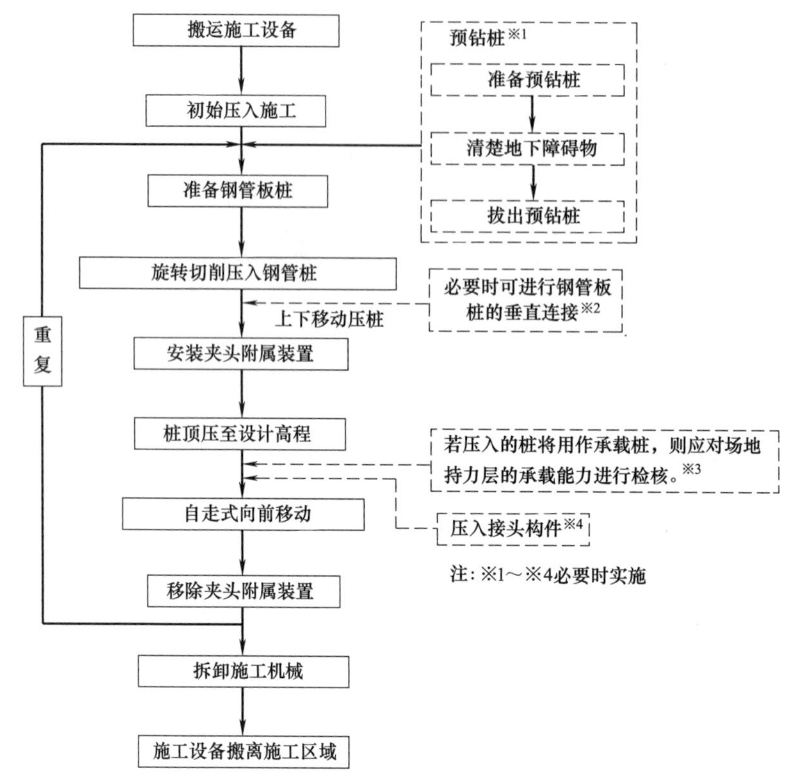

图 4.3-39 钢管桩旋转切削压入施工流程

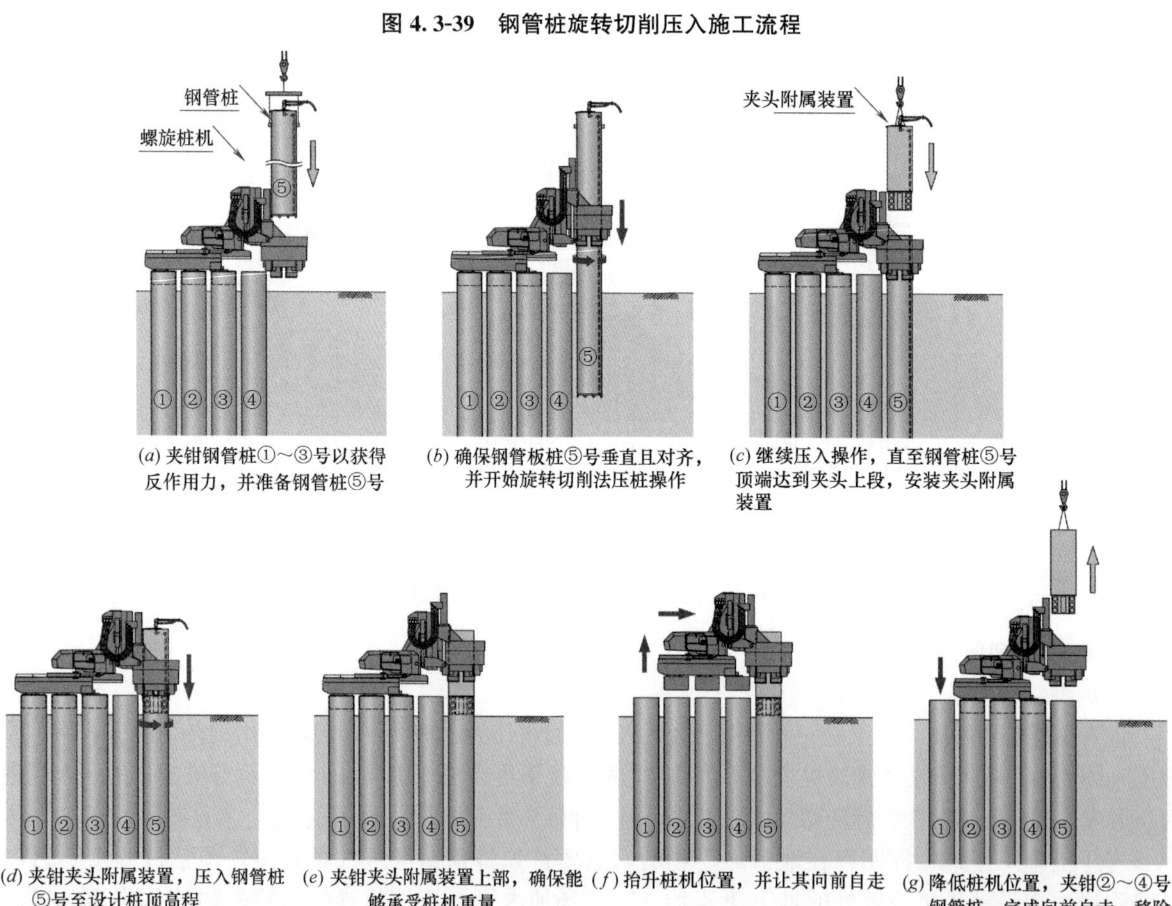

(a) 夹钳钢管桩①～③号以获得反作用力，并准备钢管桩⑤号

(b) 确保钢管板桩⑤号垂直且对齐，并开始旋转切削法压桩操作

(c) 继续压入操作，直至钢管桩⑤号顶端达到夹头上段，安装夹头附属装置

(d) 夹钳夹头附属装置，压入钢管桩⑤号至设计桩顶高程

(e) 夹钳夹头附属装置上部，确保能够承受桩机重量

(f) 抬升桩机位置，并让其向前自走

(g) 降低桩机位置，夹钳②～④号钢管桩，完成向前自走，移除夹头附属装置。重复步骤(a)～(g)，使用钢板桩②～④号作为反作用力源

图 4.3-40 钢管桩旋转切削压入施工工序

（2）夹头附属装置

夹头附属装置是一种用于避免螺旋桩机与已经压入的钢管桩碰撞的设备。其不仅可用于将钢管桩顶压入至设计高程，还可用于螺旋桩机的自走和桩间连接构件的压入。桩间连接构件的形状和功能将在后续章节中介绍。

利用夹头附属装置的施工状态如图 4.3-41 所示，夹头附属装置的钢管桩夹持机理如图 4.3-42 所示。

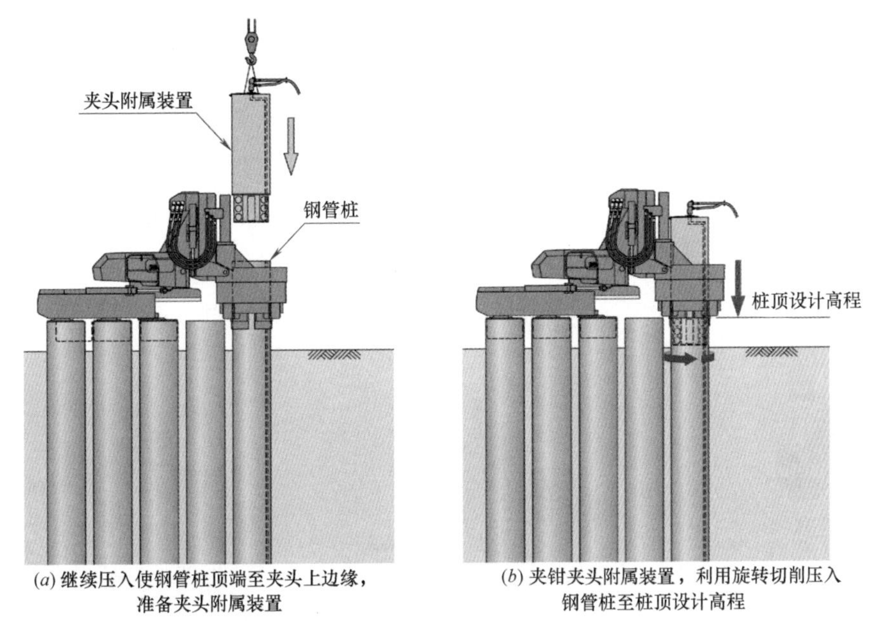

图 4.3-41 夹头附属装置的施工状态

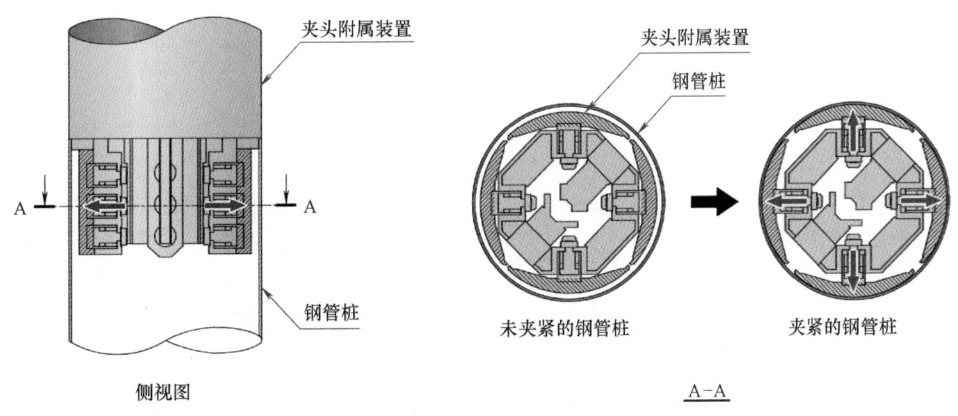

图 4.3-42 夹头附属装置的钢管桩夹持机理示意图

（3）连接构件

在钢管桩的后侧（支挡一侧）压入等边角钢用作钢管桩之间的连接构件，用于防止土体从钢管桩之间的空隙流出。若钢管桩之间需要利用连接构件进行止水，则钢管桩之间需要更加复杂的连接构件，详情参见附录 A.6 节。连接构件的施工精度要求应与钢管桩的施工精度要求保持一致（参见表 4.4-1）。

连接构件的施工工序如图 4.3-43 所示，连接构件的施工状态如图 4.3-44 所示。

7. 组合墙结构施工工序（组合螺旋法）

（1）组合墙体结构施工工序

组合墙体结构由钢管桩和钢板桩组成。组合墙结构施工时，首先压入钢板桩，然后将静压植桩

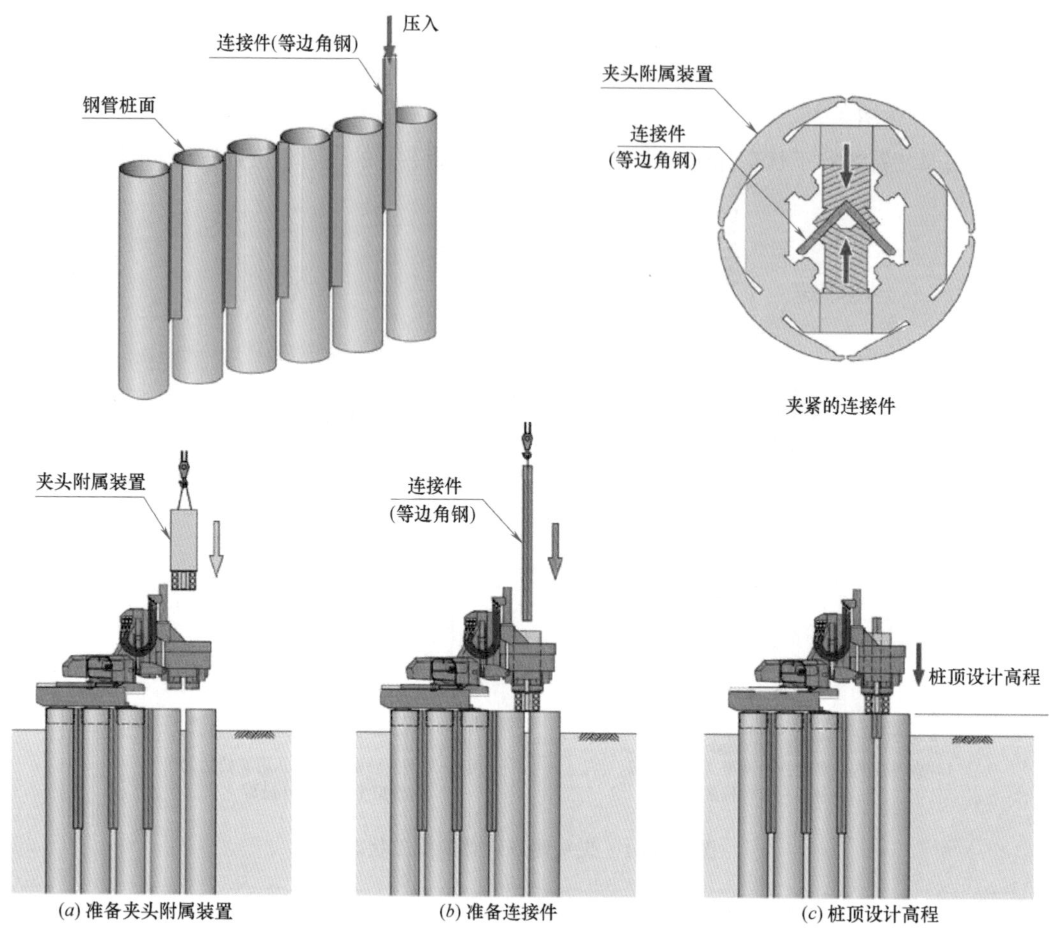

图 4.3-43　连接构件施工工序

图 4.3-44　连接构件施工状态

机的卡盘更换为用于钢管桩施工的卡盘。静压植桩机夹持住已经压入的钢板桩，利用钢板桩的抗拔力作为反力来源，利用旋转切削压入工法将钢管桩压入场地内。组合墙体结构的施工流程以及卡盘更换如图 4.3-45 所示。组合墙体结构的形状及材料选择，参见 4.1.3（3）节。当为施工钢管桩和 Z 型钢板桩组合墙体结构时，使用与图 4.3-45 相似的施工工序。

（2）钢板桩施工工序

帽型钢板桩标准压入施工工序如图 4.3-46 所示。根据场地条件的不同，帽型钢板桩的压入施工可采用水刀并用压入工法或螺旋钻并用压入工法［参见 4.3.2(4)（5）节］。

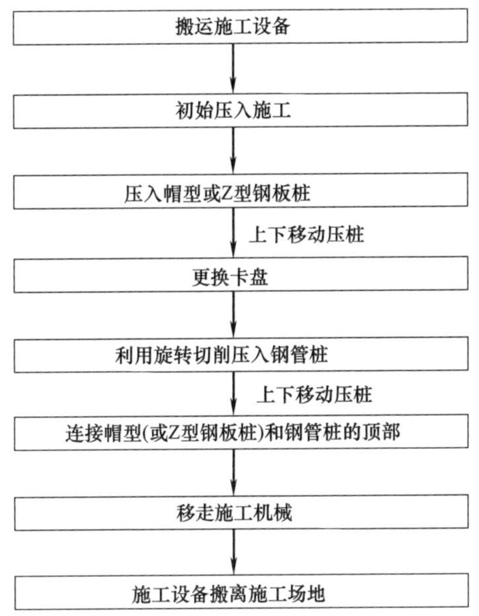

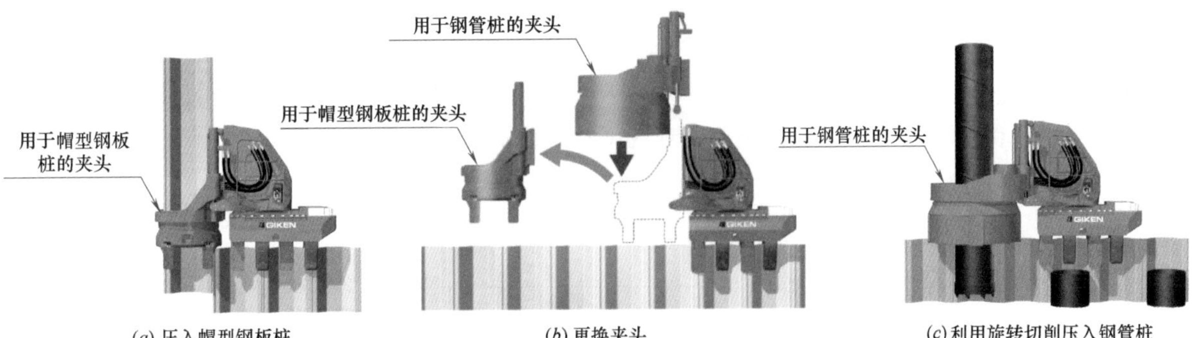

(*a*) 压入帽型钢板桩　(*b*) 更换夹头　(*c*) 利用旋转切削压入钢管桩

图 4.3-45　组合墙体结构施工流程及卡盘更换示意图

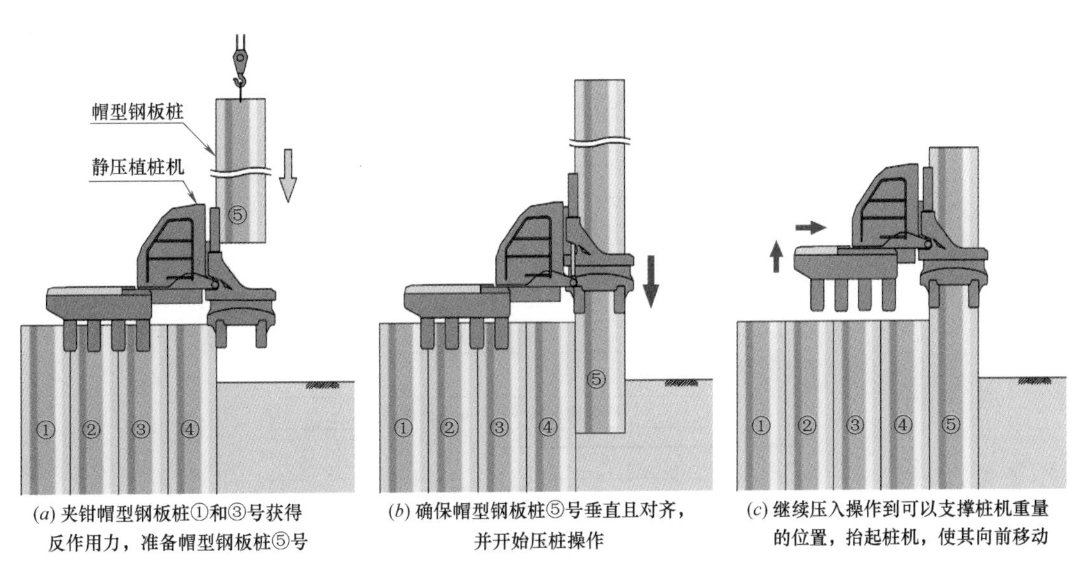

(*a*) 夹钳帽型钢板桩①和③号获得反作用力，准备帽型钢板桩⑤号　(*b*) 确保帽型钢板桩⑤号垂直且对齐，并开始压桩操作　(*c*) 继续压入操作到可以支撑桩机重量的位置，抬起桩机，使其向前移动

图 4.3-46　组合墙结构中帽型钢板桩的施工工序（一）

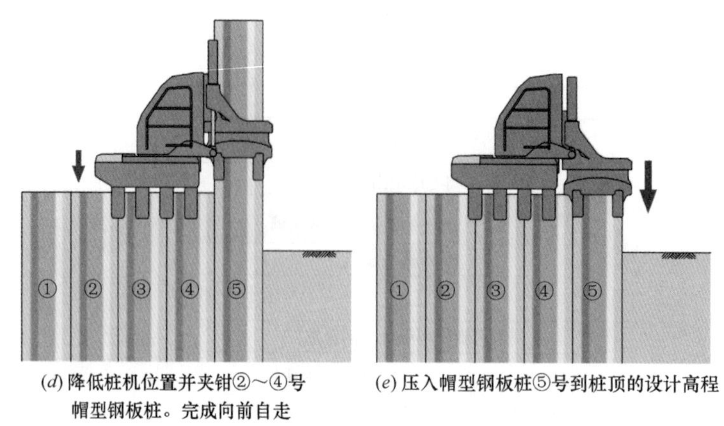

图 4.3-46　组合墙结构中帽型钢板桩的施工工序（二）

（3）钢管桩旋转切削压入施工

组合墙结构中的钢管桩施工时，静压植桩机夹持住已经压入的钢板桩，利用旋转切削压入工法将钢管桩压入场地内。静压植桩机在已经压入的钢板桩上移动，以一定的间隔将钢管桩压入，形成连续的墙体结构。

组合墙结构旋转切削压入施工流程如图 4.3-47 所示，施工工序如图 4.3-48 所示。对于自走式静压植桩机，需在钢板桩上安装特制的自走式单元，以及与自走式单元相连的夹头附属装置，如图 4.3-48（e）和（f）所示。组合墙结构的现场试验参见附录 A.1 节。

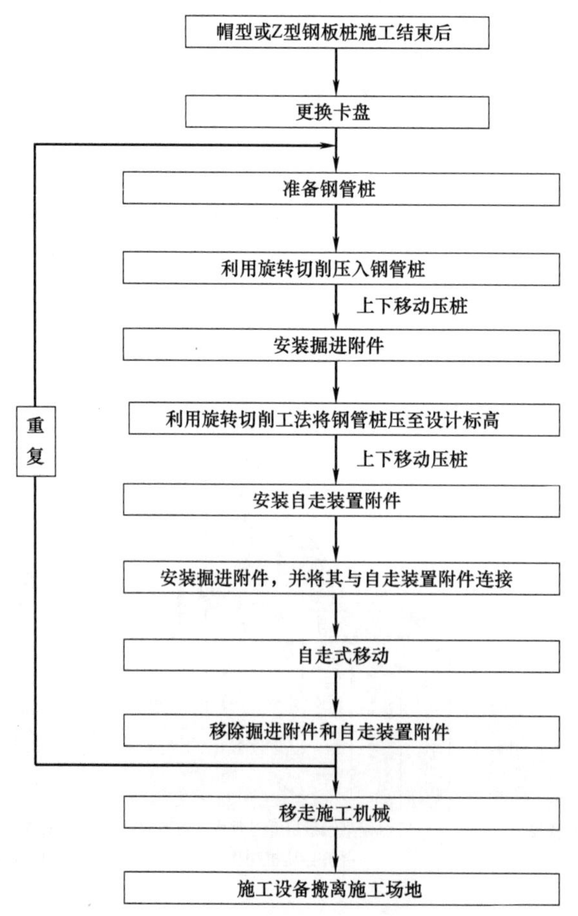

图 4.3-47　组合墙结构旋转切削压入施工流程

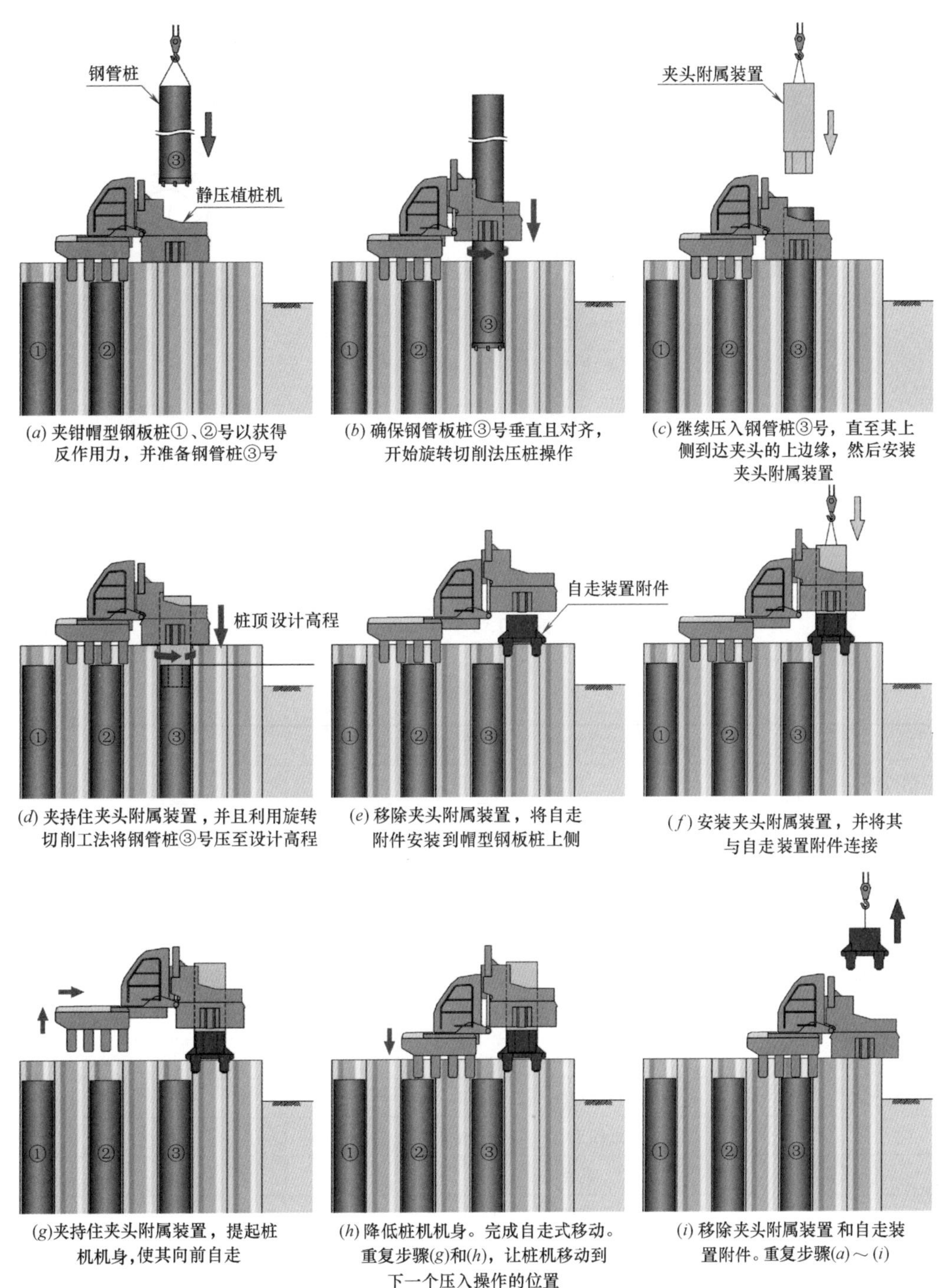

(a) 夹钳帽型钢板桩①、②号以获得反作用力，并准备钢管桩③号

(b) 确保钢管板桩③号垂直且对齐，开始旋转切削法压桩操作

(c) 继续压入钢管桩③号，直至其上侧到达夹头的上边缘，然后安装夹头附属装置

(d) 夹持住夹头附属装置，并且利用旋转切削工法将钢管桩③号压至设计高程

(e) 移除夹头附属装置，将自走附件安装到帽型钢板桩上侧

(f) 安装夹头附属装置，并将其与自走装置附件连接

(g)夹持住夹头附属装置，提起桩机机身，使其向前自走

(h) 降低桩机机身。完成自走式移动。重复步骤(g)和(h)，让桩机移动到下一个压入操作的位置

(i) 移除夹头附属装置和自走装置附件。重复步骤(a)～(i)

图 4.3-48　组合墙结构旋转切削压入施工工序

8. 曲线施工

在进行曲线压桩施工时，压桩施工曲线半径由形状、尺寸和桩型等因素决定。同时，压桩施工曲线半径也受静压植桩机类型和压入工法影响。曲线压桩施工如图 4.3-49 所示，压桩施工最小半径推荐值如表 4.3-1 所示。

9. 拐角压桩施工工序

当拐角为 90°时，在沿着新的压桩基线施工前，必须确保新的压桩基线上的反力桩数量达到新桩压入所需的最少反力桩数量。90°拐角处的压桩施工可以通过摆动静压植桩机卡盘的方式实现，如图 4.3-51所示，首先在压桩行进方向压入一根桩（图 4.3-51 中桩⑥），随后在压桩行进的反方向压入一

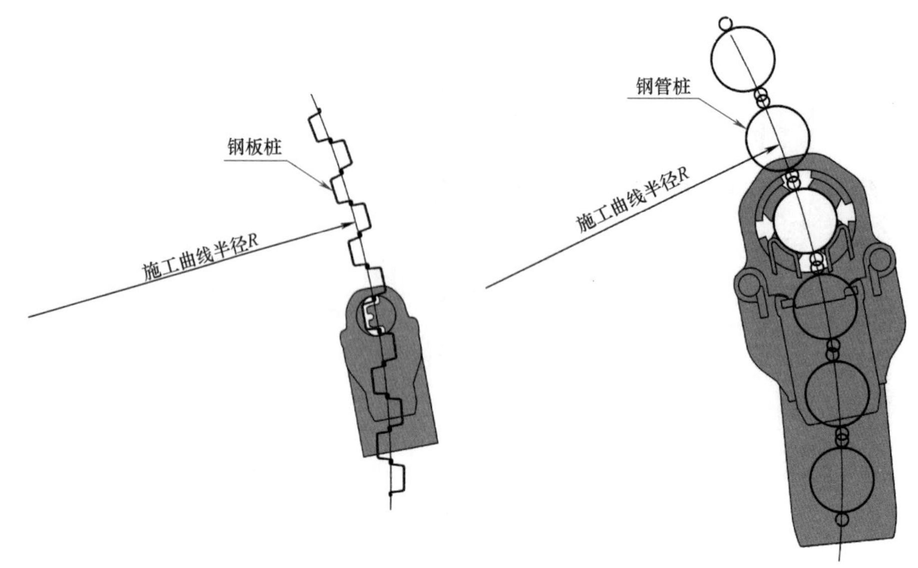

图 4.3-49 曲线压桩施工示意图

曲线压桩施工最小半径推荐值 表 4.3-1

桩型 \ 指标	有效宽度(mm)	板桩类型	最小半径推荐值(mm)
U 型钢板桩	400	Ⅱ,Ⅲ,Ⅳ型	8000
	500	Ⅴ,Ⅵ型	8000
	600	$Ⅱ_w$,$Ⅲ_w$,$Ⅳ_w$型	8000
Z 型钢板桩	575～708	单桩	8000
	1150～1416	双桩	16000
帽型钢板桩	900	10H,25H,45H,50H	13000
超近接型板桩	600	NS-SP-J	8600
钢管(桩或板桩)	直径 500～600mm		3500
	直径 700～900mm		7000
	直径 1000～1200mm		6000
	直径 1300～1500mm		5000
钢管桩	直径 2000mm		8000
	直径 2500mm		18000
混凝土板桩	500	高度 100～190mm	5000
	1000	高度 150～350mm	5000

根临时桩（图 4.3-51 中桩⑦）。当拐角不是 90°时，由于受到已经压入的桩的干扰，可能不能在合适的位置压入临时桩，这种情况下，可利用起重机将静压植桩机吊运至新的基线上继续进行压桩施工。

拐角压桩施工流程如图 4.3-50 所示，施工工序如图 4.3-51 所示。

10. 自走式后退移动程序

当静压植桩机在压桩结束位置处无法进行吊运搬离时，例如，压桩结束位置处超过起重机的作业半径，这种情况下静压植桩机可在已经压入的桩顶实现自走式后退移动。为了实现桩机的自走式后退移动，桩机卡盘需夹持住已经压入的桩，随后将基座和夹钳提升至足够高度。在压桩的结束位置，桩体被压入至设计高程处，此时桩顶高程不足以实现桩机的自走式后退，需要借助自走式后退移动单元。自走式后退移动单元配备了液压钳，用于夹持住已经压入的桩。利用桩机的夹钳夹持住

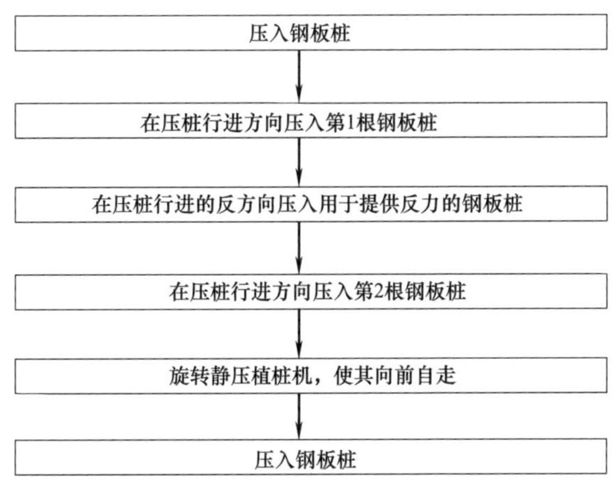

图 4.3-50 拐角压桩施工流程

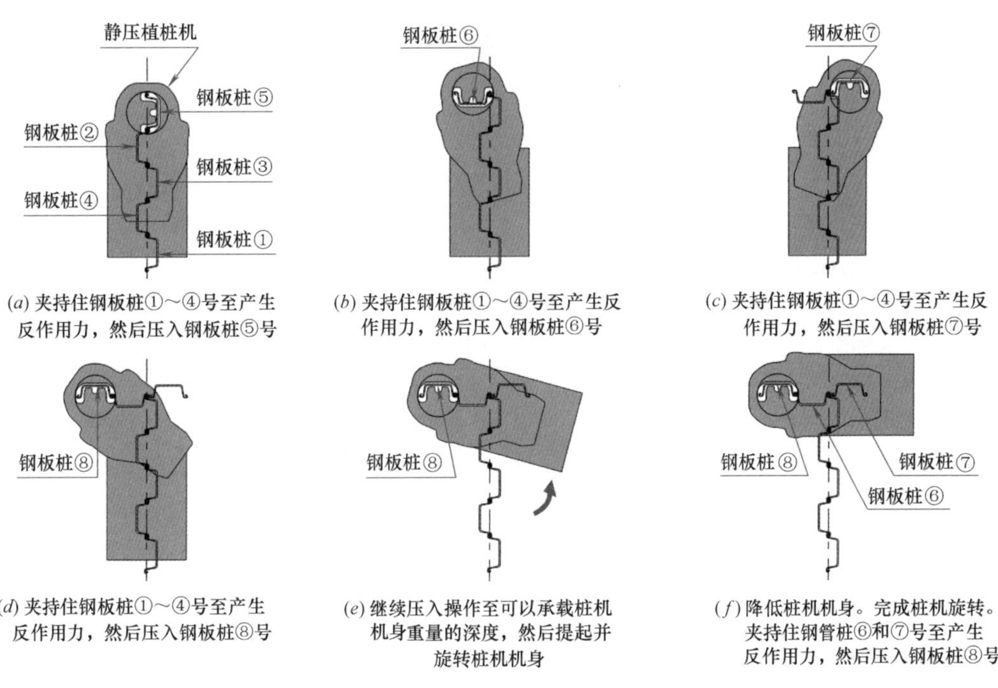

(a) 夹持住钢板桩①～④号至产生反作用力，然后压入钢板桩⑤号
(b) 夹持住钢板桩①～④号至产生反作用力，然后压入钢板桩⑥号
(c) 夹持住钢板桩①～④号至产生反作用力，然后压入钢板桩⑦号
(d) 夹持住钢板桩①～④号至产生反作用力，然后压入钢板桩⑧号
(e) 继续压入操作至可以承载桩机机身重量的深度，然后提起并旋转桩机机身
(f) 降低桩机机身。完成桩机旋转。夹持住钢管桩⑥和⑦号至产生反作用力，然后压入钢板桩⑧号

图 4.3-51 拐角压桩施工工序

自走式后退移动单元，确保桩机具有足够的高度可以在桩顶实现自走式后退移动。

静压植桩机自走式后退移动流程如图 4.3-52 所示，静压植桩机自走式后退移动工序如图 4.3-53 所示。

值得注意的是，当使用自走式后退移动单元时，静压植桩机将在一个高于压桩施工高程的平面上移动。鉴于此，桩机最后一个夹钳上配置了一个阻拦器，用于固定夹钳的位置，如图 4.3-53 (a) 所示。

4.3.3 施工空间限制条件下的施工工序

在施工空间限制条件下，应选择适当的压桩工法。施工空间限制条件包括水上施工、斜坡上施工、狭窄空间内施工、邻近既有结构施工和低净空高度下施工。上述施工空间限制条件下，普通的施工方法将难以实施，应根据每一种限制条件的特点选择合适的施工工法。

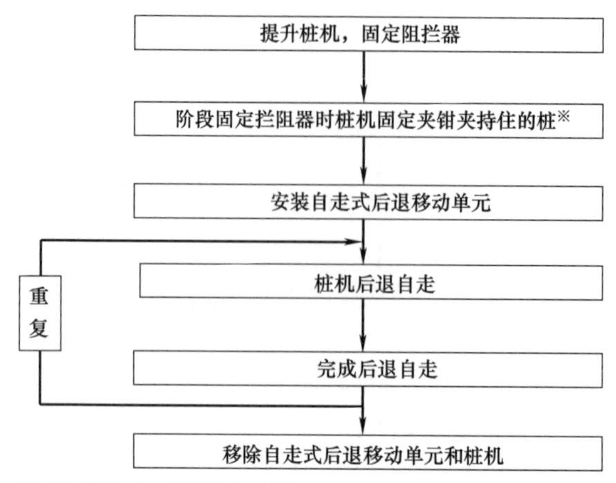

注：※ 最后压入的一根桩将长于前期压入的桩，以方便将桩机抬升后安装夹钳阻拦器。

图 4.3-52　静压植桩机自走式后退移动流程

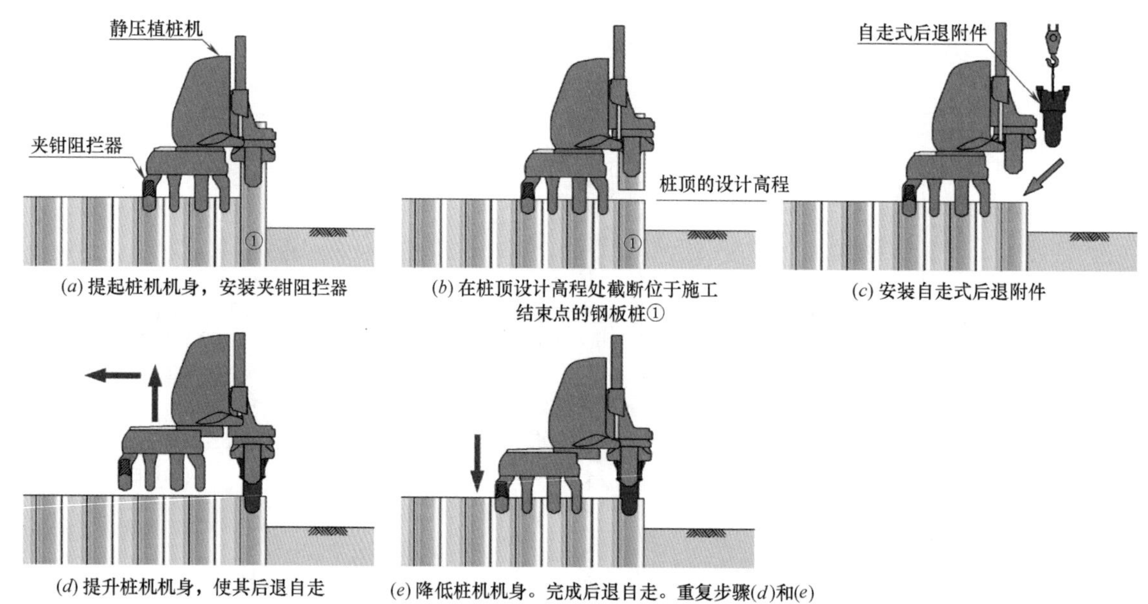

(*a*) 提起桩机机身，安装夹钳阻拦器　(*b*) 在桩顶设计高程处截断位于施工结束点的钢板桩①　(*c*) 安装自走式后退附件

(*d*) 提升桩机机身，使其后退自走　(*e*) 降低桩机机身。完成后退自走。重复步骤(*d*)和(*e*)

图 4.3-53　静压植桩机自走式后退移动工序

1. 施工限制条件概述

(1) 水上和斜坡上的压桩施工

进行水上和斜坡上的压桩施工时，应认真校核墙体结构刚度和板桩嵌入长度等方面的安全性。图 4.3-54 和图 4.3-55 为水上和斜坡上压桩施工的安全性考虑示意图。需要注意的是，图 4.3-54 中并未考虑平行于压桩基线方向水流的影响。

在对水上和斜坡上压桩施工的安全性进行评价时，可以采用“围堰施工安全评价程序”。这是一种针对无临设工程施工开发的安全性评价程序，利用这一程序，可以通过施工机械（静压植桩机和起重机）的输入信息、场地条件（土性和标准贯入击数 N 值）以及其他必要信息对压桩施工期间的安全性进行验证。当场地信息不足时，可以通过估算场地信息的方式对施工安全性进行评价。利用桩贯入试验（PPT）和静压植桩机压入管理系统对场地信息进行估算的详细方法参见附录 A.7 节。

(2) 桩顶高程较高情况下的施工

当桩顶高程较大时，应对桩体刚度和嵌入长度进行仔细校核。这种情况下的压桩安全性评价方法同前文所述的安全性评价方法类似。

(3) 狭窄空间内的压桩施工和近接压桩施工

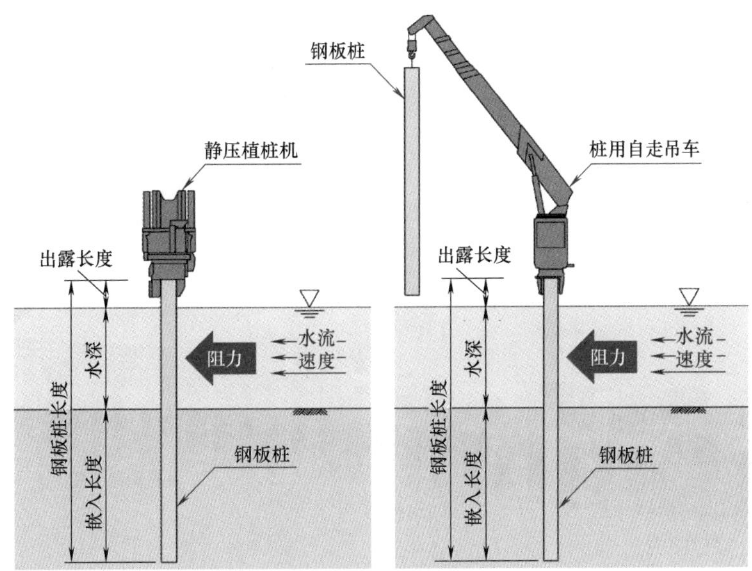

图 4.3-54 水上压桩施工安全性考虑示意图

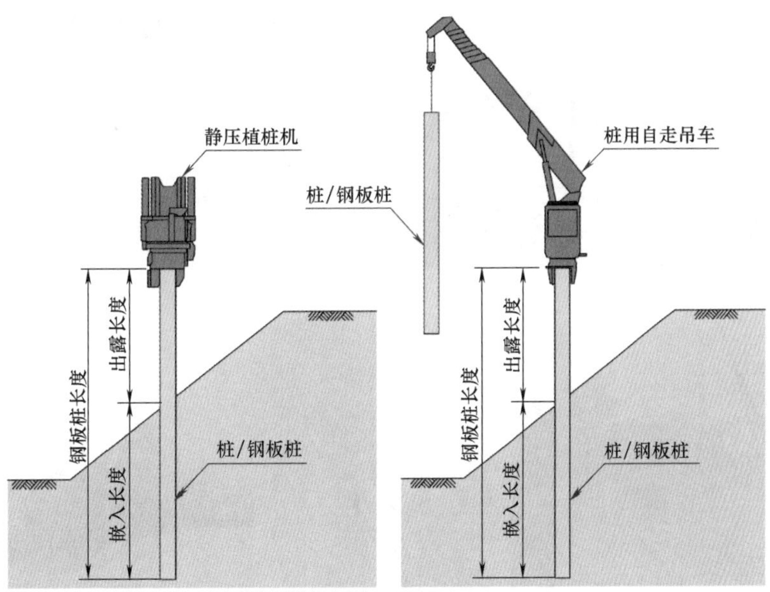

图 4.3-55 斜面上压桩施工安全性考虑示意图

进行邻近既有建筑物、道路和铁路的压桩施工时，应根据施工机械和设备的尺寸确定必要的施工间隔。此外，应针对重要结构、道路和铁路准备必要的安全措施（参见 4.2.3 节）。

（4）净空高度限制条件下的压桩施工

在低净空高度条件下进行压桩施工时，应根据施工的净空高度选择合适的施工机械，并确定短桩的长度。可选用超低空间静压植桩机进行低净空高度条件下的压桩施工（参见 4.2.3 节）。

2. 无临设工程施工工序

无临设工程施工是一种所有必要的施工设备（如静压植桩机、动力单元、起重机和桩材运输装置）均可在桩上移动的压入工法，这种工法能克服多种施工空间限制。无临设工程施工实例如图 4.3-56所示。

无临设工程施工的施工流程如图 4.3-57 所示，施工工序如图 4.3-58 所示。狭窄空间内的压桩施工工法和近接压桩施工工法的施工工序如图 4.3-58。

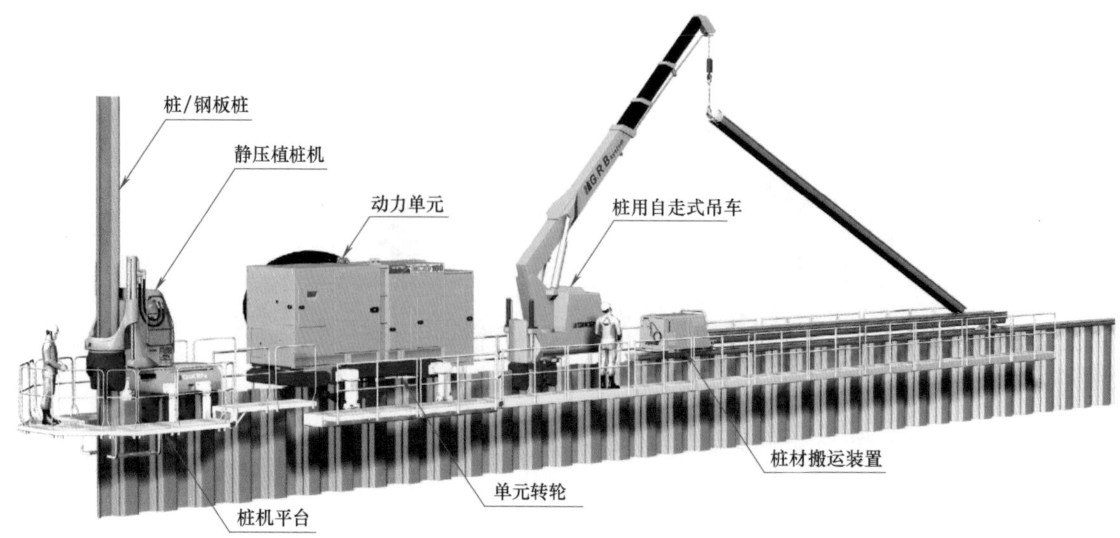

图 4.3-56 无临设工程施工实例

3. 低净空工法的施工工序

对于低净空高度下的压桩施工，可以选用“低净空工法”和“超低净空条件下的压桩工法”，如4.2.3(3) 节所述。此外，还可选用利用短螺旋钻进行压桩施工的“有限净空高度限制条件下硬质场地压入工法”。本节将分别对上述三种工法进行介绍。

(1) 低净空工法

使用此种工法时，在压桩前先将钢板桩分割为多段短桩，压入时再进行垂直焊接。这种工法常用于桥下连续墙施工或桥墩加固临时围堰施工。在净空高度限制的情况下，施工初期的压桩难度较大。鉴于此，施工初期将在净空限制区域以外压入初期的几根桩，随后静压植桩机移动至净空限制区域内（桥下）进行压桩施工。低净空工法的施工流程如图 4.3-59 所示，施工工序如图4.3-60所示。

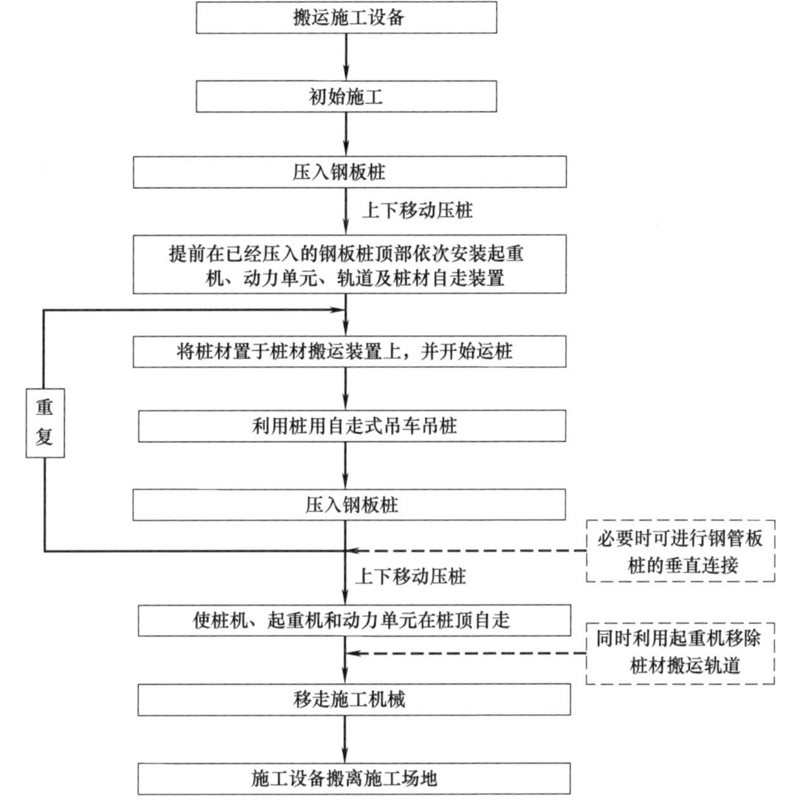

图 4.3-57　无临设工程施工的施工流程

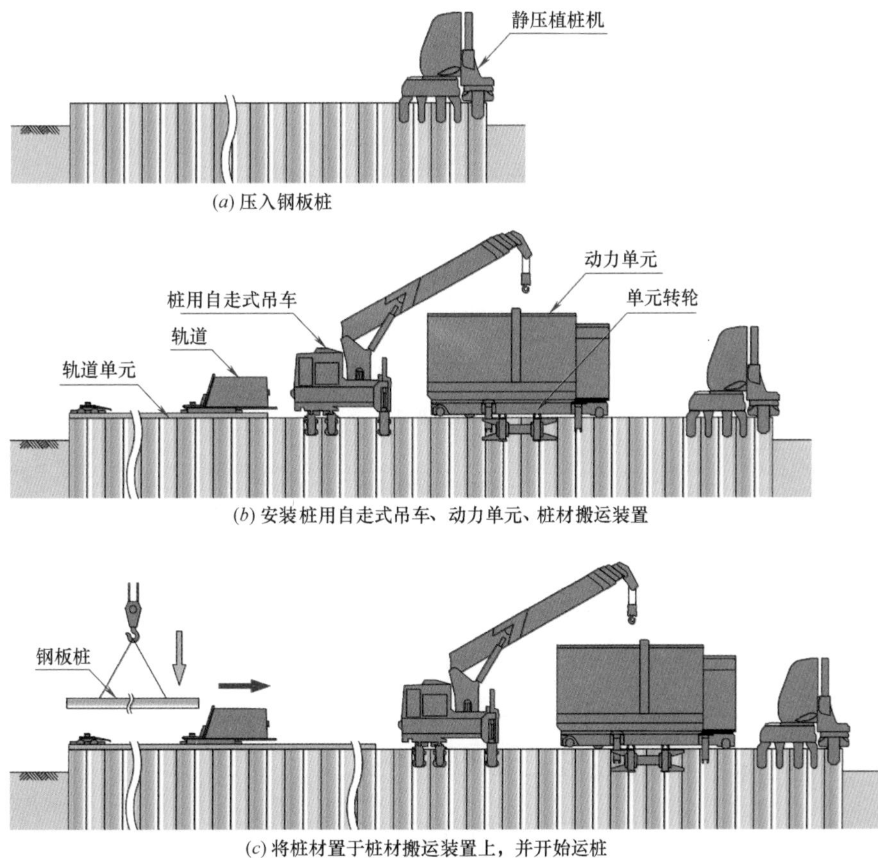

图 4.3-58　无临设工程施工的施工工序（一）

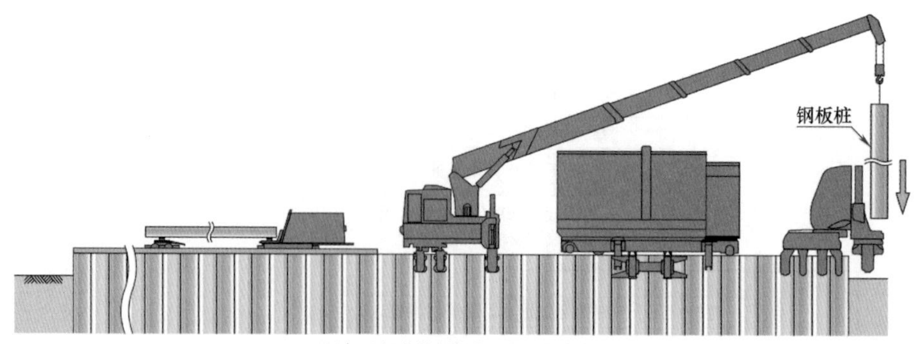

(*d*) 用起重机安装钢板桩，压入钢板桩

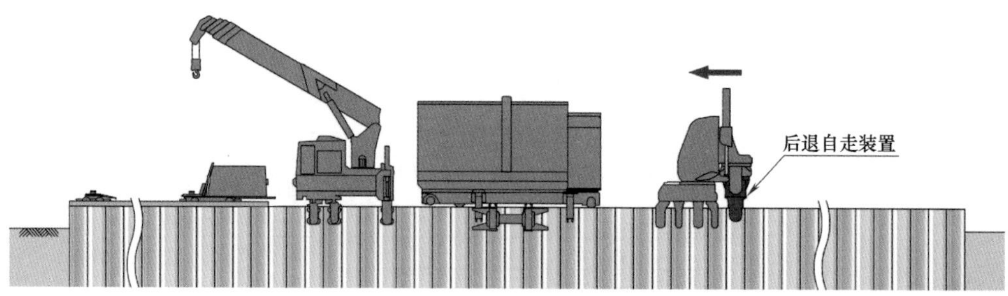

(*e*) 使静压植桩机、起重机和动力单元后退自走，移除轨道和起重机

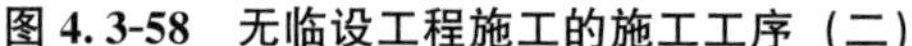

图 4.3-58　无临设工程施工的施工工序（二）

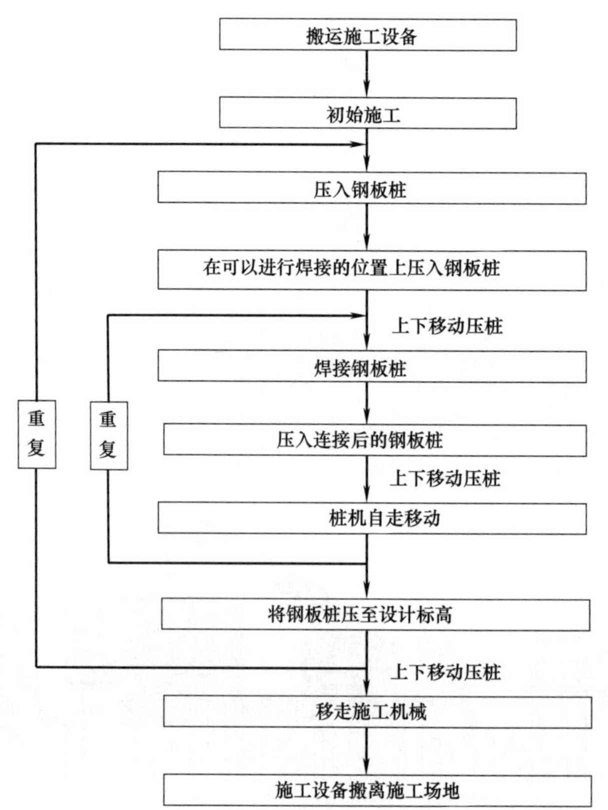

图 4.3-59　低净空工法施工流程

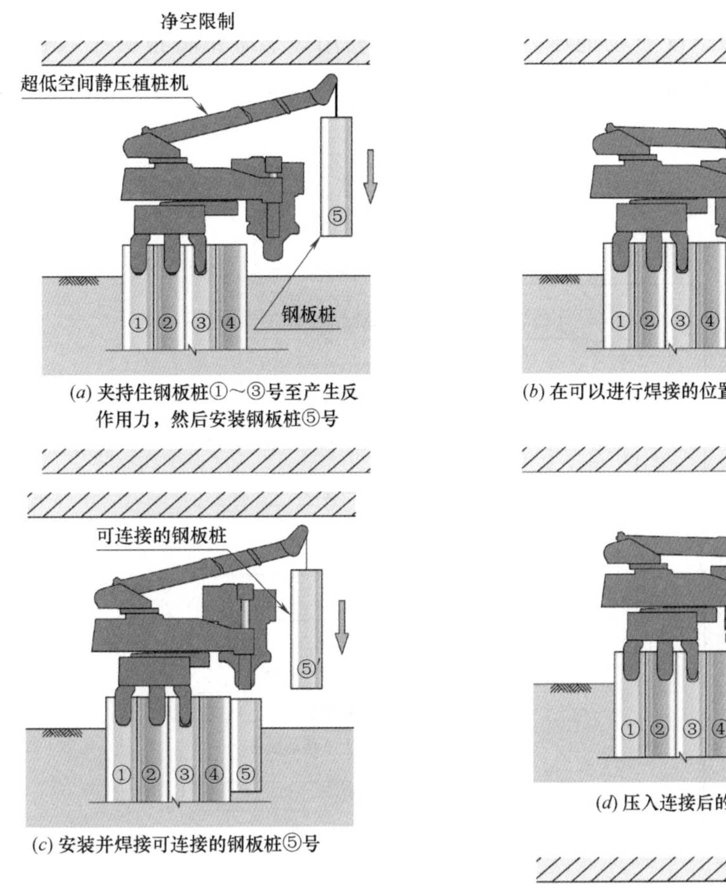

(*a*) 夹持住钢板桩①～③号至产生反作用力，然后安装钢板桩⑤号

(*b*) 在可以进行焊接的位置上压入钢板桩

(*c*) 安装并焊接可连接的钢板桩⑤号

(*d*) 压入连接后的钢板桩⑤号

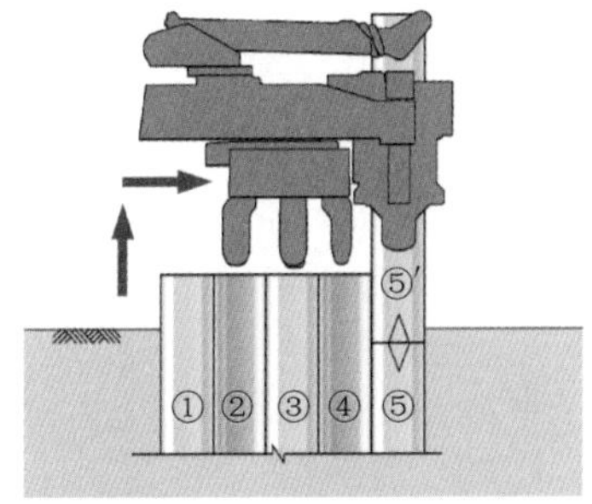

(*e*) 继续压入操作至可以承载桩机机身重量的深度，提升桩机机身，使其向前自走

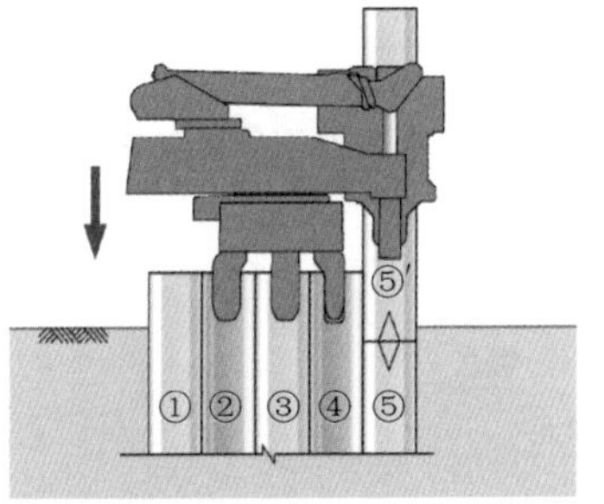

(*f*) 降低桩机机身，夹持住钢板桩②～④号。完成向前自走

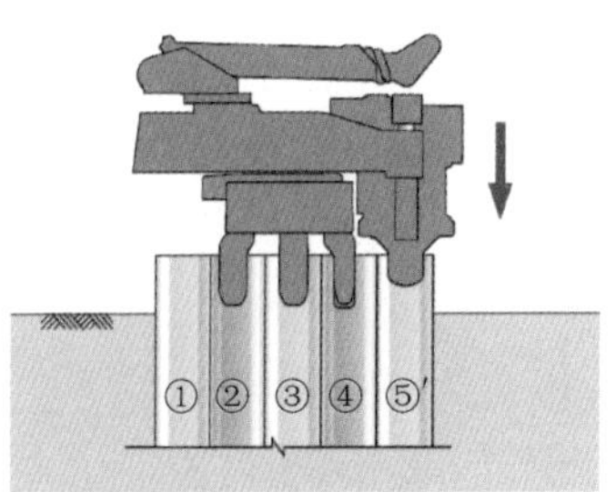

(*g*) 压入连接后的钢板桩⑤号到设计桩顶高程。之后，重复步骤(*a*)～(*g*)，利用钢板桩②～④号作为反作用力的来源

图 4.3-60 低净空工法施工流程

(2) 超低净空条件下的压桩工法

利用低净空工法进行 U 型钢板桩压入施工的最小施工高度为 2.1m[参见 4.2.3(5)]，当净空高度低于 2.1m 时，则应采用超低净空条件下的压桩工法进行压桩施工。本工法的静压植桩机是一种特制桩机，相应的钢板桩（特制钢板桩）配备了一个横向互锁和用于桩间垂直连接的机械啮合接头。该工法已在低净空、高水位的施工现场（如桥下压桩施工）得到应用。

超低净空条件下的压桩工法中，在静压施工初期需要安装专用的轨道和起重装置，然后利用轨道和起重装置将桩材运输至设计压入位置。压桩施工采用的桩长由施工平面与施工上方障碍物之间的高度确定。用于这一工法的钢板桩有效宽度为 680mm。

超低净空条件下压桩工法的施工流程如图 4.3-61 所示，施工工序如图 4.3-62 所示。

(3) 有限净空高度限制条件下硬质场地压入工法

有限净空高度限制条件下硬质场地压入工法是一种利用短螺旋钻将板桩压入硬质场地的工法[参见 4.2.3(4) 节]。有限净空高度限制条件下硬质场地压入工法的施工流程如图 4.3-63 所示，施工工序如图 4.3-64 所示。

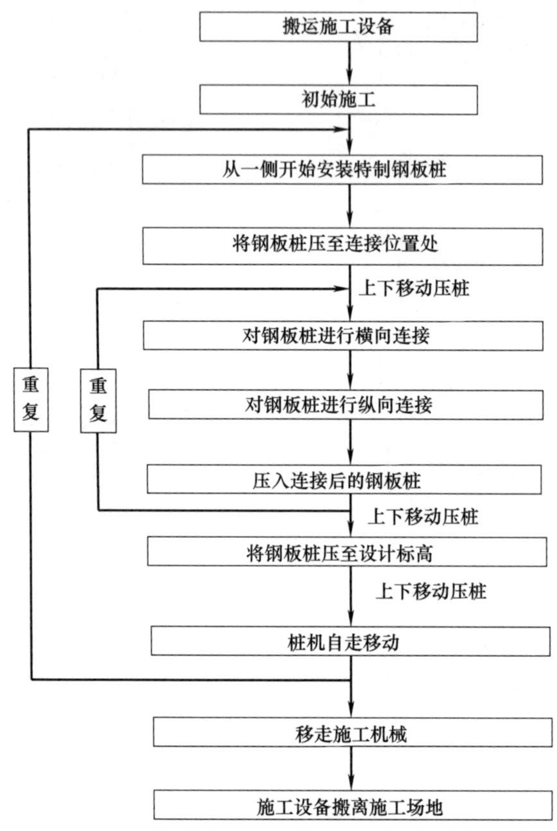

图 4.3-61　超低净空条件下压桩工法的施工流程

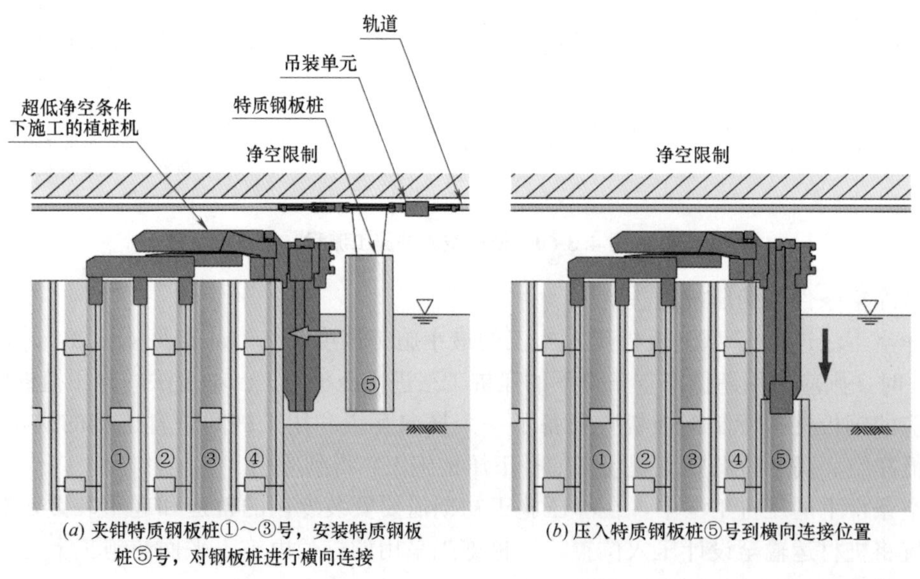

(a) 夹钳特质钢板桩①～③号，安装特质钢板桩⑤号，对钢板桩进行横向连接

(b) 压入特质钢板桩⑤号到横向连接位置

图 4.3-62　超低净空条件下压桩工法的施工工序（一）

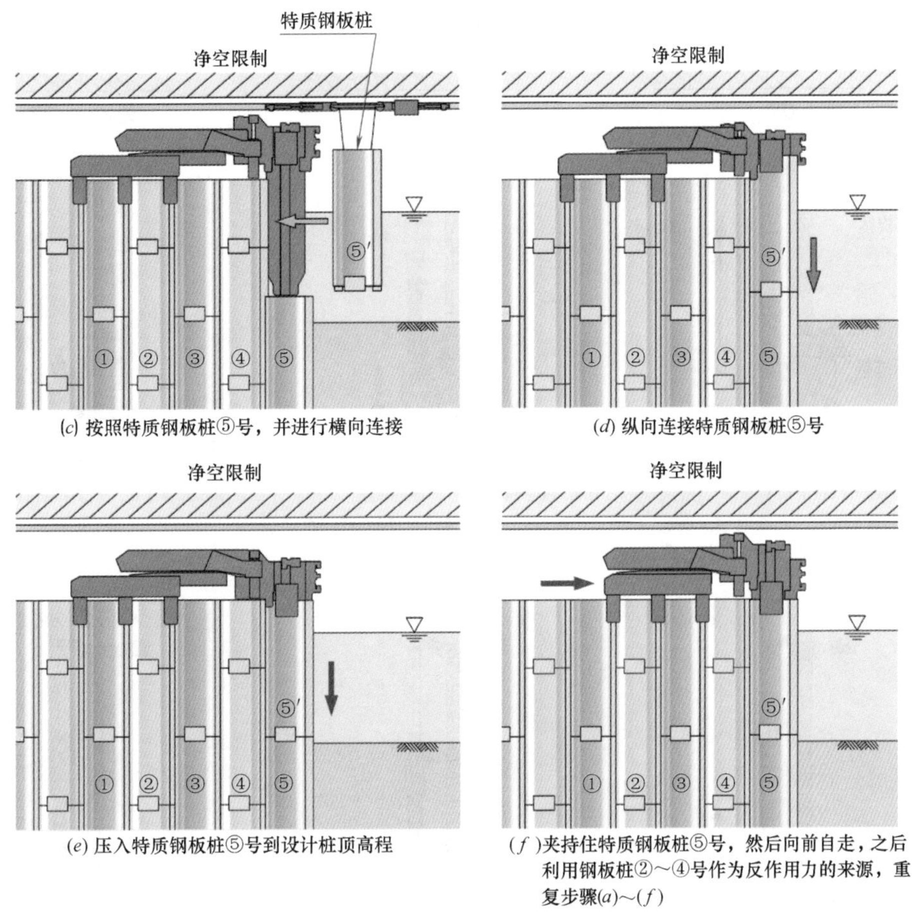

(*c*) 按照特质钢板桩⑤号，并进行横向连接

(*d*) 纵向连接特质钢板桩⑤号

(*e*) 压入特质钢板桩⑤号到设计桩顶高程

(*f*)夹持住特质钢板桩⑤号，然后向前自走，之后利用钢板桩②～④号作为反作用力的来源，重复步骤(*a*)～(*f*)

图 4.3-62　超低净空条件下压桩工法的施工工序（二）

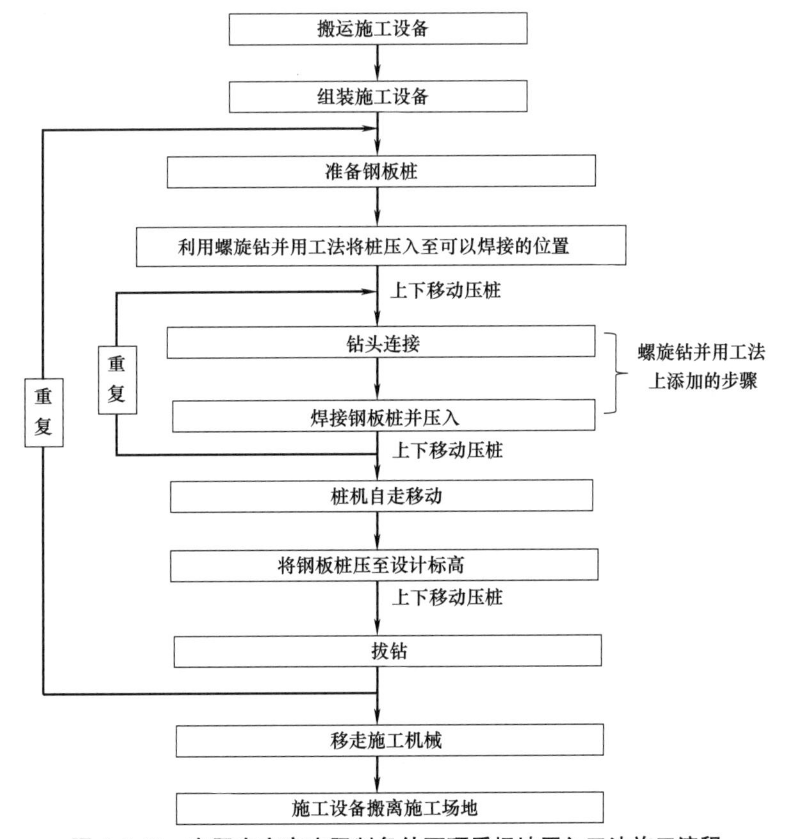

图 4.3-63　有限净空高度限制条件下硬质场地压入工法施工流程

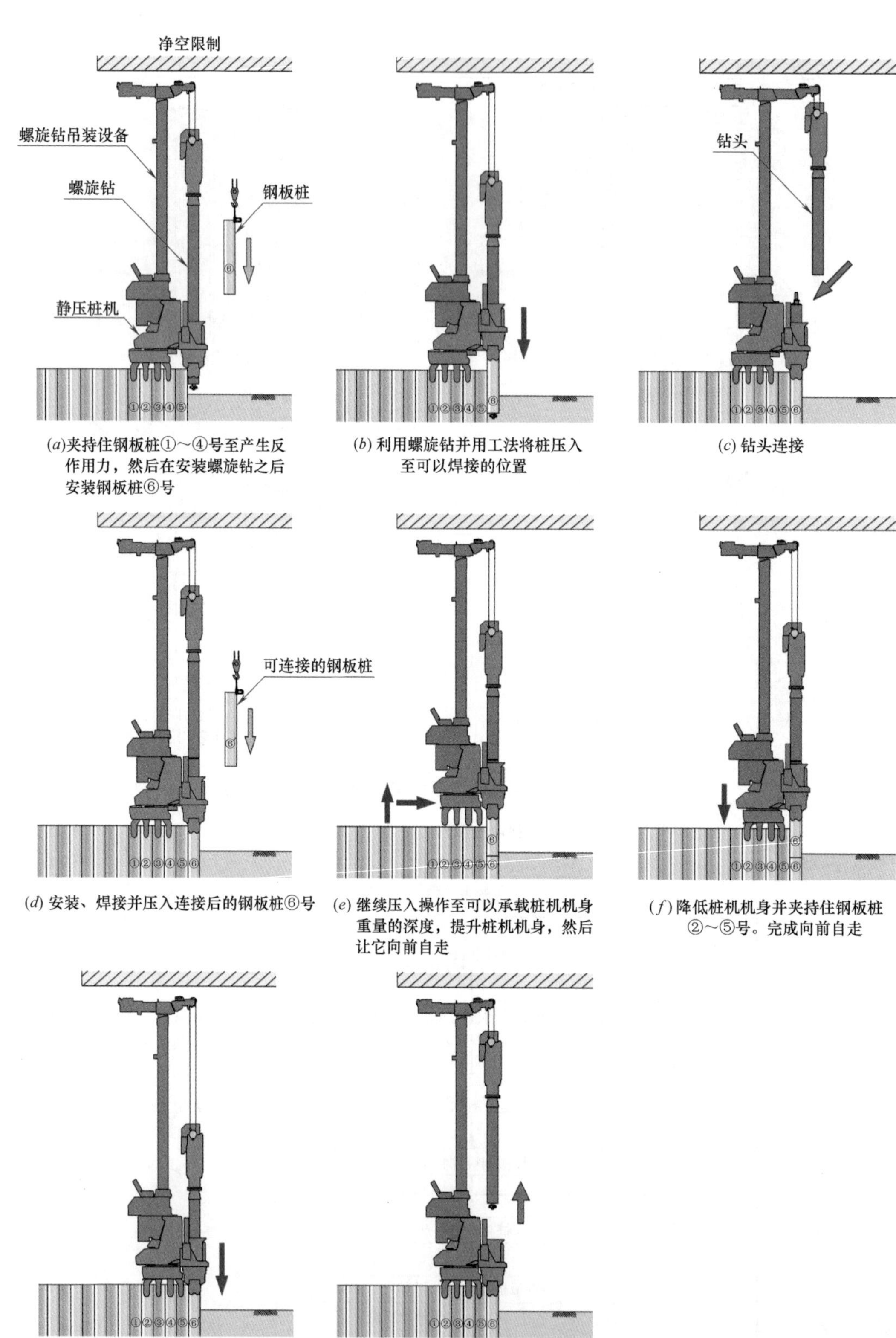

(*a*)夹持住钢板桩①～④号至产生反作用力，然后在安装螺旋钻之后安装钢板桩⑥号

(*b*) 利用螺旋钻并用工法将桩压入至可以焊接的位置

(*c*) 钻头连接

(*d*) 安装、焊接并压入连接后的钢板桩⑥号

(*e*) 继续压入操作至可以承载桩机机身重量的深度，提升桩机机身，然后让它向前自走

(*f*) 降低桩机机身并夹持住钢板桩②～⑤号。完成向前自走

(*g*) 将钢板桩⑥号压至桩顶设计高程

(*h*) 拔钻。重复步骤(*a*)～(*h*)，使用钢板桩②～⑤号作为反作用力的来源

图 4.3-64　有限净空高度限制条件下硬质场地压入工法施工工序

4.3.4 拔桩

1. 拔桩对环境及施工控制的影响

进行拔桩操作时应充分考虑场地条件和施工场地周围环境，确保拔桩引起的地面松动和沉降不会对施工场地周围的建筑物造成影响，如房屋和既有地下管线。如图 4.3-65 所示，地面松动和沉降取决于场地条件、地下水状态和桩型，但最主要的影响因素为地基土向拔桩形成的孔洞内移动。防止场地出现沉降的最好措施为尽量减小拔桩引起的孔洞。在进行拔桩操作时不能将桩体突然拔出，而应在拔桩时反复压桩和拔桩，以降低桩体和桩周土体之间的粘结，使得桩体拔出时不将桩周土体带出。在黏土场地中进行拔桩操作时，钻杆上附着的黏土体积较大，因此拔桩操作时应格外谨慎。拔桩操作前应仔细检查核实拔桩是否会对周围结构和环境产生影响，尤其是当拔桩施工临近对地表沉降敏感的建筑物、化工厂、地铁线路时。此外，还应注意拔桩对地下水径流的影响，因地下水径流的改变将对环境造成影响。

（1）拔桩后孔洞回填的施工控制

应严格控制结构与挡土墙之间回填土的压实，如图 4.3-65 所示。同时，在地表上预留足够长度的桩，确保静压植桩机在拔桩过程中可以夹持住这些桩。

（2）拔桩过程中孔洞回填方法

考虑到回填对周围结构的影响，本节介绍三种孔洞回填方法：

① 在孔洞内填入优质砂，并利用水力充填方法将其压实；

② 利用膨润土泥浆对孔洞进行充填；

③ 预先在桩上设置灌浆管，拔桩过程中向孔内注入固化剂。

当选用上述①和②两种方法进行孔洞回填时，应在每根桩拔出后立即对孔洞进行处理，而不能待所有桩全部拔出后再对孔洞进行处理。

（3）保留在场地内的桩

施工结束后需将临时桩移除，但是，当周围结构对地表沉降敏感时，桩体可保留在场地中，并在设计文件和合同文件中进行说明。保留在场地内的桩体往往需要在设计规定的高程处进行截断，施工方应与监理工程师共同讨论后确定截断方法。

（4）拔出的桩

当拔出的桩需要重复使用时，其装卸、运输和储存参见 4.3.2 节（1）。

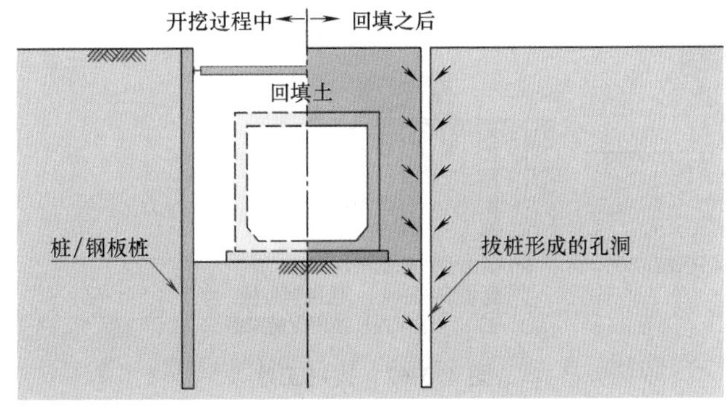

图 4.3-65 拔桩引起的周围场地松动和沉降示意图

2. 拔桩工序

拔桩流程如图 4.3-66 所示，拔桩工序如图 4.3-67 所示。当标准拔桩比较困难时，可借助辅助措施进行拔桩，如水刀并用工法和螺旋钻并用工法。

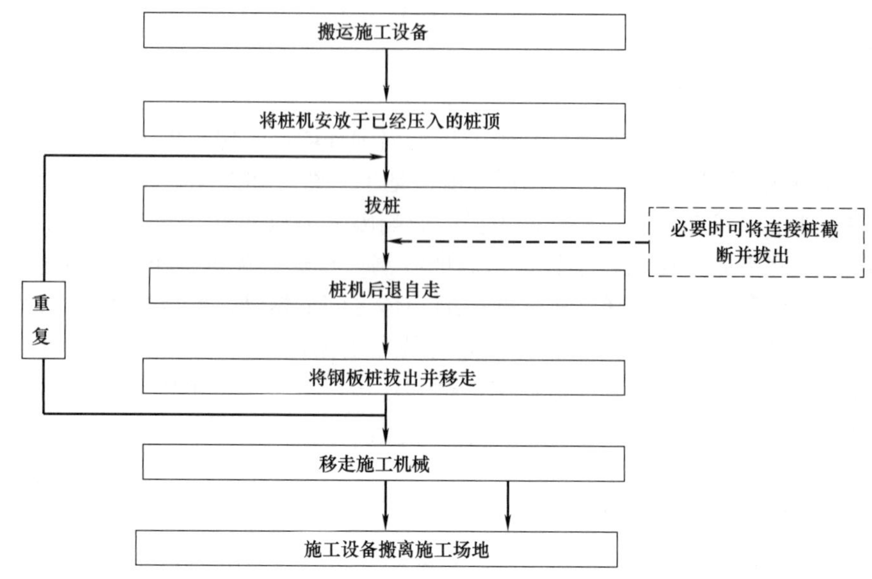

图 4.3-66　拔桩流程

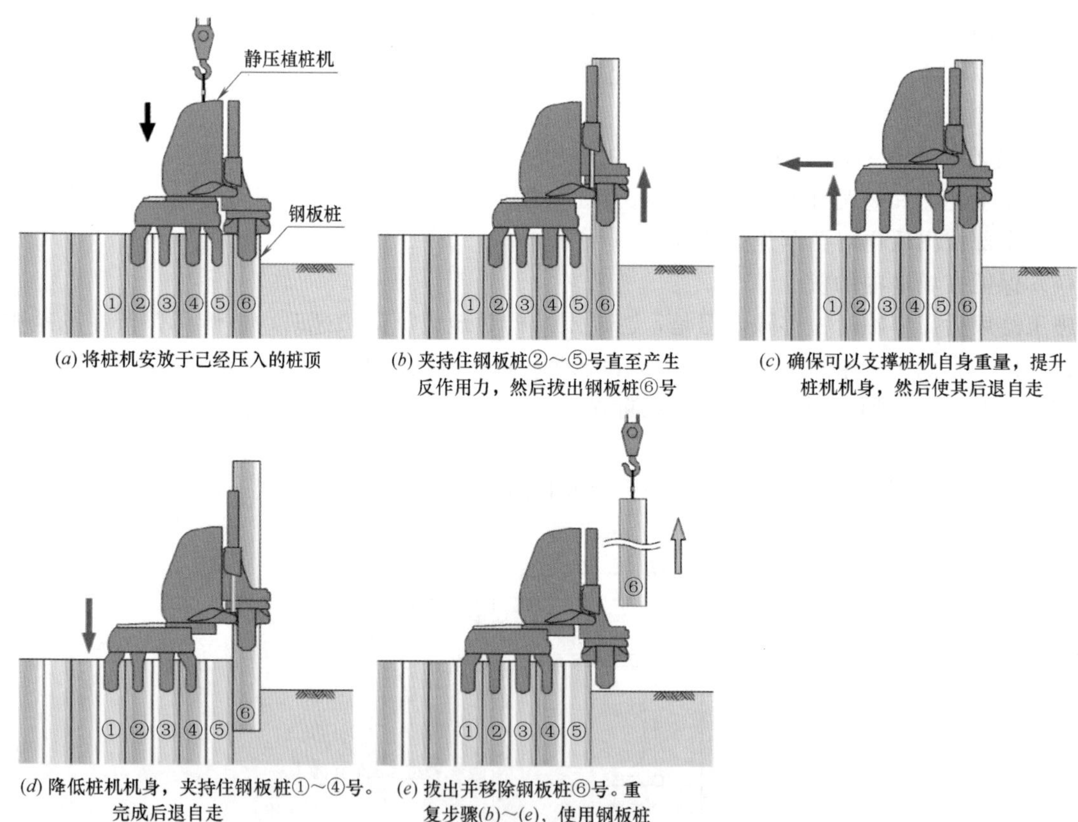

(*a*) 将桩机安放于已经压入的桩顶

(*b*) 夹持住钢板桩②～⑤号直至产生反作用力，然后拔出钢板桩⑥号

(*c*) 确保可以支撑桩机自身重量，提升桩机机身，然后使其后退自走

(*d*) 降低桩机机身，夹持住钢板桩①～④号。完成后退自走

(*e*) 拔出并移除钢板桩⑥号。重复步骤(*b*)～(*e*)，使用钢板桩①～④号作为反作用力的来源

图 4.3-67　拔桩工序

4.3.5　桩的连接和截断

由于施工条件和运输条件的限制，完整长度的桩可能无法直接搬运至施工场地，需要将其分割后在施工现场连接。此外，有时需要对保留在场地内的桩的桩头部分或者水中压入的桩的突出部分进行截断处理。对于上述两种情况，施工方应按照设计文件和相关行业规范进行桩的连接和截断。如果设计文件和行业规范中并未详细说明，则应遵循相关的国家标准。

桩体连接时应保证连接的垂直度，桩体连接后应利用目测和声波探伤等方法进行质量检查。

1. 钢板桩焊接

一般情况下，钢板桩的焊接采用垂直方向和水平方向的对焊。对焊凹槽可以为楔形（垂直对焊），也可以为V形（水平对焊），如图4.3-68所示。

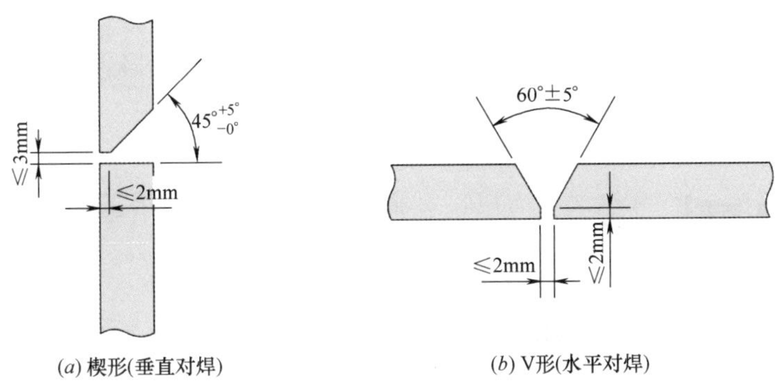

图 4.3-68 钢板桩对焊凹槽形状

桩体的对焊不会对板桩的互锁造成影响。板桩截面减小部位将利用补强板进行加固，以确保焊接后的板桩强度高于板桩的初始强度。对焊的范围如图4.3-69所示。对焊点应远离板桩中弯矩最大的位置。此外，相邻两根板桩中的焊接点应交错分布，避免相邻两根板桩的焊接点位于同一高程。需要注意的是，桩体的联锁位置一般不进行焊接，除非联锁位置处需要进行防渗处理，或者设计规范中规定需要焊接处理。图4.3-70为补强板的布置示意图，补强板应设置在板桩的内部，但在某些情况下，例如采用螺旋钻并用工法进行压桩施工时，补强板不能设置在板桩的内部，此时可将补强板设置在板桩的外侧。补强板与板桩之间采用角焊进行连接。

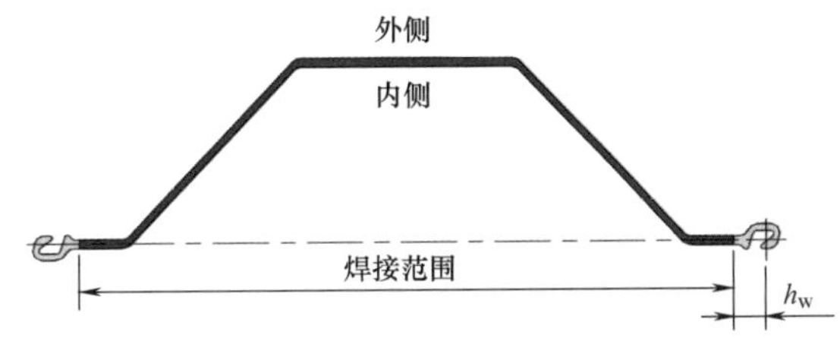

图 4.3-69 对焊范围示意图

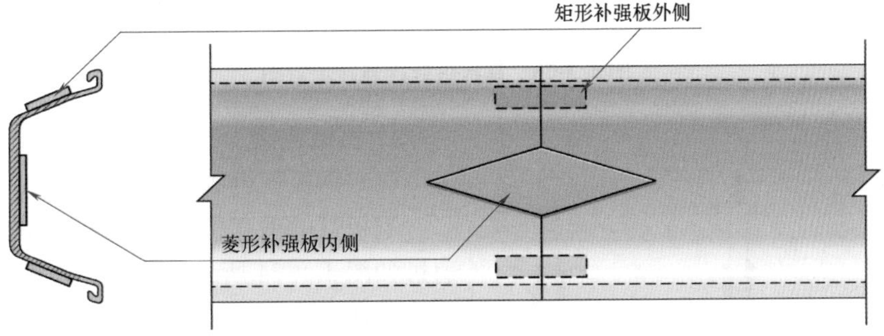

图 4.3-70 补强板设置示意图

2. 钢管桩焊接

日本钢管桩学会开发了一种半自动化现场焊接接头（JASPP接头），该接头利用衬环对钢管桩进行焊接连接，如图4.3-71所示。焊接时高温熔化后的金属材料向下滴落时，可在接头位置处钢管桩外侧安装一个铜条，如图4.3-72所示。

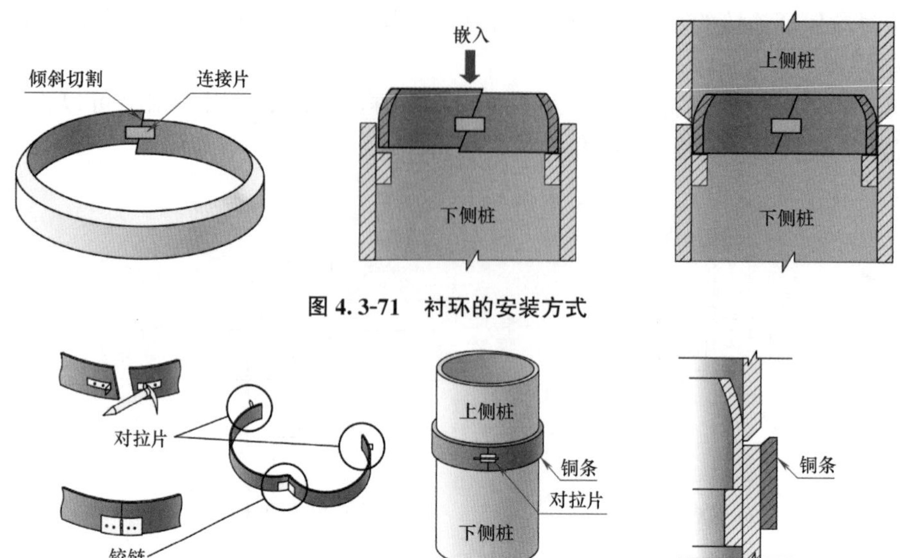

图 4.3-71　衬环的安装方式

图 4.3-72　铜条安装示意图

3. 螺栓连接

当施工现场无法对钢板桩进行焊接操作时，可以选用螺栓连接。一般情况下，钢板桩螺栓连接需先在板桩上开凿螺栓孔，然后利用连接板和螺栓对两根板桩进行连接，如图 4.3-73 所示。压桩施工时，拟连接部分穿过静压植桩机的卡盘之后才能进行螺栓连接。此外，采用螺栓连接的钢板桩不适用于螺旋钻并用压入工法。

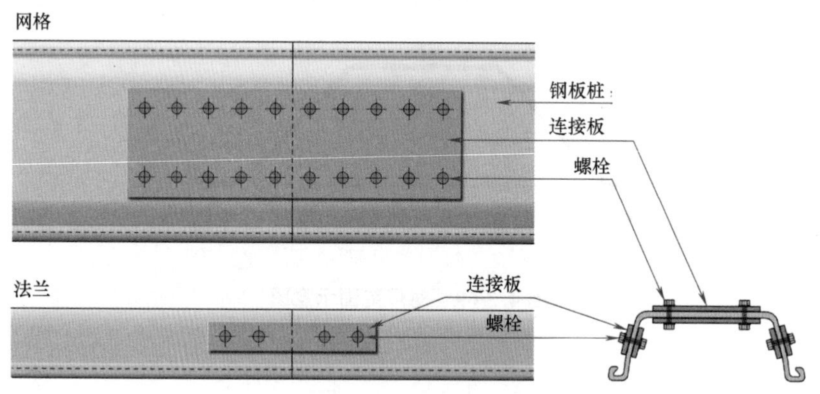

图 4.3-73　钢板桩螺栓连接示意图

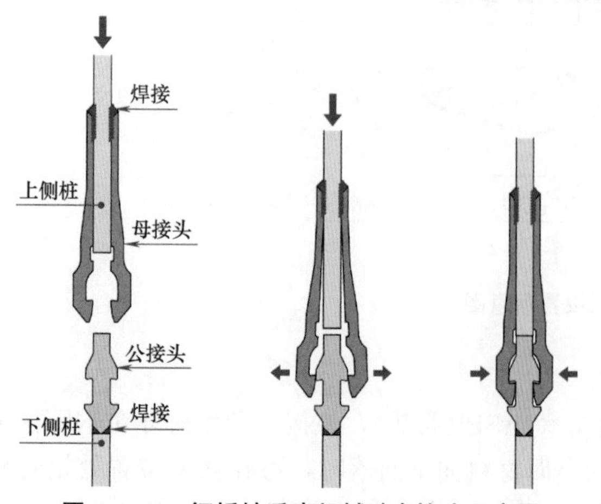

图 4.3-74　钢板桩垂直机械啮合接头示意图

4. 机械连接

（1）钢板桩机械连接

钢板桩的垂直机械啮合接头如图 4.3-74 所示，通过如图 4.3-74 所示的公接头和母接头，钢板桩可以轻易地连接在一起。

（2）钢管桩机械接头

如图 4.3-75 所示，可以用机械接头代替现场焊接来进行钢管桩的连接。机械连接的优点为不受天气或焊工技术水平的影响，且机械连接接头的承载能力和抗变形能力不低于原钢管材料。另外，钢管桩的机械连接将缩短施工所需时间。图 4.3-75 所示的机械接头已获得相关的技术检验证书和专业评估证书。

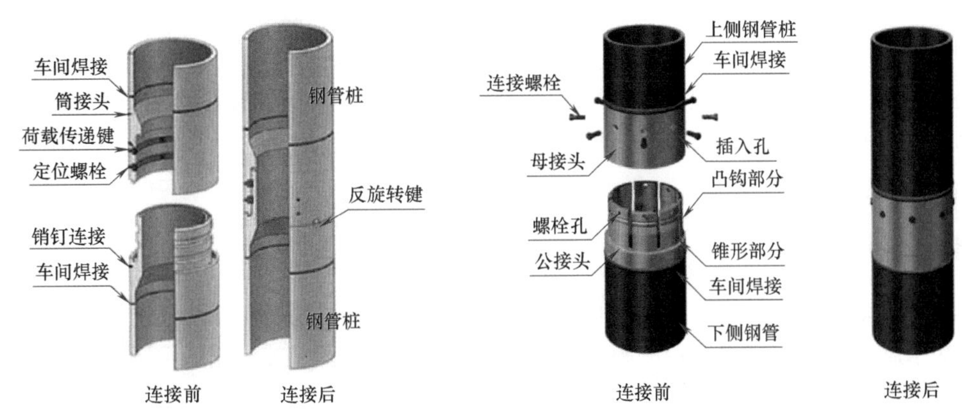

图 4.3-75 钢管桩机械接头示意图

5. 截断

对桩体进行截断或修边时应避免对桩体质量造成致命伤害，截断尺寸误差应满足规范要求。

4.3.6 废水、泥浆及沉淀物的处理

当压桩施工采用工法辅助措施时，如水刀并用压入工法、螺旋钻并用压入工法等，为了保护施工场地周围的环境，应对压桩施工产生的废水、泥浆和沉淀物进行妥善处理。当采用水刀并用压入工法、螺旋钻并用压入工法或旋转切削压入工法时，泥浆和钻孔弃土将被直接排放在地表，这种情况下应修建沉淀池、蓄水池或泥浆池。泥液和泥浆的处理应根据现场有关法律法规进行。当废水、泥浆和沉淀物不能在施工现场妥善处理时，应在遵照有关法律、法规的前提下在场地外对其进行妥善处理。

4.4 监理、流程控制及监测

4.4.1 概述

业主或其代表应对施工过程进行监督，以确保修建完成后的支挡结构满足功能需求，并确保施工在计划工期内按时完成。承包商应对施工过程进行控制。为了确保建筑物满足性能需求，承包商应根据合同在施工过程中进行监测，必要时施工结束后仍应进行监测。承包商还应向业主或其代表报告施工进程控制和监测的结果。

施工进程控制和监测应按照设计图纸和规范进行，在施工开始前根据设计图纸和规范制定施工进程控制和监测的项目、频率、容许值、试验方法和测试方法等。施工进程控制和监测应在充分理解其目的的基础上开展。此外，针对设计图纸和规范中并未要求但是投资人觉得必要的监测项目，在征得业主同意的前提下，也应对其进行监测。

施工进程控制监督应包含以下几点：

(1) 确定设计工况和实际场地条件是否相符；

(2) 确定设计场地状态与实际场地状态之间的差异；

(3) 核实施工是否按照设计进行。

压桩施工时需充分考虑支挡结构的性能以及场地的变形。当设计图纸和规范作了规定，或者业主觉得有必要时，施工过程中应进行测量监测。若在监测过程中发现异常，应及时采取措施。必要时，应根据实际情况对原设计进行复查。此外，还应对监测的方法、范围和频率进行审核。

4.4.2 监理计划

业主应制定相应的监理计划，以确保支挡结构的施工能够安全进行，且保证施工完成后的支挡结构满足性能需求。施工承包商应针对业主的监理计划制定相应的施工进程控制和监测计划，并在必要时向业主或其代表进行汇报。这些计划均应符合设计图纸和相关规范，且应在施工现场留档备查。

4.4.3 施工前准备工作

为了安全有效地开展压桩施工，承包商应在施工开始前进行必要的准备工作，并根据施工现场实际情况对基于施工前勘察结果确定的施工计划和施工设备进行不定期检查和调整。

4.4.4 施工过程控制

为了开展有效的压桩施工，施工方应根据压桩施工中的监测数据进行施工质量控制、施工记录保存以及施工过程控制。其中，施工过程控制的必要项目应由设计图纸、规范以及施工承包商的工程经验和技术信息确定。

施工过程控制的内容应至少包括监测频率、试验中必要的测量项、变形极限值、应力和水位等信息。

1. 施工过程控制需要检查的项目

(1) 材料质量；

(2) 设计工况与施工条件的差异；

(3) 施工流程；

(4) 挡土墙位置；

(5) 嵌入深度；

(6) 桩间联锁和接头；

(7) 其他。

2. 挡土墙结构施工过程控制的注意事项：

为了满足挡土墙结构的性能需求，过程控制需注意以下几点：

(1) 与材料质量控制有关的项目

- 桩及其他结构构件是否符合标准要求？这些构件是否妥善储存和处理？
- 钢材表面保护所使用的材料和方法是否符合标准？钢材表面保护处理是否得当？

(2) 与设计工况和施工条件差异性相关的项目

- 场地条件、土体及岩体的力学性质、地下水状态及自由水状态是否与设计工况一致？上述各项需通过现场勘查、补充勘察进行验证，或是通过桩贯入试验（PPT）进行验证。
- 是否存在设计阶段并未发现但会阻碍压桩施工的地下障碍物？

(3) 与施工过程有关的项目

- 施工方法是否符合设计要求和环保要求？
- 施工过程和施工方法是否与施工计划一致？
- 进入下一个施工阶段前，上一个施工阶段必须进行的工序是否已经完成？
- 是否采取了措施防止施工对邻近建筑物和地下结构物造成损坏？
- 施工期间板桩支挡侧的荷载是否总保持在极限范围内？

(4) 与挡土墙位置、嵌入深度、墙顶高程精确度以及桩间接头相关的项目

- 桩的压入误差是否在规范允许的范围内？
- 相关细节参见4.4.5～4.4.7节。

（5）其他项

• 设计图纸和规范中规定的其他项目。

4.4.5 静压法压桩控制

1. 压桩参数（静压植桩机控制参数）

静压植桩机工作时，通过设置静压植桩机压桩参数目标值实现压桩施工。因此，要保证静压植桩机的准确施工，需要设置如下准确的压桩参数。

（1）无工法辅助措施的标准压桩：

• 最大压桩力；

• 压桩速率；

• 反复压桩和拔桩距离（压桩长度，拔桩长度）[参见 4.1.1（3）节]。

（2）螺旋钻并用压入（在标准压桩的基础上添加）：

• 最大螺旋转矩；

• 螺旋钻转速。

（3）旋转切削压入（在标准压桩的基础上添加）：

• 最大旋转扭矩；

• 旋转速率。

2. 人工操作及压入参数

当手动操作静压植桩机压入几根桩后，静压植桩机通过分析压桩力、压桩速率和反复压桩和拔桩距离可以获得针对目前施工场地的最优压入参数 [参见 4.1.1（3）节]。通常情况下，操作者进行静压植桩机的手动操作时，压入参数并不固定，操作者可在静压植桩机上多功能监视器的协助下对桩机进行控制。人工操作静压植桩机时应观察以下各项：

（1）静压植桩机的压桩姿态；

（2）静压植桩机多功能监视器的状态（压桩力显示器、倾斜仪）。

3. 最大压桩力的确定

确定最大压桩力时需考虑静压植桩机的工作姿态。当桩头穿过坚硬土层时，压桩力增加，静压植桩机向后倾斜，导致桩机不能进行垂直压桩施工。因此，必须将静压植桩机的压桩力最大值限制在适当的范围内，以防止静压植桩机向后倾斜。当压桩力达到最大值时，应将桩机调整至拔桩操作，随后进行反复压桩和拔桩施工。需要注意的是，应根据场地的勘察结果确定压桩施工的最大压桩力，压桩力过大将导致静压植桩机和桩体受损（对于应用广泛的Ⅲ型板桩，通常最大压桩力设定为200kN左右）。最新开发的静压植桩机可设定最大压桩力和压桩速度，手动操作中使用此功能时，可有效提高压桩效率。

4. 压桩速度的确定

标准压桩施工中，提高压桩速度可降低桩侧摩阻力，提高压桩效率。但是，不能忽视高压桩速度可能会对静压植桩机的姿态造成影响，并导致地基内的砂粒和碎石堵塞在桩的互锁位置处。采用工法辅助措施时，桩体压桩速度应与桩端喷射水流或钻头掘进的速率一致。

5. 反复压桩—拔桩距离的确定

从施工效率的角度来看，一次压桩和拔桩的距离越大（即较长的压入距离，较短的拔出距离），施工效率提高的幅度越大，反复压桩和拔桩的次数越少。但是，较小的反复压桩和拔桩距离可以使得施工更加容易，因为降低了桩侧摩阻力。由此可见，施工效率和施工便利两者是相互冲突的。因此，在保持施工便利的前提下，应通过试验确定合适的反复压桩和拔桩距离，使得压桩具有较高的施工效率。当嵌入长度较大时，场地阻力和联锁阻力可能较大，桩体可能出现弯曲或扭曲，因此，确定反复压桩和拔桩距离时不能忽视桩体可能出现的弯曲和扭曲。一旦桩体出现弯曲和扭曲，施工精度将丧失，此时需将桩体拔出至一个高于前期反复压桩和拔桩位置的高程。

6. 压入参数设定

应设置压入参数的下限，以避免对静压植桩机及其部件造成不必要的负载。

7. 静压植桩机的自动操作

在静压植桩机手动操作阶段获取的最优压入参数将被用于静压植桩机的自动操作［参见 4.4.5（3）节］。设置压桩施工参数初始值时，可参考以往的施工记录。此外，静压植桩机操作者应掌握同时设置多台机械参数的技能以及分析场地状态的能力，因此，应对静压植桩机操作者进行培训，以提高其操作技能和经验。需要注意的是，虽然静压植桩机可以设置拔桩力，但在压桩施工时不用设置拔桩力，因为当拔桩力超过压桩力时，静压植桩机将不能进行压桩施工。

8. 施工管理及质量控制

静压植桩机的施工管理通过分析静压植桩机的施工姿态和桩机数据管理系统获取的施工数据实现。借助施工管理可以实现拟建结构的质量控制。前文所述的压桩参数是指静压植桩机的操作参数，而本节描述的压入参数为压桩参数的实际值以及压桩施工过程中其他重要参数的实际值，包括：

（1）标准压桩

- 压桩力；
- 拔桩力；
- 压桩速度；
- 拔桩速度；
- 反复贯桩和拔桩距离；
- 贯入持时；
- 嵌入深度；
- 施工机械倾斜。

（2）螺旋钻并用压入（在标准压桩的基础上添加）

- 螺旋扭矩；
- 螺旋转速。

（3）旋转切削压入（在标准压桩的基础上添加）

- 旋转扭矩；
- 旋转速度；
- 排水量。

桩机数据管理系统将自动记录并显示这些压桩数据，如图 4.4-1 所示。排水量用于水润滑系统的施工管理。水刀并用压入施工时，其施工管理主要通过监测喷头装置上显示的排水压力实现。

压桩数据反映了压桩施工时的场地阻力，将压桩数据与场地工程地质信息（例如标准贯入击数 N 值）进行对比，可以判断压桩施工是否得当。当压桩数据（例如压桩力、旋转扭矩等）与已知的场地工程地质信息不符时，压桩施工中可能存在不利于施工的情况，例如桩端堵塞，或场地中存在未在勘察阶段查明的碎石地层。当压桩施工中出现问题时，往往表现为静压植桩机施工状态异常，或者压桩数据异常。施工控制过程中应根据静压植桩机的施工姿态、开口型桩与桩内土体的移动协调性，以及桩机碰撞地下不明障碍物时的工作噪声等方面对桩机的施工状态进行综合判断。这种情况下，应立即查明压桩施工中可能出现的问题，并及时采取措施，例如重置压桩参数或者选择合适的工法辅助措施。需要注意的是，钻孔柱状图给出的标准贯入击数 N 值在深度方向和压桩行进方向是不连续的，有时会出现设计压桩位置处的标准贯入击数 N 值缺失。因此，在进行场地工程地质信息插值时应谨慎，尤其是在地质历史复杂的区域内。此外，在压桩行进方向进行压桩参数插值时也应仔细谨慎。压桩数据的自动获取和应用参见附录 C.1。有效的施工管理可以确保静压植桩机一直以最优的工作状态进行施工。

设计阶段假定的场地信息可能是错误的，这种情况下压桩参数的实际值将会与预估值存在较大差异，或者同一深度处压桩参数反复出现异常。此时应立即将情况向业主和设计方汇报，业主和设计方将据此制定相应对策，例如改变施工计划或者对原始设计进行复审。

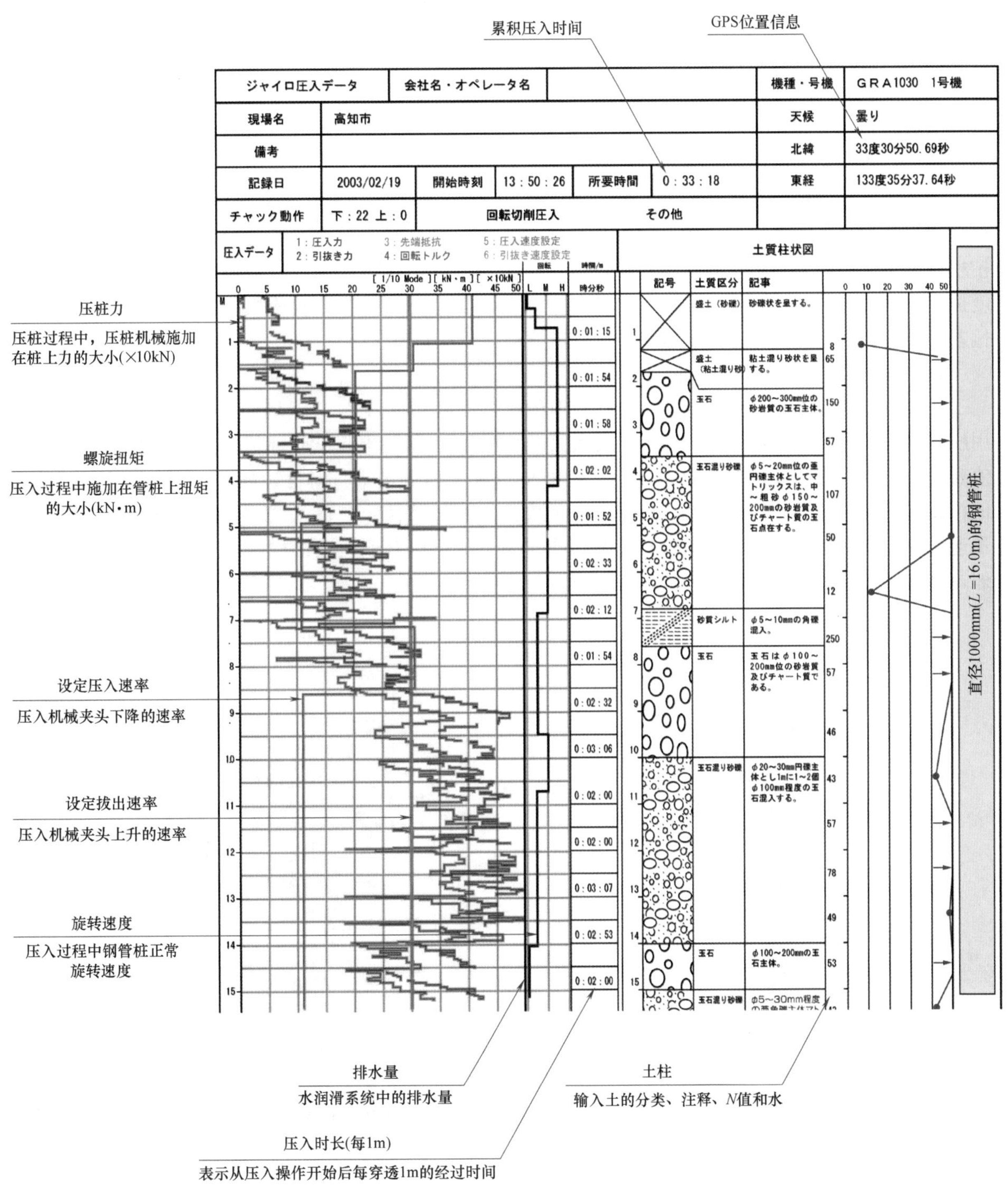

图 4.4-1 压桩数据的施工管理实例（螺旋桩机）

9. 静压植桩机的自动化操作

通过设置适合施工场地的初始压桩参数可实现静压植桩机的自动化压桩施工。这些初始压桩参数可以来源于操作者的工程经验，也可以来源于前期人工操作阶段获取的最优压桩参数。标准压桩施工需要设置的参数包括最大压桩力、压桩速度、反复压桩和拔桩距离。除此之外，螺旋钻并用压入中还需设置最大螺旋扭矩和螺旋转速，旋转切削压入压入中还需设置最大旋转扭矩和旋转速度。自动化操作具有较高的施工可重复性。当桩体遇见坚硬地层，压桩力或扭矩达到最大值时，桩机自动将压桩操作调整为拔桩操作，以防止桩机和桩体上出现过载。与人工操作相比，桩机的自动化操作不仅降低了操作人员的工作强度，还保证了施工的高效性和准确性。需要注意的是，由于压桩过程中场地状态随时可能出现改变，自动操作时也应时刻检查压桩参数。

10. 静压植桩机施工姿态控制

压桩过程中静压植桩机的姿态非常重要，如上文 4.3.2（1）中所述，静压植桩机的姿态直接决定了施工结束后桩体的质量。当桩机的施工姿态出现异常时，桩体互锁位置处的应力增大，导致压桩阻力增大。极端情况下桩体互锁会出现损伤，甚至脱离失效。通过调整静压植桩机的施工姿态，或者根据场地条件调整压桩参数，可以确保压桩施工的准确性。操作者可以通过目测或者观察静压植桩机上多功能监视器掌握静压植桩机的施工姿态。此外，还可以通过水准仪或经纬仪对压桩的精度进行控制。压桩施工时一旦发现监测值超过 4.4.7 节中介绍的竣工验收极限值，或者压桩施工的偏差将会对后续的压桩施工产生影响时，则应立即停止压桩施工。

11. 基于压桩数据的场地条件评估

压桩施工中可以通过分析施工中自动获取的压桩数据（图 4.4-2）对场地条件进行评估。这种利用压桩数据获取场地信息的试验称为桩贯入试验（PPT）。将桩贯入试验评估得到的标准贯入击数 N 值和场地土体分类与设计采用的标准贯入击数 N 值和土体分类进行对比，如图 4.4-3 所示，可有效地检验施工计划和设计的合理性，确保施工的安全性和经济性。桩贯入试验可用于施工前评估勘察不连续部位的场地信息，也可用于对勘察结果进行补充，以获取后期结构养护所需的场地信息，此外，桩贯入试验还可用于结构失效原因分析。

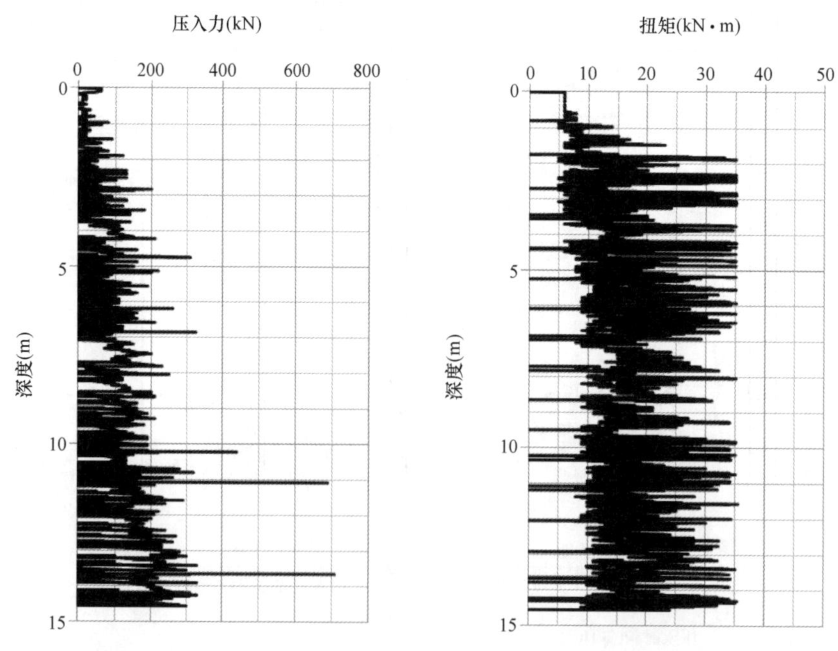

图 4.4-2　压桩数据示例

4.4.6　压桩过程中施工进度管理

压桩施工过程中，通过对比施工计划与实际施工进度，可实现施工进度管理。一般情况下，经过压桩开始后几天的施工，操作者将了解压入一根桩所需的大致时间，并据此对后续的施工进度进

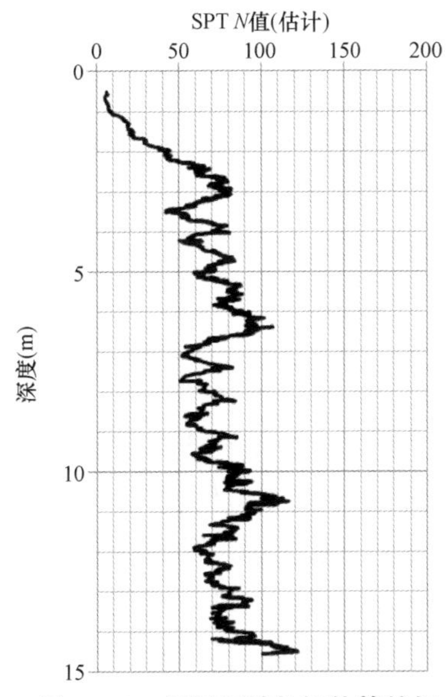

图 4.4-3 根据压桩数据估算的标准贯入击数 N 值

行复核和调整。施工进度管理将持续整个压桩施工过程。如果发现施工进度可能出现延误时，应通过调整压桩参数、借助工法辅助措施或增加桩机数量等方式，确保施工进度与施工计划保持一致。

4.4.7 压桩施工的竣工管理

压桩施工结束后应进行竣工验收管理，以确保施工完成后桩位、倾斜角、桩顶高程三个方面满足施工误差要求。表 4.4-1 列举了日本在上述三个方面的施工误差要求。

在日本，根据“土木工程结构施工管理规范及标准值（草稿）”“桩机施工手册”及“建筑施工标准及说明”（JASS3 和 JASS4），施工结束后桩心间距离的误差应小于 100mm，桩体倾斜角误差小于 1/100。上述误差标准值已被土木工程领域和建筑领域广泛采用。

验收管理值（即施工控制的目标值）的规定为：桩心距离小于 50mm（平面距离），桩体倾斜度小于 1/150，桩顶高程误差小于 30mm。如果受施工条件限制，验收管理值（目标值）难以满足时，竣工验收可采用施工误差标准值。

竣工验收施工误差标准值和验收管理值 **表 4.4-1**

验收管理条款	验收内容	验收方法	施工误差标准值	验收管理值（目标值）	验收对象
压桩施工结束时	成桩位置	经纬仪等	桩心距离误差小于 100mm	桩心距离误差小于 50mm	所有桩
	桩体倾斜度	经纬仪 水平仪	倾斜角小于 1/150	倾斜角小于 1/150	所有桩
	桩顶高程	水平仪	小于 50mm	小于 30mm	所有桩

注：竣工管理应在遵照项目所在国家或地区规范的前提下进行。

4.4.8 监测

如果设计图纸和规范指定需要进行施工监测时，则应对施工过程进行监测。施工监测时应了解监测的意义和必要性。必要情况下，在与监理方和设计方磋商后可增加设计图纸和规范中并未要求的监测项目。监测目的包括：

检查实际场地条件与设计假定场地条件之间差异性引发的问题；

确保在压桩施工结束后规定年限内结构能保持其工作性能。

监测应按照设计图纸和规范的要求进行。设计文件应规定监测频率、监测项目以及每个项目的监测极限值（例如变形、应力和水位高程）。对于挡土结构，其监测项目一般包括：

（1）开挖基底稳定性；

（2）墙体结构的变形和位移；

（3）对周围地面及邻近建筑物的影响；

（4）施工振动和噪声；

（5）对地下水位的影响；

（6）水污染；

（7）其他。

施工过程中或施工结束后需对每一项进行认真监测，即使某一项监测内容似乎并不存在问题。应对设计图纸和规范强调的必要监测项目进行重点监测，例如，利用测斜管监测施工对邻近建筑物的影响。

监测持时由结构的重要性以及施工对结构的影响决定。应对位于可能存在长期变形的场地上的结构物进行重点监测，例如黏性场地。

应建立监测系统，以实现监测数据的即时分析和定量评估。当监测结果超过极限值时，系统将立即向监理方汇报，监理方应立即采取措施。

4.4.9 施工记录

施工记录应包含能保证施工结束后建筑物工作性能的必要内容。业主或业主代表应保存这些施工记录。施工方需证明施工是严格按照设计进行的，并将施工记录交予业主或业主代表。

采用静压植桩机进行压桩施工时，施工记录应包含桩机压桩数据管理系统记录的每一根桩的压桩数据。这些压桩数据将用于证明每一根桩被压入至设计深度且桩体无损伤。此外，这些数据还将用于证明设计的安全性和经济性。因静压植桩机压桩数据管理系统可对场地状态进行评估，因此，施工记录还可用于设计变更。施工记录应包含以下内容：

（1）与施工总体相关的项目

- 施工名称；
- 施工现场；
- 建设单位；
- 施工承包商；
- 施工进度。

（2）与挡土结构相关的项目

- 挡土结构竣工图；
- 关于挡土结构使用和检测的重要项目；
- 设计阶段假定的地下水位和水压力；
- 支挡结构支挡侧的荷载极限值。

（3）与压入施工相关的项目

- 完工日期、天气；
- 压桩数量；
- 桩的规格（类别、类型、尺寸、厚度、长度、材质、质量等）；
- 压桩机械规格（类型、型号）；
- 地基土性质（土体分类、土性描述、标准贯入击数 N 值、孔内水位、地下水埋深）；
- 压桩数据（压桩力、拔桩力、压桩速度、反复压桩拔和桩距离、拔桩速度、螺旋扭矩、旋转扭矩、排水体积、压桩持时、压入深度、GPS 位置信息）。

（4）必要时记录的项目

- 施工期间发生的异常情况，与设计之间的偏差及对策；
- 施工期间观察到的内容以及施工结束后结构养护需要考虑的内容；
- 施工过程中遇见的难点问题及对策；
- 开挖过程中板桩墙体结构的变形；
- 邻近结构的损伤；
- 与施工进程相关的特定信息；
- 测量结果及其解释；
- 其他必要事项。

（5）与监测相关的项目

- 开挖基底稳定性的测量、评价及措施；
- 墙体结构变形和位移的测量、评价及措施；
- 对周围场地和邻近建筑物影响的测量、评价和措施；
- 振动和噪声的测量、评价及措施；
- 关于地下水位抬升和降低的测量、评价和措施；
- 与水污染相关的测量、评价和措施；
- 其他。

施工记录应保存在施工现场，以便在施工期间随时查看。施工方在编制施工记录时应遵照监理工程师提出的记录格式和记录内容要求。施工记录应包含施工方法的变更、施工的临时终止以及复工。

一般而言，除非有特殊要求，设计文件和施工记录应保存 10 年。特别需要注意的是，应妥善保管关于结构服务年限的内容以及后期结构养护所需的重要内容。

参考文献

[1] International Press-in Association (IPA): Design and Construction Guideline for Steel Tubular Pile Earth Retaining Wall by Gyropress Method (Rotary Cutting Press-in Method), March 2014 (日文).

[2] Ministry of Land, Infrastructure, Transport and Tourism (MLIT): Technical Guideline for Safe Construction in Civil Engineering Works, March 2009 (日文).

[3] Ministry of Land, Infrastructure, Transport and Tourism (MLIT): Technical Guideline for Safe Construction with Construction Machines, March 2005 (日文).

[4] Ministry of Construction (currently MLIT): Outline on Public Disaster Prevention Measures in Construction Works, January 1993 (日文).

[5] Ministry of Land, Infrastructure, Transport and Tourism (MLIT): Manual on Safe Construction with Construction Machines, April 2010 (日文).

[6] Japanese Association for Steel Pipe Piles: Essentials of On-site Vertical Connection Welding of Steel Pipe Piles in Road Bridges, March 2012 (日文).

[7] Ministry of Land, Infrastructure, Transport and Tourism (MLIT): Construction Management Standard and Specified Values in Civil Engineering Works (draft), March 2013 (日文).

[8] Japan Highway Association: Handbook of Pile Foundation Construction, January 2007 (日文).

[9] Architectural Institute of Japan: Standard Specification and Commentary for Building Construction Works, JASS3: Earthworks and Earth Retaining Works, JASS4: Foundation and Foundation Slab Works, October 2009 (日文).

附　录　A
静压法的应用

A.1 施工应用

A.1.1 静压法施工工法

1. 标准静压施工

（1）900 帽型钢板桩（图 A.1-1～图 A.1-4）

图 A.1-1 钢板桩静压施工

施工目的	河堤护壁施工
施工位置	日本爱知县名古屋
使用的施工机械	静压植桩机(EC0900)
桩型及尺寸	360～900 帽型钢板桩 10H，L=9.5m
施工特征及效果	• 施工无噪声无振动，不影响周围环境； • 利用900帽型钢板桩降低了材料消耗及施工成本

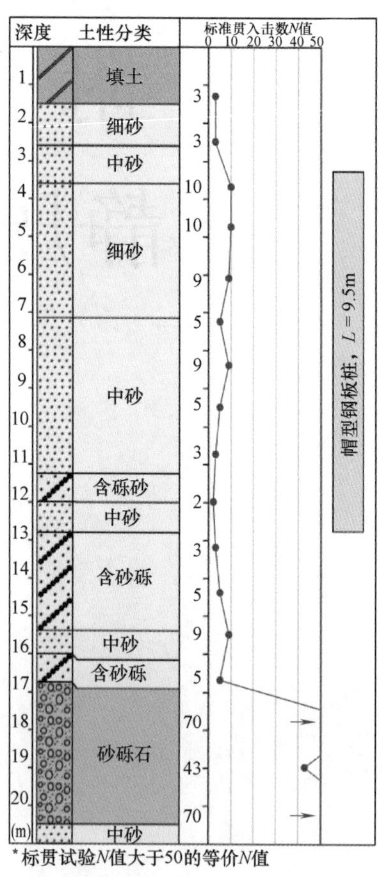

图 A.1-2 项目概况及土体钻孔柱状图

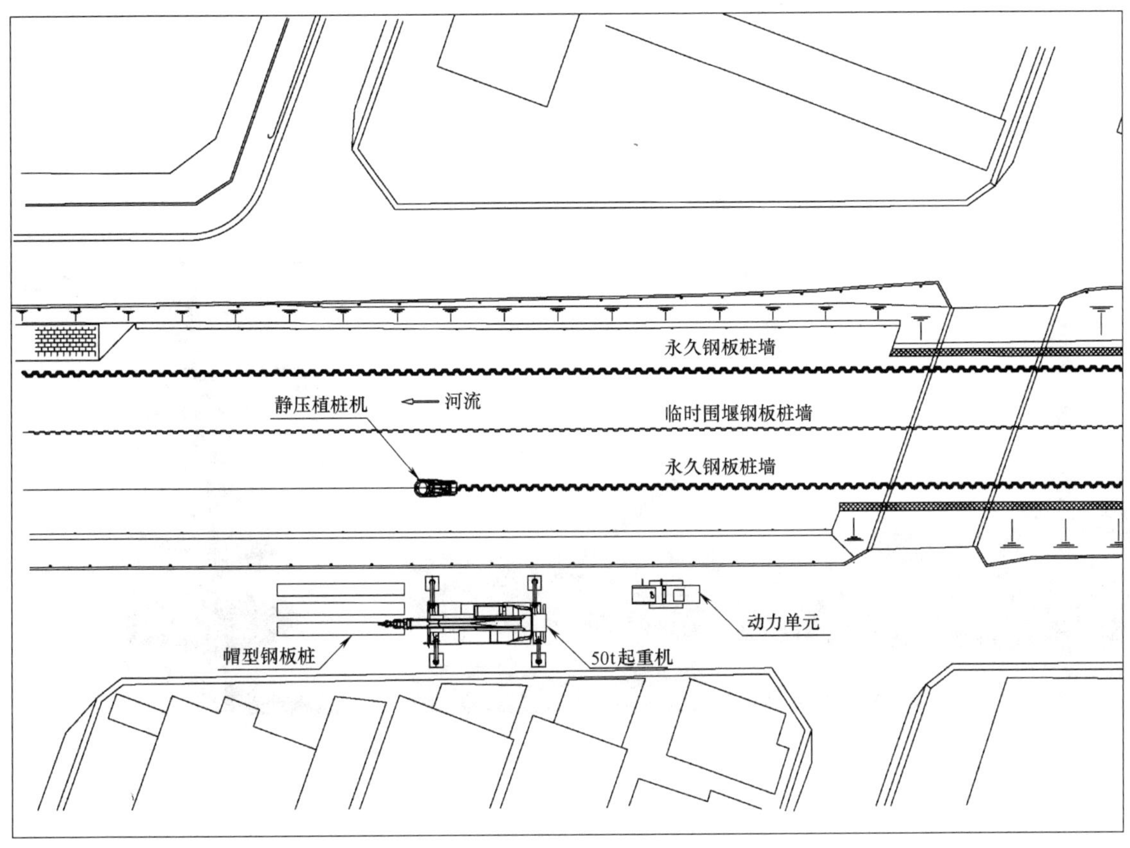

图 A.1-3 施工计划

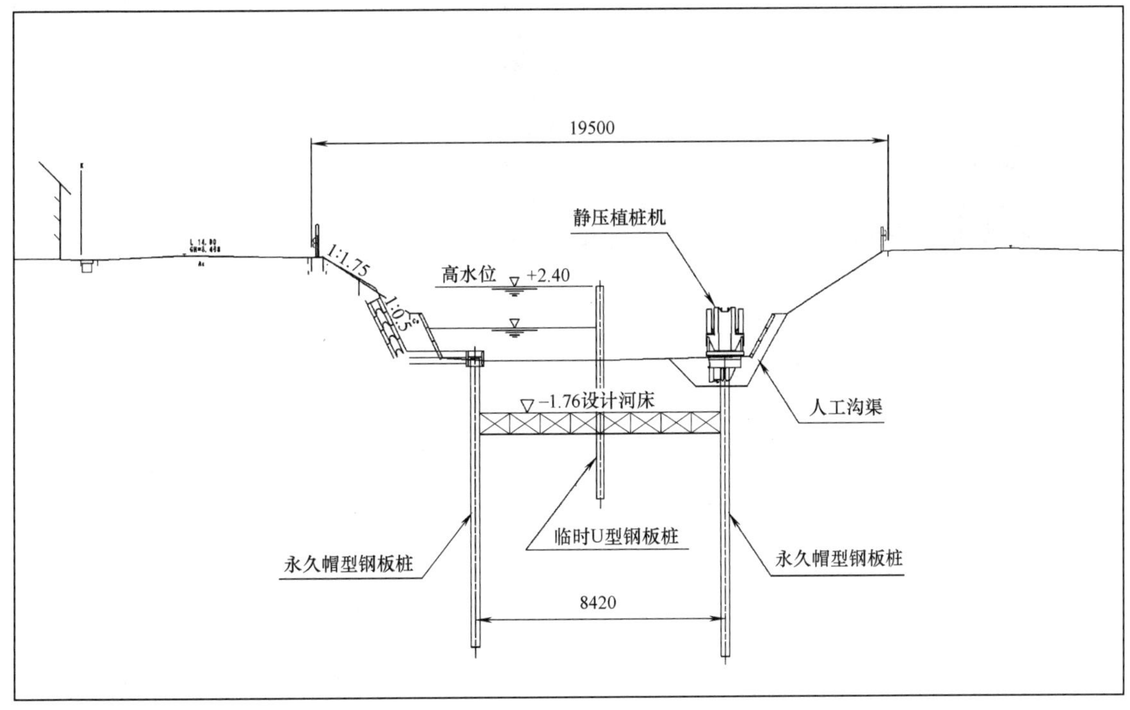

图 A.1-4 施工截面

（2）Z型钢板桩

① 堤坝加固（图 A. 1-5～图 A. 1-9）

图 A. 1-5 钢板桩静压施工

图 A. 1-6 钢板桩加固运河堤坝

施工目的	运河堤坝加固
施工位置	美国加州亨廷顿海滩
使用的施工机械	静压植桩机(SCA-675WM)
桩型及尺寸	989对Z型钢板桩PZ，L=3.7m
施工特征及效果	•紧急情况下可24小时不间断施工； •利用无临设工程施工，无需在环境保护区域修建临时施工道路，施工无噪声无振动

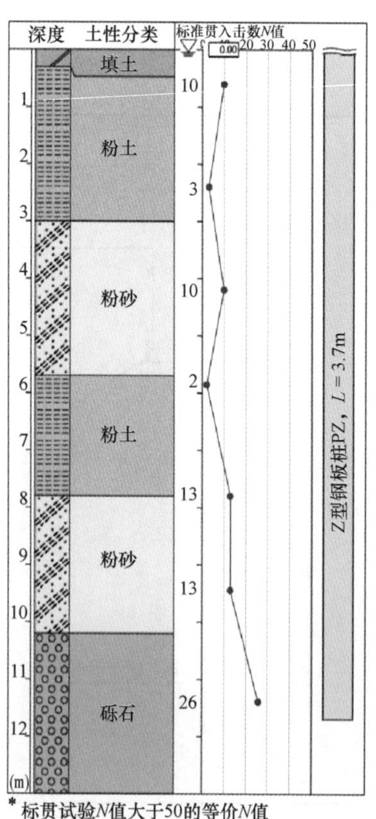

* 标贯试验N值大于50的等价N值

图 A. 1-7 项目概况及土体钻孔柱状图

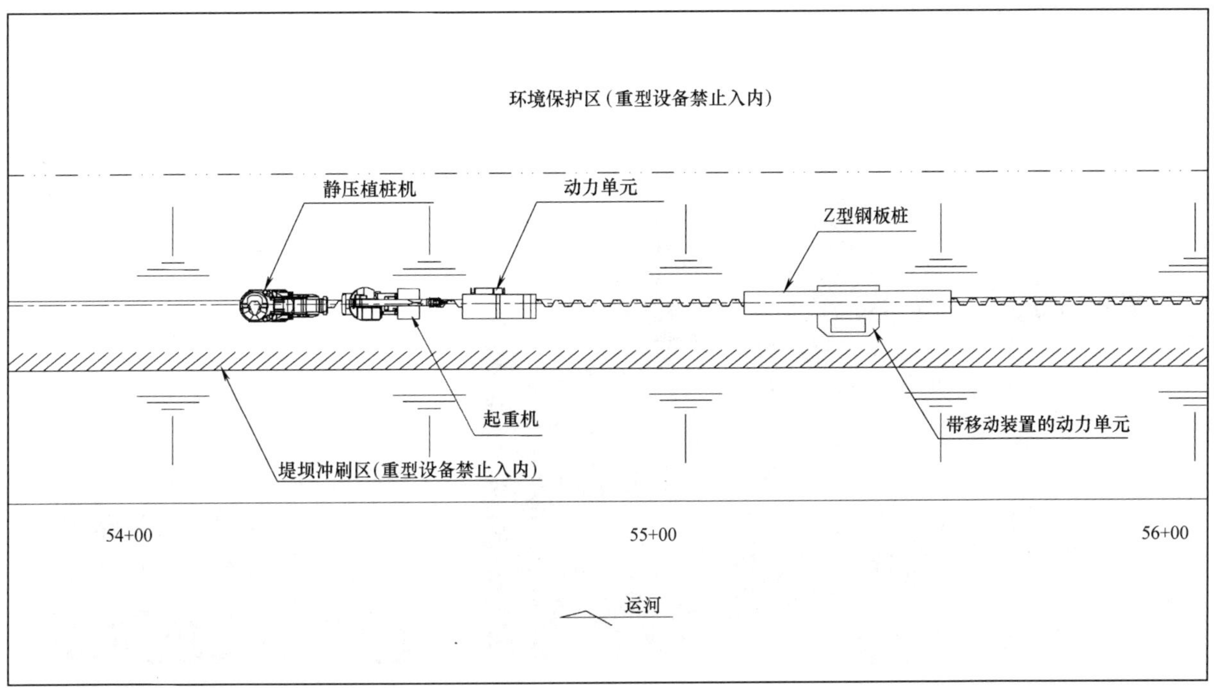

图 A.1-8 施工计划

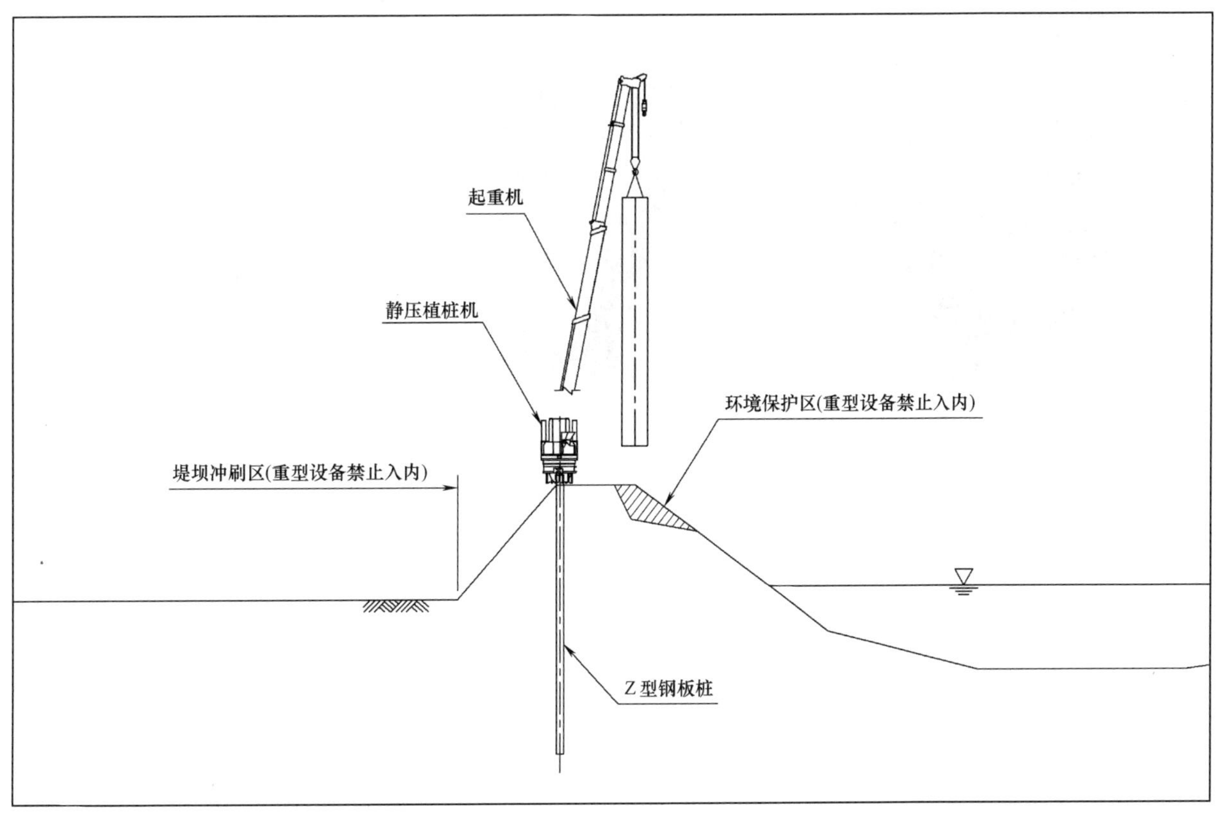

图 A.1-9 施工截面

② 灾后恢复工程（图 A. 1-10～图 A. 1-15）

图 A. 1-10　钢板桩压入施工

图 A. 1-11　Catherina 飓风灾害（2005 年 8 月）

图 A. 1-12　施工结束后

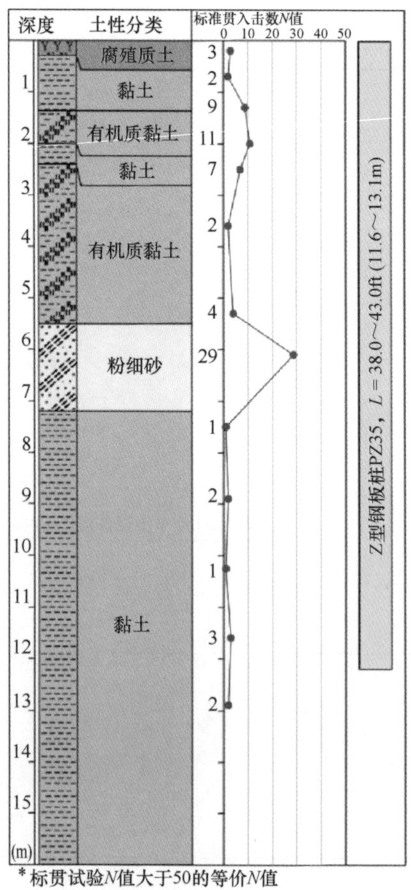

施工目的	灾后恢复工程
施工位置	美国路易斯安那州，新奥尔良
使用的施工机械	2 台静压植桩机(SCA-675WM)
桩型及尺寸	4060 对 Z 型钢板桩 PZ35，L = 11.6～13.1m
施工特征及效果	• 灾区排水措施的快速施工； • 施工环保，无噪声无振动； • 利用 2 台桩机同时施工，缩短了施工时间； • 施工在狭窄空间内进行

图 A. 1-13　项目概况及钻孔柱状图

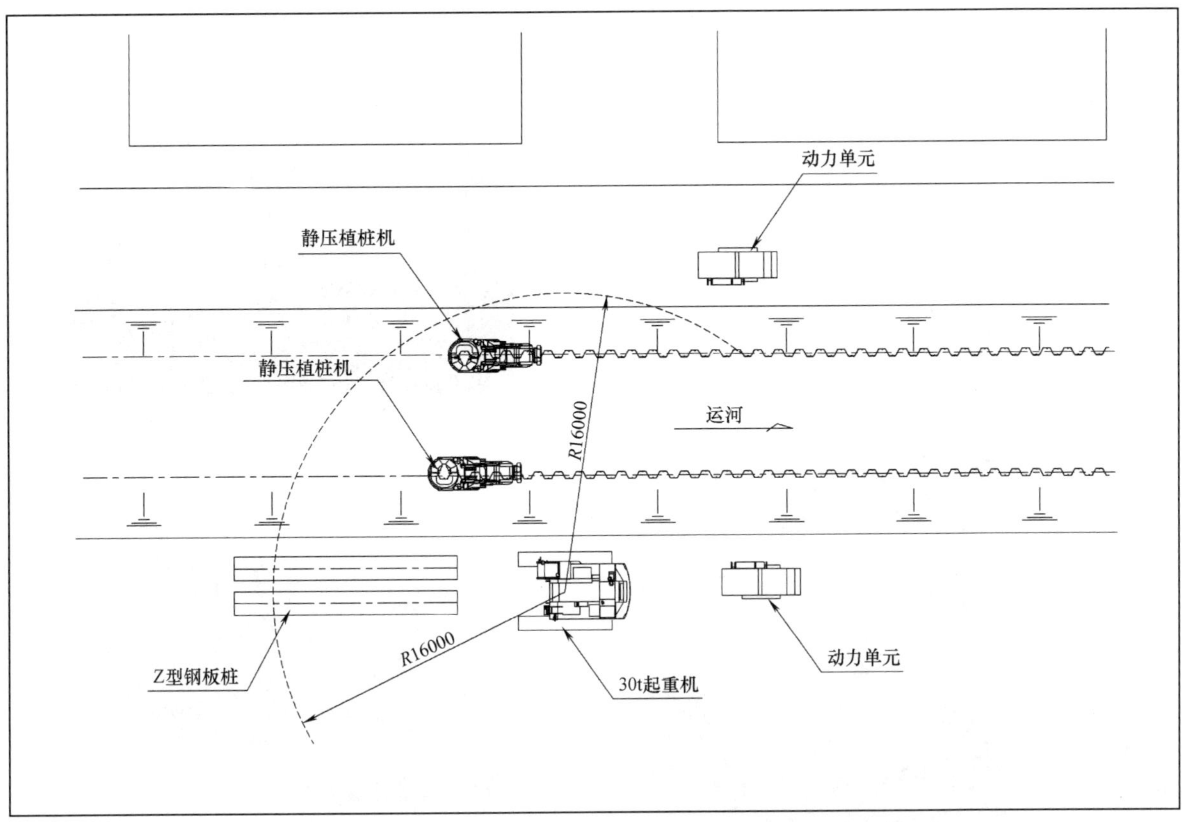

图 A. 1-14　施工计划

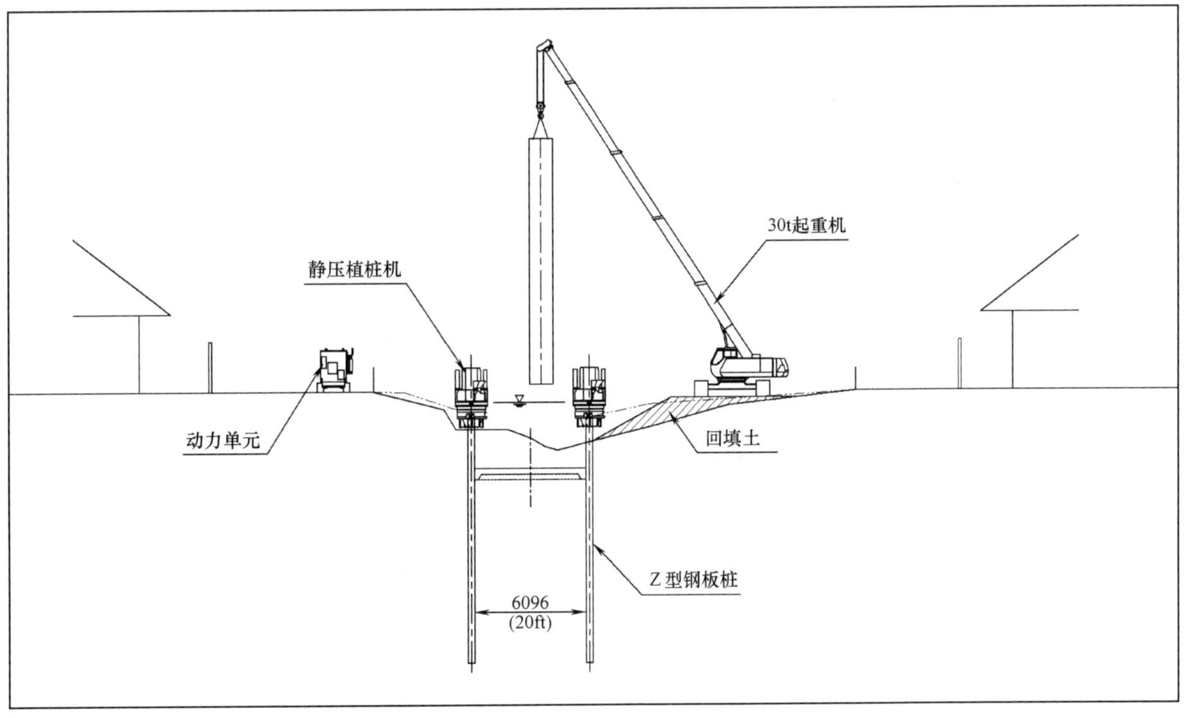

图 A. 1-15　施工截面

2. 水刀并用压入

（1）U 型钢板桩（图 A. 1-16～图 A. 1-21）

图 A. 1-16　钢板桩静压施工

图 A. 1-17　施工区域全景图

图 A. 1-18　静压施工现场

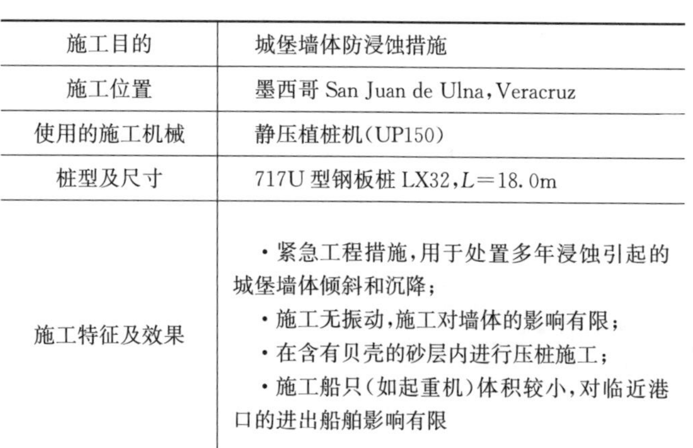

施工目的	城堡墙体防浸蚀措施
施工位置	墨西哥 San Juan de Ulna，Veracruz
使用的施工机械	静压植桩机（UP150）
桩型及尺寸	717U 型钢板桩 LX32，L=18.0m
施工特征及效果	・紧急工程措施，用于处置多年浸蚀引起的城堡墙体倾斜和沉降； ・施工无振动，施工对墙体的影响有限； ・在含有贝壳的砂层内进行压桩施工； ・施工船只（如起重机）体积较小，对临近港口的进出船舶影响有限

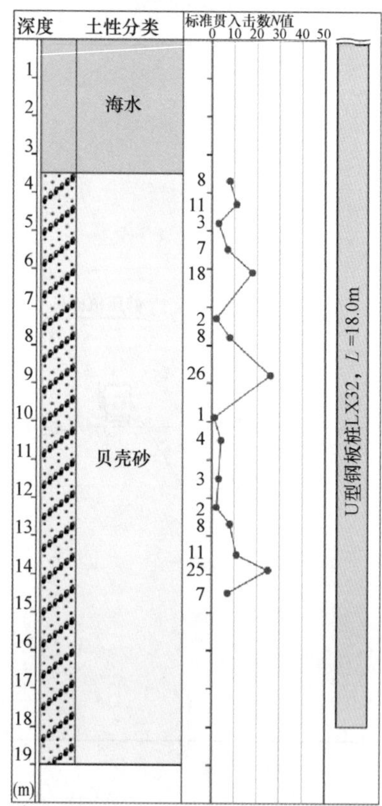

图 A. 1-19　项目概况及钻孔柱状图

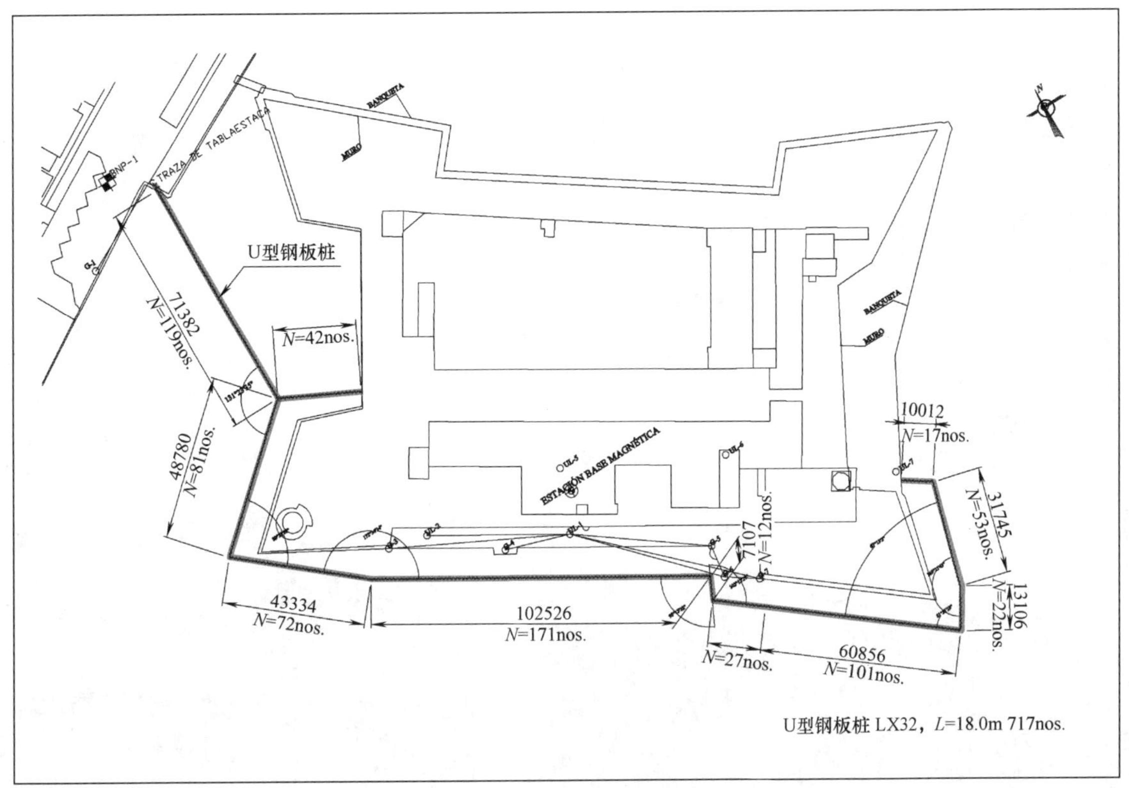

图 A.1-20 施工计划

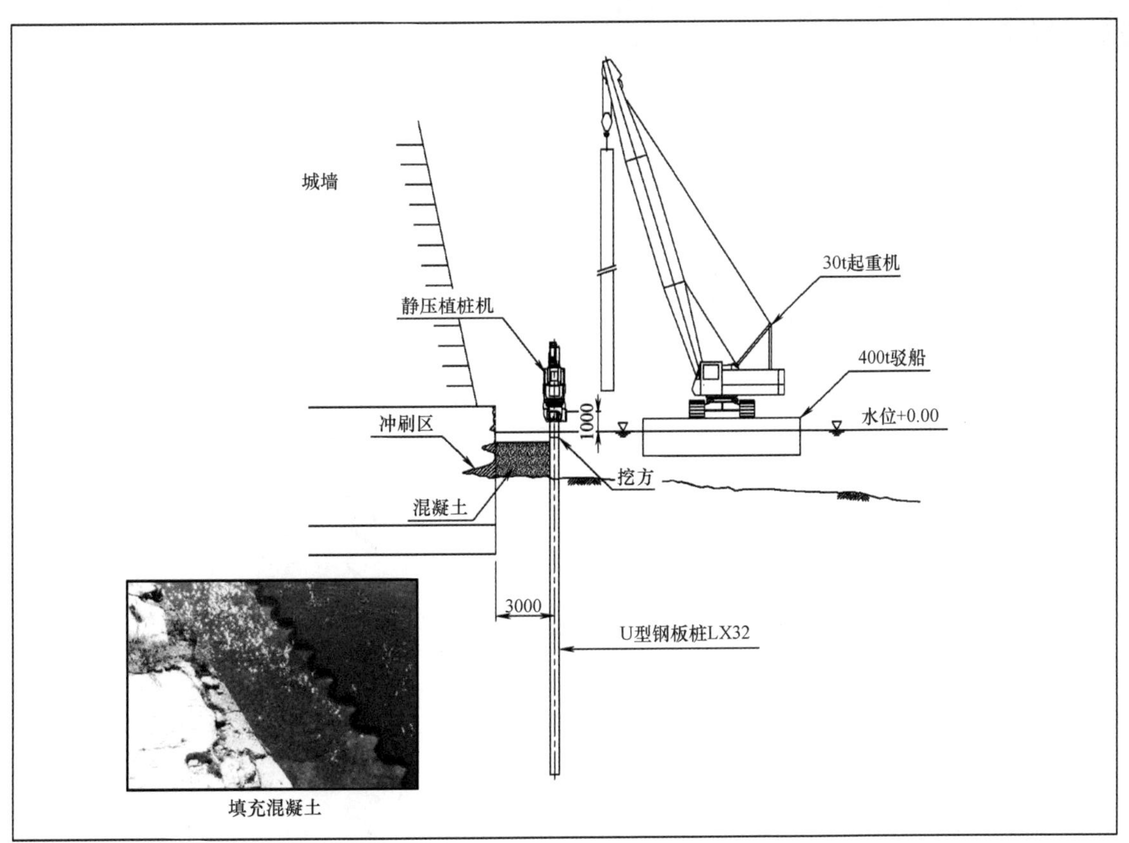

图 A.1-21 施工截面

（2）900 帽型钢板桩（图 A. 1-22～图 A. 1-26）

图 A. 1-22　钢板桩静压施工

图 A. 1-23　施工区域全景图

施工目的	河堤保护墙基础加固工程
施工位置	日本福冈市
使用的施工机械	静压植桩机（ECO900）
桩型及尺寸	1714 帽型钢板桩 10H，L＝12. 0～13. 5m
施工特征及效果	・在 N 值为 25～50 的场地上利用水刀并用压入工法进行压桩施工； ・施工无噪声无振动，未对临近市中心写字楼造成影响； ・利用 900 帽型钢板桩进行河流护岸墙施工，降低了施工材料用量和施工成本； ・多台桩机同时施工，缩短了施工工期

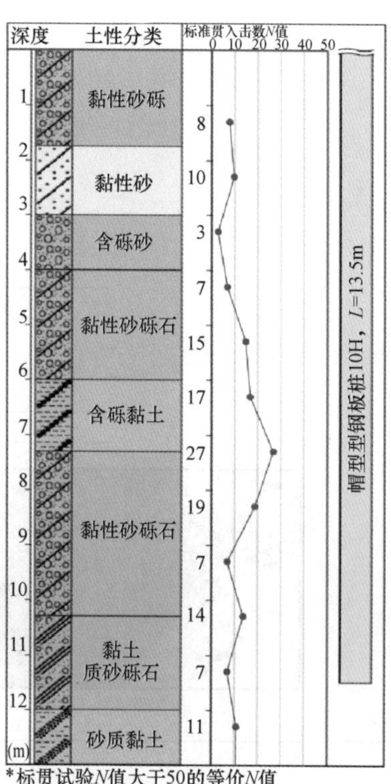

图 A. 1-24　项目概况及土层钻孔柱状图

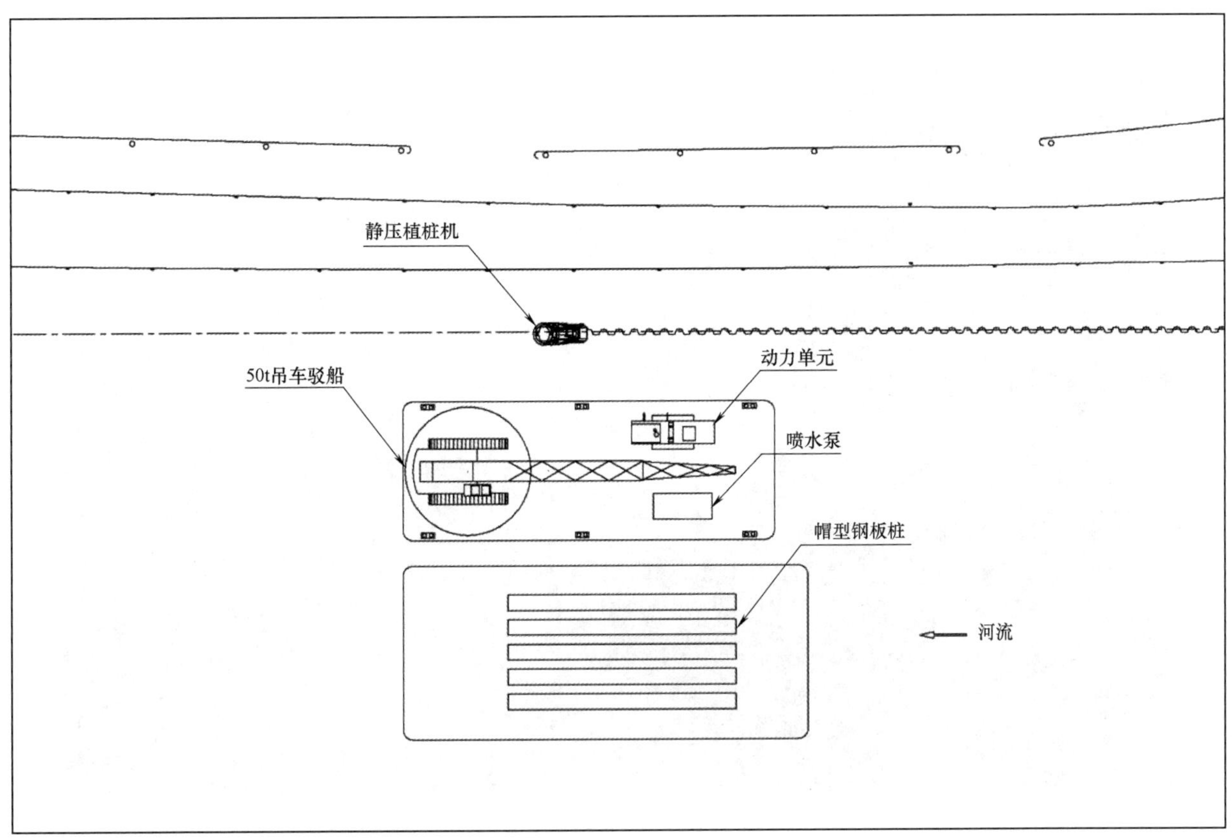

图 A. 1-25 施工计划

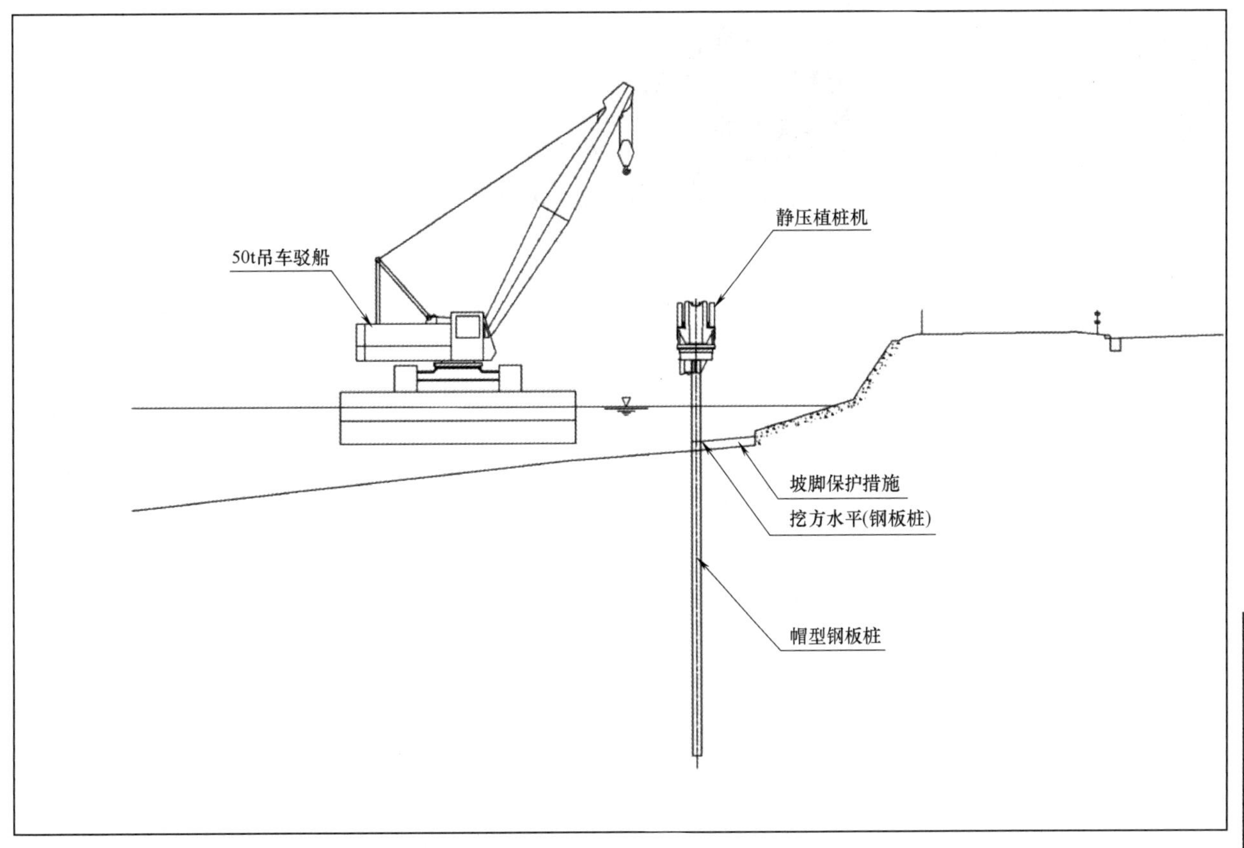

图 A. 1-26 施工截面

(3) Z型钢板桩（图A. 1-27～图A. 1-32）

图A. 1-27 钢板桩静压施工

图A. 1-28 压桩施工完成

图A. 1-29 施工完成后的支挡结构

施工目的	采用钢板桩进行道路拓宽工程
施工位置	英国艾塞克斯
使用的施工机械	静压植桩机(ECO14008)
桩型及尺寸	64对Z型钢板桩10H，L=13.5～18.5m 28对Z型钢板桩10H，L=15.5m
施工特征及效果	·施工仅占用人行道和三车道中的一个车道； ·施工安全性高，对过往车辆影响小； ·采用成对Z型钢板桩，缩短了施工工期

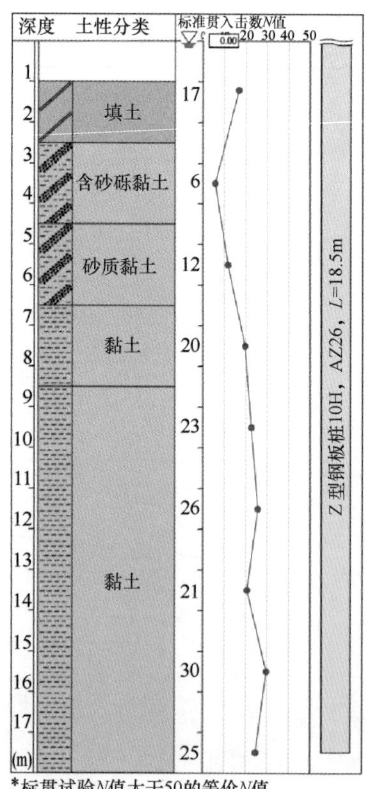

图A. 1-30 项目概况及土层钻孔柱状图

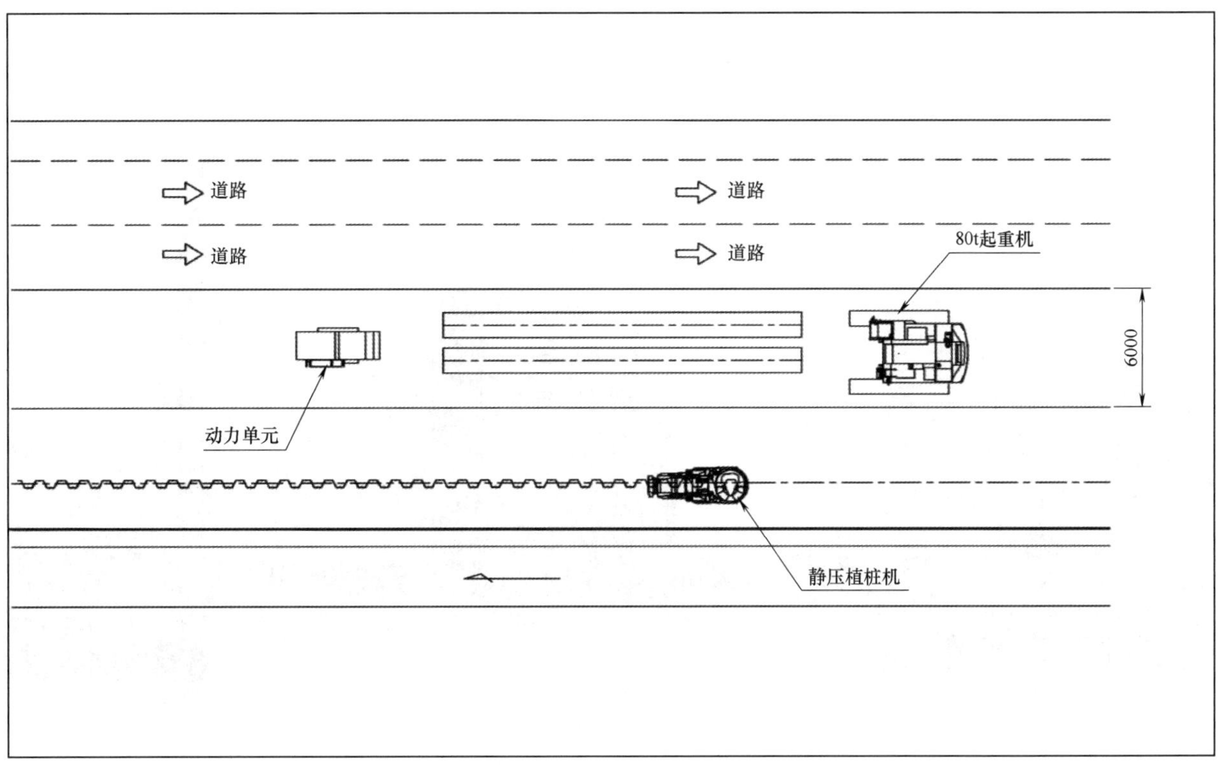

图 A. 1-31　施工计划

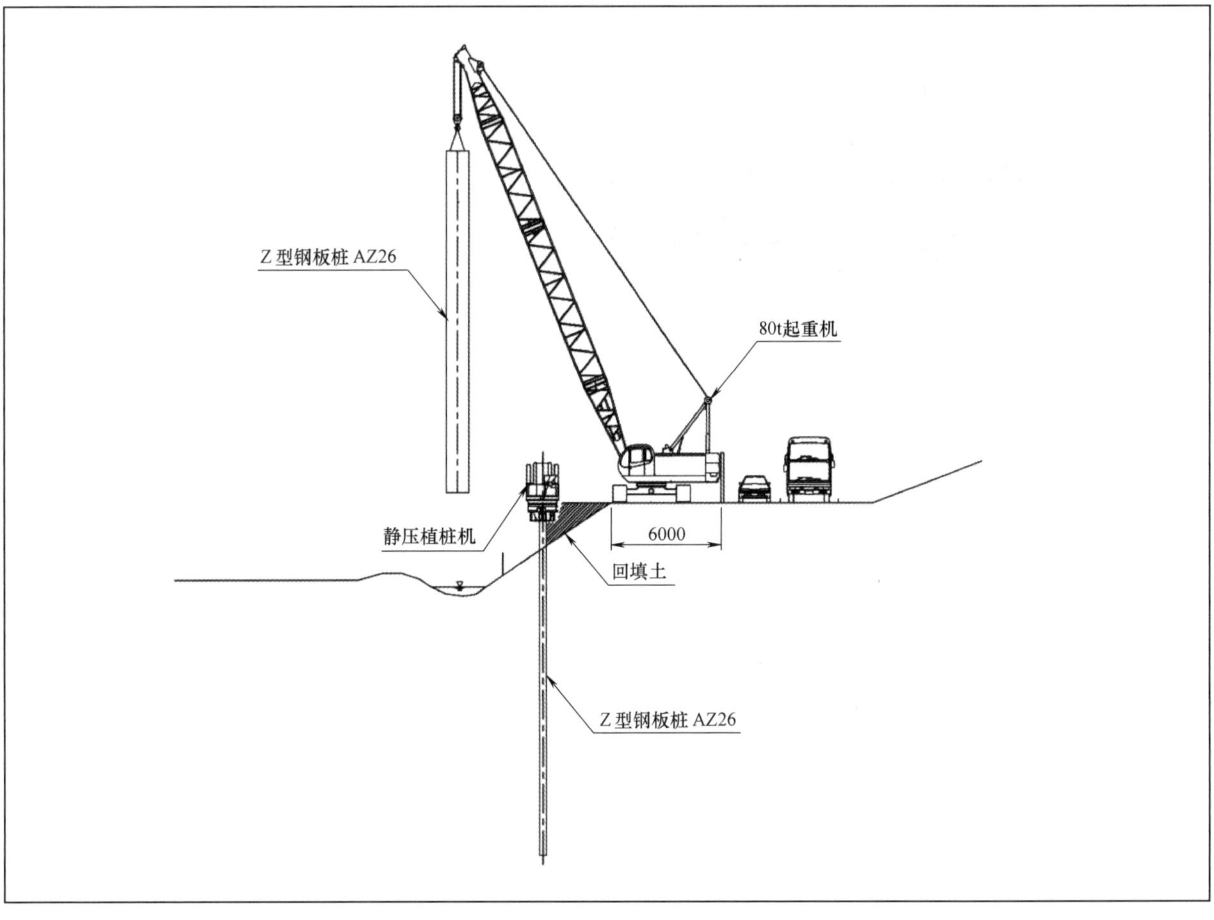

Z 型钢板桩 AZ26
80t起重机
静压植桩机
6000
回填土
Z 型钢板桩 AZ26

图 A. 1-32　施工截面

（4）钢管板桩（图 A. 1-33～图 A. 1-39）

图 A. 1-33　钢板桩施工概况

图 A. 1-34　围堰施工

施工目的	高速公路旁河流护岸防护墙工程
施工位置	新加坡
使用的施工机械	2 台钢管静压植桩机(PP300)
桩型及尺寸	1166 钢管板桩，直径 1200mm，t=15～19mm，PP 连接，L=28.0～43.9m
施工特征及效果	・对出入临近新加坡港的船舶影响有限； ・施工无噪声无振动，对周围环境无影响； ・利用长钢管桩进行施工，施工精度高； ・利用 2 台桩机同时施工，缩减了施工工期

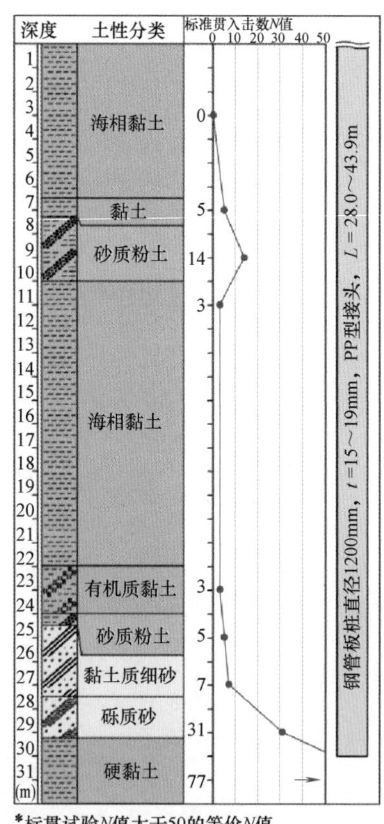

*标贯试验N值大于50的等价N值

图 A. 1-35　项目概况及土层钻孔柱状图

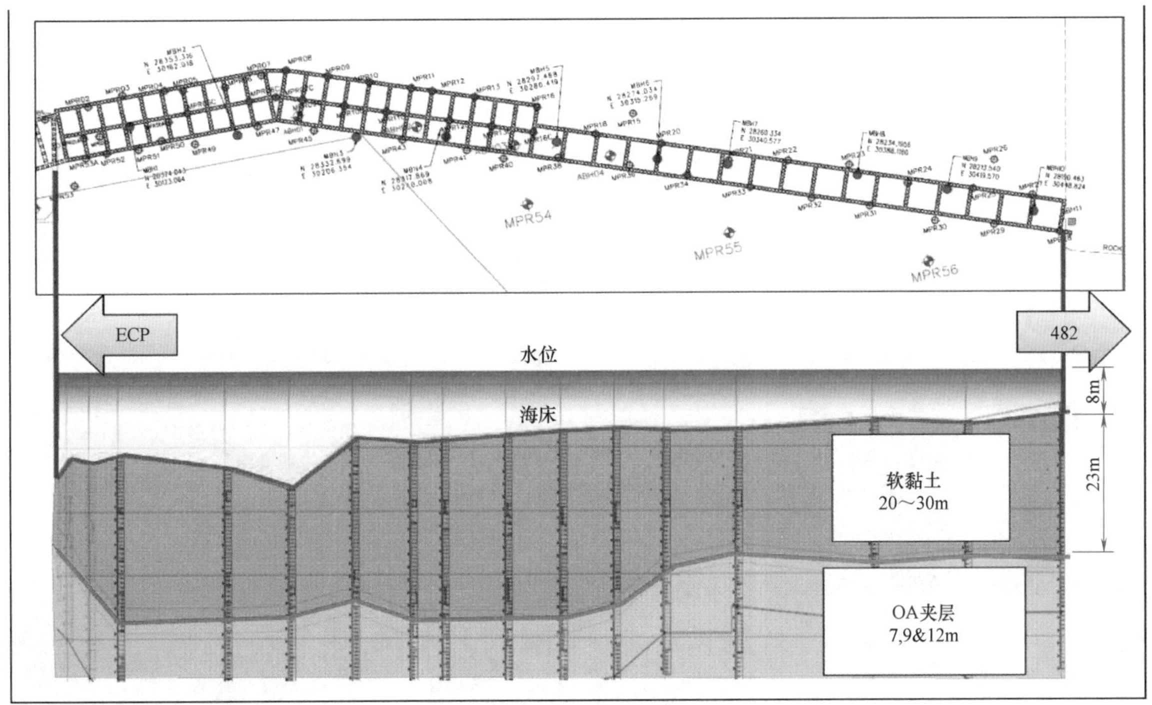

图 A.1-36 施工计划

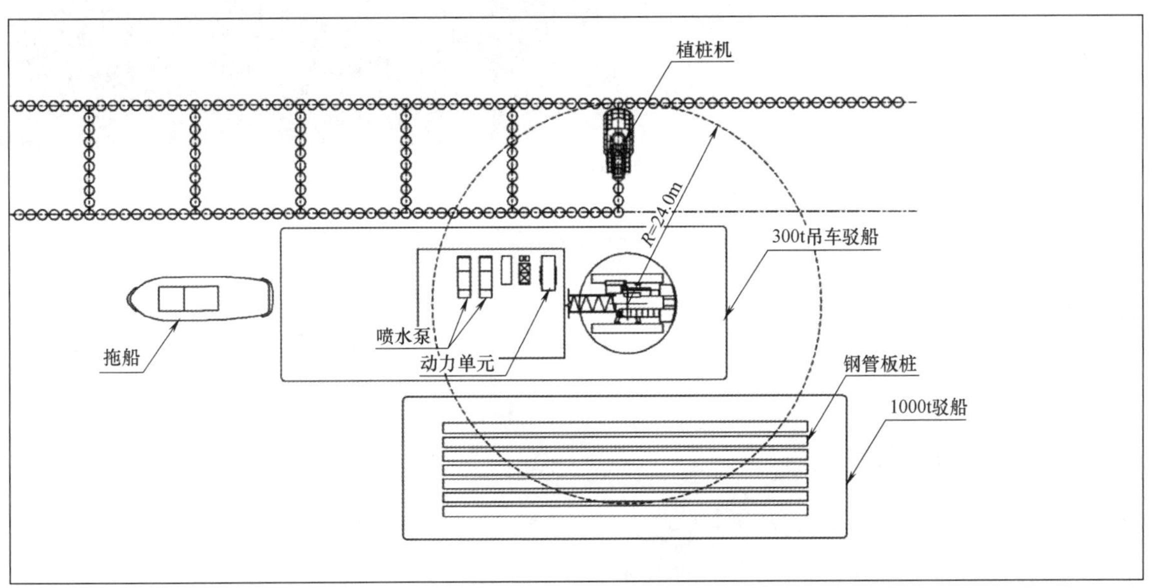

图 A.1-37 施工截面

图 A.1-38 静压施工概况

图 A.1-39 施工完成后

3. 螺旋钻并用压入

(1) 螺旋钻并用压入钢板桩

① 河流护岸加固工程（图 A. 1-40～图 A. 1-44）

图 A. 1-40 螺旋钻并用压入钢板桩施工

图 A. 1-41 施工概况

施工目的	因河流护岸加固，临时河流截流
施工位置	日本长崎市
使用的施工机械	静压植桩机(SCU400M)
桩型及尺寸	U 型钢板桩，Ⅲ型，L=9.0m，N=220
施工特征及效果	·施工位于轴向抗压强度为 124N/mm² 的硬质场地； ·临近有轨电车轨道

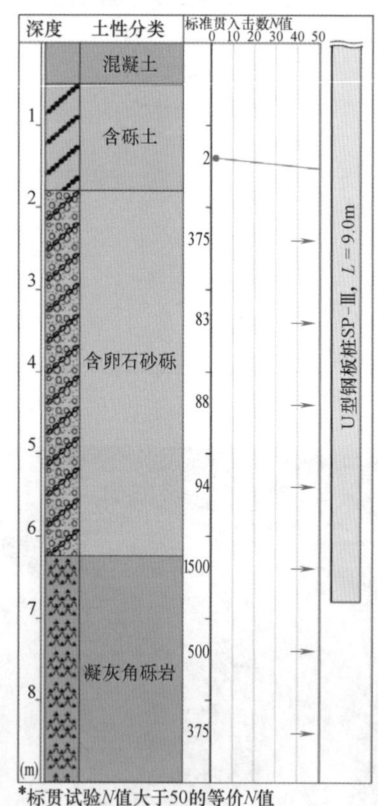

*标贯试验N值大于50的等价N值

图 A. 1-42 项目概况及土层钻孔柱状图

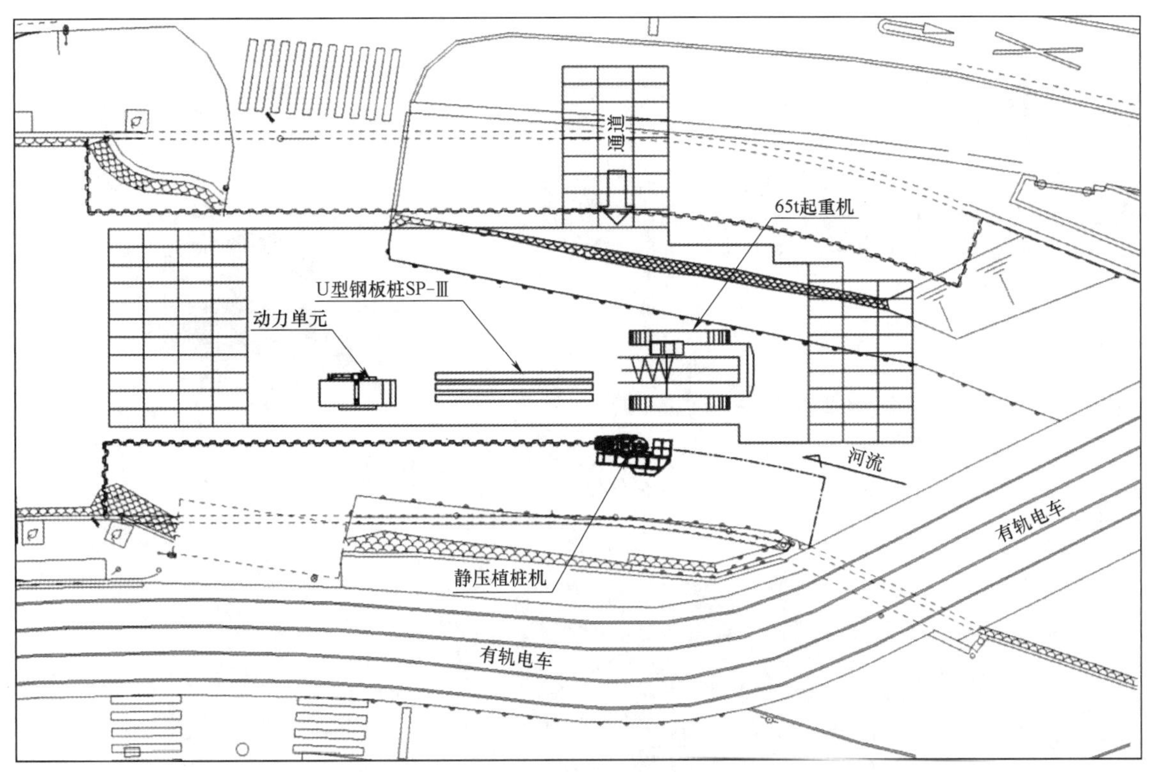

图 A.1-43 施工计划

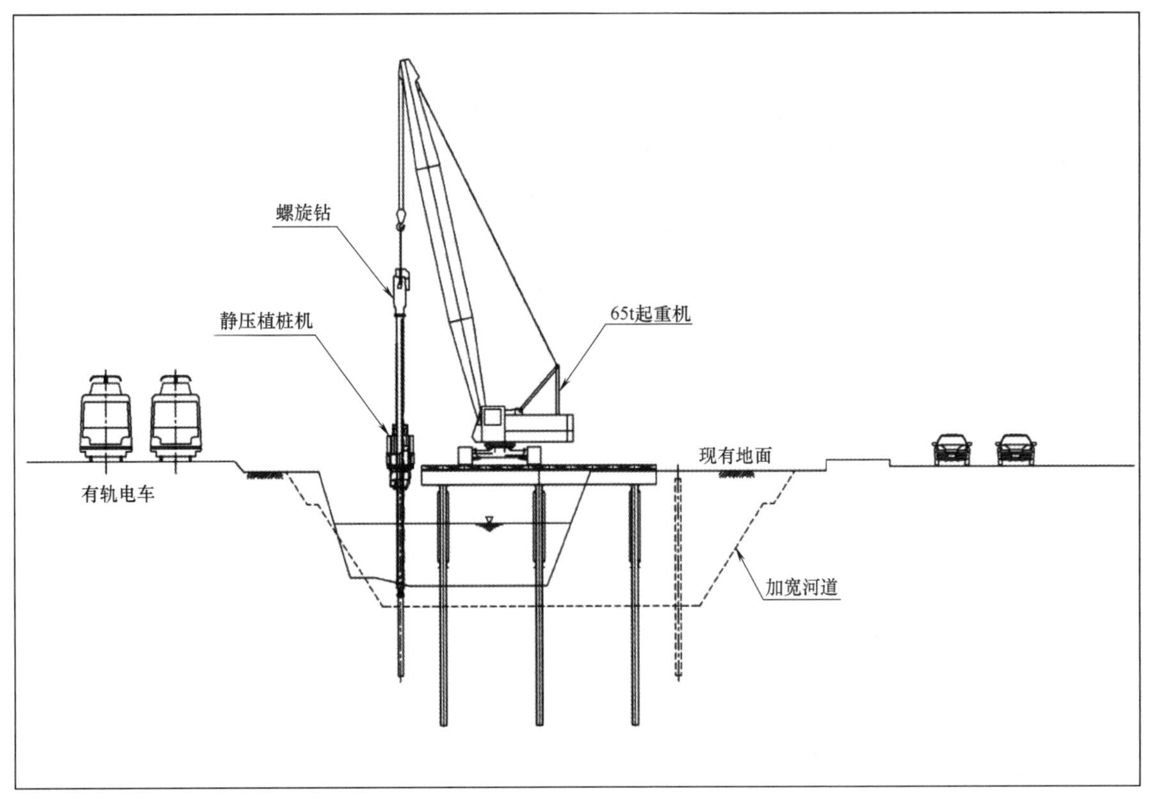

图 A.1-44 施工截面

② 桥墩支护结构（图 A. 1-45～图 A. 1-49）

图 A. 1-45　螺旋钻并用压入钢板桩施工

图 A. 1-46　支挡结构内部的开挖施工

施工目的	道路桥梁施工的临时支挡结构
施工位置	日本岛根县益田市
使用的施工机械	静压植桩机(SCU400M)
桩型及尺寸	192 型 VL 钢板桩，L＝18.0～21.0m
施工特征及效果	·施工位于单轴抗压强度大于 170MPa 的硬质片岩场地； ·施工精度高； ·缩减施工成本及工期

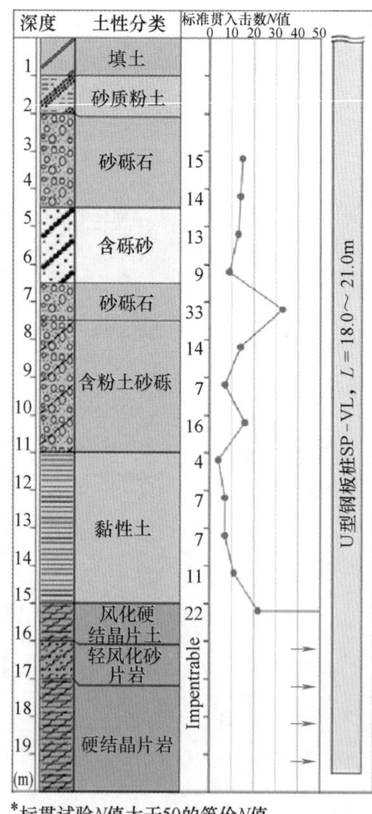

*标贯试验N值大于50的等价N值

图 A. 1-47　项目概况及土层钻孔柱状图

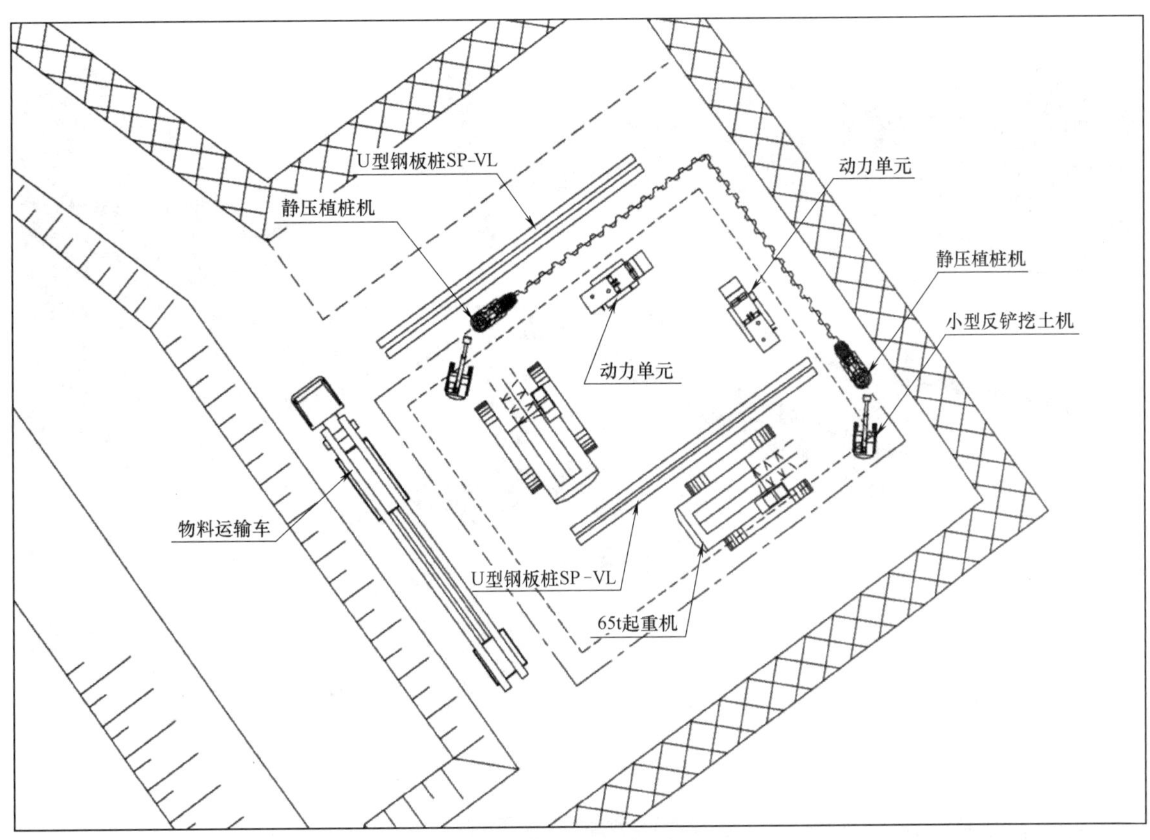

图 A.1-48 施工计划

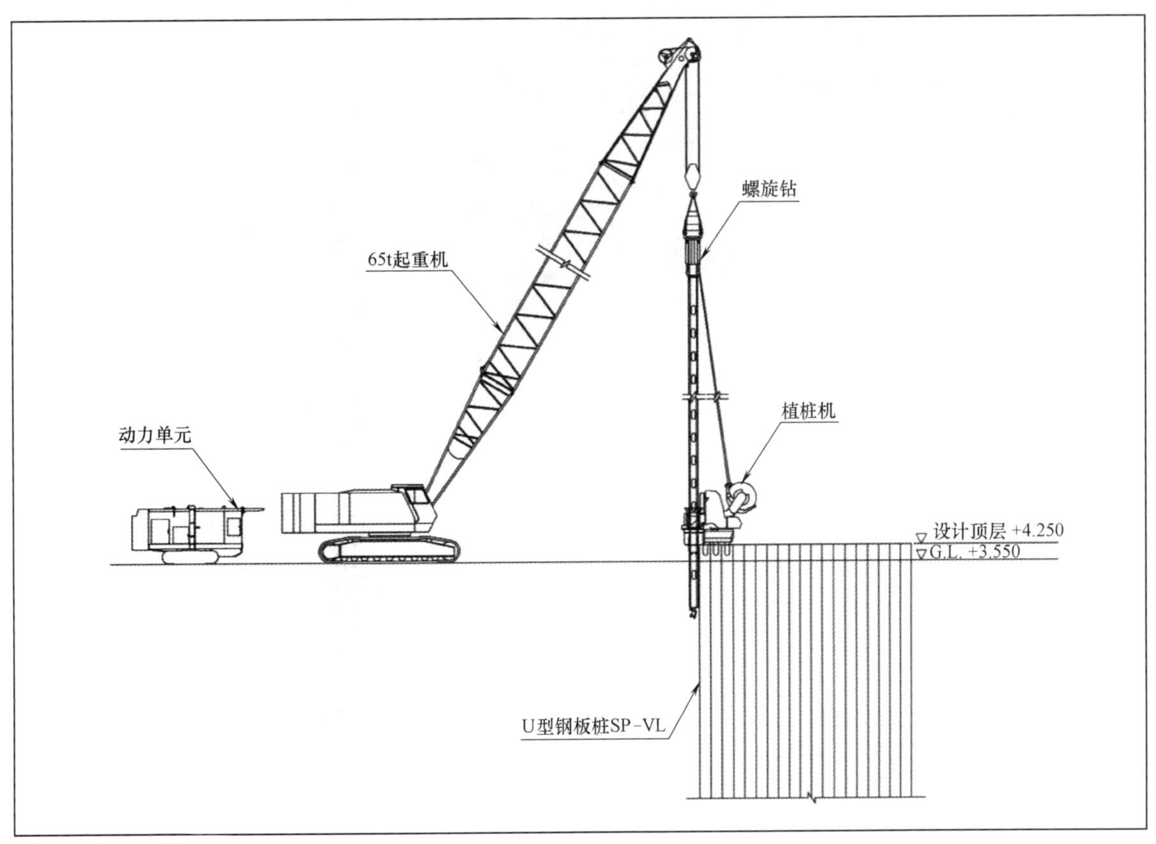

图 A.1-49 施工截面

③ 污水处理措施（图 A. 1-50～图 A. 1-54）

图 A. 1-50　螺旋钻并用压入钢板桩施工

图 A. 1-51　支挡结构内部开挖施工
（可见河床底部岩层露头）

施工目的	污水处理措施施工
施工位置	康堤，斯里兰卡
使用的施工机械	静压植桩机(SCU400M)
桩型及尺寸	210 型 SP-IV 钢板桩，L＝8. 0～11. 0m
施工特征及效果	・施工位于单轴抗压强度大于 170MPa 的硬质片岩场地； ・施工精度高； ・缩减施工成本及工期

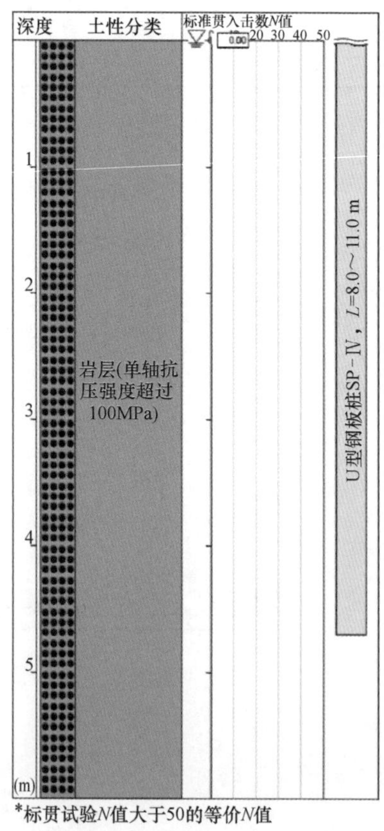

图 A. 1-52　项目概况及土层钻孔柱状图

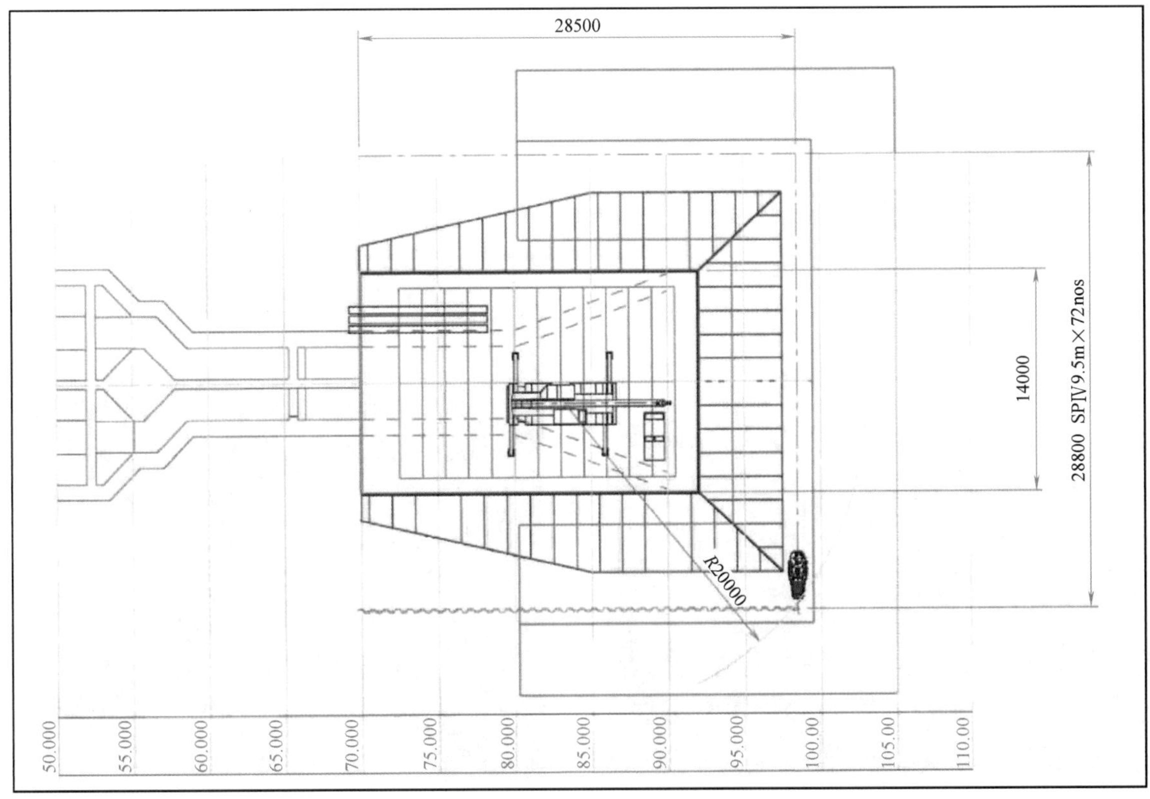

图 A.1-53 施工计划

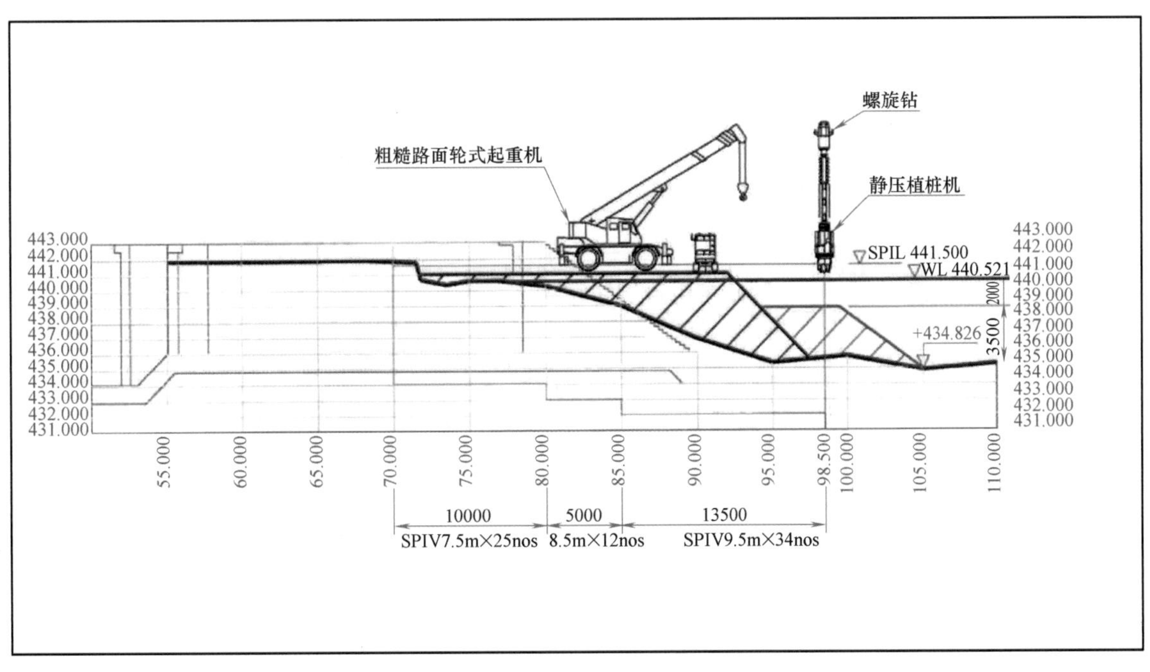

图 A.1-54 施工截面

④ 灾后重建（渠道施工）（图 A. 1-55～图 A. 1-59）

图 A. 1-55 螺旋钻并用压入钢板桩施工

图 A. 1-56 施工完成后

施工目的	灾后重建(渠道施工)
施工位置	日本东京黄岛町
使用的施工机械	静压植桩机(ECO400S)
桩型及尺寸	329 型Ⅲ钢板桩，L＝7.0m
施工特征及效果	·适用于单轴抗压强度大于 153.9MPa 的岩浆岩地层，以及泥石流形成的含卵石场地； ·斜坡上施工空间有限； ·施工位于标准击实试验不能贯穿的岩浆岩场地

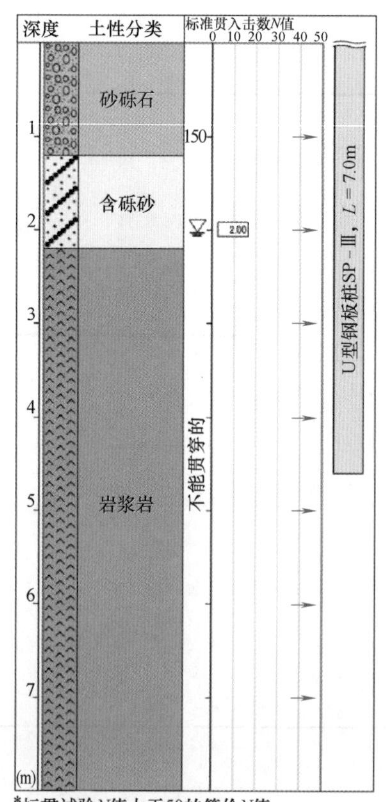

图 A. 1-57 项目概况及土层钻孔柱状图

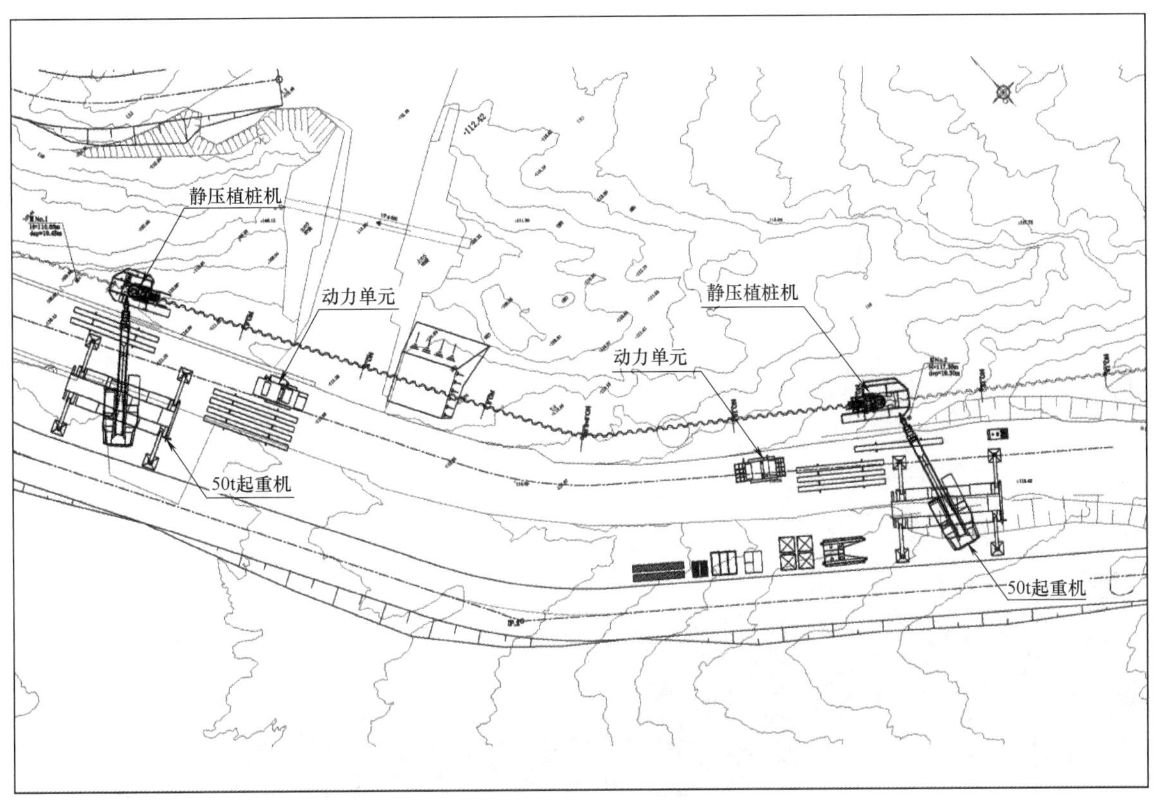

图 A.1-58 施工计划

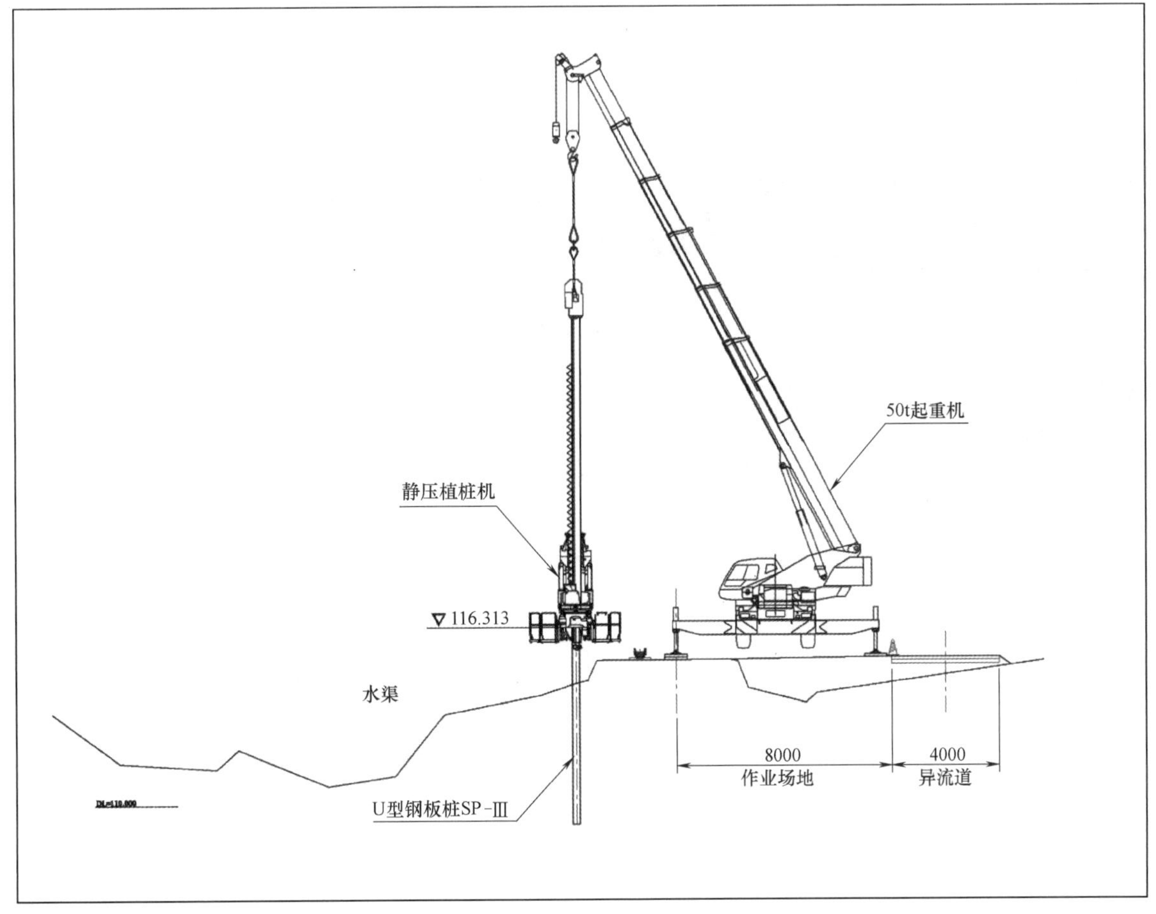

图 A.1-59 施工截面

（2）钢管板桩

① 用于道路拓宽的悬臂式嵌入挡土墙（图 A. 1-60～图 A. 1-64）

图 A. 1-60　螺旋钻并用压入钢管板桩施工

图 A. 1-61　施工现场概况

施工目的	悬臂式嵌入支挡结构用于道路拓宽
施工位置	日本横滨市神奈川
使用的施工机械	静压植桩机(SCP260)
桩型及尺寸	376 钢管板桩，直径 900mm，PT 连接，L=11.0～21.0m
施工特征及效果	・利用无临设工程施工工法确保施工不对交通产生影响； ・施工位于硬质场地(最大 SPT-N 值为 166 的泥岩场地)； ・2 台桩机同时施工，缩减施工工期

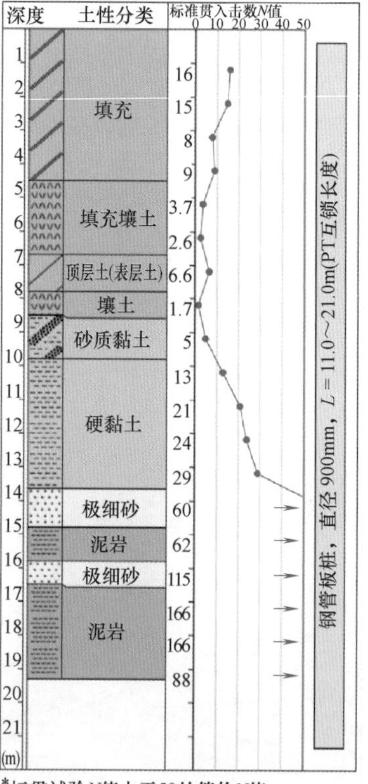

图 A. 1-62　项目概况及土层钻孔柱状图

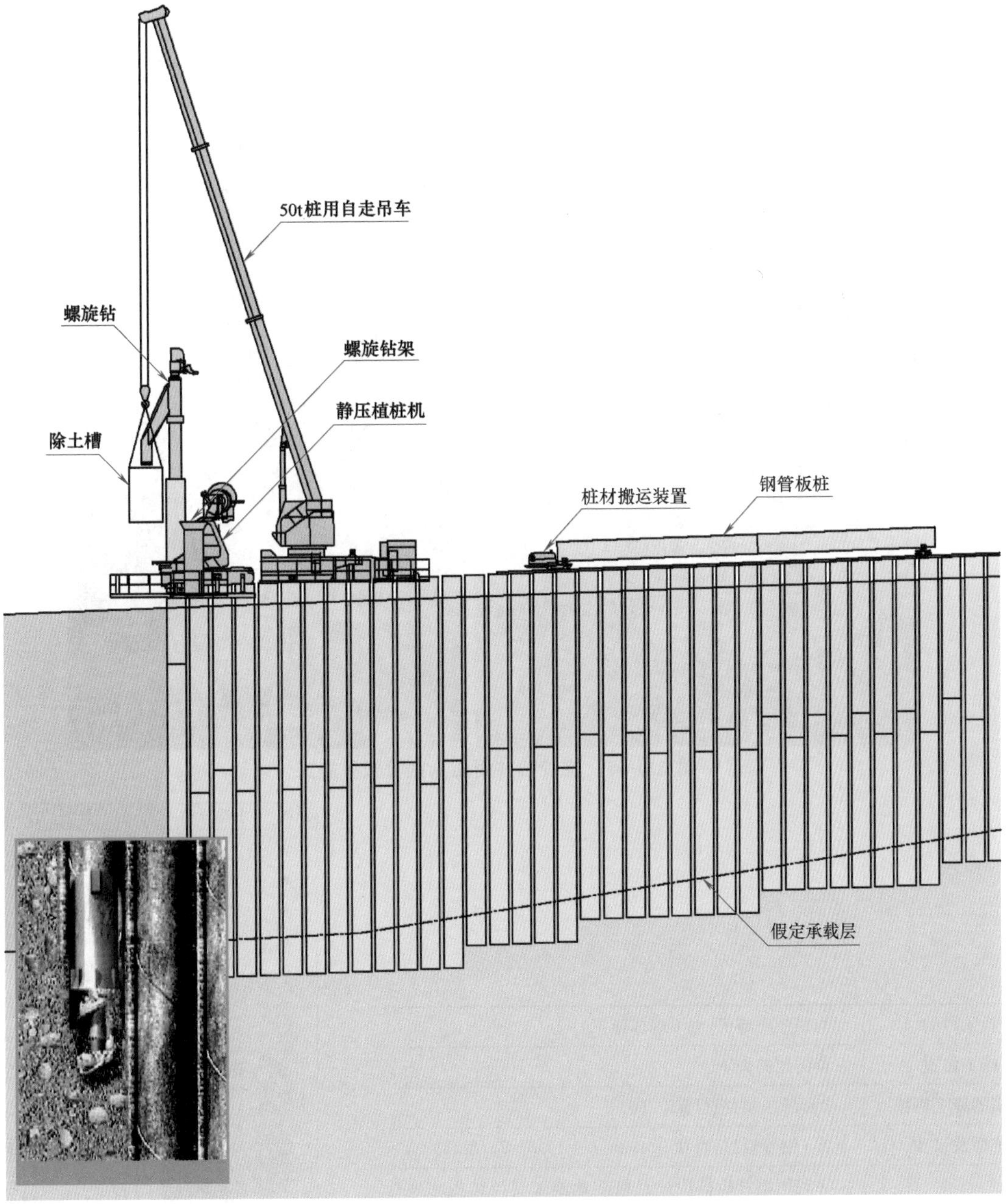
50t桩用自走吊车
螺旋钻
螺旋钻架
静压植桩机
除土槽
桩材搬运装置
钢管板桩
假定承载层

图 A.1-63 施工正面图

40.34
截面
截面
钢管板桩
钢管板桩

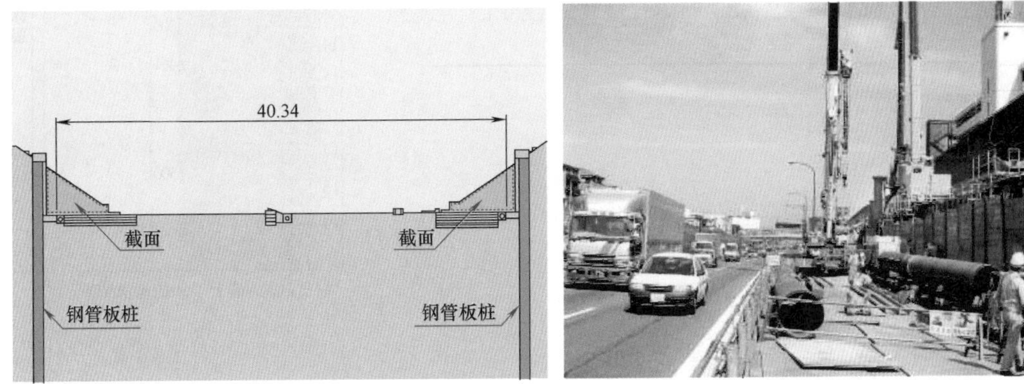

图 A.1-64 施工截面及施工概况

② 购物中心支挡结构（图 A. 1-65～图 A. 1-69）

图 A. 1-65 螺旋钻并用压入钢管板桩施工

施工目的	购物中心施工(地下墙体施工)
施工位置	英国加的夫
使用的施工机械	2 台静压植桩机(SCP260)
桩型及尺寸	205 钢管板桩,直径 914mm,L=10.5～15.8m
施工特征及效果	·利用钢管板桩快速且精准地施工支挡结构和地下墙体结构; ·一些桩将作为承重桩; ·可实现硬质场地(泥岩地层)上的压桩施工; ·施工无噪声无振动

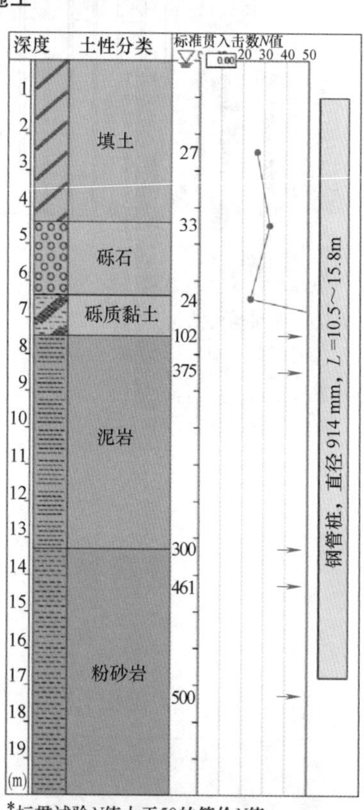

图 A. 1-66 项目概况及土层钻孔柱状图

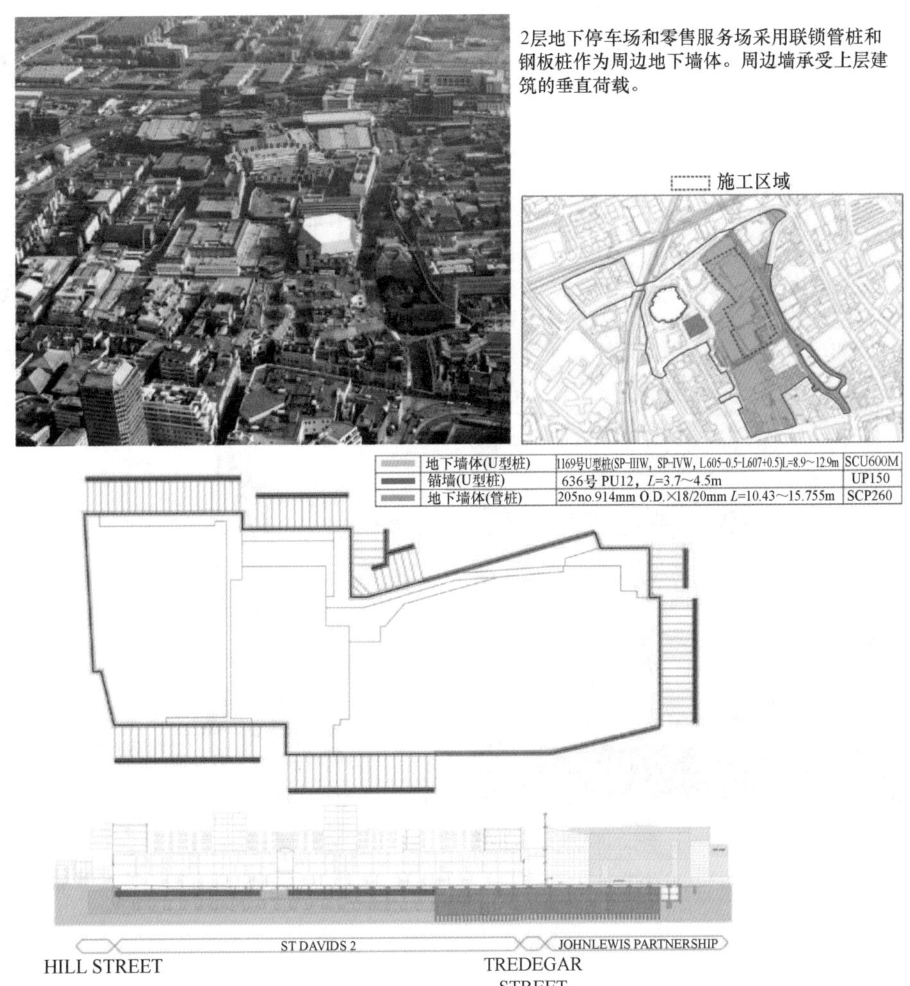

图 A.1-67 施工计划

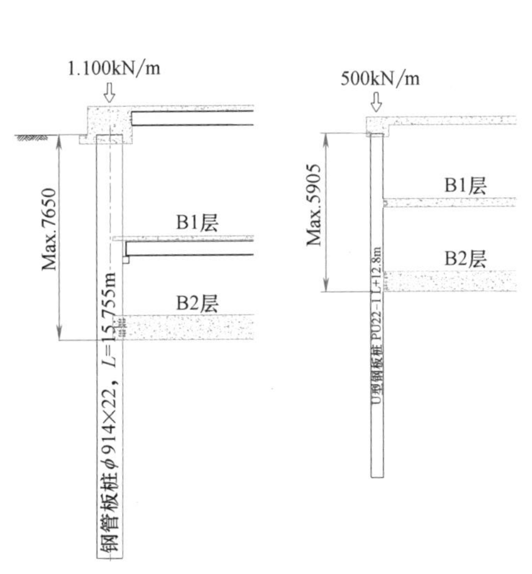

图 A.1-68 施工截面

开挖后

工程完成后

完成后的购物中心

图 A.1-69 施工完成

③ 运河下地铁站的临时和永久挡土墙（图 A. 1-70～图 A. 1-75）

图 A. 1-70 钢管桩施工

图 A. 1-71 桥面下方的静压施工

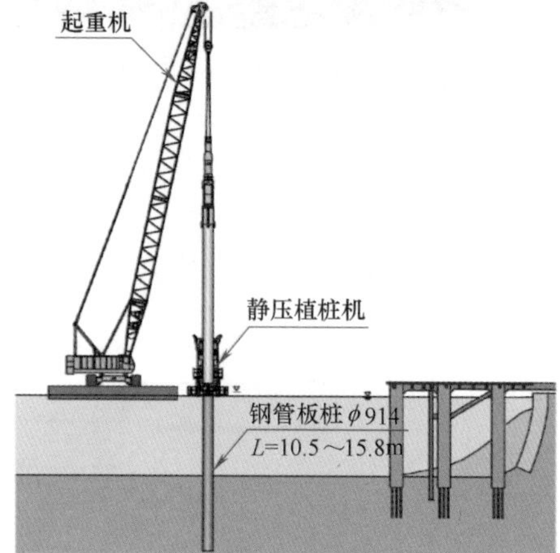

图 A. 1-72 施工截面

施工目的	运河内的地铁车站施工
施工位置	英国伦敦
使用的施工机械	2 台静压植桩机(SCP260)
桩型及尺寸	直径 1219mm，PP 连接，t = 14，16，18mm，L = 18. 0～18. 5m，SPT-N=303
施工特征及效果	· 利用钢管板桩快速且精准地施工支挡结构和地下墙体结构； · 修建具有良好截水性能的围堰； · 施工位于硬质场地(泥岩地层)； · 施工无噪声无振动

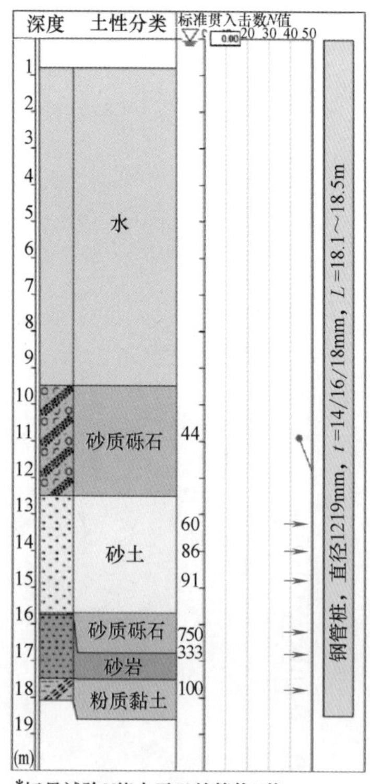

图 A. 1-73 项目概况及土层钻孔柱状图

图 A.1-74 围堰概况

图 A.1-75 开挖完成后

（3）预应力混凝土墙结构（图 A. 1-76～图 A. 1-83）

图 A. 1-76 螺旋钻并用压入预应力混凝土墙施工

施工目的	用于道路拓宽的自立式挡土墙结构施工
施工位置	日本东京新宿区
使用的施工机械	静压植桩机(SCC130)
桩型及尺寸	113 方形预应力墙结构，W = 700mm，L = 13.0～15.0m
施工特征及效果	· 施工临近住宅区，无噪声无振动； · 无必要修建大规模的临时施工墩台； · 昼夜不间断施工，缩减施工工期

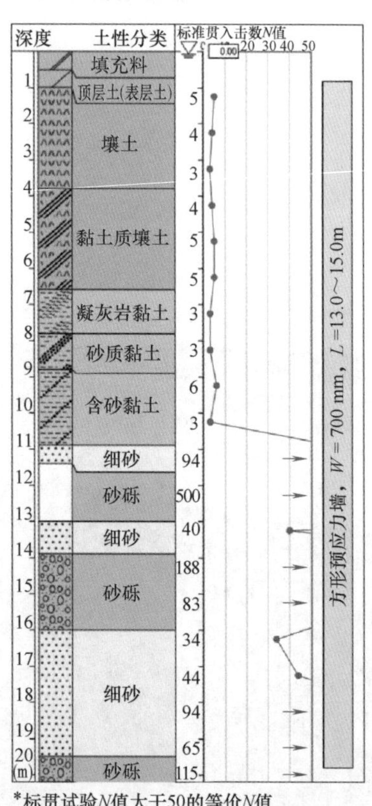

图 A. 1-77 项目概况及钻孔柱状图

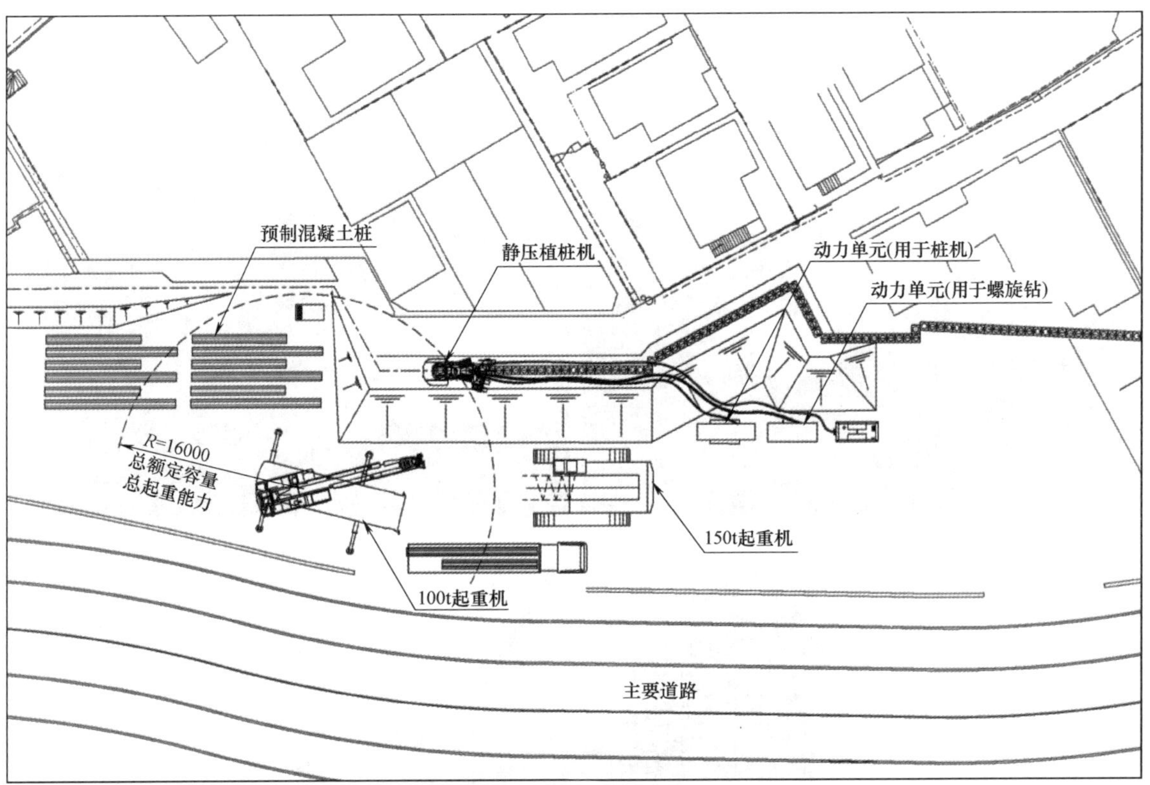

图 A. 1-78 施工计划

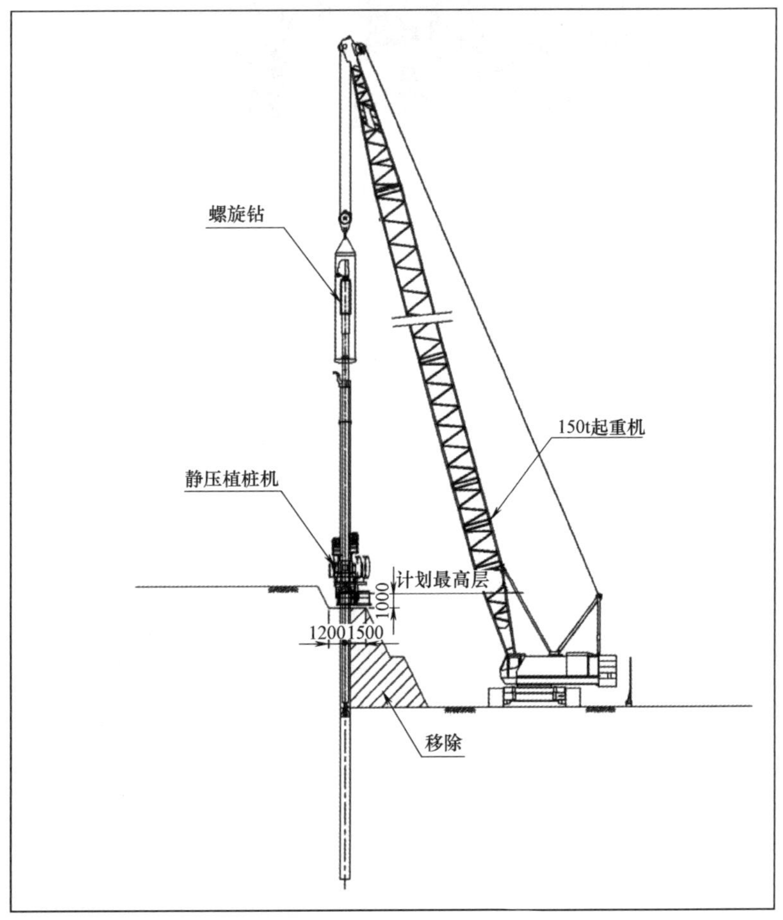

图 A. 1-79 施工截面

4. 旋转切削压入

(1) 典型河流护岸工程(图 A. 1-80～图 A. 1-83)

(a) (b) (c)

图 A. 1-80 临近房屋的静压施工

施工目的	河流改造工程(开挖河床确保满足河流流量需求)
施工位置	日本东京杉并区
使用的施工机械	静压植桩机(GRV1026),桩用自走吊车(CB4-1),桩材搬运装置(TB4)
桩型及尺寸	169 钢管桩,直径 1000mm,t = 10 ～ 13mm,L = 13.0～15.0m
施工特征及效果	·借助桩端钻头将钢管桩压入砂层和碎石土层(等价 SPT-N 值为 107); ·最大限度地降低施工噪声及振动; ·采用两套无临设工程施工工法,缩短施工工期

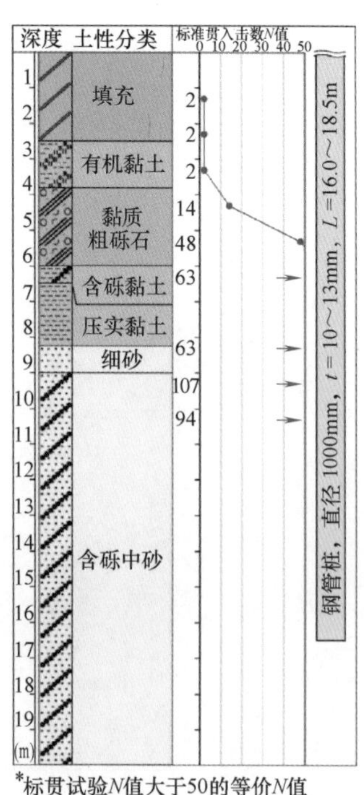

图 A. 1-81 项目概况及土层钻孔柱状图

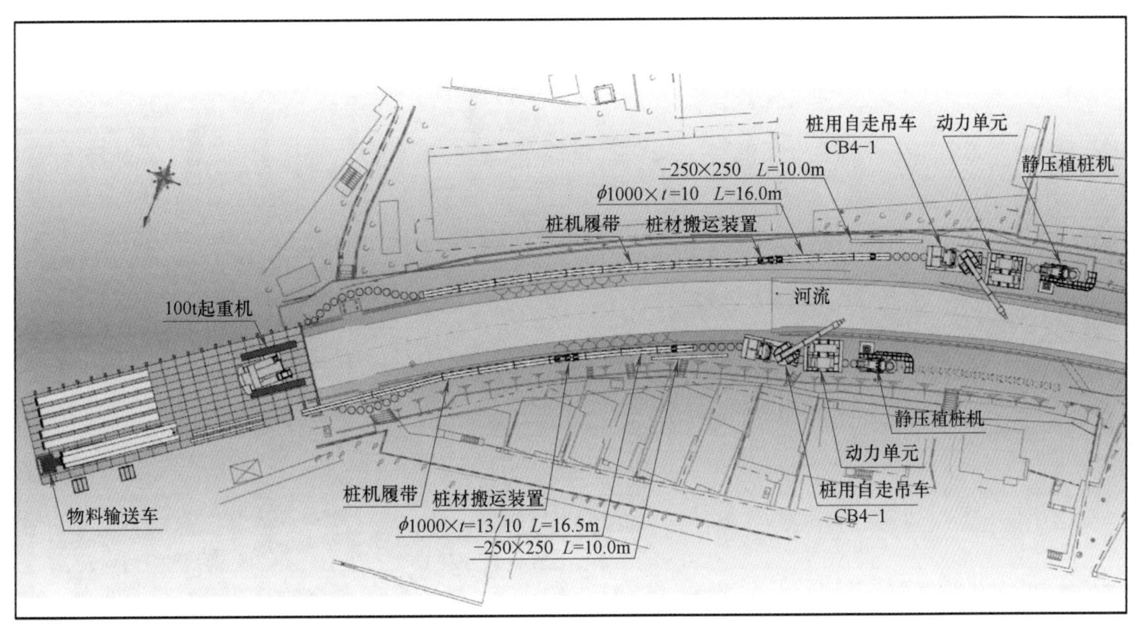

图 A. 1-82 施工计划

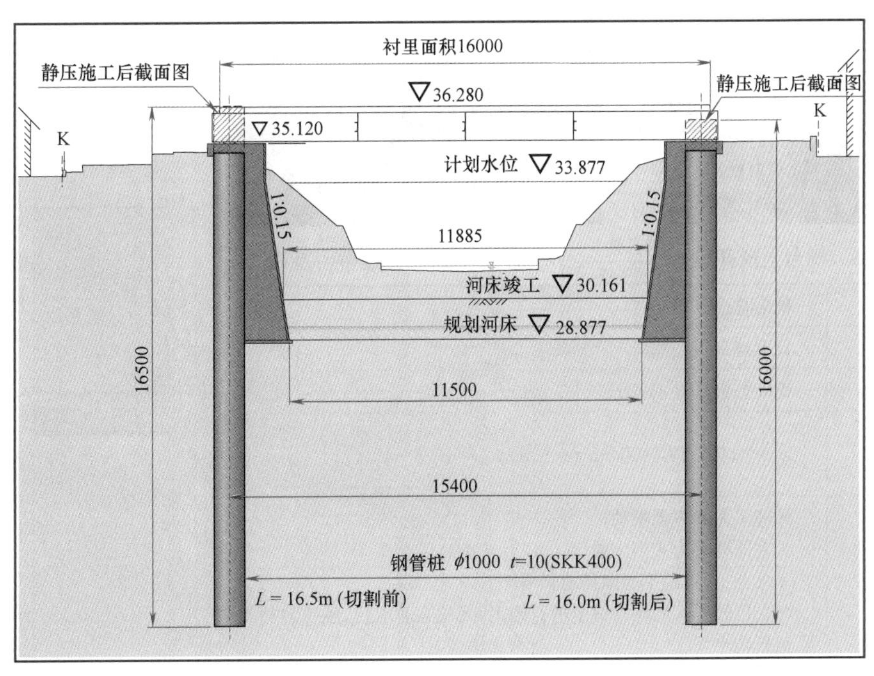

图 A. 1-83 施工截面

（2）桥梁工程超前钻孔典型案例（图 A. 1-84～图 A. 1-89）

图 A. 1-84　旋转切削静压施工

图 A. 1-85　桥台上预开挖

图 A. 1-86　移除桥台基础

施工目的	桥梁基础工程
施工位置	日本神奈川县横滨
使用的施工机械	螺旋桩机(GRV1226)
桩型及尺寸	24 钢管桩，直径 900mm，t=12mm，L=12.5～15.0m
施工特征及效果	·施工无噪声无振动； ·在既有重力式挡土墙(4.5m)上方施工； ·无弃土，对施工周围场地影响小； ·在已经压入的钢管桩上进行施工，无须临时墩台，施工对桥下水流影响小

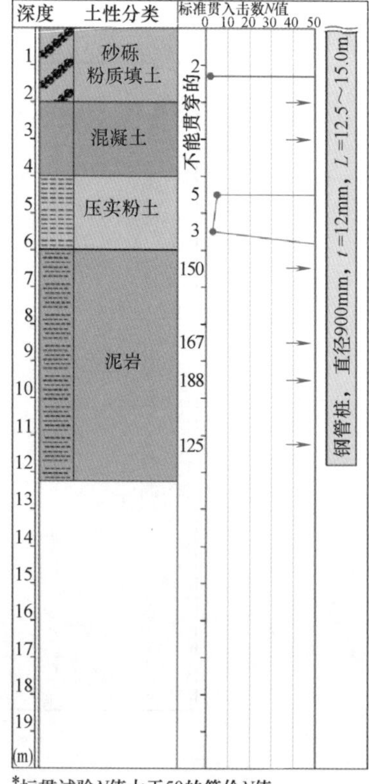

*标贯试验N值大于50的等价N值

图 A. 1-87　项目概况及土层钻孔柱状图

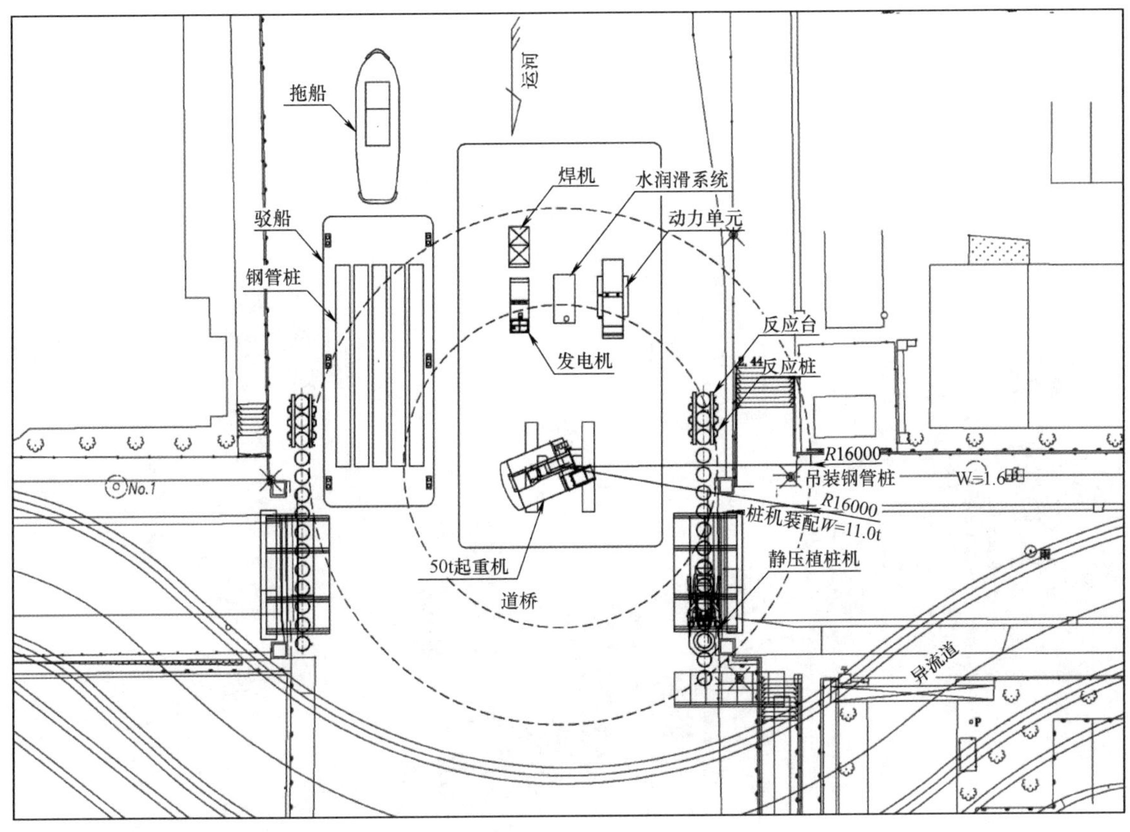

图 A.1-88 施工计划

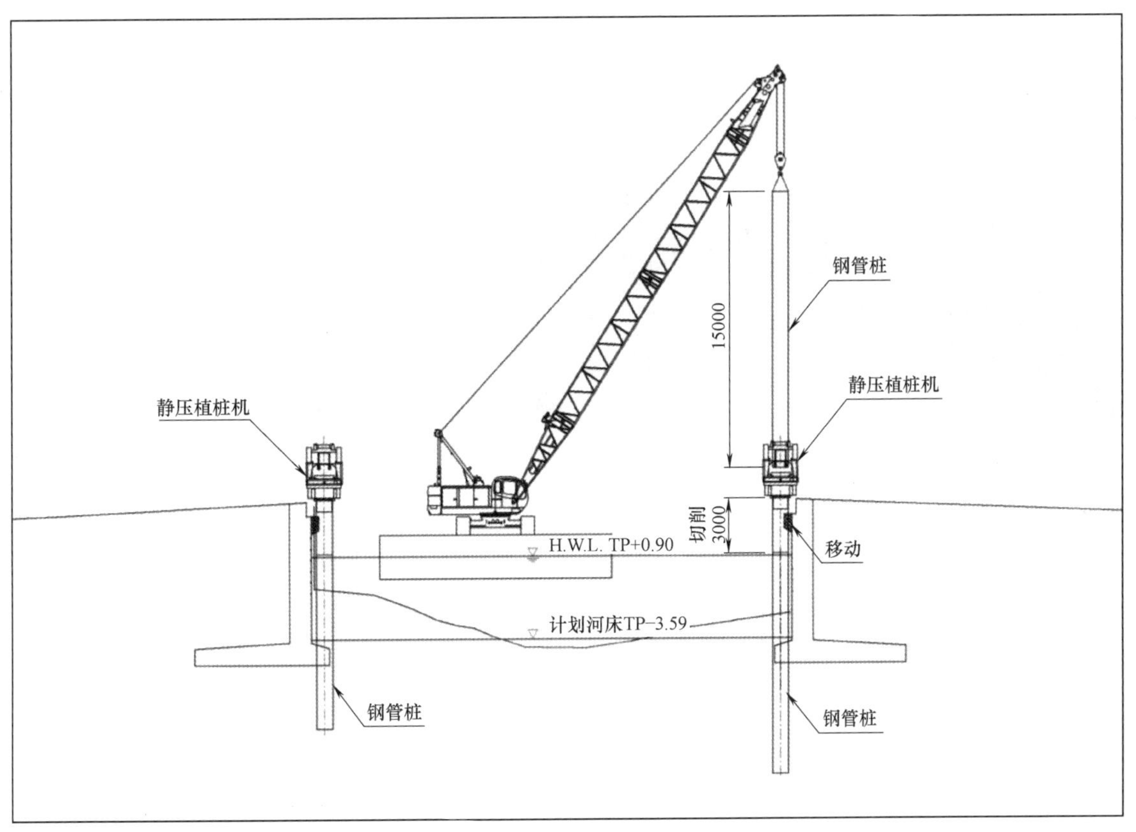

图 A.1-89 施工截面

（3）护岸保护工程中的斜桩施工（图 A. 1-90～图 A. 1-94）

图 A. 1-90 旋转切削静压施工（斜桩施工）

图 A. 1-91 临近既有垂直桩的斜桩施工

施工目的	雨水排出口附近的护岸加固工程
施工位置	日本四日市
使用的施工机械	螺旋桩机(GRA1030)
桩型及尺寸	2 斜钢管桩，直径 800mm，t=9mm，L=15.0m
施工特征及效果	·利用螺旋桩机的旋转切削工法进行斜桩压入施工； ·通过提高结构的横向刚度降低了施工成本

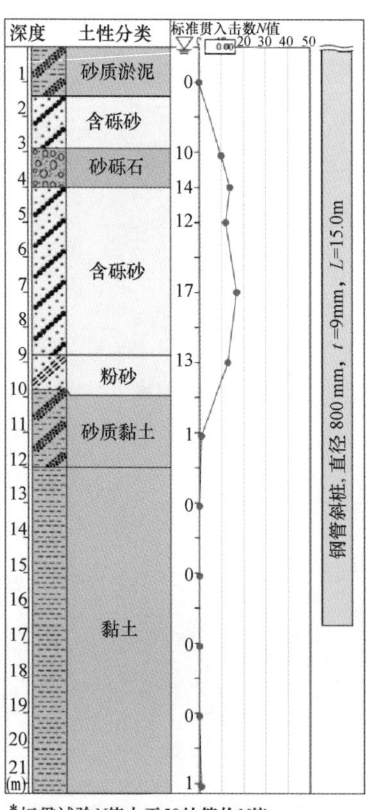

图 A. 1-92 项目概况及土层钻孔柱状图

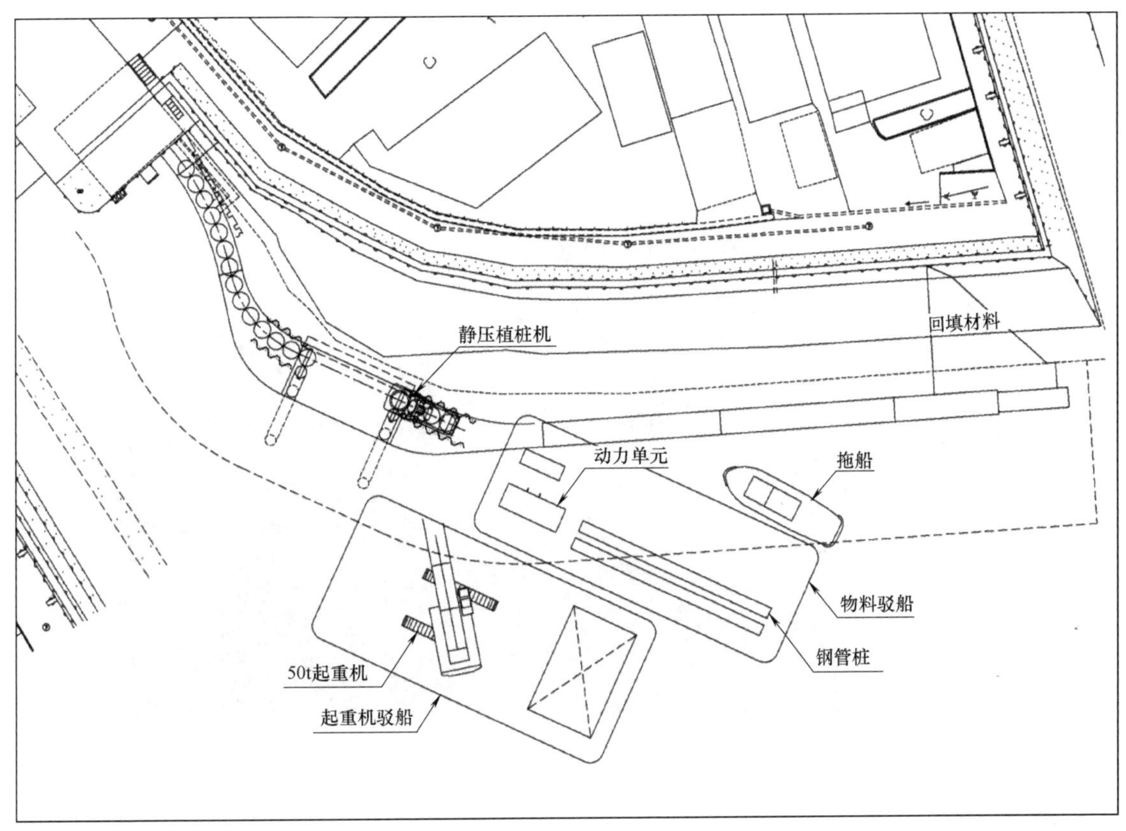

图 A.1-93　施工计划

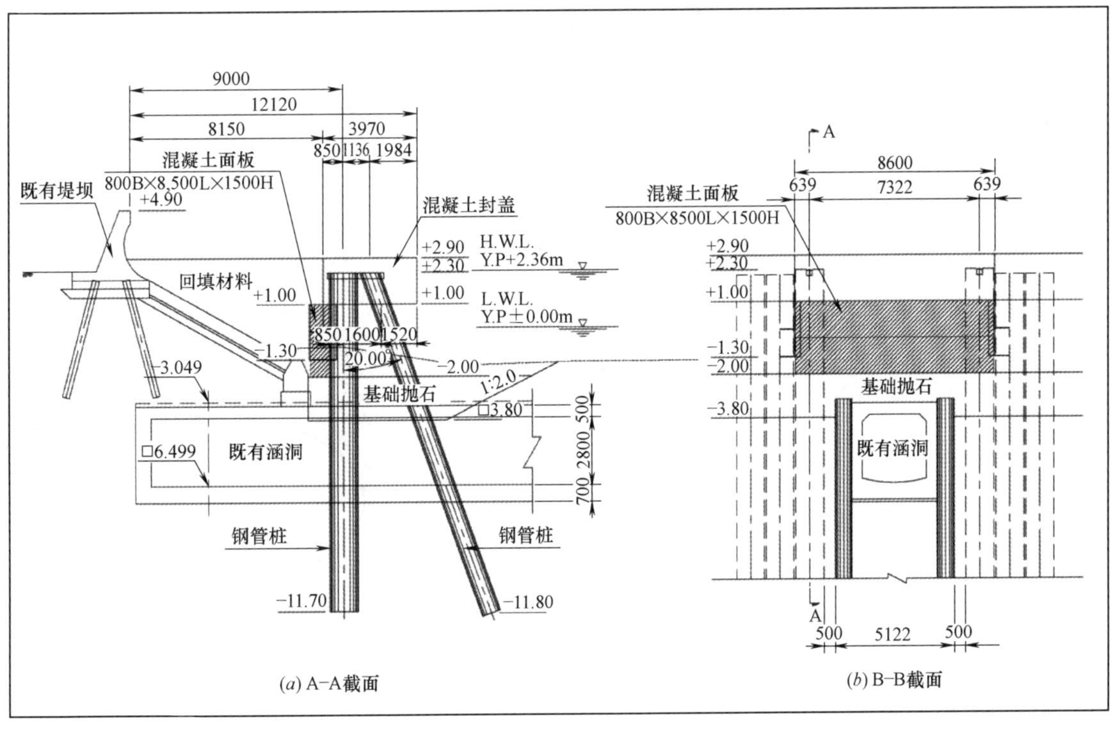

图 A.1-94　施工截面

(4) 大直径钢管桩施工(图 A. 1-95～图 A. 1-99)

图 A. 1-95 狭窄空间内的钢管桩施工

图 A. 1-96 施工期间交通不中断

施工目的	利用大直径钢管桩进行道路拓宽
施工位置	日本东京
使用的施工机械	螺旋桩机(SP 11,ϕ=2000mm)
桩型及尺寸	2 钢管桩,ϕ2500mm,t = 20mm,L = 20.5～24m(含接头的 2 根桩)
施工特征及效果	・利用高质量的大直径钢管桩修建高度为 7.7～12.4m 的道路挡土墙; ・噪声和振动小,不影响现有交通; ・在狭窄拥挤地区利用无临设工程施工工法进行施工; ・缩短施工工期,降低工程成本

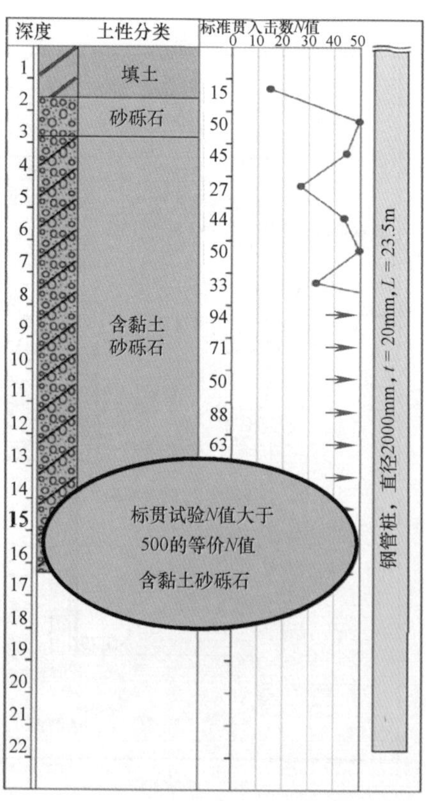

图 A. 1-97 项目概况及土层钻孔柱状图

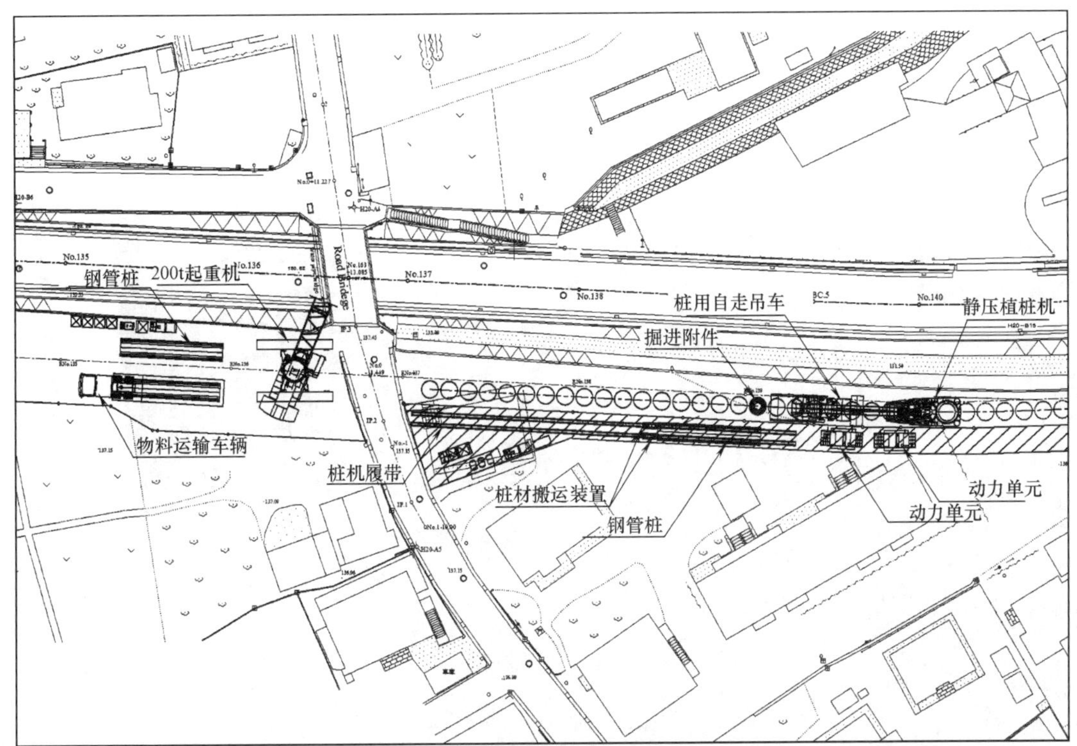

图 A.1-98 施工计划

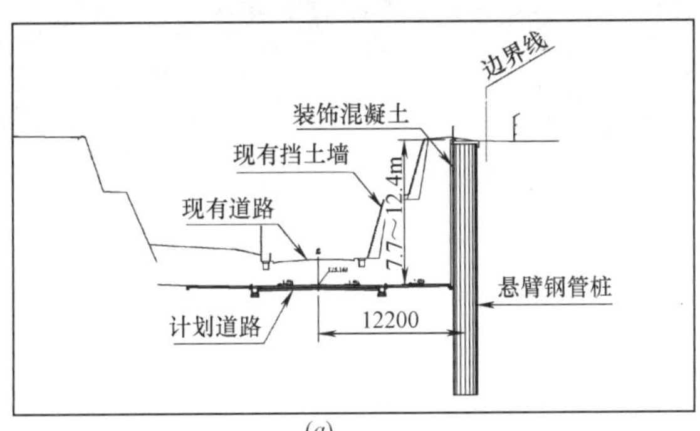

(*a*)

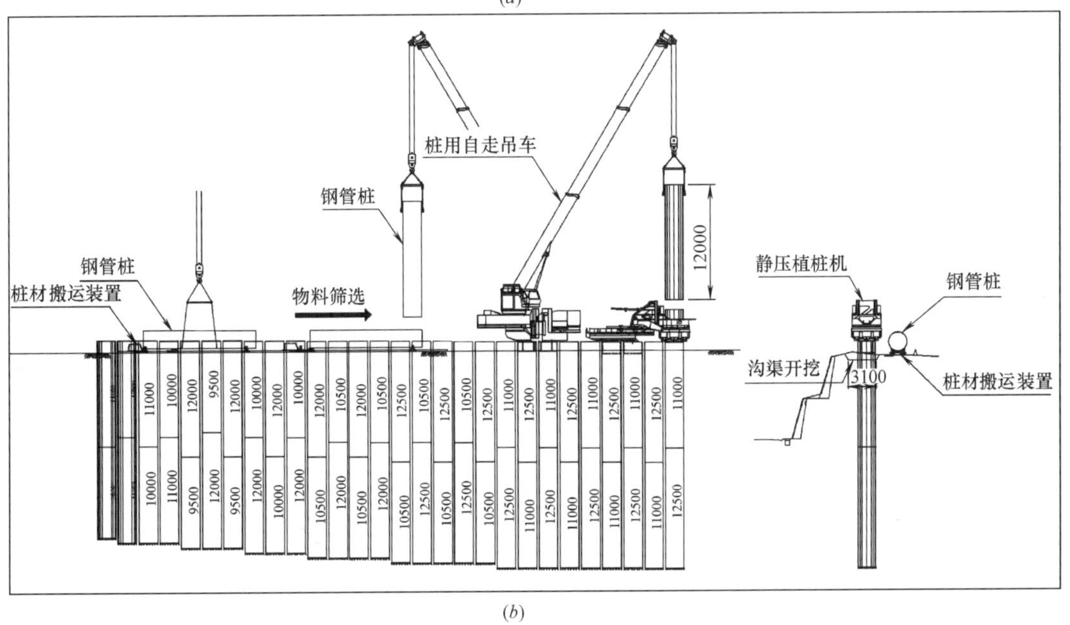

(*b*)

图 A.1-99 施工截面

A.1.2 克服场地条件限制的压入工法

1. 无临设工程施工工法

本节列举的河流护岸保护工程案例中，临时墩台的施工空间极小（图 A.1-100～图 A.1-107）。

图 A.1-100 钢管桩施工

施工目的	河流护岸墙翻新
施工位置	日本爱知县名古屋
使用的施工机械	螺旋桩机(GRA1520)，桩用自走吊车(CB4-1)，桩材搬运装置(PR1)
桩型及尺寸	67 钢管桩，直径 1500mm，t=15～18mm，L=22.5m
施工特征及效果	·采用无临设工程施工工法，无须临时墩台，缩减了施工周期及成本，降低了对环境的影响； ·因河流中无施工墩台，不影响过往船只的通行； ·采用预制护筒对既有护岸墙进行保护； ·采用旋转切削工法进行钢管桩施工，施工对既有护岸保护墙的影响有限

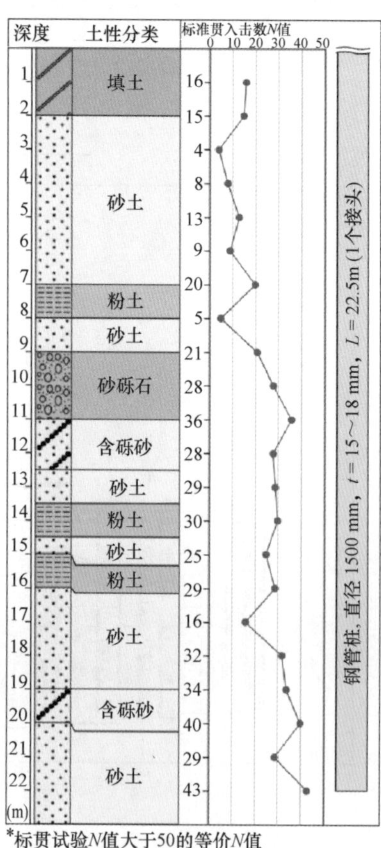

*标贯试验N值大于50的等价N值

图 A.1-101 项目概况及土层钻孔柱状图

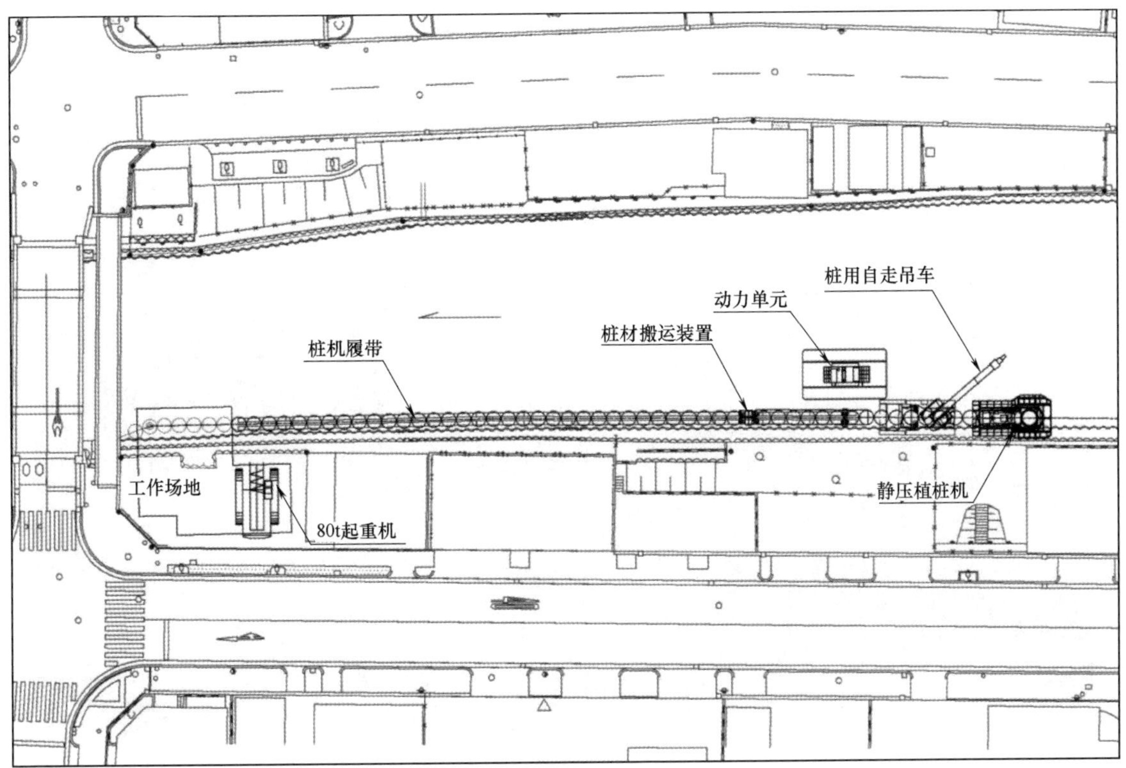

图 A.1-102 施工计划

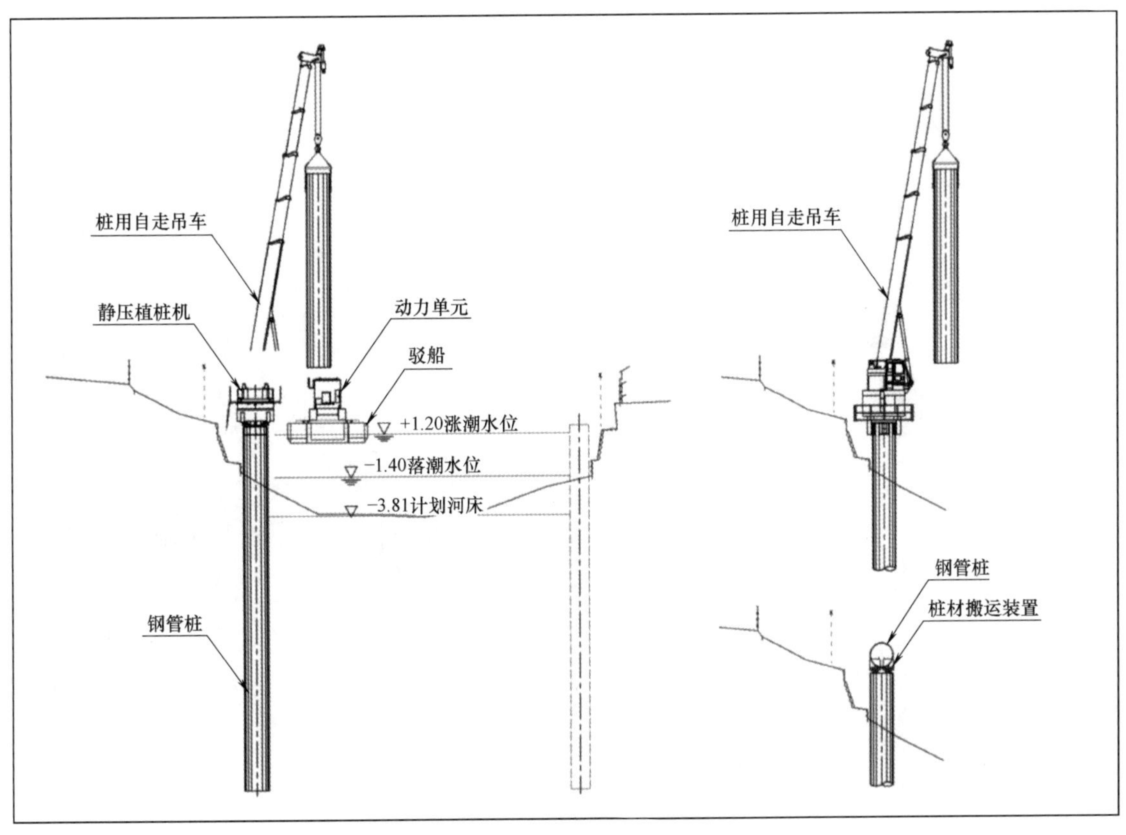

图 A.1-103 施工截面

图 A. 1-104　利用桩材搬运装置进行钢管桩运输

图 A. 1-105　利用桩用自走吊车进行预制材料安装

图 A.1-106 利用桩材搬运装置进行预制材料运输

图 A.1-107 施工结束后

2. 狭窄空间工法

本节介绍狭窄空间内的水渠翻新改造工程案例（图 A. 1-108～图 A. 1-112）。

图 A. 1-108 宽钢板桩施工

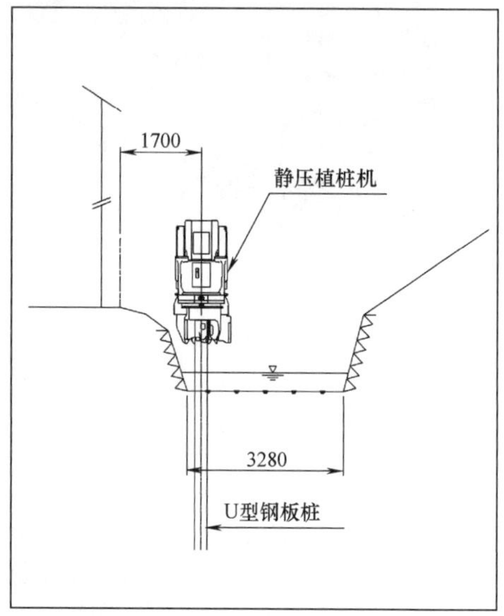

图 A. 1-109 施工截面

施工目的	水渠翻新改造工程
施工位置	日本青森县
使用的施工机械	静压植桩机（SW100），桩用自走吊车（CB1A），桩材搬运装置（PR1）
桩型及尺寸	772 型Ⅱ$_w$钢板桩，L=10.0～12.5m
施工特征及效果	·在房屋间狭窄空间内利用狭窄空间工法进行施工； ·通过夹钳住已经压入的桩，施工机械无倾覆风险，不对周围房屋的安全性构成威胁

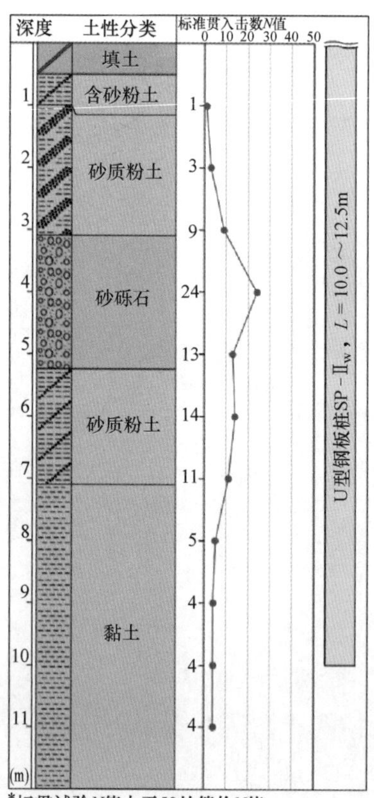

图 A. 1-110 项目概况及土层钻孔柱状图

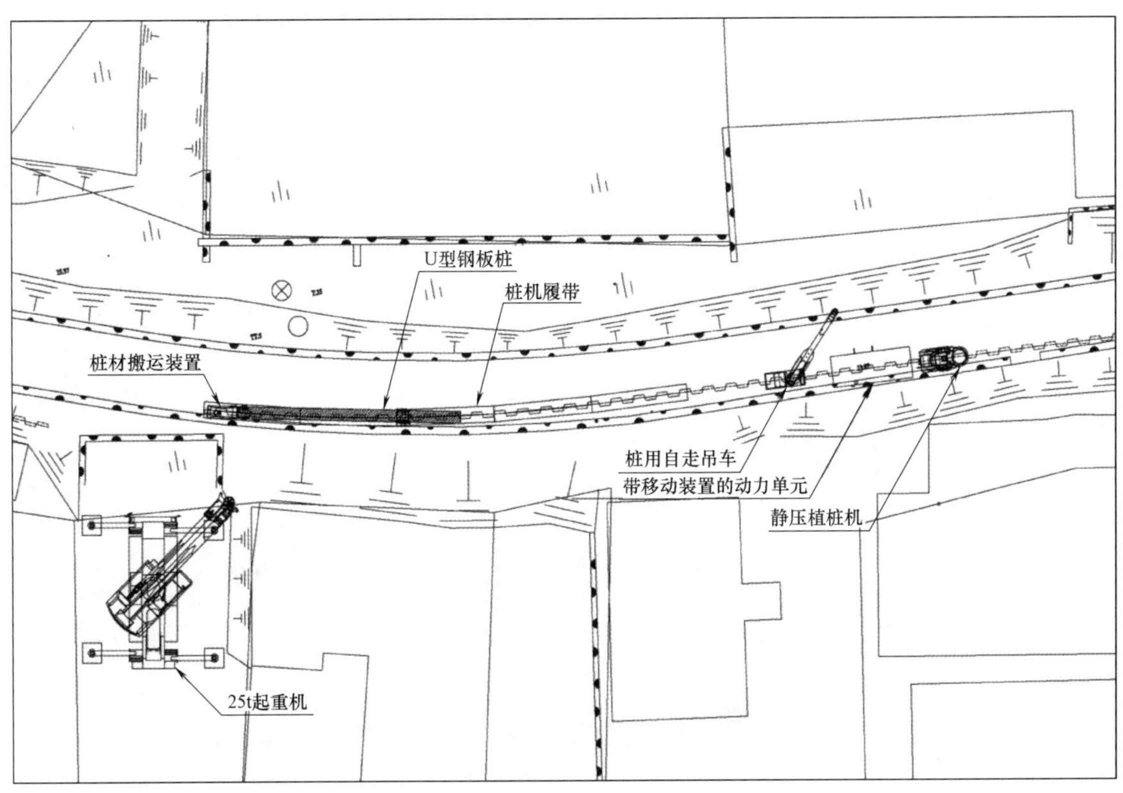

图 A.1-111　施工计划

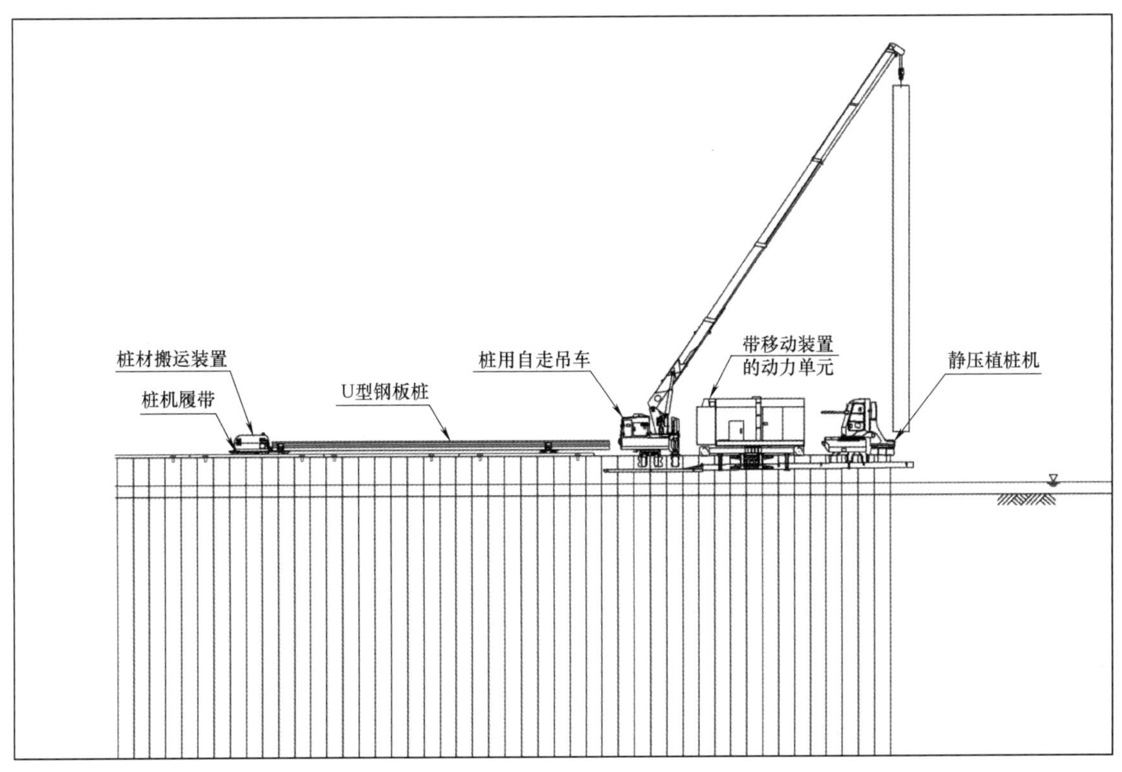

图 A.1-112　施工计划正面图

3. 低净空工法

标准压入。本节介绍桥梁下方临时围堰的施工案例（图 A. 1-113～图 A. 1-117）。

图 A. 1-113 钢板桩施工

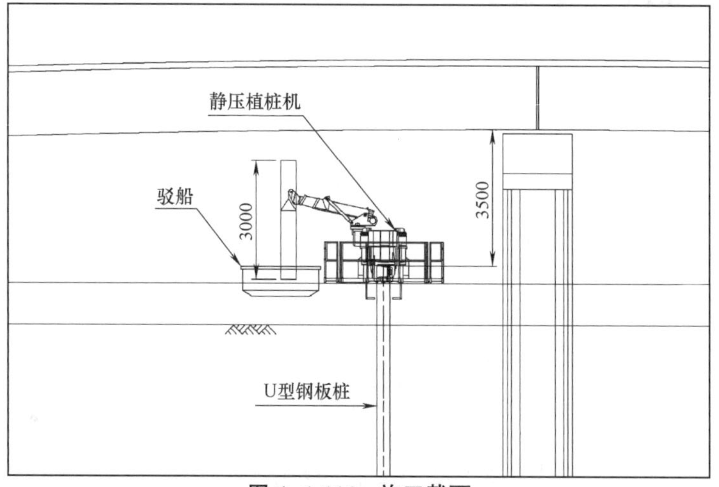

图 A. 1-114 施工截面

施工目的	桥梁下方临时围堰施工
施工位置	日本宫城县
使用的施工机械	桩机(CL70)
桩型及尺寸	46 型Ⅳ钢板桩，L=14.0m(含 4 个接头)
施工特征及效果	·在不妨碍桥梁上方交通的情况下进行桥梁结构的修复和加固； ·在净空高度仅为 1.55m 的条件下仍可进行施工； ·通过减少接头数量，缩减了施工工期，降低了施工成本

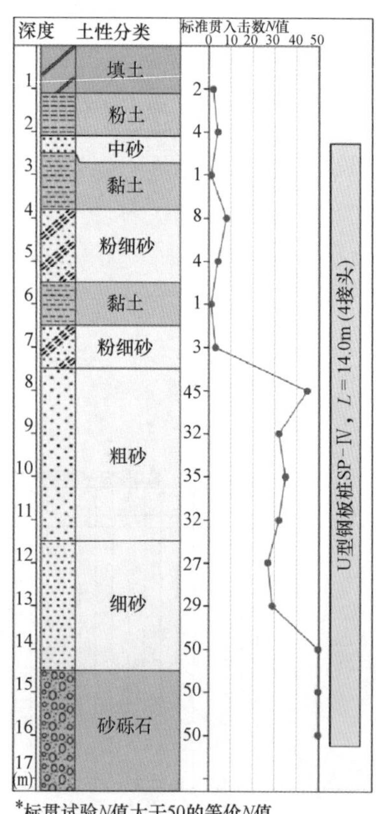

图 A. 1-115 项目概况及土层钻孔柱状图

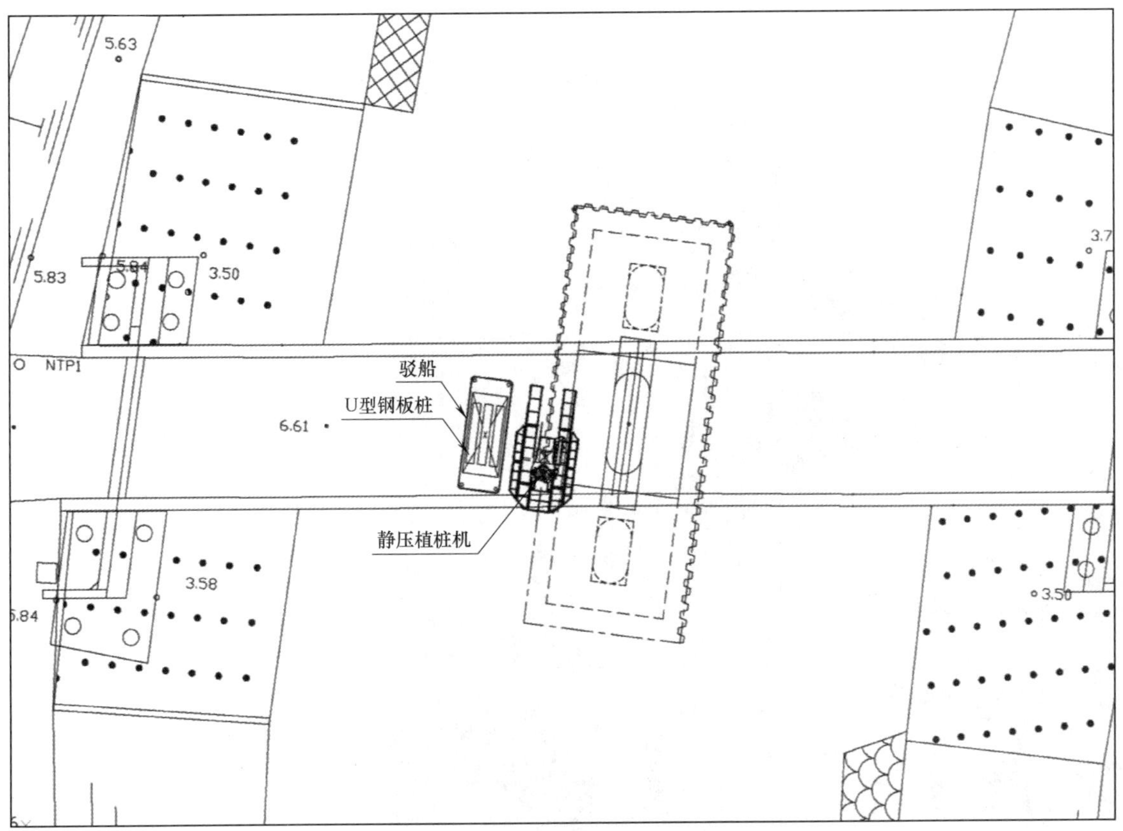

图 A. 1-116　施工计划

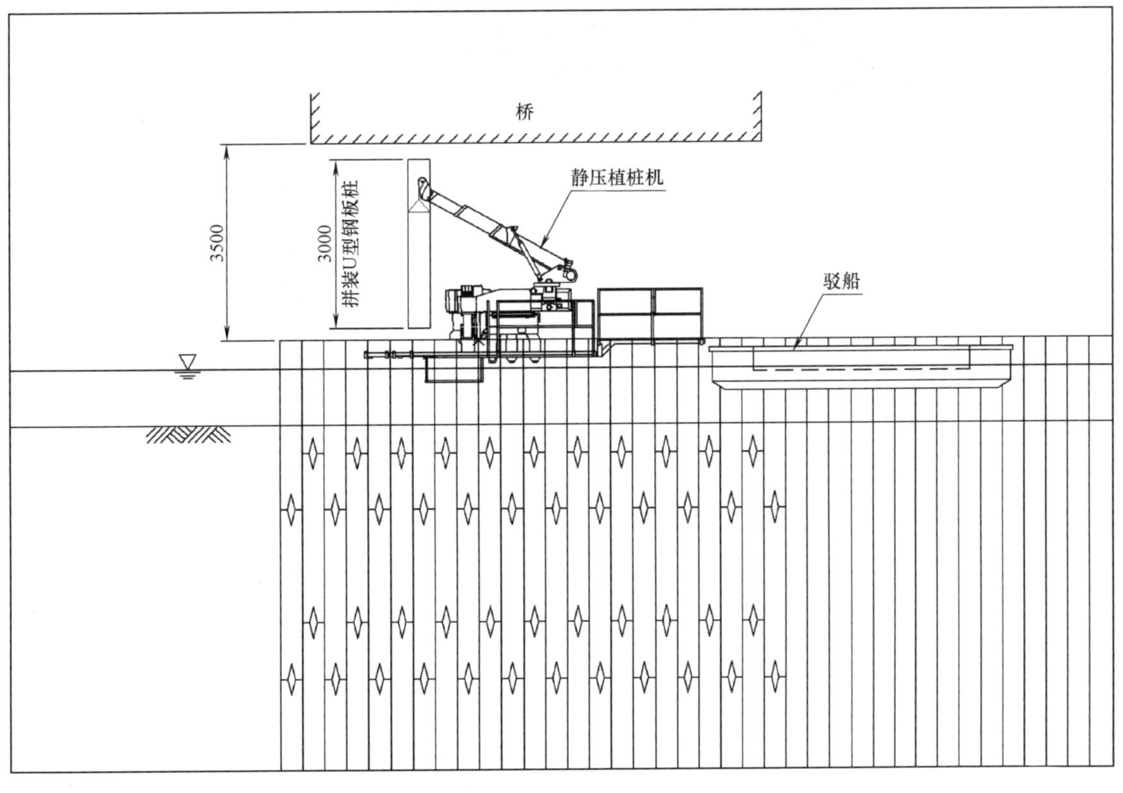

图 A. 1-117　施工截面

4. 净空高度限制条件下硬质场地的压入工法

螺旋钻并用压入。本节介绍桥梁下方临时挡土结构的施工案例（图 A. 1-118～图 A. 1-121）。

图 A. 1-118　钢板桩压入施工

施工目的	桥梁下方临时挡土结构施工
施工位置	日本兵库县
使用的施工机械	桩机(ECO400s)
桩型及尺寸	46 型Ⅳ钢板桩，L=14.0m(含 4 个接头)
施工特征及效果	·施工场地净空条件差(8.0m)，场地内含直径为300mm 的卵石； ·施工对既有桥墩的影响有限

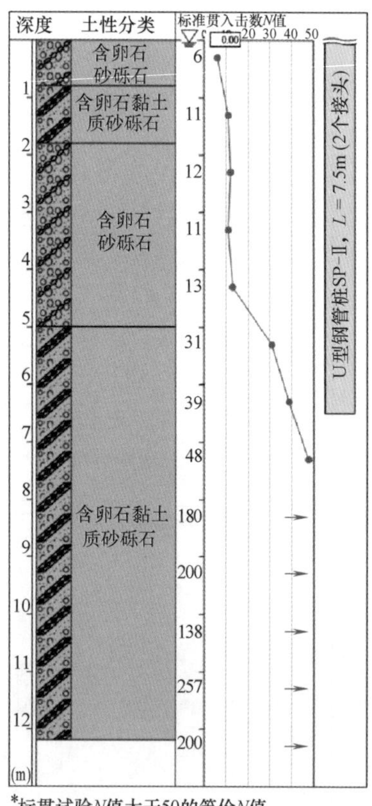

图 A. 1-119　项目概况及土层钻孔柱状图

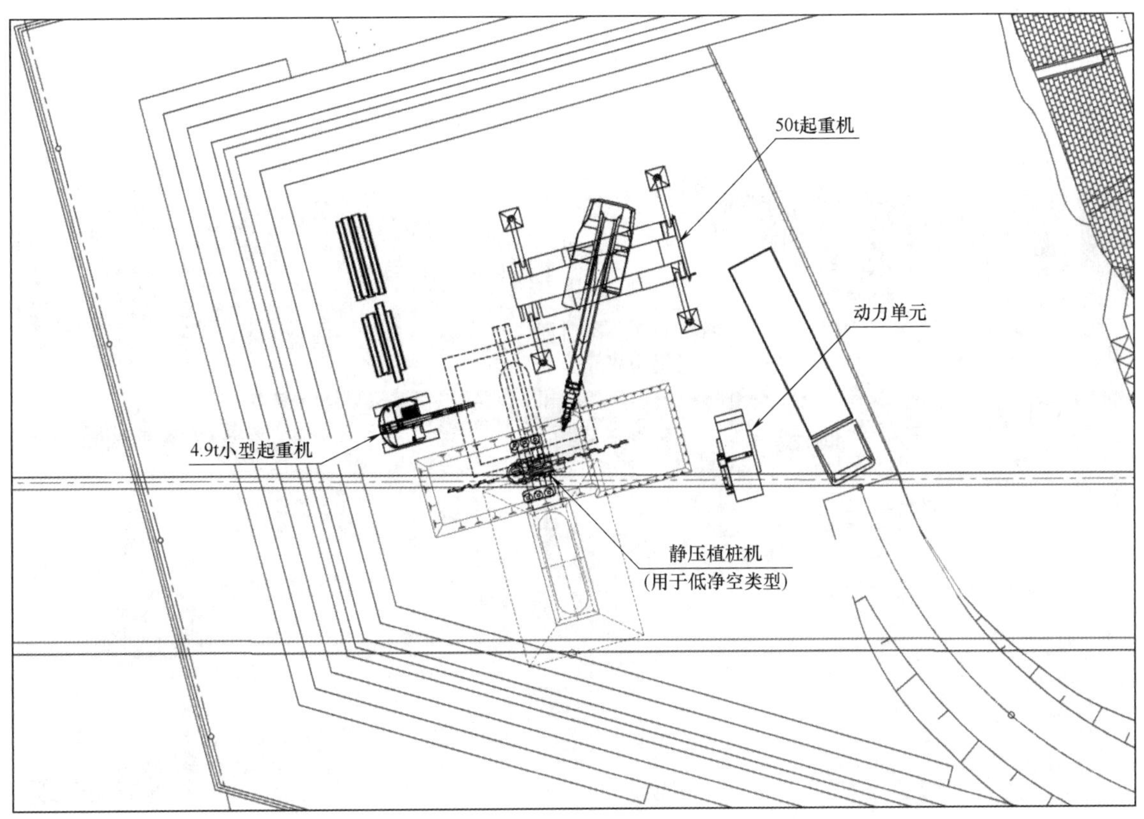

图 A.1-120 施工计划

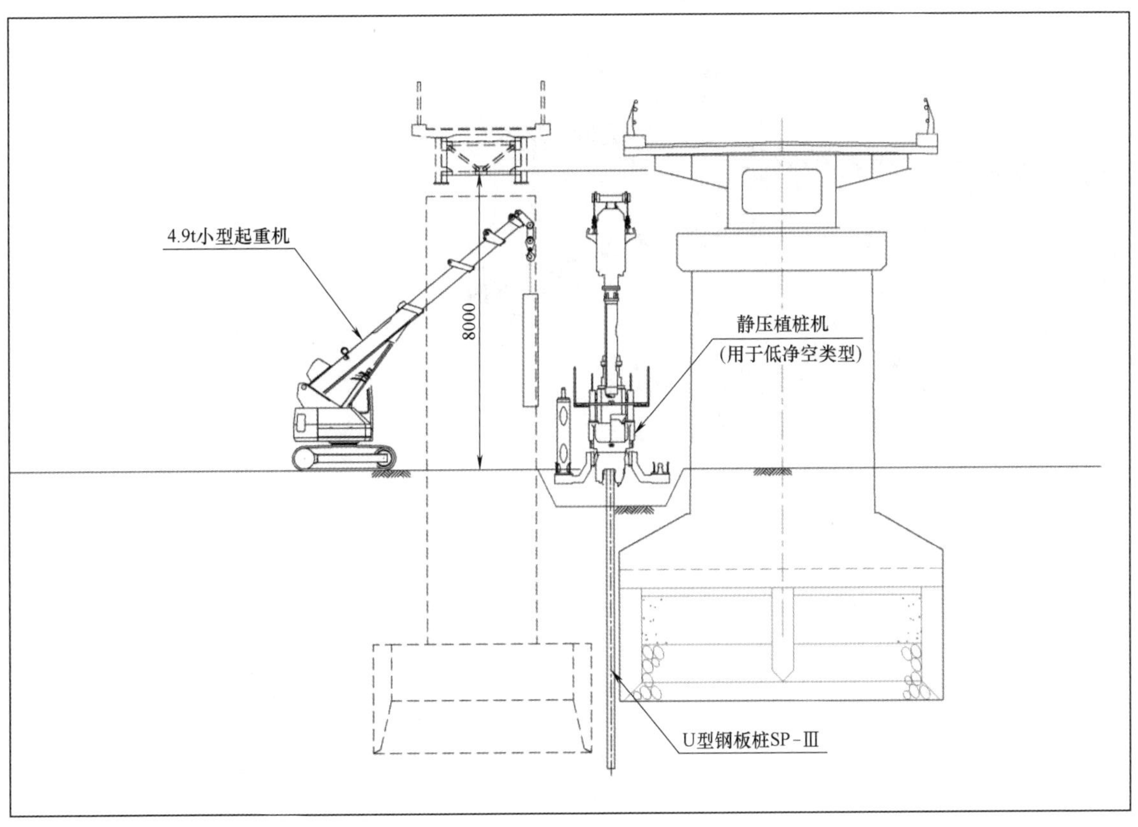

图 A.1-121 施工截面

5. 超低净空条件下的压桩工法

本节介绍铁路下方水渠改造工程的施工实例（图 A. 1-122～图 A. 1-126）。

图 A. 1-122　特制钢板桩施工

图 A. 1-123　施工完成后的围堰

施工目的	渠道改造的临时围堰工程
施工位置	日本鸿巢市
使用的施工机械	针对超低净空条件下施工的桩机
桩型及尺寸	29 型Ⅳw特制钢板桩，L=8.88m（含 4 个接头）
施工特征及效果	·超低净空条件下的施工（桩顶距离桥底仅1000mm）； ·在水下利用水平机械连接方式对桩体进行连接，减少了水下连接的数量，缩短了工期，降低了施工成本

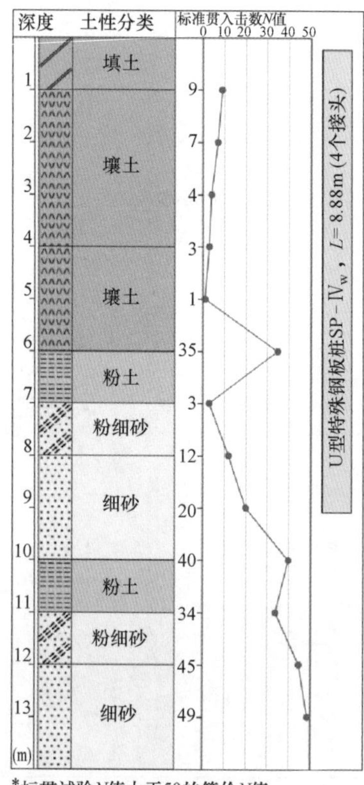

图 A. 1-124　项目概况及土层钻孔柱状图

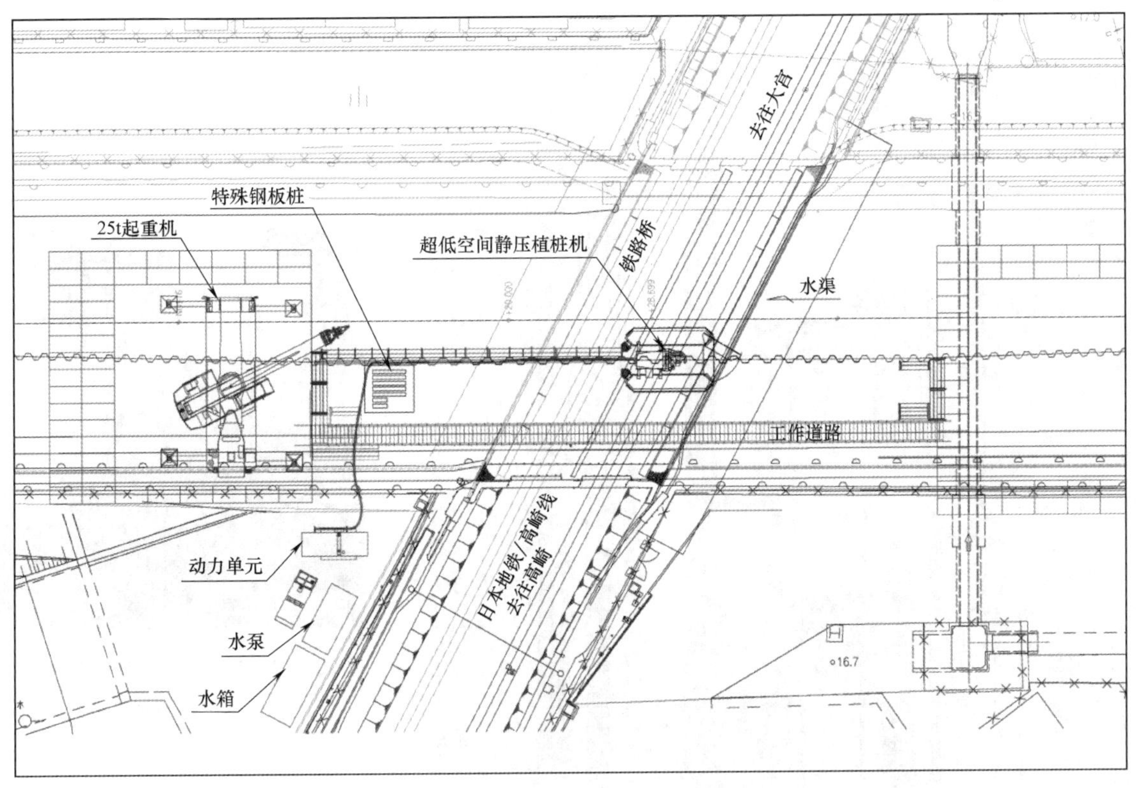

图 A.1-125 施工计划

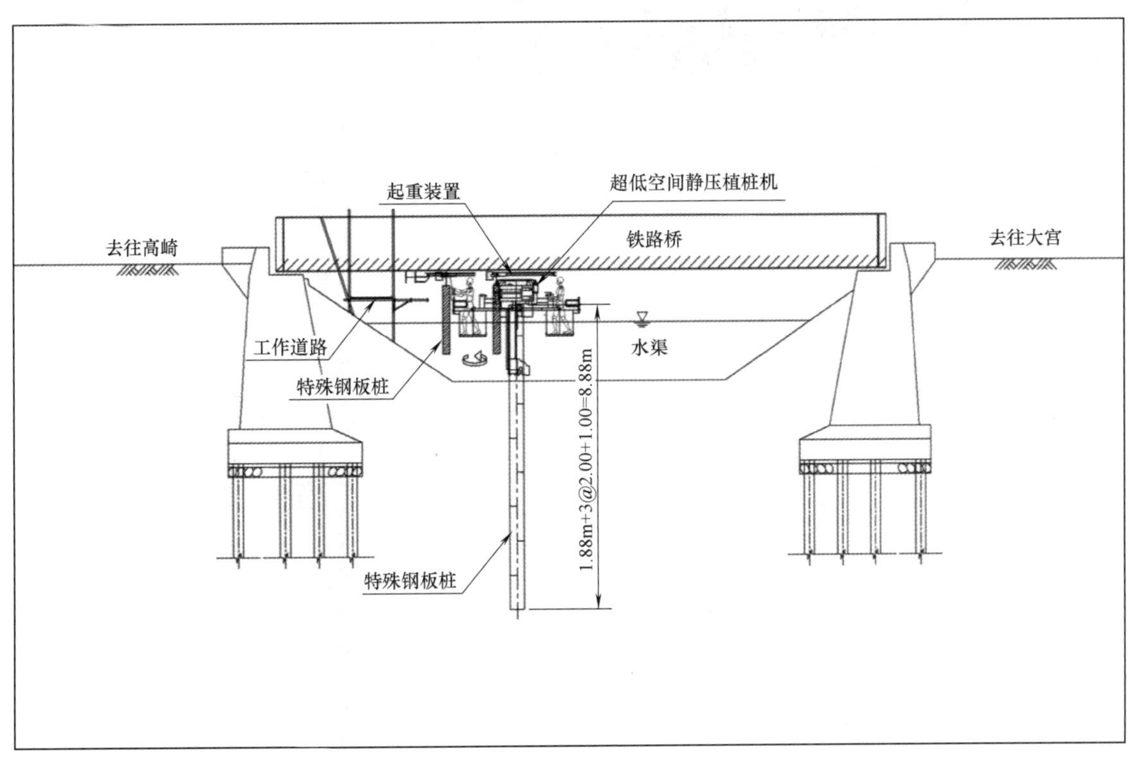

图 A.1-126 施工截面

6. 近接压入工法

本节介绍排水渠道的超近接施工案例（图 A. 1-127～图 A. 1-131）。

图 A. 1-127　超近接型钢板桩施工

图 A. 1-128　密集建筑物间的超近接型钢板桩施工

施工目的	排水渠道修复工程
施工位置	日本埼玉县
使用的施工机械	超近接型桩机(JZ100)，桩用自走吊车(CB1)，桩材搬运装置(PR1)
桩型及尺寸	799 超近接型钢板桩，L=5.0～6.0m
施工特征及效果	·利用超近接压入工法进行超接近型钢板桩压入施工(施工区域宽度仅为 1000mm，桩机与周围房屋之间无空隙)； ·通过夹钳住已经压入的桩，施工机械无倾覆风险

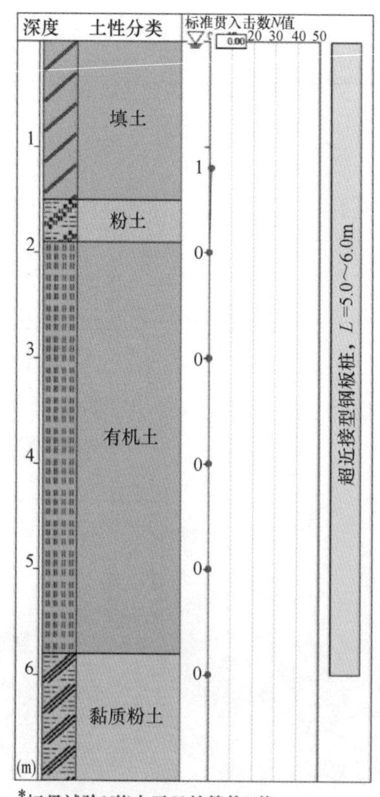

*标贯试验N值大于50的等价N值

图 A. 1-129　项目概况及土层钻孔柱状图

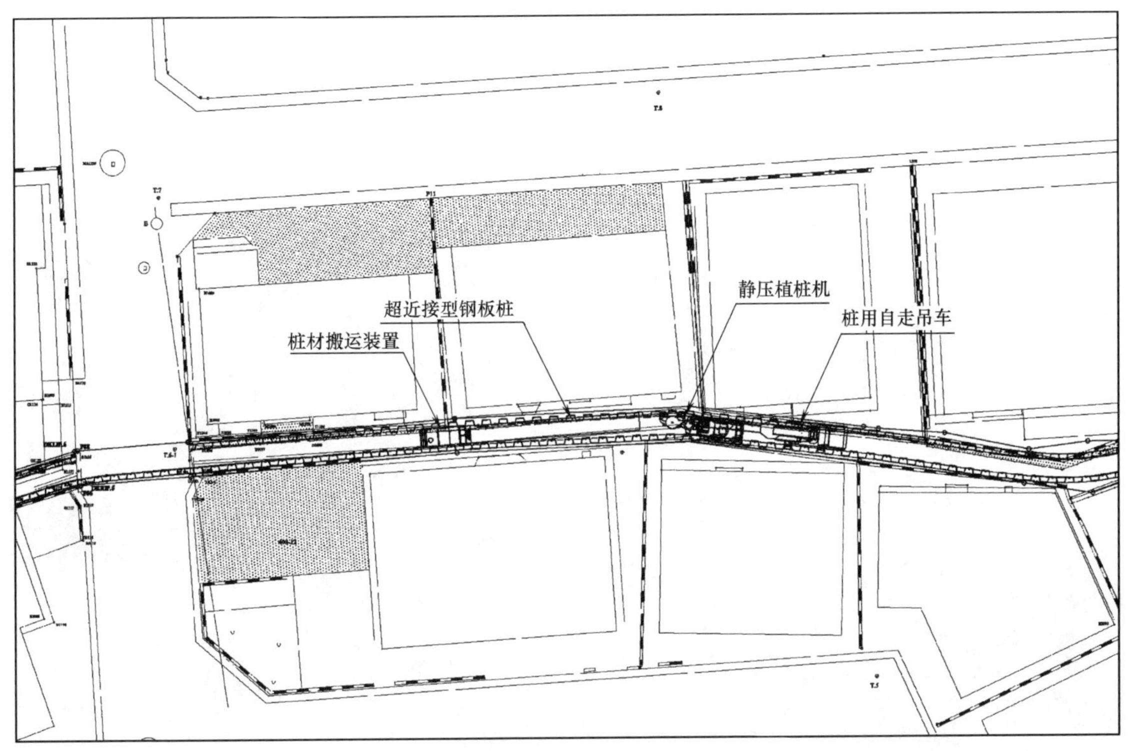

图 A. 1-130　施工计划

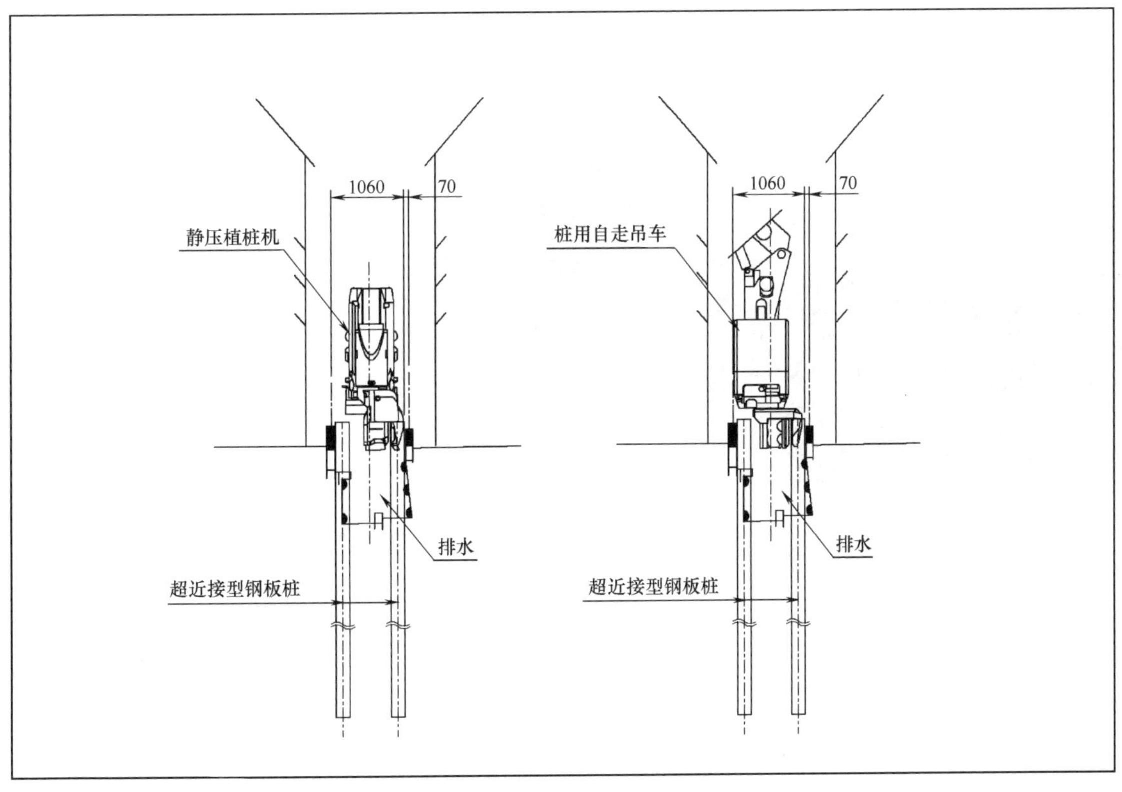

图 A. 1-131　施工截面

7. 临近铁路压入工法（图 A. 1-132～图 A. 1-141）

图 A. 1-132　不影响铁路运行情况下的压桩施工

图 A. 1-133　钢板桩的压桩施工

施工目的	临近路堤施工引起的铁路轨道沉降治理工程
施工位置	日本山形市
使用的施工机械	2 台桩机(SCU600M)
桩型及尺寸	355-Ⅲ$_w$钢板桩,L=6.0～23.0m
施工特征及效果	·通过夹钳住已经压入的桩,施工机械无倾覆风险; ·施工无噪声无振动,对周围环境不造成影响; ·同时使用两台桩机,缩减了施工工期; ·施工场地含砂层和碎石土层,SPT-N=71

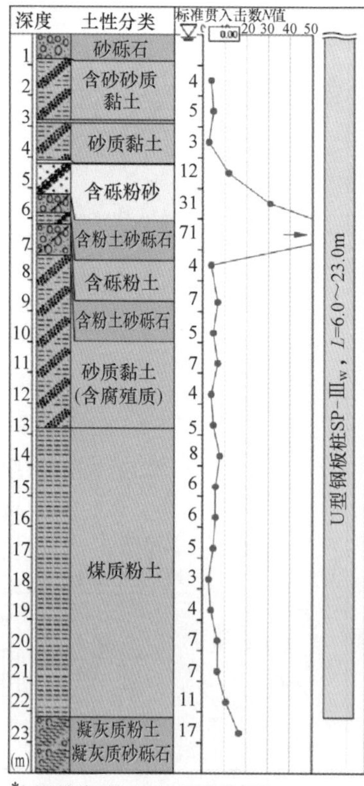

*标贯试验N值大于50的等价N值

图 A. 1-134　项目概况及土层钻孔柱状图

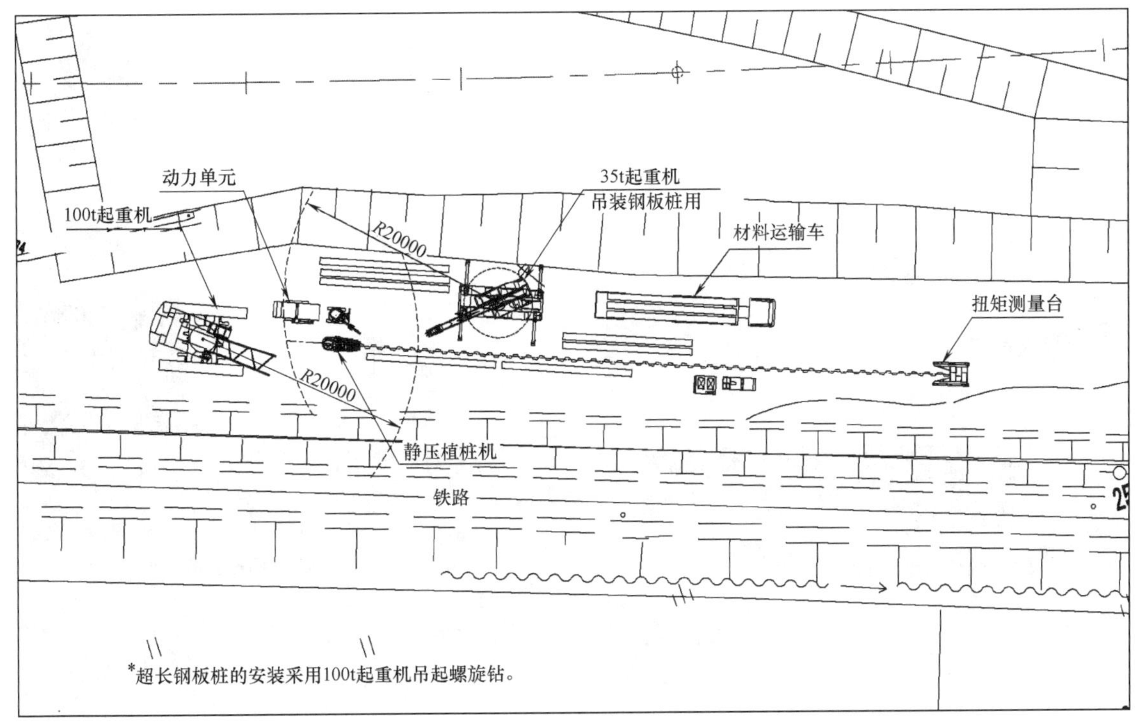

图 A.1-135 施工计划

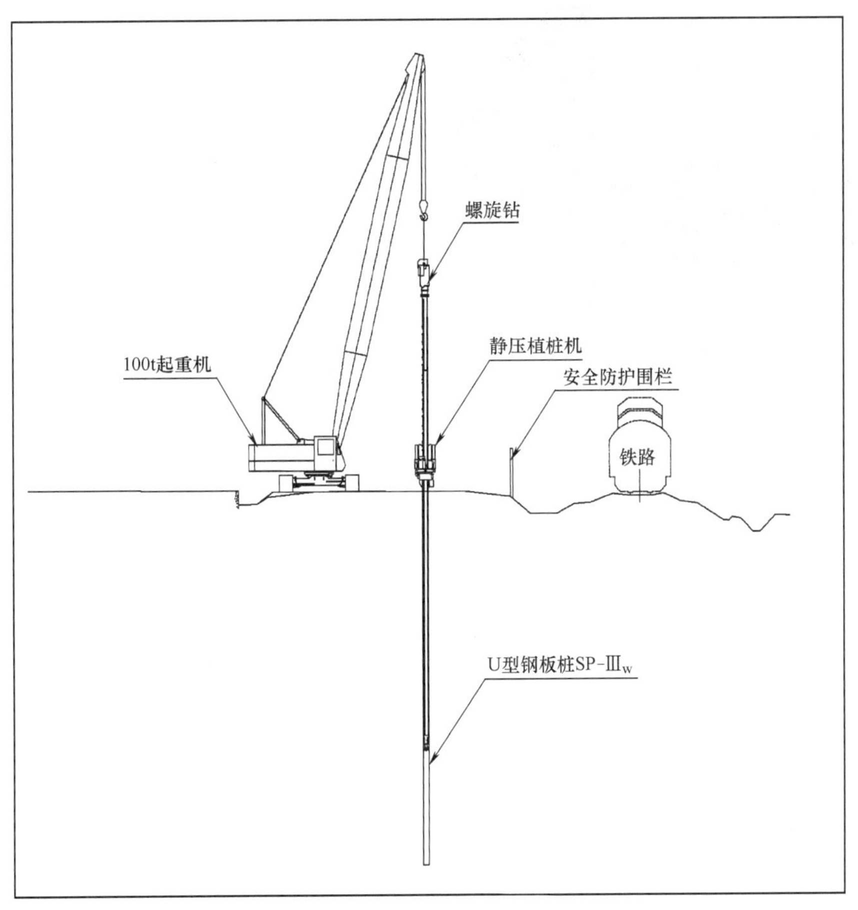

图 A.1-136 施工截面

图 A. 1-137 旋转切削工法压入钢管板桩

图 A. 1-138 临近工厂砖墙的钢管板桩压入施工

施工目的	立体交互工程施工
施工位置	加拿大多伦多
使用的施工机械	桩机(SCP260)
桩型及尺寸	522 钢管桩,直径 914mm,L=12.0～25.0m
施工特征及效果	·施工安全性高,不影响铁路运营; ·对距离施工场地 2m 远处的化工厂影响有限,施工无噪声无振动; ·在 SPT-N 值大于 160 的含碎石硬质场地上进行钢管桩压桩施工; ·施工位于铁轨旁的一个狭窄空间内; ·压入的钢管桩可以作为主要的挡土墙结构

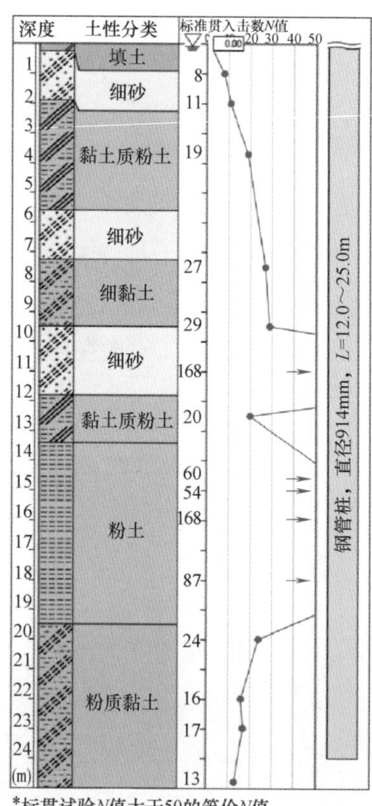

图 A. 1-139 项目概况及土层钻孔柱状图

图 A.1-140 施工场地整体视图

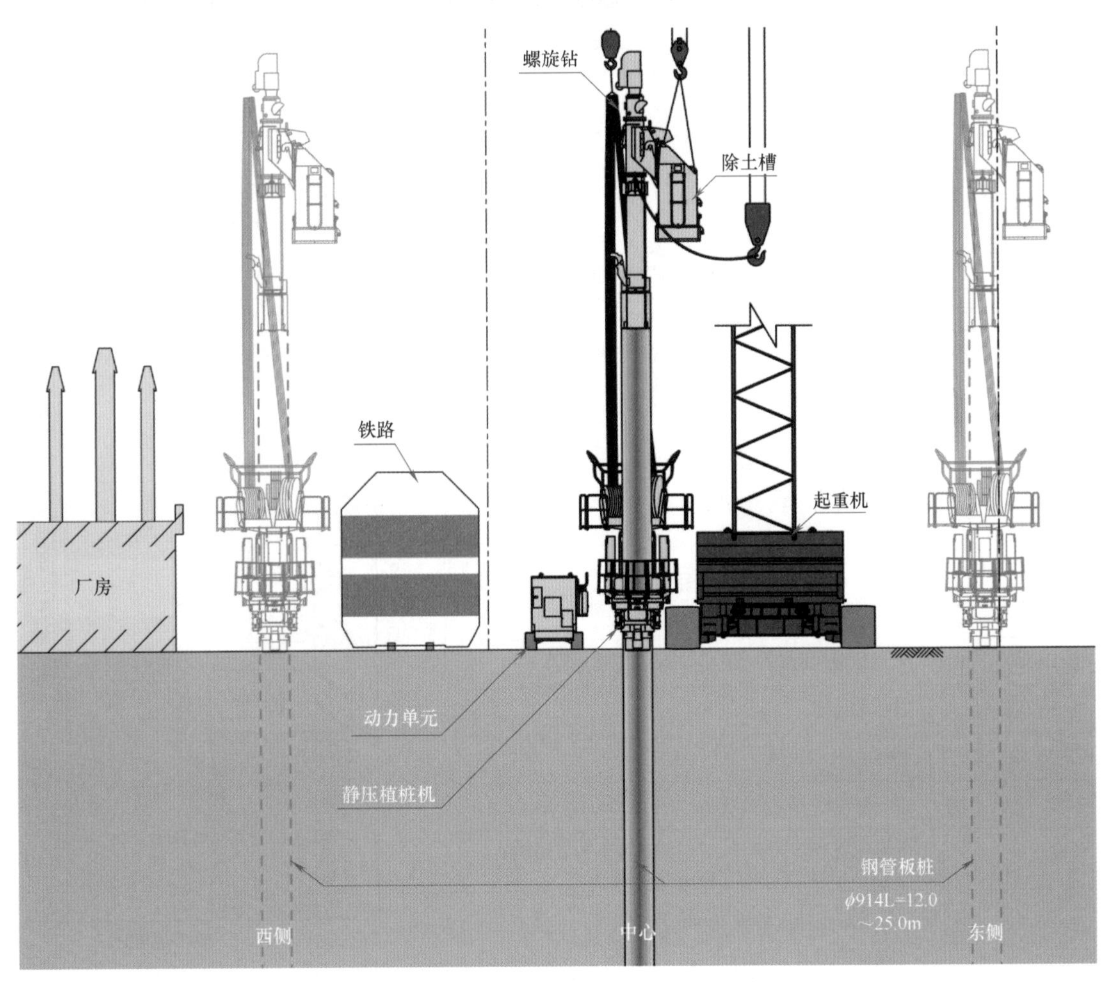

图 A.1-141 施工截面

A.1.3 恒桩间距压入工法（隔桩工法）

本节介绍一个以 2.5 倍桩径为间隔进行钢管桩（$D=800$mm）压桩施工的海堤工程实例（图 A.1-142～图 A.1-146）。

图 A.1-142 隔桩工法施工

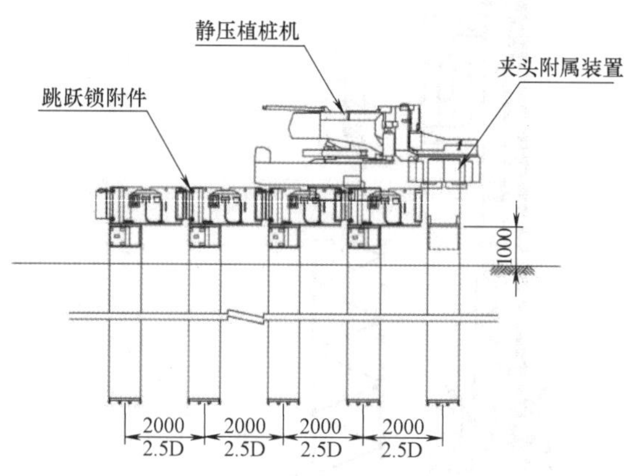

图 A.1-143 施工侧视图

施工目的	灾后恢复工程(岩手县港口海堤新建工程)
施工位置	日本岩手县
使用的施工机械	桩机(GRAL1015)
桩型及尺寸	258 钢管桩,直径 800mm,$L=10.5\sim17.0$m
施工特征及效果	• 施工无噪声无振动,对周围环境不造成影响; • 施工无弃土,不影响周围环境; • 2.5 倍桩径压桩施工,经济节约; • 施工在狭窄空间内进行

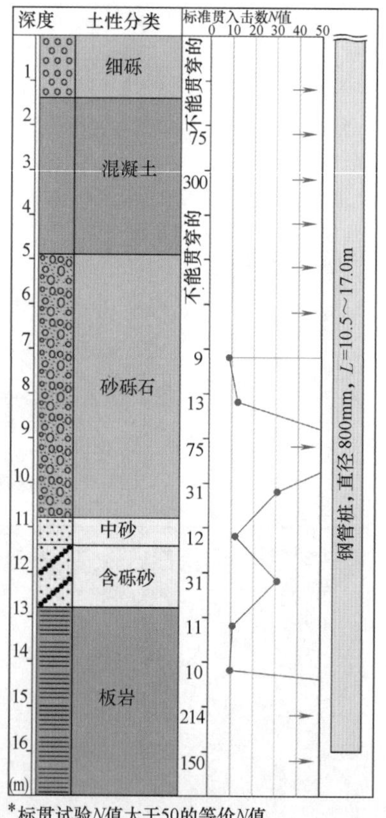

图 A.1-144 项目概况及土层钻孔柱状图

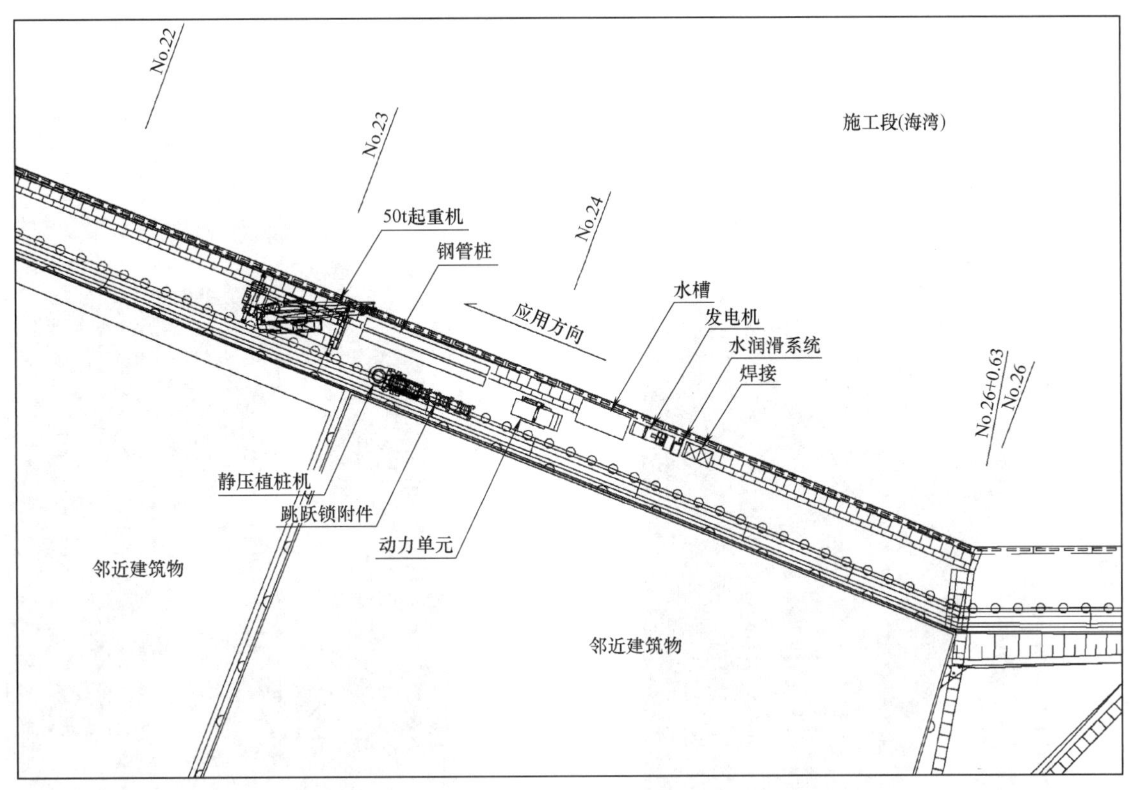

图 A.1-145 施工计划

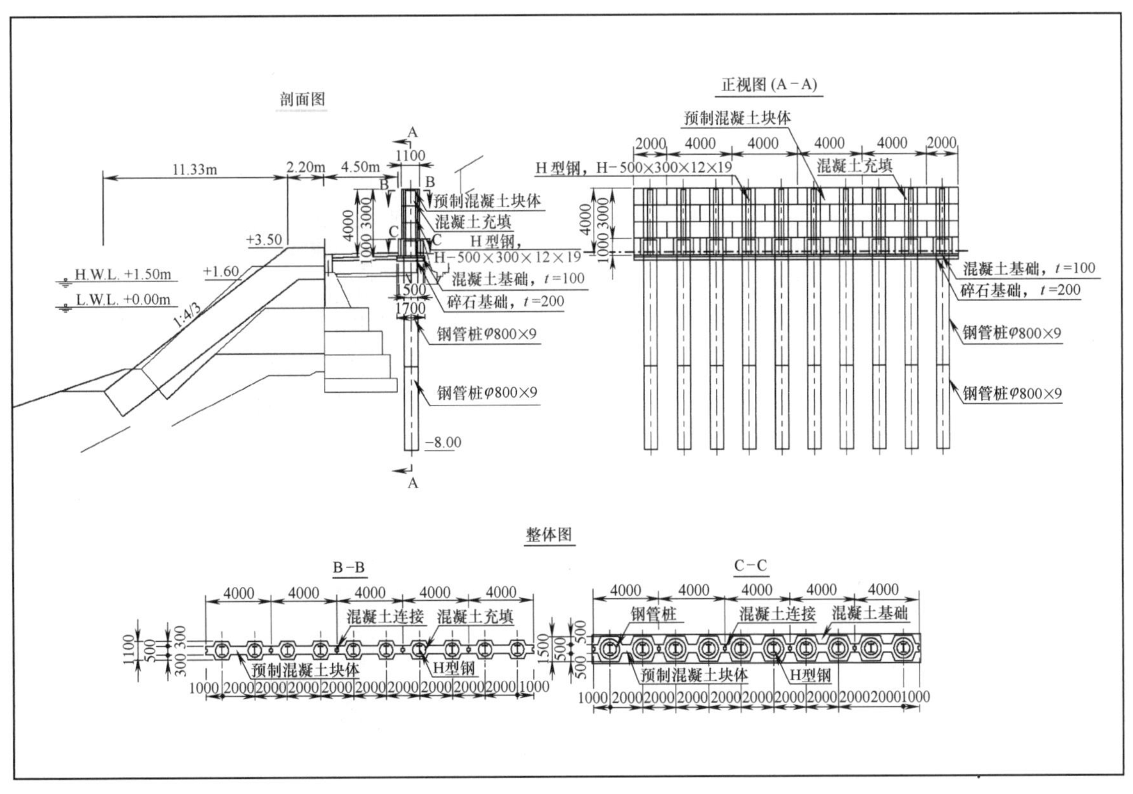

图 A.1-146 结构图示

A.1.4　组合墙结构（组合螺旋法）

（1）截水沟修复工程（图 A.1-147～图 A.1-151）

图 A.1-147　钢板桩施工结束后进行钢管桩施工

图 A.1-148　施工完成后的组合墙结构

施工目的	截水沟修复工程
施工位置	日本埼玉县川口市
使用的施工机械	静压植桩机(F301)
桩型及尺寸	1 钢管桩，直径 800mm，$t=12$mm，$L=12$m 5 型 10H 帽型钢板桩，$L=9.0$m
施工特征及效果	• 帽型钢板桩和钢管桩组合使得组合墙结构具有较好的刚度和截水性能； • 利用同一种桩机进行钢板桩和钢管桩的施工

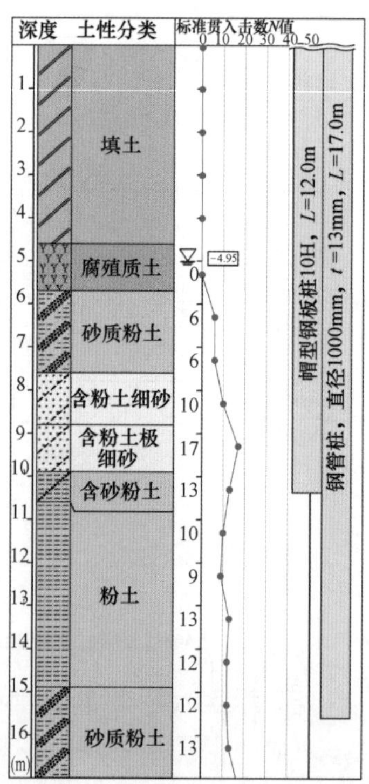

图 A.1-149　项目概况及钻孔柱状图

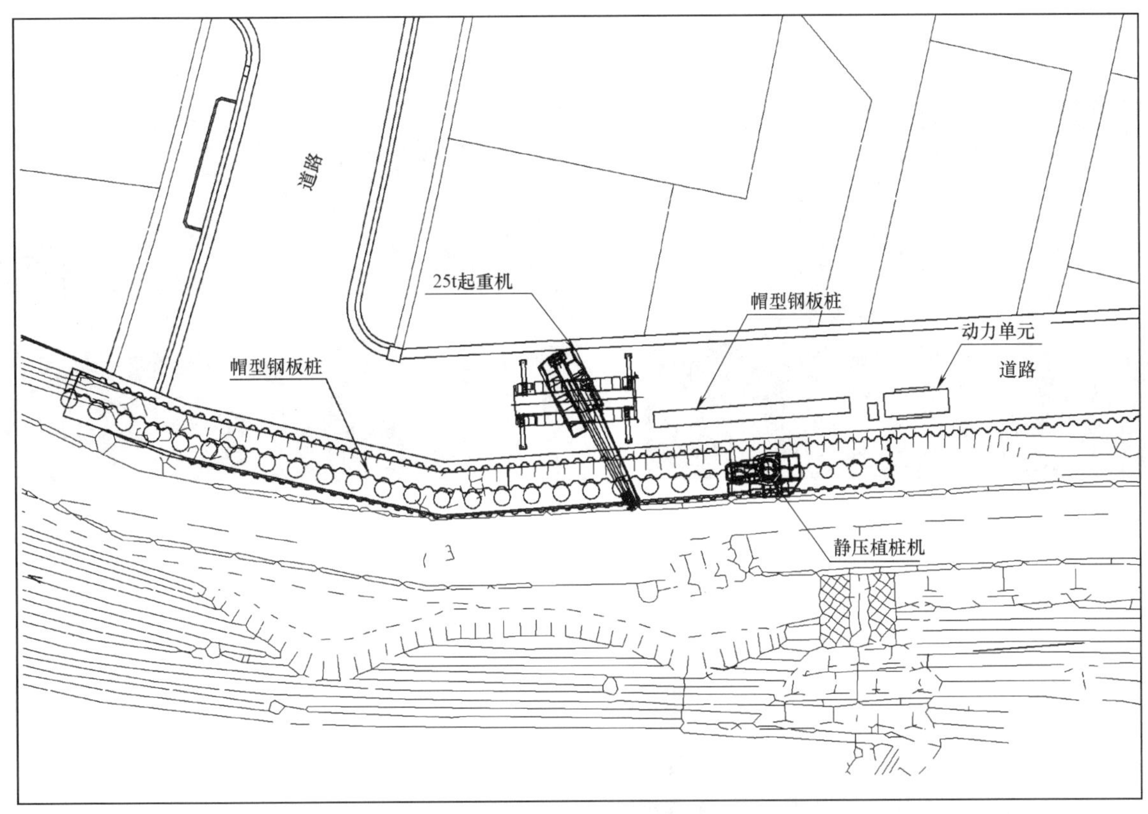

图 A.1-150 帽型钢板桩布置图

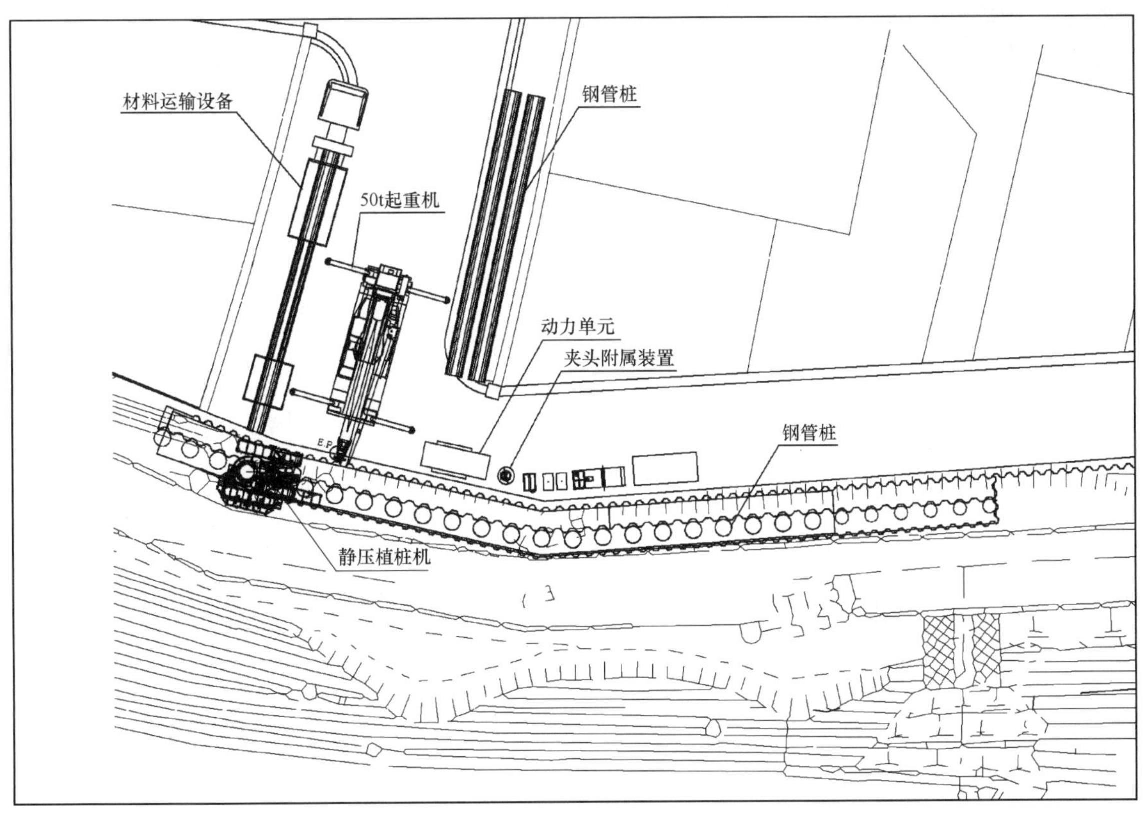

图 A.1-151 钢管桩的布置图

（2）截水墙施工（组合墙结构）（图 A. 1-152～图 A. 1-157）

图 A. 1-152　钢管桩施工（一）

图 A. 1-153　钢板桩施工（二）

图 A. 1-154　施工完成后的组合墙结构

施工目的	截水墙施工
施工位置	日本东京墨田区
使用的施工机械	静压植桩机(F301)
桩型及尺寸	1 钢管桩，直径 800mm，$t=12$mm，$L=12.0$m 5 型 10H 帽型钢板桩，$L=9.0$m
施工特征及效果	·帽型钢板桩和钢管桩组合使得组合墙结构具有较好的刚度和截水性能； ·利用同一种桩机进行钢板桩和钢管桩的施工

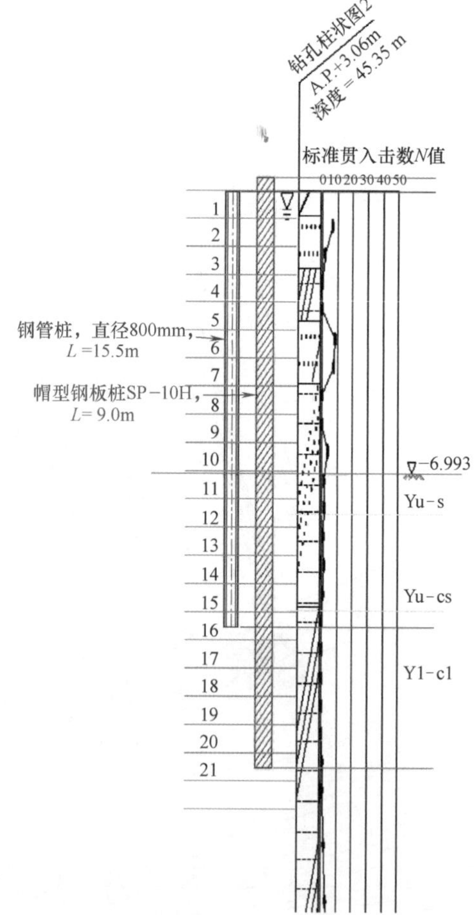

图 A. 1-155　项目概况及土层钻孔柱状图

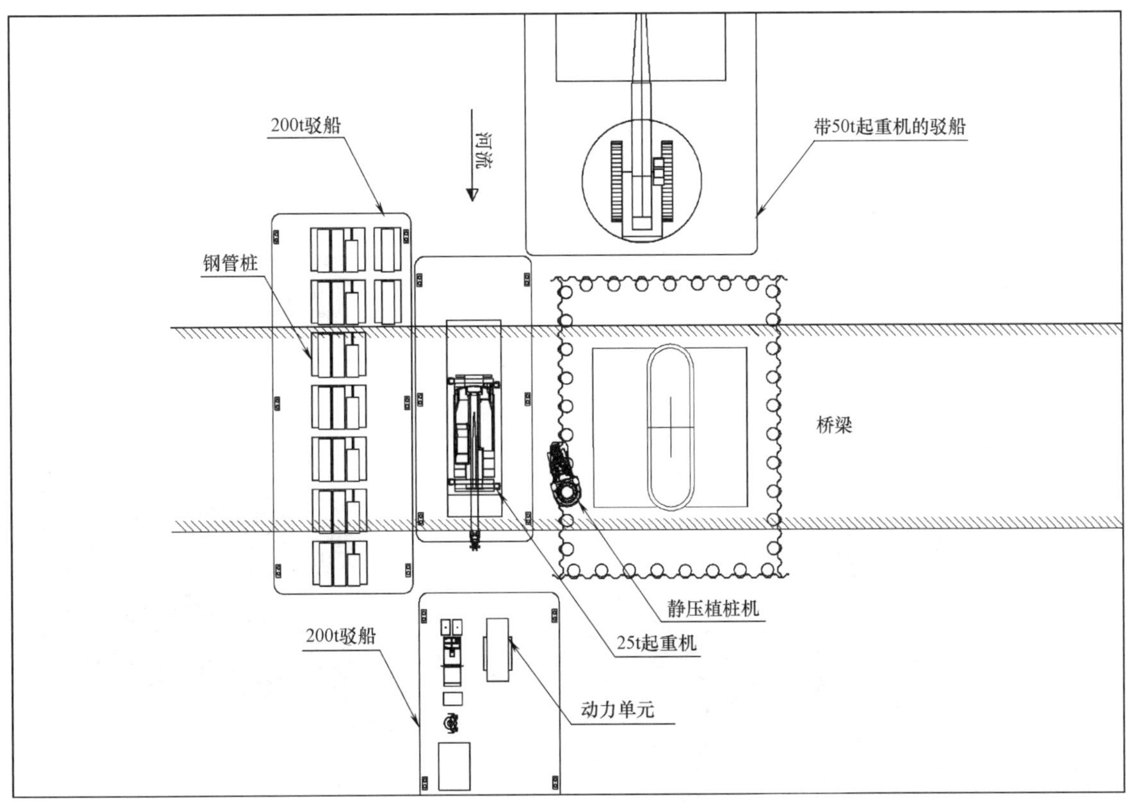

图 A.1-156 施工计划

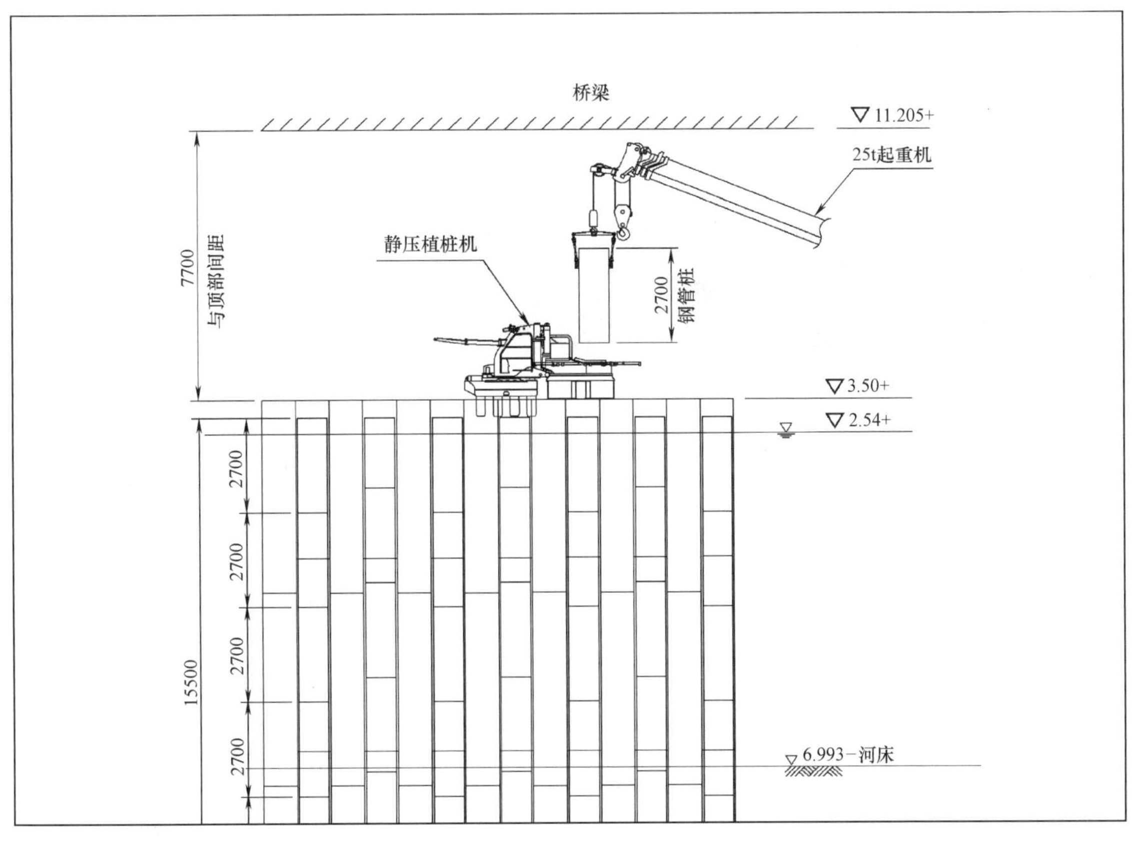

图 A.1-157 施工截面

A.1.5 静压法的应用实例

1. 道路拓宽

(1) U型钢板桩(图A.1-158~图A.1-163)

图A.1-158 螺旋钻并用工法施工钢板桩

图A.1-159 钢板桩施工

图A.1-160 施工完成后

施工目的	利用垂直钢板桩挡土墙进行道路拓宽
施工位置	台北
使用的施工机械	桩机(SCU400M)
桩型及尺寸	668型Ⅳ钢板桩,L=7.0~9.0m
施工特征及效果	•在SPT-N值介于1000~1500的硬质场地上进行钢板桩施工; •施工无噪声无振动,不影响周围环境; •不影响施工场地周边国道上的交通

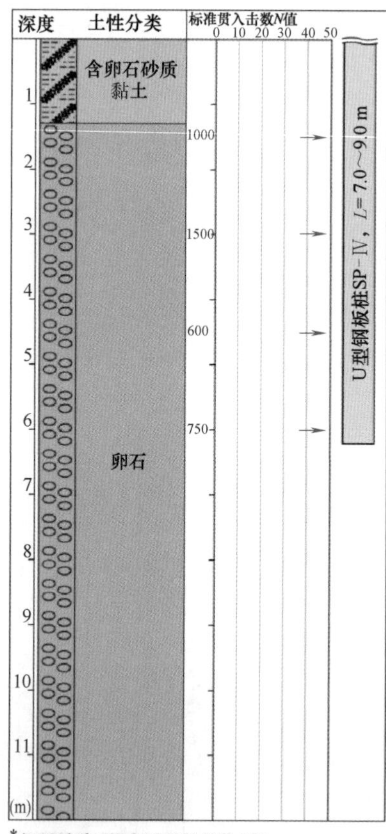

图A.1-161 项目概况及土层钻孔柱状图

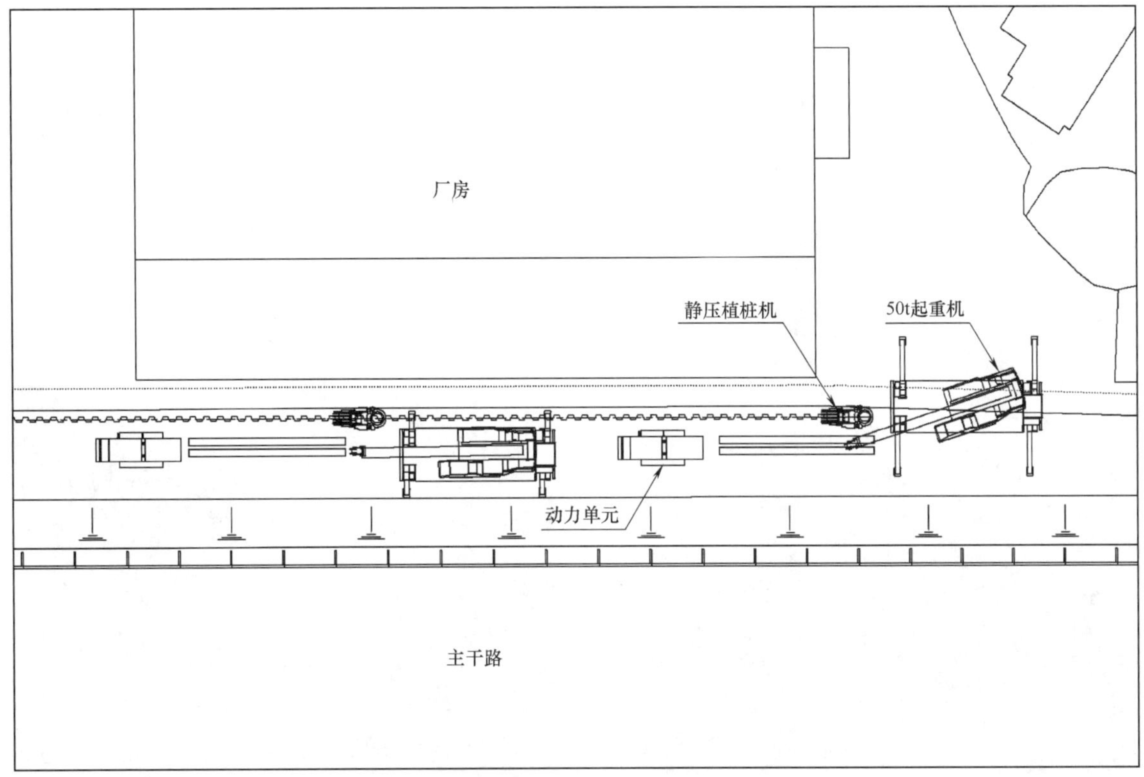

图 A.1-162 施工计划

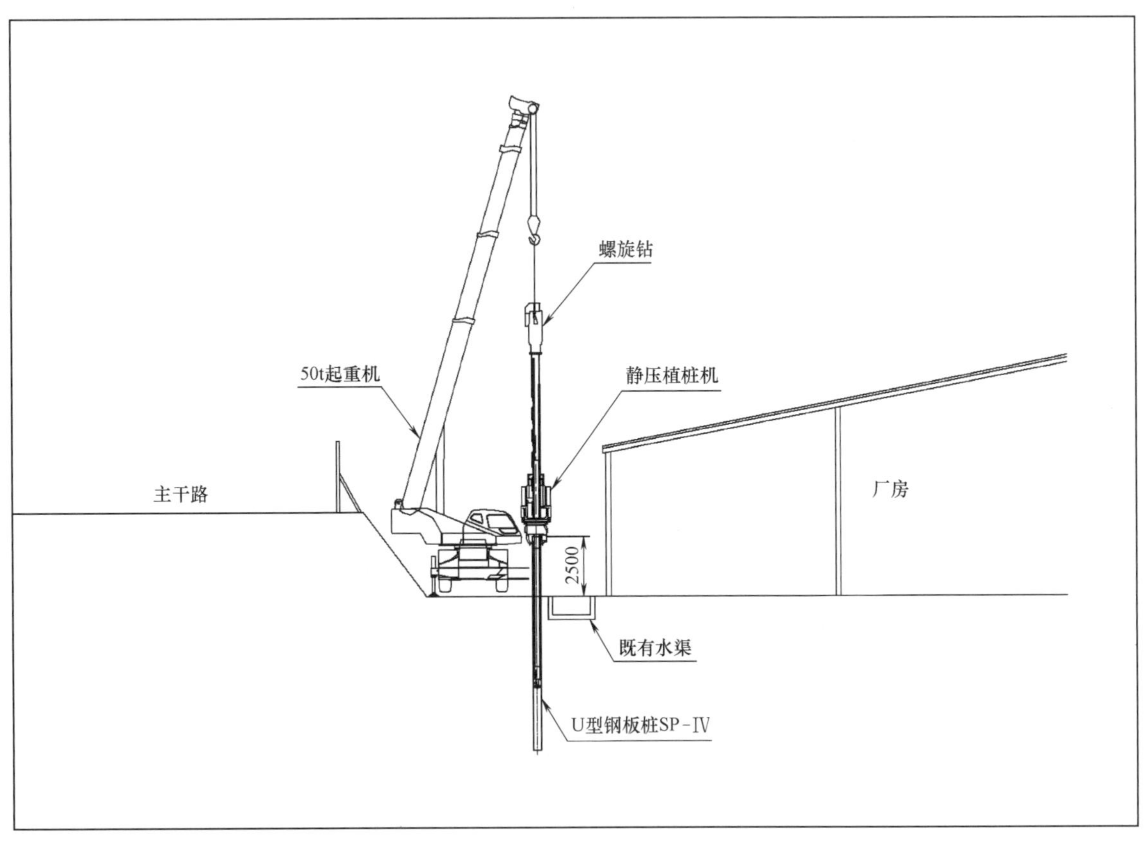

图 A.1-163 施工截面

(2) 钢管桩（图 A. 1-164～图 A. 1-170）

图 A. 1-164　旋转切削工法压桩施工

图 A. 1-165　施工完成后

施工目的	道路拓宽
施工位置	日本大阪
使用的施工机械	螺旋桩机(GRAL1520)
桩型及尺寸	30 钢管桩，直径 1500mm，L＝31.5～33.7m(2 个接头)
施工特征及效果	• 在 SPT-N＝100 的硬质场地上进行钢板桩施工； • 使用环保型的施工工法，不影响周围房屋及施工场地上方的高压线

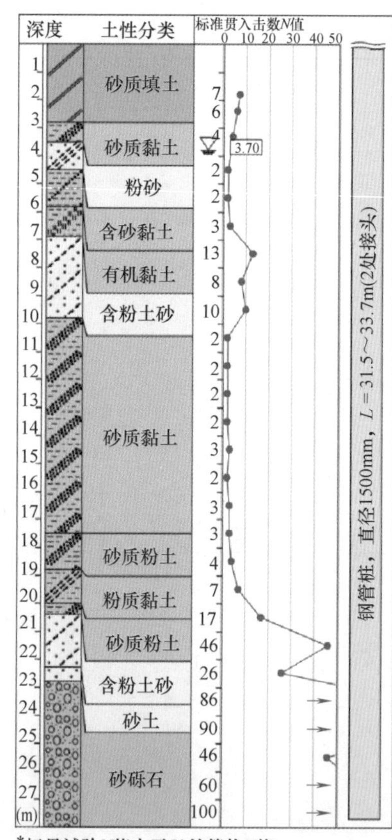

图 A. 1-166　项目概况及土层钻孔柱状图

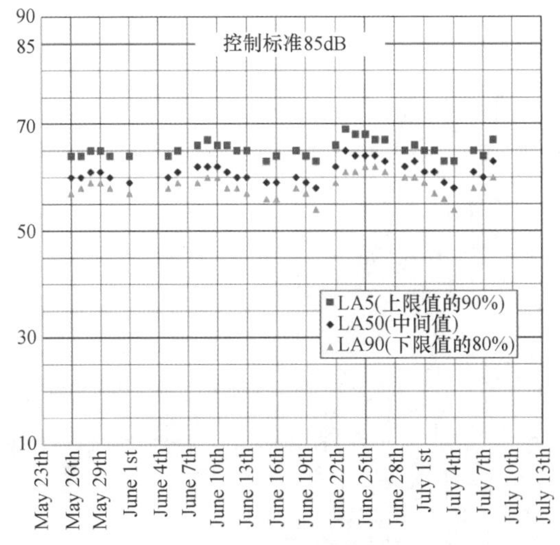

图 A.1-167 噪声测试结果

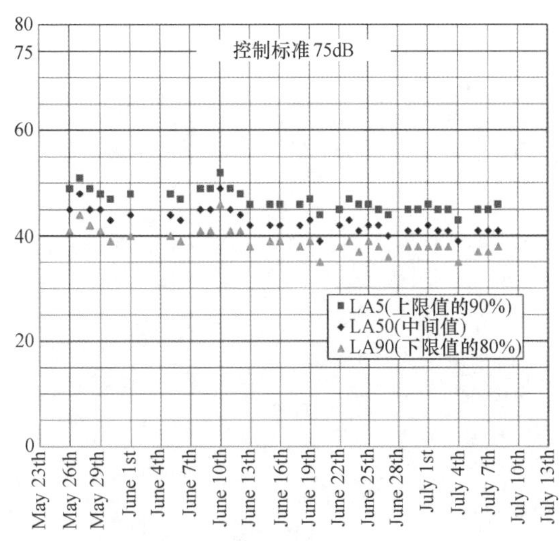

图 A.1-168 振动测试结果

图 A.1-169 噪声及振动测试

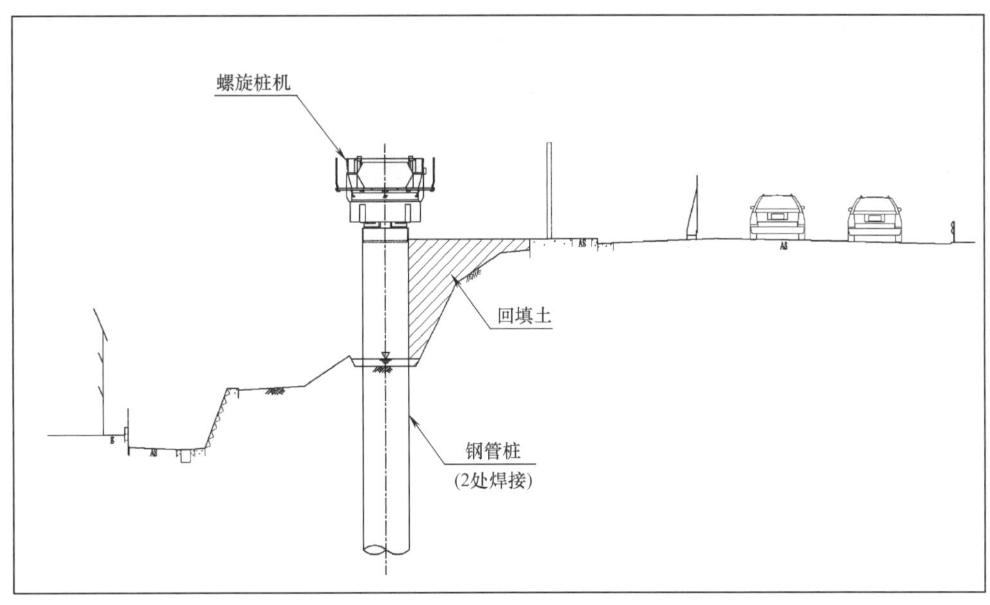

图 A.1-170 施工截面

2. 堤坝加固（抗液化措施）

本节介绍利用双排钢板桩进行堤坝工程加固的工程实例（图 A. 1-171～图 A. 1-175）。

图 A. 1-171 螺旋钻并用工法压入钢板桩

图 A. 1-172 施工完成后

施工目的	堤坝加固工程(抗液化措施)
施工位置	日本高知县
使用的施工机械	桩机(ECO600S)
桩型及尺寸	2399 型Ⅳ$_w$钢板桩，L=15m
施工特征及效果	• 在现有堤坝结构上进行施工，施工场地地下存在障碍物； • 施工无振动，不影响既有堤坝结构； • 同时使用多台桩机(最多时 7 台)，极大地缩减了施工工期

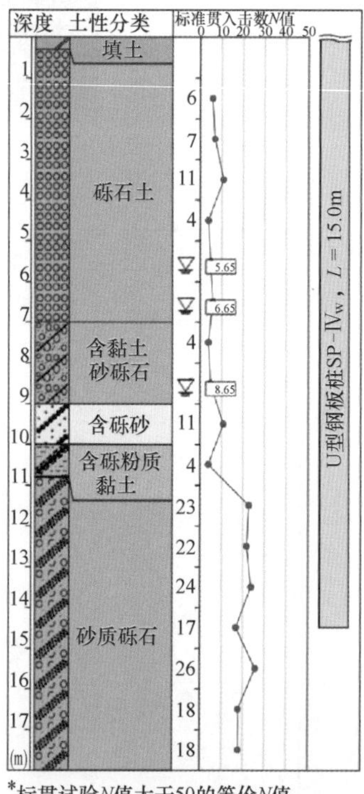

*标贯试验N值大于50的等价N值

图 A. 1-173 项目概况及土层钻孔柱状图

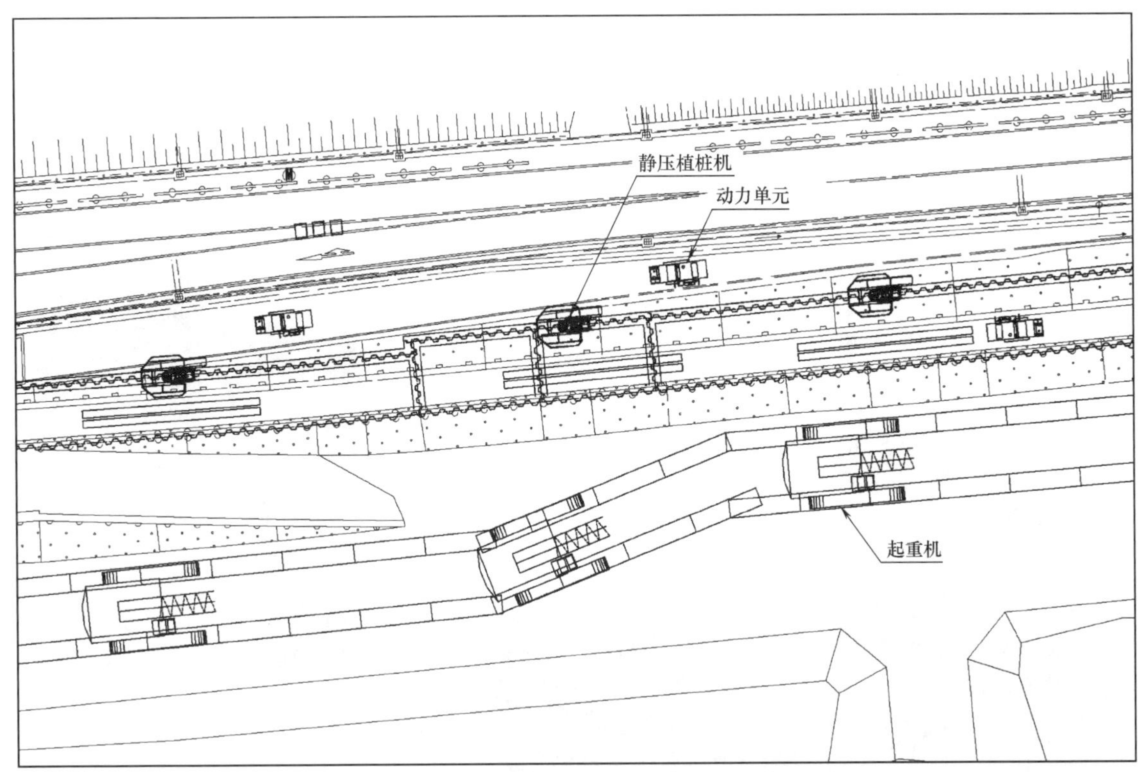

图 A. 1-174 施工计划

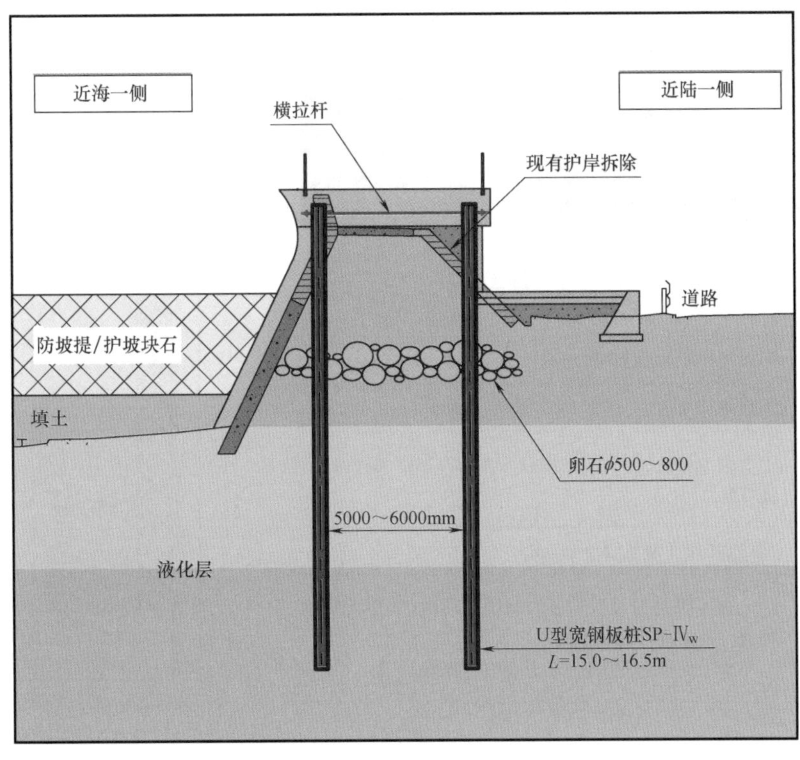

图 A. 1-175 典型施工截面

3. 河堤加固

本节介绍狭窄空间内的河堤加固工程实例（图 A. 1-176～图 A. 1-180）。

图 A. 1-176　混凝土板桩施工

图 A. 1-177　施工完成后

施工目的	河流堤坝加固工程
施工位置	日本德岛市
使用的施工机械	混凝土桩机(CP50)，桩用自走吊车(CB1)，桩材搬运装置(PR1)
桩型及尺寸	154 混凝土板桩，$L=6.0$m
施工特征及效果	• 在不能使用大型机械的狭窄空间内，采用无临设工程施工工法进行混凝土板桩压入施工； • 施工无噪声无振动，不影响周围环境

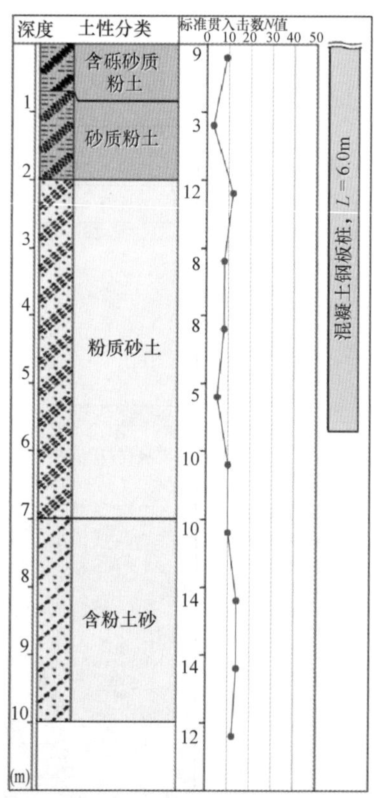

图 A. 1-178　项目概况及土层钻孔柱状图

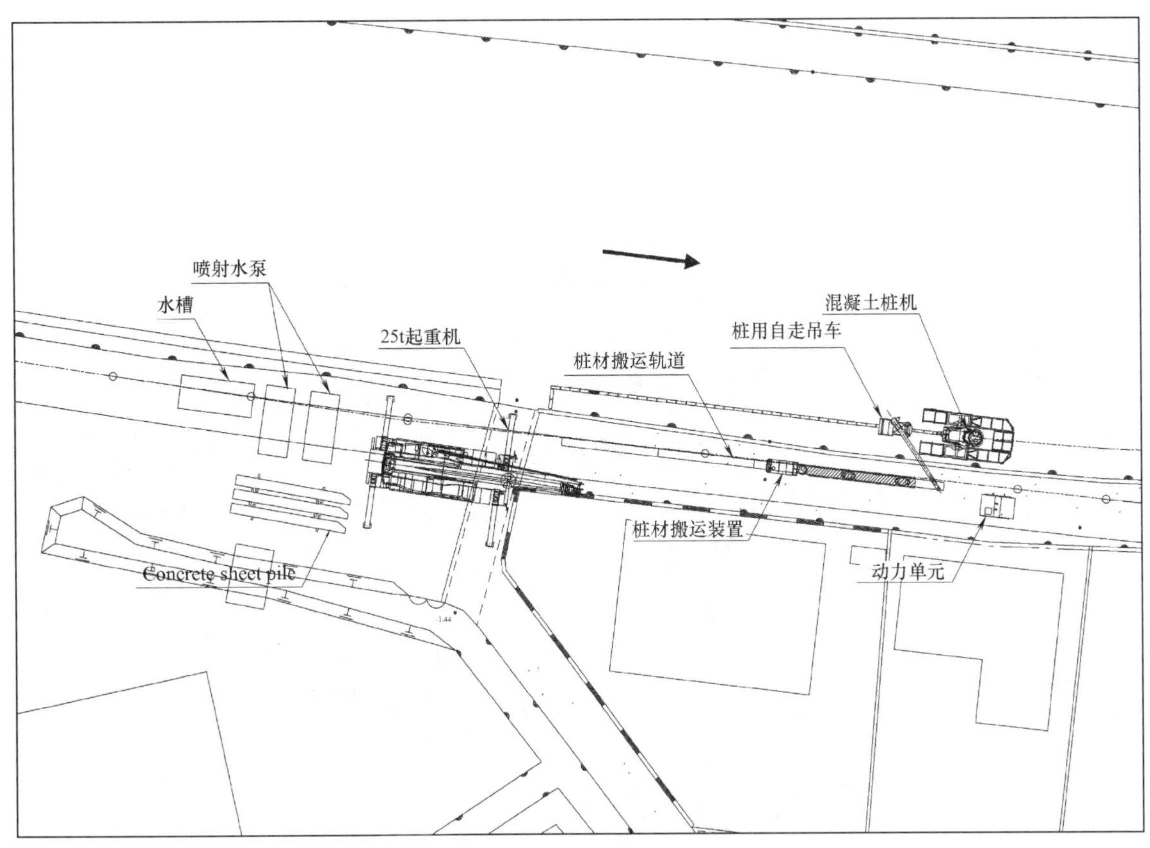

图 A.1-179 施工计划

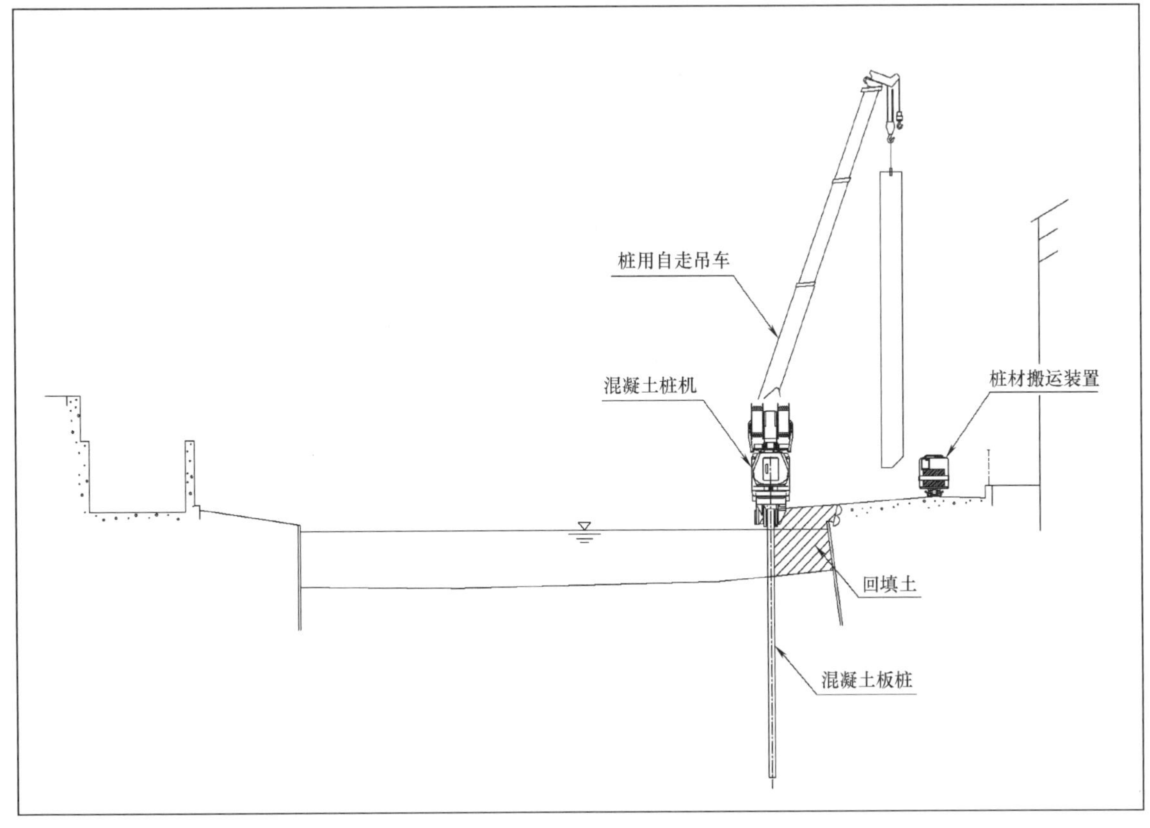

图 A.1-180 施工截面

4. 临时挡土墙和围堰

(1) 水刀并用压入工法压入钢板桩（图 A. 1-181～图 A. 1-185）

图 A. 1-181 90°转角处的压桩施工

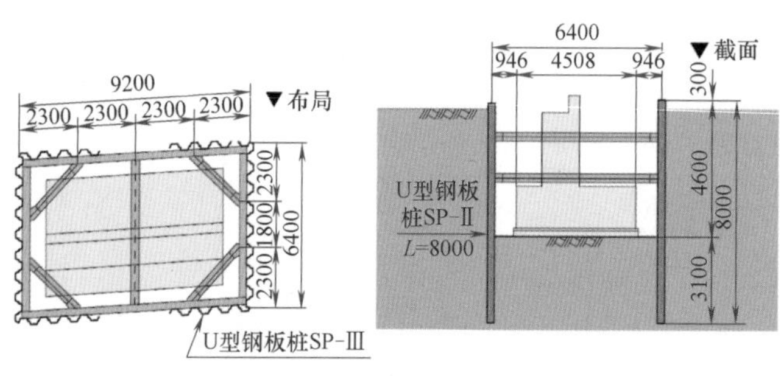

图 A. 1-182 施工布局及截面

施工目的	临时支挡结构
施工位置	日本长崎
使用的施工机械	桩机(ECO400S)
桩型及尺寸	160 型Ⅲ钢板桩，L＝8.0～10.5m
施工特征及效果	• 砾石地层上进行压桩施工； • 施工无噪声无振动，不影响周围环境； • 通过夹钳住已经压入的桩，施工机械无倾覆风险

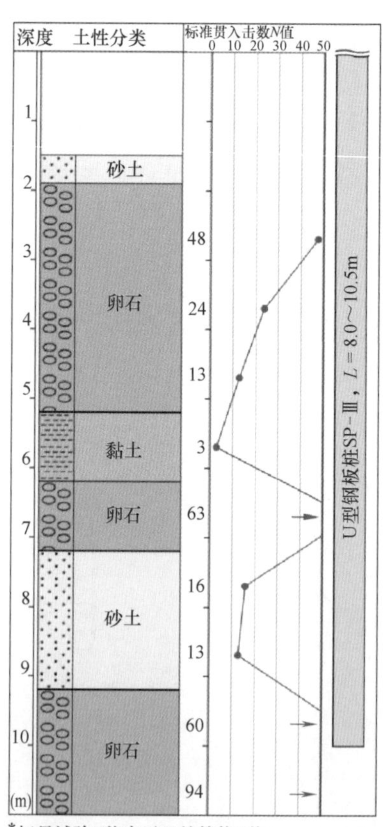

图 A. 1-183 项目概况及土层钻孔柱状图

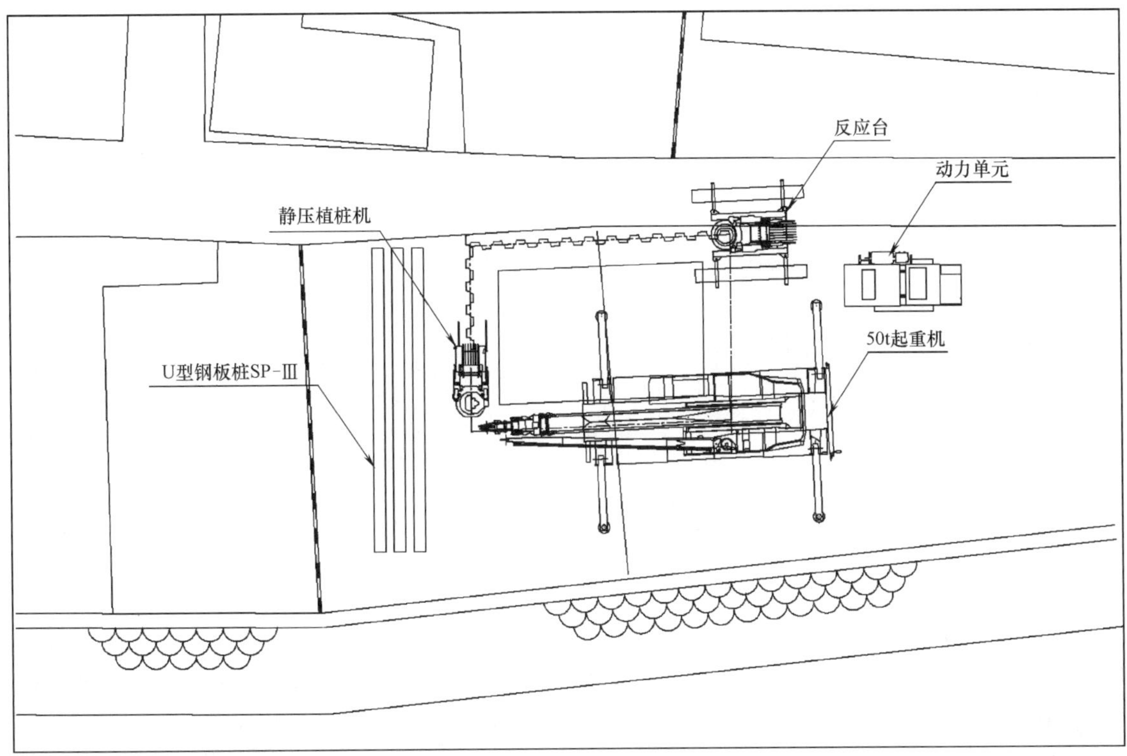

图 A. 1-184　施工计划

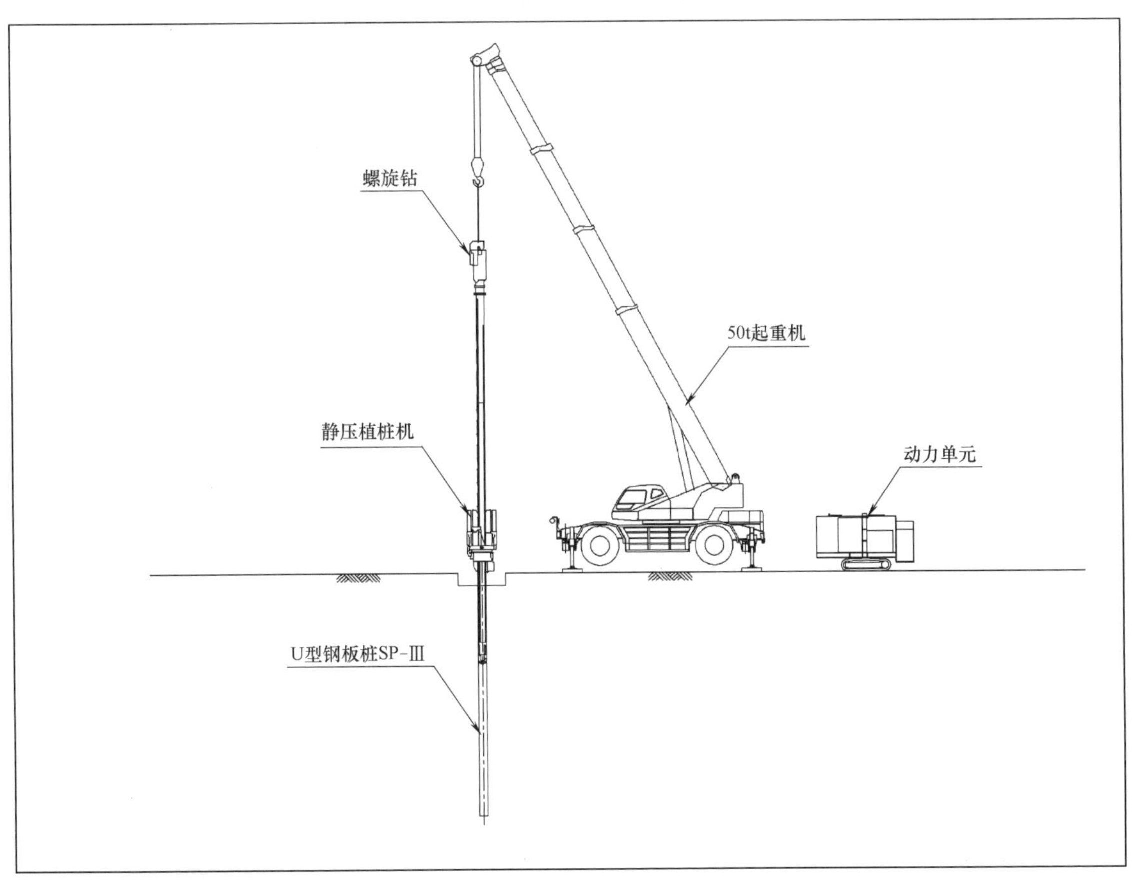

图 A. 1-185　施工截面

（2）建筑施工临时支挡结构（图 A. 1-186～图 A. 1-189）

图 A. 1-186　螺旋钻并用工法压入钢板桩

施工目的	火车站地下室临时支挡结构施工
施工位置	法国勒芒
使用的施工机械	桩机(SCU600M)
桩型及尺寸	550U 型钢板桩 PU12, L=8.0～12.0m 43U 型钢板桩 PU18, L=13.0m
施工特征及效果	• 施工无振动，施工地点临近高铁轨道； • 可在硬质场地上进行压桩施工

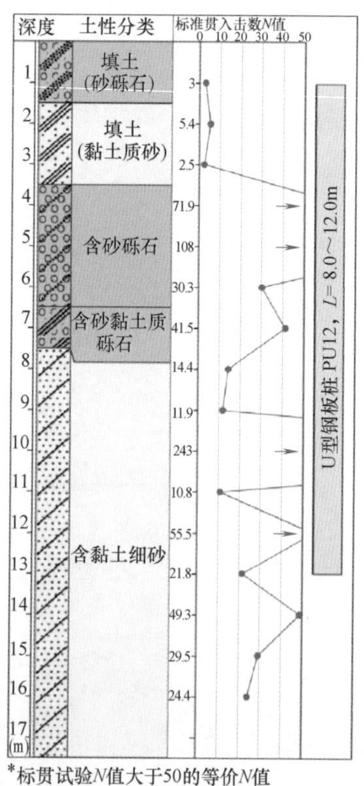

图 A. 1-187　项目概况及土层钻孔柱状图

图 A. 1-188 钢板桩压入施工

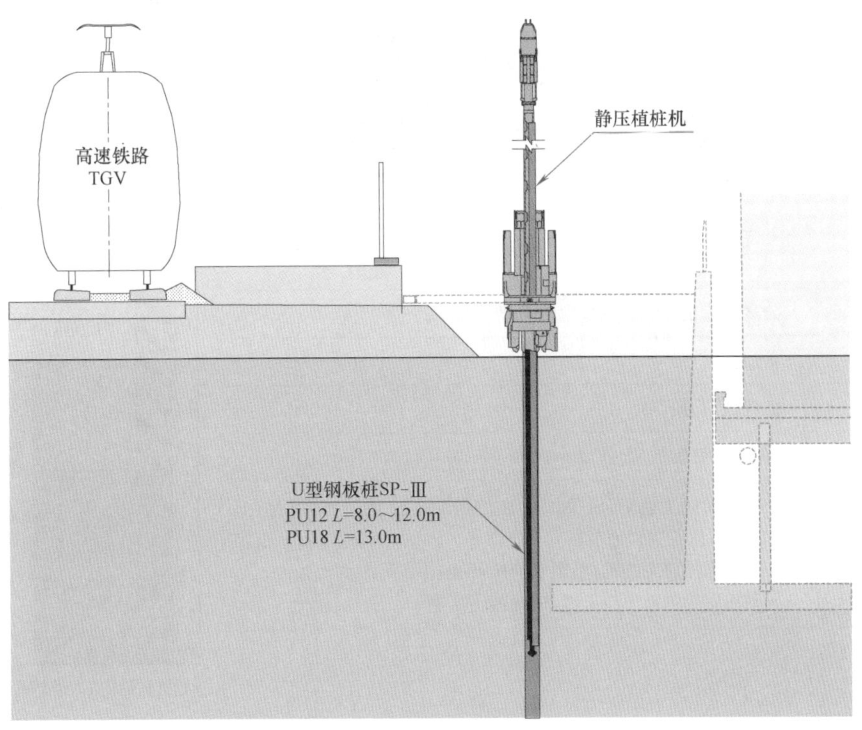

图 A. 1-189 施工截面

（3）支挡结构施工（图 A. 1-190～图 A. 1-194）

图 A. 1-190　螺旋钻并用工法钢板桩施工

图 A. 1-191　风化花岗岩

施工目的	公寓楼施工（地上三层，含地下停车场）
施工位置	新加坡
使用的施工机械	桩机（ECO400S）
桩型及尺寸	198U 型钢板桩 SP-Ⅳ，L=9.0～16.0m
施工特征及效果	• 硬质场地上施工（SPT-N=32 的粉质砂土地层，SPT-N=100 的含风化花岗岩地层）； • 施工无噪声无振动，不影响周围环境； • 利用钢板桩施工挡土墙，缩短施工工期

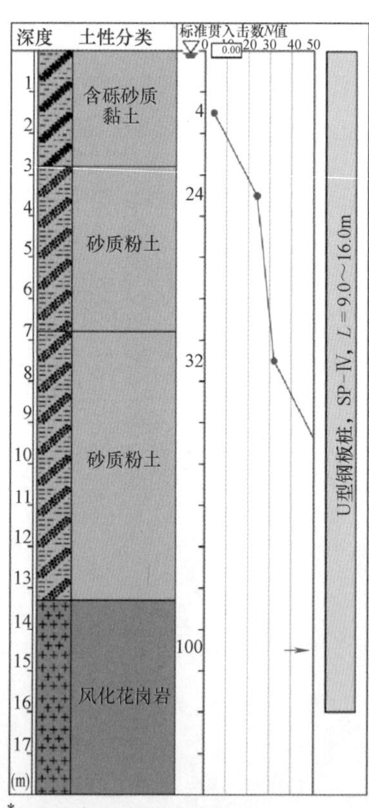

图 A. 1-192　项目概况及土层钻孔柱状图

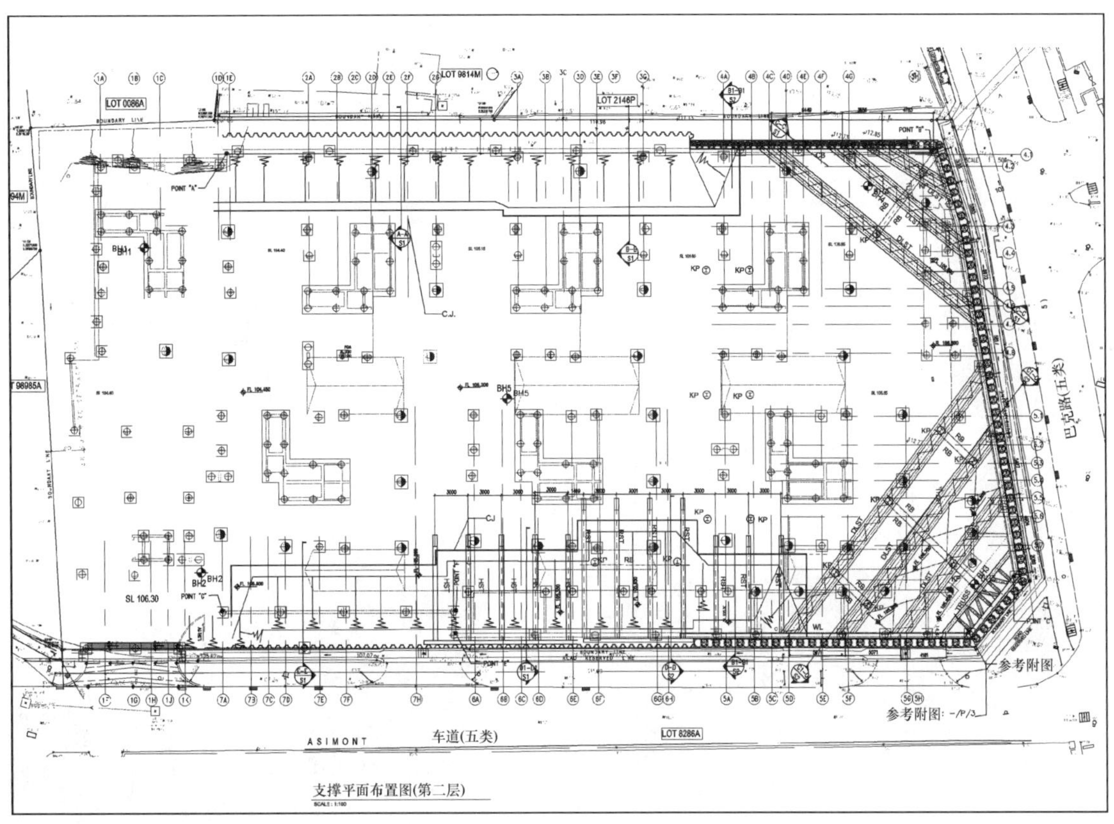

图 A.1-193 施工计划

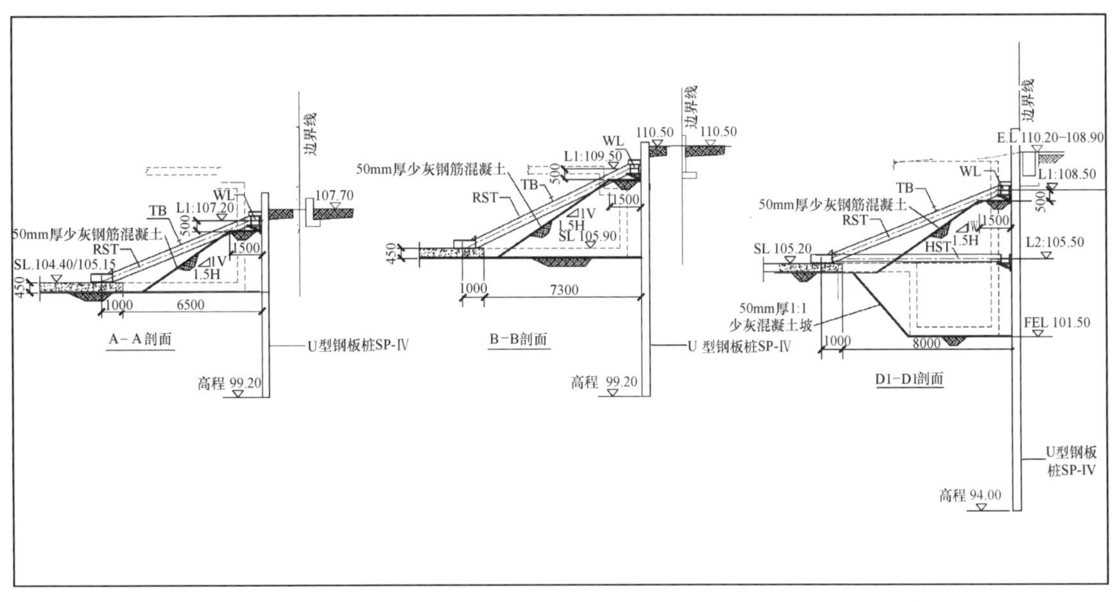

图 A.1-194 施工截面

5. 地下自行车停车场（ECO Cycle 自行车存放系统）

本节介绍地下自行车停车场的施工实例（图 A. 1-195～图 A. 1-200）。

图 A. 1-195　螺旋钻并用工法施工超近接型钢板桩

图 A. 1-196　压桩施工完成后

图 A. 1-197　整体施工完成后

施工目的	地下自行车停车场施工
施工位置	日本东京
使用的施工机械	静压植桩机(针对地下自行车停车场施工的特制桩机)
桩型及尺寸	215 超近接型钢板桩，L=16.0m
施工特征及效果	•在施工困难的场地内进行压桩施工； •高精度的圆形围堰施工； •施工无噪声无振动，不影响施工场地周围的商业区

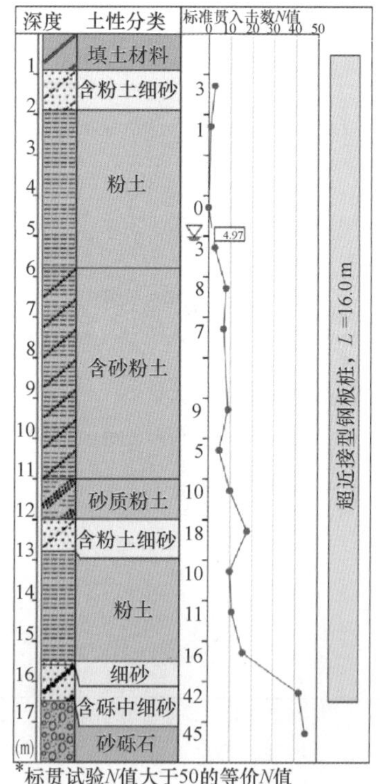

图 A. 1-198　项目概况及土层钻孔柱状图

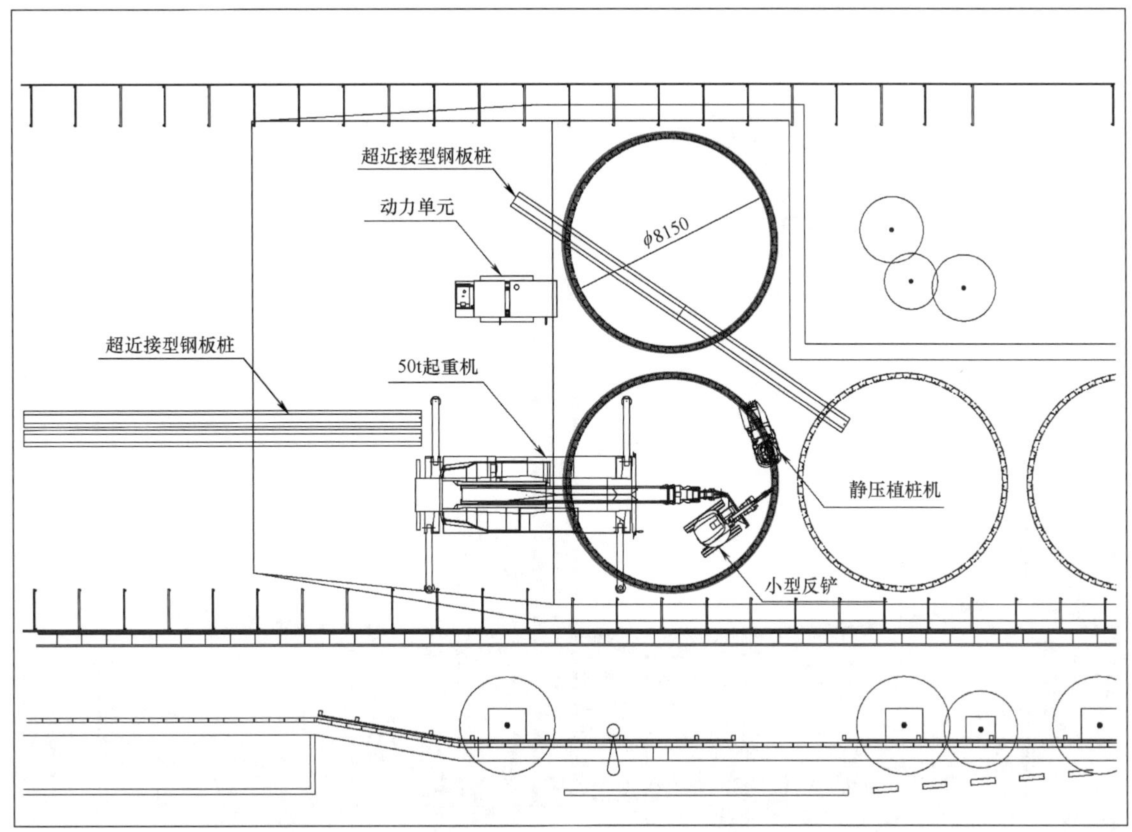

图 A.1-199 施工计划

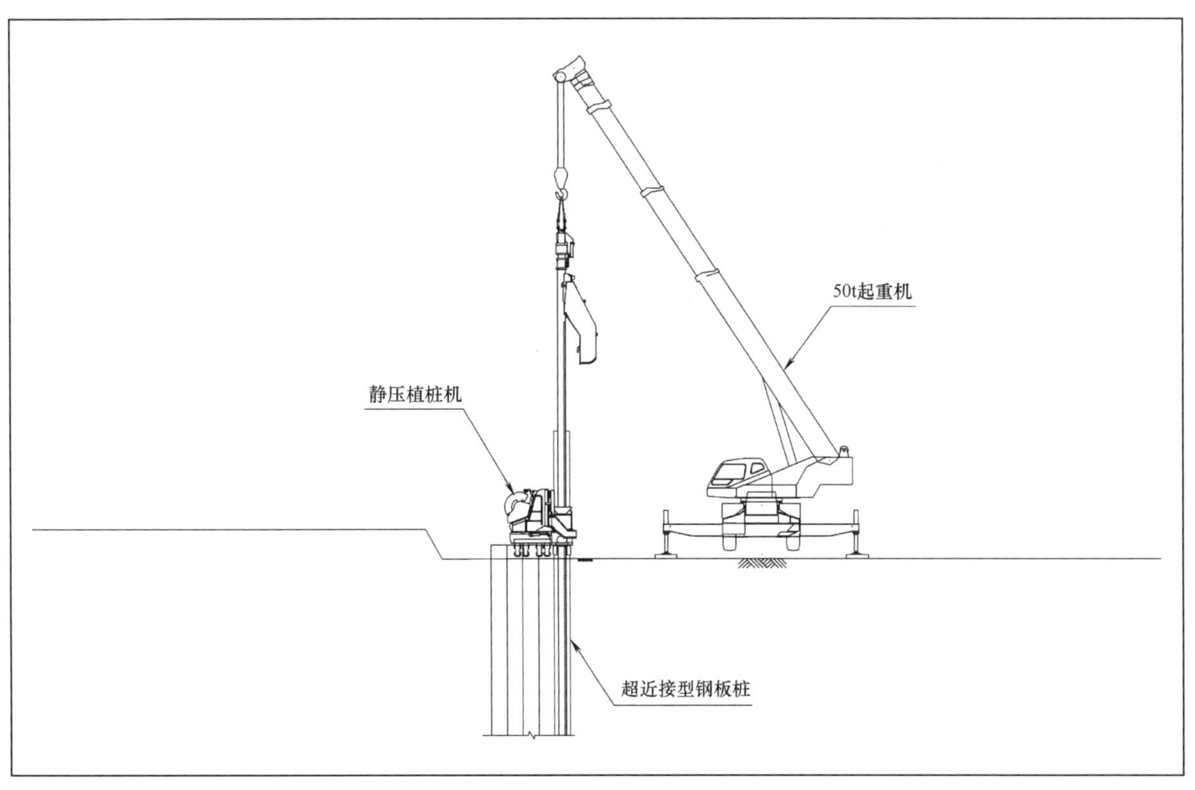

图 A.1-200 施工截面

6. 储油罐基础（抗液化措施）

本节介绍储油罐基础的抗震加固工程（抗液化措施）（图 A. 1-201～图 A. 1-205）。

图 A. 1-201　直线型钢板桩施工

图 A. 1-202　直线型钢板桩施工完成后

施工目的	储油罐基础抗震加固工程
施工位置	日本石川
使用的施工机械	直线桩机
桩型及尺寸	158 直线型钢板桩，$L=17.0$m
施工特征及效果	• 施工在狭窄空间内完成； • 施工对周围既有结构不产生影响

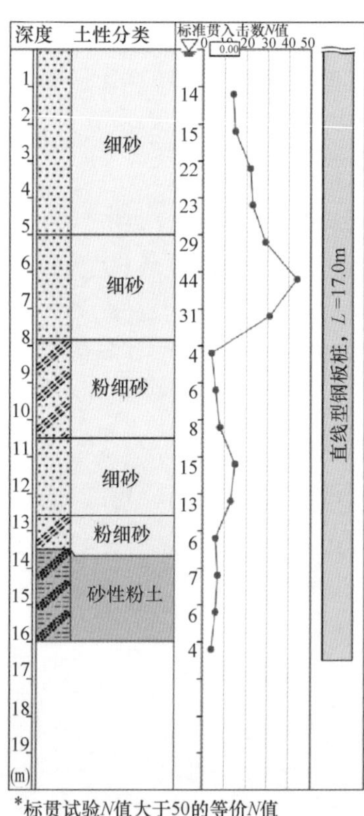

图 A. 1-203　项目概况及土层钻孔柱状图

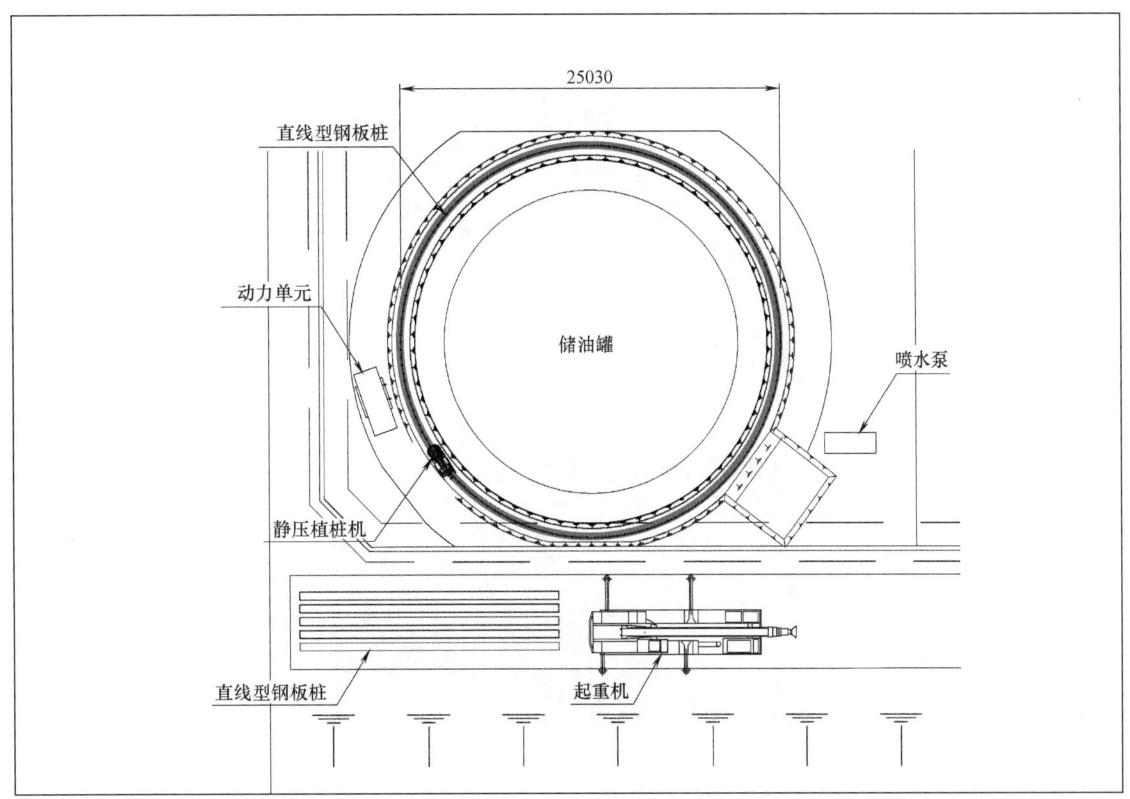

图 A. 1-204　施工计划

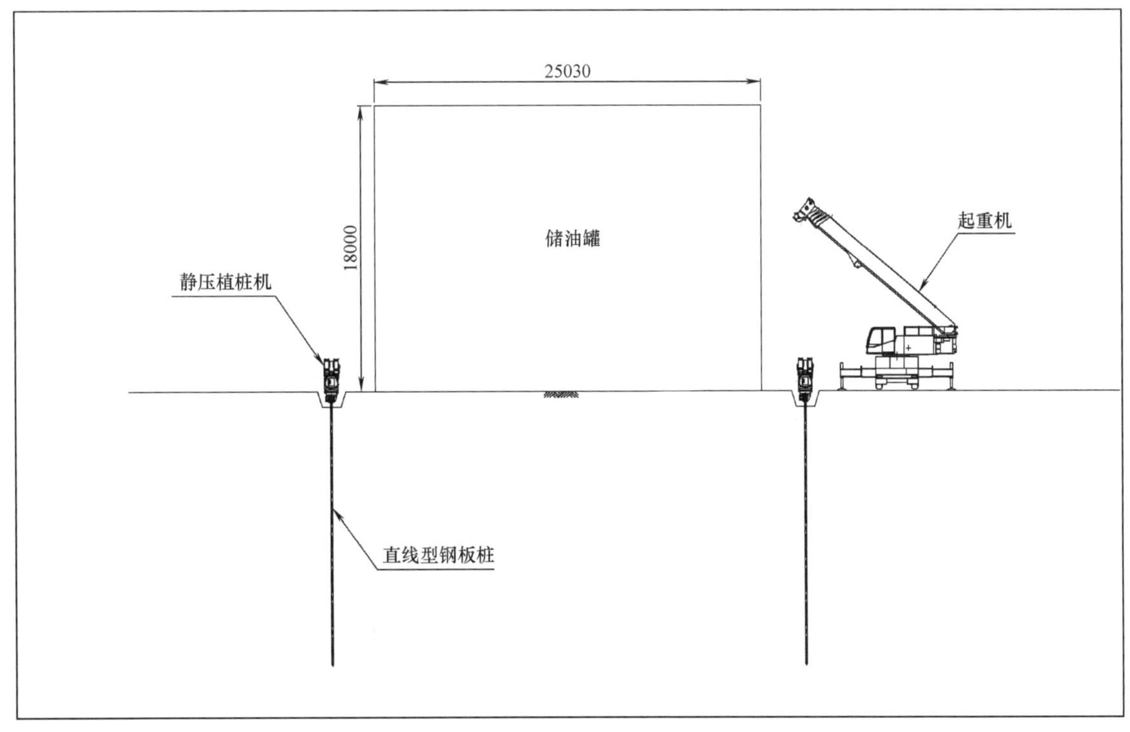

图 A. 1-205　施工截面

7. 钢管板桩围堰基础

本节介绍高速公路下方的桥墩加固工程（围堰）实例（图 A. 1-206～图 A. 1-209）。

图 A. 1-206 钢管板桩施工

施工目的	桥墩基础加固工程(围堰)
施工位置	日本东京
使用的施工机械	钢管桩桩机
桩型及尺寸	104 钢管板桩，直径 800mm，$t=9\sim14$mm，$L=58.0\sim59.5$m(5 个接头)
施工特征及效果	• 长桩的精确施工； • 在净空条件有限(净空高度大概13m)且不能影响上方高速公路交通的条件下进行施工； • 利用特殊的连接装置，减少了接头数量，缩短了施工工期，节约了施工成本

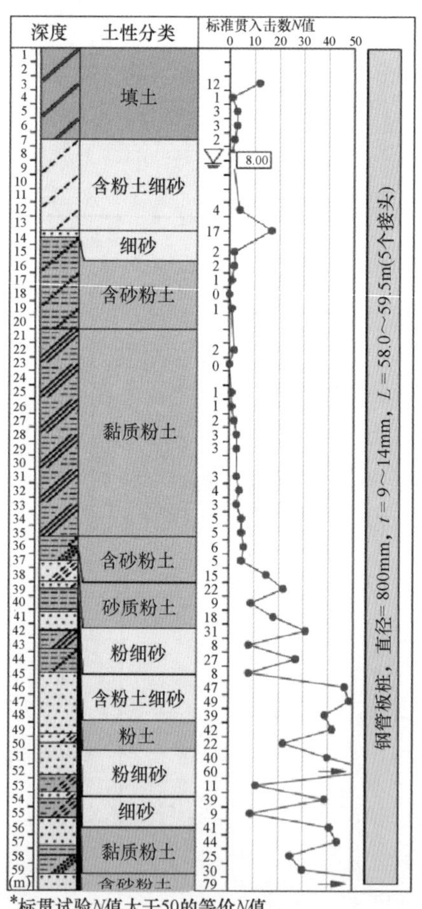

图 A. 1-207 项目概况及土层钻孔柱状图

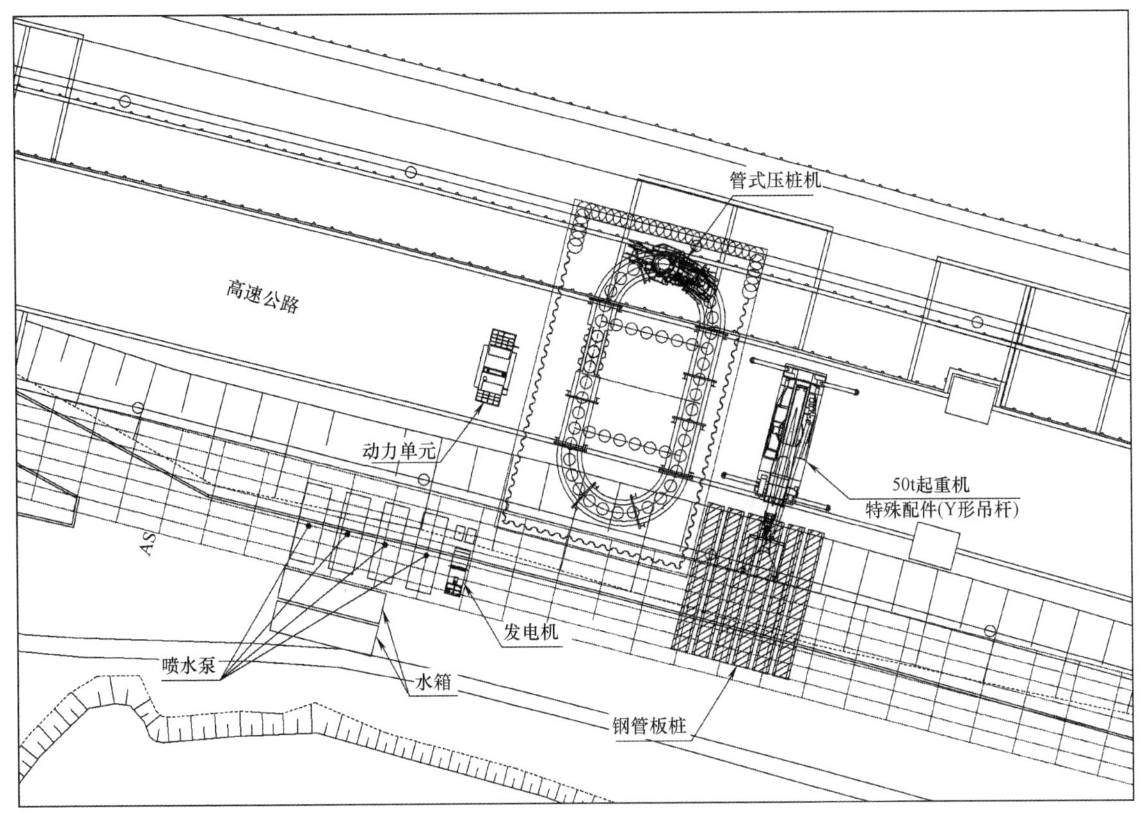

图 A.1-208 施工计划

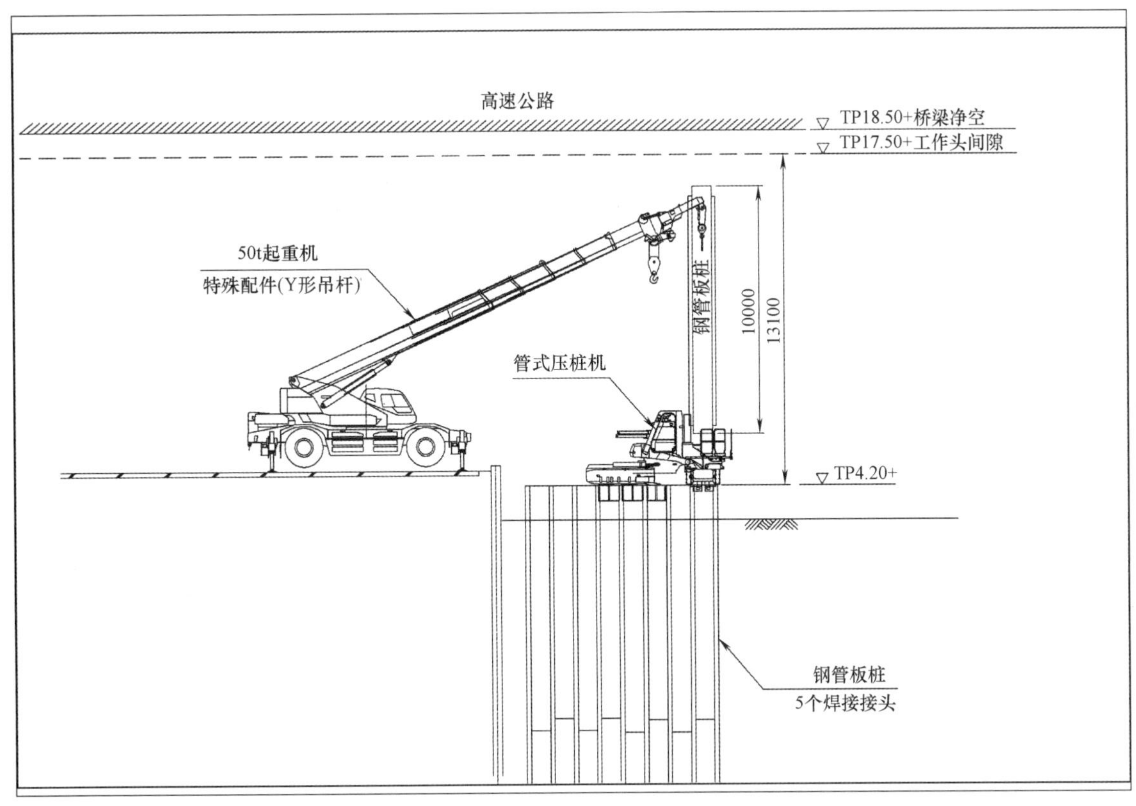

图 A.1-209 施工截面

A.2 静压植桩机型号表

A.2.1 U型钢板桩压桩机（U型压桩机）

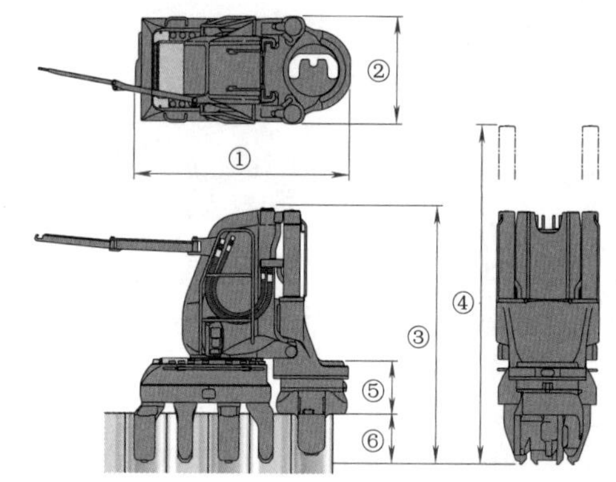

图 A.2-1 F101 外形

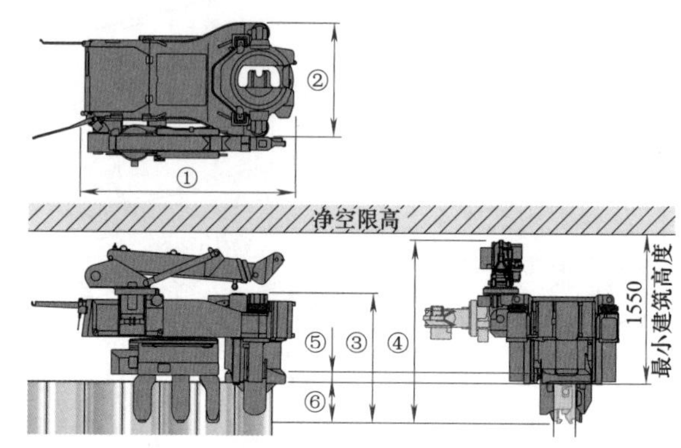

图 A.2-2 CL70 外形

U型压桩机的主要性能　　表 A.2-1

类　型	U型压桩机				
	ECO100	SW100	F101	Clear Piler	
				CL70	CLF120
压桩力	1000kN	1000kN	800kN	686kN	1200kN
引拔力	1100kN	1100kN	900kN	735kN	1300kN
冲程	850mm	750mm	800mm	600mm	600mm
①总长度	2070mm (1985mm)※1	2070mm	2720mm (1900mm)※1	2355mm	2585mm
②总宽度	1000mm	1145mm	1000mm	1210mm	1400mm
③总高度	2520mm	2520mm	2380mm	1365mm	1625mm
④施工过程中的最大高度※1	3365mm	3130mm	3170mm	1965mm	2225mm
⑤夹头高度	575mm	545mm	500mm	80mm	110mm
⑥夹钳长度	465mm	475mm	455mm	420mm	450mm
动力单元	EU200			EU130	
质量※2	7050kg (6600kg)※1	8200kg	5800kg (5300kg)※1	5450kg	10250kg
适用的钢板桩（有效宽度:mm）	U型钢板桩※3 Ⅱ-Ⅳ(400)	U型钢板桩※3 V_L,VI_L(500), II_w-IV_w(600)	U型钢板桩※3 Ⅱ-Ⅳ(400)		U型钢板桩※3 V_L,VI_L(500)
适用施工方法	标准静压法，水刀并用压入工法				

数据来源于 GIKEN 公司（2015年7月）

注：※1　当采用3个夹钳时的数据。

※2　当采用标准静压施工时的数据，当采用水刀并用压入工法或螺旋钻并用压入工法时这一数据可能发生变化。

※3　表中所列U型钢板桩主要用于日本。

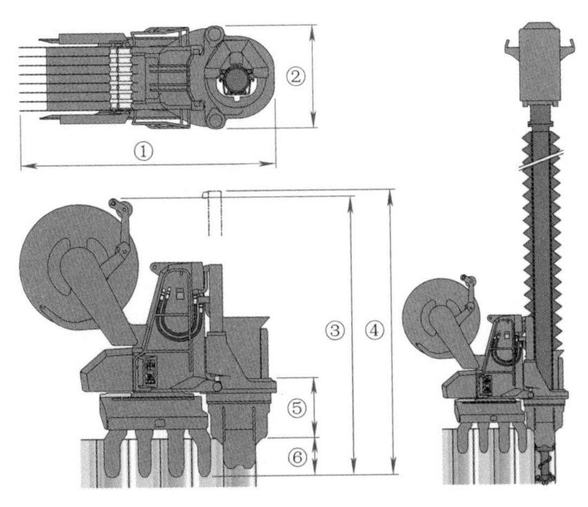

图 A.2-3 SCU-400M 外形

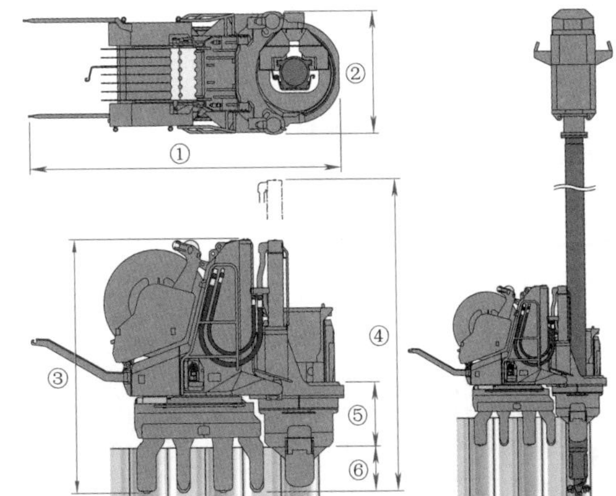

图 A.2-4 SCU-ECO400S 外形

Crush 桩机的主要性能 **表 A.2-2**

类型	Crush 桩机				
	SCU-400M	SCU-600M	SCU-ECO400S	SCU-ECO600S	F201※1
压桩力	800kN	800kN	800kN	780kN	800kN
引拔力	900kN	900kN	900kN	980kN	900kN
冲程	1000mm	1000mm	1000mm	1000mm	850mm
①总长度	3215mm	3550mm	2545mm	3490mm	2965mm
②总宽度	1250mm	1220mm	1250mm	1240mm	1265mm
③总高度	3405mm	3485mm	2585mm	3655mm	3945mm
④施工过程中最大高度※1	3590mm	3705mm	3570mm	3730mm	3945mm
⑤夹头高度	725mm	795mm	665mm	830mm	625mm
⑥夹钳长度	470mm	475mm	455mm	475mm	470mm
动力单元	EU300		EU200	EU300	
质量※2	10600kg	13400kg	8550kg	13900kg	11850kg
质量（板桩长度）	9600kg (21.0m)	14400kg (30.0m)	7600kg (15.0m)	14400kg (30.0m)	9800kg (24.0m)
适用的钢板桩（有效宽度：mm）	U 型钢板桩※4 Ⅱ-Ⅳ(400)	U 型钢板桩※4 V$_{L}$，Ⅵ$_{L}$(500)，Ⅱ$_{w}$-Ⅳ$_{w}$(600)	U 型钢板桩※4 Ⅱ-Ⅳ(400)	U 型钢板桩※4 V$_{L}$，Ⅵ$_{L}$(500) Ⅱ$_{w}$-Ⅳ$_{w}$(600)	U 型钢板桩※4 Ⅱ-Ⅳ(400) V$_{L}$，Ⅵ$_{L}$(500) Ⅱ$_{w}$-Ⅳ$_{w}$(600)
适用的施工方法※3	标准静压法		标准静压法，水刀并用工法，螺旋钻并用工法		

数据来源于 GIKEN 公司（2015 年 7 月）

注：※1 Ⅱ-Ⅳ型适用的数据，若采用其他类型板桩这一数据可能发生变化。
※2 最大质量是指螺旋钻的质量，质量随板桩长度变化而变化。
※3 选择不同的夹头，SCU-ECO400S，SCU-ECO600S 及 F201 桩机可适用于不同的压桩方法。
※4 表中所列 U 型钢板桩主要用于日本。

A. 2. 2 Z 型钢板桩压桩机（Z 型压桩机）

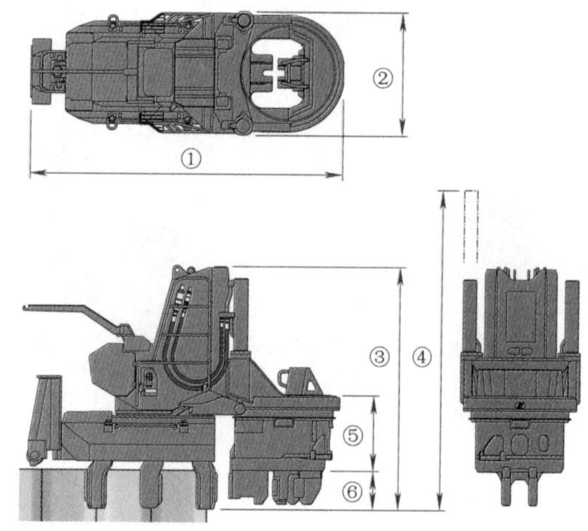

图 A. 2-5 GV-EC700S 外形

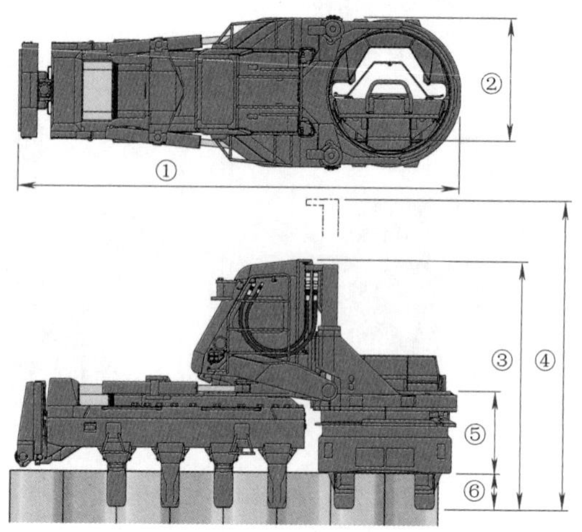

图 A. 2-6 F401 外形

Z 型桩机的主要性能 表 A. 2-3

类 型	Z 型桩机		
	GV-ECO700S	GV-ECO1400S	F401
压桩力	800kN	1200kN	1200kN
引拔力	1200kN	1600kN	1600kN
冲程	1100mm	1200mm	850mm
①总长度	3705mm	5250mm	5410mm
②总宽度	1520mm	1900mm	2000mm
③总高度	3580mm	3890mm	3260mm
④施工过程中的最大高度※1	3940mm	4245mm	4000mm
⑤夹头高度	935mm	1062mm	1520mm
⑥夹钳长度	465mm	475mm	775mm
动力单元	EU300		
质量	18300kg	26950kg	26200kg
螺旋钻质量※2	11000kg(21.0m)	18400kg(21.0m)	
适用的钢板桩 (有效宽度:mm)	Z 型钢板桩,AZ 型,Hoesch 型, PZC 型(575-708)	Z 型钢板桩,AZ 型,Hoesch 型, PZC 型(630-708)	Z 型钢板桩,AZ 型, Hoesch 型,PZC 型(560-708) U 型钢板桩 Ⅱ-Ⅳ$_w$,AU,PU,GU LAESSEN 型(400-600) 钢管桩 (ϕ800,ϕ1000,ϕ1200)
适用的施工方法※3	标准静压法,水刀并用压入工法,螺旋钻并用压入工法		
			旋转切削工法 组合螺旋法

数据来源于 GIKEN 公司（2015 年 7 月）

注：※1 当采用标准静压施工时的数据，当采用水刀并用压入工法或螺旋钻并用压入工法时这一数据可能发生变化。

※2 最大质量是指螺旋钻的质量，质量随板桩长度变化而变化。

※3 选择不同的夹头，上述三种桩机可适用于不同的压桩方法。

A.2.3 帽型钢板桩压桩机（帽型压桩机）

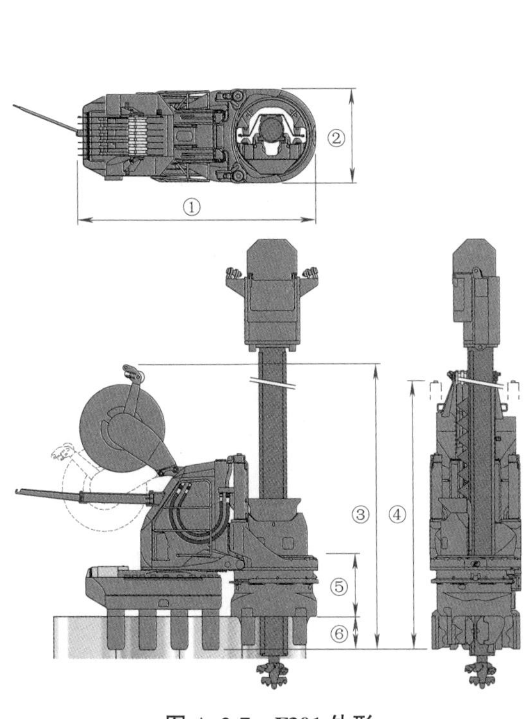

图 A.2-7 F301 外形

帽型桩机的主要性能 表 A.2-4

类　型	帽型桩机	
	ECO900	F301
压桩力	1000kN	800kN
引拔力	1100kN	900kN
冲程	750mm	850mm
① 总长度	3195mm	3385mm
②总宽度	1270mm	1300mm
③总高度	2515mm	2640mm
④施工过程中的最大高度※1	3245mm	3415mm
⑤夹头高度	635mm	835mm
⑥夹钳长度	495mm	465mm
动力单元	EU300	
质量	9500kg	13650kg
螺旋钻质量※2		11400kg(24.0m)
适用的钢板桩（有效宽度：mm）	帽型钢板桩 10H～50H(900)	
适用的施工方法※3	标准静压法，水刀并用压入工法	
		螺旋钻并用工法

数据来源于 GIKEN 公司（2015 年 7 月）

注：※1 当采用标准静压施工时的数据，当采用水刀并用压入工法或螺旋钻并用压入工法时这一数据可能发生变化。

※2 最大质量是指螺旋钻的质量，质量随板桩长度变化而变化。

※3 选择不同的夹头，F301 桩机可适用于不同的压桩方法。

A.2.4 超近接型板桩压桩机（超近接压桩机）

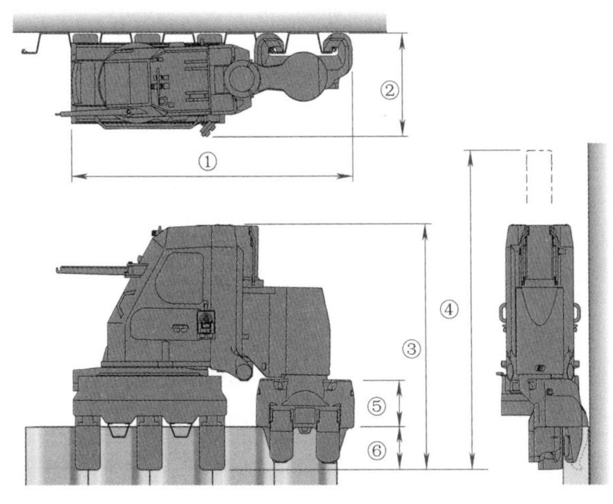

图 A.2-8 JZ100A 外形

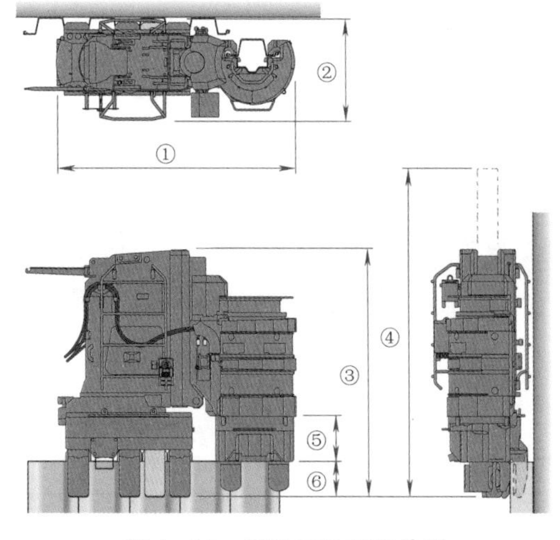

图 A.2-9 SCZ-ECO600S 外形

超近接型压桩机的主要性能 **表 A. 2-5**

类型	超近接型桩机	
	JZ100A	SCZ-ECO600S
压桩力	980kN	770kN
引拔力	1080kN	1000kN
冲程	700mm	1000mm
①总长度	2710mm	2850mm
②总宽度	880mm	1180mm
③总高度	2295mm	2860mm
④施工过程中的最大高度※1	2985mm	3760mm
⑤夹头高度	395mm	505mm
⑥夹钳长度	400mm	410mm
动力单元	EU200	EU300
质量	7900kg	13940kg※1
螺旋钻质量※2		6790kg(18.0m)
适用的钢板桩（有效宽度:mm）	超近接型钢板桩(600)	
适用的施工方法※3	标准静压法，水刀并用压入工法	
		螺旋钻并用工法

数据来源于 GIKEN 公司（2015 年 7 月）

注：※1 当采用标准静压施工时的数据，当采用水刀并用压入工法或螺旋钻并用压入工法时这一数据可能发生变化。

※2 最大质量是指螺旋钻的质量，质量随板桩长度变化而变化。

※3 选择不同的夹头，SCZ-ECO600S 桩机可适用于不同的压桩方法。

A. 2. 5 H 型钢板桩压桩机（H 型压桩机）

H 型压桩机的主要性能 **表 A. 2-6**

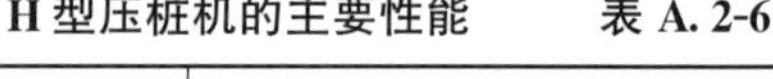

类型	H 型压桩机
	CLH150
压桩力	1470kN
引拔力	1568kN
冲程	700mm
①总长度	2704mm
②总宽度	1500mm
③总高度	2370mm
④施工过程中的最大高度※1	2460mm
⑤夹头高度	200mm
⑥夹钳长度	450mm
动力单元	EU200
质量	12300kg
适用的钢板桩（有效宽度:mm）	H 型钢板桩，高度 344～588(500)mm
适用的施工方法	标准静压法，水刀并用压入工法

数据来源于 GIKEN 公司（2015 年 7 月）

注：※1 当采用标准静压施工时的数据，当采用水刀并用压入工法或螺旋钻并用压入工法时这一数据可能发生变化。

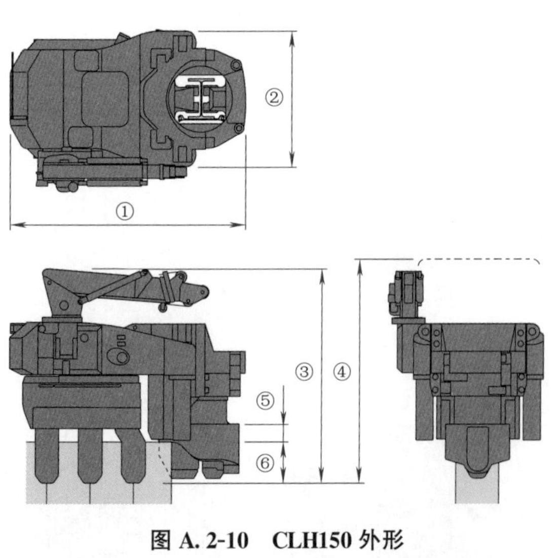

图 A. 2-10 CLH150 外形

A.2.6　轻质钢板桩压桩机（沟槽式压桩机）

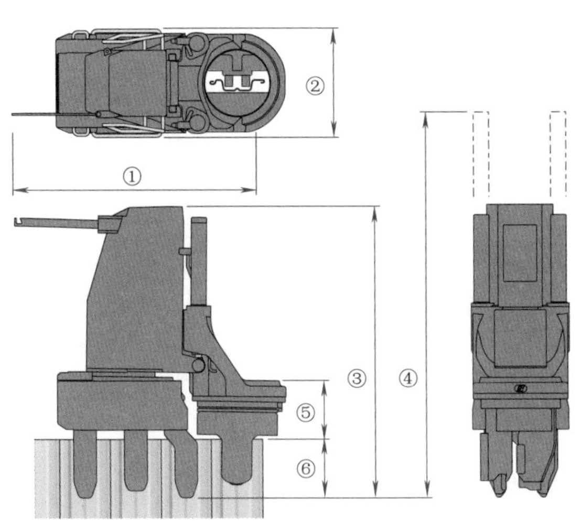

图 A.2-11　STP30 外形

沟槽式压桩机的主要性能　　表 A.2-7

类型	沟槽式压桩机
	STP30
压桩力	800kN
引拔力	900kN
冲程	850mm
①总长度	3385mm
②总宽度	1300mm
③总高度	3970mm
④施工过程中的最大高度※1	3970mm
⑤夹头高度	835mm
⑥夹钳长度	465mm
动力单元	EU50
质量	6130kg
适用的钢板桩（有效宽度：mm）	轻质钢板桩，NL-3，LSP-3B(333)
适用的施工方法	标准静压法，水刀并用压入工法

数据来源于 GIKEN 公司（2015 年 7 月）

注：※1　当采用标准静压施工时的数据，当采用水刀并用压入工法或螺旋钻并用压入工法时这一数据可能发生变化。

A.2.7　直线钢板桩压桩机（直线压桩机）

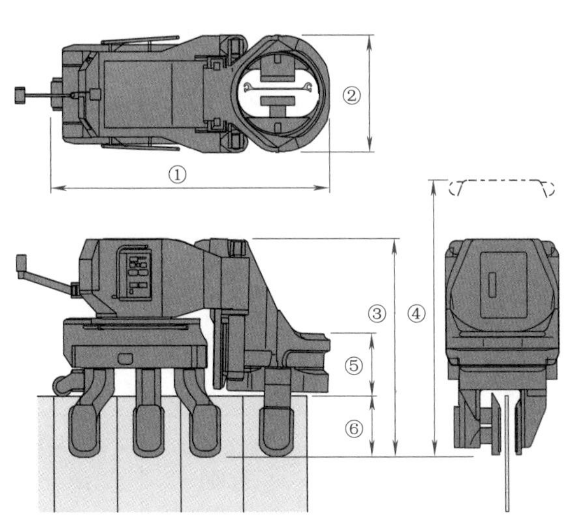

图 A.2-12　CP50 外形

直线压桩机的主要性能　　表 A.2-8

类型	直线压桩机
	CP50
压桩力	490kN
引拔力	490kN
冲程	700mm
①总长度	2200mm
②总宽度	1030mm
③总高度	1685mm
④施工过程中的最大高度※1	2370mm
⑤夹头高度	465mm
⑥夹钳长度	455mm
动力单元	EU50
质量	4500kg
适用的钢板桩（有效宽度：mm）	直线钢板桩 FL，FXL（500）
适用的施工方法	标准静压法，水刀并用压入工法

数据来源于 GIKEN 公司（2015 年 7 月）

注：※1　当采用标准静压施工时的数据，当采用水刀并用压入工法或螺旋钻并用压入工法时这一数据可能发生变化。

A. 2. 8 钢管板桩压桩机（钢管桩压桩机）

垂直压入专用机(PP150、PP260、PP200、PP300、PP400)

低空头专用机(CLP200)

图 A. 2-13 钢管桩压桩机外形

钢管桩压桩机的主要性能

表 A. 2-9

类型	钢管桩压桩机					
	PP150	P260	PP200	PP300	PP400	CLP200
压桩力	1500kN	2548kN	2000kN	3000kN	4000kN	2000kN
引拔力	1600kN	2744kN	2100kN	3100kN	4150kN	2200kN
冲程	1200mm	1300mm	1000mm	1300mm	1000mm	700mm
①总长度	3325mm	4700mm	4935mm	5600mm	7260mm	4790mm
②总宽度	1385mm	2040mm	2000mm	2075mm	2360mm	2890mm
③总高度	3000mm	3640mm	3200mm	4365mm	4145mm	2570mm
④施工过程中的最大高度※1	4020mm	4800mm	4160mm	5115mm	4595mm	2830mm
⑤夹头高度	935mm	1060mm	995mm	1500mm	1475mm	1050mm
⑥夹钳长度	400mm	650mm	500mm	800mm	565mm	300mm
动力单元	EU200		EU300			EU200
质量	13850kg	28870kg	22900kg	48700kg	66000kg	28900kg
适用的钢板桩(有效宽度:mm)	钢管板桩(ϕ500～600)	钢管板桩(ϕ700～900)	钢管板桩(ϕ800～1000)	钢管板桩(ϕ1000～1200)	钢管板桩(ϕ1300～1500)	钢管板桩(ϕ800～1000)
适用的施工方法	标准静压法,水刀并用压入工法					
	旋转切削工法					

数据来源于 GIKEN 公司（2015 年 7 月）

注：※1 当采用标准静压施工时的数据，当采用水刀并用压入工法或螺旋钻并用压入工法时这一数据可能发生变化。

A.2.9 旋转切削钢管桩压桩机（螺旋压桩机）

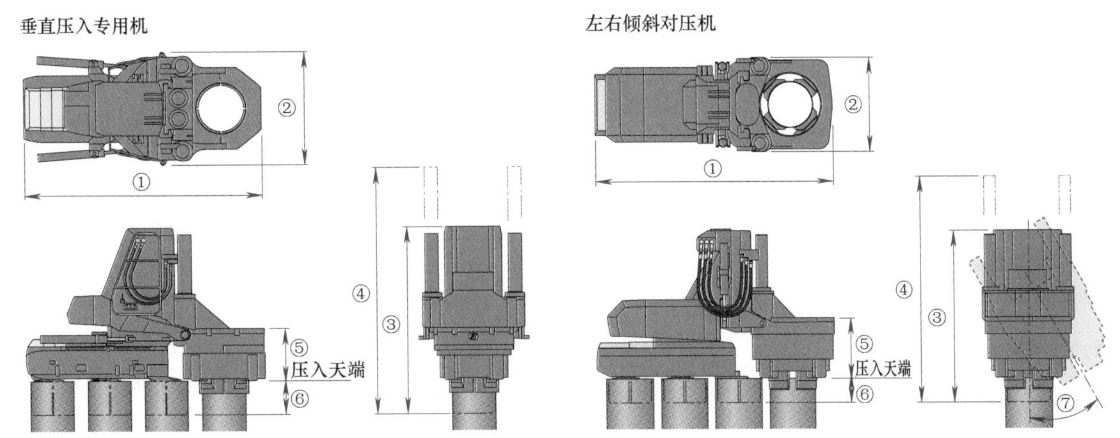

图 A.2-14 STP30 压桩机外形

螺旋压桩机的主要性能 表 A.2-10

类型	螺旋压桩机					
	GRV0615 (SP3)	GRV0926 (SP4)	GRV1026 (SP7)	GRV1226 (SP5)	GRV2540 (SP11)	GRV1030 (SP1)
适用类型	垂直方向压入					倾斜压入
压桩力	1500kN	2600kN	2600kN	2600kN	4000kN	3000kN
引拔力	1600kN	2800kN	2800kN	2800kN	4000kN	3500kN
冲程	1200mm	1300mm	1300mm	1300mm	1500mm	1300mm
①总长度	3610mm	5060mm	5410mm	6120mm	11910mm	5450mm
②总宽度	1640mm	2200mm	2050mm	2200mm	3330mm	2140mm
③总高度	3000mm	3640mm	3700mm	3640mm	5535mm	3880mm
④施工过程中的最大高度※1	4020mm	4800mm	4800mm	4800mm	6440mm	5050mm
⑤夹头高度	1180mm	1040mm	1135mm	1080mm	2375mm	1360mm
⑥夹钳长度	400mm	640mm	645mm	650mm	1250mm	340mm
动力单元	EU300			EU500	EU500×2	EU500
质量	15500kg (ϕ500)	29500kg (ϕ800)	32800kg (ϕ1000)	32000kg (ϕ1200)	105000kg (ϕ2500)	32000kg (ϕ1200)
适用的钢板桩(有效宽度:mm)	钢管板桩 (ϕ500～600)	钢管板桩 (ϕ700～900)	钢管板桩 (ϕ800～1000)	钢管板桩 (ϕ1000～1200)	钢管板桩 (ϕ2000,ϕ2500)	钢管板桩 (ϕ800～1000)

注：※1 能向左或向右倾斜 30°。

低空头/左右倾斜对压机

①
②
③
④
⑤
压入天端
⑥
⑦

图 A.2-15 SP6 和 SP8 压桩机外形

SP6 和 SP8 压桩机的主要性能　　表 A. 2-11

类　　型	GRV1015(SP6)	GRV1520(SP8)
压桩力	1500kN	2000kN
引拔力	1600kN	2100kN
冲程	700mm	800mm
①总长度	4810mm	6110mm
②总宽度	2140mm	2280mm
③总高度	2360mm	3170mm
④施工过程中的最大高度※1	3000mm	3620mm
⑤夹头高度	1160mm	1560mm
⑥夹钳长度	300mm	470mm
动力单元	EU300	EU500
质量	28000kg(ϕ1000)	42900kg(ϕ1500)
适用的钢板桩(有效宽度:mm)	钢管桩(ϕ800～1000)	钢管桩(ϕ1300～1500)

数据来源于 GIKEN 公司（2015 年 7 月）

注：※1　能向左或向右倾斜 30°。

A. 2. 10　混凝土板桩桩机（混凝土桩机）

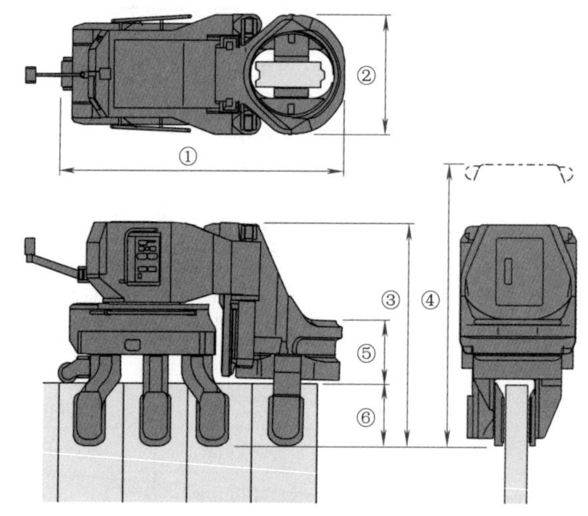

图 A. 2-16　混凝土压桩机外形

混凝土压桩机的主要性能　　表 A. 2-12

类　　型	混凝土桩机	
	CP50	CP80
压桩力	490kN	784kN
引拔力	490kN	686kN
冲程	700mm	700mm
①总长度	2200mm	3350mm
②总宽度	1030mm	970mm
③总高度	1685mm	2580mm
④施工过程中的最大高度※1	2370mm	3280mm
⑤夹头高度	465mm	480mm
⑥夹钳长度	455mm	460mm
动力单元	EU50	EU130
质量	4500kg	8800kg
适用的钢板桩(有效宽度:mm)	KF100-KF190 (500)	KC150-KC350 (1000)
适用的施工方法	标准静压法,水刀并用工法	

数据来源于 GIKEN 公司（2015 年 7 月）

注：※1　当采用标准静压施工时的数据，当采用水刀并用工法或螺旋钻并用工法时这一数据可能发生变化。

A.2.11 预应力混凝土墙压桩机

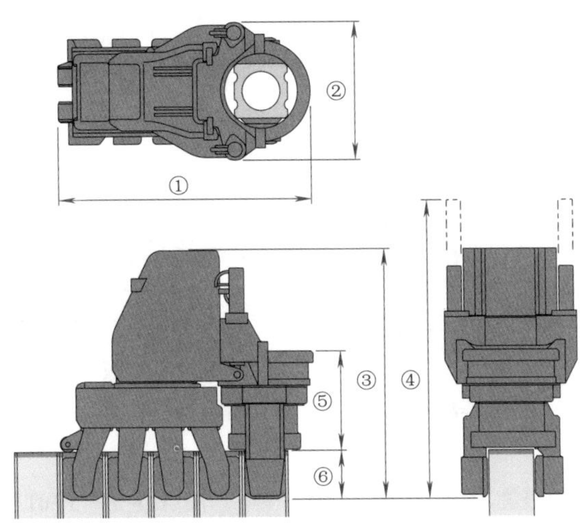

图 A.2-17 预应力混凝土墙压桩机外形

预应力混凝土墙压桩机的主要性能　　表 A.2-13

类　　型	预应力混凝土墙桩机	
	CHP150	CHP130
压桩力	1029kN	1274kN
引拔力	1176kN	1372kN
冲程	850mm	800mm
①总长度	3315mm	3520mm
②总宽度	1770mm	1660mm
③总高度	3200mm	2895mm
④施工过程中的最大高度※1	3825mm	3485mm
⑤夹头高度	1280mm	830mm
⑥夹钳长度	620mm	260mm
动力单元	EU100	EU200
质量	23800kg	15000kg
适用的钢板桩(有效宽度:mm)	□600×600(600)	□700×700(700) □800×800(800)
适用的施工方法	标准静压法,水刀并用压入工法	
	螺旋钻并用工法※2	

数据来源于 GIKEN 公司（2015 年 7 月）

注：※1　当采用标准静压施工时的数据，当采用水刀并用压入工法或螺旋钻并用压入工法时这一数据可能发生变化。

※2　螺旋钻并用工法仅适用于 700×700 的桩。

A. 2. 12　组合墙结构压桩机（静压植桩机 F301）

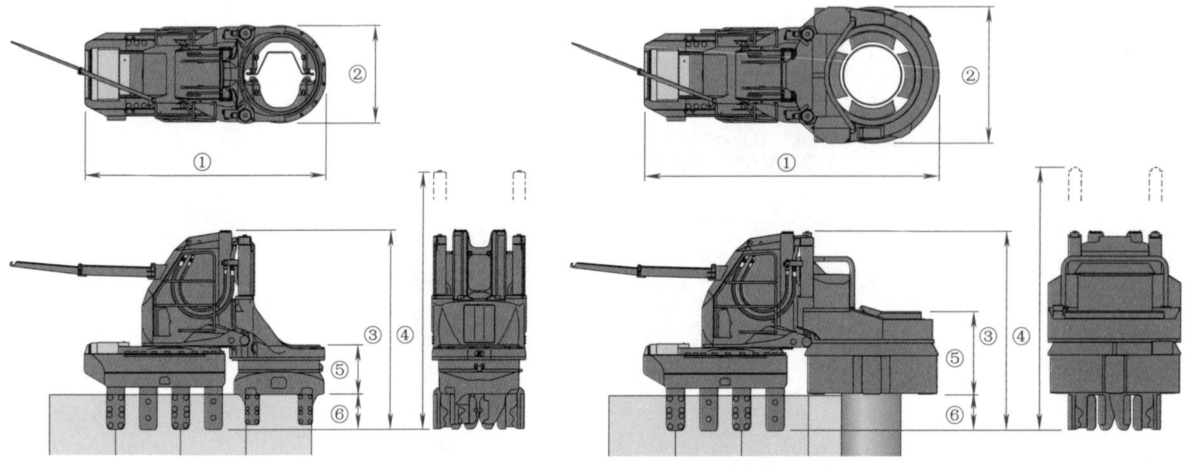

图 A. 2-18　F301 外形（钢板桩施工）

图 A. 2-19　F301 外形（钢管桩施工）

静压植桩机 F301 的主要性能　　表 A. 2-14

类　　型	静压植桩机 F301	
压桩力	800kN	800kN
引拔力	900kN	850kN
冲程	850mm	850mm
①总长度	3385mm	3990mm
②总宽度	1300mm	1800mm
③总高度	2640mm	2640mm
④施工过程中的最大高度※1	3415mm※1	3490mm
⑤夹头高度	835mm	1115mm
⑥夹钳长度	465mm	465mm
动力单元	EU300	
质量	13650kg	15500kg
螺旋钻质量※2	11400kg(24.0m)	—
适用的钢板桩(有效宽度:mm)	帽型钢板桩 10H～50H(900)	钢管桩 (ϕ600,ϕ800,ϕ1000)
适用的施工方法	标准静压法,水刀并用压入工法, 螺旋钻并用压入工法	旋转切削工法

数据来源于 GIKEN 公司（2015 年 7 月）

注：※1　当采用标准静压施工时的数据，当采用水刀并用压入工法或螺旋钻并用压入工法时这一数据可能发生变化。

※2　最大质量是指螺旋钻的质量，质量随板桩的长度变化而变化。

A.3　桩用自走吊车类型表

A.3.1　桩用自走吊车 CB1

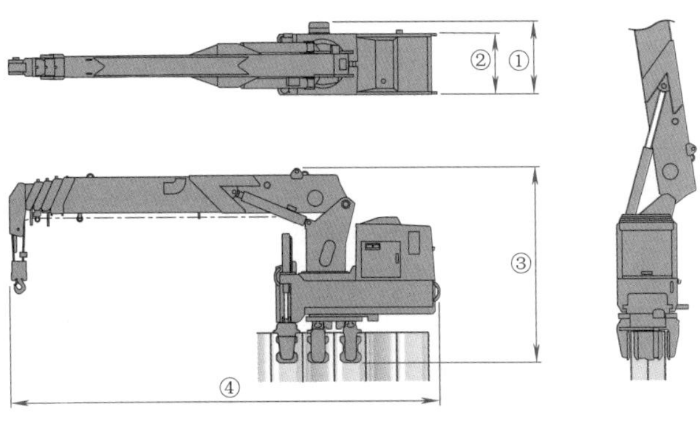

图 A.3-1　桩用自走吊车 CB1 外形

桩用自走吊车 CB1 的主要性能　　表 A.3-1

类　型	桩用自走吊车 CB1		
	CB1-7	CB1A	CB1B
起重能力	2.93t×4.5m	2.95t×5.0m	2.95t×5.0m
最大操作半径	0.80t×12.0m	0.40t×15.67m	0.40t×15.67m
①总长度	5630mm	5766mm	5770mm
②总宽度	800mm	960mm	1000mm
③总高度	2475mm	2566mm	2570mm
最大起重高度※1	13.0m	17.0m	17.0m
质量	4500kg	5170kg	5200kg
适用的钢板桩(有效宽度:mm)	U 型钢板桩(40～600) 帽型钢板桩(900) 超近接钢板桩(600) 混凝土板桩(500) KF100～KF150	U 型钢板桩(40～600) 帽型钢板桩(900)	U 型钢板桩(40～600) 帽型钢板桩(900)

数据来源于 GIKEN 公司（2015 年 7 月）

注：※1　最大起重高度指吊杆最大限度升起时与桩顶的距离。

A.3.2　桩用自走吊车 CB2

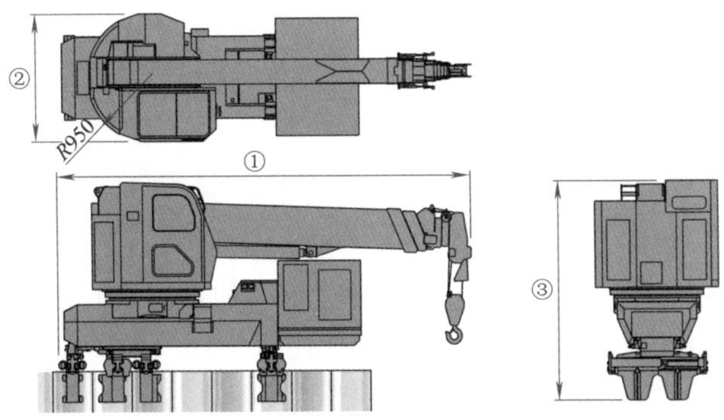

图 A.3-2　桩用自走吊车 CB2 外形

桩用自走吊车 CB2 的主要性能 表 A. 3-2

类　型	桩用自走吊车 CB2	
	CB2-8（钢板桩）	CB2-8(钢管桩)
起重能力	2.90t×6.0m	2.90t×8.5m
最大操作半径	0.23t×22.6m	0.26t×21.9m
①总长度	5630mm	5766mm
②总宽度	800mm	960mm
③总高度	2475mm	2566mm
最大起重高度※1	13.0m	17.0m
质量	12500kg	13500kg
适用的钢板桩(有效宽度:mm)	U 型钢板桩(400～600) 帽型钢板桩(900)	钢管桩和钢板桩 (ϕ500～ϕ1200)

数据来源于 GIKEN 公司（2015 年 7 月）

注：※1　最大起重高度指吊杆最大限度升起时与桩顶的距离。

A. 3. 3　桩用自走吊车 CB3，CB4，CB5

其外形请参照图 A. 3-2。

桩用自走吊车 CB2 的主要性能 表 A. 3-3

类型	桩用自走吊车 CB2				
	CB3-2	CB3-3	CB3-4	CB4 1	CB5-1
起重能力	10.0t×6.5m	10.0t×6.5m	10.0t×6.5m	20.0t×7.0m	50.0t×12.0m
最大操作半径	0.5t×32.1m	0.6t×30.2m	0.42t×30.5m	0.6t×41.2m	1.2t×50.0m
①总长度	10375mm	8660mm	11740mm	12110mm	17700mm
②总宽度	2000mm	2230mm	2770mm	2704mm	3300mm
③总高度	3170mm	4110mm	4240mm	4650mm	5780mm
最大起重高度※1	33.0m	32.1m	32.1m	42.0m	50.0m
质量	18800kg	23000kg	24500kg	46300kg	130000kg
适用的钢板桩(有效宽度:mm)	钢管桩 和钢板桩 (ϕ700～ϕ900) (900)	钢管桩 和钢板桩 (ϕ400～ϕ600)	钢管桩 和钢板桩 (ϕ400～ϕ600)	钢管桩 和钢板桩 (ϕ800～ϕ1500)	钢管桩和钢板桩 (ϕ800～ϕ1500) 钢管桩 (ϕ2000,ϕ2500)

数据来源于 GIKEN 公司（2015 年 7 月）

注：※1　最大起重高度指吊杆最大限度升起时与桩顶的距离。

A. 4　反力基座的安装方法

A. 4. 1　钢板桩施工反力基座的安装方法

当在没有前期压入桩/板桩的情况下进行压桩施工时，初期压入的桩将作为后期桩压入施工的反作用力来源。将桩机和反力基座水平安装后，将反作用重量作用于反力基座上。利用作用于反力基座上的总重量作为压桩的反力，并借此将第一根桩压入场地内。图 A. 4-1 展示了反力基座的安装方法。

(a) 水平安放静压植桩机及反力基座

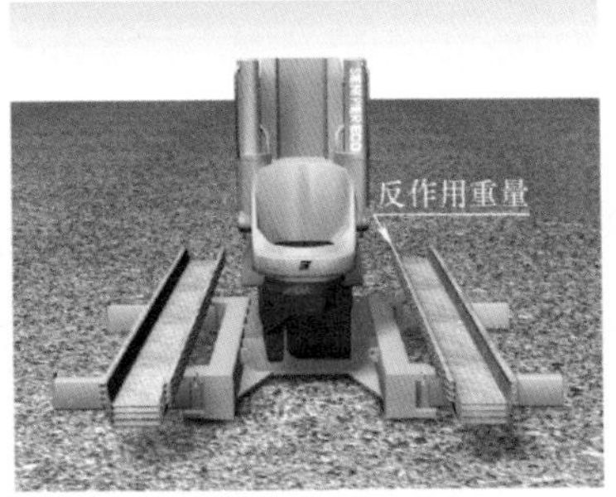

(b) 将反作用重量放置于反力基座上

(c) 压入第一根桩并继续压桩施工

图 A. 4-1　反力基座的安装示意图

A. 4. 2　钢管桩施工反力基座安装方法

1. 反力基座（常规）

图 A. 4-2 和图 A. 4-3 展示了常规的钢管桩反力基座，反力基座与反作用力桩之间采用螺栓连接或焊接。

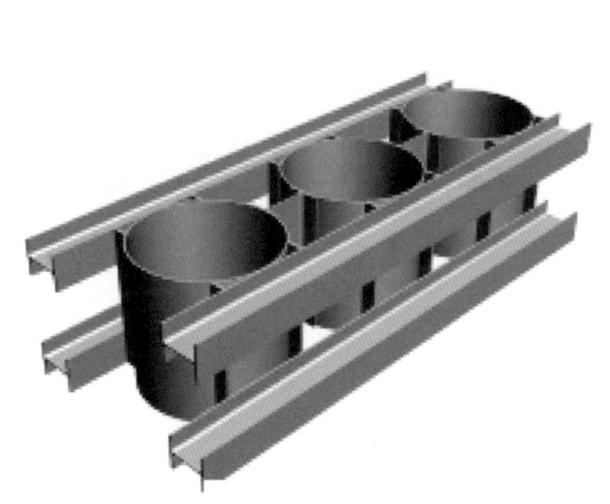

图 A. 4-2　反力基座外形

图 A. 4-3　反力基座安装示意图

2. 液压钳式反力基座

图 A. 4-4 和图 A. 4-5 展示了液压钳式反力基座。由于反力基座上的夹钳夹持住反作用钢板桩，施工中采用液压钳式反力基座可节约施工能耗。

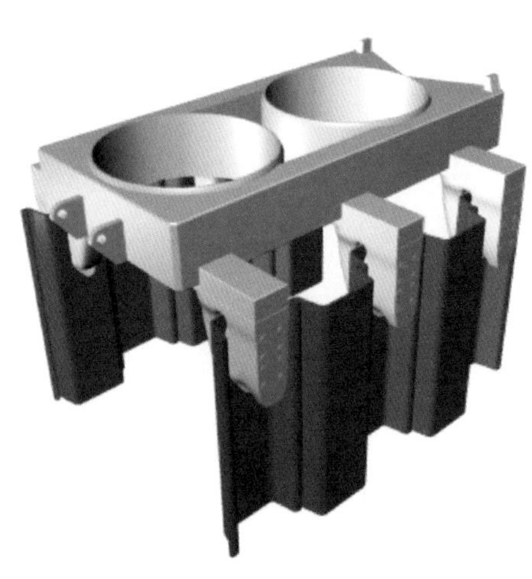

图 A. 4-4　液压钳式反力基座外形

图 A. 4-5　液压钳式反力基座安装示意图

A.5 辅助设备

A.5.1 桩机施工平台

在施工条件受限的情况下，例如水上施工、边坡上施工、高处施工等，可使用静压法进行压桩施工。静压法中带有施工平台的桩机能确保施工的安全性和经济性，如图 A.5-1 和图 A.5-2 所示。

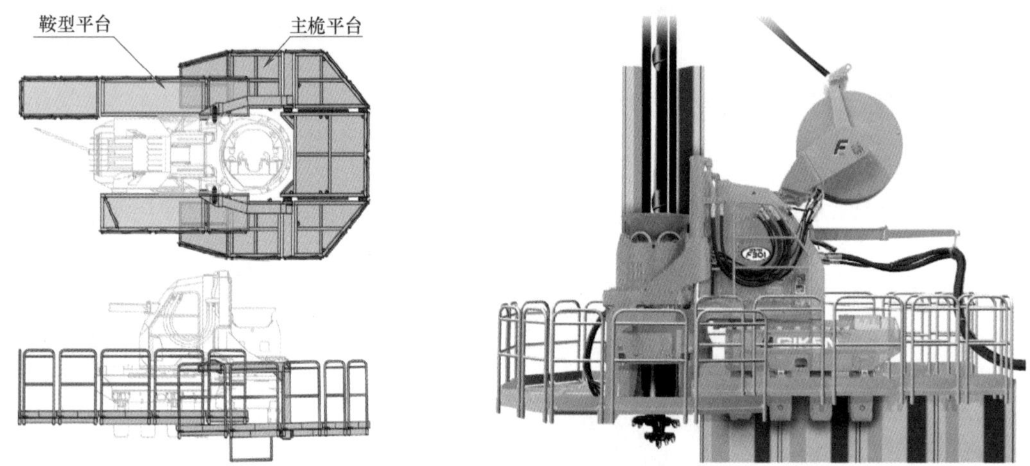

图 A.5-1　桩机施工平台示意图

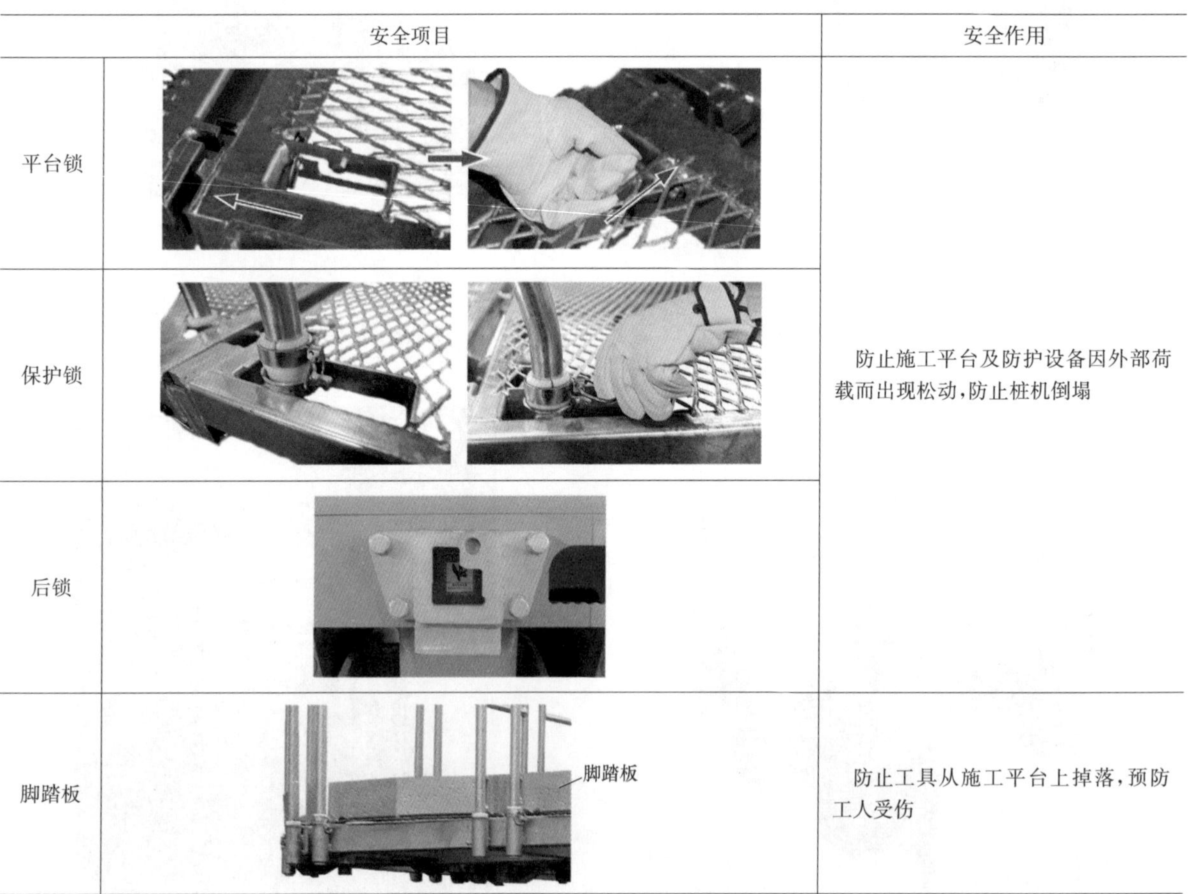

安全项目		安全作用
平台锁		防止施工平台及防护设备因外部荷载而出现松动，防止桩机倒塌
保护锁		
后锁		
脚踏板	脚踏板	防止工具从施工平台上掉落，预防工人受伤

图 A.5-2　桩机施工平台的安全措施

A.5.2　无线电控制夹桩器

借助无线电控制夹桩器，操作者可在安全区域内对压桩施工进行控制，并可在施工结束后轻松地释放起重机。如图 A.5-3 所示。

无线电控制夹桩器具有如下两项安全保护措施，以防止施工中出现安全事故：

（1）起重质量超过 200kg 时安全栓不会打开；

（2）指示灯可清楚显示安全栓的打开和关闭状态（图 A.5-4）。

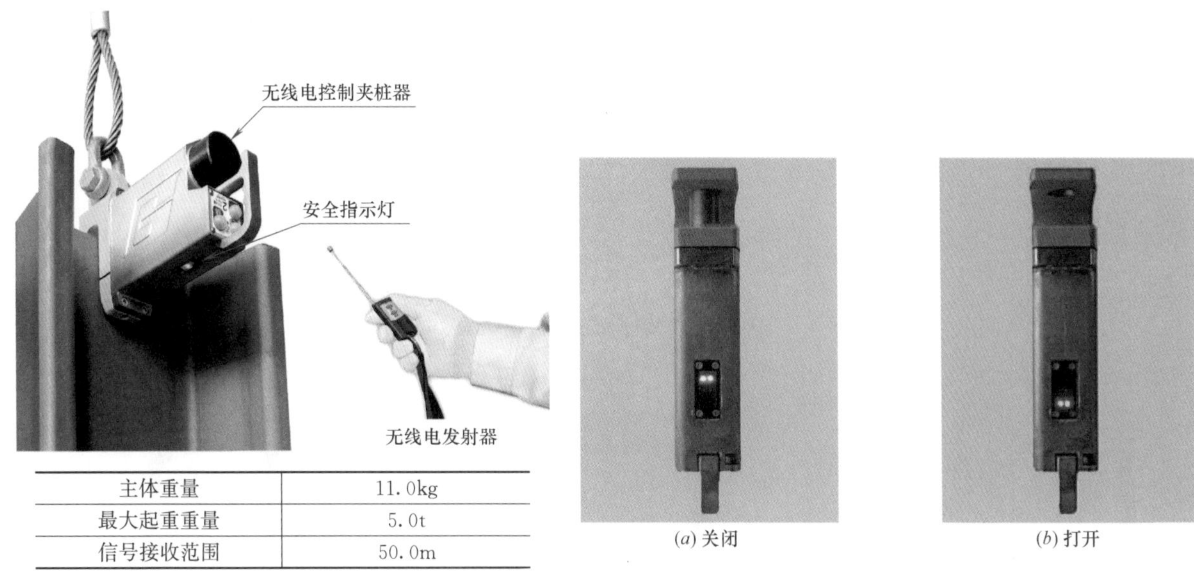

主体重量	11.0kg
最大起重重量	5.0t
信号接收范围	50.0m

图 A.5-3　无线电控制夹桩器

(*a*) 关闭　　(*b*) 打开

图 A.5-4　安全栓状态

A.5.3　桩用滚轮

使用桩用滚轮吊起钢板桩时，通过降低钢板桩之间的摩擦可以使吊桩施工变得容易。起重机所需的操作空间较小，且具有较高的安全性（图 A.5-5）。图 A.5-6 展示了使用桩用滚轮、滚轮架及无

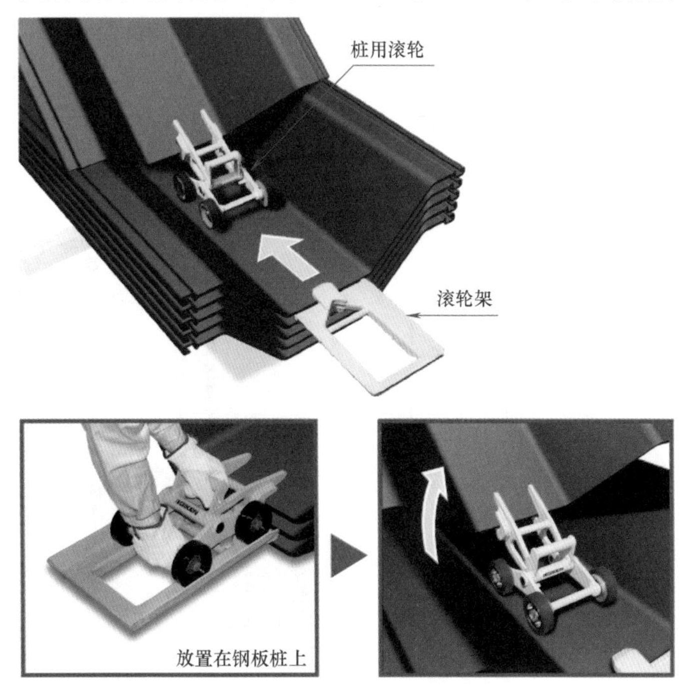

图 A.5-5　桩用滚轮使用方法

线电控制夹桩器进行压桩施工的流程。

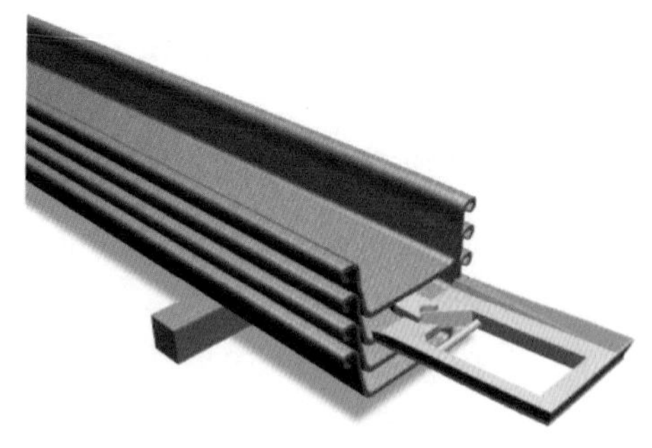

(a) 安放桩用滚轮

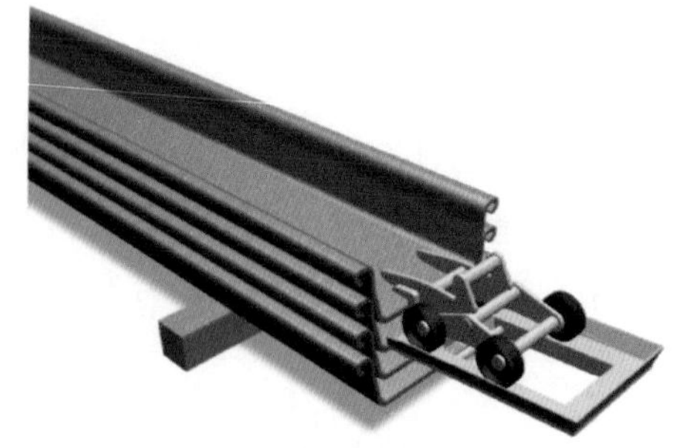

(b) 将桩用滚轮放置于滚轮架上

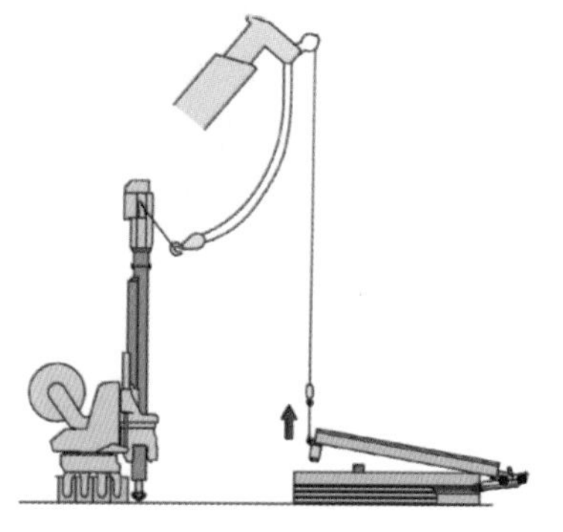

(c) 将无线电控制夹桩器安放在钢板桩上并开始吊桩

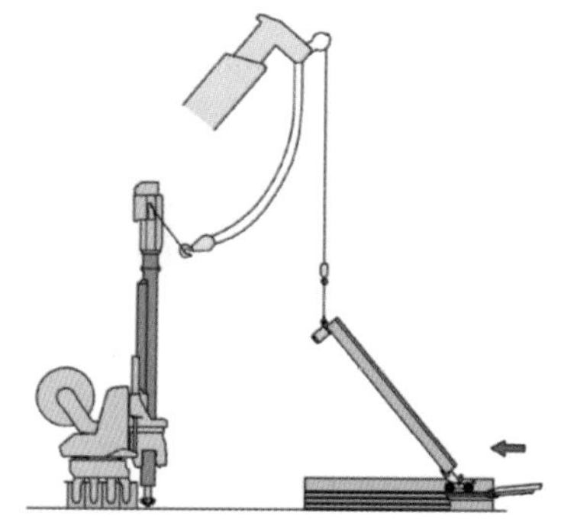

(d) 吊桩，确认桩用滚轮在吊桩过程中滚动

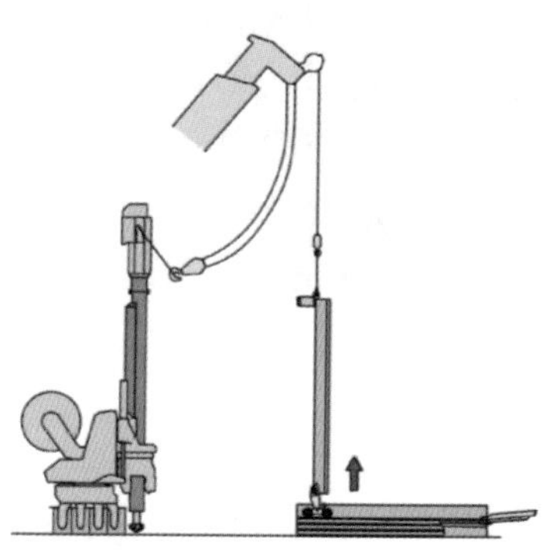

(e) 将钢板桩吊起直至钢板桩垂直，确认桩用滚轮与钢板桩脱离后开始压桩施工

图 A. 5-6　钢板桩吊桩流程示意图

A. 5. 4　刮泥器

利用刮泥器可有效地清除套管上的泥土。刮泥器装卸方便，替代了人工清泥工作。图 A. 5-7 为刮泥器的外形，图 A. 5-8 为刮泥器的安装方法，图 A. 5-9 为刮泥器的现场使用效果。

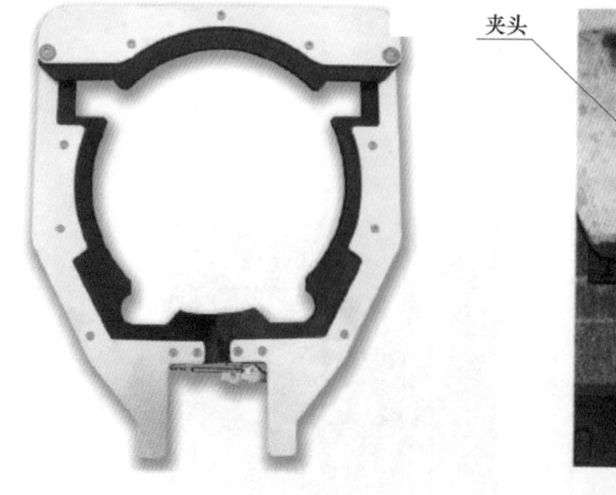

图 A. 5-7　刮泥器外形

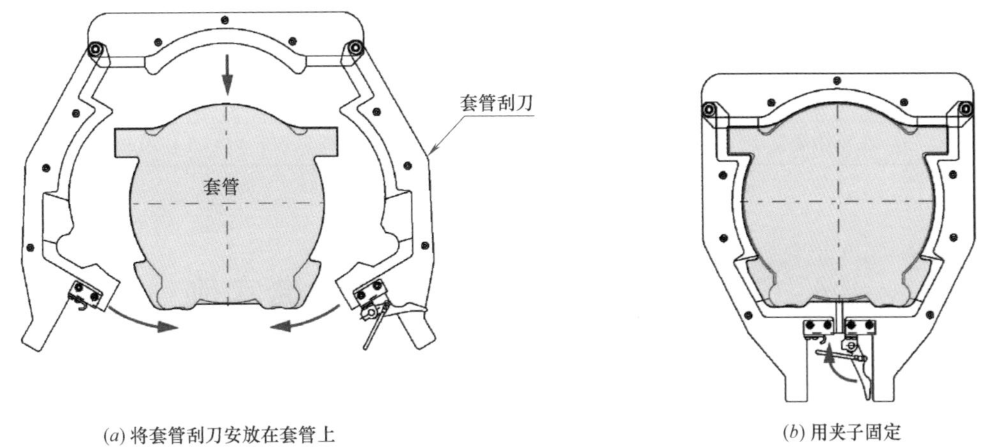

(a) 将套管刮刀安放在套管上 (b) 用夹子固定

图 A.5-8 刮泥器的安装方法

(a) 使用前 (b) 使用后

图 A.5-9 刮泥器现场使用效果

A.5.5 桩用校准镭射仪

为了满足竣工管理标准，需要利用桩用校准镭射仪对桩位进行检查。桩用校准镭射仪是一个半导体镭射仪，可以准确快速地设定设计压桩线。另外，桩用校准镭射仪拥有独特的悬臂结构，根据施工条件的不同，可以实现多个位置上的安装。图 A.5-10 所示为桩用校准镭射仪的外形，表 A.5-1 为桩用校准镭射仪的主要性能参数。

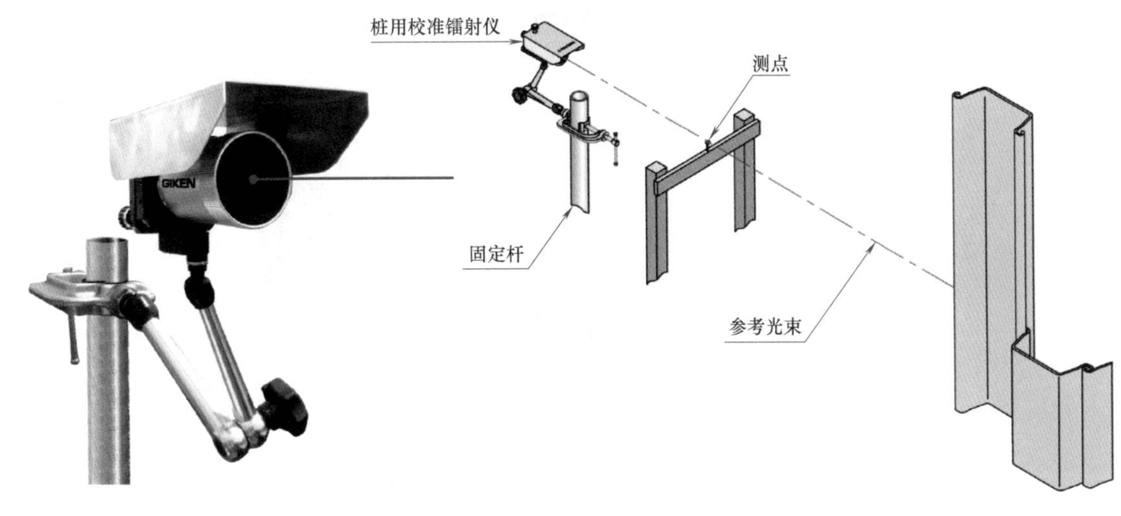

图 A.5-10 桩用校准镭射仪

桩用校准镭射仪的主要性能参数　　表 A. 5-1

桩用校准镭射仪(PL3)	
主体质量	1.5kg
能量来源	一节 D 号干电池(工作超过 50 小时)

A. 6　必要截水时连接件的建造实例

A. 6. 1　利用等边角钢进行截水处理

本节介绍必要截水时连接件的施工实例。图 A. 6-1 为利用等边角钢作为止水结构的实例。需要注意的是，连接件的长度应超过需要进行截水处理的地层的厚度。

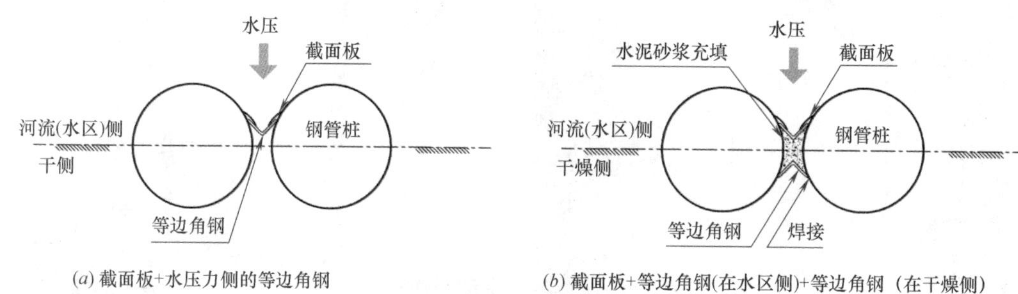

(*a*) 截面板+水压力侧的等边角钢

(*b*) 截面板+等边角钢(在水区侧)+等边角钢（在干燥侧）

图 A. 6-1　连接件施工示意图

图 A. 6-1（*b*）所示方法在河流护岸工程中的建造流程如图 A. 6-2 所示。

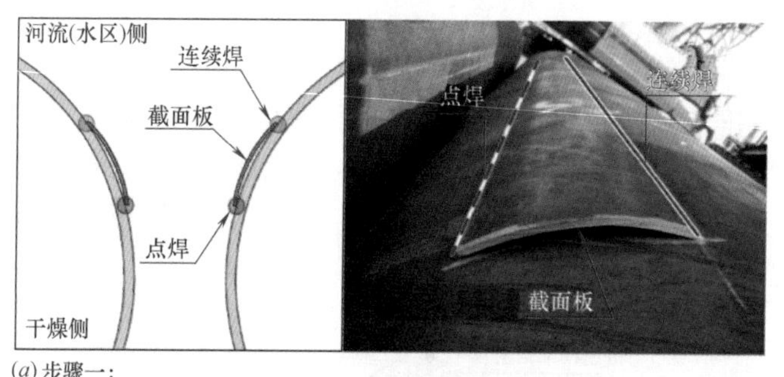

(*a*) 步骤一:
将截面板固定于钢管桩上。在将压入等边角钢的一侧使用点焊，而在另一侧使用连续焊接。截面板应位于河流一侧

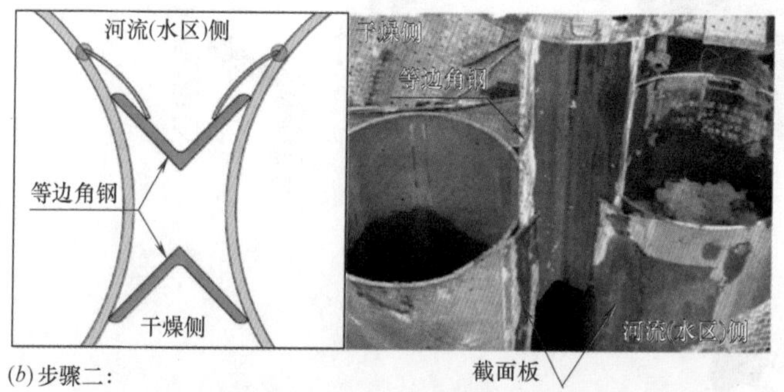

(*b*) 步骤二:
将等边角钢压入钢管桩与点焊一侧之间，然后在另一侧也压入等边角钢

图 A. 6-2　河流护岸工程中连接件的建造步骤（一）

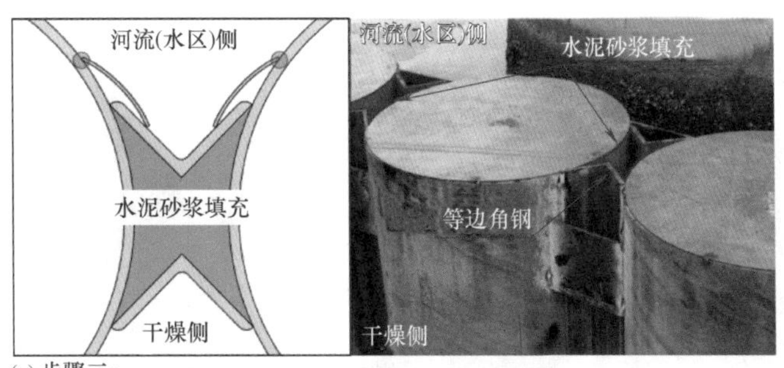

(c) 步骤三：
固定不临河流一侧等边角钢的端部，利用水泥砂浆对两个等边角钢之间的空间进行填充

图 A.6-2 河流护岸工程中连接件的建造步骤（二）

A.6.2 利用硬橡胶皮管密封圈进行截水

G-seal 是 GIKEN 公司开发的一种使用硬塑胶皮管的截水材料。G-seal 被插入钢管桩之间的空隙，并利用水泥浆对其内部进行填充，以达到截水的效果（如图 A.6-3 所示）。图 A.6-4 详细地展示了 G-seal 材料。G-seal 的施工采用一种特制的机械。首先将连接件施工所用的钢管套管压入钢管桩之间的空隙，随后将 G-seal 插入套管内。为了提高 G-seal 材料与钢管桩之间的接触性能，G-seal 材料的表面被设计为凸起形状。

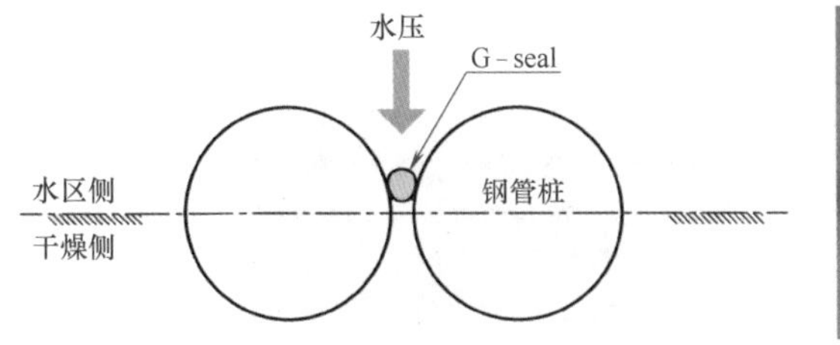

图 A.6-3 G-seal 材料截水机理示意图

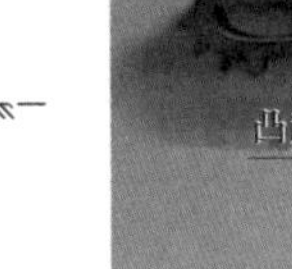

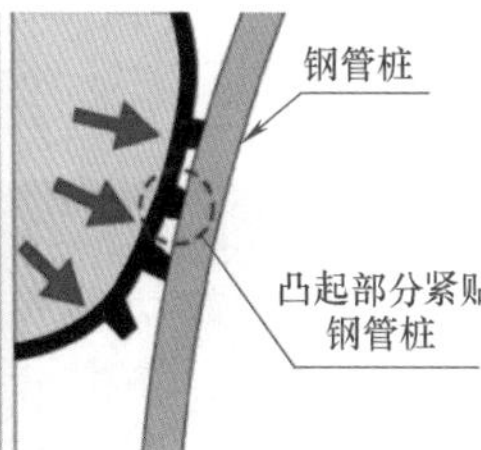

图 A.6-4 G-seal 材料示意图

利用试验对 G-seal 材料的截水性能进行验证。试验中，将 G-seal 材料固定于钢管桩上，不断增加钢管桩后方蓄水池内的水压并观察钢管桩是否出现漏水现象。假设 G-seal 材料分别位于水位线以下 10m、20m 和 30m，对应的水压力分别为 0.1MPa，0.2MPa 和 0.3MPa。在每一个压力作用下连续观察 24 小时，未发现渗漏或水浸点，试验结果表明 G-seal 材料具有较好的截水性能（图 A.6-5 和表 A.6-1）。

实际场地中进行的现场试验及其试验报告如图 A.6-6 和图 A.6-7 所示。

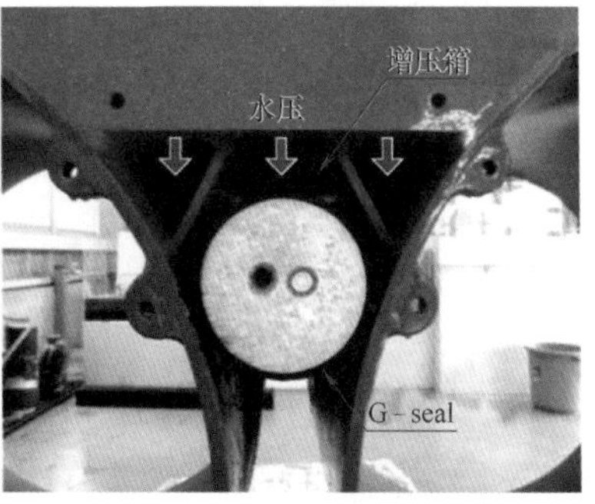

图 A.6-5 试验装置

试验结果　　表 A.6-1

水压(MPa)	观察时间(小时)	试验结果
0.1	24	无渗漏
0.2	24	无渗漏
0.3	24	无渗漏

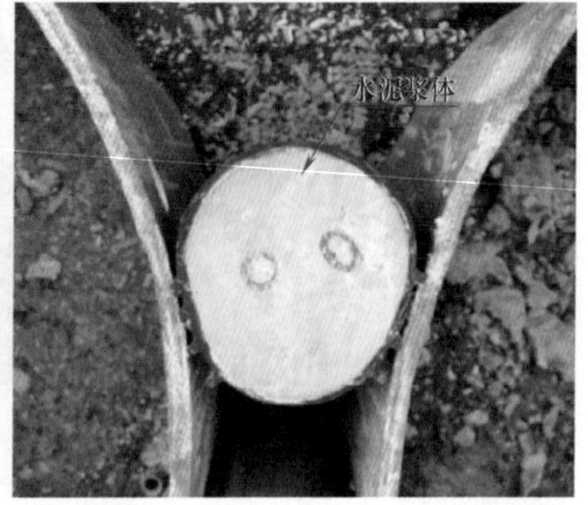

图 A. 6-6　现场试验

鋼管杭の止水性能試験

報 告 書

平成２５年１０月

一般社団法人日本建設機械施工協会
施 工 技 術 総 合 研 究 所

图 A. 6-7　试验报告（日本建设机械施工协会）

A. 6. 3　钢板桩接头处的截水材料

（1）钢板桩接头处的截水材料（G-seal）

如图 A. 6-8 所示，在钢板桩施工时若需要进行截水处理，钢板桩的连接处需要使用截水材料，并应具有较好的截水性能。水胀性截水材料通过遇水时体积扩张实现截水目的，体积扩张后的截水材料将填充堵塞住连接处的空隙（图 A. 6-9）。

在截水性能试验中，施工过程截水材料并未从帽型钢板桩上脱落。为了避免水压对截水材料的性能产生影响，G-seal 采用可抵抗 0. 3MPa 以上水压（相当于水下 30m 处的压力）的材料。

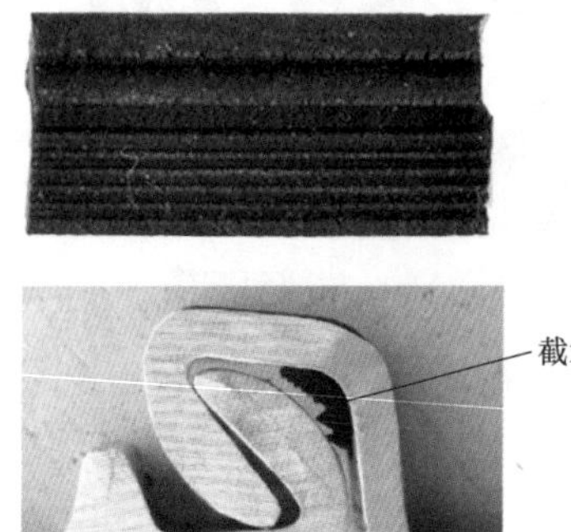

图 A. 6-8　截水材料遇水前

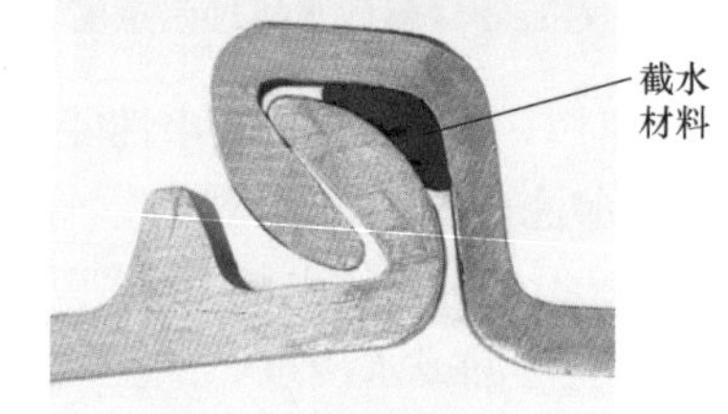

图 A. 6-9　截水材料遇水体积扩张后

（2）钢板桩机械连接处的截水材料（G-seal）

图 A. 6-10 为固定于特殊钢板桩上的截水材料（G-seal），图 A. 6-11 和图 A. 6-12 展示了截水材料的安装位置。

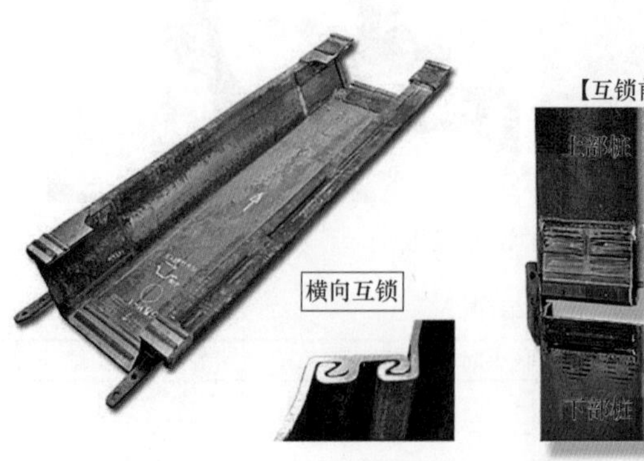

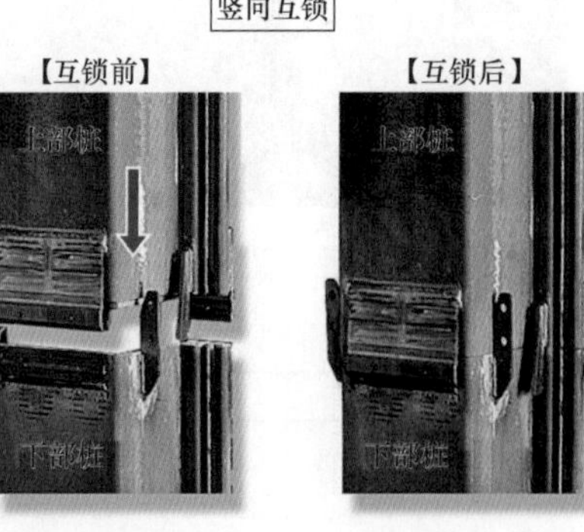

图 A. 6-10　特殊钢板桩外形

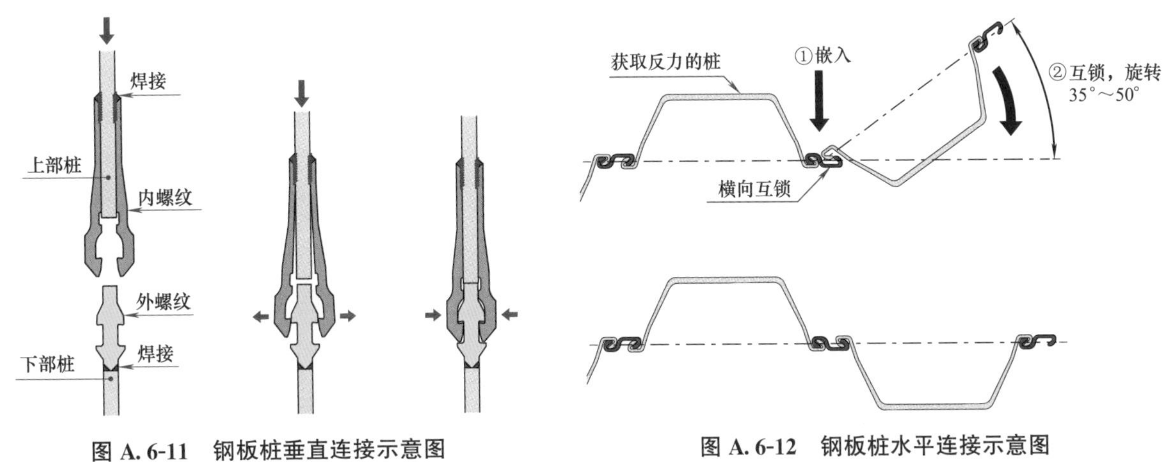

图 A.6-11　钢板桩垂直连接示意图

图 A.6-12　钢板桩水平连接示意图

A.7　静压法修复受损河堤实例

A.7.1　概述

日本高知县政府、高知大学和 GIKEN 公司在高知县“FY2011-2013 工业界-学术界-政府产业创新及研究推广计划”中提出了“既有堤坝加固方法发展及 NankaiTrough 地震快速灾后恢复措施”。其中，提出了以下研究及发展主题：

（1）既有海堤抗震抗海啸加固方法；

（2）利用传感器网络获取灾害及灾后恢复信息；

（3）灾区灾后快速恢复。

根据上述三个主题，为了将地震带来的生命及经济损失降至最低，已经制定措施用于快速封闭受损的海堤，加速排水和清除道路障碍物。围堰安全性评价程序是该项目的内容之一，并作为灾区灾后快速恢复的措施。需要注意的是，这一评价程序也可用于一般情况下需要考虑水压时的施工，因此，本手册将对这一评价程序进行介绍。

A.7.2　围堰施工安全评价程序

在静压法（无施工平台工法）的系统化施工中，可在已经压入的钢板桩顶部进行桩材传送、压桩等一系列操作。静压法可以实现在狭窄空间内或是水中进行施工。另外，静压法是一种有效的灾后恢复措施，且所有施工机械均具有自稳性，施工中无桩机倾覆的风险。因灾区场地条件未知，且

图 A.7-1　静压法施工围堰示意图

施工条件恶劣，因此，需要保证施工的安全性。

（1）根据天文潮位确定截水墙高度

强灾发生后，地壳运动以及液化引起的地表沉降将导致场地表面凹凸不平。鉴于此，需要准确确定截水墙的高度，以防涨潮时海水漫过截水墙淹没施工机械。在日本“海堤安全评价方案”中，通过提前安装的传感器及天文潮位预报图确定目前的水位及最大淹没水深，并将其用于确定截水墙的高度，如图 A.7-2 所示。

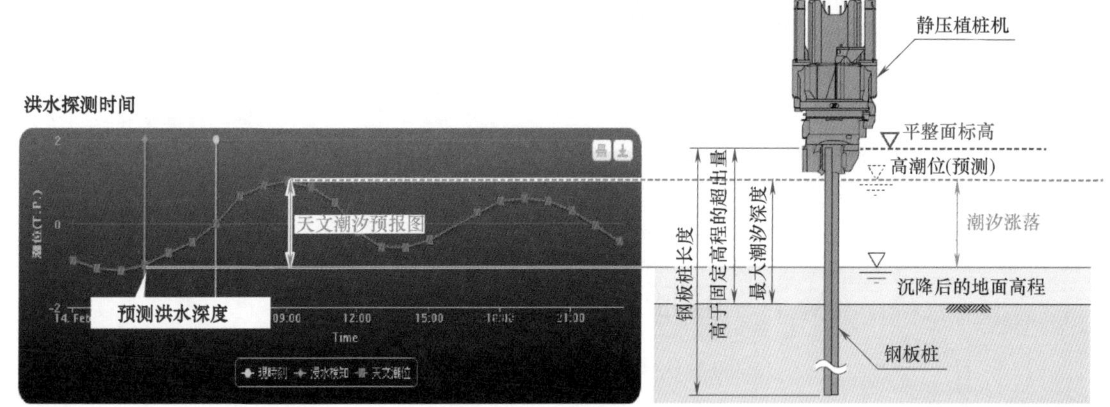

图 A.7-2　天文潮位预报图

（2）钢板桩施工中场地信息的获取

强震发生后，场地状况将发生较大变化。鉴于此，强震发生后原有场地信息及钻孔柱状图将不能继续使用。但这种情况下，通常没有足够的时间进行场地信息勘察以获取最新信息。

带有桩贯入试验系统（PPT）的静压植桩机能够利用施工监测数据（例如钢管桩施工中的压桩力和压入速度）预测评估场地的土体分类，获取土层厚度及标准贯入击数 N。图 A.7-3 展示了利用静压植桩机获取土体参数的实例。利用施工过程中获取的场地信息，可对施工过程中以及施工结束后的安全性进行评估。

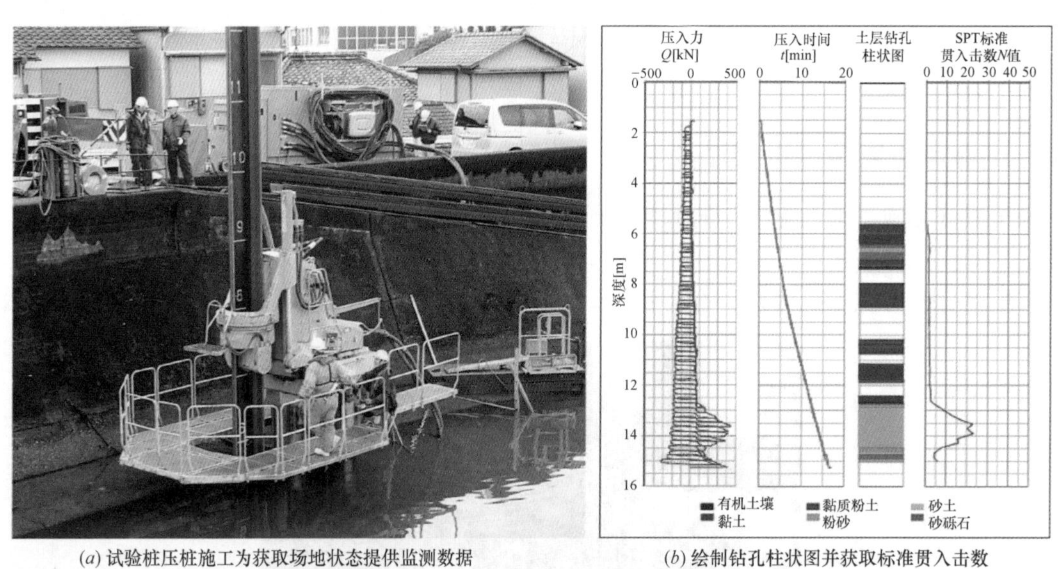

(a) 试验桩压桩施工为获取场地状态提供监测数据　　(b) 绘制钻孔柱状图并获取标准贯入击数

图 A.7-3　利用桩贯入试验系统绘制钻孔柱状图

（3）围堰施工安全性及截水墙安全性验证

在图 A.7-4 所示的围堰施工安全性评估流程中，可对钢板桩类型、钢板桩长度以及施工过程的安全性进行验证。现场工程师输入的施工材料、机械信息以及场地信息随施工进度不断发生变化，水深及水速也随时间变化。另外，为了提高围堰的安全性能，应在安全性评估时考虑地震的影响。围堰施工安全性评估的输入及输出信息如表 A.7-1 和 A.7-2 所示。

围堰安全性评价流程中的输入信息　　表 A.7-1

项目	序号	输入内容
桩	1	桩型
	2	材料
机械	3	桩机类型
	4	起重机类型
场地条件	5	桩端伸出长度
	6	地下水位
	7	地下水流速
地基条件	8	标准贯入击数 N 值
	9	土体分类
设计工况	10	设计标准
	11	起重机操作半径

围堰安全性评价内容（输出信息）　　表 A.7-2

序号	评价状态	评价内容
1	自走时(桩机、桩用自走吊车)	垂直承载能力
2	利用桩用自走吊车进行压桩施工时	应力、倾角、垂直承载能力
3	单层围堰(临时施工,地震作用下)	应力、桩头位移
4	双排钢板桩和临时桩机(临时施工,地震作用下)	应力、桩头位移、垂直承载能力

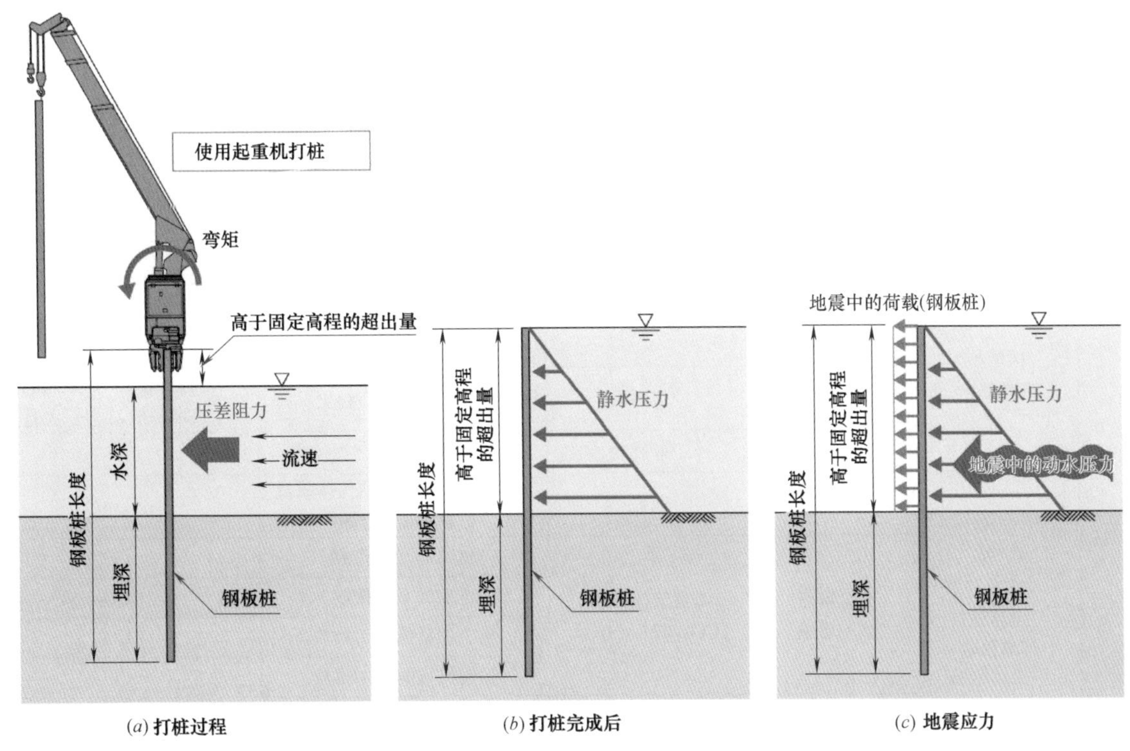

图 A.7-4　围堰施工安全性评价流程

A.8　施工中的五大原则

保持灾害面前的社会安全稳定以及构建一个循环可持续的社会是我们的责任和使命。施工方法的合理性和创新性以及施工目标的兼容性和适宜性将对社会及环境造成较大影响。因此，选择施工方法时不仅需要从专业角度出发，还应从国家和社会的角度出发。

环保性、安全性、高效性、经济性、文化性为施工的五大准则和评价指标。基于上述五大原则，提出了一种“理想施工状态”的通用评价准则，这一准则使得环境与文明共生共存共发展。

施工五大准则：

环保性：施工应是环境友好型的，施工无污染。

安全性：施工应是安全舒适的，且施工方法应与安全性相互兼容。

高效性：施工应是高效的。

经济性：施工应具有创造性和创新性，施工成本低。

文化性：施工应具备高度的文化特性，施工结束后的建筑物应同时具备文化性和艺术性。

确定施工五大准则的目的是对施工进行客观评价。评价时对每一项进行评估打分，并将每一项的评估结果绘制于雷达图上，如图 A.8-1 所示，随后对施工进行整体评价（表 A.8-1）。

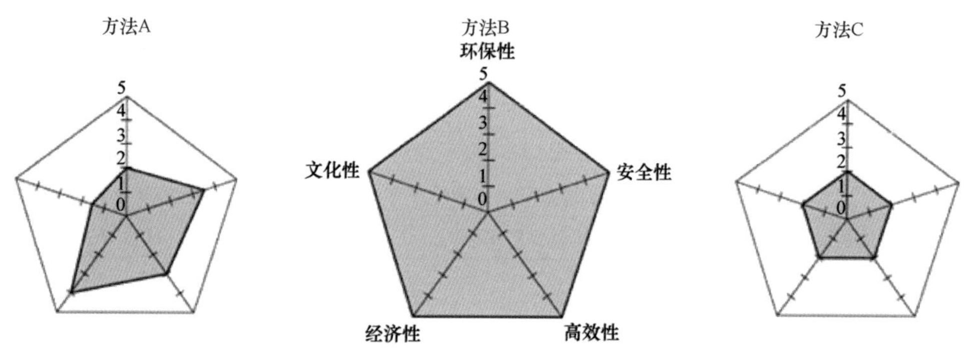

图 A.8-1　施工五大准则雷达图

评价内容及评价指标　　**表 A.8-1**

项目	评价内容			评价指标	
	一级分类	二级分类	三级分类	指标名称	单位
环保性	区域性环境影响	施工污染	噪声及振动	累计噪声	dB(A)
				累计振动	dB(A)
			空气污染	污染源(NO_x)，粉尘	定性评价(5 表示少量，4 表示一般，3 表示大量)
			工业废料	土石材料及建筑污泥体积	m^3
	全球性环境影响	地形	地表	削坡方量，移除的结构体积及破坏的森林面积	m^3(m^2)
		对全球变暖的影响	温室气体排放(CO_2，CH_4，N_2O)	材料的 CO_2 排放	t-CO_2
				机械的 CO_2 排放	t-CO_2
				施工燃料的 CO_2 排放	t-CO_2
				运输机械的 CO_2 排放	t-CO_2
		资源节约	资源的回收利用	资源循环再利用的比例	t，%(5 表示好，4 表示一般，3 表示差)

续表

项目	评价内容			评价指标	
	一级分类	二级分类	三级分类	指标名称	单位
安全性	已完成施工的结构物的安全性	使用安全性	耐久性，耐压性，抗震性		定性评价（5 表示少量，4 表示一般，3 表示大量）
		灾害安全性	灾害中结构物保持稳定性的能力		定性评价（5 表示少量，4 表示一般，3 表示大量）
	施工安全性	施工现场安全性	施工机械的操作安全性及施工方法的安全性		定性评价（5 表示少量，4 表示一般，3 表示大量）
		周围场地安全性	可能的物理效应	机械倾覆时的影响范围	m^3
高效性	施工过程	总的现场施工周期		现场施工天数	天
	针对施工周围区域采取的措施	施工前后针对周围居民采取措施及与居民的磋商		磋商及施工时间	天
经济性	施工成本	材料费用	主要施工材料费	主要施工材料费	元
			临时施工材料费	临时施工材料费	元
		运输费用		总共运输费用	元
		施工费用		主要施工费用	元
				临时施工费用	元
				废料处理费用	元
	周围环境成本	与周围居民磋商及相关施工费用		磋商费用	元（5 表示少量，4 表示一般，3 表示大量）
	社会成本	施工对区域性社会造成的消极影响	功能障碍导致的经济损失	经济损失	元（5 表示少量，4 表示一般，3 表示大量）
文化性	性能和质量	已完成结构的功能性	无障碍、通用设计、可操作性、可驱动性、水密性、气密性等		定性评价（5 表示少量，4 表示一般，3 表示大量）
		质量保证	可视化的施工质量		定性评价（5 表示少量，4 表示一般，3 表示大量）
	已完成结构的文化性	与周围环境的兼容性	与自然环境和景观的协调		定性评价（5 表示少量，4 表示一般，3 表示大量）
		已完成结构的文化特质	作为地标的外观、独特性和特质		定性评价（5 表示少量，4 表示一般，3 表示大量）
	合理化施工（人力，资源）	系统化	施工进度		参照进度表
		机械化、自动化	工人		参照人力资源部门

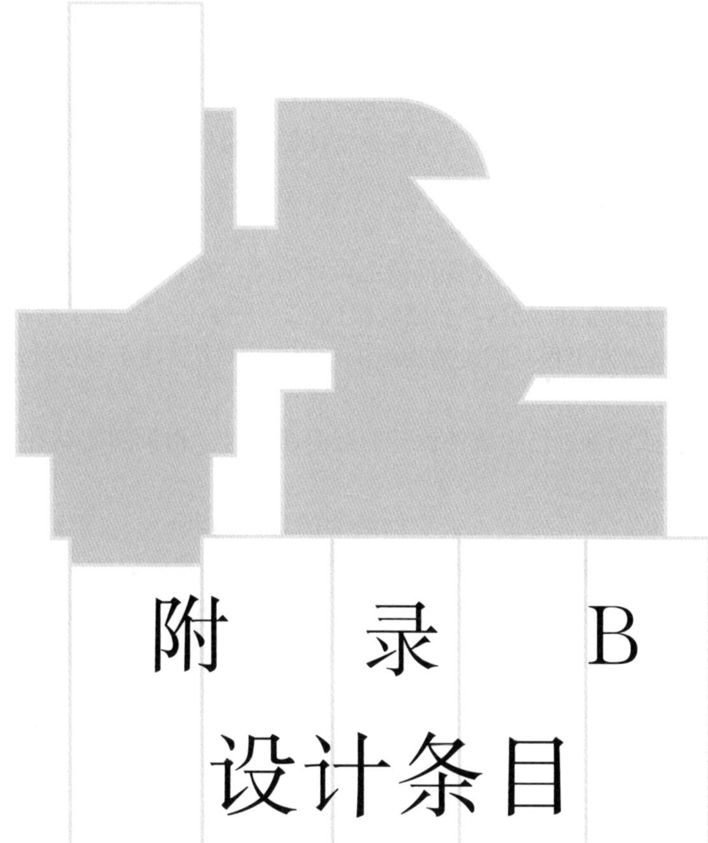

附　录　B

设计条目

B.1 悬臂嵌入式支挡结构及挡土墙设计

B.1.1 设计中的一般问题

作为静压法的设计参考，本节将介绍一些悬臂嵌入式支挡结构及挡土墙的建造实例。B.1.2 节将介绍常用墙体结构的设计考虑和设计方法。需要指出的是，悬臂嵌入式支挡结构的设计应符合不同国家或地区的相关规范和标准以及业主的要求。

1. 基本设计准则

悬臂嵌入式支挡结构的设计必须保证结构内的应力和位移在容许的范围内，并且支挡结构所在场地应满足整体稳定性。另外，必要情况下，应检查支挡结构对周围结构的影响。支挡结构的设计流程参见本手册第 3 章。

2. 荷载

应根据结构的用途、类型及相关标准和规范确定设计荷载。在日本，悬臂嵌入式支挡结构的设计荷载确定方法同时满足以下标准和规范："公路桥梁规范 Ⅰ概述，Ⅳ 地下结构""道路土方工程 支挡结构施工指南""道路土方工程 临时结构施工指南""灾害重建工程设计指南"，以及"日本港口及港口设施技术标准"。

本节中，确定道路悬臂式钢管桩挡土墙的设计荷载时将参考"借助螺旋钻并用法的钢管桩挡土墙设计及施工指南（旋转切削静压法）"。

一般情况下，下列荷载被视为悬臂嵌入式支挡结构的设计荷载：①自重；②土压力和水压力；③地震荷载；④地表荷载；⑤雪荷载；⑥风荷载；⑦碰撞荷载；⑧其他荷载；⑨组合荷载。

应根据勘察的结果和施工计划对荷载进行定义。那些在将来可能出现变化的荷载应被视作设计中需要重点考虑的荷载。在悬臂嵌入式支挡结构的设计中，上述荷载①～⑧可进行适当组合（组合荷载）。需要注意的是，地表荷载可能包括道路上的活荷载、建筑荷载及路堤荷载，而其余荷载包括施工过程中的荷载。

（1）自重

当使用钢板桩和钢管桩施工悬臂嵌入式支挡结构时，因钢板桩和钢管桩的质量相对较轻，在设计过程中可以不考虑其自重的影响。另一方面，当使用混凝土外层进行美化或防腐时，因混凝土外层的质量较大，设计中不能忽视其自重的影响。

（2）土压力和水压力

在悬臂嵌入式支挡结构的设计中，确定土压力和水压力引起的侧向荷载至关重要。与设计目的相关的土压力和水压力应视作侧向压力，土压力和水压力引起的侧向荷载计算应该满足相关的标准和规范。

当悬臂嵌入式支挡结构两侧存在水压力差时，设计时应考虑这一水压力差。这种情况下，需要根据悬臂嵌入式支挡结构的潜在用途及修建位置确定侧向压力。一般情况下，道路支挡结构设置了排水措施，因此，道路支挡结构后方的水压力可以不予考虑。海堤结构一部分位于水面以下，受水位变化的影响较大，因此，需要考虑水位变化对这一类结构的影响。例如，当悬臂嵌入式支挡结构前方的水位发生变化时，由于支挡结构后方的水位变化迟缓，导致支挡结构前后存在一定的水压力差，这一残余的水压力差应被视为作用于支挡结构上的水压力。另外，当支挡结构前方水位发生变化时，应考虑动水压力的影响。

本手册中，式（B.1-1）～式（B.1-3）所示的库伦土压力计算公式应作为计算作用于支挡结构上土压力的基本公式。将地层划分为砂层或黏土层，然后进行土压力计算。作为标准，在进行砂层主动土压力计算时，设定墙面与土体之间的摩擦角 δ 为 15°，在此基础上，$p_A \times \cos\delta$ 即为主动土压力的垂直分量。需要注意的是，黏土层主动土压力的下限设置为 $p_A = 0.3\sum\gamma h$，p_A 和式（B.1-3）计算结果两者中的较大值将被视作土压力。同时还需要注意的是，K_A 并不在式（B.1-3）中出现，这是因为当 $\varphi = 0$ 和 $\delta = 0$ 时，$K_A = 1$。原则上，土体测试获得的土体容重将用于土压力计算及荷载计算。当不能获取足够的土体容重信息时，容重取值可参考表 B.1-1。

1）砂土

$$p_A = K_A(\sum\gamma h + q) \tag{B.1-1}$$

$$K_A = \frac{\cos 2\varphi}{\cos\delta\left(1 + \sqrt{\frac{\sin(\varphi+\delta)\sin\varphi}{\cos\delta}}\right)^2} \tag{B.1-2}$$

2）黏土

$$p_A = \sum\gamma h + q - 2c \tag{B.1-3}$$

式中　p_A——主动土压力（≥0，kN/m²）；

K_A——库伦土压力理论的主动土压力系数；

γ——土体容重（kN/m³）；

γ_t——（湿容重）水位以上；

γ'——（浮容重）水位以下；

h——土层厚度（m）；

c——土体黏聚力（kN/m²）；

q——地表荷载（kN/m²）；

φ——土体剪切角（°）；

δ——墙面与土体之间的摩擦角（°）。

土体容重（湿）γ_t（kN/m³）　　**表 B.1-1**

场地	土体类型	松散	密实
自然场地	砂土、砂土和碎石土混合	18	20
	砂土	17	19
	黏土	14	18
填土、路堤	砂土、砂土和碎石土混合	20	
	砂土	19	
	黏土（W_L<50%）	18	

注：假定 $\gamma_t \neq \gamma_{sat}$，此处 $\gamma_t = \gamma_{sat} - 1$，因此，可在表中数据的基础上减去 9kN/m³ 得到土体的浮容重。

当悬臂嵌入式支挡结构后方的地表不平时，将假定一个如图 B.1-1 所示附加荷载 q' 作用于地表上，该附加荷载由式（B.1-4）进行计算。

$$q' = \frac{(qb + W)}{L} \leqslant \gamma_t h' + q \tag{B.1-4}$$

式中　q'——等效附加荷载（kN/m³），代替公式（B.1-3）中的地表荷载 q（kN/m²）；

b——路堤顶部地表荷载的宽度（m）；

W——悬臂嵌入式支挡结构顶部以上破坏面切割路堤部分的重量（kN/m）；

L——悬臂嵌入式支挡结构顶部破坏面的水平长度（m）；

γ_t——路堤土体湿容重（kN/m³）；

h'——路堤高度（m）。

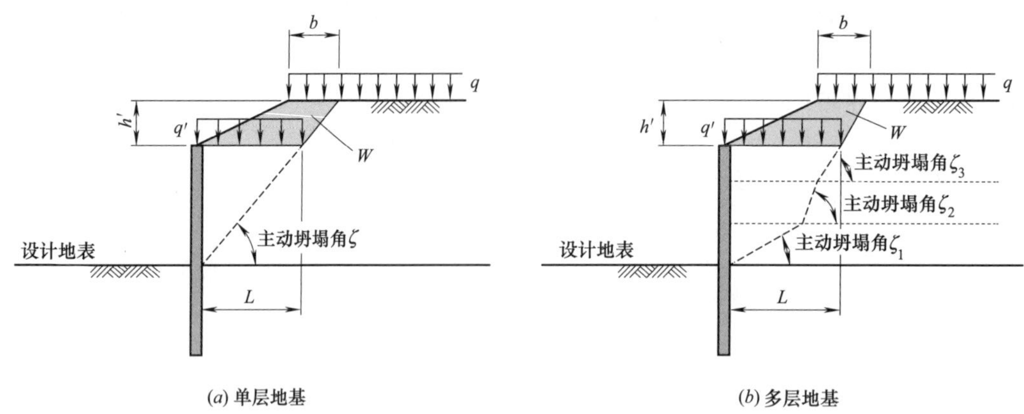

注：ζ的计算公式参见“日本港口及港口设施技术标准”。

图 B. 1-1 等效附加荷载的计算

悬臂嵌入式支挡结构中设置排水措施时，应在考虑排水措施的基础上计算作用于支挡结构上的水压力。如图 B. 1-2 所示，支挡结构前后存在的水压力差应被视为作用于结构上的水压力。支挡结构前方水压力可由式（B. 1-5）进行计算。

$$p_w = \gamma_w h_w \tag{B. 1-5}$$

式中 p_w——作用水压力（kN/m^2）；

γ_w——水的容重（kN/m^3）；

h_w——支挡结构前后水位差（m）。

图 B. 1-2 水压力分布

（3）地震荷载

设计中需考虑以下地震荷载：

1）悬臂嵌入式支挡结构及其附属结构自重引起的地震惯性力

2）地震作用下支挡结构后方的动土压力

在考虑地震动和场地类型的基础上，应准确确定用于计算土压力的水平向设计地震强度。

3）地震引起的惯性力

当在支挡结构前方设置有混凝土涂层时，混凝土材料的地震惯性力不能被忽视，或者当在悬臂嵌入式支挡结构上方设置有隔音墙时，隔音墙的地震惯性力也不能忽视。

4）地震动土压力

计算地震时作用于悬臂嵌入式支挡结构上的主动土压力的公式如式（B. 1-6）和式（B. 1-8）所示。通过在 P_{EA} 上乘以 $\cos\delta$ 即可得到主动土压力的垂直分量。假设当 $\varphi-\theta<0$ 时，$\sin(\varphi-\theta)=0$，则可以推导得到主动动土压力系数 K_{EA} 的计算公式。

① 砂土

$$p_{EA} = K_{EA}(\sum\gamma h + q) \tag{B. 1-6}$$

$$K_{EA} = \frac{\cos^2(\varphi-\theta)}{\cos\theta\cos(\delta+\theta)\left[1+\sqrt{\dfrac{\sin(\varphi+\delta)\sin(\varphi-\theta)}{\cos(\theta+\delta)}}\right]^2} \tag{B. 1-7}$$

② 黏土

$$p_{EA} = \frac{(\sum\gamma h + q)\sin(\zeta+\theta)}{\cos\theta\sin\zeta} - \frac{c}{\cos\zeta\sin\zeta} \tag{B. 1-8}$$

$$\zeta = \tan^{-1}\sqrt{1-\left(\frac{\sum\gamma h + 2q}{2c}\right)\tan\theta} \tag{B. 1-9}$$

式中 γ，h，c，q，φ，δ——含义如前文；

p_{EA}——地震荷载作用 κ 下的动主动土压力（kN/m^2）；

K_{EA}——库伦土压力理论的主动动土压力系数；

θ——地震综合角，$\theta=\tan^{-1}k_h$ 或者 $\theta=\tan^{-1}k_h'$；

k_h——设计水平地震强度；

k_h'——表面地震强度；

ζ——破坏面与水平方向的夹角（°）。

③ 表面地震强度

地震作用下，水位线以下支挡结构后方的地震动土压力可由表面地震强度进行计算，表面地震强度的计算公式为：

$$k_h'=\frac{\gamma_{sat}}{\gamma_{sat}-\gamma_w}k_h \tag{B. 1-10}$$

式中 k_h'——水中表面地震强度；

k_h——设计水平地震强度；

γ_{sat}——饱和容重（kN/m^3）；

γ_w——水的容重（kN/m^3）。

5）设计水平地震强度

不同规范和指南中，设计水平地震强度的确定方法存在差异，因此，应根据支挡结构的用途及类型确定设计水平地震强度。式（B. 1-11）为日本“公路桥梁规范 V 地震设计”中的设计水平地震强度计算公式。

$$k_h=c_zk_{h0} \tag{B. 1-11}$$

式中 k_h——设计水平地震强度；

k_{h0}——设计水平地震强度标准值，如表 B. 1-2 所示；

c_z——区域修正系数，如表 B. 1-3 所示。

设计水平地震强度的标准值（公路桥梁规范） **表 B. 1-2**

场地类型	Ⅰ类	Ⅱ类	Ⅲ类
1 级地震动	0.16	0.20	0.24
2 级地震动	0.80	0.70	0.60

区域修正系数 **表 B. 1-3**

场地	修正系数
高地震强度地区(A)	1.0
中等地震强度地区(B)	0.85
低地震强度地区(C)	0.70

表 B. 1-2 所示设计水平地震强度计算中的场地类型分类方法如表 B. 1-4 所示。场地类型划分的依据为场地的固有周期 T_G，其计算方法如式（B. 1-12）所示。区域修正系数的取值参见日本“公路桥梁规范 V 地震设计”。

$$T_G=4\sum_{i=1}^{n}\frac{H_i}{V_{si}} \tag{B. 1-12}$$

式中 T_G——场地固有周期（s）；

H_i——第 i 层的厚度；

V_{si}——第 i 层平均剪切波速（m/s）；

i——自地表向下的第 i 层，共划分为 n 层。

地震设计中的场地分类方法　　表 B. 1-4

场地类型	场地固有周期 T_G(s)
Ⅰ类	$T_G<0.2$
Ⅱ类	$0.2\leqslant T_G<0.6$
Ⅲ类	$0.6\leqslant T_G$

作为参考，本手册列举了日本“道路土方工程　临时结构施工指南”中的设计水平地震强度标准值，如表 B. 1-5 所示。

设计水平地震强度标准值（支挡结构规范）　　表 B. 1-5

场地类型	Ⅰ类	Ⅱ类	Ⅲ类
1 级地震动	0.12	0.15	0.18
2 级地震动	0.16	0.20	0.24

（4）地表荷载

应在充分考虑荷载类型、荷载作用条件等因素的前提下确定悬臂嵌入式支挡结构的地表荷载。

1）活荷载

当在悬臂嵌入式支挡结构后方存在道路时，应考虑活荷载的影响，例如车辆的荷载。

2）邻近建筑物的荷载

邻近建筑物的荷载应被视作地表荷载，包括将来拟建的建筑物。

一般情况下，地表荷载可以设置为 $q=10\text{kN/m}^2$。需要注意的是，当施工机械和邻近建筑物距离挡土墙结构较近时，应在挡土墙结构的偏危险一侧附加 $q=10\text{kN/m}^2$ 的荷载。

（5）雪荷载

根据日本“道路土方工程　临时结构施工指南”，支挡结构设计中应根据悬臂嵌入式支挡结构所在道路的除雪工作管理状态考虑雪荷载的影响。应考虑如下两种工况：一种为车辆可在压实的雪地上通行；另一种为降雪强度大，车辆无法通行。

（6）风荷载

根据日本“道路土方工程　临时结构施工指南”，当隔声墙等结构直接修建于悬臂嵌入式支挡结构上方时，风荷载应被视作一种作用于隔声墙等结构上的荷载。假设风荷载为水平荷载，垂直作用于隔声墙表面。假定迎风面的荷载强度为 $p=2\text{kN/m}^2$，背风面的荷载强度为 $p=1\text{kN/m}^2$。

（7）碰撞荷载

防撞墙常直接修建于支挡结构上方或支挡结构后方，当防撞墙修建于支挡结构上方时，应考虑支挡结构顶部因碰撞产生的水平荷载，其幅值及作用点高程如表 B. 1-6 所示。必要时可参考日本“道路土方工程　临时结构施工指南”“防撞墙施工规范”或“车辆防撞墙规范”。

防护墙碰撞荷载　　表 B. 1-6

强度	刚性防撞墙				柔性防撞墙		
	作用力(kN)			距离路面高度	作用能量	作用力	距离路面高度
	单坡型	Florida 型	直线型	(cm)	(kJ)	(kN)	(cm)
超过 45kJ	—	—	—	—	45	30	60
超过 60kJ	—	—	—	—	60	30	60
超过 130kJ	—	—	—	—	130	55	60
超过 160kJ	34	35	43	80	160	60	67.5
超过 280kJ	57	58	72	90	280	80	76
超过 420kJ	86	88	109	100	420	100	76
超过 650kJ	135	138	170	100	650	130	76

(8) 其他荷载

当需要考虑施工、临近场地施工、环境变化、温度波动、干燥收缩等因素对建筑物的影响时，上述因素对结构产生的荷载应被视作其他荷载。

(9) 组合荷载

设计计算中考虑的一般荷载组合形式如表 B.1-7 所示。一般情况下，设计时应考虑自重、土压力和水压力、地表荷载三种荷载的组合。当在地震作用下，应考虑自重、地震荷载和地表荷载三种荷载的组合。

组合荷载 **表 B.1-7**

工况 / 荷载	荷载恒定工况		荷载可变工况
	存在地表荷载	不存在地表荷载	
自重	○	○	○
土压力和水压力	○	○	—
地震荷载(动土压力和动水压力)	—	—	○
地表荷载	○	—	○
其他荷载	必要情况下考虑其他荷载		

3. 材料

静压法施工悬臂嵌入式支挡结构常采用预制桩材。预制桩所用的材料可能为混凝土或钢材。这些材料应满足强度、工作性、耐久性及环保性等方面的要求。另外，应该根据钢材的功能及所处工作环境，查明其防腐性能。目前市场上存在多种截面形式的预制桩，在选择桩型时，应充分考虑每一种桩材的截面模量。本手册介绍的桩材为目前日本国内广泛使用的桩材。

(1) 板桩，钢管桩

用于悬臂嵌入式支挡结构施工的钢材应满足结构的功能需求，例如强度、工作性、耐久性和环保性。在对钢材进行性能验证时，应根据相关标准及钢材的工作环境对钢材的防腐性进行检验（表 B.1-8）。需要指出的是，混凝土桩材的材料性能个体之间存在差异，因此选用混凝土桩材时，应对其材料性能重点进行检验。

钢材质量标准（日本工业学会 JIS） **表 B.1-8**

类型	标准		型号	适用性
板桩	JIS A5528	热轧钢板桩	SY295 SY390	U 型,Z 型,H 型,直线型,帽型钢板桩
	JIS A5523	用于焊接的热轧板桩	SYW295 SYW390	U 型,Z 型,H 型,直线型,帽型板桩
	JIS A5530	钢管板桩	SYK400 SYK490	
钢桩	JIS A5525	钢管桩	SKK400 SKK490	

(2) 钢材性能

用于建造悬臂嵌入式支挡结构的钢材性能可能在不同领域的标准中存在一定差异，因此，钢材的性能参数应参考不同的行业标准。需要注意的是，临时结构材料的容许应力通常被高估，因此，应根据相关规范对临时结构的容许应力进行检验。现场焊接时，焊接部分的容许应力有时设置过低，应根据相关规范对焊接部分的容许应力进行检验。当采用机械连接代替焊接时，应检验每一个接头的容许应力。钢材的力学性质如表 B.1-9 所示。

钢材的力学性能 **表 B.1-9**

杨氏模量	2.0×10^5 N/mm^2
泊松比	0.30

钢板桩、钢管桩及钢管板桩的容许应力如表 B. 1-10 和表 B. 1-11 所示。

钢板桩容许应力（N/mm²） **表 B. 1-10**

应力类型 \ 钢材类型	SY295 SYW295	SY390 SYW390
弯拉应力	180	235
弯压应力	180	235
剪切应力	100	125

钢管桩和钢管板桩容许应力（N/mm²） **表 B. 1-11**

应力类型 \ 钢材类型	SKK400 SKY400	SKK490 SKY490
弯拉应力	140	185
弯压应力	140	185
剪切应力	80	105

钢板桩、钢管桩及钢管板桩的屈服应力如表 B. 1-12 和表 B. 1-13 所示。

钢板桩屈服应力（N/mm²）（日本工业学会 JIS） **表 B. 1-12**

应力类型 \ 钢材类型	SKY295 SKY295	SKK390 SKY390
弯拉应力	295	390
弯压应力	295	390
剪切应力	170	225

钢管桩和钢管板桩的屈服应力（N/mm²）（日本工业学会 JIS） **表 B. 1-13**

应力类型 \ 钢材类型	SKK400 SKY400	SKK490 SKY490
轴拉应力	235	315
弯拉应力	235	315
弯压应力	235	315
剪切应力	136	182

某些工况下，在满足相关规范和指南的前提下，可适度提高材料的容许应力。日本“借助螺旋钻并用法的钢管桩挡土墙设计及施工指南（旋转切削静压法）”中对材料容许应力倍率系数（即容许应力的提高倍数）的规定如表 B. 1-14 所示。

容许应力的倍率系数 **表 B. 1-14**

荷载组合形式	倍率系数
考虑场地的影响时	1.50
考虑风荷载时	1.25
考虑碰撞荷载时	1.50

（3）腐蚀裕量，防腐措施

水和含氧环境是钢材生锈的主要原因，生锈的程度受桩的使用环境、水质及结构类型等因素影响。鉴于此，不同规范中针对钢材锈蚀的考虑存在一定差异。表 B. 1-15 列举了日本代表性规范中的钢板桩腐蚀裕量及防腐措施。

（4）接头系数

U 型桩在施工过程中通过倒转每一根桩使得桩间接头位于挡土墙的中心，因此，U 型钢板桩的中轴与施工完成后的单桩并不重合。单桩的截面模量与通过连接相邻 U 型钢板桩组成的挡土墙的截面模量存在较大差异。

当挡土墙承受弯曲荷载（例如地震引起的弯曲荷载）以及作用于桩间连接处中线垂直方向的纵向剪切荷载时，接头之间可能出现空隙。这种情况下，相邻的桩并不能作为一个整体发挥作用。考虑上述影响，在计算连接桩的截面模量时，需在接头未出现滑动时的截面模量上乘以一个衰减系数，这一衰减系数被定义为接头系数。

日本各个规范中接头系数的取值如表 B.1-16 所示。需要注意的是，当挡土墙的中轴与单桩的中轴重合时可不考虑接头系数，例如帽型钢板桩和 Z 型钢板桩。

钢板桩腐蚀裕量及防腐措施相关的规范　　　**表 B.1-15**

<table>
<tr><th>适用类型</th><th>标准名称</th><th>腐蚀裕量</th><th>防腐措施</th></tr>
<tr><td>道路</td><td>“悬臂式钢板桩挡土墙设计手册”
“借助螺旋钻并用法的钢管桩挡土墙设计及施工指南（旋转切削静压法）”</td><td>钢板桩的腐蚀受周围环境影响较大，因此设计过程中应该考虑钢板桩的腐蚀问题，并在勘察时核实钢板桩是否处于腐蚀环境。如果处于腐蚀环境，应采取防腐蚀措施。一般情况下，陆地条件下钢板桩的腐蚀环境较弱，设计中只需按照相关规范对腐蚀裕量进行考虑即可。计算表明，位于常规土壤环境中的钢板桩 100 年后的腐蚀深度约为 1mm。钢板桩的最大弯矩出现在嵌入段（土体内）。因此，钢板桩的腐蚀裕量确定为 2mm（每一侧 1mm）</td><td>—</td></tr>
<tr><td>港口</td><td>“日本港口及港口设施技术标准”</td><td>由于钢材的腐蚀速率受环境影响较大，因此，在确定钢材的腐蚀速率时，应考虑其所处环境。下表给出了平均腐蚀速率：
<table>
<tr><th colspan="2">腐蚀环境</th><th>腐蚀速率（mm/年）</th></tr>
<tr><td rowspan="4">海洋环境</td><td>H.W.L 以上</td><td>0.3</td></tr>
<tr><td>H.W.L—L.W.L−1m</td><td>0.1～0.3</td></tr>
<tr><td>L.W.L—海底</td><td>0.1～0.3</td></tr>
<tr><td>海底淤泥中</td><td>0.03</td></tr>
<tr><td rowspan="3">陆地环境</td><td>大气环境中</td><td>0.1</td></tr>
<tr><td>土中（残余水位线以上）</td><td>0.03</td></tr>
<tr><td>土中（残余水位线以下）</td><td>0.02</td></tr>
</table></td><td>(1)电解防腐：应用于 L.W.L 以下；
(2)涂层防腐：应用于 L.W.L 以上 1m（油漆、有机层、凡士林层、无机层）；
(3)无防腐措施：应用于潮汐区域及海水中，可能用于临时结构</td></tr>
<tr><td>河流</td><td>日本建设部通知“河流护岸防护墙施工中钢板桩的选择方法”
国家防灾学会“灾后恢复工程设计指南”</td><td>钢板桩两侧的腐蚀裕量应设置为 2mm。在高腐蚀环境下，还应考虑场地对钢板桩的腐蚀裕量</td><td>—</td></tr>
</table>

接头系数（各规范中应用于 U 型桩的规定值）　　　**表 B.1-16**

	主要结构		临时结构			
	国家防灾学会“灾后恢复工程设计指南”； 钢管桩学会，先进建筑技术中心“悬臂式钢板桩挡土墙设计手”册		日本道路学会“高速公路临时结构指南”		日本建筑学会“开挖工程挡土结构设计及施工实践”	
	截面模量	截面惯性矩	截面模量	截面惯性矩	截面模量	截面惯性矩
接头系数	100%※1	80%※1	60%※2	45%※2	60%～80%	45%～60%

注：※1　对于没有混凝土保护层的钢板桩护岸保护墙，接头系数可取为 60%。

※2　对于开挖一侧距离钢板桩桩顶大约 50cm 处的焊接接头，或对于钢板桩顶部以下 30cm 由混凝土进行固定的接头，接头系数可提高至 80%。

B.1.2 挡土墙设计

本节将介绍日本国内道路工程、河流护岸工程、港口工程及铁路临时工程采用的悬臂嵌入式支挡结构的设计方法。

1. 道路挡土墙设计

道路悬臂嵌入式支挡结构的设计可参考钢管桩学会和先进建筑技术中心编制的“悬臂式钢板桩挡土墙设计手册”，以及国际静压桩学会编制的“借助螺旋钻并用法的钢管桩挡土墙设计及施工指南(旋转切削静压法)”。本节重点介绍“借助螺旋钻并用法的钢管桩挡土墙设计及施工指南（旋转切削静压法)”中采用的设计方法。该方法中荷载的确定方法参见上文B.1.1（2）节，材料的选用方法参见上文B.1.1（3）节。另外，本手册附录B.2节中介绍了悬臂嵌入式支挡结构的设计计算实例，供读者参考。

（1）钢管桩挡土墙的性能需求

作为一个整体，钢管桩的设计应包含周围场地的设计。考虑对钢管桩前后设施的影响，例如铁路、建筑物、河流和港口，钢管桩的性能需求分类如下：

性能状态1：假定荷载作用下，挡土墙结构完好（包括周围设施），功能无损。

性能状态2：假定荷载作用下，周围设施的受损程度有限，支挡结构的功能修复较容易。

性能状态3：假定荷载作用下，支挡结构尚未出现致命损伤。

表B.1-17为上述3种性能状态下，性能需求中的安全性、可修复性和可用性的具体要求，表B.1-18为性能需求示例。钢管桩挡土墙设计时应根据假定的设计工况、目标结构及结构类型对钢管桩的性能需求进行检验。

钢管桩挡土墙性能需求 **表B.1-17**

性能需求	安全性	可修复性		可用性
		短期可修复性	长期可修复性	
性能状态1	钢管桩挡土墙未倒塌，挡土墙前后的路面未塌陷，并未因为海堤的沉降出现次生灾害，例如洪水	不需要进行性能修复	需要进行简单的性能修复	功能部分丧失，但能快速恢复
性能状态2		需要进行性能紧急修复	主要的修复过程中需要安装新的结构	
性能状态3		—		—

钢管桩挡土墙的假定设计工况及性能需求 **表B.1-18**

假定设计工况	道路		河流护岸或海洋护岸
	区域性主要道路或应急道路	其他道路	防护墙、海堤
自重、土压力和水压力、地表荷载、雪荷载、风荷载、碰撞荷载以及上述荷载的组合	性能状态1	性能状态1	性能状态1
1级地震作用下	性能状态1	性能状态1	性能状态1
2级地震作用下	性能状态2	性能状态3	性能状态2

（2）性能验证方法

钢管桩挡土墙设计时，应对其性能需求进行验证（表B.1-19，表B.1-20)。性能验证时，可采用基于线性地表反作用力模型的静态验证方法（后文中称为“简化方法”)、基于弹塑性地面反作用力模型的静态验证方法（后文中称为“弹塑性方法”)，或者基于非线性动力分析的动态验证方法（后文中称为“动力分析方法”)。图B.1-3为性能检验的流程实例。

性能验证项目　　表 B.1-19

性能需求	钢管桩挡土墙的稳定性		周围建筑物的可用性
	钢管桩挡土墙自身稳定性	挡土墙前方被动侧场地的稳定性	
性能状态 1	应力水平≤普通容许应力或地震作用下的容许应力	设计场地中钢管桩挡土墙的水平向位移≤钢管桩挡土墙嵌入段场地水平向阻力可以在弹性范围内进行计算时的位移	挡土墙墙顶水平向位移≤容许位移
性能状态 2	应力水平≤屈服应力	钢管桩挡土墙嵌入段端部存在弹性区	挡土墙墙顶水平向位移≤容许位移
性能状态 3			—

假定设计工况及标准性能验证方法　　表 B.1-20

假定设计工况	性能状态	性能验证方法
自重、土压力和水压力、地表荷载、雪荷载、风荷载、碰撞荷载以及上述荷载的组合或 1 级地震作用为主导荷载	性能状态 1	简化方法
2 级地震作用为主导荷载	性能状态 2	弹塑性方法或动力分析方法
	性能状态 3	

(3) 设计地面标高的确定

在钢管桩挡土墙的设计阶段应确定设计场地标高。例如，对于河流护岸工程，应充分考虑挡土墙前方河床的冲蚀。另外，场地应具有足够的横向阻力，应避免在软土场地或地震作用可能出现液化的场地上设计挡土墙结构。

(4) 腐蚀裕量

钢管桩挡土墙设计时应考虑因腐蚀引起的钢管截面厚度降低。钢管桩挡土墙设计使用年限内钢管外侧的腐蚀裕量应设置为 1mm。设计时需要确定整个设计使用年限内结构的腐蚀裕量。周围环境对钢管桁挡土墙的腐蚀具有明显影响，钢管桩挡土墙的设计必须注意钢管的防腐，并反映在结构设计、易腐蚀环境勘察及结构养护措施中。

(5) 水平地基反力系数计算

在充分检查场地土体勘察及试验结果的基础上确定水平地基反力系数 k_H。地基反力系数将用于结构计算，例如简化方法或弹塑性方法。不同的标准和规范具有不同的地基反力系数计算方法。因此，在计算地基反力系数时应选用适合目标结构的标准或规范。

式 (B.1-13) 为道路领域规范中常用的水平地基反力系数计算公式，例如"公路桥梁规范 Ⅰ 概述Ⅳ 地下结构"（日本道路学会）以及"道路土方工程　临时结构施工指南"（日本道路学会）。

$$k_H = k_{H0}\left(\frac{B_H}{B_{ref}}\right)^{-3/4} \tag{B.1-13}$$

式中　k_H——水平地基反力系数 (kN/m³)；

B_H——等效荷载宽度 (m)；

k_{H0}——对应于平板载荷试验（载荷板直径为 B_{ref}）的水平地基反力系数 (kN/m³)；

$$k_{H0} = \frac{1}{B_{ref}}\alpha E_0$$

B_{ref}——参考荷载宽度 (=0.3 m)

E_0——设计采用的场地变形模量 (kN/m²)

α——用于估算场地反力系数的参数，其与 E_0 的对应关系如表 B.1-21 所示。

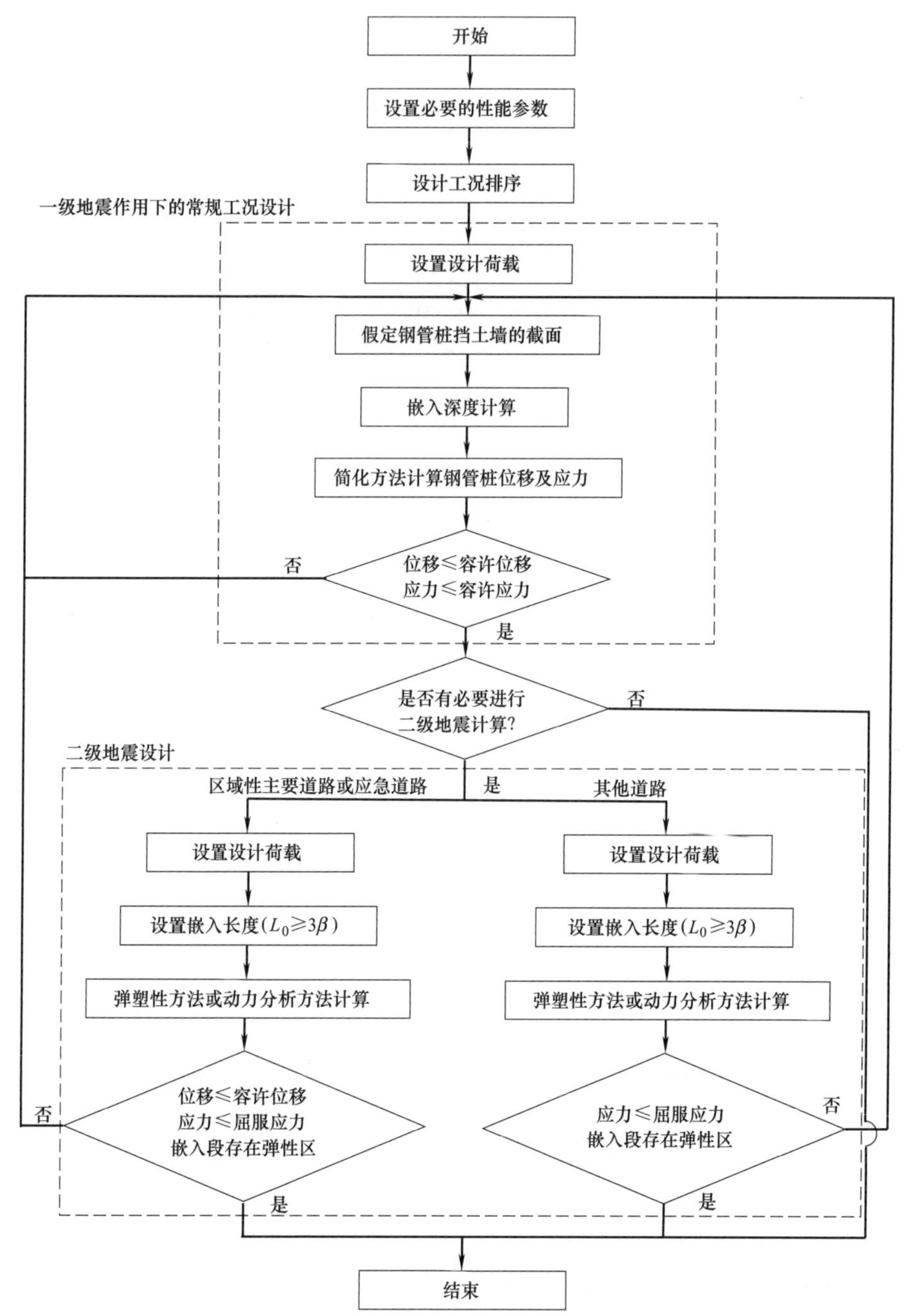

图 B. 1-3 钢管桩挡土墙性能验证流程

变形模量 E_0 和 α 两者取值的对应关系 **表 B. 1-21**

确定变形模量 E_0 的试验方法	α 值	
	正常荷载下	地震作用下
①利用直径为 0.3m 的载荷板进行载荷试验，利用试验的荷载-沉降曲线获得变形模量	1	2
②钻孔内测试变形模量	4	8
③通过试样的单轴或三轴压缩试验测试变形模量	4	8
④利用公式 $E_0=2800\times N$ 计算变形模量，N 为标准贯入试验锤击数(SPT-N)	1	2

依照“道路土方工程　临时结构施工指南”，钢管桩挡土墙的等效荷载宽度 B_H 确定为 10m。需要注意的是，当其荷载宽度小于 10m 时将使用实际荷载宽度。另外，当场地出现地震引起的液化时，

需要考虑地基反力系数的折减，这种情况下应根据相关的规范和标准计算水平地基反力系数。

(6) 容许位移

为了保证挡土墙结构的稳定性以及墙后地基的稳定性，应确定合适的挡土墙容许位移，以检验钢管桩挡土墙的性能需求。当处于性能状态 1 时，其容许位移应保持在一定范围内变化，此时场地内钢管桩挡土墙嵌入位置处的横向阻力可在弹性范围内进行计算，场地不出现残余变形。当处于性能状态 2 和性能状态 3 时，应根据挡土墙结构前后方场地的利用情况确定合适的容许位移值。若挡土墙周围存在其他建筑物，确定容许位移值时应避免挡土墙对周围建筑物造成影响。

作为参考，表 B.1-22 和表 B.1-23 列举了“悬臂式钢板桩挡土墙设计手册”中的容许位移值。需要注意的是，该设计手册仅适用于高度低于 4m 的挡土墙。

性能状态 1 下的容许位移　　表 B.1-22

性能状态	设计工况	容许位移
性能状态 1	常规荷载(自重、土压力和水压力、地表荷载)为主导荷载	设计地表处钢管桩的横向位移<15 mm； 钢管桩顶部位移<桩长的 1.0%
	1 级地震为主导荷载	设计地表处钢管桩的横向位移<15 mm； 钢管桩顶部位移<桩长的 1.5%

性能状态 2 和性能状态 3 下的近似容许位移　　表 B.1-23

性能状态	设计工况	容许位移
性能状态 2	2 级地震为主导荷载	钢管桩顶部横向位移<300mm
性能状态 3		—

(7) 简化方法计算

1) 嵌入长度计算

为了满足钢管桩挡土墙的性能需求，应确定钢管桩挡土墙的嵌入长度。如果将钢管桩挡土墙的嵌入长度假定为半无限，则其计算将得到简化。计算钢管桩挡土墙嵌入长度时，将采用河流护岸防护工程中使用的弹性地基梁模型（Chang 方法）。式（B.1-14）所示的钢管桩挡土墙的嵌入长度起算点为地表面。钢管桩挡土墙应满足上文所述的性能需求，以及容许应力和容许位移方面的要求。在 Chang 的方法中，当嵌入长度大于 $3/\beta$ 时，将被视作半无限体；当嵌入长度小于 $3/\beta$ 时，未固定端将出现桩端效应。

在日本，通常利用弹性地基上的线弹性模型计算钢管桩挡土墙的嵌入长度，计算公式如下：

$$L_0 \geqslant \frac{3}{\beta} \tag{B.1-14}$$

式中 L_0——嵌入长度（m）；

β——桩的特征参数（m^{-1}）；

$$\beta = \sqrt[4]{\frac{k_H B}{4EI}}$$

k_H——地基反力系数（kN/m^3），通常在 $1/\beta$ 的范围内取各层平均值，由式（B.1-13）计算；

B——钢管桩挡土墙的单位宽度（1m）；

E——钢管桩挡土墙的杨氏模量（kN/m^2）；

I——钢管桩挡土墙单位宽度的截面惯性矩（m^4）。

2) 挡土墙结构

简化方法中的水平地基反力系数模型应为弹性地基反力系数模型。图 B.1-4 为“悬臂嵌入式钢板桩支挡结构设计手册”中的地基反力模型。该模型中，地表以下存在弹性地基反力，开挖地基上方存在主动土压力，必要情况下还应考虑可能存在的其他荷载。弹性地基反作用力由式（B.1-15）

进行计算。

$$p=k_{\mathrm{H}}y \qquad (\mathrm{B.1\text{-}15})$$

式中 p——钢管桩挡土墙嵌入段的地基反力（kN/m^2）；

k_{H}——式（B.1-13）计算得到的水平地基反力系数（kN/m^3）；

y——钢管桩挡土墙嵌入段的水平位移（m）。

需要注意的是，钢管桩内的应力由下式计算：

$$\sigma_{\max}=\frac{|M_{\max}|}{Z}\times10^{-3} \qquad (\mathrm{B.1\text{-}16})$$

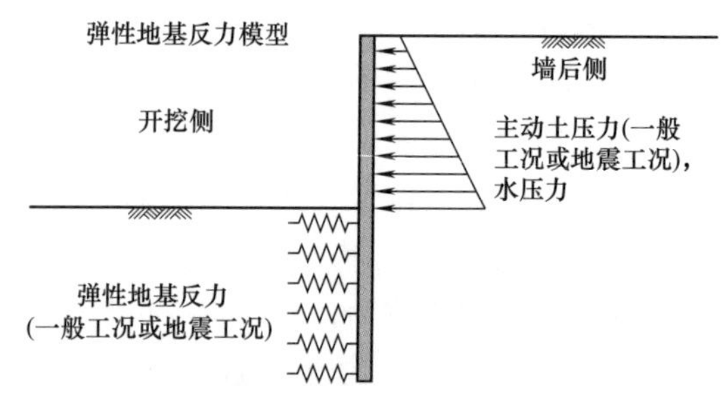

图 B.1-4 简化方法计算模型（Chang 的方法）

式中 $\sigma_{\max}$——钢管桩挡土墙内的应力（N/mm^2）；

$M_{\max}$——钢管桩挡土墙内引起的最大弯矩（kN·m）；

Z——单位宽度钢管桩挡土墙的截面模量（m^3）。

简化方法中，利用框架分析方法计算钢管桩挡土墙的位移和弯矩分布。计算过程中应考虑腐蚀裕量。另外，简化方法中桩的嵌入长度大于 $3/\beta$，因此，利用式（B.1-17）和式（B.1-18）计算水平位移和弯矩计算时，将桩视作半无限长桩。

$$\delta=\delta_1+\delta_2+\delta_3 \qquad (\mathrm{B.1\text{-}17})$$

式中 δ——钢管桩挡土墙顶位移（m）；

δ_1——设计地表上的位移（m）；

$$\delta_1=\frac{(1+\beta h_0)}{2EI\beta^3}P$$

δ_2——设计地表上偏转角引起的位移（m）；

$$\delta_2=\frac{(1+2\beta h_0)}{2EI\beta^2}PH$$

δ_3——设计地表上悬臂梁的位移（m）；

$$\delta_3=\frac{H^3}{6EI}(3-\alpha)\alpha^2P$$

β——桩的特征值（m^{-1}）；

h_0——合力点距离设计地表之间的高程（m）（参见图 B.1-5）；

P——单位宽度上侧向压力的合力（kN）（参见图 B.1-5）；

E——钢管桩挡土墙的杨氏模量（kN/m^2）；

I——钢管桩挡土墙的截面惯性矩（m^4）；

H——钢管桩挡土墙高度（m）；

α——合力点高度与墙高之比（$=h_0/H$）。

$$M_{\max}=\frac{P}{2\beta}\sqrt{(1+2\beta h_0)^2+1}\cdot\exp\left(-\tan^{-1}\frac{1}{1+2\beta h_0}\right) \qquad (\mathrm{B.1\text{-}18})$$

式中 $M_{\max}$——钢管桩挡土墙内的最大弯矩（kN·m）；

P——单位宽度上侧向压力的合力（kN）（参见图 B.1-5）；

h_0——合力作用点距离设计地表之间的高程（m）（参见图 B.1-5）；

β——桩的特征值（m^{-1}）。

需要注意的是，式（B.1-18）中的反三角函数为弧度制。

（8）弹塑性方法及动力分析方法

进行钢管桩挡土墙的计算时，如简化方法不适用，可采用弹塑性方法或动力分析方法。弹塑性方法中的水平地基反力模型为双线型模型，被动土压力是水平地基反力的上限。设计时应确保嵌入段长度足够大，以确保钢管桩挡土墙的嵌入段顶部存在至少一个塑性区。动力分析方法中，将钢管桩挡土墙及其周围的场地作为一个整体，利用非线性动力分析方法进行分析，以检验钢管桩挡土墙周围地基的动力反应。

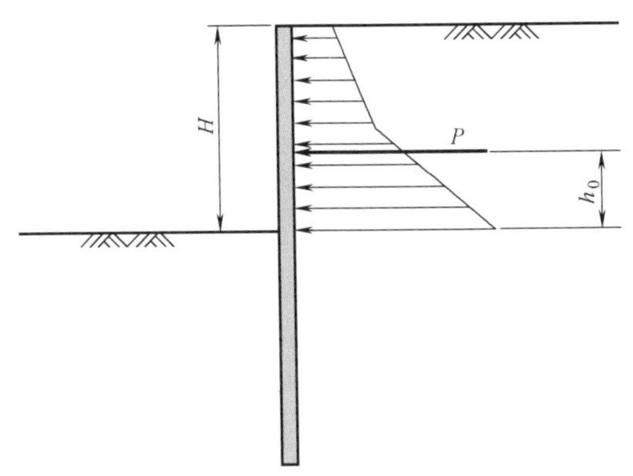

图 B.1-5 作用于钢管桩挡土墙上的土压力和水压力

本节将介绍弹塑性方法，图 B.1-6 为钢管桩挡土墙的弹塑性分析模型。这种模型采用双线型的弹塑性地基反力模型，如图 B.1-7 所示。设计地表以上的钢管桩挡土墙后方地基内，应考虑地震作用下的主动土压力，并对其他荷载进行组合。

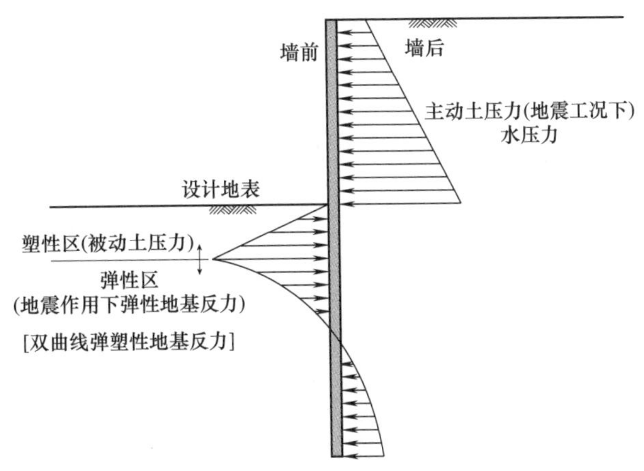

图 B.1-6 弹塑性方法计算模型

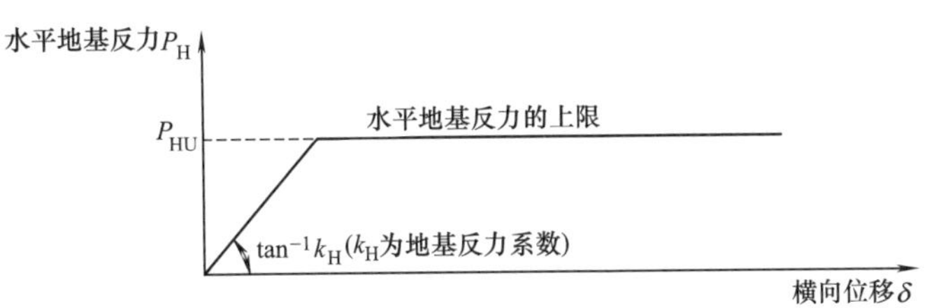

图 B.1-7 弹塑性地基反力模型

弹塑性地基反力模型中被动一侧水平地基反力的上限可由式（B.1-19）和式（B.1-20）进行计算。需要注意的是，当 $\varphi=0$ 和 $\delta=0$ 时，$K_p=1$，因此式（B.1-21）中并不包含 K_p。

砂土

$$P_{HU}=K_p(\sum\gamma h+q)\cos\delta \tag{B.1-19}$$

$$K_p=\frac{\cos^2\varphi}{\cos\delta\left[1-\sqrt{\frac{\sin(\varphi-\delta)\sin\varphi}{\cos\delta}}\right]^2} \tag{B.1-20}$$

黏土

$$p_{HU}=\sum\gamma h+q+2c \tag{B.1-21}$$

式中 γ，h，c，φ——含义同上文中 B.1.1（2）节；

P_{HU}——水平地基反力的上限（kN/m²）；

K_p——被动土压力系数；

q——被动一侧地表附加荷载（kN/m^2）；

δ——墙体与土体之间的摩擦角（°），$\delta=-\varphi/6$。

作为参考，本手册将 δ 设定为 $-\varphi/6$。当采用其他规范时，δ 值应相应调整。

设计时应确定 2 级地震荷载作用下钢管桩挡土墙的嵌入长度，以确保在钢管桩挡土墙嵌入段顶部存在至少一个弹性区域，如图 B.1-6 所示。钢管桩挡土墙的横向位移将变大，挡土墙的被动一侧塑性区域也将逐渐增大。原则上，无论是否存在弹性区，如果采用式（B.1-14）进行计算，嵌入段的长度均大于 $3/\beta$，嵌入段长度被视作半无限。

只要保证钢管桩的顶部出现弹性区，可根据场地条件及结构的用途选用更短的桩。若钢管桩的嵌入长度小于 $3/\beta$，则进行某些场地中的嵌入长度计算时应更为谨慎，例如黏土地层，其土体蠕变会存在很长一段时间。这种情况下的计算将在本手册后续章节中进行介绍。

【计算流程】

第 1 步：

设置嵌入段长度大于 $3/\beta$，利用弹塑性方法，借助通用软件计算钢管桩挡土墙以获取基础数据，例如土压力、水平附加反力系数以及塑性区。

第 2 步：

借助通用软件进行结构框架计算（例如 FRAME 软件）※，计算时设定桩的长度小于第 1 步中的桩长，输入第 1 步计算获得的水平附加反力系数。在进行本步的短桩计算前，可先进行试算，试算中采用与第 1 步同样的嵌入段长度，检验是否可以得到同样的截面力和位移。

注：※如果第 1 步使用的弹塑性通用计算软件能够用于计算更短的桩，第 1 步将用更短的桩进行计算，无须进行随后的计算流程。一般来说，当嵌入长度小于 $3/\beta$ 或考虑地震作用时，并没有太多的通用软件可进行弹塑性计算。鉴于此，本手册展示了上述的计算方法。

第 3 步：

由于第 2 步中的嵌入段长度小于第 1 步，因此，第 2 步计算中塑性区将会出现增长。为了查明场地是否出现塑性变形，在计算的每一个节点上，将计算得到的水平反力与水平附加反力的上限进行对比。如果计算得到的水平反力大于水平附加反力的上限，则表明该节点出现了塑性变形。

对于出现塑性变形的区域，将水平附加反力的上限作为反力进行输入，而在弹性区域，需要输入第 1 步计算得到的水平附加反力系数。然后激活土压力，开始计算。（使用常规工况和地震工况时的水平附件反力系数时需谨慎。）

第 4 步：

如果所有的计算节点均为弹性状态，则终止计算，并将第 3 步的计算结果作为最终的计算结果。当场地中的某些节点变为塑性状态时，则计算继续，并在塑性节点上输入水平附件反力的上限，并且激活土压力。

第 5 步：

重复第 4 步，直至场地所有节点均为弹性。

2 级地震荷载作用下，基于动力分析方法的性能需求验证需要的是计算钢管桩挡土墙和周围场地的位移，以及钢管桩挡土墙内部引起的截面力。表 B.1-24 列举了动力分析方法中的计算工况，采用动力分析方法计算时应特别注意场地特征。设计计算时应选取合适的分析方法，选取适合土体条件的分析模型，利用土体试验确定准确的土体参数。尽管目前多种动力分析方法均适用于表 B.1-24 所示的计算工况，计算中仍应选用具有大量应用实例或经过试验模拟验证的动力分析方法。

2. 河流护岸工程设计

作为钢板桩河流护岸工程的设计指南，日本全国防灾学会编制了“灾后修复工程设计大纲”，本节将介绍“灾后修复工程设计大纲”中的设计方法。目前有两种护岸防护措施：悬臂式（嵌入式）和拉杆式，本手册将介绍悬臂式护岸防护措施。关于悬臂式护岸防护措施的设计荷载及材料，参见本手册前文 B.1.1 节。关于悬臂式护岸防护措施的建造实例将在本手册 B.2 节中介绍。

动力分析方法的计算工况　　　　**表 B.1-24**

分析方法		时程反应分析(动力分析)
分析模型	一般情况	利用二维或三维模型对场地和结构同时进行分析
	场地特征	非线性模型(总应力或有效应力模型),可用于分析循环荷载
	结构特征(钢管桩)	线性或非线性梁模型
	场地一结构相互作用特征	考虑场地和结构之间的滑动
分析中外部荷载的输入形式		加速度时程

(1) 钢板桩护岸防护墙高度

在未采取河床表面防护措施的情况下，确定护岸防护墙的高度时应考虑河床将来可能的冲蚀深度。

1) 在河床表面没有防护措施的情况下，护岸防护墙的设计高度为设计地表（考虑了冲蚀深度）与护岸防护墙基础顶部之间的高度，如图 B.1-8 所示。

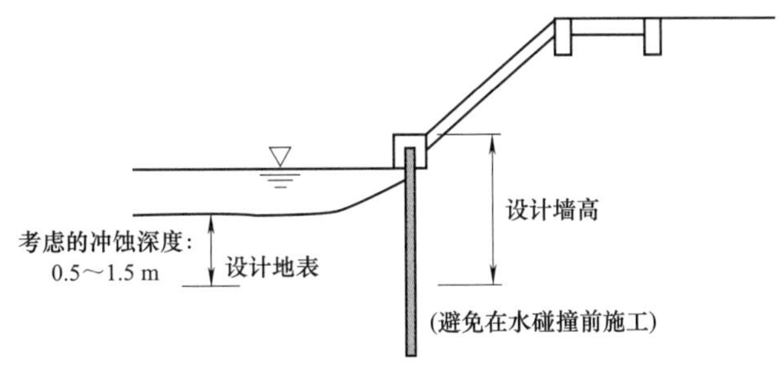

图 B.1-8　钢板桩护岸防护墙高度的确定方法（河床表面无防护）

2) 在河床表面存在防护的情况下，护岸防护墙的高度为河床表面与护岸防护墙基础顶部之间的高度，如图 B.1-9 所示。

3) 在钢板桩前方存在防护措施的情况下，设定主动土压力的作用点大致位于防护墙高度的二分之一处，并且假定钢板桩护岸防护墙前方防护措施的底部即为设计河床位置，如图 B.1-10 所示。

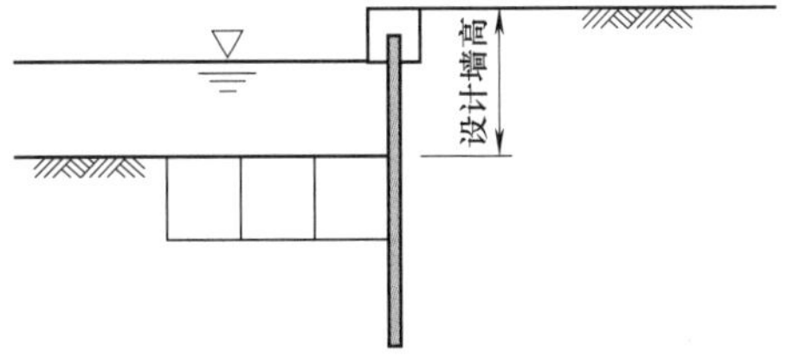

图 B.1-9　钢板桩护岸防护墙高度的确定方法（河床表面有防护）

(2) 设计地表

护岸防护墙前方设计地表的确定应考虑设计标高和周围地表高程两者的较小值，同时考虑防护墙前方的冲蚀深度。在防护墙前方土体松软，不存在被动土压力的情况下，或是地震作用下土体易于出现流态化的情况下，移除松软土体或流态化地层后的基础地表高程应被视作设计地表高程。应根据河床材料、河流尺寸以及径流状态确定河床的冲蚀深度。一般情况下，河床的冲蚀深度为 0.5～1.5m。目前存在多种方法可用于确定虚拟地表，通常假设虚拟地表位于支挡结构后方主动土压力同水压力之和与被动土压力相等处。当挡墙高度较小，结构重要性较低时，虚拟地表可被视为设计地表。需要说明的是，板桩的嵌入长度起算点为虚拟地表。当地表存在防护措施时，往往可以不考虑冲蚀深度和虚拟地表。

(3) 腐蚀裕量及接头系数

进行钢板桩截面设计时，需要考虑因钢板桩腐蚀引起的截面模量折减。钢板桩的腐蚀受其工作环境影响较大。临接水面部分的腐蚀速率较大，钢板桩的最大弯曲应力出现在钢板桩中部至河床部分，这一部分的腐蚀速率较低。设计中假定腐蚀裕量为钢板桩每侧 1mm（两侧合计 2mm）。

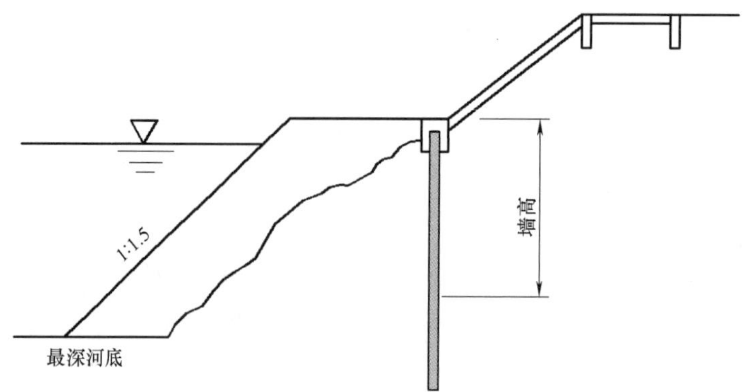

图 B.1-10 钢板桩护岸防护墙高度的确定方法（护岸防护墙前方存在防护措施）

表 B.1-25为考虑了腐蚀裕量后每一种钢板桩的截面性能。

考虑腐蚀裕量时的钢板桩截面性能 **表 B.1-25**

钢板桩类型	每侧腐蚀 1mm(两侧共计 2mm)		
	截面性能损失比例(%)	截面惯性矩(m^4/m)	截面模量(m^3/m)
10H	79	830×10^{-7}	713×10^{-6}
25H	82	200×10^{-6}	132×10^{-5}
45H	85	383×10^{-6}	208×10^{-5}
50H	87	445×10^{-6}	240×10^{-5}
Ⅱ	81	708×10^{-7}	708×10^{-6}
Ⅲ	85	143×10^{-6}	114×10^{-5}
Ⅳ	86	332×10^{-6}	195×10^{-5}
$Ⅴ_L$	91	573×10^{-6}	287×10^{-5}
$Ⅵ_L$	92	791×10^{-6}	351×10^{-5}
$Ⅱ_w$	81	105×10^{-6}	810×10^{-6}
$Ⅲ_w$	85	275×10^{-6}	153×10^{-5}
$Ⅳ_w$	88	499×10^{-6}	238×10^{-5}

对于U型钢板桩而言，可以利用接头系数对其截面模量进行折减。接头系数的大小取决于周围土体及支挡结构对钢板桩的约束程度，取值范围为0.6～1.0。在没有混凝土保护层的情况下，钢板桩河流护岸防护工程中，接头系数可以取0.6。

护岸防护钢板桩的接头系数：

在应力计算中，如果能够保证混凝土保护层和钢板桩的嵌入长度，则U型钢板桩单位宽度的接头系数可取 $\alpha_1=0.8$（针对截面惯性矩 I 取值）和 $\alpha_2=1.0$（针对截面模量 Z）。

当利用弹性地基梁模型（Chang 方法）计算最终嵌入长度时，截面惯性矩可取值为 $\alpha_1=1.0$。接头系数并不适用于临时钢板桩。

（4）水平地基反力系数

基于"福冈-宇都（Fukuoka-Utsu）钻孔测试结果"，水平地基反力系数由式（B.1-22）进行计算。

$$k_h=6910N^{0.406} \tag{B.1-22}$$

式中 k_h——水平地基反力系数（kN/m^3）；

N——标准贯入试验（SPT）的锤击数。

（5）特殊截面情况下的土压力及垂直荷载计算

当计算具有如图 B.1-11 所示截面的土压力时，根据截面特性及土体条件，目前已有多种方法可供选择。当近似满足 $h \leqslant H/3$ 时，破裂角上方的土体重量（图中阴影部分）可视作均布荷载 q_0；而满足 $h > H/3$ 时，其可被视作倾斜角度为 θ 的土压力。

当计算截面如图 B.1-12 所示时，土中阴影部分的土体重量被视作图 B.1-11 中的均布荷载 q_0，计算时假设地面为虚拟地面。当有车辆荷载作用在支挡结构上时，计算时通常将“公路桥梁规范”中的荷载 T 转换为附加荷载 $q = 10\text{kN/m}^2$（常规工况下）。

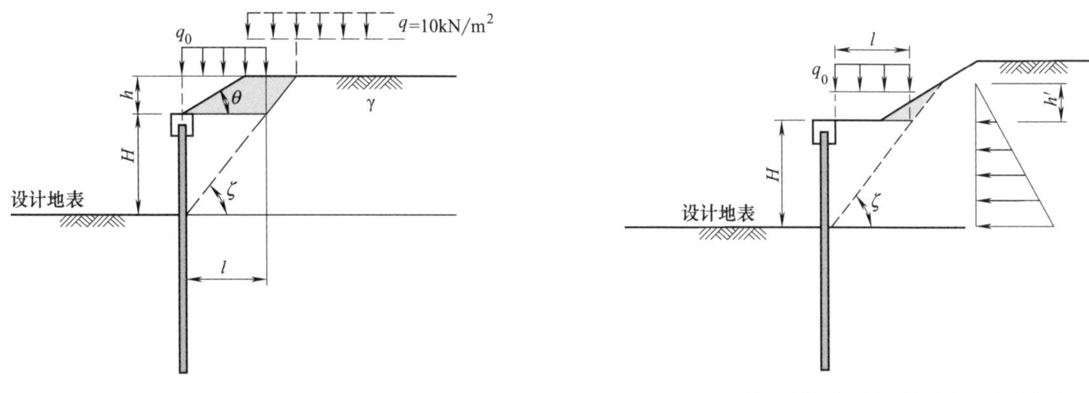

图 B.1-11 特殊截面情况下的土压力计算（一）　　图 B.1-12 特殊截面情况下的土压力计算（二）

当车辆荷载距离支挡结构较远时，如图 B.1-13 所示，此时计算附加荷载 q（kN/m^2）时按照 $q = q' \times p$ 进行折减，其转换关系如表 B.1-26 所示。

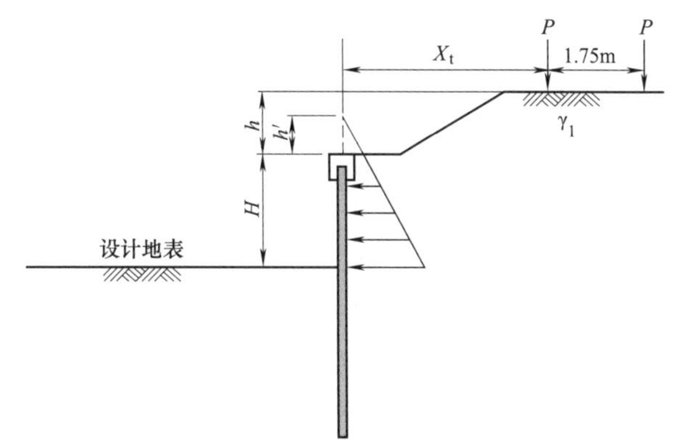

图 B.1-13 特殊截面情况下的土压力计算（三）

图 B.1-13 中 P 为某一侧车辆后轮荷载，由下式计算：

$$P = 0.4P_0 \times (1 + i)$$

式中 P_0——车辆荷载（$=196\text{kN}$）；

i——影响系数（0.3）。

车辆荷载随距离变化的均布荷载转换表　　表 B.1-26

X_t(m)	q'(每 m²)	X_t(m)	q'(每 m²)
0.9	0.100	2.0	0.020
1.0	0.080	3.0	0.015
1.2	0.055	4.0	0.010
1.5	0.035	5.0	0.005

此外，可利用土体重度对 q_0 和 q 进行归一化处理，用于计算虚拟高度 $h' = (q_0 + q)/\gamma$，并连同 H 用于进行土压力计算。

（6）悬臂式钢板桩挡墙的设计

悬臂式钢板桩挡墙的设计流程如图 B.1-14 所示。

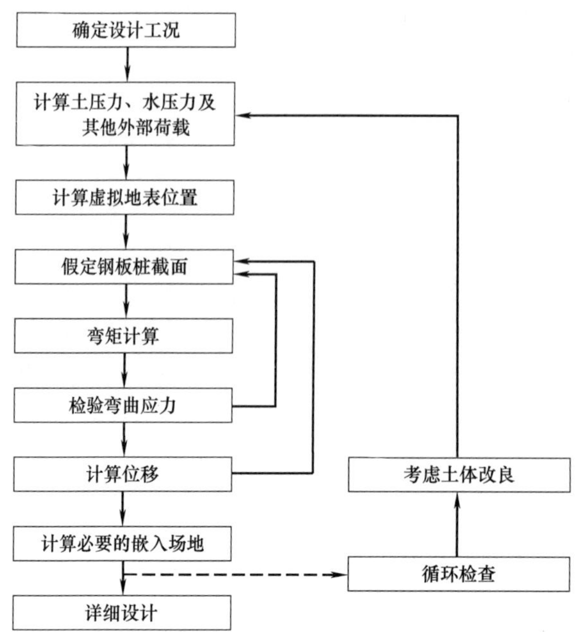

图 B. 1-14 悬臂式钢板桩挡墙的设计流程

在 Chang 的方法中，将钢板桩从虚拟地表处（主动土压力与残余水压力之和等于被动土压力之处）分为上部（下文中称为“地上部分”）和下部（下文中称为“嵌入部分”），假定嵌入部分场地地基反力与位移成正比，如图 B. 1-15 所示。

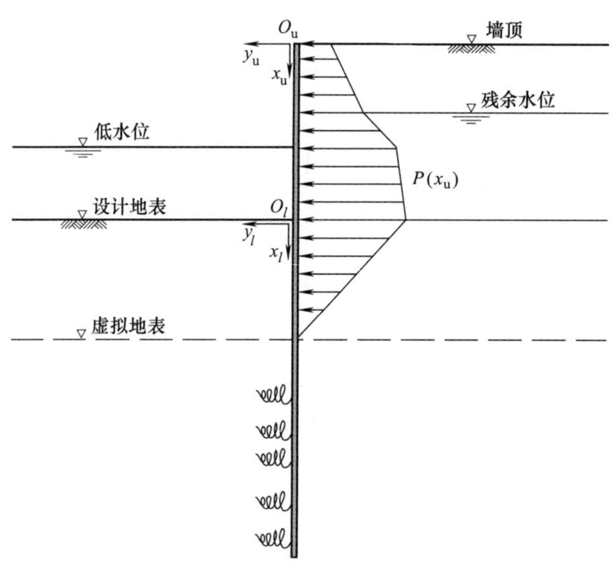

图 B. 1-15 虚拟地表位置示意图

（7）钢板桩挡墙各个部分的控制方程

钢板桩挡墙地上部分和嵌入部分的控制方程分别如式（B. 1-23）和式（B. 1-24）所示。

地上部分控制方程：

$$EIy_u^{(4)}=B\cdot P(x_u) \tag{B. 1-23}$$

嵌入部分控制方程（Chang 方法）：

$$EIy_l^{(4)}+k_hBy_l=0 \tag{B. 1. 24}$$

式中 E——杨氏模量（kN/m^2）；

I——截面惯性矩（m^4）；

B——墙宽（m）

P（x_u）——荷载系数（kN/m^2）；

x_u——距离挡墙顶部的高度（m）；

x_l——距离虚拟地表的深度（m）；

y_u——在高度 x_u处的位移（m）；

y_l——在高度 x_l处的位移（m）；

k_h——水平地基反力系数（kN/m^3）。

（8）悬臂式钢板桩的响应

图 B.1-16 为悬臂式钢板桩挡墙的计算模型及其位移和弯矩。

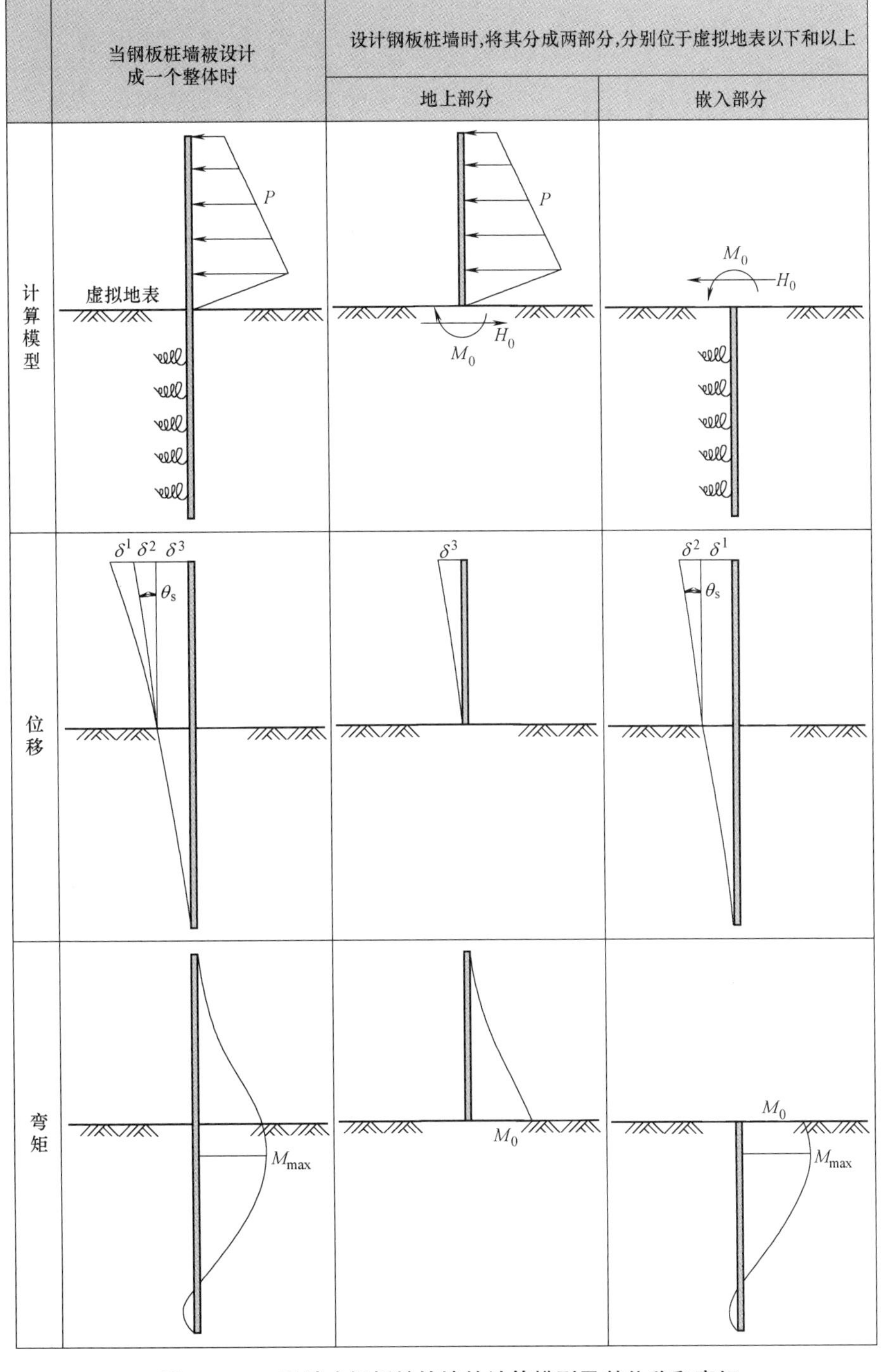

图 B.1-16　悬臂式钢板桩挡墙的计算模型及其位移和弯矩

1）地上部分设计

式（B. 1. 23）所示的地上部分荷载由多个梯形荷载组成，由于这些荷载的表达式复杂，因此，常用集中荷载进行表述，如图 B. 1-17 所示。

地上部分在嵌入部分引起的水平力 H_0 和弯矩 M_0 分别如式（B. 1-25）和式（B. 1-26）所示，而当地上部分假定为悬臂式结构时，挡墙顶部的位移如式（B. 1-27）所示。

$$H_0=B\sum P_i \tag{B. 1-25}$$

$$M_0=B\sum P_i l_i \tag{B. 1-26}$$

$$\delta_3=\frac{Bh^3}{6EI}\sum(3-\alpha_i)\alpha_i{}^2 P_i=\frac{Bh^3}{6EI}\sum Q_i \tag{B. 1-27}$$

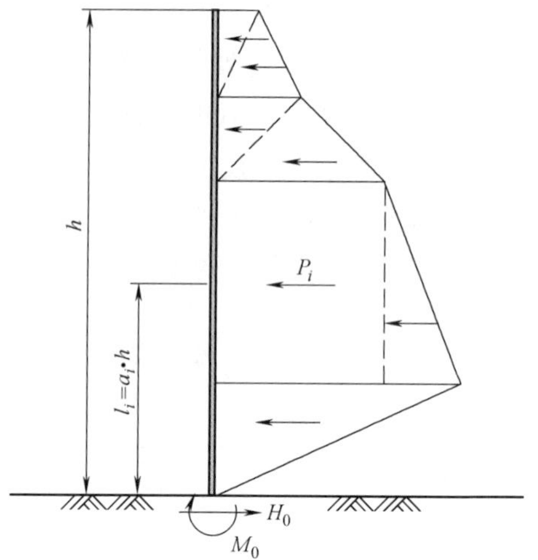

图 B. 1-17 集中荷载模型

式中 H_0——水平力（kN）；

M_0——弯矩（kN・m）；

δ_3——地表处悬臂梁位移（m）；

h——虚拟地表至挡墙顶部的高度（m）；

P_i——集中荷载（kN/m）；

l_i——集中荷载作用点高度（m）；

α_i——集中荷载作用点高度与墙高的比值；

Q_i——变形系数（kN/m）：

$$Q_i=\frac{1}{6}(3-\alpha_i)\alpha_i{}^2\sum P_i$$

2）嵌入部分设计

式（B. 1-24）的一般解如式（B. 1-28）所示。

$$y_l(x)=e^{-\beta xl}(A\cos\beta x_l+B\sin\beta x_l)+e^{-\beta xl}(C\cos\beta x_l+D\sin\beta x_l) \tag{B. 1-28}$$

式中 A，B，C，D——积分常数；

β——特征值；

$$\beta=\sqrt[4]{\frac{E_s}{4EI}}=\sqrt[4]{\frac{k_h B}{4EI}}$$

位移 δ_1 及偏转角 θ_S 分别由式（B. 1-29）和式（B. 1-30）进行计算。

$$\delta_1=y_l(0)=\frac{H_0+\beta M_0}{2EI\beta^3}=\frac{H_0(1+\beta h_0)}{2EI\beta^3} \tag{B. 1-29}$$

$$\theta_s=-y_l'(0)=\frac{H_0+2\beta M_0}{2EI\beta^2}=\frac{H_0(1+2\beta h_0)}{2EI\beta^2} \tag{B. 1-30}$$

式中 δ_1——虚拟地表位移（m）；

θ_s——虚拟地表偏转角（弧度制）；

h_0——合力作用点高度（m）：

$$h_0=\frac{M_0}{H_0}$$

根据方程 $-EIy_l''(l_m)=0$，出现最大弯矩处的高度 l_m 可由式（B. 1-31）进行计算。

$$l_m=\frac{1}{\beta}\tan^{-1}\left(\frac{H_0}{H_0+2\beta M_0}\right)=\frac{1}{\beta}\tan^{-1}\left(\frac{1}{1+2\beta h_0}\right) \tag{B. 1-31}$$

式中 l_m——从虚拟地表至出现最大弯矩处的高度（m）。

最大弯矩由式（B. 1-32）进行计算。

$$M_{max}=-EIy''_l(l_m)=-\frac{1}{2\beta}\sqrt{(H_0+\beta M_0)^2+H_0{}^2}e^{-\tan^{-1}}\left(\frac{H_0}{H_0+2\beta M_0}\right)=-M_0\phi_m(\beta h_0) \tag{B. 1-32}$$

式中 M_{max}——最大弯矩（kN·m）；

$\phi_m(\beta h_0)$——无因次函数：

$$\phi_m(\beta h_0)=\frac{\sqrt{(1+2\beta h_0)^2+1}}{2\beta h_0}\cdot e^{-\tan^{-1}\left(\frac{1}{1+2\beta h_0}\right)}$$

3）钢板桩上存在孔洞时的设计指南

在确定孔径及孔间距时，应考虑压桩过程中可能出现的应力集中现象。最小孔间距应大于 5 倍孔径，因为当孔中心间距大于 5 倍孔径时，钢板桩的应力集中系数一般为 3，如图 B.1-18 所示。另外，还应对出现涌土的可能性进行校核。

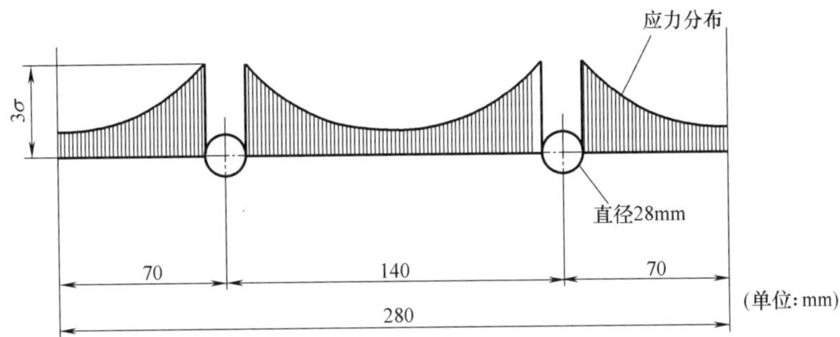

图 B.1-18 钢板桩上存在孔洞时的应力分布

钢板桩的应力检验流程如图 B.1-19 所示。

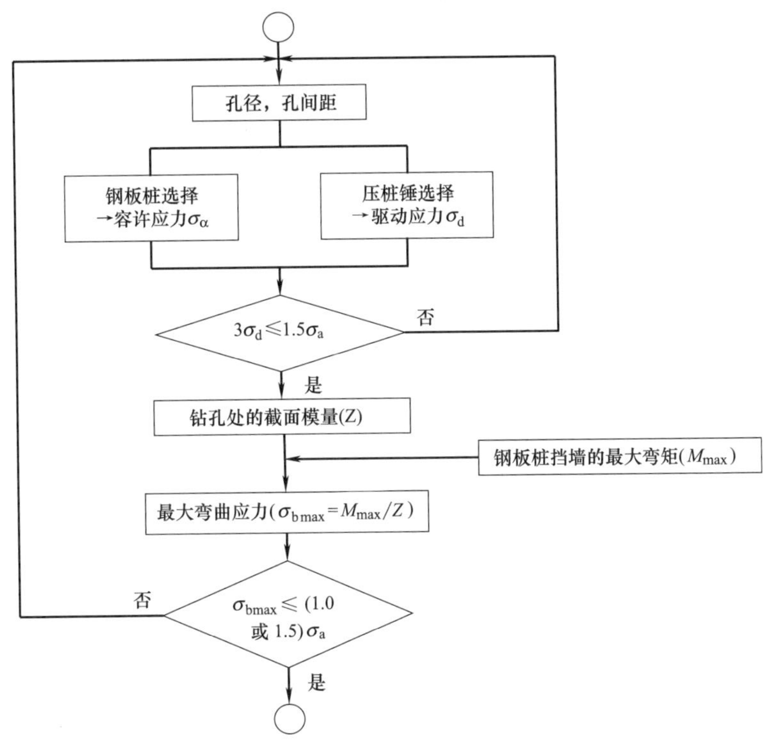

图 B.1-19 钢板桩上存在孔洞时的应力检验流程

3. 港口岸壁工程设计

日本港口学会编制的“日本港口及港口设施技术标准”可作为港口岸壁的设计指南。本节将基于这一技术标准介绍悬臂式板桩岸壁结构的设计计算。设计荷载及材料选择参见前文相关章节。本手册附录 B.2.2 节介绍了港口岸壁工程设计的计算实例。

（1）悬臂式板桩岸壁结构的性能标准

1）板桩应具有足够的嵌入深度，以保证其稳定性，并降低在某些特定设计工况下板桩内的应力超过屈服应力的风险，这些特定的设计工况包括土压力为主导荷载的荷载恒定工况，以及1级地震为主导荷载的荷载可变工况。

2）当岸壁结构存在上部结构时，某些特定工况下，上部结构丧失完整性的风险应低于阈值。这些特定工况包括以土压力为主导荷载的荷载恒定工况，以及以1级地震和船舶停靠荷载及牵引力为主导荷载的荷载可变工况。

3）在自重为主导荷载的荷载恒定工况下，板桩底部地基出现滑动破坏的风险应不高于阈值。

4）在以土压力为主导荷载的荷载恒定工况下，以及以1级地震和船舶停靠荷载及牵引力为主导荷载的荷载可变工况下，桩顶位移超过容许位移的风险应低于阈值。另外，在上述两种设计工况下，对于悬臂式板桩岸壁而言，板桩顶部的位移超过容许位移的风险不高于阈值。

板桩、上部结构及板桩式岸壁地基的性能标准如表B.1-27～表B.1-30所示。

岸壁工程板桩的性能标准及设计工况选择 表B.1-27

性能指标	设计工况			性能验证项目	指标阈值
	工况	主导荷载	非主导荷载		
可工作性	荷载恒定工况	土压力	水压力、外部施加荷载	必要嵌入长度	在以自重和土压力为主导荷载的荷载恒定工况下，系统失效的概率： 高抗震性能设施 $P_f=1.7\times10^{-4}$； 非高抗震性能设施：$P_f=4.0\times10^{-3}$
				板桩屈服	
	荷载可变工况	1级地震荷载	土压力、水压力、外部施加荷载	必要嵌入长度	设计屈服应力（岸壁顶部容许位移 $D_a=15$cm）
				板桩屈服	

岸壁工程上部结构的性能标准及设计工况选择 表B.1-28

性能指标	设计工况			性能验证项目	指标阈值
	工况	主导荷载	非主导荷载		
可工作性	荷载恒定工况	土压力	外部施加荷载	上部结构的可工作性	弯压应力的极限值（正常使用极限状态）
	荷载可变工况	1级地震荷载、船舶停靠荷载及牵引力	土压力、外部施加荷载	上部结构的截面破坏	设计截面力（承载能力极限状态）

岸壁工程地基的性能标准及设计工况选择 表B.1-29

性能指标	设计工况			性能验证项目	指标阈值
	工况	主导荷载	非主导荷载		
可工作性	荷载恒定工况	自重	水压力，外部施加荷载	地基的圆弧形破坏	在以自重和土压力为主要荷载的荷载恒定工况下系统失效的概率（高抗震性能设施 $P_f=1.7\times10^{-4}$；非高抗震性能设施：$P_f=4.0\times10^{-3}$）

悬臂式板桩岸壁工程的性能标准及设计工况选择 表B.1-30

性能指标	设计工况			性能验证项目	指标阈值
	工况	主导荷载	非主导荷载		
可工作性	荷载恒定工况	土压力	水压力、外部施加荷载	板桩顶部位移	位移极限值
	荷载可变工况	1级地震荷载、船舶牵引荷载	土压力、水压力、外部施加荷载		

(2) 性能验证的原则

1) 应对港口设施的性能进行验证，以确保港口板桩墙能对板桩后方的土体进行加固。

2) 本节介绍的板桩墙性能验证方法仅适用于砂土场地，可能不适用于黏土场地。目前，针对黏土场地内嵌入式板桩墙的性能验证尚存在较多未知因素。另外，还应考虑黏土场地的蠕变特性，因此，应尽可能地避免将此类结构运用于黏土场地。

3) 悬臂式板桩岸壁结构的性能验证流程如图 B.1-20 所示。需要注意的是，图 B.1-20 中并未考虑液化及沉降的影响。如果需要考虑液化的影响，则应评估出现液化的可能性以及相应的防治措施，相关内容参见第 6 章。本手册中，对于以 1 级地震荷载作用为主导荷载的荷载可变工况，可采用简化方法进行性能验证。应采用详细的分析方法对抗震措施的位移进行检验，例如非线性动力分析方法。对悬臂式板桩岸壁结构（除抗震措施以外）而言，可以忽略 2 级地震作用偶然工况下的性能验证。

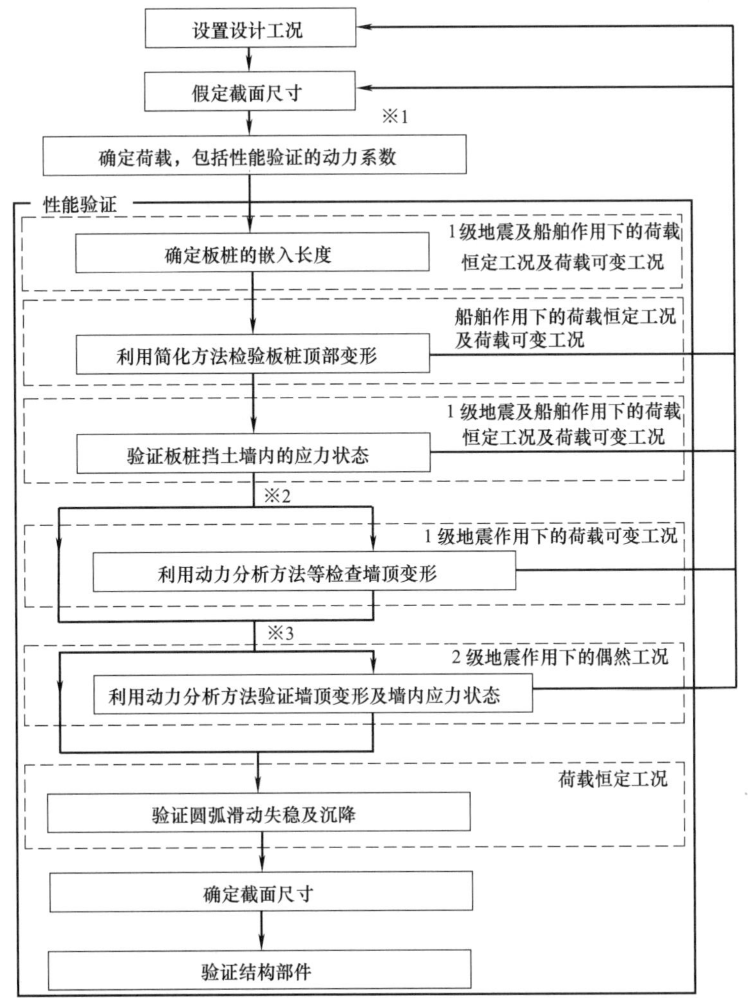

注：※1 此处并未讨论液化的影响，因此应对液化的影响进行单独考虑。
※2 必要情况下，应利用动力分析方法对1级地震荷载作用下板桩顶部的变形量进行检验；对于具有高抗震性能的结构而言，也应利用动力分析方法对其变形量进行检验。
※3 具有高抗震性能结构的设计应进行2级地震作用下的性能验证。

图 B.1-20　悬臂式板桩岸壁结构性能验证流程图

4) 悬臂式板桩岸壁结构是一种抵抗嵌入段水平地基反力的结构，可采用“桩体水平抗力的 PHRI 方法”计算板桩内的弯矩。

5) 悬臂式板桩岸壁结构的典型截面如图 B.1-21 所示。

(3) 作用力

1) 主动土压力可视为作用于板桩墙后方的荷载。另外，应对被动土压力以及板桩嵌入段前方与地基反力系数相关的土压力进行计算。

2）当海底为砂土时，如图 B. 1-22 所示，应假定主动土压力与残余水压力之和与被动土压力相等处存在一个虚拟地面，并假定土压力和残余水压力作用于虚拟地表以上。

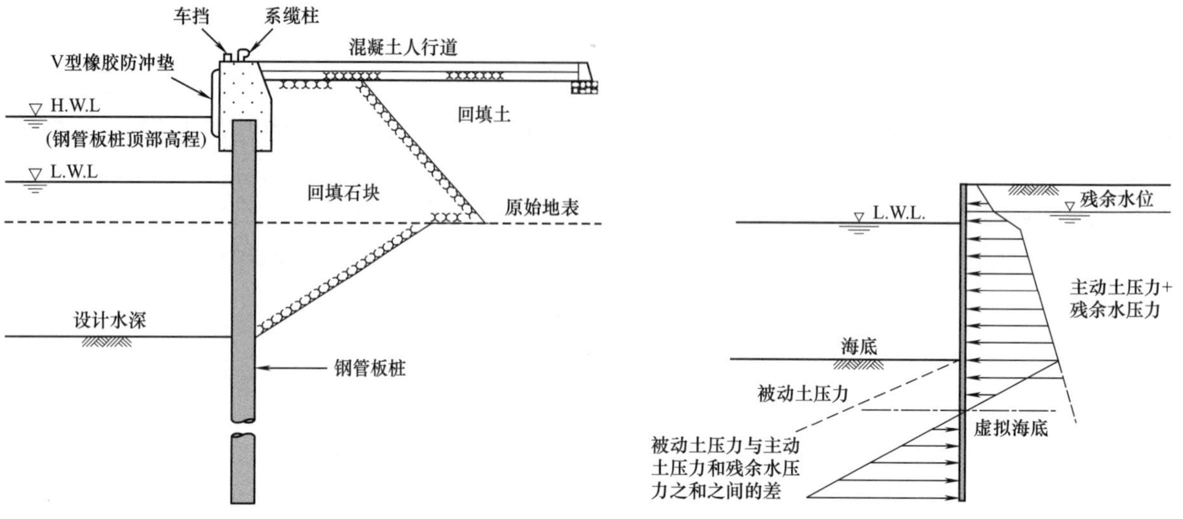

图 B. 1-21 悬臂式板桩岸壁结构的典型截面

图 B. 1-22 虚拟海底面

3）在海底下方区域，当桩后主动土压力与残余水压力的和大于桩前的被动土压力时，桩前可能出现塑性变形。因此，在这一区域内无弹簧反作用力可被视作弹性土压力。鉴于此，如前文所述，此时应假定在主动土压力与残余水压力之和与被动土压力相等处存在一个虚拟地面。在虚拟地面以上，假定主动土压力与残余水压力之和与被动土压力之间的差值作用于板桩上；同时，在虚拟地面以下，仅需考虑弹簧反作用力，可以忽视板桩后的作用力，例如主动土压力。需要注意的是，不能忽视地震发生时作用于海底上的动水压力。

4）以 1 级地震作为主导荷载的荷载可变工况下，应在考虑结构特征的前提下计算悬臂式板桩岸壁结构性能验证时所需的地震强度特征值。如图 B. 1-23 所示。

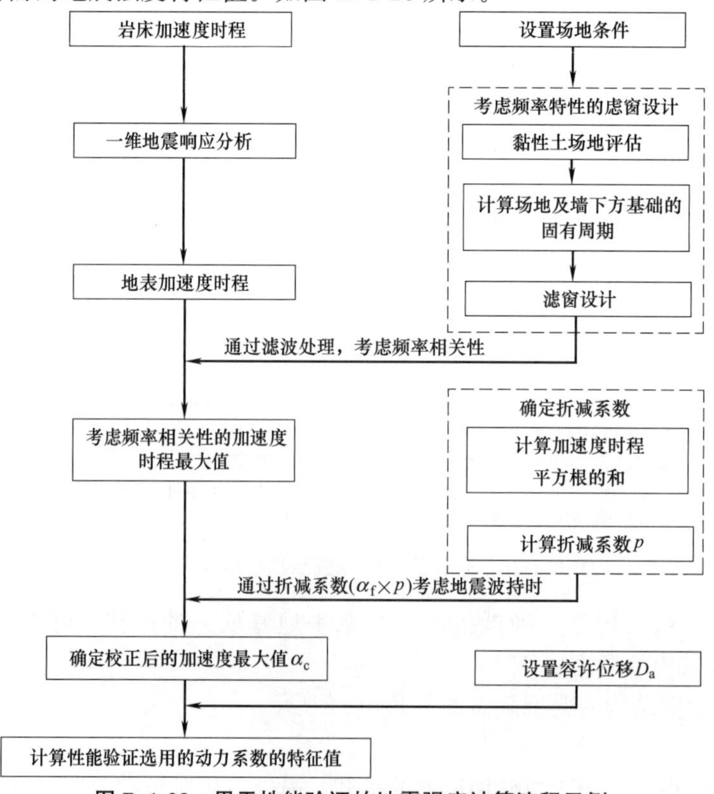

图 B. 1-23 用于性能验证的地震强度计算流程示例

5）考虑频率特性的虑窗设计

① 虑窗设计

利用一维动力分析可以计算得到场地表面的加速度时程，随后可以计算得到加速度反应谱。在考虑与板桩岸壁位移相关的频率特征的基础上对反应谱进行滤波处理，可采用式（B.1-33）所示的滤波器。

$$a(f)=\begin{cases} b & (f\leqslant 1.5\text{Hz}) \\ \dfrac{b}{1-\{g(f)\}^2+4.5g(f)i} & (f>1.5\text{Hz}) \end{cases} \tag{B.1-33}$$

$$g(f)=0.34(f-1.5)$$

$$b=2.97\frac{H}{H_R}-0.88\frac{T_b}{T_{bR}}+0.96\frac{T_u}{T_{uR}}+0.32\frac{k}{k_R}-1.18$$

式中 f——频率（Hz）；

i——虚数单位；

H——墙高（m）；

H_R——参考墙高（=8.0m）；

T_b——板桩墙后方场地的固有周期（s）；

T_{bR}——板桩墙后方场地的参考固有周期（=0.80s）；

T_u——海底以下场地的固有周期（s）；

T_{uR}——海底以下场地的参考固有周期（=0.40s）；

k——水平抗力系数（C类场地：kN/$m^{2.5}$；S类场地：kN/$m^{3.5}$）；

k_R——参考水平抗力系数（C类场地：1000kN/$m^{2.5}$；S类场地 550kN/$m^{3.5}$）。

需要注意的是，b 的取值范围如式（B.1-34）所示，式中 $H\geqslant 4.0$m。

$$0.35H-0.47\leqslant b\leqslant 0.35H+0.59 \tag{B.1-34}$$

② 墙后及海底下方场地固有周期计算

墙后及海底下方场地固有周期计算时，场地的计算范围如图 B.1-24 所示。

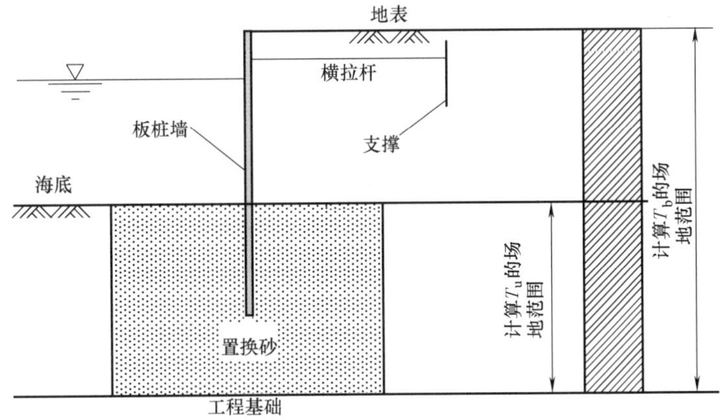

图 B.1-24 固有周期计算时场地范围示意图

6）确定衰减系数

考虑地震波持时影响的衰减系数 p 的计算公式如式（B.1-35）所示。

$$p=0.39\ln(S/\alpha_f)-0.42 \tag{B.1-35}$$

$$\alpha_c=p\times\alpha_f$$

式中 p——衰减系数；

S——滤波处理后加速度时程平方和的平方根；

α_f——滤波处理后的最大加速度（cm/s^2）；

α_c——校正后的最大加速度（cm/s^2）。

7）计算地震烈度的特征值

地震烈度特征值 k_h 的计算公式如式（B. 1-36）所示。

$$k_h = 1.40\left(\frac{D_a}{D_r}\right)^{-0.86} \times \frac{\alpha_c}{g} + 0.06 \tag{B. 1-36}$$

式中 k_h——地震烈度；

D_a——容许位移幅值（20cm）；

D_r——参考位移幅值（10cm）；

α_c——校正后的最大加速度（cm/s^2）；

g——重力加速度（$=980cm/s^2$）。

（4）性能验证

1）钢板墙性能验证

① 应采用一种考虑板桩墙力学性能的分析方法计算板桩墙内的最大弯矩，一般情况下，可采用桩基水平抗力的 PHRI 方法进行计算。

② 计算桩体的水平抗力时，可参考“日本港口及港口设施技术标准”第 4 卷第 2 章 2.4 节中的相关内容。

③ 与桩体不同，悬臂式板桩墙上的均布荷载以及最大弯矩不能用简单的公式进行表示。当计算最大弯矩时，可利用作用于桩体重心上的集中荷载代替均布荷载。

一般而言，当使用钢管桩时，土压力和残余水压力引起的钢管桩截面位移将在桩体内引起次应力。悬臂式板桩墙可能出现较大位移，最大弯矩位置处的次应力幅值可能较大。另外，钢管桩的直径越大，次应力幅值将越大，这种情况下，应对钢管桩内的次应力进行计算，计算公式为式（B. 1-37）。

$$\sigma_t = \alpha p \left(\frac{D}{t}\right)^2 \times 10^{-3} \tag{B. 1-37}$$

式中 σ_t——次应力（N/mm^2）；

p——作用于板桩墙体上的土压力和残余水压力（kN/mm^2）；

D——桩径（mm）；

t——系数。

确定参数 α 时应考虑作用宽度、场地条件以及边界条件，α 的确定方法如图 B. 1-25 所示。图中“滑动”和“固定”表示板桩连接处的位移状态，其与场地状态及板桩的边界条件有关。

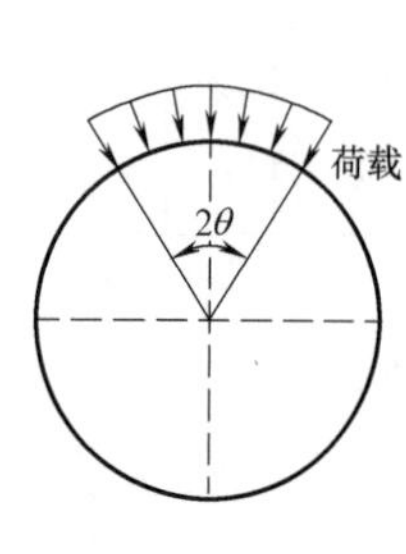

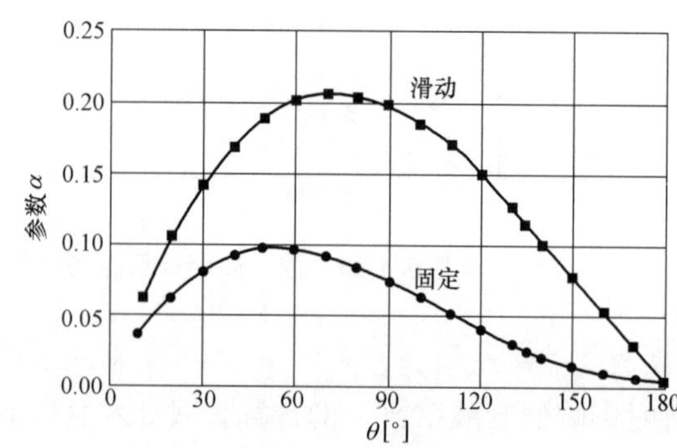

图 B. 1-25 参数 α 的确定方法

利用桩体轴向应力 σ_l 以及由式（B. 1-37）计算得到的次应力 σ_t 进行式（B. 1-38）所示的评价。

在下文的讨论中，γ 是带下标的分享系数，下标 k 和 d 分别表示特征值和设计值。在荷载恒定工况中，结构分析系数 γ_a 设为 1.2，1 级地震的荷载可变工况下结构分析系数 γ_a 设为 1.0。

$$\gamma_a \gamma_b \sqrt{\sigma_l^2 + \sigma_t^2 - \sigma_l \sigma_t} \leqslant f_{yd} \tag{B.1-38}$$

式中 σ_l——桩体内的轴向应力；

σ_t——桩体内次应力；

f_{yd}——桩体设计屈服应力（N/mm^2），$f_{yd}= f_{yk}/\gamma_m$；

f_{yk}——桩体屈服应力特征值（N/mm^2）；

γ_m——材料系数（= 1.05）；

γ_b——分项系数（= 1.1）；

γ_a——结构分析系数。

公式中的设计值可由式（B.1-39）进行计算，另外，所有的分项系数应统一。

$$\sigma_{ld} = \gamma_{\sigma l} \times \sigma_{lk}$$

$$\sigma_{td} = \gamma_{\sigma t} \times \sigma_{tk} \tag{B.1-39}$$

2）板桩墙嵌入长度

板桩墙的嵌入长度应大于基于法线方向最大静阻力计算得到的嵌入长度。因为悬臂式墙作为挡土墙时与桩具有一致的力学机理，可将板桩墙简单地视作桩结构进行嵌入段长度计算。当采用桩体水平抗力的 PHA 方法时，板桩墙的必要嵌入长度为 1.5 l_{m1}，其中 l_{m1} 为自由桩顶与桩上第一个弯矩为零的点之间的长度。需要注意的是，嵌入长度的起算点为虚拟海底面，而非实际海底面。

3）板桩墙顶部位移计算

① 板桩墙在地震荷载作用下的变形尚不明确，一般情况下，当进行高精度的动力分析时，分析结果可能与本手册中的结果存在差异。鉴于此，建议采用动力分析方法计算地震作用下板桩墙的顶部位移。

② 如图 B.1-26 所示，板桩墙的顶部位移 δ 为下列三个值之和：

δ_1：虚拟海底地表处板桩挠曲引起的位移；

δ_2：虚拟海底地表以上板桩挠曲引起的位移；

δ_3：因虚拟海底地表以下板桩挠曲旋转引起的位移。

可利用 PHA 方法计算 δ_1 和 δ_3，通常计算 δ_2 时可将其视作后方作用有土压力的悬臂梁。

③ 板桩墙顶部挠曲是荷载作用停止后的桩顶位移，因此，当发生地震时，在计算板桩墙顶部位移时应包含结构完成后的作用荷载。

④ 当计算悬臂式板桩结构的挠曲 δ_2 时，为了便于计算，桩后的土压力分布可视作三角分布，如图 B.1-27 所示。

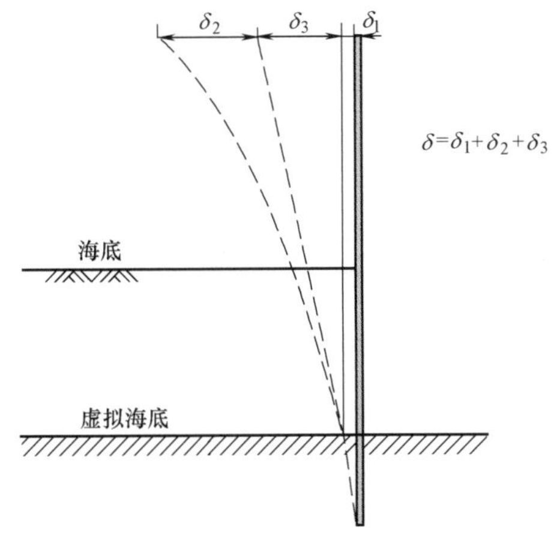

图 B.1-26 板桩顶部位移计算示意图

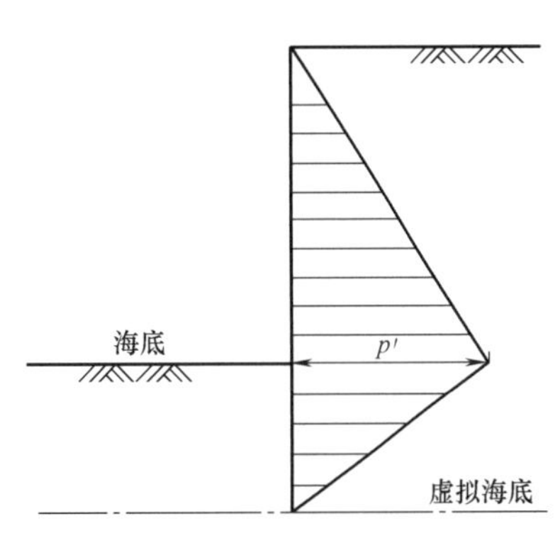

图 B.1-27 δ_2 计算时假定的桩后土压力分布

4）施工过程中的作用荷载

对悬臂式板桩岸壁结构进行性能验证时，应考虑施工过程中作用于结构上的荷载以及这些荷载作用下结构的稳定性。施工过程中有时会出现一些墙后无填土的时间段，这种情况下，在岸壁方向荷载作用下结构易出现损伤。应保障板桩墙具有足够的强度抵抗施工工程中可能出现的荷载，例如波浪荷载。

5）上部结构性能验证

① 上部结构可视为作用有土压力的悬臂梁，板桩顶部视为固定端。需要注意的是，性能验证时应考虑船舶的牵引力以及桥墩安装段的主动土压力，而不用考虑防护工程的反作用力以及船舶保护材料安装段的被动土压力。此外，当进行地震作用下的性能验证时，仅需考虑主动土压力的作用。

② 一般情况下，当需要考虑牵引力时，会将牵引力视作主动土压力进行考虑，而此时防护工程上的反作用力不被视作被动土压力。计算主动土压力时墙面摩擦角可设为15°，而计算被动土压力时墙面摩擦角设为0°。

③ 进行上部结构性能验证时通常将其视为钢筋混凝土结构。

④ 进行上部结构的水平配筋设计时，可将上部结构视作弹性支撑梁。

⑤上部结构性能验证时，应确保作用于上部结构的弯矩被传递至板桩上，应将板桩的顶部嵌入上部结构，并将板桩与上部结构的钢筋进行焊接。

4. 铁路临时挡土结构设计

日本国土交通省和铁路技术研究所编制的“铁路结构设计标准：开挖隧道、附录及挡土结构的开挖设计”可作为铁路工程临时挡土结构的设计指南。本节将介绍该设计标准中的设计方法。此外，本节还将介绍铁路临时挡土墙设计中的荷载，包括制动荷载、启动荷载以及其他特殊荷载。悬臂嵌入式挡土墙的设计实例参见附录B.2.2节。

（1）挡土墙结构的稳定性需求

挡土墙结构设计时，应确定施工过程中作用于挡土墙结构上的多种荷载，且确保挡土墙结构能够抵抗这些荷载，以避免在施工时挡土墙结构出现损伤。挡土墙结构的稳定性设计应考虑以下几项：

① 开挖底部的稳定性；

② 挡土墙的位移、应力及垂向承载能力；

③ 挡土墙衬砌部件内的应力；

④ 挡土墙衬砌平台及衬砌梁内的应力；

⑤ 周围地基内的位移；

⑥ 场地内地下既有结构的保护（例如地下自来水管道、污水管道、通信电缆等）。

（2）性能验证方法

挡土墙的设计应满足上述稳定性要求。图B.1-28和图B.1-29为挡土墙的设计流程。

（3）荷载

1）制动和启动荷载

火车的制动和启动荷载作用于火车的重心上，荷载作用方向水平且与轨道平行。设计荷载取值如表B.1-31所示。

制动和启动荷载 **表B.1-31**

机车荷载	制动荷载	车辆荷载的15%
	启动荷载	驱动轮荷载的25%
车辆荷载	制动荷载	$(0.27+1.00L/M)\cdot T$
	启动荷载	$(0.27+0.95L/M)\cdot T$
日本新干线荷载	制动荷载	$(0.20+0.80L/M)\cdot T$
	启动荷载	$(0.19+0.76L/M)\cdot T$

注：M—车辆长度；L—车轮荷载的作用段长度；T—构成车辆荷载的车轮重量。

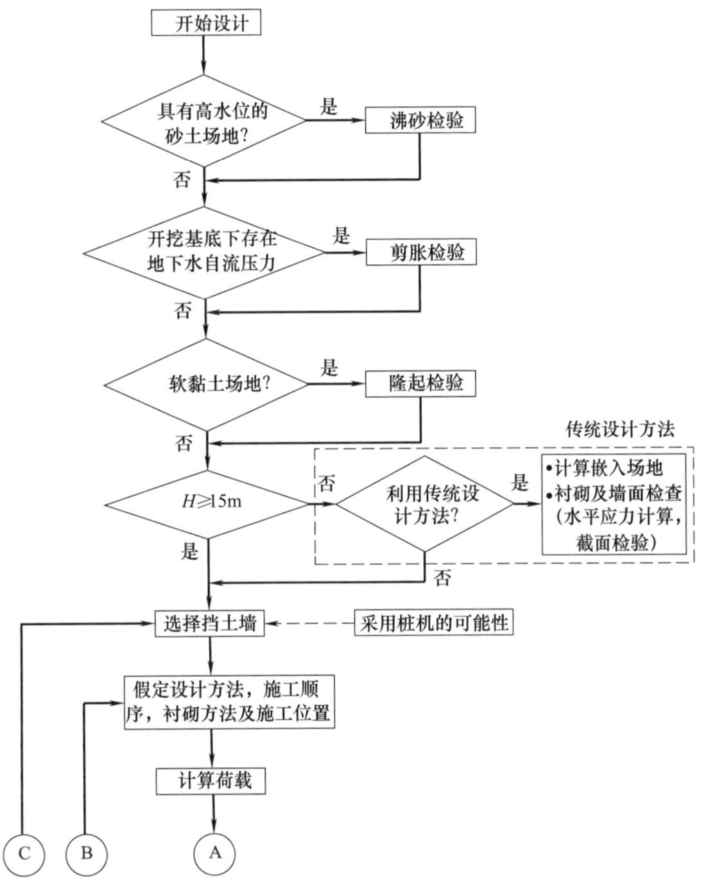

图 B.1-28 挡土墙的设计流程（一）

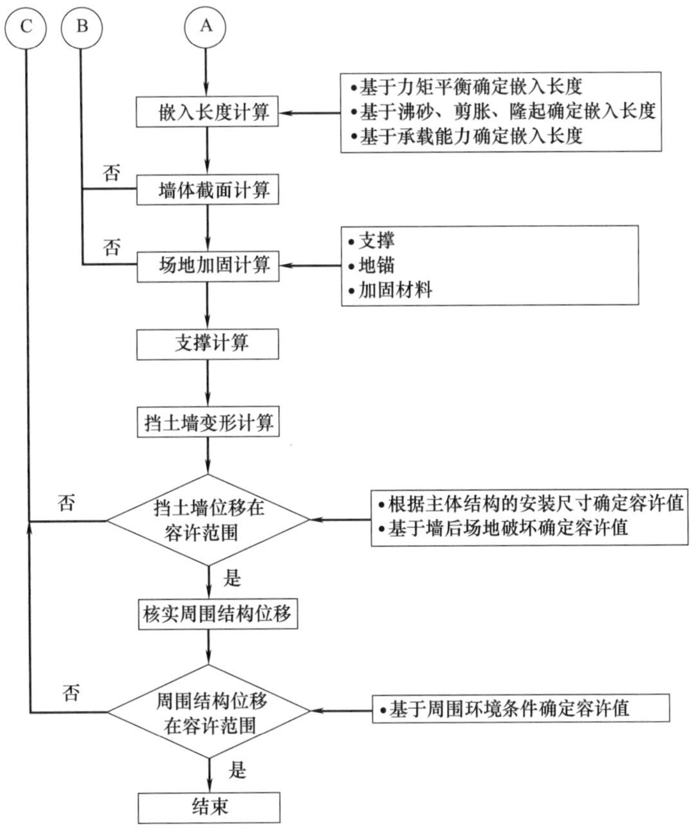

图 B.1-29 挡土墙的设计流程（二）

2）侧向压力

挡土墙设计时采用的侧向压力可能包括主动土压力、被动土压力及平衡侧向压力。侧向压力如图 B. 1-30 所示。

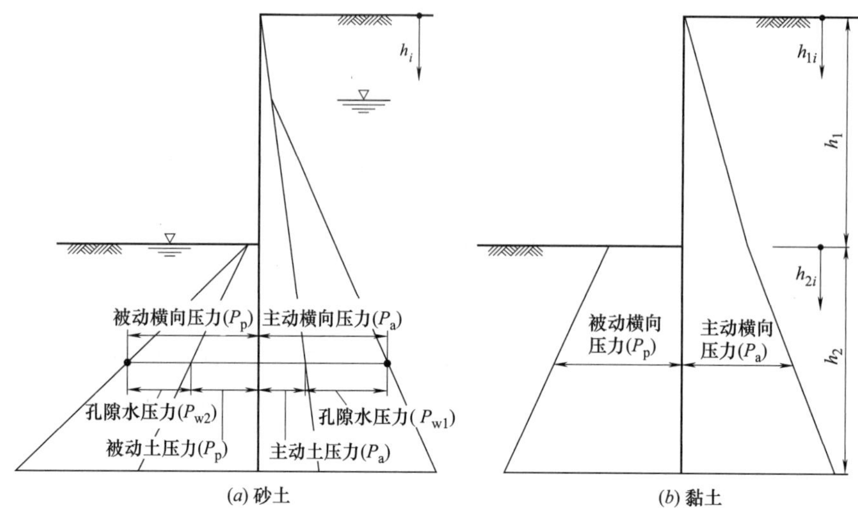

图 B. 1-30 侧向压力示意图

① 主动土压力

A. 砂土主动土压力

一般情况下，可以利用朗肯土压力理论计算主动土压力。在砂土场地中可忽略黏聚力，在其他类型场地中则不能忽略黏聚力，例如冲积地层。在这些场地中进行设计时应充分考虑场地的黏聚力，可利用固结排水三轴压缩实验测试地基土的黏聚力。

侧向压力的计算公式如式（B. 1-40）所示。

$$p_a = K_a(\sum\gamma_{ti} \cdot h_i - p_w) - 2c\sqrt{K_a} + p_w + p_s \quad \text{(B. 1-40)}$$

$$2c\sqrt{K_a} \leqslant K_a(\sum\gamma_{ti}h_i - p_w),\ p_a \geqslant 0.3\sum\gamma_{ti}h_i$$

式中 p_a——主动土压力；

K_a——主动土压力系数；

$$K_a = \tan^2(45° - \phi/2) \geqslant 0.25$$

$$当\ f_c = 0,\ K_a = \tan^2(45° - \phi/2) \geqslant 0$$

ϕ——剪切角（°）；

c——黏聚力（kN/m^2）；

γ_{ti}——水位线以上土体湿重度（kN/m^3）；

水位线以下的饱和重度（kN/m^3）；

$\sum\gamma_{ti}h_i$——场地附加荷载总和（kN/m^2）；

p_w——孔隙水压力（kN/m^2）；

p_s——附加荷载引起的侧向压力（kN/m^2）。

B. 黏土主动土压力

黏土场地的侧向压力计算可采用基于现场实测的经验公式（B. 1-41）和式（B. 1-42）。

开挖基底以上：

$$p_a = K_{a1}(\sum\gamma_{ti}h_{1i}) + p_s \quad \text{(B. 1-41)}$$

开挖基底以下：

$$p_a = K_{a1}(\sum\gamma_{ti}h_{1i}) + K_{a2}(\sum\gamma_{ti}h_{2i}) + p_s \tag{B. 1-42}$$

式中 K_{a1}——开挖基底以上黏土主动土压力系数；

K_{a2}——开挖基底以下黏土主动土压力系数；

$\sum\gamma_{ti}h_{1i}$——开挖基底以上附加荷载总和（kN/m^2）；

$\sum\gamma_{ti}h_{2i}$——开挖基底以下附加荷载总和（kN/m^2）。

需要注意的是，上式中的主动土压力系数取值如表 B. 1-32 所示。如果黏土层被含承压水的砂层包夹，将在黏土与墙体之间的边界上产生水压力，此时的主动土压力可能会大于表 B. 1-32 中的值。这种情况下，应避免主动土压力小于水压力。

黏土中主动土压力系数 **表 B. 1-32**

黏土场地 SPT-N 值	K_{a1}		K_{a2}
	经验公式	最小值	
$N\geqslant 8$	0.5～0.01 h_{1i}	0.3	0.5
$4\leqslant N<8$	0.6～0.01 h_{1i}	0.4	0.6
$2\leqslant N<4$	0.7～0.025 h_{1i}	0.5	0.7
$N<2$	0.8～0.025 h_{1i}	0.6	0.8

注：对于砂层和黏土层互层的场地，应考虑最上层和最下层砂层之间的水压，必要情况下应重新确定最小值。

② 被动土压力

挡土墙设计时，假定的滑动面形状、设计黏聚力以及摩擦角对被动土压力的影响较大。因此，为了建立可靠的设计方法，设计时应对滑动面形状、设计黏聚力以及摩擦角进行适当的假定。被动土压力的计算公式如式（B. 1-43）和式（B. 1-44）所示，其可用于基于塑性理论的方法。需要注意的是，此处的被动土压力系数由库仑土压力理论得到。

A. 被动土压力的计算公式

砂土：

$$p_p = K_{pr}(\sum\gamma_{ti}h_i - p_w) + K_{pc}c + p_w \tag{B. 1-43}$$

黏土：

$$p_p = K_{pr}(\sum\gamma_{ti}h_i) + K_{pc}c \tag{B. 1-44}$$

$$\sum\gamma_{ti}h_i - p_w \geqslant 0$$

式中 p_p——被动侧向压力（kN/m^2）；

K_{pr}——场地自重被动侧向压力系数；

K_{pc}——场地黏聚力被动侧向压力系数；

c——黏聚力（kN/m^2）；

$\sum\gamma_{ti}h_i$——场地附加荷载总和（kN/m^2）。

p_w——场地孔隙水压力（kN/m^2）。

B. 被动土压力（侧向压力）系数的计算公式

被动土压力系数的计算公式如式（B. 1-45）和式（B. 1-46）所示。

$$K_{pr} = \frac{\cos^2\phi}{\left\{1-\sqrt{\dfrac{\sin(\phi+\delta)\sin\phi}{\cos\delta}}\right\}^2} \tag{B. 1-45}$$

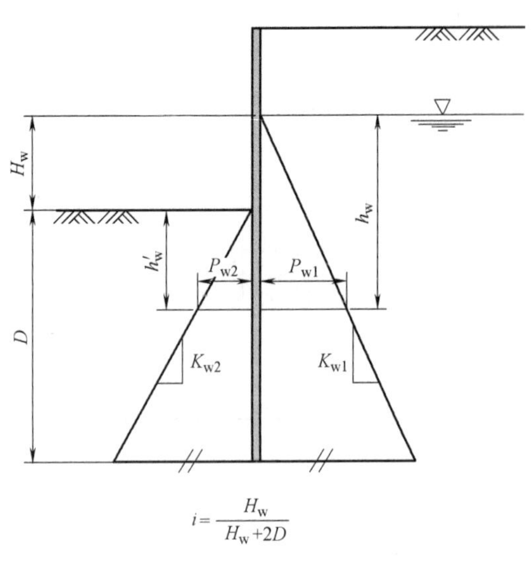

图 B.1-31 砂土场地水压力示意图

$$K_{pc}=2\sqrt{K_{pr}} \tag{B.1-46}$$

式中 ϕ——土体剪切角（°）；

δ——挡土墙与土体之间的摩擦角（°），$\delta=\phi/3$。

注意，利用式（B.1.45）计算场地自重被动土压力系数 K_{pr}时，$\delta=\phi/3$。

C. 砂土中水压力的处理方法

砂土场地中的孔隙水压力可参考图 B.1-31。当挡土墙的端部插入透水层时，挡土墙后方的地下水将以一定的水力梯度从挡土墙后方渗流至挡土墙前方的开挖场地一侧，而在挡土墙的端部，假定挡土墙后方一层的水压力与挡土墙前方一侧的水压力相等。

如图 B.1-32 和图 B.1-33 所示，当在开挖基底上方或下方存在黏土地层时，水压力系数 K_w（K_{w1}，K_{w2}）可设置为 $K_{w1}=K_{w2}=1.0$。

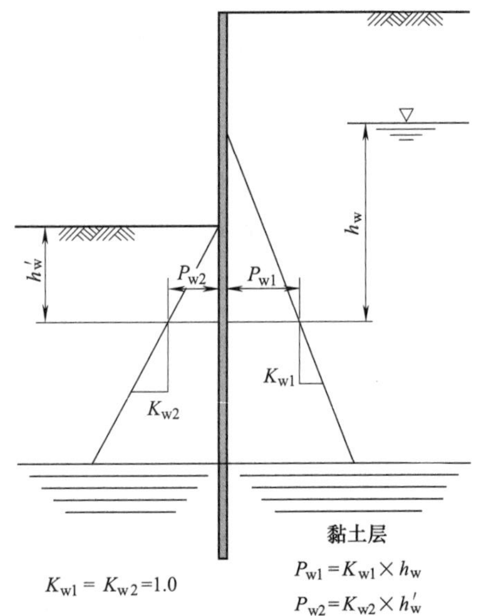

图 B.1-32 开挖基底下方存在黏土层时的水压力示意图

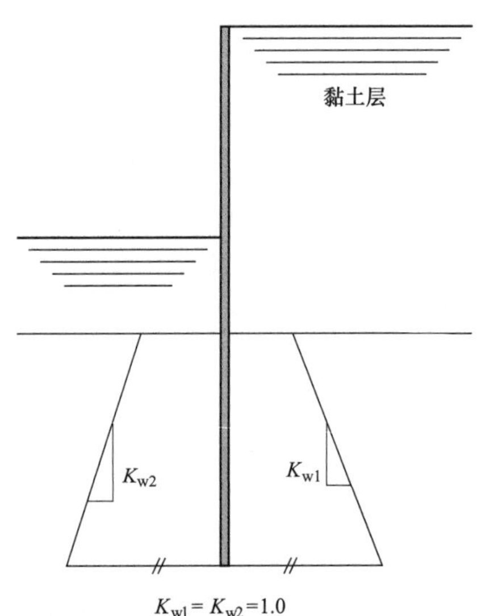

图 B.1-33 开挖基底上方存在黏土层时的水压力示意图

③ 平衡土压力

如图 B.1-34 所示，平衡土压力是弹塑性计算中“不引起挡土墙变形的土压力”，即从主动土压力和被动土压力中减去的侧向压力。

需要注意的是，在其他规范中，这一侧向压力被称为“静止土压力”。平衡土压力的计算公式如式（B.1-47）和式（B.1-48）所示。

砂土：

$$p_b=K_b(\sum\gamma_{ti}h_i-p_w)+p_w \tag{B.1-47}$$

黏土：

$$p_b=\overline{K}_b(\sum\gamma_{ti}h_i) \tag{B.1-48}$$

$$K_b(\sum\gamma_{ti}h_i-p_w)\geqslant 0$$

式中 p_b——平衡土压力（kN/m²）；

K_b——砂土平衡土压力系数；

$\overline{K}_b$——黏土平衡土压力系数，如表 B.1-33 所示；

γ_{ti}——水位线以上土体的湿重度（kN/m³）；

水位线以下土体的饱和重度（kN/m³）；

$\sum\gamma_{ti}h_i$——场地附加荷载总和（kN/m²）；

p_w——场地孔隙水压力（kN/m²）。

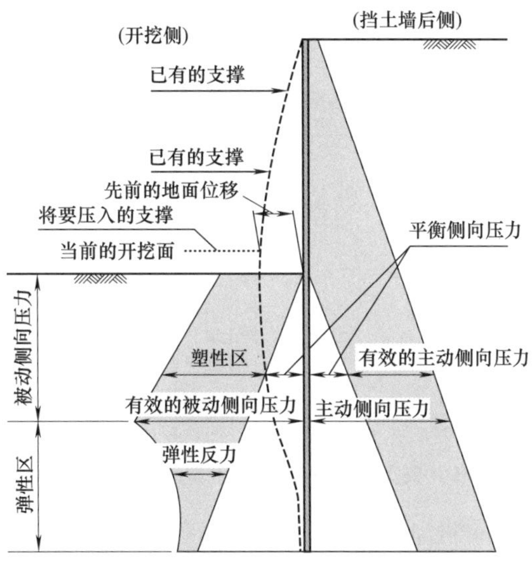

图 B.1-34 平衡土压力示意图

平衡土压力系数（侧向压力） 表 B.1-33

土体类型	平衡土压力系数(侧向压力)	
黏土	$N\leqslant4$	$\overline{K}_b=0.85$
	$N<4$	$\overline{K}_b=0.80$
砂土	$K_b=1-\sin\phi_s$	

注：N—标准贯入击数；ϕ_s—砂土剪切角（°）。

3）附加荷载引起的侧向压力

挡土墙设计时，应在地表上考虑一个幅值为 10kN/m² 的附加荷载。本手册中附加荷载引起的侧向压力由式（B.1-49）进行计算，并且假定这一侧向压力作用于挡土墙的整个长度上。

$$p_s=K_s\times q_s \tag{B.1-49}$$

式中 p_s——地表附加荷载引起的侧向压力（土压力）（kN/m^2）；

q_s——地表附加荷载（kN/m^2）；

K_s——附加荷载引起的水平侧向压力系数，$K_s=K_a$；

K_a——主动土压力（侧向压力）系数，如表 B.1-34 所示。

主动土压力系数（侧向压力） 表 B.1-34

土体类型	主动土压力系数 K_a(侧向压力)	注意事项
黏土	K_{a1},K_{a2}	参考表 B.1-16
砂土	$K_a=\tan^2(45°-\phi_s/2)$	当存在黏聚力 c 时,$K_a\geqslant0.25$

注：ϕ_s—砂土剪切角（°）。

需要注意的是，附加荷载（幅值为 10kN/m²）包括地表的车辆荷载、一般住宅的荷载以及如果周围存在铁路时的轨道荷载。

4）附加荷载以外的荷载引起的侧向压力

上文提及的幅值为 $10kN/m^2$ 的附加荷载不包括火车荷载以及路堤荷载，这些荷载的计算方法如下：

① 火车荷载引起的侧向压力

A. 火车轨道方向与挡土墙方向平行

当火车轨道的方向与挡土墙的方向平行时，作用于挡土墙上的侧向压力如图 B. 1-35 所示。

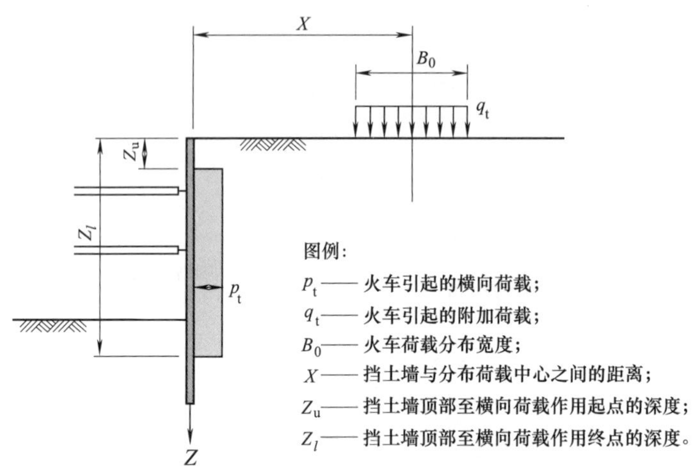

图 B. 1-35　火车轨道平行于挡土墙时侧向压力示意图

这种情况下，火车荷载引起的附加荷载的计算公式如下：

$$q_t = P/(\alpha \times B_0) \tag{B. 1-50}$$

式中　P——轴荷载，双轨时为双倍荷载；

α——轴距；

B_0——火车荷载的分布宽度（m），日本铁路参考表 B. 1-35。

日本铁路荷载分布宽度　　**表 B. 1-35**

项　　目	分布宽度 B_0(m)	
	单线荷载	多线荷载
既有铁路线	3.8	7.6
日本新干线	4.3	8.6

轨道荷载包含在幅值为 $10kN/m^2$ 的附加荷载中。不管场地地质条件如何，均应考虑火车荷载引起的侧向压力。设定火车荷载引起的侧向压力幅值为附加荷载的 110%（图 B. 1-36），侧向压力的作用范围可由式（B. 1-51）进行计算，式（B. 1-51）为图 B. 1-37 所示的统计结果。

$$\left.\begin{aligned} Z_u &= (X - B_0) \geqslant 0 \\ Z_l &= (X + B_0) \leqslant 3B_0 \end{aligned}\right\} \tag{B. 1-51}$$

式中　Z_u——挡土墙顶部至侧向压力起始作用点的高度（m）；

Z_l——挡土墙顶部至侧向压力末端作用点的高度（m）；

X——挡土墙至火车荷载作用宽度中点的距离（m）；

B_0——火车荷载分布宽度（m）。

火车荷载引起的侧向压力可由式（B. 1-52）进行计算。

$$p_t = (0.2B_0 q_t)/X \tag{B. 1-52}$$

式中　p_t——火车荷载引起的侧向压力（kN/m^2）；

B_0——火车荷载分布宽度（m）；

q_t——火车荷载引起的附加荷载（kN/m^2）；

X——挡土墙至火车荷载作用宽度中点的距离（m）。

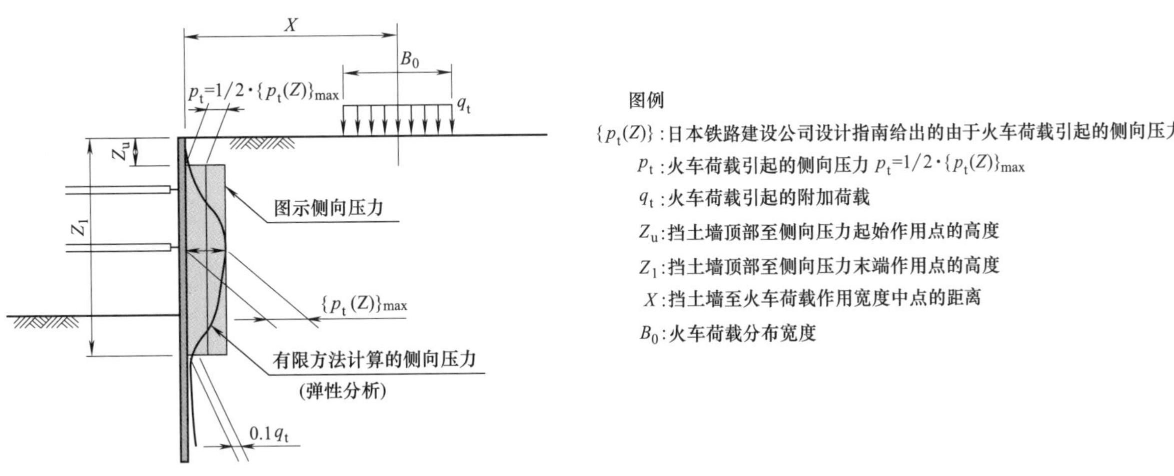

图 B. 1-36　火车荷载引起的侧向压力示意图

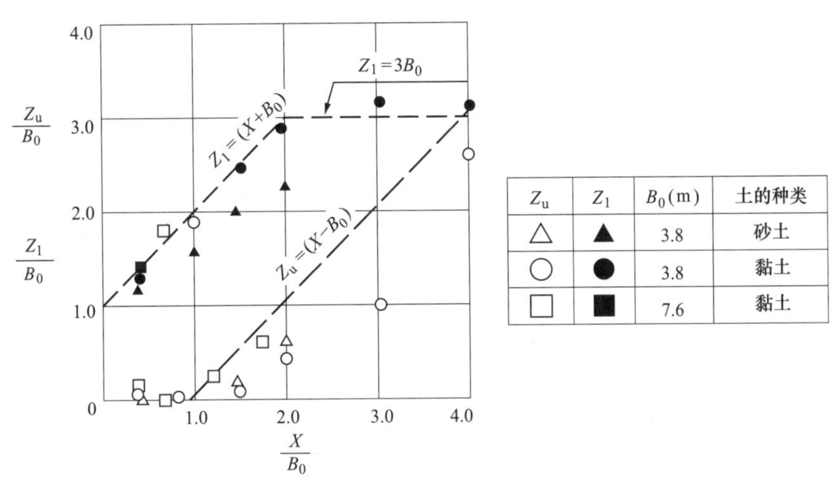

Z_u	Z_1	B_0(m)	土的种类
△	▲	3.8	砂土
○	●	3.8	黏土
□	■	7.6	黏土

图 B. 1-37　火车荷载引起的侧向压力作用范围

B. 火车轨道方向与挡土墙方向垂直

当火车轨道方向与挡土墙方向垂直时，火车荷载引起的侧向压力如图 B. 1-38 所示。

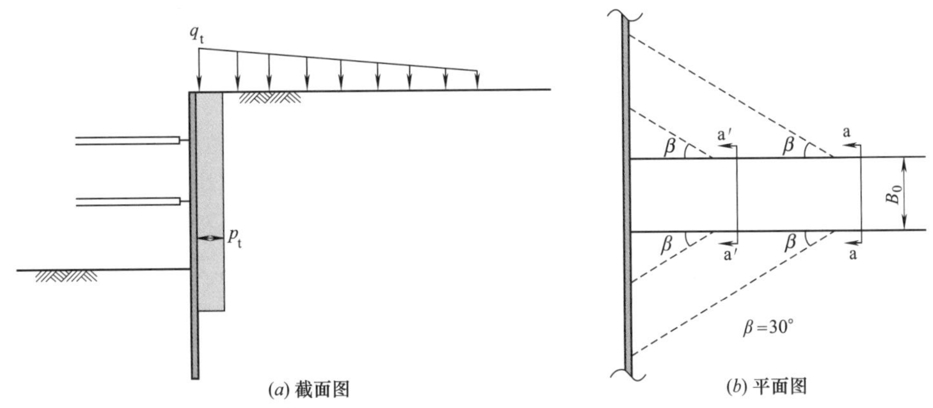

图 B. 1-38　火车轨道方向与挡土墙方向垂直时侧向压力示意图

火车荷载引起的附加荷载的影响沿着挡土墙的深度方向扩展，随着火车与挡土墙之间的距离增大，荷载分布范围逐渐增大，荷载幅值逐渐降低，如图 B. 1-38 所示。但是，对墙体结构而言，荷载移动的散射效应对墙体结构的影响较小，因此，可采用式（B. 1-50）计算这种情况下的附加荷载

（与火车轨道方向平行于挡土墙结构方向时一致）。

确定火车荷载引起的附加荷载范围时，应充分考虑施工梁与挡土墙的相对位置、单轨和双轨的差异性、轨间距以及挡土墙的类型等因素。

火车荷载引起的侧向压力计算公式如下：

$$p_t = K_s \times q_t \tag{B. 1-53}$$

式中 p_t——火车荷载引起的侧向压力（kN/m^2）；

q_t——火车荷载引起的附加荷载（kN/m^2）；

K_s——火车荷载引起的侧向压力系数，$K_s = K_a$；

K_a——主动土压力系数（通常情况下可由表 B. 1-33 确定）。

② 重型施工机械引起的侧向压力

当挡土墙旁边存在重型施工机械或路堤时，此时作用于场地上的附加荷载将大于 10 kN/m^2。在重型施工机械或路堤的作用下，荷载的分布范围以及荷载的幅值变化较大，因此，确定附加荷载的幅值难度较大。可参考日本土木工程师学会提出的估算方法，如图 B. 1-39 所示。

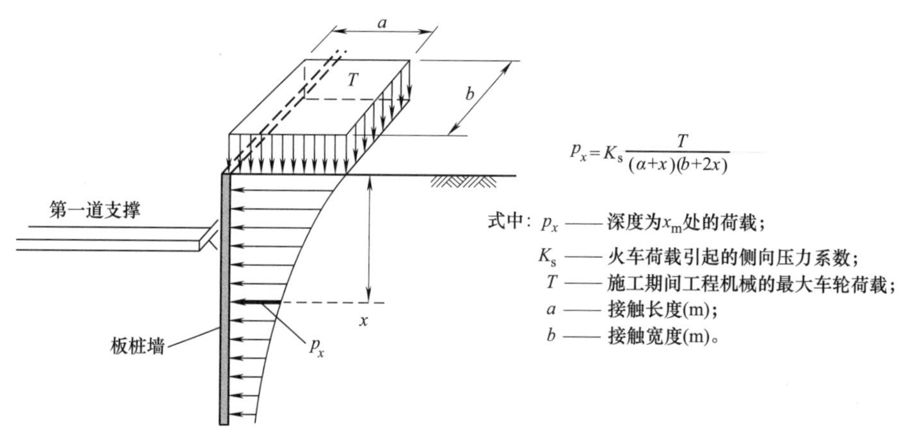

图 B. 1-39 挡土墙旁存在重型施工机械或路堤时侧向压力确定方法示意图

（4）设计嵌入长度

设计嵌入长度应是考虑下列各项因素后得到的最大值。

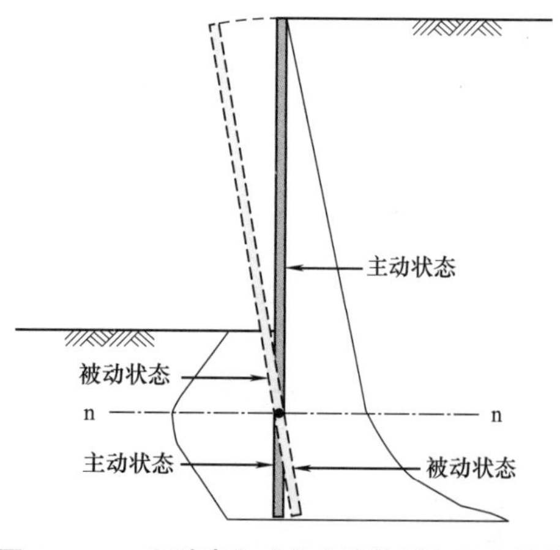

图 B. 1-40 悬臂嵌入式挡土墙的侧向压力状态

1）平衡侧向压力的必要嵌入长度

基于侧向压力计算得到的嵌入长度应满足开挖完成后被动一侧的抗力矩为主动一侧作用力矩的 1.2 倍，这一嵌入长度被定义为必要的嵌入长度。原则上，钢板桩的嵌入长度应大于 3.0m。

悬臂嵌入式挡土墙的侧向压力分布如图 B. 1-40 所示。假定挡土墙顶部至侧向压力变化点间距离 X 和嵌入长度 D 为未知量，联立并求解方程得到平衡嵌入长度（图 B. 1-41），即以下侧向压力的分布方程得到满足：

$$\Sigma M_p = 1.2 \Sigma M_A \text{（嵌入段端部作为支点）}$$

$$\Sigma H_p = 1.2 \Sigma H_A$$

2）满足基底稳定性需求的嵌入长度

开挖基底的稳定性检验内容包括基底沸砂、剪胀和隆起破坏，这些情况下嵌入长度的较大值视为满足基底稳定性需求的嵌入长度。

3）基于恒定性的嵌入长度

当出现下列情况时，可从挡土墙应力和位移的恒定出发，采用弹塑性方法计算得到必要的嵌入长度。然而当采用传统计算方法时，计算得到的嵌入长度即被视作必要的嵌入长度。

① 开挖深度大于 15m；

② 邻接施工中不允许存在挡土墙位移；

③ 稳定性数 $N_b \geqslant 3$ 时挡土墙嵌入长度过大。

$$N_b = \frac{\gamma H + q}{c}$$

式中 N_b——稳定性数；

γ——土体容重（kN/m^3）；

H——开挖深度（m）；

q——附加荷载（kN/m^2）；

c——开挖基底以下黏土的黏聚力（kN/m^2）。

为了避免场地出现隆起，极限稳定性数应大于 5。但是，当稳定性数大于 3 时，场地将出现较大位移，此时需要提高警惕。稳定性数 N_b 与场地响应之间的关系如下：

$N_b < 3.14$：开挖基底的向上位移几乎均为弹性位移且位移值较小；

$N_b = 3.14$：开挖基底的角落开始出现塑性区域；

$3.14 < N_b < 5.14$：塑性区域进一步增大；

$N_b = 5.14$：极限值，超过这一值时基底将失稳。

(5) 墙体结构位移计算

挡土墙结构设计时，除了挡土墙结构的应力外，还应检查挡土墙结构的位移。对于开挖深度小于 15m 的挡土墙，通常采用传统的计算方法。在下列情况中，推荐采用弹塑性方法对挡土墙的位移进行检验：

① 开挖临近重要结构物；

② 挡土墙的位移以及挡土墙后方的沉降对工程存在影响；

③ 黏土场地中隆起检验时发现稳定性数峰值介于 3～5，且平衡嵌入长度较大（超过 1.0 倍开挖深度）；

④ 砂土场地中存在地下水，且开挖深度不小于 10m。

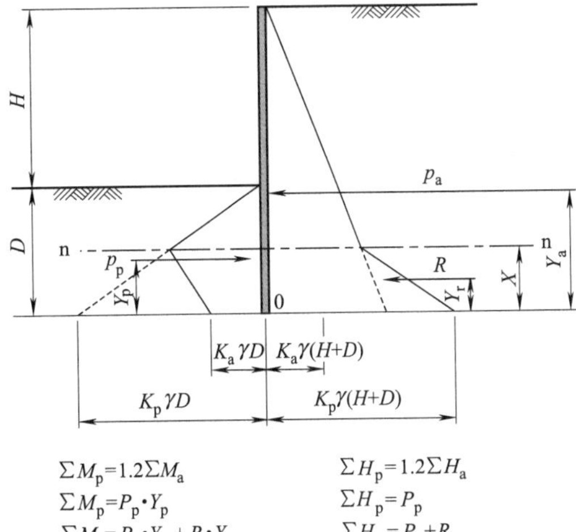

$\Sigma M_p = 1.2\Sigma M_a$　　$\Sigma H_p = 1.2\Sigma H_a$

$\Sigma M_p = P_p \cdot Y_p$　　$\Sigma H_p = P_p$

$\Sigma M_a = P_a \cdot Y_a + R \cdot Y_r$　　$\Sigma H_a = P_a + R$

图 B.1-41 悬臂嵌入式挡土墙的嵌入长度

注：H——开挖深度；

D——设计嵌入长度（未知）；

X——起点与土压力出现改变点之间的距离（未知）；

p_a——墙后水平应力的合力；

p_p——开挖侧水平应力的合力；

R——反力的合力（被动土压力和水压力）；

Y_a——起点与主动土压力合力作用点之间的距离；

Y_p——起点与被动土压力合力作用点之间的距离；

Y_r——起点与被动反力合力作用点之间的距离；

K_a——主动土压力系数；

K_p——被动土压力系数；

γ——土体重度（当处于水位以下时采用水下容重）；

n-n——土压力出现改变的点；

H_p——开挖侧水平应力的合力（$=p_p$）；

H_a——墙后水平应力的合力（$=p_p+R$）；

M_p——H_p 围绕起点的弯矩；

M_a——H_a 围绕起点的弯矩。

B.1.3 基坑底部稳定性

悬臂嵌入式支挡结构设计时应确保开挖基坑底部的稳定性。当支挡结构前方开挖一侧和后方未开挖一侧之间出现力不平衡时，开挖基坑将失稳，出现图 B.1-42 所示的破坏现象。开挖基底的稳定性是支挡结构设计的关键问题，支挡结构施工过程中也应注意开挖基底的稳定性。

开挖基底的失稳不仅影响支挡结构自身的安全性，同时也影响周围结构的安全性。设计时应在核实场地勘察结果的基础上，验算支挡结构的嵌入长度以及满足支挡结构稳定性的场地刚度要求。当场地条件不能满足支挡结构的稳定性需求时，应考虑借助辅助施工方法以保证场地满足支挡结构的稳定性要求，例如改良场地土体条件和降低地下水位。

1. 沸砂

当支挡结构后方和开挖一侧水位存在差异时将出现渗流现象，当渗流压力超过土体的有效重度时砂颗粒将会出现“沸腾”现象，这一现象被称为沸砂。验算场地沸砂稳定性的方法包括极限

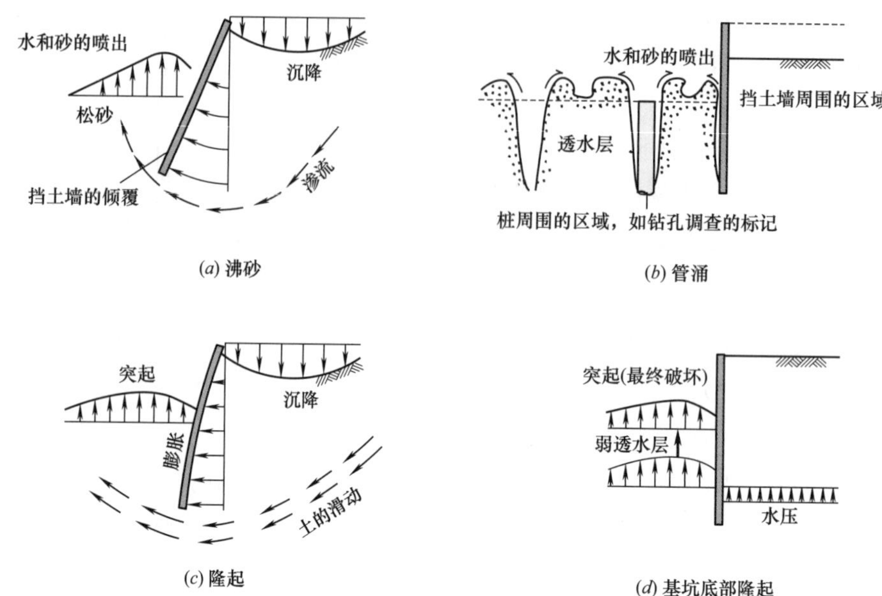

图 B. 1-42 开挖基底的破坏形式

水力梯度法、太沙基方法以及《道路挡土结构 临时结构设计指南》的推荐方法（基于太沙基方法）。

2. 管涌

管涌是一种在围堰或挡土墙周围以渗流管道形式出现的局部“沸腾”现象。进行管涌稳定性验算时应考虑沿支挡结构嵌入深度方向的渗流路径长度与支挡结构两侧水位差的比值。

3. 隆起

隆起是一种软黏土场地开挖基底出现的膨胀现象。当开挖基底下方土体所受的向上水压力大于开挖基底下方土体的承载能力时，开挖基底下方的土体将出现滑动。隆起稳定性验算可采用稳定系数法，或采用《高速公路支挡结构、临时支挡结构施工指南》中介绍的滑动圆弧法。

4. 基坑底部隆起

当场地的低渗透性地层（例如黏土层或细砂层）下方存在高渗透性且存在承压的地层时，开挖基底将出现整个地层的隆起。基坑开挖过程中，基坑底部土层的垂向荷载逐渐减小，最终当土层的垂向荷载小于开挖基底底部的承压时，开挖基底地层将出现整体隆起。开挖地层的整体隆起稳定性检验的方法为《高速公路支挡结构、临时支挡结构施工指南》中的荷载平衡法（基于承压与地层垂向荷载之比）。

5. 开挖基底稳定性措施

在高渗透性的砂土层或碎石层中，当开挖基底位于地下水位以下时，开挖基底可能出现沸砂、管涌、基底整体隆起等破坏现象，此外，在软黏土地层中还可能出现基底局部隆起破坏。当可能出现上述破坏现象时，可采用图 B. 1-43 所示的工程措施进行防治。

沸砂、管涌及基底隆起（砂土场地和碎石土场地）的防治措施包括：

(1) 延长挡土墙嵌入长度至非渗透层；

(2) 降低地下水位，降低水力梯度；

(3) 改良场地土体。

隆起（软黏土场地）的防治措施包括：

(1) 移除挡土墙后方的土体；

(2) 延长挡土墙的嵌入长度、增大挡土墙的刚度；

(3) 改良场地土体。

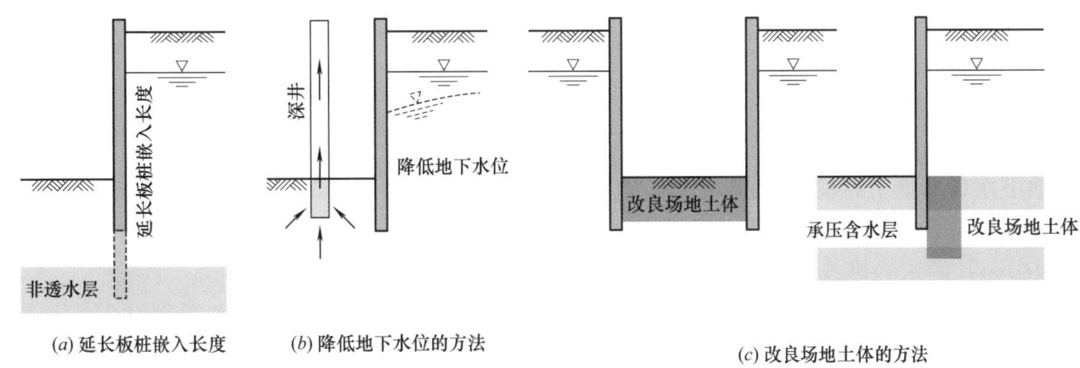

图 B.1-43　开挖基底稳定性措施

B.1.4　整体稳定性

悬臂嵌入式支挡结构设计时应考虑支挡结构的整体稳定性，包括基础地层的稳定性以及支挡结构后方路堤的稳定性。当基础地层中存在软土层或饱水松砂层时，应注意场地的滑动破坏、固结沉降、液化以及场地的横向位移。必要时应充分考虑施工场地及其周边场地的整体稳定性并采用相应的防治措施。

当在边坡上修建支挡结构时可能出现边坡的整体滑动失稳。因此，设计时应考虑边坡的整体稳定性，包括挡土墙后方路堤的稳定性以及挡土墙基础所在地层的稳定性。另外，黏土场地中可能存在的长期蠕变变形并引起墙体变形，这种情况下应重点校核支挡结构的整体稳定性。

上述整体稳定性分析称为外部稳定性分析，分析对象包括位于软土场地以及边坡上的支挡结构，如图 B.1-44 所示。整体稳定性可采用简化的土柱法或费伦纽斯圆弧法进行评价计算。另外，在计算黏土场地中板桩的变形时，应进行单独的数值分析，例如有限元分析。

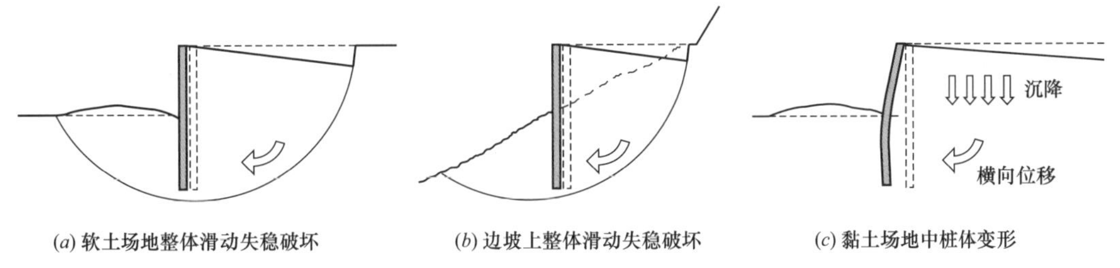

图 B.1-44　整体稳定性（外部稳定性）评价

B.1.5　对周围建筑物的影响

嵌入式支挡结构设计时应充分考虑其对周围建筑物的影响。由于基坑开挖、地下水位降低、场地内应力状态改变以及挡土墙的拔出将引起墙体的变形和位移，因此，嵌入式支挡结构对既有建筑物以及位于其后方的建筑物具有较大影响。上述这些影响因素应在支挡结构设计前进行充分的论证和校核，并在后续的设计环节中对这些影响因素以及相应的防治措施进行考虑和讨论。

1. 挡土结构变形引起的地表变形

如图 B.1-45 所示，挡土结构周围的土压力将随着墙体变形、挡土墙后方场地条件以及地下水位的变化而变化。当挡土墙的刚度不足或者其嵌入长度不足时，挡土墙将出现变形，进而引起挡土墙后方场地中的位移。

为了估算上述情况下可能出现的位移量，《高速公路支挡结构、临时支挡结构施工指南》中介绍了一种基于既有施工记录的估算方法、一种基于假定滑动面的方法以及一种基于数值分析的方法，可参考《高速公路支挡结构、临时支挡结构施工指南》中的相应章节获取上述方法的详细介绍。

减小支挡结构变形量的方法包括：

(1) 提高支挡结构刚度；

(2) 改良开挖基底下方的土体以提高支挡结构的被动抵抗能力；

(3) 施工掩埋式梁，减小支撑间距。

2. 地下水位降低引起的地表沉降

支挡结构施工中当基底开挖至地下水位线时，在降水措施的作用下基坑周围的地下水位将降低。砂土场地中因孔隙水的排放将引起场地沉降，黏土场地将引起固结沉降。

为了估算场地可能出现的沉降量，应在获取地下水位降低程度的基础上进行固结沉降计算，并利用有限元方法进行应力或渗流分析。

减小地下水位降低程度的方法包括：

(1) 采用具有高截水性能的挡土墙；

(2) 将挡土墙端部伸入不透水层，以提高挡土墙的截水性能；

(3) 改良挡土墙前方和后方的土体，以提高挡土墙的截水性能。

3. 挡土墙拔起引起的地表沉降

如图 B. 1-45 所示，当拔起临时挡土墙时，因为拔桩引起的孔洞本身以及孔周土体向孔洞底部的移动使得场地变得松散，临时挡土墙拔出处附近的场地可能出现沉降。

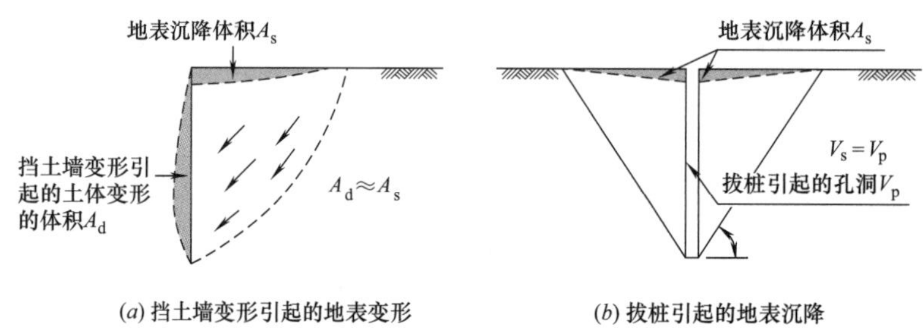

(a) 挡土墙变形引起的地表变形 (b) 拔桩引起的地表沉降

图 B. 1-45 对周围结构的影响

4. 应力释放引起的地表回弹

基坑开挖过程中，因移除上部土体，基底土体处于卸载过程，基坑底部的土体可能出现隆起抬升。一般情况下，这一隆起抬升量较小，但是当隆起的场地内存在地下结构（例如地下水管道、电缆等）时，则不能忽视基底的卸荷回弹。

作为参考，表 B. 1-36 列出了日本建筑学会《建筑基础设计指南》中针对中低高度建筑物的总沉降量极限值，表 B. 1-37 列出了日本建筑学会《小型建筑基础设计指南》中规定的偏转角以及差异沉降引起的地基损伤程度。

不同结构的总沉降量极限值（供参考） 表 B. 1-36

持力层	结构类型	混凝土块	加筋混凝土		
固结层	基础类型	条形基础	独立基础	条形基础	筏式基础
	标准值 最大值	2.0 4.0	5.0 10.0	10.0 20.0	10.0～(15.0) 20.0～(30.0)
风化花岗岩（已分解）	标准值 最大值	—	1.5 2.5	2.5 4.0	—
砂土	标准值 最大值	1.0 2.0	2.0 3.5	—	—
洪积黏土	标准值 最大值	—	1.5～2.5 2.0～4.0	—	—

续表

		基础类型	标准值	最大值
	木式	条形 筏式	2.5 2.5～(5.0)	5.0 5.0～(10.0)
瞬时沉降	木式	条形	1.5	2.5

注：对于固结层，表中数据表示固结沉降，而对于其他地层表示瞬时沉降。括号中的数据针对具有大刚度的大型结构。木结构的整体倾斜度一般为 1/1000，最大值小于 2/1000～3/1000（《建筑基础设计指南》P154）。

偏转角与损伤程度的关系（供参考） **表 B.1-37**

偏转角	损伤程度	分级
<2/1000	无明显损伤	1
(2～3)/1000	配件、内墙和外墙的损伤大于 50%，且损伤明显，内墙和外墙损伤约 0.5mm，装配缝损伤约 3mm，木质结构接缝缝隙小于 2mm	2
(3～5)/1000	损伤显著，可见墙体基础上的缝隙扩展，未加固的地基、内墙和外墙的损伤约 0.5mm，装配缝损伤约 5mm，木质接缝缝隙大于 2mm	3
(5～8)/1000	损伤发生概率超过 50%，且损伤明显，加固地基上较多结构的裂隙超过 0.5mm，内墙和外墙损伤约 1mm，装配缝损伤约 10mm，木质接缝缝隙大于 4mm	4
(8～12)/1000	损伤程度更加显著，损伤发生概率达到上限，显示出塑性变形趋势，加固地基中出现约 1mm 的缝隙，内墙和外墙损伤约 2mm，装配缝损伤约 15mm，木质接缝缝隙大约 5mm	5

注：参考《小型建筑基础设计指南》P255。

B.1.6 结构细节

1. 上部混凝土和排水工程

悬臂嵌入式支挡结构的顶部往往需要良好连接以确保压入的桩形成一个整体的墙体结构。另外，还需要根据支挡结构的用途和所处环境设置排水边沟。原则上一般利用混凝土对悬臂嵌入式支挡结构的顶端进行连接，上部混凝土结构中每 10m 应设置一道收缩缝。

悬臂嵌入式支挡结构的排水措施设计时应考虑支挡结构的用途、尺寸、支挡结构后方土体条件、地下水位以及对周围环境的影响。墙面上每 2～3m^2 范围内应设置一处排水孔。为了防止排水孔堵塞，在排水孔内插入内径为 5～10cm 的 PVC 管。图 B.1-46 展示了钢管板桩（直径 800mm）的现浇上部混凝土结构以及排水措施。

2. 钢管桩和板桩的截面变化

当钢管桩和板桩的截面厚度出现变化时，应对截面出现变化处的位置及截面变化幅度进行检核，以确保截面变化处不会成为支挡结构的结构性薄弱点。

3. 绿化工程

结合支挡结构的用途及所处环境，为了提升支挡结构的美观，可对支挡结构进行适当的绿化和美化。一般情况下，支挡结构的绿化措施包括涂料、有机衬垫以及混凝土保护层。当采用涂料或有机衬垫进行桩的美化处理时，通常在桩施工前将涂料或有机衬垫涂加在桩体材料上。在桩材的吊运过程中应加强对涂料或有机衬垫的保护，以防止在吊运过程中涂料或有机衬垫脱落。另一方面，混凝土保护层的施工可采用预制和现浇两种方法。当采用预制混凝土保护层时，需采用适当的材料充

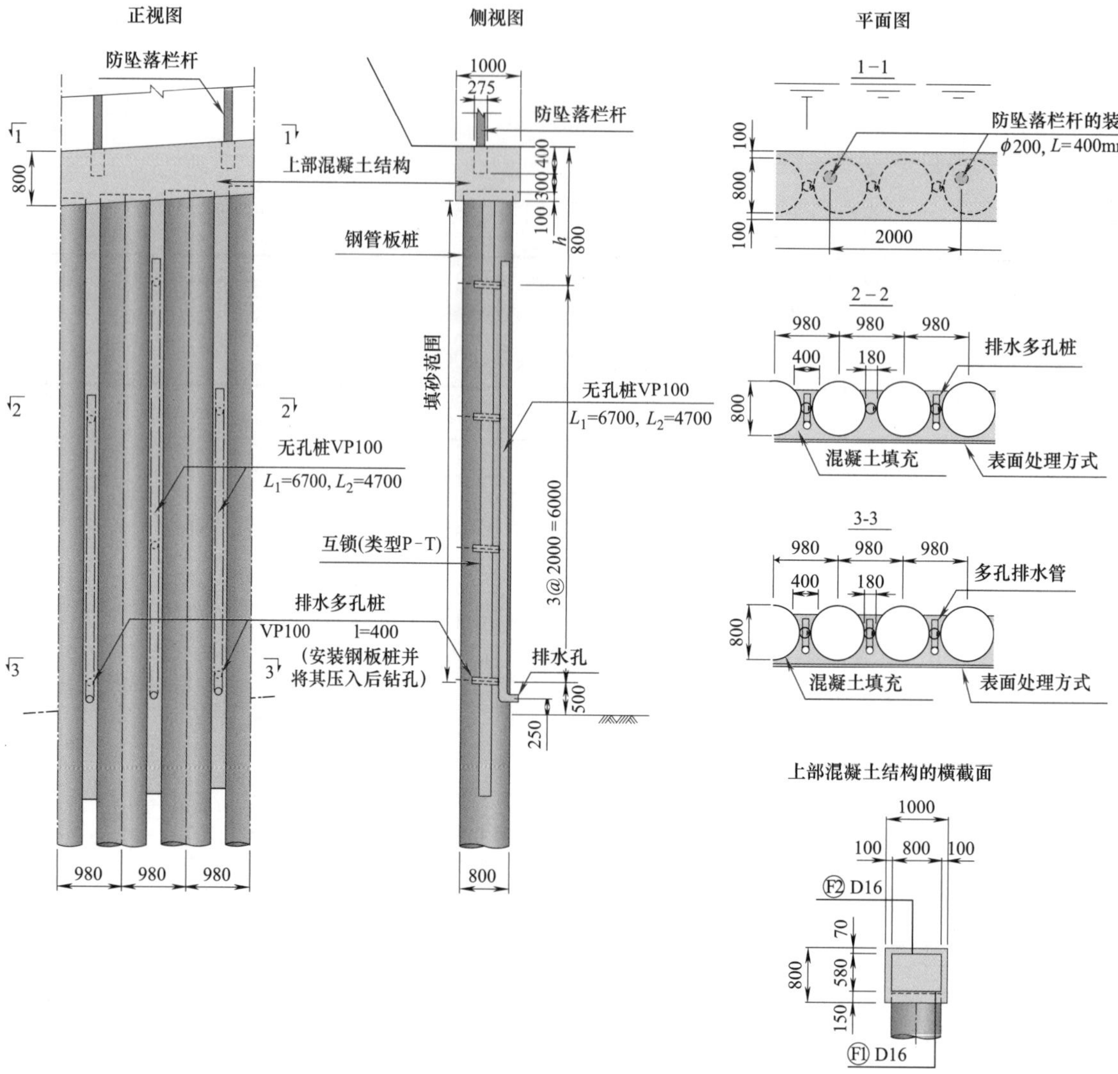

图 B. 1-46 上部混凝土结构及排水措施的施工实例

填混凝土保护层与支挡结构之间的空隙，保证当支挡结构出现位移或遭遇地震灾害时，混凝土保护层均不会出现松动。确定混凝土保护层截面时，应确保混凝土保护层能抵抗作用其上的土压力和水压力、地震惯性力、支挡结构的偏转荷载以及混凝土保护层的自重。钢管板桩和钢板桩的预制混凝土保护层实例如图 B. 1-47～图 B. 1-49 所示。

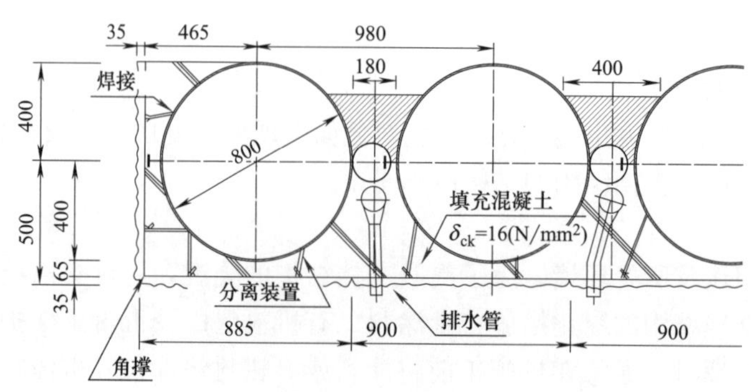

图 B. 1-47 钢管板桩的预制混凝土保护层

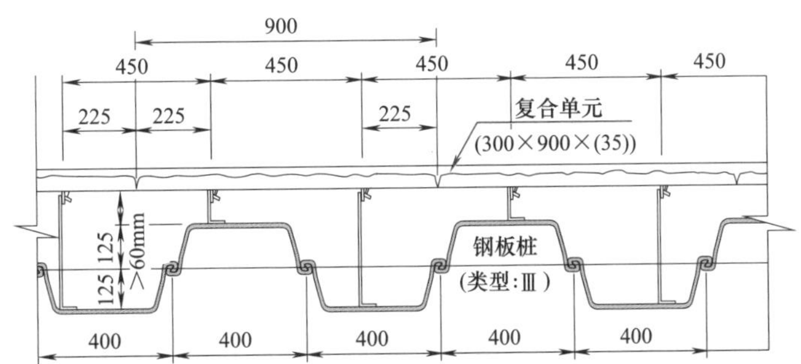

图 B.1-48 钢板桩的预制混凝土保护层

图 B.1-49 钢管桩预制混凝土保护层外观

B.2 悬臂嵌入式挡土墙的设计算例

B.2.1 道路 1：悬臂嵌入式钢板桩挡土墙

本节将介绍 1 级地震荷载作用下钢板桩挡土墙的设计算例。本节算例采用“悬臂式钢板桩挡土墙设计手册”中推荐的简化设计方法。“借助螺旋钻并用法的钢管桩挡土墙设计及施工指南（旋转切削静压法）”中采用了类似的设计方法，可作为本节的参考（前文 B.1.2（1）节）。本节中的公式编号同前文 B.1.2（1）节。

（1）悬臂嵌入式支挡结构的设计工况

1）高程

① 墙顶高度：C.H. =3.00m

② 设计地表：D.L. =0.00m

③ 钢板桩挡土墙后方水位：R.W.L. =0.00m

④ 钢板桩挡土墙前方水位：L.W.L. =0.00m

2）自重

设计时不考虑钢板桩的自重，钢板桩挡土墙的顶部没有其他结构。

3）墙后场地上的荷载：

$q=10\text{kN/m}^2$（一般工况下）

$q'=5\text{kN/m}^2$（地震工况下）

4）土体状态

① 设计地表以上（C.H. ~D.L.）

砂土

剪切角 $\varphi=30°$

容重 $\gamma_t=19\ \text{kN/m}^3$

② 设计地表以下（D.L. 以下）
砂土
平均 SPT-N 值：$N=15$
被动侧土体剪切角 $\varphi=36°$
③ 墙面剪切角
主动土压力计算时，砂土中墙面剪切角为 $\delta=15°$。
5）水平设计地震强度
1 级地震作用下的水平设计地震强度：由式（B.1-11）计算高地震烈度地区 II 级场地的水平设计地震强度。

$$k_{h(L1)}=c_z k_{h0}=1.0\times0.20=0.20$$

6）其他荷载
不考虑雪荷载的影响，因支挡结构上方未修建隔声墙和防撞墙，故也不考虑风荷载和冲击荷载。
7）腐蚀裕量
腐蚀裕量确定为 1mm。
8）钢构件
钢板桩的材料选用 SYW295 型钢材，其容许应力如表 B.2-1 所示。

容许应力（N/mm²） **表 B.2-1**

正常工况下	1 级地震作用下（容许应力×1.5）
180	270

9）容许位移
正常工况和 1 级地震工况下设计地表的水平容许位移应小于 15mm。钢板桩挡土墙顶部位移正常工况下小于墙高的 1.0%，1 级地震工况下小于墙高的 1.5%。需要指出的是，上述容许位移只针对挡土墙周围无其他结构的情况。本手册采用的容许位移值如表 B.2-2 所示。

本手册采用的容许位移 **表 B.2-2**

工况	钢板桩顶部	设计地表
一般工况	3.0m×1.0%=30mm	15mm
1 级地震工况	3.0m×1.5%=45mm	15mm

（2）挡土墙设计
1）计算模型
本节的计算模型如图 B.2-1 所示。
2）土压力系数
本节采用第 3 章中介绍的土压力计算公式，如表 B.2-3 所示。

土压力系数 **表 B.2-3**

工况	剪切角 φ	墙面摩擦角 δ	设计地震强度 $k_{h(L1)}$	土压力系数※1 $K_A(K_{EA(L1)})\times\cos\delta$
一般工况	30°	15°	—	0.291
1 级地震工况	30°	15°	0.20	0.437

注：※1 参考式（B.1-1）和式（B.1-7）。

3）土压力
图 B.2-2 所示的土压力如表 B.2-4 所示。

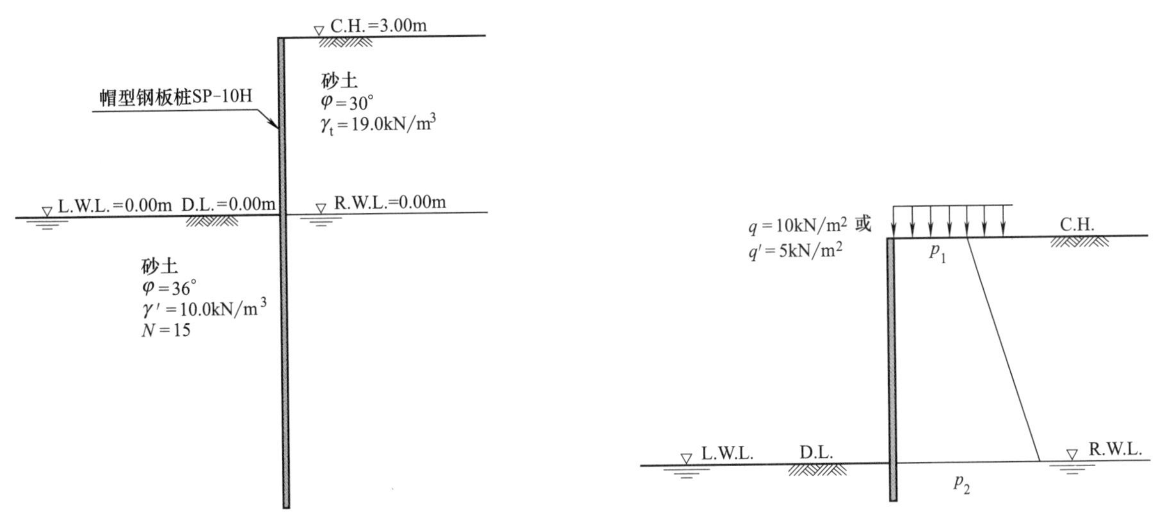

图 B.2-1 计算模型

图 B.2-2 符号示意图

土压力 表 B.2-4

序号	一般工况			1级地震工况		
	土压力系数 $K_A\times\cos\delta$	垂直荷载 W(kN/m²)	土压力 $P=K_A\times\cos\delta\times W$ (kN/m²)	土压力系数 $K_{EA(L1)}\times\cos\delta$	垂直荷载 W(kN/m²)	土压力 $P=K_{EA(L1)}\times\cos\delta\times W$ (kN/m²)
p1	0.291	10.0	2.91	0.437	5.0	2.19
p2	0.291	67.0	19.50	0.437	62.0	27.09

4）地表以上作用力的合力

对设计地表以上土压力引起的荷载进行分区考虑，如图 B.2-3 所示，水平作用力及弯矩计算如表 B.2-5 所示。

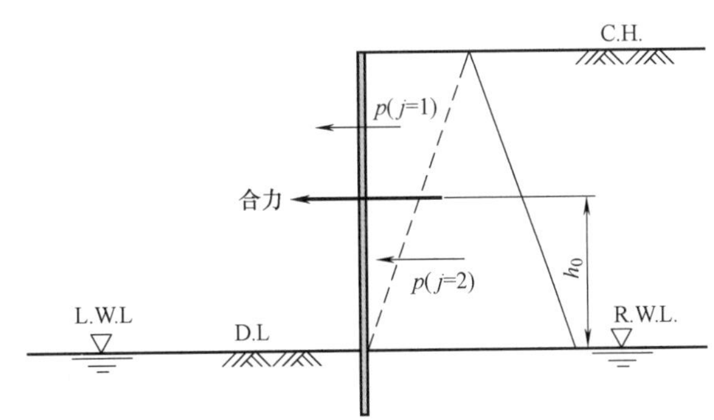

图 B.2-3 荷载示意图

水平作用力及弯矩 表 B.2-5

序号 j	一般工况			1级地震工况		
	水平作用力 P_j (kN/m)	距离 L_j (m)	弯矩 $M_j=P_j\times L_j$ (kN·m/m)	水平作用力 P_j (kN/m)	距离 L_j (m)	弯矩 $M_j=P_j\times L_j$ (kN·m/m)
1	4.37	2.00	8.74	3.29	2.00	6.58
2	29.25	1.00	29.25	40.64	1.00	40.64
合计	33.62	—	37.99	43.93	—	47.22

合力作用点位置 h_0 计算如下：

一般工况：

$$h_0=\sum M/P=37.99/33.62=1.130\text{m}$$

1级地震工况：

$$h_0=\sum M/P=47.22/43.92=1.075\text{m}$$

5）钢板桩挡土墙设计

本节以帽型钢板桩挡土墙的设计为例，钢板桩的截面性能如表B.2-6所示。设计采用B.1.1节1（8）介绍的简化方法，计算时假定桩为半无限长桩。

10H帽型钢板桩挡土墙截面性能（腐蚀裕量为1mm）　　　　**表B.2-6**

项目	腐蚀前（嵌入长度计算）		腐蚀后（应力和位移计算）	
长度方向单位	每根桩	每单位宽度(1m)	每根桩	每单位宽度(1m)
截面惯性矩（m^4）	I_0=0.0000943	I_0=0.000105	I=0.0000747	I=0.0000830
截面模量（m^3）	Z_0=0.000812	Z_0=0.000902	Z=0.000642	Z=0.000713

① 钢板桩长度

场地平均SPT-N 值设为15，水平场地反力系数 k_H 可由式（B.1-13）进行计算：

$$k_{\text{H0}}=\frac{1}{0.3}\alpha E_0=1\div 0.3\times 1\times 2800\times 15=140000\text{kN/m}^3$$

$$k_\text{H}=k_{\text{H0}}\left(\frac{B_\text{H}}{0.3}\right)^{-3/4}=140000\times(10\div 0.3)^{-3/4}=10100\text{kN/m}^3$$

钢板桩的长度 L 可由式（B.1-14）进行计算（式中 β 用于计算钢板桩的嵌入长度）：

$$\beta=\sqrt[4]{\frac{k_\text{H}B}{4EI_0}}=\sqrt[4]{\frac{10100\times 1.00}{4\times 2.0\times 10^8\times 0.000105}}=0.589\text{m}^{-1}$$

据此，嵌入长度 $L=3\div 0.589=5.09\text{m}$

$$L\geqslant 3.00+5.09=8.09\text{m}$$

基于上述计算结果，钢板桩的长度取值为 $L=8.50\text{m}$。

② 最大弯矩

钢板桩的最大弯矩可由式（B.1-18）进行计算（式中 β 用于计算钢板桩的应力和位移）。

一般工况下：

$$\beta=\sqrt[4]{\frac{k_\text{H}B}{4EI_0}}=\sqrt[4]{\frac{10100\times 1.00}{4\times 2.0\times 10^8\times 0.000083}}=0.625\text{m}^{-1}$$

$$\begin{aligned}M_{\max}&=\frac{P}{2\beta}\sqrt{(1+2\beta h_0)^2+1}\cdot\exp\left(-\tan^{-1}\frac{1}{1+2\beta h_0}\right)\\&=\frac{33.62}{2\times 0.625}\sqrt{(1+2\times 0.625\times 1.130)^2+1}\cdot\exp\left(-\tan^{-1}\frac{1}{1+2\times 0.625\times 1.130}\right)\\&=47.42\text{kN}\cdot\text{m/m}\end{aligned}$$

1级地震工况下：

$$\begin{aligned}M_{\max}&=\frac{P}{2\beta}\sqrt{(1+2\beta h_0)^2+1}\cdot\exp\left(-\tan^{-1}\frac{1}{1+2\beta h_0}\right)\\&=\frac{43.93}{2\times 0.625}\sqrt{(1+2\times 0.625\times 1.075)^2+1}\cdot\exp\left(-\tan^{-1}\frac{1}{1+2\times 0.625\times 1.075}\right)\\&=59.83\text{kN}\cdot\text{m/m}\end{aligned}$$

③ 应力计算

弯曲应力 σ 可由式（B.1-16）进行计算，计算选用表 B.2-6 所示的截面模量（腐蚀后）。

一般工况下：

$$\sigma_{max}=\frac{|M_{max}|}{Z}\times10^{-3}=47.42\times10^{6}\div(0.000713\times10^{9})$$
$$=66.5\text{N/mm}^2\leqslant180\text{N/mm}^2\quad\text{应力满足条件}$$

1 级地震工况下：

$$\sigma_{max}=\frac{|M_{max}|}{Z}\times10^{-3}=59.83\times10^{6}\div(0.000713\times10^{9})$$
$$=83.9\text{N/mm}^2\leqslant270\text{N/mm}^2\quad\text{应力满足条件}$$

④ 位移计算

挡土墙的位移可由式（B.1-17）进行计算。计算 δ_3 时采用的变形模量如表（B.2-7）所示。

一般工况下：

$$\delta_1=\frac{(1+\beta h_0)}{2EI\beta^3}P=\frac{(1+0.625\times1.130)}{2\times2.0\times10^8\times0.000083\times0.625^3}\times33.62$$
$$=0.0071\text{m}=7.1\text{mm}\leqslant15\text{mm}\quad\text{满足要求}$$

$$\delta_2=\frac{(1+2\beta h_0)}{2EI\beta^2}PH=\frac{(1+2\times0.625\times1.130)}{2\times2.0\times10^8\times0.000083\times0.625^2}\times33.62\times3.00$$
$$=0.0188\text{m}=18.8\text{mm}$$

$$\delta_3=\frac{H^3}{6EI}(3-\alpha)\alpha^2P=\frac{BH^3\sum Q_j}{EI}=\frac{1\times3.00^3\times2.199}{2.0\times10^8\times0.000083}$$
$$=0.0036\text{m}=3.6\text{mm}$$

$$\delta=\delta_1+\delta_2+\delta_3=7.1\text{mm}+18.8\text{mm}+3.6\text{mm}=29.5\text{mm}\leqslant3.0\text{m}\times1.0\%=30\text{mm}\quad\text{满足条件}$$

1 级地震工况下：

$$\delta_1=\frac{(1+\beta h_0)}{2EI\beta^3}P=\frac{(1+0.625\times1.075)}{2\times2.0\times10^8\times0.000083\times0.625^3}\times43.93$$
$$=0.0091\text{m}=9.1\text{mm}\leqslant15\text{mm}\quad\text{位移满足要求}$$

$$\delta_2=\frac{(1+2\beta h_0)}{2EI\beta^2}PH=\frac{(1+2\times0.625\times1.075)}{2\times2.0\times10^8\times0.000083\times0.625^2}\times43.93\times3.00$$
$$=0.0238\text{m}=23.8\text{mm}$$

$$\delta_3=\frac{H^3}{6EI}(3-\alpha)\alpha^2P=\frac{BH^3\sum Q_j}{EI}=\frac{1\times3.00^3\times2.576}{2.0\times10^8\times0.000083}$$
$$=0.0042\text{m}=4.2\text{mm}$$

$$\delta=\delta_1+\delta_2+\delta_3=9.1\text{mm}+23.8\text{mm}+4.2\text{mm}=37.1\text{mm}\leqslant3.0\text{m}\times1.5\%=45\text{mm}\quad\text{满足条件}$$

变形模量取值 **表 B.2-7**

序号	一般工况下			1 级地震工况下		
	$A_j=L/h$	$Z_j=(3-A_j)A_j^2/6$	$Q_j=Z_j\cdot P_j$	$A_j=L/h$	$Z_j=(3-A_j)A_j^2/6$	$Q_j=Z_j\cdot P_j$
1	0.667	0.173	0.755	0.667	0.173	0.569
2	0.333	0.049	1.444	0.333	0.049	2.007
合计	$\sum Q_j=2.199$			$\sum Q_j=2.576$		

上述计算结果表明，一般工况和 1 级地震工况下，悬臂嵌入式支挡结构的设计均满足性能需求。

（3）圆弧滑动破坏校核

当场地中不存在软土层或饱和砂层时，往往可以不进行圆弧滑动破坏检核计算。本节介绍一个计算实例，供读者参考。

1）计算工况

① 计算模型

计算模型如图 B.2-4 所示。

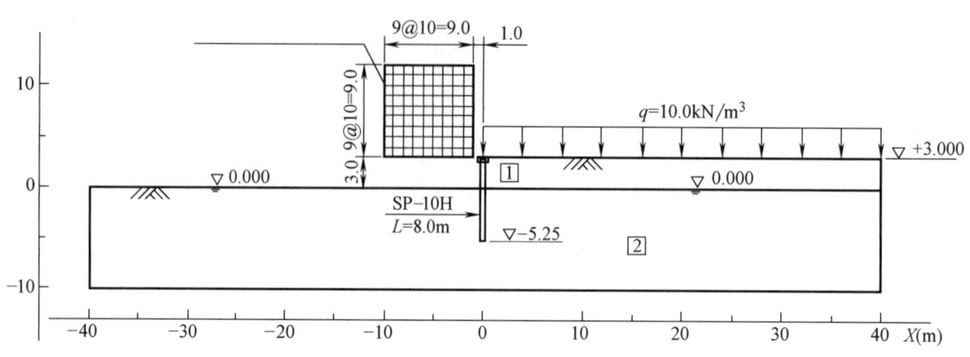

图 B.2-4 计算模型

② 场地物理性质

场地物理性质如表 B.2-8 所示。

场地物理参数 **表 B.2-8**

土层	饱和容重 γ (kN/m³)	剪切角 φ (°)	黏聚力 c (kN/m²)
1	19.0	30	0.0
2	20.0	36	0.0

③ 附加荷载

一般工况下附加荷载为：$q=10.0\text{kN/m}^2$。

④ 计算公式

滑动安全系数可在图 B.2-5 的基础上，由式（B.2-1）进行计算。

$$F_s=\frac{\sum\{cL+(W-\mu b)\cos\alpha\tan\varphi\}}{\sum W\sin\alpha} \quad (B.2\text{-}1)$$

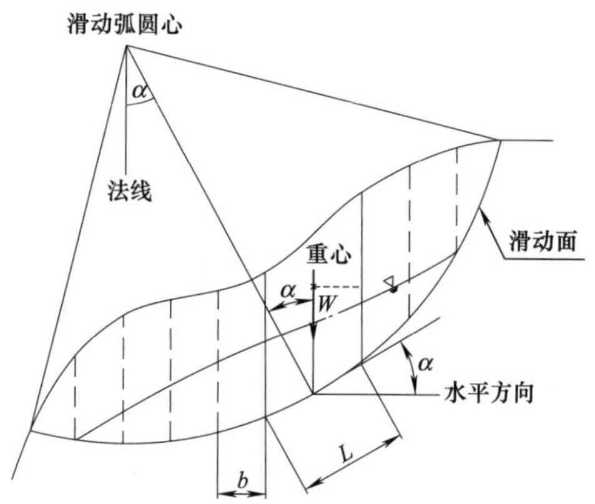

图 B.2-5 圆弧滑动破坏计算示意图

式中 F_s——安全系数；

c——黏聚力（kN/m²）；

φ——剪切角（°）；

L——滑动面弧长（m）；

u——孔隙水压力（kN/m²）；

b——条分后条块宽度（m）；

W——条分后条块重量（kN/m）；

α——滑动圆弧圆心与每一段滑动弧中点的连线与垂直方向的夹角（°）。

⑤ 计算依据

本节的计算依据为日本道路学会 2009 年 6 月编制的“高速公路土方工程　切坡指南及边坡稳定性（2009 版）”。

2）计算结果

计算结果如表 B.2-9 所示，滑动面如图 B.2-6 所示。

圆弧滑动计算结果　表 B.2-9

	滑动圆弧圆心坐标		圆弧半径(m)	滑动安全系数
	X(m)	Y(m)		
一般工况	−2.00	3.00	8.60	2.488>1.20

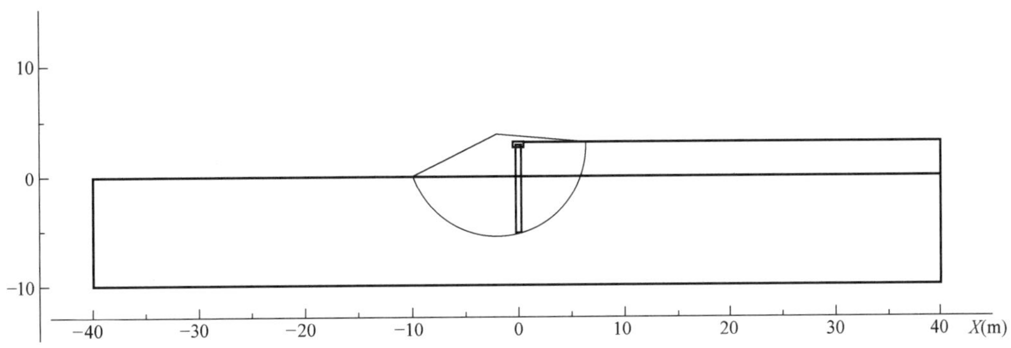

图 B.2-6　圆弧滑动面

(4) 计算结果总结

一般工况以及 1 级地震工况下的计算结果如表 B.2-10 所示，本节计算实例采用的标准计算截面如图 B.2-7 所示。

计算结果　表 B.2-10

项目	一般工况	1 级地震工况
钢板桩长度(m)	8.50	
应力(N/mm^2)	66.5≤180	83.9≤270
钢板桩顶部位移(mm)	29.5≤30	37.1≤45
设计地表处位移(mm)	7.1≤15	3.7≤15
滑动安全系数	2.49≥1.20	—

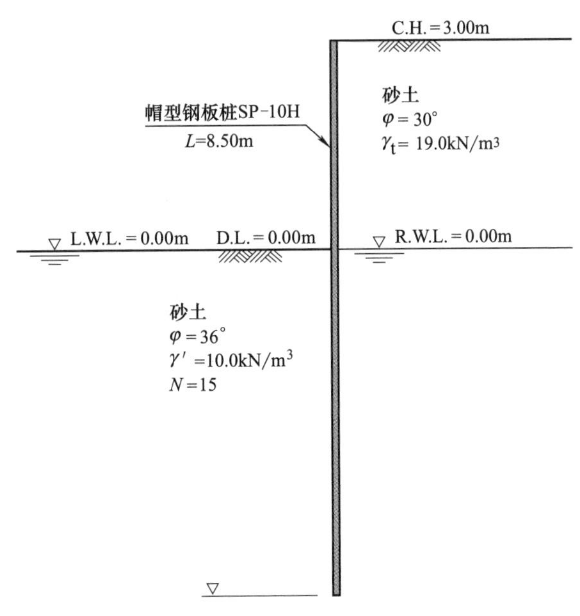

图 B.2-7　标准截面

基于以上计算结果，钢板桩的长度确定为 $L=8.50$m。

B.2.2 道路2：悬臂嵌入式钢管桩挡土墙

1. 标准长度桩设计实例

本节将介绍地震作用下道路钢管桩的设计实例，本节的设计实例采用“借助螺旋钻并用法的钢管桩挡土墙设计及施工指南（旋转切削静压法）”中的方法，相关内容参见上文。一般工况和1级地震工况下的设计采用简化方法，而2级地震工况下的设计采用弹塑性方法。本节中的公式编号同前文。

（1）设计工况

1）高程

① 墙顶高度：C. H. =6.00m

② 设计地表：D. L. =0.00m

③ 钢管桩挡土墙后方水位：R. W. L. =0.00m

④ 钢管桩挡土墙前方水位：L. W. L. =0.00m

2）自重

设计时不考虑钢管桩的自重。钢管桩挡土墙的顶部没有其他结构。

3）墙后场地上的荷载：

$q=10\text{kN/m}^2$（一般工况下）

$q'=5\text{kN/m}^2$（地震工况下）

4）土体状态

① 墙后土体（C. H. ～D. L. ）

剪切角 $\varphi=30°$

容重 $\gamma_t=19\text{kN/m}^3$

② 设计地表以下（D. L. 以下）

平均 SPT-N 值：$N=30$

被动侧土体剪切角 $\varphi=36°$

③ 墙面剪切角

主动土压力计算时砂土中墙面剪切角 $\delta=15°$

被动土压力计算时砂土中墙面剪切角 $\delta=-6°$

5）水平设计地震强度

1级地震作用下的水平设计地震强度：由式（B.1-11）计算高地震烈度地区Ⅱ级场地的水平设计地震强度。

$$k_{h(L1)}=c_z k_{h0}=1.0\times0.20=0.20$$

2级地震作用下的水平设计地震强度：由式（B.1-11）计算高地震烈度地区Ⅱ级场地的水平设计地震强度。

$$k_{h(L2)}=c_z k_{h0}=1.0\times0.70=0.70$$

6）其他荷载

不考虑雪荷载的影响，因钢管桩支挡结构上方未修建隔音墙和防撞墙，故也不考虑风荷载和冲击荷载。

7）腐蚀裕量

腐蚀裕量确定为1mm。

8）钢构件

钢板桩的材料选用SKK400型钢材，其容许应力如表B.2-11所示。

容许应力（N/mm²）　　表 B. 2-11

正常工况下 （容许应力）	1 级地震作用下 （容许应力×1.5）	1 级地震作用下 （屈服应力）
140	210	235

9）容许位移

① 一般工况和 1 级地震工况下（性能状态 1）的容许位移

正常工况和 1 级地震工况下，设计地表的水平容许位移应小于 15mm。钢管桩挡土墙顶部位移正常工况下小于墙高的 1.0%，1 级地震工况下小于墙高的 1.5%。需要指出的是，上述容许位移只针对钢管桩挡土墙周围无其他结构的情况。本手册采用的容许位移值如表 B. 2-12 所示。

② 2 级地震工况下（性能状态 2）的容许位移

2 级地震工况下，钢管桩挡土墙顶部的水平容许位移应小于 300mm，这一容许位移只针对钢管桩挡土墙周围无其他结构的情况。本手册采用的容许位移值如表 B. 2-12 所示。

容许位移　　表 B. 2-12

工况	钢管桩顶部	设计地表
一般工况	60mm	15mm
1 级地震工况	90mm	15mm
2 级地震工况	300mm	—

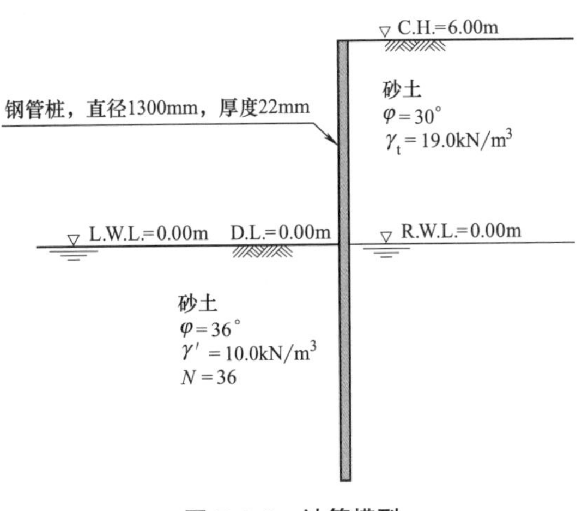

图 B. 2-8　计算模型

（2）一般工况及 1 级地震工况下的设计计算

1）计算模型

本节的计算模型如图 B. 2-8 所示。

2）土压力系数

基于本手册 B. 1. 1（1）节中的土压力计算公式，本设计实例的土压力系数如表 B. 2-13 所示。

土压力系数　　表 B. 2-13

工况	剪切角 φ	墙面摩擦角 δ	设计地震强度 $k_{h(L1)}$	土压力系数 $K_A(K_{EA(L1)})\times\cos\delta$
一般工况	30°	15°	—	0.291
1 级地震工况	30°	15°	0.20	0.437

3）土压力

图 B. 2-9 中所示的土压力如表 B. 2-14 所示。

土压力　　表 B. 2-14

序号	一般工况			1 级地震工况		
	土压力系数 $K_A\times\cos\delta$	垂直荷载 W(kN/m²)	土压力 $P=K_A\times\cos\delta\times W$ (kN/m²)	土压力系数 $K_{EA(L1)}\times\cos\delta$	垂直荷载 W(kN/m²)	土压力 $P=K_{EA(L1)}\times\cos\delta\times W$ (kN/m²)
p1	0.291	10.0	2.91	0.437	5.0	2.18
p2	0.291	124.0	36.10	0.437	119.0	51.96

4）地表以上作用力的合力

① 水平作用力及弯矩

设计地表以上的荷载分区如图 B. 2-10 所示，计算结果如表 B. 2-15 所示。

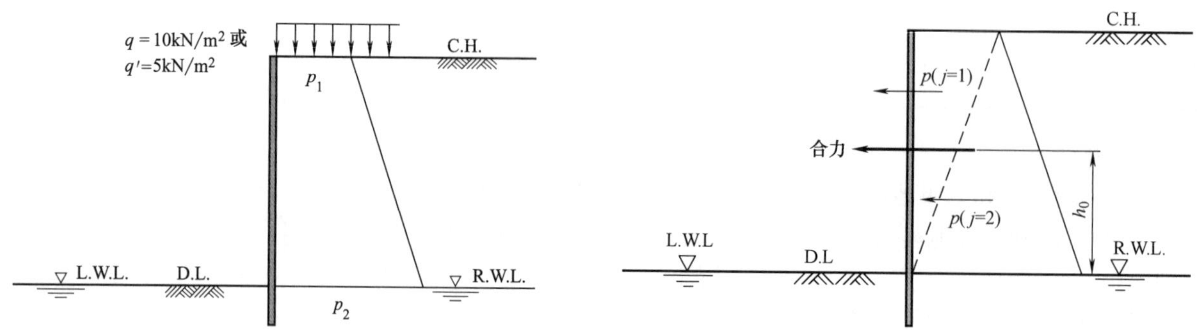

图 B. 2-9 符号示意图

图 B. 2-10 荷载示意图

水平作用力及弯矩 表 B. 2-15

序号 j	一般工况			1 级地震工况		
	水平作用力 P_j (kN/m)	距离 L_j (m)	弯矩 $M_j=P_j\times L_j$ (kN·m/m)	水平作用力 P_j (kN/m)	距离 L_j (m)	弯矩 $M_j=P_j\times L_j$ (kN·m/m)
1	8.73	4.00	34.94	6.55	4.00	26.20
2	108.31	2.00	216.61	155.88	2.00	311.75
合计	117.04	—	251.55	162.43	—	337.95

② 合力作用点位置 h_0

一般工况：

$$h_0=\Sigma M/P=251.55/117.04=2.149\text{m}$$

1 级地震工况：

$$h_0=\Sigma M/P=337.95/162.43=2.081\text{m}$$

5）钢管桩挡土墙设计

本设计算例采用的钢管桩直径为 1300mm，钢管桩厚度为 22mm，钢管桩挡土墙的截面性能如表 B. 2-16 所示。设计采用本手册附录 B. 1. 1（1）节中介绍的简化方法，计算时假定桩为半无限长桩。需要指出的是，计算钢管桩单位宽度的截面性能时，假定钢管桩之间的间距为 250mm。

钢管桩挡土墙截面性能（腐蚀裕量为 1mm） 表 B. 2-16

项目	腐蚀前（嵌入长度计算）		腐蚀后（应力和位移计算）	
长度方向单位	每根桩	每单位宽度(1m)	每根桩	每单位宽度(1m)
截面惯性矩 (m⁴)	$I_0=0.0180$	$I_0=0.0116$	$I=0.0172$	$I=0.0111$
截面模量 (m³)	$Z_0=0.0278$	$Z_0=0.0179$	$Z=0.0256$	$Z=0.0171$

① 钢管桩长度

场地平均 SPT-N 值为 30，水平场地反力系数 k_H 可由式（B. 1-13）进行计算。

一般工况下：

$$k_{H0}=\frac{1}{0.3}\alpha E_0=1\div0.3\times1\times2800\times30=280000\text{kN/m}^3$$

$$k_{\mathrm{H}}=k_{\mathrm{H0}}\left(\frac{B_{\mathrm{H}}}{0.3}\right)^{-3/4}=280000\times(10\div0.3)^{-3/4}=20200\mathrm{kN/m^3}$$

钢板桩的长度 L 可由式（B.1-14）进行计算（式中 β 用于计算钢板桩的嵌入长度）：

$$\beta=\sqrt[4]{\frac{k_{\mathrm{H}}B}{4EI_0}}=\sqrt[4]{\frac{20200\times1.00}{4\times2.0\times10^8\times0.0116}}=0.216\mathrm{m^{-1}}$$

$$L_0\geqslant3\div\beta=3\div0.216=13.89\mathrm{m}$$

$$L\geqslant5.75+13.89=19.64\mathrm{m}$$

基于上述计算结果，钢管桩的长度为 20.00m。

1 级地震工况下：

$$k_{\mathrm{H0}}=\frac{1}{0.3}\alpha E_0=1\div0.3\times2\times2800\times30=560000\mathrm{kN/m^3}$$

$$k_{\mathrm{H}}=k_{\mathrm{H0}}\left(\frac{B_{\mathrm{H}}}{0.3}\right)^{-3/4}=560000\times(10\div0.3)^{-3/4}=40400\mathrm{kN/m^3}$$

钢板桩的长度 L 可由式（B.1-14）进行计算（式中 β 用于计算钢管桩的嵌入长度）：

$$\beta=\sqrt[4]{\frac{k_{\mathrm{H}}B}{4EI_0}}=\sqrt[4]{\frac{40400\times1.00}{4\times2.0\times10^8\times0.0116}}=0.257\mathrm{m^{-1}}$$

$$L_0\geqslant3\div\beta=3\div0.257=11.67\mathrm{m}$$

$$L\geqslant5.75+11.67=17.42\mathrm{m}$$

基于上述计算结果，钢管桩的长度为 20.00m。

因此，基于一般工况和 1 级地震工况下的计算结果，钢管桩的长度确定为 20.00m。

② 最大弯矩

钢管桩的最大弯矩由式（B.1-18）进行计算（式中 β 用于计算钢管桩的应力和位移）。

一般工况下：

$$\beta=\sqrt[4]{\frac{k_{\mathrm{H}}B}{4EI}}=\sqrt[4]{\frac{20200\times1.00}{4\times2.0\times10^8\times0.0111}}=0.218\mathrm{m^{-1}}$$

$$\begin{aligned}M_{\max}&=\frac{P}{2\beta}\sqrt{(1+2\beta h_0)^2+1}\cdot\exp\left(-\tan^{-1}\frac{1}{1+2\beta h_0}\right)\\&=\frac{117.04}{2\times0.218}\sqrt{(1+2\times0.218\times2.149)^2+1}\cdot\exp\left(-\tan^{-1}\frac{1}{1+2\times0.218\times2.149}\right)\\&=363.08\mathrm{kN\cdot m/m}\end{aligned}$$

1 级地震工况下：

$$\beta=\sqrt[4]{\frac{k_{\mathrm{H}}B}{4EI}}=\sqrt[4]{\frac{40400\times1.00}{4\times2.0\times10^8\times0.0111}}=0.260$$

$$\begin{aligned}M_{\max}&=\frac{P}{2\beta}\sqrt{(1+2\beta h_0)^2+1}\cdot\exp\left(-\tan^{-1}\frac{1}{1+2\beta h_0}\right)\\&=\frac{162.43}{2\times0.260}\sqrt{(1+2\times0.260\times2.081)^2+1}\cdot\exp\left(-\tan^{-1}\frac{1}{1+2\times0.260\times2.081}\right)\\&=461.22\mathrm{kN\cdot m/m}\end{aligned}$$

③ 应力计算

弯曲应力 σ 可由式（B.1-16）进行计算，计算选用表 B.2-16 所示的截面模量（腐蚀后）。

一般工况下：

$$\begin{aligned}\sigma_{\max}&=\frac{|M_{\max}|}{Z}\times10^{-3}=366.09\times10^6\div(0.0171\times10^9)\\&=21.2\mathrm{N/mm^2}\leqslant140\mathrm{N/mm^2}\quad\text{应力满足条件}\end{aligned}$$

1 级地震工况下：

$$\sigma_{\max}=\frac{|M_{\max}|}{Z}\times10^{-3}=464.64\times10^{6}\div(0.0171\times10^{9})$$

$$=27.0\text{N/mm}^2\leqslant210\text{N/mm}^2\quad\text{应力满足条件}$$

④ 位移计算

挡土墙的位移可由式（B. 1-17）进行计算。计算 δ_3 时采用的变形模量如表 B. 2-17 所示。

一般工况下：

$$\delta_1=\frac{(1+\beta h_0)}{2EI\beta^3}P=\frac{(1+0.218\times2.149)}{2\times2.0\times10^8\times0.00111\times0.219^3}\times117.04$$

$$=0.0037\text{m}=3.7\text{mm}\leqslant15\text{mm}\quad\text{满足要求}$$

$$\delta_2=\frac{(1+2\beta h_0)}{2EI\beta^2}PH=\frac{(1+2\times0.218\times2.149)}{2\times2.0\times10^8\times0.0111\times0.218^2}\times117.04\times6.00$$

$$=0.0064\text{m}=6.4\text{mm}$$

$$\delta_3=\frac{H^3}{6EI}(3-\alpha)\alpha^2P=\frac{BH^3\Sigma Q_j}{EI}=\frac{1\times6.00^3\times6.858}{2.0\times10^8\times0.0111}$$

$$=0.0007\text{m}=0.7\text{mm}$$

$$\delta=\delta_1+\delta_2+\delta_3=3.7\text{mm}+6.4\text{mm}+0.7\text{mm}=10.8\text{mm}\leqslant6.0\text{m}\times1.0\%=60\text{mm}\quad\text{满足条件}$$

1 级地震工况下：

$$\delta_1=\frac{(1+\beta h_0)}{2EI\beta^3}P=\frac{(1+0.260\times2.081)}{2\times2.0\times10^8\times0.0111\times0.260^3}\times162.43$$

$$=0.0032\text{m}=3.2\text{mm}\leqslant15\text{mm}\quad\text{位移满足要求}$$

$$\delta_2=\frac{(1+2\beta h_0)}{2EI\beta^2}PH=\frac{(1+2\times0.260\times2.081)}{2\times2.0\times10^8\times0.0111\times0.260^2}\times162.43\times6.00$$

$$=0.0068\text{m}=6.8\text{mm}$$

$$\delta_3=\frac{H^3}{6EI}(3-\alpha)\alpha^2P=\frac{BH^3\Sigma Q_j}{EI}=\frac{1\times6.00^3\times8.830}{2.0\times10^8\times0.0111}$$

$$=0.0009\text{m}=0.9\text{mm}$$

$$\delta=\delta_1+\delta_2+\delta_3=3.2\text{mm}+6.8\text{mm}+0.9\text{mm}=10.9\text{mm}\leqslant6.0\text{m}\times1.5\%=90\text{mm}\quad\text{满足条件}$$

变形模量 **表 B. 2-17**

序号	一般工况下			1 级地震工况下		
j	$A_j=L/h$	$Z_j=(3-A_j)A_j^2/6$	$Q_j=Z_j\cdot P_j$	$A_j=L/h$	$Z_j=(3-A_j)A_j^2/6$	$Q_j=Z_j\cdot P_j$
1	0.667	0.173	1.510	0.667	0.173	1.132
2	0.333	0.049	5.348	0.333	0.049	7.698
合计	$\Sigma Q_j=6.858$			$\Sigma Q_j=8.830$		

上述计算结果表明，一般工况下和 1 级地震工况下，悬臂嵌入式支挡结构的设计均满足性能需求。

（3）2 级地震工况下的设计计算

1）土压力系数

基于本手册 B. 1. 1（1）节中的土压力计算公式计算得到的主动土压力系数如表 B. 2-18 所示。计算时，若（$\varphi-\theta$）<0 时，假定 $\sin(\varphi-\theta)=0$。

主动土压力系数 **表 B. 2-18**

剪切角 φ	墙面摩擦角 δ	设计地震强度 $k_{h(L2)}$	土压力系数 $K_{EA(L2)}\times\cos\delta$
30°	15°	0.70	1.820

基于式 B. 1-20 计算得到的被动土压力如表 B. 2-19 所示。

被动土压力系数 **表 B. 2-19**

剪切角 φ	墙面摩擦角 $\delta(-\varphi/6)$	土压力系数 $K_p \times \cos\delta$
36°	−6°	4.752

2）土压力

图 B. 2-11 中所示的土压力如表 B. 2-20 所示。

土压力 **表 B. 2-20**

序号	土压力系数 $K_{EA(L2)}$	荷载 $W(kN/m^2)$	土压力 $P=K\times W(kN/m^2)$
p1	1.820	5.0	9.10
p2	1.820	119.0	216.59

3）钢管桩挡土墙设计

本设计算例采用的钢管桩直径为 1300mm，钢管桩厚度为 22mm，钢管桩挡土墙的截面性能如表 B. 2-16 所示。设计采用本手册 B. 1. 1（1）节中介绍的简化方法，设计采用的计算模型如图 B. 2-12 和图 B. 2-13 所示。

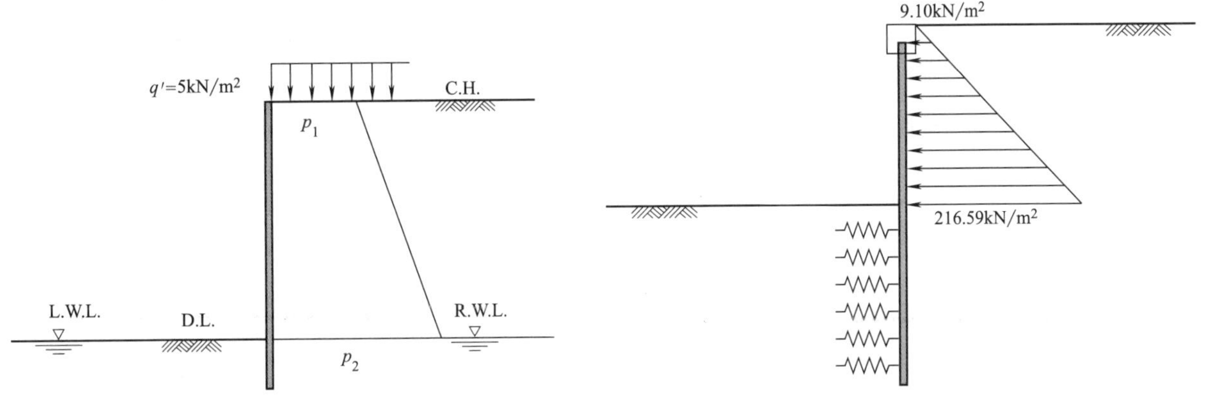

图 B. 2-11 符号示意图 **图 B. 2-12 钢管桩挡土墙结构计算模型**

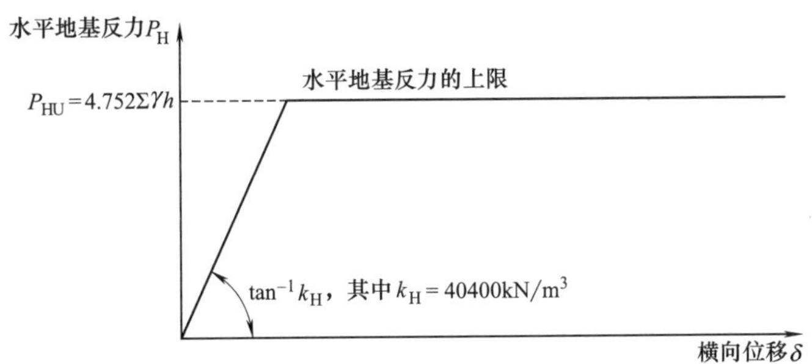

图 B. 2-13 弹塑性地基反力模型

考虑设计地表以下场地的平均 SPT-N 值，水平场地反力系数 k_H 可由式（B. 1-13）进行计算。

$$k_{H0}=\frac{1}{0.3}\alpha E_0=1\div 0.3\times 2\times 2800\times 30=560000\text{kN/m}^3$$

$$k_H=k_{H0}\left(\frac{B_H}{0.3}\right)^{-3/4}=560000\times(10\div 0.3)^{-3/4}=40400\text{kN/m}^3$$

① 钢管桩长度

钢板桩的长度 L 可由式（B. 1-14）进行计算（式中 β 用于计算钢管桩的嵌入长度）：

$$\beta=\sqrt[4]{\frac{k_H B}{4EI_0}}=\sqrt[4]{\frac{40400\times1.00}{4\times2.0\times10^8\times0.0116}}=0.257\text{m}^{-1}$$

$$L_0\geqslant3\div\beta=3\div0.257=11.67\text{m}$$

$$L\geqslant5.75+11.67=17.42\text{m}$$

基于以上计算结果，钢管桩的长度取值为 L=8.50m。

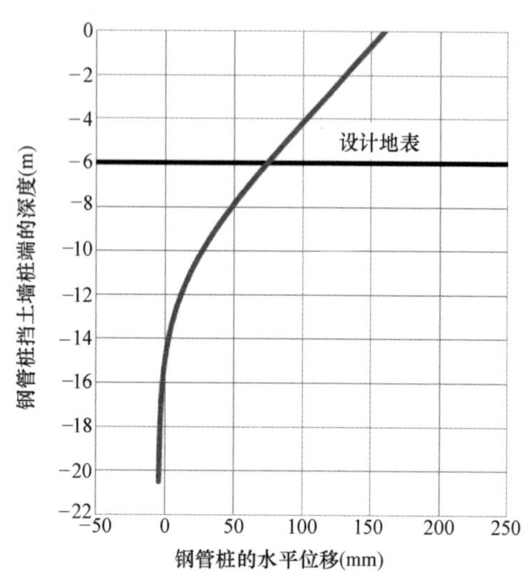

图 B. 2-14　钢管桩挡土墙水平位移

因此，基于一般工况和 2 级地震工况下的计算结果，钢管桩的长度确定为 20.00m。

② 水平位移、最大弯矩及应力

本节中钢管桩支挡结构顶部的水平位移、最大弯矩及应力由弹塑性方法进行计算，计算结果为：

$$\delta=160.0\text{mm}\leqslant300\text{mm}\quad 满足要求$$

$$M_{\max}=3816\ \text{kN}\cdot\text{m/m}$$

$$\sigma=223.2\text{N/mm}^2\leqslant235\text{N/mm}^2\quad 满足要求$$

③ 支挡结构嵌固段弹性区校核

钢管桩挡土墙的水平位移如图 B. 2-14 所示。从图 B. 2-15 可以看出，在设计地表与钢管桩桩端之间存在一个水平地基反力小于被动土压力的点，在钢管桩的端部存在一个弹性区。基于上文中的分析结果，本设计实例中钢管桩的长度为 20.0m，其弯矩如图 B. 2-16 所示。

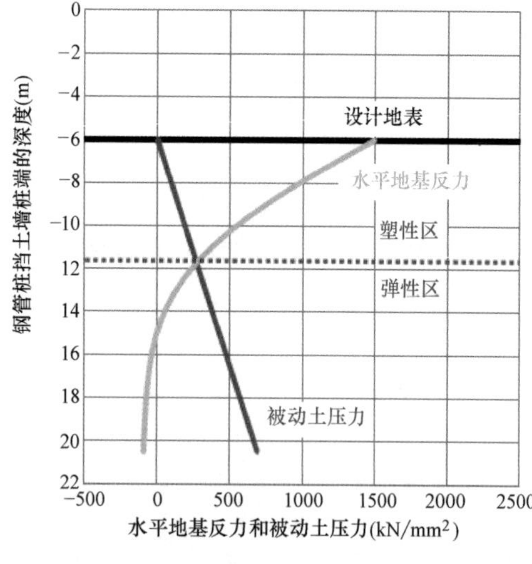

图 B. 2-15　钢管桩挡土墙周围场地强度

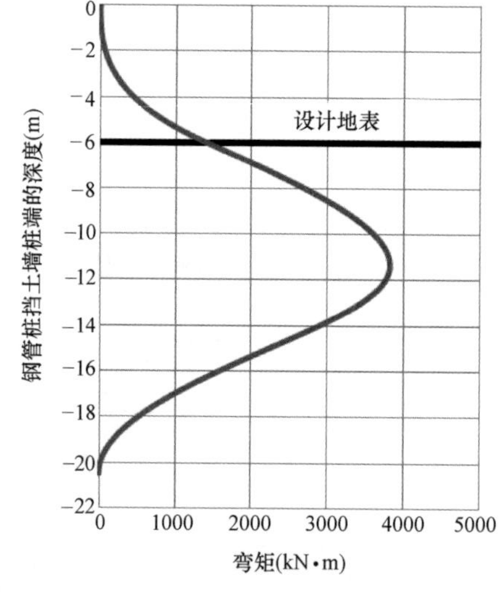

图 B. 2-16　钢管桩挡土墙弯矩

利用通用结构计算软件进行钢管桩设计迭代计算的实例如图 B. 2-17 所示。

（4）圆弧滑动破坏校核

当场地中不存在软土层或饱和砂层时，往往可以不进行圆弧滑动破坏检核计算。本节介绍一个计算实例，供读者参考。

1）计算工况

① 计算模型

本实例采用的计算模型如图 B. 2-18 所示。

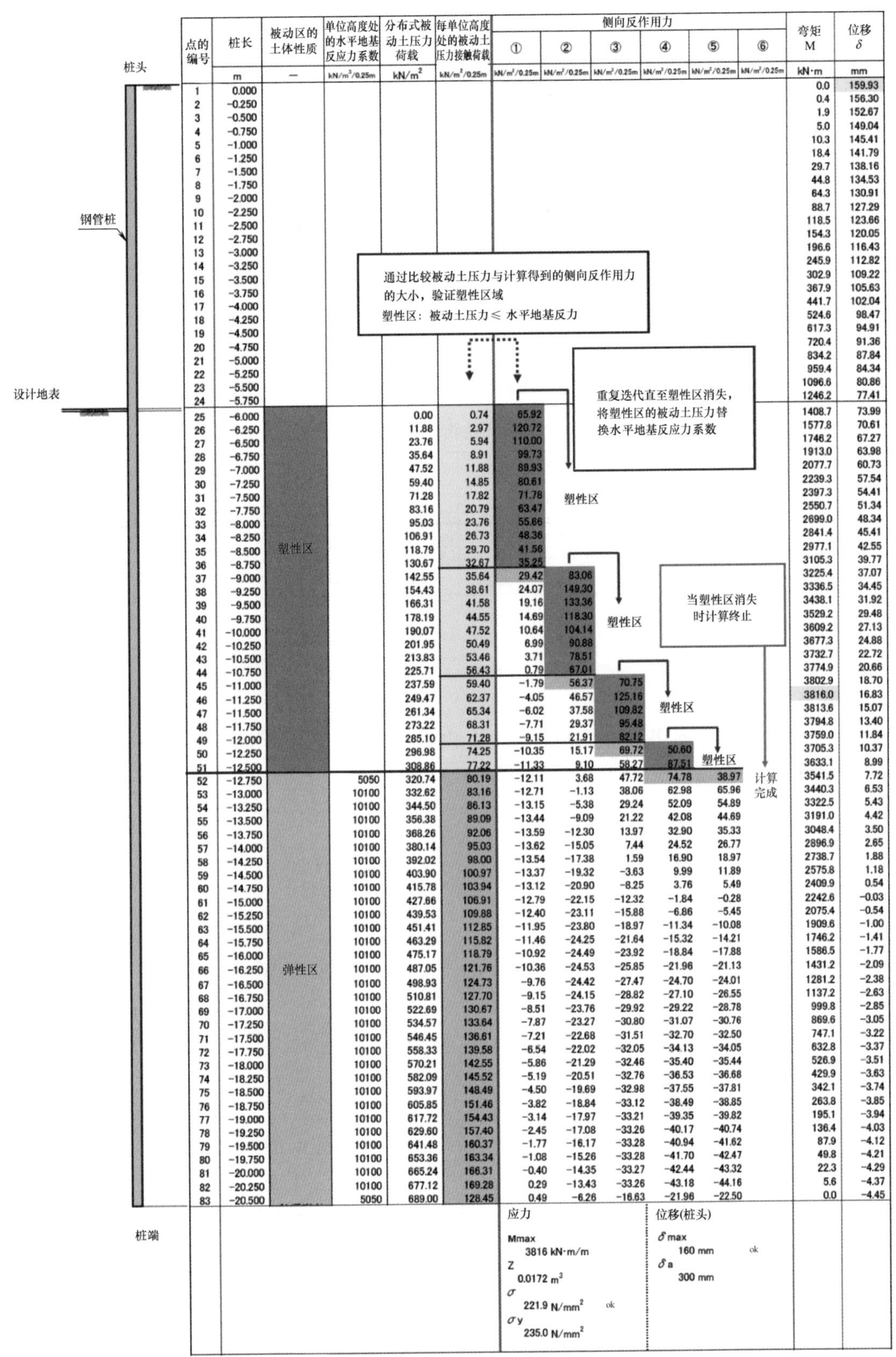

点的编号	桩长	被动区的土体性质	单位高度处的水平地基反应力系数	分布式被动土压力荷载	每单位高度处的被动土压力接触荷载	侧向反作用力 ①	②	③	④	⑤	⑥	弯矩 M	位移 δ
	m	—	kN/m³/0.25m	kN/m²	kN/m²/0.25m	kN/m²/0.25m	kN/m²/0.25m	kN/m²/0.25m	kN/m²/0.25m	kN/m²/0.25m	kN/m²/0.25m	kN·m	mm
1	0.000											0.0	159.93
2	-0.250											0.4	156.30
3	-0.500											1.9	152.67
4	-0.750											5.0	149.04
5	-1.000											10.3	145.41
6	-1.250											18.4	141.79
7	-1.500											29.7	138.16
8	-1.750											44.8	134.53
9	-2.000											64.3	130.91
10	-2.250											88.7	127.29
11	-2.500											118.5	123.66
12	-2.750											154.3	120.05
13	-3.000											196.6	116.43
14	-3.250											245.9	112.82
15	-3.500											302.9	109.22
16	-3.750											367.9	105.63
17	-4.000											441.7	102.04
18	-4.250											524.6	98.47
19	-4.500											617.3	94.91
20	-4.750											720.4	91.36
21	-5.000											834.2	87.84
22	-5.250											959.4	84.34
23	-5.500											1096.6	80.86
24	-5.750											1246.2	77.41
25	-6.000			0.00	0.74	65.92						1408.7	73.99
26	-6.250			11.88	2.97	120.72						1577.8	70.61
27	-6.500			23.76	5.94	110.00						1746.2	67.27
28	-6.750			35.64	8.91	99.73						1913.0	63.98
29	-7.000			47.52	11.88	89.93						2077.7	60.73
30	-7.250			59.40	14.85	80.61						2239.3	57.54
31	-7.500			71.28	17.82	71.78						2397.3	54.41
32	-7.750			83.16	20.79	63.47						2550.7	51.34
33	-8.000			95.03	23.76	55.66						2699.0	48.34
34	-8.250			106.91	26.73	48.36						2841.4	45.41
35	-8.500	塑性区		118.79	29.70	41.56						2977.1	42.55
36	-8.750			130.67	32.67	35.25						3105.3	39.77
37	-9.000			142.55	35.64	29.42	83.06					3225.4	37.07
38	-9.250			154.43	38.61	24.07	149.30					3336.5	34.45
39	-9.500			166.31	41.58	19.16	133.36					3438.1	31.92
40	-9.750			178.19	44.55	14.69	118.30					3529.2	29.48
41	-10.000			190.07	47.52	10.64	104.14					3609.2	27.13
42	-10.250			201.95	50.49	6.99	90.88					3677.3	24.88
43	-10.500			213.83	53.46	3.71	78.51					3732.7	22.72
44	-10.750			225.71	56.43	0.79	67.01					3774.9	20.66
45	-11.000			237.59	59.40	-1.79	56.37	70.75				3802.9	18.70
46	-11.250			249.47	62.37	-4.05	46.57	125.16				3816.0	16.83
47	-11.500			261.34	65.34	-6.02	37.58	109.82				3813.6	15.07
48	-11.750			273.22	68.31	-7.71	29.37	95.48				3794.8	13.40
49	-12.000			285.10	71.28	-9.15	21.91	82.12				3759.0	11.84
50	-12.250			296.98	74.25	-10.35	15.17	69.72	50.60			3705.3	10.37
51	-12.500			308.86	77.22	-11.33	9.10	58.27	87.51			3633.1	8.99
52	-12.750		5050	320.74	80.19	-12.11	3.68	47.72	74.78	38.97		3541.5	7.72
53	-13.000		10100	332.62	83.16	-12.71	-1.13	38.06	62.98	65.96		3440.3	6.53
54	-13.250		10100	344.50	86.13	-13.15	-5.38	29.24	52.09	54.89		3322.5	5.43
55	-13.500		10100	356.38	89.09	-13.44	-9.09	21.22	42.08	44.69		3191.0	4.42
56	-13.750		10100	368.26	92.06	-13.59	-12.30	13.97	32.90	35.33		3048.4	3.50
57	-14.000		10100	380.14	95.03	-13.62	-15.05	7.44	24.52	26.77		2896.9	2.65
58	-14.250		10100	392.02	98.00	-13.54	-17.38	1.59	16.90	18.97		2738.7	1.88
59	-14.500		10100	403.90	100.97	-13.37	-19.32	-3.63	9.99	11.89		2575.8	1.18
60	-14.750		10100	415.78	103.94	-13.12	-20.90	-8.25	3.76	5.49		2409.9	0.54
61	-15.000		10100	427.66	106.91	-12.79	-22.15	-12.32	-1.84	-0.28		2242.6	-0.03
62	-15.250		10100	439.53	109.88	-12.40	-23.11	-15.88	-6.86	-5.45		2075.4	-0.54
63	-15.500		10100	451.41	112.85	-11.95	-23.80	-18.97	-11.34	-10.08		1909.6	-1.00
64	-15.750		10100	463.29	115.82	-11.46	-24.25	-21.64	-15.32	-14.21		1746.2	-1.41
65	-16.000		10100	475.17	118.79	-10.92	-24.49	-23.92	-18.84	-17.88		1586.5	-1.77
66	-16.250	弹性区	10100	487.05	121.76	-10.36	-24.53	-25.85	-21.96	-21.13		1431.2	-2.09
67	-16.500		10100	498.93	124.73	-9.76	-24.42	-27.47	-24.70	-24.01		1281.2	-2.38
68	-16.750		10100	510.81	127.70	-9.15	-24.15	-28.82	-27.10	-26.55		1137.2	-2.63
69	-17.000		10100	522.69	130.67	-8.51	-23.76	-29.92	-29.22	-28.78		999.8	-2.85
70	-17.250		10100	534.57	133.64	-7.87	-23.27	-30.80	-31.07	-30.76		869.6	-3.05
71	-17.500		10100	546.45	136.61	-7.21	-22.68	-31.51	-32.70	-32.50		747.1	-3.22
72	-17.750		10100	558.33	139.58	-6.54	-22.02	-32.05	-34.13	-34.05		632.8	-3.37
73	-18.000		10100	570.21	142.55	-5.86	-21.29	-32.46	-35.40	-35.44		526.9	-3.51
74	-18.250		10100	582.09	145.52	-5.19	-20.51	-32.76	-36.53	-36.68		429.9	-3.63
75	-18.500		10100	593.97	148.49	-4.50	-19.69	-32.98	-37.55	-37.81		342.1	-3.74
76	-18.750		10100	605.85	151.46	-3.82	-18.84	-33.12	-38.49	-38.85		263.8	-3.85
77	-19.000		10100	617.72	154.43	-3.14	-17.97	-33.21	-39.35	-39.82		195.1	-3.94
78	-19.250		10100	629.60	157.40	-2.45	-17.08	-33.26	-40.17	-40.74		136.4	-4.03
79	-19.500		10100	641.48	160.37	-1.77	-16.17	-33.28	-40.94	-41.62		87.9	-4.12
80	-19.750		10100	653.36	163.34	-1.08	-15.26	-33.28	-41.70	-42.47		49.8	-4.21
81	-20.000		10100	665.24	166.31	-0.40	-14.35	-33.27	-42.44	-43.32		22.3	-4.29
82	-20.250		10100	677.12	169.28	0.29	-13.43	-33.26	-43.18	-44.16		5.6	-4.37
83	-20.500		5050	689.00	128.45	0.49	-6.26	-16.63	-21.96	-22.50		0.0	-4.45

应力

Mmax 3816 kN·m/m

Z 0.0172 m^3

σ 221.9 N/mm^2 ok

σy 235.0 N/mm^2

位移(桩头)

δmax 160 mm ok

δa 300 mm

图 B.2-17 迭代计算算例

② 场地物理性质

场地的物理参数如表 B.2-21 所示。

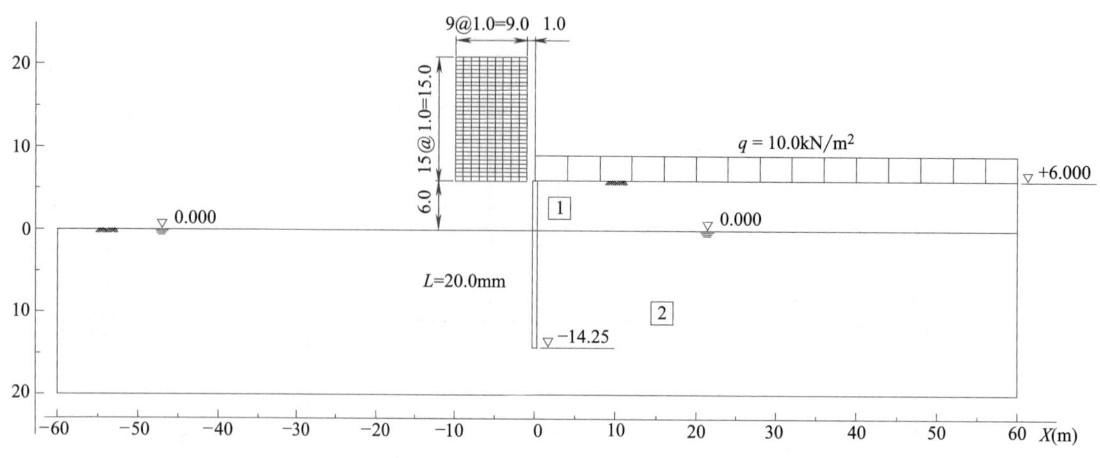

图 B. 2-18　计算模型示意图

场地物理参数　　　　**表 B. 2-21**

土层	饱和容重 γ (kN/m³)	剪切角 φ (°)	黏聚力 c (kN/m²)
1	19.0	30	0.0
2	20.0	36	0.0

③ 附加荷载

一般工况下的附加荷载为：$q=10.0\text{kN/m}^2$。

④ 计算公式

滑动安全系数可在图 B. 2-19 的基础上，由式 (B. 2-2) 进行计算。

$$F_s=\frac{\sum\{cL+(W-ub)\cos\alpha\tan\varphi\}}{\sum W\sin\alpha} \qquad \text{(B. 2-2)}$$

式中　F_s——安全系数；

c——黏聚力 (kN/m²)；

φ——剪切角 (°)；

L——滑动面弧长 (m)；

u——孔隙水压力 (kN/m²)；

b——条分后条块宽度 (m)；

W——条分后条块重量 (kN/m)；

α——滑动圆弧圆心与每一段滑动弧中点的连线与垂直方向的夹角 (°)。

图 B. 2-19　圆弧滑动破坏计算示意图

⑤ 计算依据

本节的计算依据为日本道路学会 2009 年 6 月编制的“高速公路土方工程　切坡指南及边坡稳定性（2009 版）”。

2）计算结果

计算结果如表 B. 2-22 所示，滑动面如图 B. 2-20 所示。

圆弧滑动计算结果　　　　**表 B. 2-22**

	滑动圆弧圆心坐标		圆弧半径(m)	滑动安全系数
	X(m)	Y(m)		
一般工况	−3.00	6.00	20.60	3.193>1.20

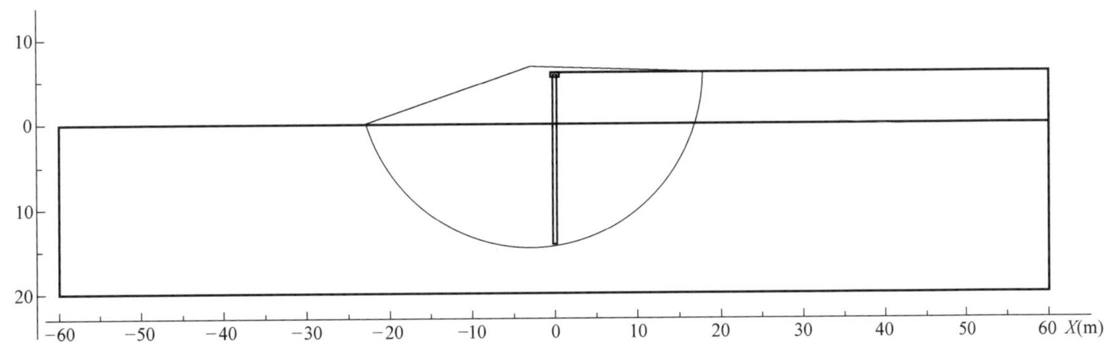

图 B.2-20 圆弧滑动面

（5）计算结果总结

一般工况、1 级地震工况以及 2 级地震工况下的计算结果如表 B.2-23 所示，本节计算实例采用的标准计算截面如图 B.2-21 所示。

计算结果 表 B.2-23

项目	一般工况	1 级地震工况	2 级地震工况
钢板桩长度(m)	20.00	18.00	18.00
应力(N/mm²)	21.2≤140	27.0≤210	223.2≤235
钢板桩顶部位移(mm)	10.3≤60	10.9≤90	160.0≤300
设计地表处位移(mm)	3.9≤15	3.2≤15	—
滑动安全系数	3.19≥1.20	—	—

基于以上计算结果，钢管桩挡土墙的桩长确定为 $L=$ 20.00 m。

2. 短桩设计实例

本节介绍嵌入长度小于 $3/\beta$ 的钢管桩挡土墙的设计实例，设计方法采用本手册 B.1.1（2）节中介绍的弹塑性方法。设计计算由结构工程通用计算软件完成，计算工况与前文标准长度钢管桩的设计工况一致。

设计计算时，通过比较被动土压力和水平地基反力确定塑性区。当被动土压力小于水平地基反力，则认为出现了塑性区。利用被动土压力替代水平地基反力并进行迭代计算，直至不出现塑性区时结束迭代。

本节只介绍 2 级地震工况下的计算结果，忽略一般工况和 1 级地震工况下的计算结果。计算结果表明，当桩长取为 18.00m 时（比标准桩长小 2.00m），桩内的弯曲应力与标准值接近，但位移变大，因此，本算例的桩长确定为 18.00m。因部分规范中规定了桩体嵌入长度与弹性区长度之间的关系，因此，应对钢管桩的长度进行仔细校核。

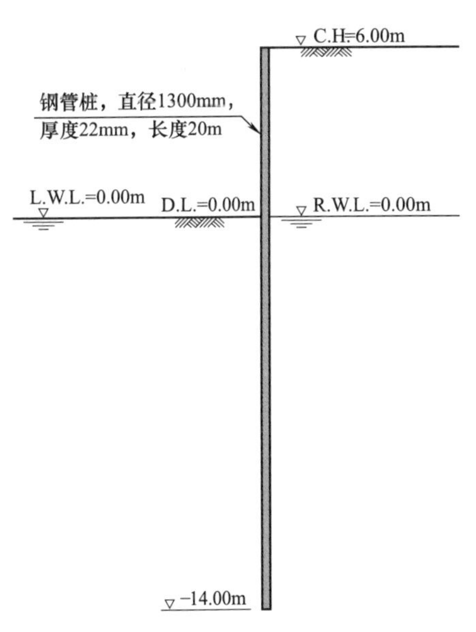

图 B.2-21 典型截面

（1）水平位移、最大弯矩和应力

本节中钢管桩支挡结构顶部的水平位移、最大弯矩及应力分别为：

$\delta=227.0\text{mm}\leqslant300\text{mm}$ 满足要求

$M_{max}=3816kN \cdot m/m$

$\sigma=223.2N/mm^2 \leqslant 235N/mm^2$　满足要求

(2) 支挡结构嵌固段弹性区校核

钢管桩挡土墙的水平位移如图B.2-22所示。从图B.2-23可以看出，在设计地表与钢管桩桩端之间存在一个水平地基反力小于被动土压力的桩段，在钢管桩的端部存在一个弹性区。基于上文中的分析结果，本设计实例中钢管桩的长度取值为18.0m，其弯矩如图B.2-24所示。

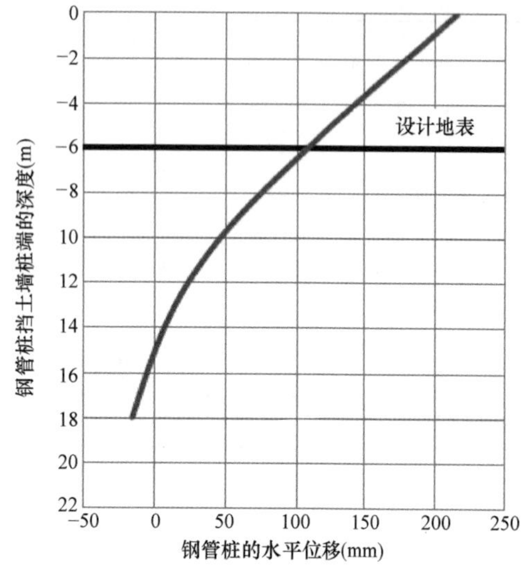

图B.2-22　钢管桩挡土墙水平位移

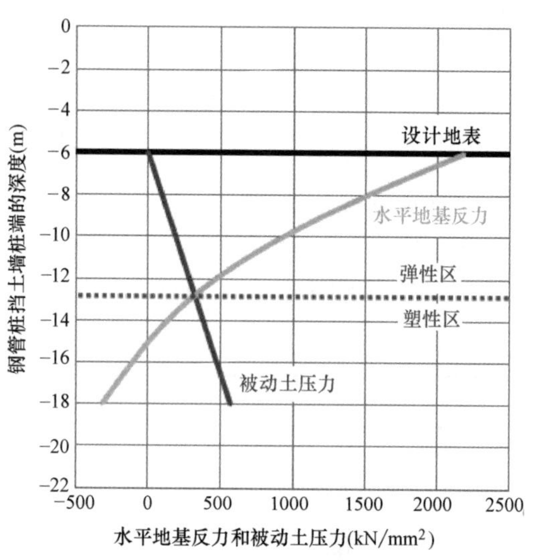

图B.2-23　钢管桩挡土墙周围场地强度

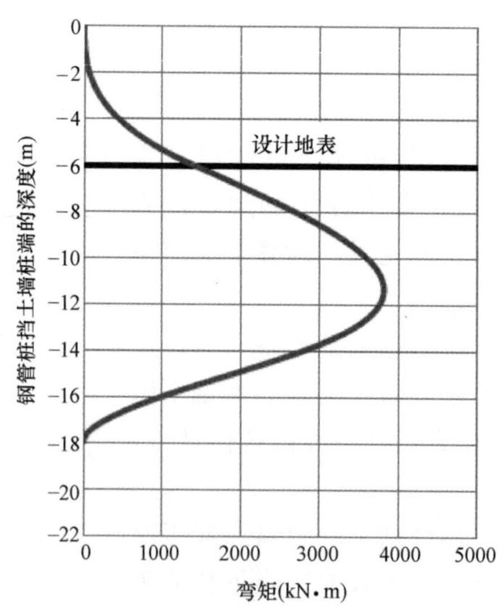

图B.2-24　钢管桩挡土墙弯矩

利用通用结构计算软件进行钢管短桩设计迭代计算的实例如图B.2-25所示。

(3) 圆弧滑动破坏校核

如标准桩长工况设计算例类似，圆弧滑动破坏校核的结果如表B.2-24所示。本设计实例采用的计算模型及计算得到的滑动面分别如图B.2-26和图B.2-27所示。

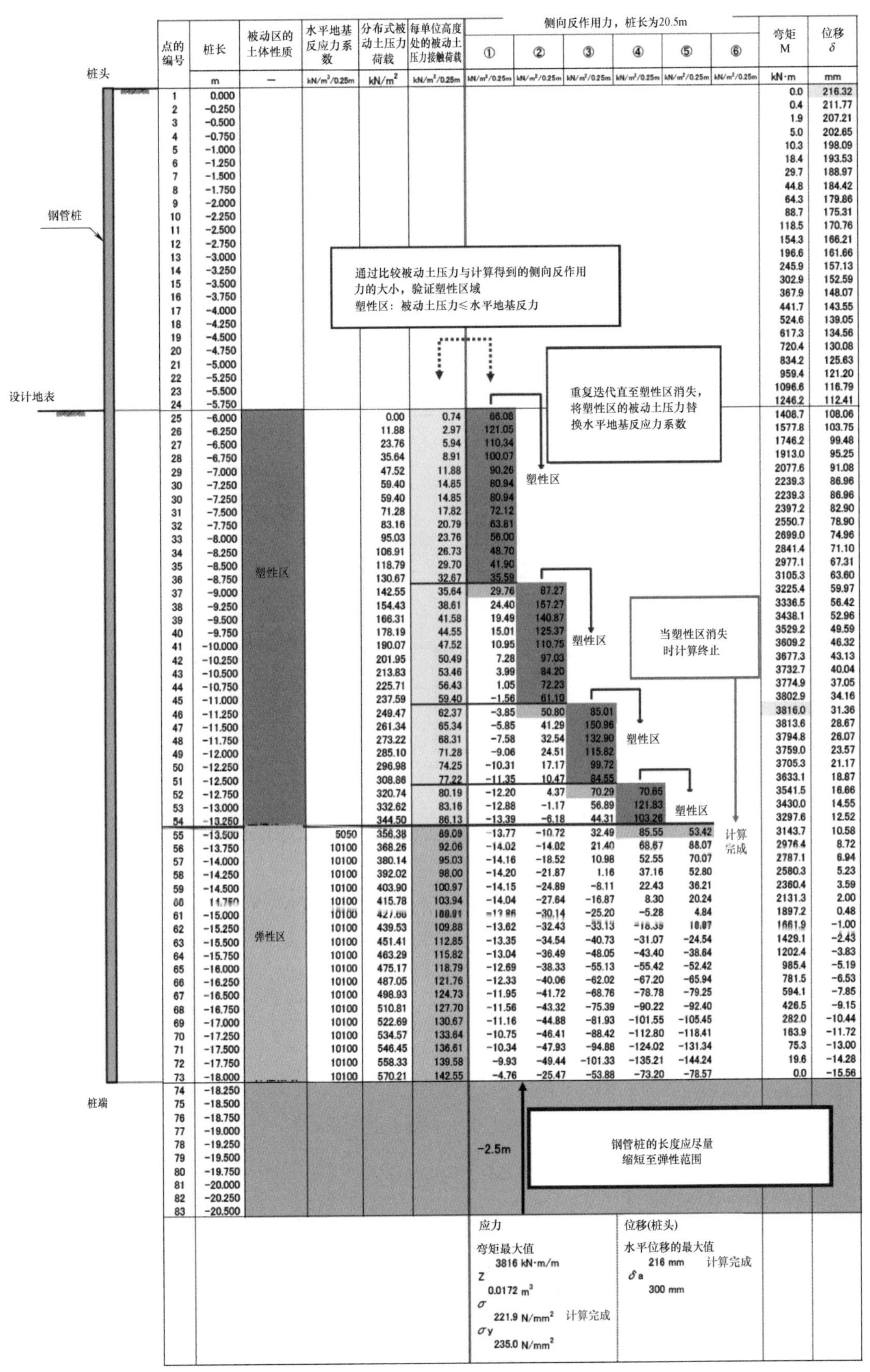

点的编号	桩长	被动区的土体性质	水平地基反应力系数	分布式被动土压力荷载	每单位高度处的被动土压力接触荷载	侧向反作用力，桩长为20.5m ①	②	③	④	⑤	⑥	弯矩 M	位移 δ
	m	—	kN/m³/0.25m	kN/m²	kN/m²/0.25m	kN/m²/0.25m	kN/m²/0.25m	kN/m²/0.25m	kN/m²/0.25m	kN/m²/0.25m	kN/m²/0.25m	kN·m	mm
1	0.000											0.0	216.32
2	-0.250											0.4	211.77
3	-0.500											1.9	207.21
4	-0.750											5.0	202.65
5	-1.000											10.3	198.09
6	-1.250											18.4	193.53
7	-1.500											29.7	188.97
8	-1.750											44.8	184.42
9	-2.000											64.3	179.86
10	-2.250											88.7	175.31
11	-2.500											118.5	170.76
12	-2.750											154.3	166.21
13	-3.000											196.6	161.66
14	-3.250											245.9	157.13
15	-3.500											302.9	152.59
16	-3.750											367.9	148.07
17	-4.000											441.7	143.55
18	-4.250											524.6	139.05
19	-4.500											617.3	134.56
20	-4.750											720.4	130.08
21	-5.000											834.2	125.63
22	-5.250											959.4	121.20
23	-5.500											1096.6	116.79
24	-5.750											1246.2	112.41
25	-6.000			0.00	0.74	66.08						1408.7	108.06
26	-6.250			11.88	2.97	121.05						1577.8	103.75
27	-6.500			23.76	5.94	110.34						1746.2	99.48
28	-6.750			35.64	8.91	100.07						1913.0	95.25
29	-7.000			47.52	11.88	90.26						2077.6	91.08
30	-7.250			59.40	14.85	80.94						2239.3	86.96
30	-7.250			59.40	14.85	80.94						2239.3	86.96
31	-7.500			71.28	17.82	72.12						2397.2	82.90
32	-7.750			83.16	20.79	63.81						2550.7	78.90
33	-8.000			95.03	23.76	56.00						2699.0	74.96
34	-8.250			106.91	26.73	48.70						2841.4	71.10
35	-8.500	塑性区		118.79	29.70	41.90						2977.1	67.31
36	-8.750			130.67	32.67	35.59						3105.3	63.60
37	-9.000			142.55	35.64	29.76	87.27					3225.4	59.97
38	-9.250			154.43	38.61	24.40	157.27					3336.5	56.42
39	-9.500			166.31	41.58	19.49	140.87					3438.1	52.96
40	-9.750			178.19	44.55	15.01	125.37					3529.2	49.59
41	-10.000			190.07	47.52	10.95	110.75					3609.2	46.32
42	-10.250			201.95	50.49	7.28	97.03					3677.3	43.13
43	-10.500			213.83	53.46	3.99	84.20					3732.7	40.04
44	-10.750			225.71	56.43	1.05	72.23					3774.9	37.05
45	-11.000			237.59	59.40	-1.56	61.10					3802.9	34.16
46	-11.250			249.47	62.37	-3.85	50.80	85.01				3816.0	31.36
47	-11.500			261.34	65.34	-5.85	41.29	150.96				3813.6	28.67
48	-11.750			273.22	68.31	-7.58	32.54	132.90				3794.8	26.07
49	-12.000			285.10	71.28	-9.06	24.51	115.82				3759.0	23.57
50	-12.250			296.98	74.25	-10.31	17.17	99.72				3705.3	21.17
51	-12.500			308.86	77.22	-11.35	10.47	84.55				3633.1	18.87
52	-12.750			320.74	80.19	-12.20	4.37	70.29	70.65			3541.5	16.66
53	-13.000			332.62	83.16	-12.88	-1.17	56.89	121.83			3430.0	14.55
54	-13.250			344.50	86.13	-13.39	-6.18	44.31	103.26			3297.6	12.52
55	-13.500		5050	356.38	89.09	-13.77	-10.72	32.49	85.55	53.42		3143.7	10.58
56	-13.750		10100	368.26	92.06	-14.02	-14.02	21.40	68.67	88.07		2976.4	8.72
57	-14.000		10100	380.14	95.03	-14.16	-18.52	10.98	52.55	70.07		2787.1	6.94
58	-14.250		10100	392.02	98.00	-14.20	-21.87	1.16	37.16	52.80		2580.3	5.23
59	-14.500		10100	403.90	100.97	-14.15	-24.89	-8.11	22.43	36.21		2360.4	3.59
60	-14.750		10100	415.78	103.94	-14.04	-27.64	-16.87	8.30	20.24		2131.3	2.00
61	-15.000		10100	427.66	106.91	-13.86	-30.14	-25.20	-5.28	4.84		1897.2	0.48
62	-15.250	弹性区	10100	439.53	109.88	-13.62	-32.43	-33.13	-18.39	10.07		1661.9	-1.00
63	-15.500		10100	451.41	112.85	-13.35	-34.54	-40.73	-31.07	-24.54		1429.1	-2.43
64	-15.750		10100	463.29	115.82	-13.04	-36.49	-48.05	-43.40	-38.64		1202.4	-3.83
65	-16.000		10100	475.17	118.79	-12.69	-38.33	-55.13	-55.42	-52.42		985.4	-5.19
66	-16.250		10100	487.05	121.76	-12.33	-40.06	-62.02	-67.20	-65.94		781.5	-6.53
67	-16.500		10100	498.93	124.73	-11.95	-41.72	-68.76	-78.78	-79.25		594.1	-7.85
68	-16.750		10100	510.81	127.70	-11.56	-43.32	-75.39	-90.22	-92.40		426.5	-9.15
69	-17.000		10100	522.69	130.67	-11.16	-44.88	-81.93	-101.55	-105.45		282.0	-10.44
70	-17.250		10100	534.57	133.64	-10.75	-46.41	-88.42	-112.80	-118.41		163.9	-11.72
71	-17.500		10100	546.45	136.61	-10.34	-47.93	-94.88	-124.02	-131.34		75.3	-13.00
72	-17.750		10100	558.33	139.58	-9.93	-49.44	-101.33	-135.21	-144.24		19.6	-14.28
73	-18.000		10100	570.21	142.55	-4.76	-25.47	-53.88	-73.20	-78.57		0.0	-15.56
74	-18.250												
75	-18.500												
76	-18.750												
77	-19.000												
78	-19.250												
79	-19.500												
80	-19.750												
81	-20.000												
82	-20.250												
83	-20.500												

应力	位移(桩头)
弯矩最大值 3816 kN·m/m	水平位移的最大值 216 mm 计算完成
Z 0.0172 m³	δa 300 mm
σ 221.9 N/mm² 计算完成	
σy 235.0 N/mm²	

图 B.2-25 迭代计算算例

圆弧滑动计算结果 表 B. 2-24

	滑动圆弧圆心坐标		圆弧半径(m)	滑动安全系数
	X(m)	Y(m)		
一般工况	−3.00	6.00	18.60	2.873>1.20

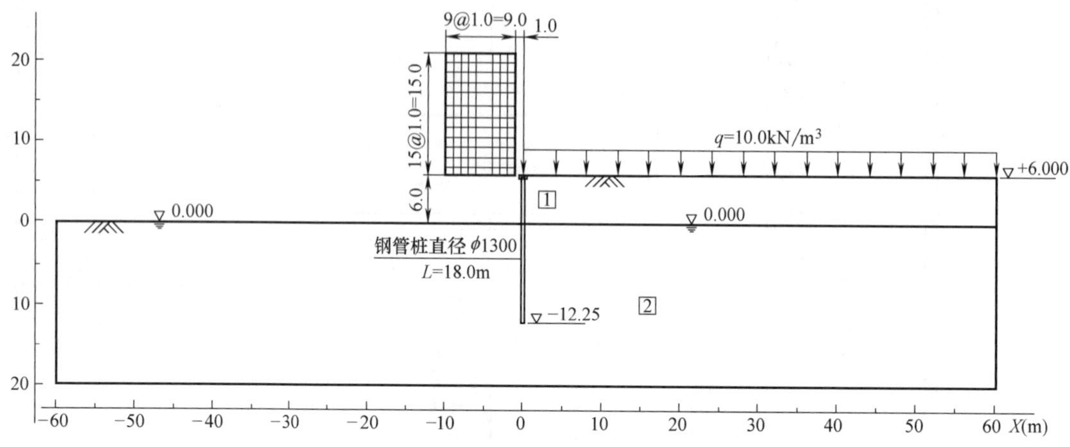

图 B. 2-26 计算模型示意图

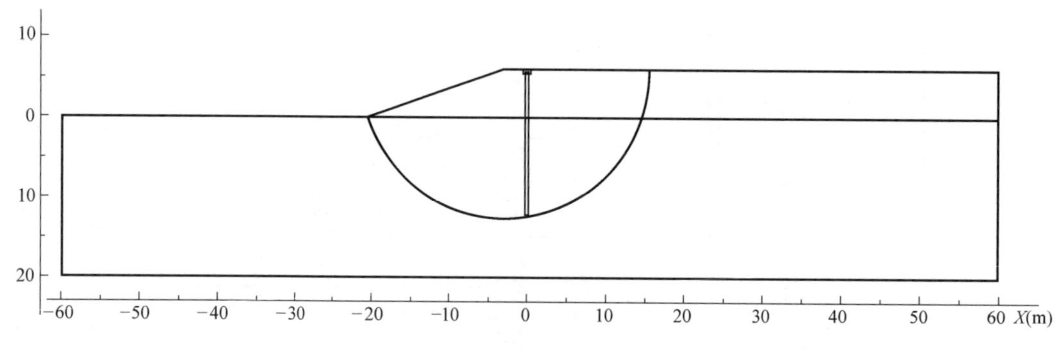

图 B. 2-27 圆弧滑动面

B. 2. 3 河流：悬臂式护岸墙（钢板桩）

本节介绍一般工况及 1 级地震工况下钢板桩河流护岸墙的设计实例。本节的设计实例基于日本全国防灾学会“灾后修复工程设计大纲”。

（1）设计工况

1）高程

① 墙顶高度：C. H. =2. 00m

② 设计地表：D. L. =−1. 00m

③ 钢板桩护岸墙后方水位：R. W. L. =0. 50m

④ 钢板桩护岸墙前方水位：L. W. L. =0. 00m

2）自重

设计时不考虑钢板桩的自重。钢板桩护岸墙的顶部无其他结构。

3）墙后场地上的荷载：

q=10kN/m²（一般工况下）

q'=5kN/m²（地震工况下）

4）土体状态

① 护岸墙后方场地（C. H. -D. L.）

剪切角 $\varphi=30°$

容重 $\gamma_t=19\text{kN/m}^3$

$\gamma_t=9\text{kN/m}^3$（浮重度）

② 设计地表以下（D. L. 以下）

平均 SPT-N 值：$N=15$

被动侧土体剪切角 $\varphi=36°$

$\gamma_t=9\text{kN/m}^3$（浮重度）

③ 墙面剪切角

主动土压力计算时墙面剪切角：$\delta=15°$

被动土压力计算时墙面剪切角：$\delta=-15°$（一般工况）

$\delta=0°$（地震工况）

5）1 级地震工况下水平设计地震强度

对于低水位河流护岸墙，取值如下：

$k_h=0.10$（水面以上水平地震强度）

$k'_h=0.20$（水面以下水平地震强度）

6）其他荷载

不考虑雪荷载的影响，因护岸墙结构上方未修建隔声墙和防撞墙，故也不考虑风荷载和冲击荷载。

7）腐蚀裕量

腐蚀裕量确定为 1mm。

8）钢构件

钢板桩的材料选用 SYW295 型钢材，其容许应力如表 B. 2-25 所示。

9）容许位移

钢板桩护岸墙结构顶部的水平容许位移值如表 B. 2-26 所示。

容许应力（N/mm²）　表 B. 2-25

正常工况下	1 级地震作用下（容许应力×1.5）
180	270

容许位移　表 B. 2-26

一般工况	1 级地震工况
50mm	75mm

(2) 钢板桩河流护岸墙设计

1）计算模型

本节设计算例的计算模型如图 B. 2-28 所示。

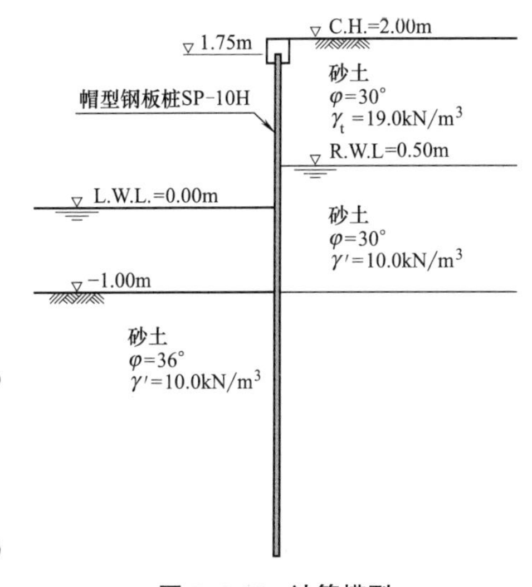

图 B. 2-28　计算模型

2）土压力系数

① 一般工况

$$K_A=\frac{\cos^2\varphi}{\cos\delta\left[1+\sqrt{\dfrac{\sin(\varphi+\delta)\sin\varphi}{\cos\delta}}\right]^2}$$

参见式（B. 1-2）

$$K_P=\frac{\cos^2\varphi}{\cos\delta\left[1-\sqrt{\dfrac{\sin(\varphi-\delta)\sin\varphi}{\cos\delta}}\right]^2}$$

参见式（B. 1-20）

② 1 级地震工况

$$K_{EA}=\frac{\cos^2(\varphi-\theta)}{\cos\theta\cos(\delta+\theta)\left[1+\sqrt{\frac{\sin(\varphi+\delta)\sin(\varphi-\delta)}{\cos(\delta+\theta)}}\right]^2}$$ 参见式（B. 1-7）

$$K_{EP}=\frac{\cos^2(\varphi-\theta)}{\cos\theta\cos(\delta-\theta)\left[1+\sqrt{\frac{\sin(\varphi-\delta)\sin(\varphi-\delta)}{\cos(\delta-\theta)}}\right]^2} \quad (B. 2-3)$$

式中 $\theta=\tan^{-1}(k_h)$

③ 土压力系数

基于上述各式计算得到的土压力系数如表 B. 2-27 和表 B. 2-28 所示。

土压力系数（一般工况） **表 B. 2-27**

	剪切角	主动土压力系数		被动土压力系数	
	φ	K_A	$K_A\times\cos\delta$	K_P	$K_P\times\cos\delta$
水面以上	30°	0.301	0.291	—	—
水面以下	36°	0.238	0.230	6.947	6.710

注：主动土压力计算时墙面剪切角 $\delta=15°$，被动土压力计算时墙面剪切角 $\delta=-15°$。

土压力系数（1 级地震工况） **表 B. 2-28**

		剪切角	设计地震强度	地震合成角	主动土压力系数		被动土压力系数	
		φ	k_h	θ	K_{EA}	$K_{EA}\times\cos\delta$	K_{EP}	$K_{EP}\times\cos\delta$
水面以上	残余水位以上	30°	0.10	5.71	0.368	0.355	—	—
	残余水位以下	30°	0.20	11.31	0.452	0.437	—	—
水面以下		36°	0.20	11.31	0.366	0.354	3.439	3.439

注：主动土压力计算时墙面剪切角 $\delta=15°$，被动土压力计算时墙面剪切角 $\delta=0°$。

3）土压力

① 一般工况

土压力计算结果如表 B. 2-29 所示，土压力和水压力的分布如图 B. 2-29 所示。

土压力（一般工况） **表 B. 2-29**

序号	深度（m）	土体类型	重度 γ（kN/m³）	主动侧 $\Sigma\gamma h+q$（kN/m²）	$K_A\times\cos\delta$	P_a（kN/m²）	P_w（kN/m²）	被动侧 $\Sigma\gamma h$（kN/m²）	$K_p\times\cos\delta$	P_p（kN/m²）	P_s（kN/m²）
1	0～1.5	砂土	19	10.0 38.5	0.291	2.91 11.21	—	—	—	—	2.91 11.21
2	1.5～2	砂土	10	38.5 43.5	0.291	11.21 12.66	0.00 5.00	—	—	—	11.21 17.66
3	2～3	砂土	10	43.5 53.5	0.291	12.66 15.58	5.00 5.00	—	—	—	17.66 20.58
4	3～3.267	砂土	10	53.5 56.2	0.230	12.29 12.91	5.00 5.00	0.0 2.7	6.710	0.00 17.91	17.29 0.00

注：$P_s=P_a+P_w-P_p$。

② 1 级地震工况下

土压力计算结果如表 B. 2-30 所示，土压力和水压力的分布如图 B. 2-30 所示。

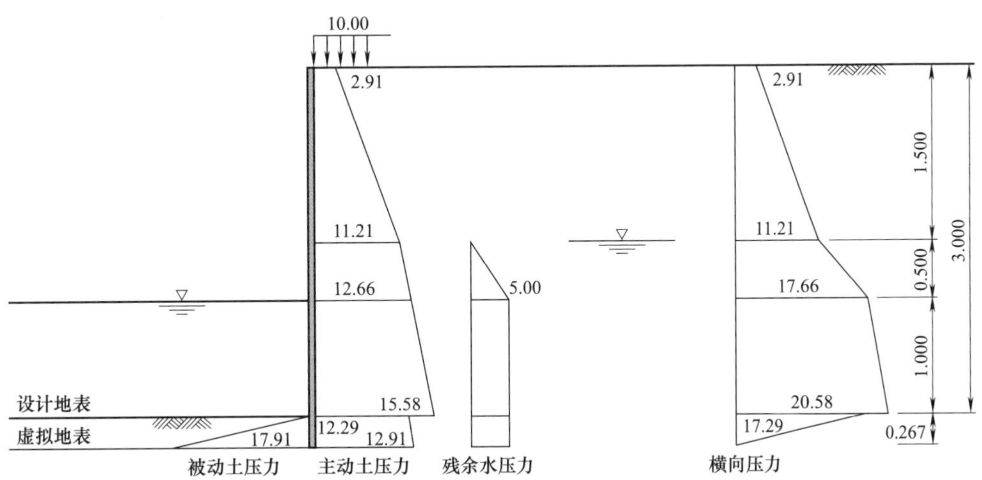

图 B.2-29　土压力和水压力示意图（一般工况）

土压力（1 级地震工况）　　表 B.2-30

序号	深度（m）	土体类型	重度 γ（kN/m³）	主动侧				被动侧			P_s（kN/m²）
				$\Sigma\gamma h+q$（kN/m²）	$K_A\times\cos\delta$	P_a（kN/m²）	P_w（kN/m²）	$\Sigma\gamma h$（kN/m²）	$K_p\times\cos\delta$	P_p（kN/m²）	
1	0～1.5	砂土	19	5.0 33.5	0.355	1.78 11.90	—	—	—	—	1.78 11.90
2	1.5～2	砂土	10	33.5 38.5	0.437	14.63 16.81	0.00 5.00	—	—	—	14.63 21.81
3	2～3	砂土	10	38.5 48.5	0.437	16.81 21.18	5.00 5.00	—	—	—	21.81 26.18
4	3～3.718	砂土	10	48.5 55.7	0.354	17.15 19.69	5.00 5.00	0.0 7.2	3.439	0.00 24.69	22.15 0.00

注：$P_s=P_a+P_w-P_p$。

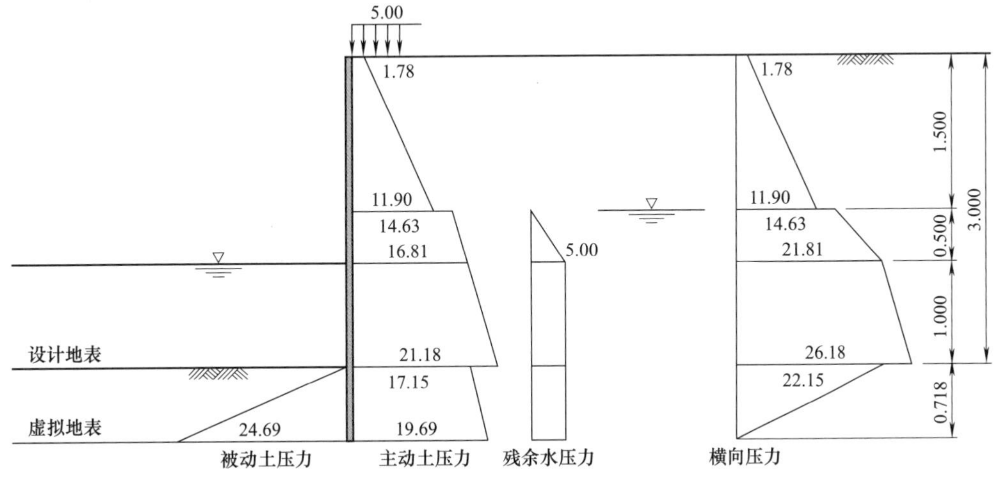

图 B.2-30　土压力和水压力示意图（1 级地震工况）

4）虚拟地表上的合成荷载

① 一般工况

虚拟地表上土压力引起的荷载分区如图 B.2-31 所示，水平力及弯矩的计算结果如表 B.2-31 所示。

水平力及弯矩计算结果（一般工况）　　表 B. 2-31

序号	深度 Z (m)	层厚 h (m)	横向压力 P_s (kN/m²)	荷载 P (kN)	力臂 Y (m)	弯矩 M (kN·m)
1	0.000～1.500	1.500	2.91 11.21	2.18 8.41	2.767 2.267	6.04 19.06
2	1.500～2.000	0.500	11.21 17.66	2.80 4.42	1.600 1.434	4.48 6.33
3	2.000～3.000	1.000	17.66 20.58	8.83 10.29	0.934 0.600	8.25 6.17
4	3.000～3.267	0.267	17.29 0.00	2.31 0.00	0.178 0.089	0.41 0.00
$\Sigma P=39.24$　$\Sigma M=50.74$						

注：P_s—主动土压力＋残余水压力－被动土压力；P—荷载 $P_s\times h/2\times B$；Y—荷载合力作用点距离虚拟地表的高度；M—弯矩（$P\times Y$）。

虚拟地表与荷载合力作用点之间的高度 h_0 为：

$$h_0=\frac{\Sigma M}{\Sigma P}=\frac{50.74}{39.24}=1.293\text{m}$$

② 1 级地震工况

虚拟地表上，土压力引起的荷载分区如图 B. 2-32 所示，水平力及弯矩的计算结果如表 B. 2-32 所示。

水平力及弯矩的计算结果（1 级地震工况）　　表 B. 2-32

序号	深度 Z (m)	层厚 h (m)	横向压力 P_s (kN/m²)	荷载 P (kN)	力臂 Y (m)	弯矩 M (kN·m)
1	0.000～1.500	1.500	1.78 11.90	1.33 8.93	3.218 2.718	4.29 24.27
2	1.500～2.000	0.500	14.43 21.81	3.66 5.45	2.051 1.885	7.50 10.27
3	2.000～3.000	1.000	21.81 26.18	10.91 13.09	1.385 1.051	15.10 13.76
4	3.000～3.718	0.718	22.15 0.00	7.95 0.00	0.478 0.239	3.80 0.00
$\Sigma P=51.31$　$\Sigma M=78.99$						

注：P_s—主动土压力＋残余水压力－被动土压力；P—荷载 $P_s\times h/2\times B$；Y—荷载合力作用点距离虚拟地表的高度；M—弯矩（$P\times Y$）。

虚拟地表与荷载合力作用点之间的高度 h_0 为：

$$h_0=\frac{\Sigma M}{\Sigma P}=\frac{78.99}{51.31}=1.539\text{m}$$

5）截面力计算

当计算截面力和位移时，各参数取值如下：

桩材：SP-10H 帽型钢板桩

单位宽度：$B=1.0$m

腐蚀裕量：$t_1=1.0$mm（桩前），$t_2=1.0$mm（桩后）

腐蚀速率：$\eta=0.79$

接头系数：$\mu-1.00$

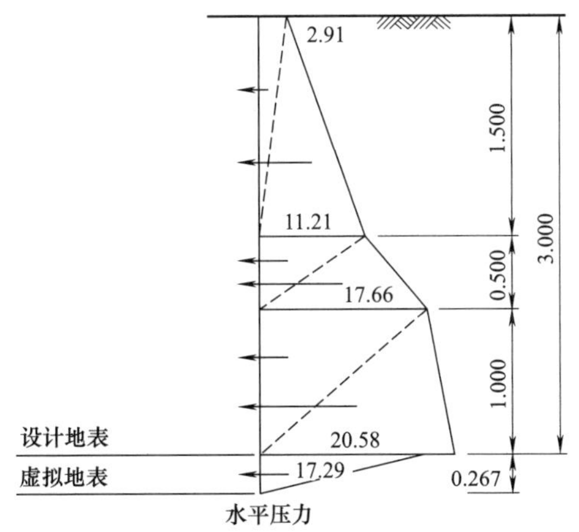

图 B.2-31 荷载分区（一般工况）

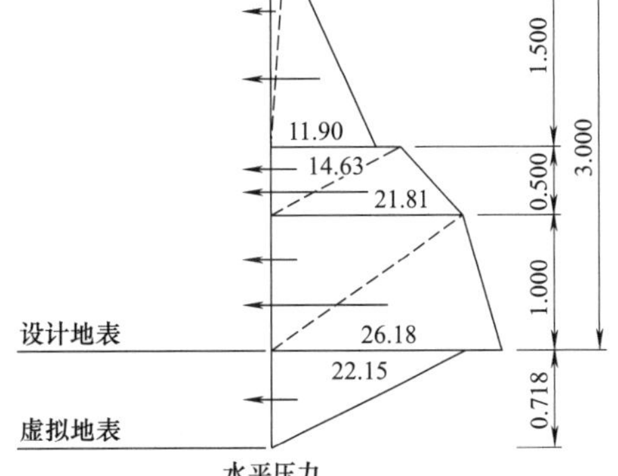

图 B.2-32 荷载分区（1级地震工况）

杨氏模量：$E=2.0\times10^8\text{kN/m}^2$

截面惯性矩：$I=0.000105\text{m}^4$（折减前）

$I=0.000083\text{m}^4$（经腐蚀和接头折减后）

$k_h=6910N^{0.406}=20700\text{kN/m}^3$

$$\beta=\sqrt[4]{\frac{k_hB}{4EI_0}}=\sqrt[4]{\frac{20700\times1.00}{4\times2.0\times10^8\times0.000083}}=0.747\text{m}^{-1}$$

① 一般工况

土压力作用力合力（水平力）：$P=39.24\text{kN}$

合力作用点高度：$h_0=1.293\text{m}$

$$M_{max}=\frac{P}{2\beta}\sqrt{(1+2\beta h_0)^2+1}\exp\left(-\tan^{-1}\frac{1}{1+2\beta h_0}\right)$$

$$=\frac{39.24}{2\times0.747}\sqrt{(1+2\times0.747\times1.293)^2+1}\exp\left(-\tan^{-1}\frac{1}{1+2\times0.747\times1.293}\right)$$

$$=58.57\text{kN}\cdot\text{m/m}$$

② 1级地震工况

土压力作用力合力（水平力）：$P=51.31\text{kN}$

合力作用点高度：$h_0=1.539\text{m}$

$$M_{max}=\frac{P}{2\beta}\sqrt{(1+2\beta h_0)^2+1}\exp\left(-\tan^{-1}\frac{1}{1+2\beta h_0}\right)$$

$$=\frac{51.31}{2\times0.747}\sqrt{(1+2\times0.747\times1.539)^2+1}\exp\left(-\tan^{-1}\frac{1}{1+2\times0.747\times1.539}\right)$$

$$=88.22\text{kN}\cdot\text{m/m}$$

6)应力计算

当计算应力时,各参数取值如下:

桩材:SP-10H 帽型钢板桩

单位宽度:$B=1.0\text{m}$

腐蚀裕量:$t_1=1.0\text{mm}$(桩前),$t_2=1.0\text{mm}$(桩后)

腐蚀速率:$\eta=0.79$

接头系数:$\mu=1.00$

杨氏模量:$E=2.0\times10^8\text{kN/m}^2$

截面模量:$Z_o=0.000902\text{m}^3$(折减前)

$Z=0.000713\text{m}^3$(经腐蚀和接头折减后)

① 一般工况

$$\sigma=M_{max}/Z=58.57\times10^6/0.000713\times10^9=82.1\text{N/mm}^2\leqslant180\text{N/mm}^2$$

② 1级地震工况

$$\sigma=M_{max}/Z=88.22\times10^6/0.000713\times10^9=123.7\text{N/mm}^2\leqslant270\text{N/mm}^2$$

7）位移计算

利用式B.1-17计算得到图B.2-33所示的钢板桩护岸墙位移。

① 一般工况：

$$\delta_1=\frac{(1+\beta h_0)}{2EI\beta^3}P=\frac{(1+0.747\times1.293)}{2\times2.0\times10^8\times0.000083\times0.747^3}\times39.24$$

$$=0.0056\text{m}=5.6\text{mm}$$

$$\delta_2=\frac{(1+2\beta h_0)}{2EI\beta^2}PH=\frac{(1+2\times0.747\times1.293)}{2\times2.0\times10^8\times0.000083\times0.747^2}\times39.24\times3.267$$

$$=0.0203\text{m}=20.3\text{mm}$$

$$\delta_3=\frac{H^3}{6EI}(3-\alpha)\alpha^2P=\frac{BH^3\sum Qj}{EI}=\frac{1\times3.267^3\times3.255}{2.0\times10^8\times0.000083}$$

$$=0.0068\text{m}=6.8\text{mm}$$

$$\delta=\delta_1+\delta_2+\delta_3=5.6\text{mm}+20.3\text{mm}+6.8\text{mm}=32.7\text{mm}\leqslant50\text{mm}\quad\text{满足条件}$$

注：计算δ_3时采用表B.2-33所示的截面模量，计算时将土压力划分为三角形分布，如图B.2-3所示。

截面模量（一般工况） **表B.2-33**

序号	深度(m)	Y(m)	α	ζ	P(kN)	Q(kN)
1	0.000～1.500	2.767 2.267	0.847 0.694	0.257 0.185	2.18 8.41	0.562 1.556
2	1.500～2.000	1.600 1.434	0.490 0.439	0.100 0.082	2.80 4.42	0.281 0.363
3	2.000～3.000	0.934 0.600	0.286 0.184	0.037 0.016	8.83 10.29	0.326 0.163
4	3.000～3.267	0.178 0.089	0.054 0.027	0.001 0.000	2.31 0.00	0.003 0.000
$\sum Q=3.255$						

注：Y—虚拟地表与合力作用点之间的距离；$\alpha=Y/H$；$\zeta=[(3-\alpha)\times\alpha^2]/6$；$Q=\zeta\times P$；$P$—水平力；$H$—距离虚拟地表的深度。

② 1级地震工况：

$$\delta_1=\frac{(1+\beta h_0)}{2EI\beta^3}P=\frac{(1+0.747\times1.539)}{2\times2.0\times10^8\times0.000083\times0.747^3}\times51.31$$

$$=0.0080\text{m}=8.0\text{mm}$$

$$\delta_2=\frac{(1+2\beta h_0)}{2EI\beta^2}PH=\frac{(1+2\times0.747\times1.539)}{2\times2.0\times10^8\times0.000083\times0.747^2}\times51.31\times3.718$$

$$=0.0340\text{m}=34.0\text{mm}$$

$$\delta_3=\frac{H^3}{6EI}(3-\alpha)\alpha^2P=\frac{BH^3\sum Q_j}{EI}=\frac{1\times3.718^3\times4.395}{2.0\times10^8\times0.000083}$$

$$=0.0136\text{m}=13.6\text{mm}$$

$$\delta=\delta_1+\delta_2+\delta_3=8.0\text{mm}+34.0\text{mm}+13.6\text{mm}=55.5\text{mm}\leqslant75\text{mm}\quad\text{满足条件}$$

注：计算δ_3时采用表B.2-34所示的截面模量，计算时将土压力划分为三角形分布，如图B.2-33所示。

截面模量（1 级地震工况）　　表 B. 2-34

序号	深度(m)	Y(m)	α	ζ	P(kN)	Q(kN)
1	0.000～ 1.500	3.218 2.718	0.866 0.731	0.266 0.202	1.33 8.93	0.355 1.804
2	1.500～ 2.000	2.051 1.885	0.552 0.507	0.124 0.107	3.66 5.45	0.454 0.582
3	2.000～ 3.000	1.385 1.051	0.372 0.283	0.061 0.036	10.91 13.09	0.662 0.474
4	3.000～ 3.718	0.478 0.239	0.129 0.064	0.008 0.002	7.95 0.00	0.063 0.000
$\Sigma Q=4.395$						

注：Y—虚拟地表与合合力作用点之间的距离；$\alpha=Y/H$；$\zeta=[(3-\alpha)\times\alpha^2]/6$；$Q=\zeta\times P$；$P$—水平力；$H$—距离虚拟地表的深度。

计算结果表明，一般工况和 1 级地震工况下，钢板桩护岸墙的位移均在容许范围内。

8）嵌入长度计算

当计算嵌入长度时，各参数的取值如下：

桩材：SP-10H 帽型钢板桩

单位宽度：$B=1.0$m

腐蚀速率：$\eta=0.79$

接头系数：$\mu=1.00$

杨氏模量：$E=2.0\times10^8$kN/m^2

截面惯性矩：$I=0.000105$m^4

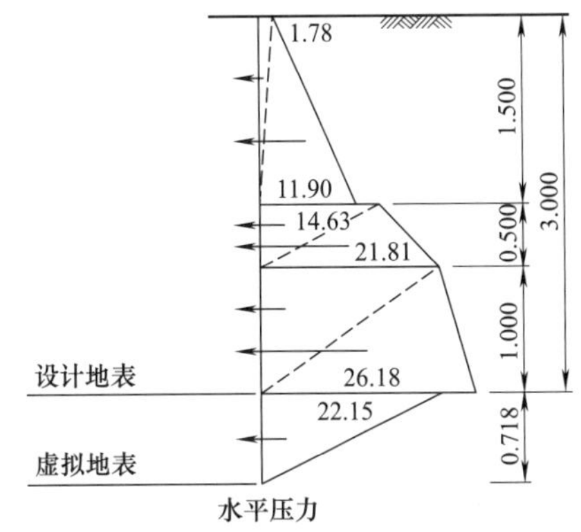

图 B. 2-33　荷载分区（1 级地震工况）

假定虚拟地表的深度为 L_k，则嵌入长度 D 以及虚拟地表以下钢板桩的总长度 L 为：

$$D=L_k+3/\beta$$

$$L=H-H_{lt}+D$$

$$\beta=\sqrt[4]{\frac{k_h B}{4EI}}=\sqrt[4]{\frac{20700\times1.00}{4\times2.0\times10^8\times0.000105}}=0.705\text{m}^{-1}$$

式中 H_{lt} 为地表与钢板桩顶部之间的距离。

① 一般工况

嵌入长度：$D=0.267+3/0.705=4.522$m

钢板桩总长度：$L=3.000-0.250+4.522=7.272$m

因此，钢板桩总长度取为 7.5m。

② 1 级地震工况

嵌入长度：$D=0.718+3/0.705=4.973$m

钢板桩总长度：$L=3.000-0.250+4.973=7.723$m

因此，钢板桩总长度取为 8.0m。

综上，一般工况和 1 级地震工况下，钢板桩的长度取值为 $L=8.00$m。

（3）圆弧滑动破坏校核

当场地中不存在软土层或饱和砂层时，往往可以不进行圆弧滑动破坏检核计算。本节介绍一个计算实例，供读者参考。

1）计算工况

① 计算模型

本设计算例的计算模型如图 B. 2-34 所示。

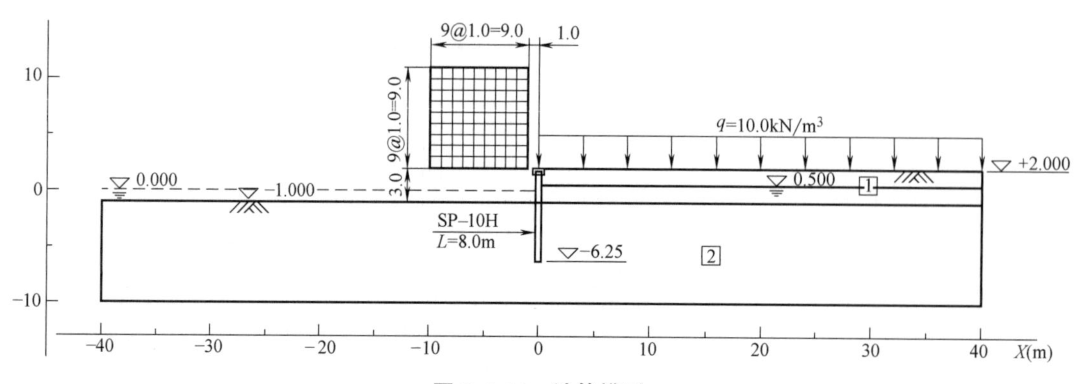

图 B. 2-34 计算模型

② 场地物理性质

场地物理性质如表 B. 2-35 所示。

场地物理参数 **表 B. 2-35**

土层	饱和容重 γ (kN/m³)	剪切角 φ (°)	黏聚力 c (kN/m²)
1	19.0	30	0.0
2	20.0	36	0.0

③ 附加荷载

一般工况下的附加荷载为：q=10.0kN/m²

④ 计算公式

滑动安全系数可在图 B. 2-35 的基础上由式（B. 2-4）进行计算。

$$F_s=\frac{\sum\{cL+(W-ub)\cos\alpha\tan\varphi\}}{\sum W\sin\alpha} \quad (B.\ 2\text{-}4)$$

式中 F_s——安全系数；

c——黏聚力（kN/m²）；

φ——剪切角（°）；

L——滑动面的弧长（m）；

u——孔隙水压力（kN/m²）；

b——条分后条块宽度（m）；

W——条分后条块重量（kN/m）；

α——滑动圆弧圆心与每一段滑动弧中点连线与垂直方向的夹角（°）。

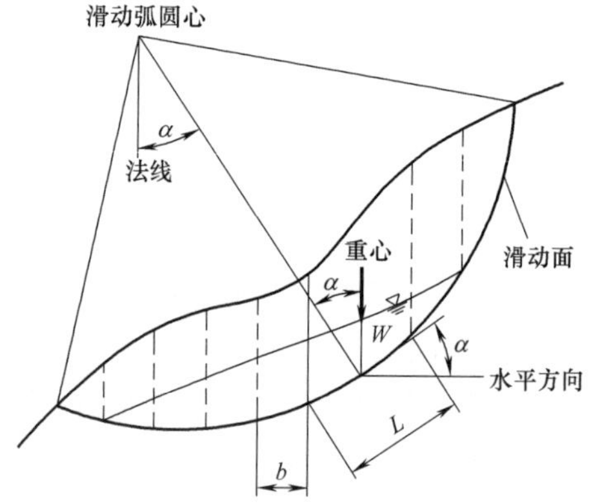

图 B. 2-35 圆弧滑动破坏计算示意图

2）计算结果

计算结果如表 B. 2-36 所示，滑动面如图 B. 2-36 所示。

圆弧滑动计算结果 **表 B. 2-36**

	滑动圆弧圆心坐标		圆弧半径(m)	滑动安全系数
	X(m)	Y(m)		
一般工况	−1.00	2.00	8.40	2.645>1.20

（4）计算结果总结

一般工况以及 1 级地震工况下的计算结果如表 B. 2-37 所示，本设计实例采用的标准计算截面如图 B. 2-37 所示。

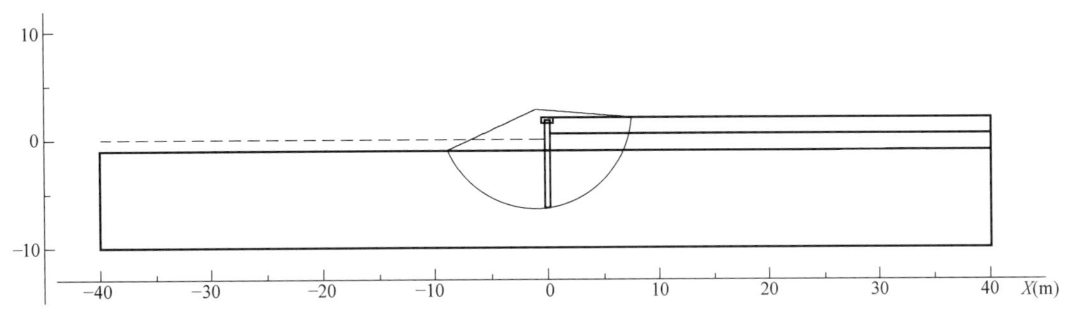

图 B.2-36　圆弧滑动面

计算结果　　表 B.2-37

项目	符号	单位	一般工况	1 级地震工况
最大弯矩	M_{max}	kN·m/m	58.57	88.22
应力	σ	N/mm²	82.1	123.7
水平位移	δ	mm	32.7≤50.0	55.6≤75.0
嵌入长度	D	m	4.522	4.973
钢板桩总长度	L	m	7.50	8.00
滑动安全系数	F_s		2.65≥1.20	—

注：本设计实例的桩材为 SP-10H 帽型钢板桩。

基于以上计算结果，钢板桩的长度取为 L=8.00m。

B.2.4　海湾：悬臂式港口及海湾护岸工程（钢管板桩）

本节介绍 1 级地震工况下悬臂式钢板桩岸壁的设计计算实例。本节的设计实例基于日本港口学会编制的"日本港口及港口设施技术标准"，本节的公式编号同本手册附录 B.1.1 节。

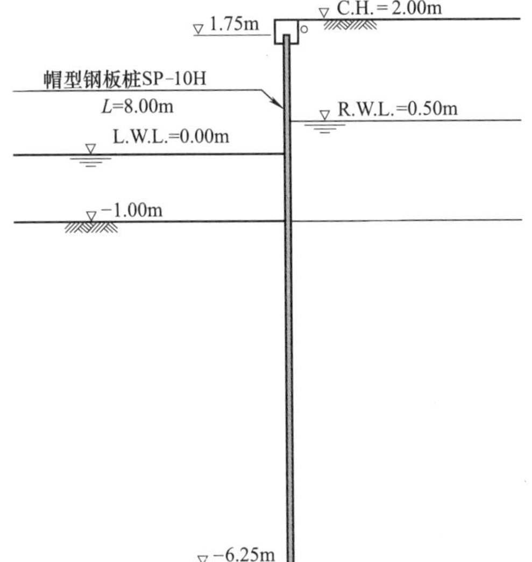

图 B.2-37　标准截面

（1）设计工况

1）高程

① 墙顶高度：C.H.=2.00m

② 设计地表：D.L.=−4.00m

③ 钢板桩挡土墙后方水位：R.W.L.=0.50m

④ 钢板桩挡土墙前方水位：L.W.L.=0.00m

2）自重

设计时不考虑钢管板桩的自重。钢板桩挡土墙的顶部没有其他结构。

3）墙后场地上的荷载：

q=10kN/m²（一般工况下）

q'=5kN/m²（地震工况下）

4）水的容重

γ=10.1kN/m³

5）土体状态

① 墙后场地（C.H.-D.L.）

剪切角 φ=30°

重度 γ_t=19kN/m³（墙后水位以上）

重度 $\gamma_{\tau}=10\text{kN/m}^3$（墙后水位以下）

② 设计地表以下（D. L. 以下）

平均 SPT-N 值 N=10

剪切角 $\varphi=36°$

容重 $\gamma_{\tau}=10\text{kN/m}^3$

③ 墙面剪切角

主动土压力计算时砂土中墙面剪切角 $\delta=15°$

被动土压力计算时砂土中墙面剪切角 $\delta=-15°$

6）水平设计地震强度

1 级地震工况下的水平设计地震强度由式（B-1-36）进行计算：

$$k_{\text{h(L1)}}=1.40\left(\frac{D_{\text{a}}}{D_{\text{r}}}\right)^{-0.86}\frac{a_{\text{c}}}{g}+0.06=0.15(\text{假定}\ \alpha_{\text{c}}=120\text{gal})$$

7）其他荷载

不考虑雪荷载的影响，因悬臂式钢管板桩上方未修建隔声墙和防撞墙，故也不考虑风荷载和冲击荷载。

8）腐蚀裕量

设计计算时假定电镀腐蚀保护效率为 90%，腐蚀裕量计算如下：

护岸结构：0.02mm/年×50 年=1.0mm

远离护岸结构处（海底以上）：0.15mm/年×50 年×(1－0.9)=0.75mm

远离护岸结构处（海底以下）：0.03mm/年×50 年×(1－0.9)=0.15mm

9）钢构件

钢管板桩的材料选用 SKY400 型钢材，其屈服应力 σ_{yk} 为 235N/mm^2。

10）容许位移

一般工况和 1 级地震工况下钢管板桩护岸的容许位移如表 B. 2-38 所示。

容许位移　　**表 B. 2-38**

工况	钢管顶部
一般工况	50mm
1 级地震工况	150mm

11）桩材截面性能

本设计算例采用直径为 800mm，厚度为 9mm 的 L-T（75）型钢材。

① 单桩截面性能

腐蚀前（钢材性能规格表中的参数）

外径：$D=800\text{mm}$

内径：$d=782\text{mm}$

截面面积：$A_0'=224\text{cm}^2$/桩

截面惯性矩：$I_0'=17500\text{cm}^4$/桩

截面模量：$Z_0'=4370\text{cm}^3$/桩

腐蚀后

腐蚀裕量：$\Delta t=1\text{mm}$（平均腐蚀裕量）

外径：$D-2\Delta t=798\text{mm}$

内径：$d=782\text{mm}$

截面面积：$A_0'=199\text{cm}^2$/桩

截面惯性矩：$I_0'=155000\text{cm}^4$/桩

截面模量：$Z_0'=3880\text{cm}^3$/桩

② 单位宽度（1m）截面性能

考虑接头间距的影响，单桩的截面性能可通过换算因子换算成单位墙宽的截面性能。

换算因子 α：

$$\alpha=\frac{100.0}{D+a}=\frac{100.0}{80.00+7.52}=1.14$$

式中 D——钢管外径（cm）；

a——接头间距（cm）。

③ 截面性能汇总

本设计算例的钢管板桩性能汇总如表 B. 2-39 所示。

截面性能 **表 B. 2-39**

截面性能		单位	钢管板桩墙
选用的钢材		—	直径 800mm，厚度 9mm
上部结构顶部高程		m	G. L. 2. 000
钢管板桩顶部高程		m	G. L. 1. 750
地表高程		m	G. L. 2. 000
结构水面高程		m	G. L. −4. 000
钢管板桩底部高程		m	G. L. −13. 750
钢管板桩总长度		m	15. 500
腐蚀前	截面面积 A_0	cm^2/m	255
	截面惯性矩 I_0	cm^4/m	200000
	截面模量 Z_0	cm^3/m	4990
腐蚀后	截面面积 A	cm^2/m	227
	截面惯性矩 I	cm^4/m	177000
	截面模量 Z	cm^3/m	4440

12）计算模型

本设计算例采用的计算模型如图 B. 2-38 所示。

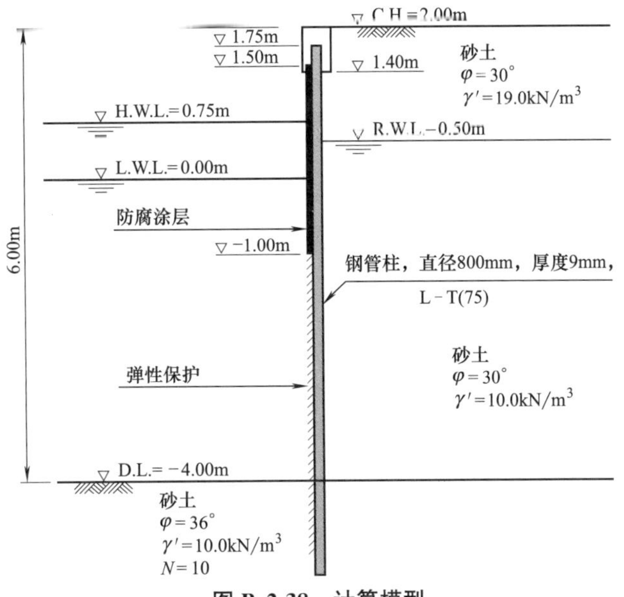

图 B. 2-38 计算模型

（2）荷载恒定工况计算

1）土压力系数计算

① 主动土压力

$$K_A=\frac{\cos^2\varphi}{\cos\delta\left[1+\sqrt{\frac{\sin(\varphi+\delta)\sin\varphi}{\cos\delta}}\right]^2} \quad \text{参见式（B. 1-2）}$$

② 被动土压力

$$K_P=\frac{\cos^2\varphi}{\cos\delta\left[1-\sqrt{\frac{\sin(\varphi-\delta)\sin\varphi}{\cos\delta}}\right]^2} \quad \text{参见式（B. 1-20）}$$

③ 土压力系数

上式计算得到的土压力系数如表 B. 2-40 所示。

土压力系数（恒定荷载工况） **表 B. 2-40**

		剪切角（φ）	墙面摩擦角（δ）	土压力系数（$K_a=K_a'\times\cos\delta$）
主动土压力系数	海底以上	30°	15°	0.291
	海底以下	36°	15°	0.230
被动土压力系数	海底以下	36°	−15°	6.710

2）外部荷载计算

① 土压力

A. 主动土压力

主动土压力的计算结果如表 B. 2-41 和图 B. 2-39 所示。

主动土压力 **表 B. 2-41**

序号	深度（m）	土层厚度（m）	容重 γ（kN/m³）	剪切角 φ 墙面摩擦角 δ	黏聚力 c（kN/m²）	有效附加荷载 $\sum\gamma h+q$（kN/m²）	土压力系数 K_a	主动土压力 P_a（kN/m²）	破裂角 ζ（°）
1	2.000 0.500	1.500	19.0	30° 15°	0.0 0.0	10.00 38.50	0.291 0.291	2.91 11.21	56.860 56.860
2	0.500 0.000	0.500	10.0	30° 15°	0.0 0.0	38.50 43.50	0.291 0.291	11.21 12.66	56.860 56.860
3	0.000 −4.000	4.000	10.0	30° 15°	0.0 0.0	43.50 83.50	0.291 0.291	12.66 24.31	56.860 56.860
4	−4.000 ~18.000	14.000	10.0	36° 15°	0.0 0.0	83.50 223.50	0.230 0.230	19.19 51.36	60.715 60.715

B. 被动土压力

被动土压力的计算结果如表 B. 2-42 和图 B. 2-40 所示。

被动土压力 **表 B. 2-42**

序号	深度（m）	土层厚度（m）	重度 γ（kN/m³）	剪切角 φ 墙面摩擦角 δ	黏聚力（kN/m²）	有效附加荷载 $\sum\gamma h+q$（kN/m²）	土压力系数 K_P	主动土压力 P_P（kN/m²）	破裂角 ζ（°）
1	−4.000 −18.000	14.000	10.0	36° −15°	0.0 0.0	0.00 140.00	6.710 6.710	0.00 939.41	18.261 18.261

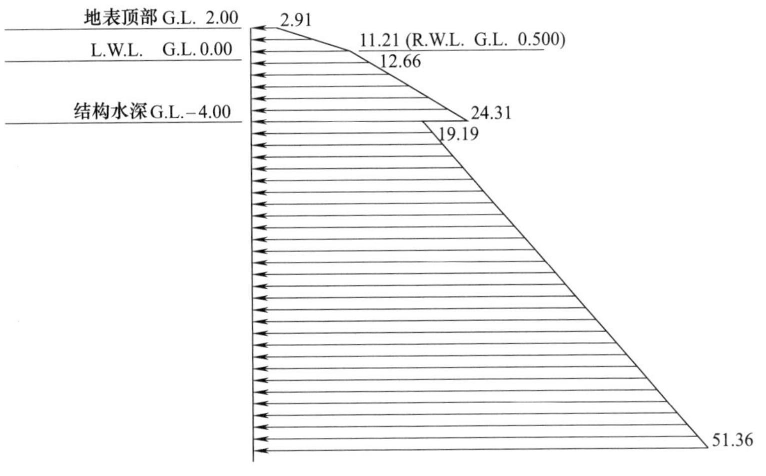

图 B. 2-39　主动土压力

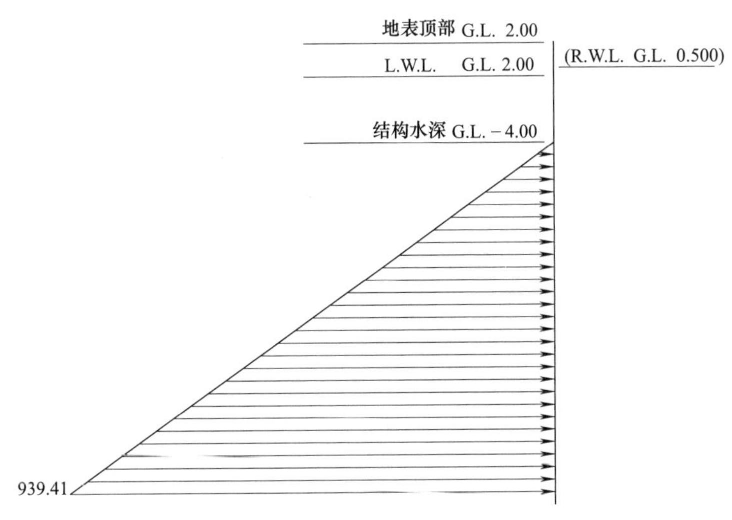

图 B. 2-40　被动土压力

② 残余水压力

残余水压力的计算结果如表 B. 2-43 和图 B. 2-41 所示。

残余水压力　　表 B. 2-43

序号	深度 G. L.（m）	土层厚度 h（m）	水压力 P_w （kN/m²）
1	0.500 0.000	0.5000	0.00 5.05
2	0.000 −4.000	4.000	5.05 5.05
3	−4.000 −18.000	14.000	5.05 5.05

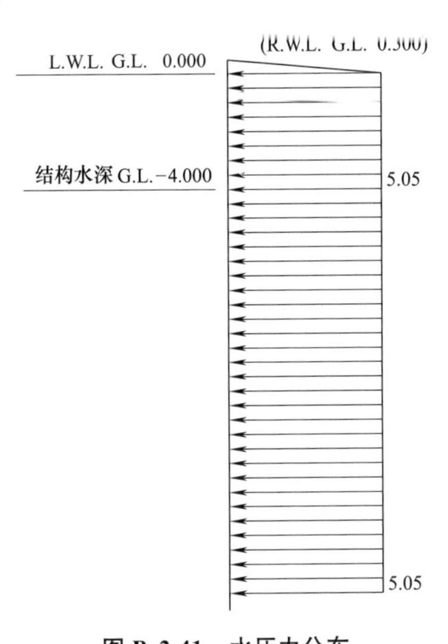

图 B. 2-41　水压力分布

③ 水平荷载

水平荷载计算结果如表 B. 2-44 所示。

水平荷载　　**表 B. 2-44**

序号	深度 G. L.(m)	土层厚度(m)	被动侧(kN/m²)	主动侧(kN/m²)		
			被动土压力	主动土压力	残余水压力	合计
1	2.000 0.500	1.500	— —	2.91 11.21	0.00 0.00	2.91 11.21
2	0.500 0.000	0.500	— —	11.21 12.66	0.00 5.05	11.21 17.71
3	0.000 −4.000	4.000	— —	12.66 24.31	5.05 5.05	17.71 29.36
4	−4.000 −18.000	14.000	0.00 939.41	19.19 51.36	5.05 5.05	24.24 56.41

3）虚拟海底及作用力计算

① 虚拟海底面计算

主动土压力和残余水压力之和等于被动土压力处被定义为虚拟海底，图 B. 2-42 所示的虚拟海底深度 G. L. 为−4. 374m。

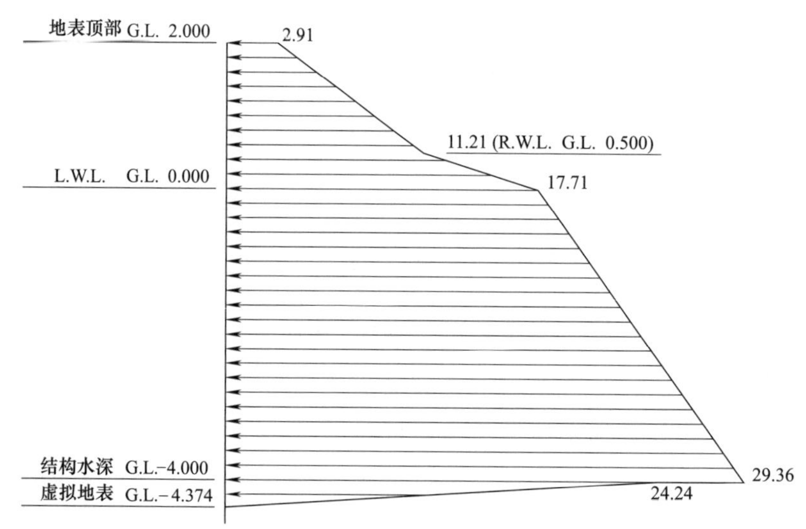

图 B. 2-42　虚拟海底及荷载示意图

② 作用力计算

作用力计算将获得虚拟海底以上作用于钢管板桩墙上的分布荷载以及集中荷载的合力。

A. 土压力和水压力

作用于虚拟海底以上钢管板桩墙的荷载如表 B. 2-45 所示。

荷载汇总　　**表 B. 2-45**

序号	深度 G. L.(m)	土层厚度(m)	被动土压力(kN/m²)	主动土压力(kN/m²)	作用荷载(kN/m²)
1	2.000 0.500	1.500	0.00 0.00	2.91 11.21	2.91 11.21
2	0.500 0.000	0.500	0.00 0.00	11.21 17.71	11.21 17.71

续表

序号	深度 G.L.(m)	土层厚度(m)	被动土压力(kN/m²)	主动土压力(kN/m²)	作用荷载(kN/m²)
3	0.000 −4.000	4.000	0.00 0.00	17.71 29.36	17.71 29.36
4	−4.000 −4.374	0.374	0.00 25.10	24.24 25.10	24.24 0.00

B. 拟海底上的荷载

水平作用力及力臂计算时假定水平作用力为梯形分布，梯形分布荷载的上边荷载为 p_1，下边荷载为 p_2，层厚为 h，则水平作用力=$(p_1+p_2)\times h/2$，力臂=(虚拟海底与土层下边界之间的距离)+$(h/3)\times(2\times p_1+p_2)/(p_1+p_2)$。

基于表 B.2-46 所示的计算结果，虚拟海底上的作用荷载为：

水平荷载：$\sum P_a=116.51\text{kN}$

作用点高度：$h_p=2.579\text{m}$

$$h_p=\frac{\sum M_a}{\sum P_a}=\frac{300.42}{116.51}=2.579\text{m}$$

作用力汇总 **表 B.2-46**

序号	深度 G.L.(m)	土层厚度(m)	水平荷载 P_a(kN/m²)	水平作用力(kN/m)	力臂(m)	弯矩 M_a(kN·m/m)
1	2.000 0.500	1.500	2.91 11.21	10.59	5.477	58.01
2	0.500 0.000	0.500	11.21 17.71	7.23	4.605	33.30
3	0.000 −4.000	4.000	17.71 29.36	94.15	2.209	207.99
4	−4.000 −4.374	0.374	24.24 0.00	4.53	0.249	1.13
Σ				116.51		300.42

4）嵌入长度计算

① 钢管板桩墙长度

进行钢管板桩墙长度计算时，应根据 PHA 方法确定虚拟海底下必要的嵌入长度，以确保钢管板桩墙具有足够的水平抗力。

如表 B.2-47 所示，本设计算例计算得到的嵌入长度满足规范要求。

$$D=1.50\times l_{m1}=1.50\times5.470=8.205\text{m}\leqslant\text{实际嵌入长度}=9.376\text{m}$$

钢管板桩嵌入长度评估 **表 B.2-47**

上部结构顶端的高程		G.L.2.000m
钢管板桩墙顶部的高程		G.L.1.750m
结构水面高程		G.L.−4.000m
虚拟海底		G.L.−4.374m
必要的嵌入长度(虚拟海底面与必要嵌入段底部之间的距离)	l_{m1}	5.470m
	$D=1.50\times l_{m1}$	0.205(G.L.−12.579)m

续表

确定嵌入长度(虚拟海底面与必要嵌入段底部之间的距离)	实际嵌入长度(m)	9.376(G.L. −13.750)m
	判断	满足要求
确定墙体的总长(上部结构顶部至嵌入段底部)		15.750m
确定钢管板桩的总长(上部结构顶部至嵌入段底部)		15.500m
确定嵌入长度		9.750m

② PHA 方法计算结果

A. 原型桩(P 桩)和标准桩(S 桩)性能对比

不考虑腐蚀的情况下,P 桩和 S 桩的性能对比如表 B.2-48 所示。

原型桩和标准桩性能对比 **表 B.2-48**

项目		性能	性能对比	
桩顶状态		自由	R=原型桩/标准桩	$\log R$
荷载作用高程(m)	标桩桩	$h_s=1.000$	$R_h=2.5786$	0.4114
	原型桩	$h_p=2.579$		
弯曲刚度(kN·m²)	标准桩	$EI_s=1.0000E+004$	$R_{EI}=39.9909$	1.6020
	原型桩	$EI_p=3.9991E+005$		
水平抗力常数(kN·m$^{1.5}$)	标准桩	$Bk_s=1000$	$R_{Bk}=2.4010$	0.3804
	原型桩	$Bk_p=2401$		

B. 转换因子

$$\log R_s=5\log R_x-\log R_{EI}+2\log R_{Bk}=1.2158$$
$$\log R_M=6\log R_x-\log R_{EI}+2\log R_{Bk}=1.6272$$
$$\log R_i=7\log R_x-2\log R_{EI}+2\log R_{Bk}=0.4366$$
$$\log R_y=8\log R_x-2\log R_{EI}+2\log R_{Bk}=0.8480$$

式中 R_s——剪切力转换因子;

R_M——弯矩转换因子;

R_i——偏转角转换因子;

R_y——位移转换因子。

C. 标准桩顶部荷载

$$\log T_s=\log T_p-\log T_s=2.0663-1.2158=0.8506$$

式中原型桩顶部荷载 T_p=116.505kN。

D. 基于参考曲线的插值计算

基于表 B.2-49 所示参考曲线,插值计算结果如表 B.2-50 所示。

参考曲线 **表 B.2-49**

$\log T_s$	$\log y_{top}$	$\log M_{max}$	$\log l_{m1}$	$\log y_0$	$\log i_{top}$	$\log i_o$
1.0	−2.5612	1.0715	0.3552	−3.0210	−2.7076	−2.8355
0.5	−3.1968	0.5527	0.2595	−3.7451	−3.2937	−3.4555

原型桩性能参数的插值结果 **表 B.2-50**

$\log T_s$	$\log y_{top}$	$\log M_{max}$	$\log l_{m1}$	$\log y_0$	$\log i_{top}$	$\log i_o$
0.8506	−2.7512	0.9164	0.3266	−3.2374	−2.8828	−3.0208

E. 原型桩性能

· 最大弯矩

$$\log (M_{max})_s + \log R_M = 0.9164 + 1.6272 = 2.5436 \quad M_{max} = 349.6\ (\text{kN} \cdot \text{m})$$

· 虚拟地表位移

$$\log (y_0)_s + \log R_y = -3.2374 + 0.8480 = -2.3894 \quad y_0 = 0.0041\ (\text{m})$$

· 虚拟地表偏转角

$$\log (i_0)_s + \log R_i = -3.0208 + 0.4366 = -2.5842 \quad i_0 = 0.0026\ (\text{rad})$$

· 第一个弯矩为零的点的深度

$$\log(l_{m1})_s + \log R_h = 0.3266 + 0.4114 = 0.7380$$

$$l_{m1} = 5.4700\ (\text{m})$$

5）截面力计算

① 截面力计算

利用 PHA 方法可计算得到钢管板桩墙内的最大弯矩，如表 B.2-51 所示。

最大弯矩　　**表 B.2-51**

		单位	值
最大弯矩	弯矩 M_{max}	kN · m/m	348.0
虚拟海底面的弯矩	弯矩 M_{gs}	kN · m/m	300.4
	出现的位置（与虚拟海底面的距离）	m	0.000（G.L. −4.374）

② PHA 方法计算结果

A. 原型桩（P 桩）和标准桩（S 桩）性能对比

考虑腐蚀的情况下，P 桩和 S 桩的性能对比如表 B.2-52 所示。

原型桩和标准桩性能对比　　**表 B.2-52**

项目		性能	性能对比	
桩顶状态		自由	R=原型桩/标准桩	log R
荷载作用高程（m）	标桩桩	h_s=1.000	R_h=2.5786	0.4114
	原型桩	h_p=2.579		
弯曲刚度（kN · m^2）	标准桩	EI_s=1.0000E+004	R_{EI}=35.3996	1.5490
	原型桩	EI_p=3.5400E+005		
水平抗力常数（kN · $m^{1.5}$）	标准桩	Bk_s=1000	R_{Bk}=2.4010	0.3804
	原型桩	Bk_p=2401		

B. 转换因子

$$\log R_s = 5\log R_x - \log R_{EI} + 2\log R_{Bk} = 1.2688$$

$$\log R_M = 6\log R_x - \log R_{EI} + 2\log R_{Bk} = 1.6802$$

$$\log R_i = 7\log R_x - 2\log R_{EI} + 2\log R_{Bk} = 0.5426$$

$$\log R_y = 8\log R_x - 2\log R_{EI} + 2\log R_{Bk} = 0.9540$$

式中　R_s——剪切力转换因子；

R_M——弯矩转换因子；

R_i——偏转角转换因子；

R_y——位移转换因子。

C. 准桩顶部荷载

$$\log T_s = \log T_p - \log T_s = 2.0663 - 1.2688 = 0.7975$$

式中原型桩顶部的荷载 T_p=116.505kN。

D. 基于参考曲线的插值计算

基于表 B. 2-53 所示参考曲线，插值计算结果如表 B. 2-54 所示。

参考曲线　　表 B. 2-53

$\log T_s$	$\log y_{top}$	$\log M_{max}$	$\log l_{m1}$	$\log y_0$	$\log i_{top}$	$\log i_o$
1.0	−2.5612	1.0715	0.3552	−3.0210	−2.7076	−2.8355
0.5	−3.1968	0.5527	0.2595	−3.7451	−3.2937	−3.4555

原型桩性能参数的插值结果　　表 B. 2-54

$\log T_s$	$\log y_{top}$	$\log M_{max}$	$\log l_{m1}$	$\log y_0$	$\log i_{top}$	$\log i_o$
0.7975	−2.8186	0.8614	0.3164	−3.3143	−2.9450	−3.0866

E. 原型桩性能

· 最大弯矩

$$\log (M_{max})_s + \log R_M = 0.8614 + 1.6802 = 2.5416 \quad M_{max} = 348.0 \text{（kN·m）}$$

· 虚拟地表位移

$$\log (y_0)_s + \log R_y = -3.3143 + 0.9540 = -2.3603 \quad y_0 = 0.0044 \text{（m）}$$

· 虚拟地表偏转角

$$\log (i_0)_s + \log R_i = -3.0866 + 0.5426 = -2.5440 \quad i_0 = 0.0029 \text{（rad）}$$

· 第一个弯矩为零的点的深度

$$\log(l_{m1})_s + \log R_h = 0.3164 + 0.4114 = 0.7278$$

$$l_{m1} = 5.3432 \text{（m）}$$

6）墙顶位移计算

① 虚拟海底面位移 δ_1

$$\delta_1 = y_0 = 0.0044 \text{（m）}$$

② 偏转角引起的虚拟海底面位移：δ_3

$$\delta_3 = \tan\theta_A \times R_h = \tan 0.164 \times 6.374 = 0.0182 \text{（m）}$$

式中　θ_A——虚拟海底面处板桩的偏转角（$= i_0 = 0.0029$ rad$= 0.164°$）；

R_h——总墙高（虚拟海底面至墙顶的高度，m）。

③ 虚拟海底面以上弹性位移 δ_2（悬臂梁）

如图 B. 2-43 所示，水平荷载计算时假定荷载为三角形分布。

$$\delta_2 = \frac{p_0}{120EI\alpha}(4a^4 + 20a^3b + 40a^2b^2 + 35ab^3 + 11b^4) = 0.0105\text{m}$$

$$p_0 = \frac{\sum p_a}{R_h} \times 2 = \frac{116.51}{6.374} \times 2 = 47.15\text{kN/m}^2$$

式中　p_0——三角形分布荷载的最大值（kN/m^2）；

$\sum p_a$——作用于虚拟海底面上的土压力和残余水压力的合力（kN/m）；

E——杨氏模量（kN/m^2）；

I——截面惯性矩（m^4/m）；

α——效率系数（针对截面惯性矩）；

a——结构水位与板桩顶部的高差（=6.000m）；

b——虚拟海底面与结构水位的高差（=0.374m）。

④ 总计位移

$$\delta = \delta_1 + \delta_2 + \delta_3 = 0.0044 + 0.0060 + 0.0182 = 0.0286\text{m} \leqslant \delta_a = 50\text{mm} \quad \text{满足要求}$$

（3）荷载变化工况计算

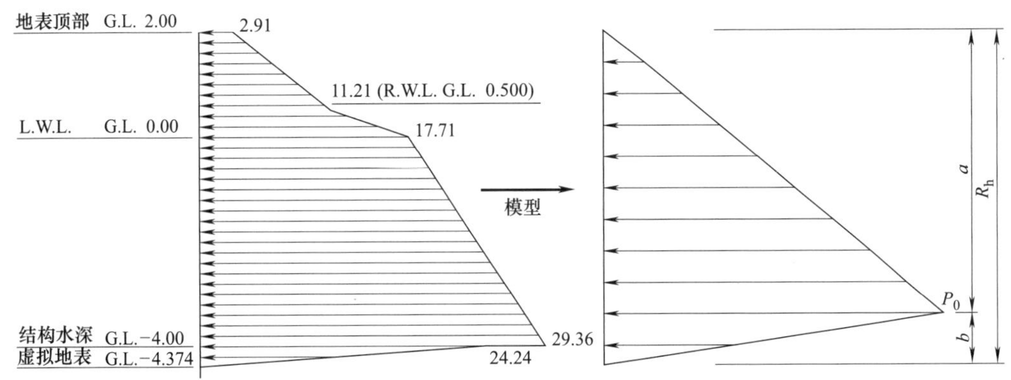

图 B.2-43 水平荷载分布示意图

1）土压力系数

① 主动土压力

$$K_A=\frac{\cos^2\varphi}{\cos\delta\left[1+\sqrt{\frac{\sin(\varphi+\delta)\sin\varphi}{\cos\delta}}\right]^2}$$ 参见式（B.1-7）

② 被动土压力

$$K_P=\frac{\cos^2\varphi}{\cos\delta\left[1-\sqrt{\frac{\sin(\varphi-\delta)\sin\varphi}{\cos\delta}}\right]^2}$$ 参见式（B.1-6）

③ 土压力系数

基于上述计算公式，土压力系数计算结果如表 B.2-55 所示。

土压力系数（1 级地震工况） 表 B.2-55

		剪切角（φ）	墙面摩擦角（δ）	设计地震强度（k_h）	土压力系数（$K_{ea}=K'_{ea}\times\cos\delta$）
主动土压力系数	地表～残余水位	30	15	0.15	0.393
	残余水位～L.W.L.	30	15	0.16	0.402
	L.W.L.～海底	30	15	0.21	0.450
	海底面以下	36	15	0.27	0.408
被动土压力系数	海底面以下	36	15	0.30	5.201

2）外部荷载计算

① 土压力

A. 主动土压力

主动土压力的计算结果如表 B.2-56 和图 B.2-44 所示。

主动土压力 表 B.2-56

序号	深度（m）	土层厚度（m）	重度 γ（kN/m³）	剪切角 φ 墙面摩擦角 δ	黏聚力 c（kN/m²）	有效附加荷载 $\Sigma\gamma h+q$（kN/m²）	地震强度 k	地震合成角 θ	土压力系数 K_{ea}	主动土压力 P_a（kN/m²）	破裂角 ζ（°）
1	2.000	1.500	19.0	30°	0.0	5.00	0.15	8.531	0.393	1.97	48.581
	0.500			15°	0.0	33.50	0.15	8.531	0.393	13.18	48.581
2	0.500	0.500	10.0	30°	0.0	33.50	0.16	9.114	0.402	13.47	47.925
	0.000			15°	0.0	38.50	0.16	9.114	0.402	15.48	47.925
3	0.000	4.000	10.0	30°	0.0	38.50	0.21	12.085	0.450	17.32	44.344
	−4.000			15°	0.0	78.50	0.21	12.085	0.450	35.32	44.344
4	−4.000	14.000	10.0	36°	0.0	78.50	0.27	14.904	0.408	32.04	46.801
	～18.000			15°	0.0	218.50	0.27	14.904	0.408	89.19	46.801

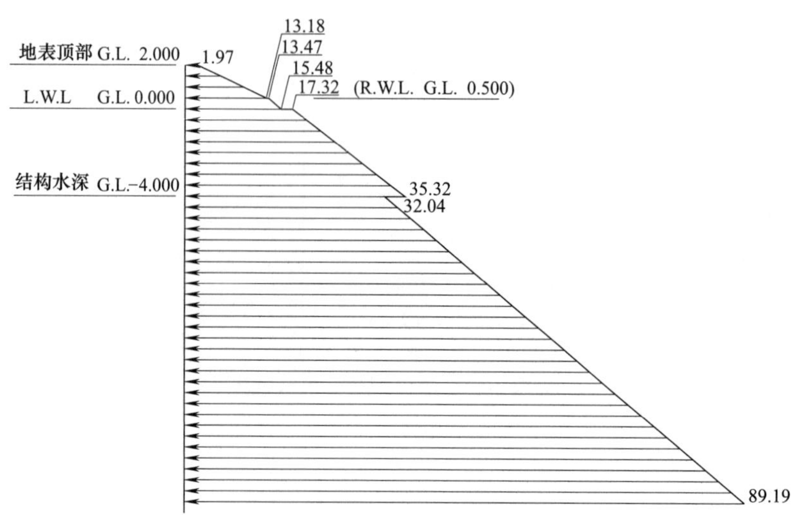

图 B. 2-44 主动土压力

B. 被动土压力

被动土压力的计算结果如表 B. 2-57 和图 B. 2-45 所示。

被动土压力 表 B. 2-57

序号	深度（m）	土层厚度（m）	重度 γ（kN/m³）	剪切角 φ 墙面摩擦角 δ	黏聚力 c（kN/m²）	有效附加荷载 $\Sigma\gamma h+q$（kN/m²）	地震强度 k	地震合成角 θ	土压力系数 K_{ea}	主动土压力 P_a（kN/m²）	破裂角 ζ（°）
1	−4.000 −18.000	14.000	10.0	36° 15°	0.0 0.0	0.00 140.00	0.30 0.30	16.699 16.699	5.201 5.201	0.00 728.18	16.022 16.022

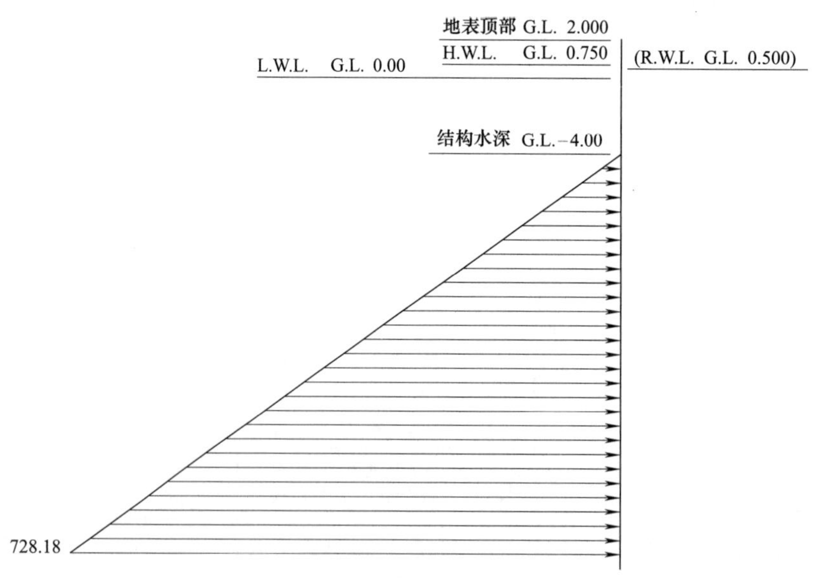

图 B. 2-45 被动土压力

② 残余水压力

残余水压力如表 B. 2-58 和图 B. 2-46 所示。

③ 水平荷载

水平荷载如表 B. 2-59 所示。

残余水压力 **表 B.2-58**

序号	深度 G.L.(m)	层厚(m)	水压力 p_w(kN/m²)
1	0.500 0.000	0.500	0.00 5.05
2	0.000 −4.000	4.000	5.05 5.05
3	−4.000 −18.000	14.000	5.05 5.05

水平荷载汇总 **表 B.2-59**

序号	深度 G.L.(m)	土层厚度(m)	被动侧(kN/m²)	主动侧(kN/m²)			
			被动土压力	主动土压力	残余水压力	动水压力	合计
1	2.000 0.500	1.500	— —	1.97 13.18	0.00 0.00	— —	1.97 13.18
2	0.500 0.000	0.500	— —	13.47 15.48	0.00 5.05	— —	13.47 20.53
3	0.000 −4.000	4.000	— —	17.32 35.32	5.05 5.05	— —	22.37 40.37
4	−4.000 −18.000	14.000	0.00 728.18	32.04 89.19	5.05 5.05	— —	37.09 94.24

④ 动水压力

动水压力的合力及合力作用点位置计算如下：

$$P_{dw}=\frac{7}{12}k_h\gamma_w H^2=\frac{7}{12}\times0.15\times10.1\times4.000^2=14.14\text{kN/m}$$

$$h_{dw}=\frac{2}{5}h=\frac{2}{5}\times4.000=1.600\text{m (G. L. }-2.400\text{m)}$$

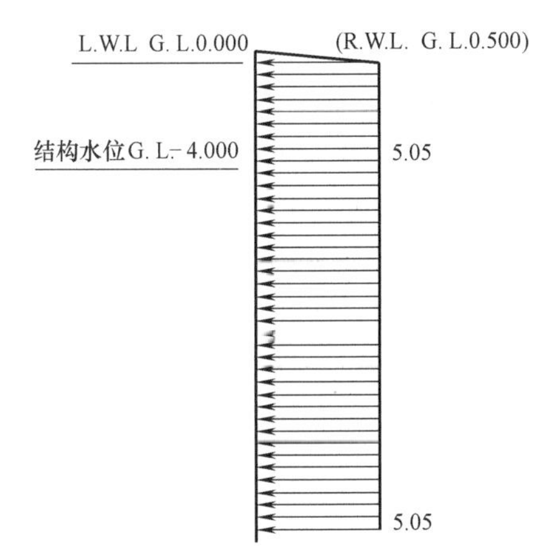

图 B.2-46 残余水压力分布

式中 P_{dw}——动水压力合力（kN/m）；

h_{dw}——动水压力合力作用点与结构水位之间的高差（m）；

k_h——地震强度；

γ_w——水的重度（kN/m³）；

H——水深（m）。

3）虚拟海底面及作用荷载计算

① 虚拟海底面计算

主动土压力和残余水压力之和等于被动土压力处被定义为虚拟海底，图 B.2-47 所示的虚拟海底深度 G.L. 为−4.774m。

② 作用力计算

本节将计算作用于虚拟海底面以上钢管板桩墙上的分布荷载合力及集中荷载。

A. 土压力及残余水压力

作用于虚拟海底面以上钢管板桩墙上的土压力及残余水压力如表 B.2-60 所示。

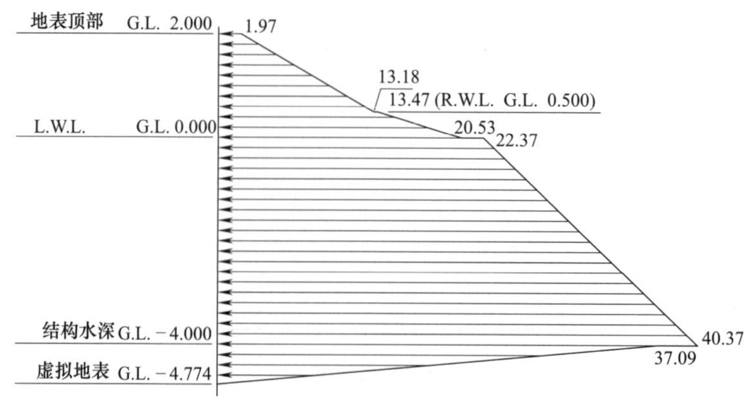

图 B. 2-47 虚拟海底面及荷载示意图

荷载汇总 **表 B. 2-60**

序号	深度 G. L.(m)	土层厚度(m)	被动土压力(kN/m²)	主动土压力(kN/m²)	作用荷载(kN/m²)
1	2.000 0.500	1.500	0.00 0.00	1.97 13.18	1.97 13.18
2	0.500 0.000	0.500	0.00 0.00	13.47 20.53	13.47 20.53
3	0.000 −4.000	4.000	0.00 0.00	22.37 40.37	22.37 40.37
4	−4.000 −4.774	0.774	0.00 40.26	37.09 40.25	37.09 0.00

B. 虚拟海底面上的荷载

计算时假定水平作用力为梯形分布，梯形分布荷载的上边荷载为 p_1，下边荷载为 p_2，层厚为 h，则水平作用力＝$(p_1+p_2)\times h/2$，力臂＝(虚拟海底与土层下边界之间的距离)＋$(h/3)\times(2\times p_1+p_2)/(p_1+p_2)$。

基于表 B. 2-61 和表 B. 2-62 所示的计算结果，虚拟海底上的作用荷载为：

水平荷载：$\Sigma P_a=173.83\text{kN}$

作用点高度：$h_p=2.726\text{m}$

$$h_p=\frac{\Sigma M}{\Sigma P}=\frac{473.91}{173.83}=2.726\text{m}$$

作用力计算结果汇总 **表 B. 2-61**

序号	深度 G. L.(m)	土层厚度 h(m)	水平荷载 p_a(kN/m²)	水平作用力 P_a(kN/m)	力臂 y(m)	弯矩 M_a(kN·m/m)
1	2.000 0.500	1.500	1.97 13.18	11.6	5.839	66.34
2	0.500 0.000	0.500	13.47 20.53	8.50	5.007	42.55
3	0.000 −4.000	4.000	22.37 40.37	125.47	2.583	324.05
4	−4.000 −4.774	0.774	37.09 0.00	14.36	0.516	7.41
Σ				159.69		440.34

作用力计算结果汇总（含动水压力） 表 B.2-62

	水平作用力 P（kN/m）	力臂（m）	弯矩 M（kN·m/m）
土压力和残余水压力	159.69	2.758	440.34
动水压力	14.14	2.374	33.57
$\sum$	173.83		473.91

4）嵌入长度计算

① 钢管板桩墙长度计算

进行钢管板桩墙长度设计计算时，应根据 PHA 方法确定虚拟海底下必要的嵌入长度，以确保钢管板桩墙具有足够的水平抗力。

如表 B.2-63 所示，本设计算例计算得到的嵌入长度满足规范的要求。

$D=1.50\times l_{m1}=1.50\times5.920=8.879$m≤实际嵌入长度=8.976m

钢管板桩嵌入长度评估 表 B.2-63

上部结构顶端的高程		G.L.2.000m
钢管板桩墙顶部的高程		G.L.1.750m
结构水面高程		G.L.－4.000m
虚拟海底		G.L.－4.774m
必要的嵌入长度（虚拟海底面与必要嵌入段底部之间的距离）	l_{m1}	5.920m
	$D=1.50\times l_{m1}$	8.879(G.L.－13.653)m
确定嵌入长度（虚拟海底面与必要嵌入段底部之间的距离）	实际嵌入长度(m)	8.976(G.L.－13.750)m
	判断	满足要求
确定墙体的总长(上部结构顶部至嵌入段底部)		15.750m
确定钢管板桩的总长(上部结构顶部至嵌入段底部)		15.500m
确定嵌入长度		9.750m

② PIIA 方法计算结果

A. 原型桩（P 桩）和标准桩（S 桩）性能对比

不考虑腐蚀的情况下，P 桩和 S 桩的性能对比如表 B.2-64 所示。

原型桩和标准桩性能对比 表 B.2-64

项目		性能	性能对比	
桩顶状态		自由	R=原型桩/标准桩	$\log R$
荷载作用高程（m）	标桩桩	$h_s=1.000$	$R_h=2.7264$	0.4356
	原型桩	$h_p=2.726$		
弯曲刚度（kN·m²）	标准桩	$EI_s=1.0000E+004$	$R_{EI}=39.9909$	1.6020
	原型桩	$EI_p=3.9991E+005$		
水平抗力常数（kN·m$^{1.5}$）	标准桩	$Bk_s=1000$	$R_{Bk}=2.4010$	0.3804
	原型桩	$Bk_p=2401$		

B. 转换因子

$$\log R_s=5\log R_x-\log R_{EI}+2\log R_{Bk}=1.3367$$

$$\log R_M=6\log R_x-\log R_{EI}+2\log R_{Bk}=1.7723$$

$$\log R_i=7\log R_x-2\log R_{EI}+2\log R_{Bk}=0.6059$$

$$\log R_y=8\log R_x-2\log R_{EI}+2\log R_{Bk}=1.0415$$

式中 R_s——剪切力转换因子；

R_M——弯矩转换因子；

R_i——偏转角转换因子；

R_y——位移转换因子。

C. 标准桩顶部荷载

$$\log T_s = \log T_p - \log T_s = 2.2401 - 1.3367 = 0.9034$$

式中原型桩顶部荷载 $T_p = 173.826\text{kN}$。

D. 基于参考曲线的插值计算

基于表 B. 2-65 所示参考曲线，插值计算结果如表 B. 2-66 所示。

参考曲线 **表 B. 2-65**

$\log T_s$	$\log y_{top}$	$\log M_{max}$	$\log l_{m1}$	$\log y_0$	$\log i_{top}$	$\log i_o$
1.0	−2.5612	1.0715	0.3552	−3.0210	−2.7076	−2.8355
0.5	−3.1968	0.5527	0.2595	−3.7451	−3.2937	−3.4555

原型桩性能参数的插值结果 **表 B. 2-66**

$\log T_s$	$\log y_{top}$	$\log M_{max}$	$\log l_{m1}$	$\log y_0$	$\log i_{top}$	$\log i_o$
0.9034	−2.6840	0.9712	0.3367	−3.1609	−2.8209	−2.9553

E. 原型桩性能

· 最大弯矩

$$\log (M_{max})_s + \log R_M = 0.9712 + 1.7723 = 2.7436 \quad M_{max} = 554.1\ (\text{kN} \cdot \text{m})$$

· 虚拟地表的位移

$$\log (y_0)_s + \log R_y = -3.1609 + 1.0415 = -2.1194 \quad y_0 = 0.0076\ (\text{m})$$

· 虚拟地表的偏转角

$$\log (i_0)_s + \log R_i = -2.9553 + 0.6059 = -2.3494 \quad i_0 = 0.0045\ (\text{rad})$$

· 第一个弯矩为零的点的深度

$$\log(l_{m1})_s + \log R_h = 0.3367 + 0.4356 = 0.7723$$

$$l_{m1} = 5.9195\ (\text{m})$$

5）截面力计算

① 截面力计算

基于 PHA 方法计算得到钢管板桩墙内的最大弯矩如表 B. 2-67 所示。

最大弯矩 **表 B. 2-67**

		单位	值
最大弯矩	弯矩 M_{max}	kN · m/m	551.6
虚拟海底面的弯矩	弯矩 M_{gs}	kN · m/m	473.9
	出现的位置（与虚拟海底面的距离）	m	0.000 (G. L. −4.774)

② PHA 方法计算结果

A. 原型桩（P 桩）和标准桩（S 桩）性能对比

考虑腐蚀的情况下，P 桩和 S 桩的性能对比如表 B. 2-68 所示。

原型桩和标准桩性能对比 表 B.2-68

项目		性能	性能对比	
桩顶状态		自由	R=原型桩/标准桩	$\log R$
荷载作用高程（m）	标桩桩	$h_s=1.000$	$R_h=2.7264$	0.4356
	原型桩	$h_p=2.726$		
弯曲刚度（$kN\cdot m^2$）	标准桩	$EI_s=1.0000E+004$	$R_{EI}=35.3996$	1.5490
	原型桩	$EI_p=3.5400E+005$		
水平抗力常数（$kN\cdot m^{1.5}$）	标准桩	$Bk_s=1000$	$R_{Bk}=2.4010$	0.3804
	原型桩	$Bk_p=2401$		

B. 转换因子

$$\log R_s=5\log R_x-\log R_{EI}+2\log R_{Bk}=1.3898$$
$$\log R_M=6\log R_x-\log R_{EI}+2\log R_{Bk}=1.8254$$
$$\log R_i=7\log R_x-2\log R_{EI}+2\log R_{Bk}=0.7120$$
$$\log R_y=8\log R_x-2\log R_{EI}+2\log R_{Bk}=1.1476$$

式中 R_s——剪切力转换因子；

R_M——弯矩转换因子；

R_i——偏转角转换因子；

R_y——位移转换因子。

C. 标准桩顶部荷载

$$\log T_s=\log T_p-\log T_s=2.2401-1.3898=0.8503$$

式中原型桩顶部荷载 $T_p=173.826$kN。

D. 基于参考曲线的插值计算

基于表 B.2-69 所示参考曲线，插值计算结果如表 B.2-70 所示。

参考曲线 表 B.2-69

$\log T_s$	$\log y_{top}$	$\log M_{max}$	$\log l_{m1}$	$\log y_0$	$\log i_{top}$	$\log i_o$
1.0	−2.5612	1.0715	0.3552	−3.0210	−2.7076	−2.8355
0.5	−3.1968	0.5527	0.2595	−3.7451	−3.2937	−3.4555

原型桩性能参数的计算结果 表 B.2-70

$\log T_s$	$\log y_{top}$	$\log M_{max}$	$\log l_{m1}$	$\log y_0$	$\log i_{top}$	$\log i_o$
0.8503	−2.7515	0.9162	0.3265	−3.2378	−2.8831	−3.0211

E. 原型桩性能

- 最大弯矩

$$\log(M_{max})_s+\log R_M=0.9162+1.8254=2.7416\ M_{max}=551.6\ (kN\cdot m)$$

- 虚拟地表的位移

$$\log(y_0)_s+\log R_y=-3.2378+1.1476=-2.0902\ y_0=0.0081\ (m)$$

- 虚拟地表的偏转角

$$\log(i_0)_s+\log R_i=-3.0211+0.7120=-2.3091 i_0=0.0049\ (rad)$$

- 第一个弯矩为零的点的深度

$$\log(l_{m1})_s+\log R_h=0.3265+0.4356=0.7621$$
$$l_{m1}=5.7823\ (m)$$

6）墙顶位移计算

① 虚拟海底面位移 δ_1

$$\delta_1 = y_0 = 0.0081\ (\mathrm{m})$$

② 偏转角引起的虚拟海底面位移 δ_3

$$\delta_3 = \tan\theta_A \times R_h = \tan 0.281 \times 6.774 = 0.0332\ (\mathrm{m})$$

式中　θ_A——虚拟海底面处板桩的偏转角（$=i_0=0.0029\mathrm{rad}=0.164°$）；

R_h——总墙高（虚拟海底面至钢管板桩墙顶的高度，m）。

③ 虚拟海底面以上弹性位移 δ_2（悬臂梁）

虚拟海底面以上的弹性位移 δ_2 由水平荷载引起的位移 δ_{21} 和动水压力引起的位移 δ_{22} 之和构成。

A 水平荷载引起的位移 δ_{21}

如图 B. 2-48 所示，水平荷载计算时假定荷载为三角形分布。

$$\delta_{21} = \frac{p_0}{120EI\alpha}(4a^4 + 20a^3b + 40a^2b^2 + 35ab^3 + 11b^4) = 0.0060\mathrm{m} \tag{B. 2-5}$$

$$p_0 = \frac{\sum p_a}{R_h} \times 2 = \frac{116.51}{6.374} \times 2 = 36.56\mathrm{kN/m^2}$$

式中　p_0——三角形分布荷载的最大值（$\mathrm{kN/m^2}$）；

$\sum p_a$——作用于虚拟海底面上的土压力和残余水压力的合力（kN/m）；

E——杨氏模量（$\mathrm{kN/m^2}$）；

I——截面惯性矩（$\mathrm{m^4/m}$）；

α——效率系数（针对截面惯性矩）；

a——结构水位与板桩顶部的高差（=6.000m）；

b——虚拟海底面与结构水位的高差（=0.374m）。

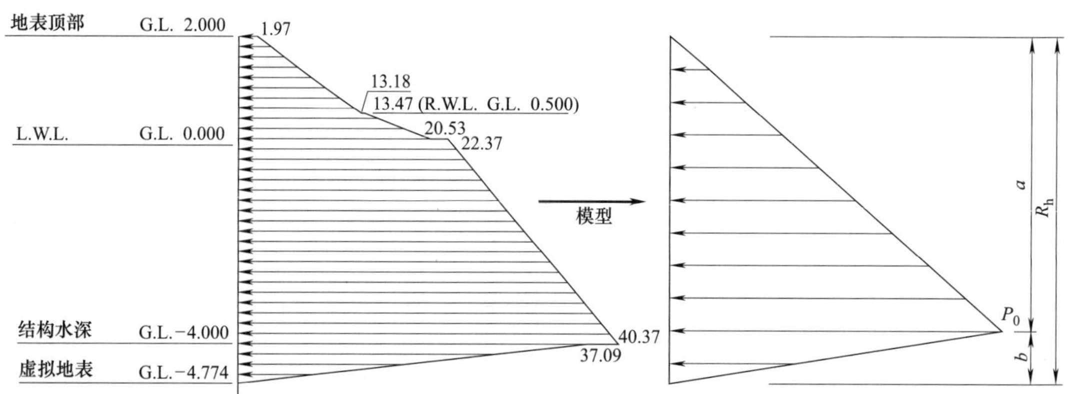

图 B. 2-48　水平荷载分布示意图

B. 动水压力 δ_{22} 引起的位移

将动水压力简化为集中荷载，动水压力引起的悬臂梁偏转如图 B. 2-49 所示。

$$\delta_{22} = \frac{p_{dw}}{6EI\alpha}a^2(3R_h - a) = 0.0007\mathrm{m}$$

式中　p_{dw}——动水压力合力（kN/m）；

E——杨氏模量（$\mathrm{kN/m^2}$）；

I——截面惯性矩（$\mathrm{m^4/m}$）；

α——效率系数（针对截面惯性矩）；

a——虚拟海底与动水压力集中力之间的高差（m）；

R_h——总墙高（虚拟海底与墙顶之间的距离，m）。

C. 合计位移 δ_2

$$\delta_2 = \delta_{21} + \delta_{22} = 0.0105 + 0.0007 = 0.0112\mathrm{m}$$

④ 合计位移 δ

$$\delta=\delta_1+\delta_2+\delta_3\leqslant\delta_a$$
$$=0.0081+0.0112+0.0332=0.0526\text{m}$$
$$=52.6\text{mm}\leqslant\delta_a=150\text{mm}\quad 满足要求$$

图 B. 2-49　动水压力引起的偏转角

（4）墙内应力

1）设计截面力

设计截面力的取值如下：

荷载恒定工况：$M_{max}=348.0\text{kN}\cdot\text{m/m}$，$N=0.0\text{kN/m}$

荷载可变工况（1 级地震工况）：$M_{max}=551.6\text{kN}\cdot\text{m/m}$，$N=0.0\text{kN/m}$

2）弯矩计算

采用如下公式计算得到的弯曲应力如表 B. 2-71 所示。

$$\gamma_a\sigma\leqslant\sigma_{yd}$$

$$\sigma=\frac{M_{max}}{Z}+\frac{N}{A}$$

$$\sigma_{yd}=\gamma_{\sigma y}\cdot\sigma_{yk}$$

式中　σ——弯曲应力（N/mm²）；

σ_{yd}——钢材设计弯曲屈服应力（N/mm²）；

$\gamma_{\sigma y}$——分配系数；

σ_{yk}——钢材设计弯曲屈服应力特征值（N/mm²）；

γ_a——结构分析系数；

Z——截面模量（$=0.00444\text{m}^3/\text{m}$）；

A——截面面积（$=0.0227\text{m}^2/\text{m}$）。

弯曲应力计算结果　　表 B. 2-71

工况	屈服应力 σ_{yd}(N/mm²)			弯曲应力 $\gamma_a\sigma$(N/mm²)			判断
	$\gamma_{\sigma y}$	σ_{yk}	σ_{yd}	γ_a	σ	$\gamma_a\sigma$	
荷载恒定工况	1.00	235.0	235.0	1.68	78.4	131.7	满足要求
荷载可变工况	1.00	235.0	235.0	1.12	124.2	131.7	满足要求

3）考虑次应力的弯曲计算

① 次应力

由式（B. 1-37）计算得到的次应力如表 B. 2-72 所示。

$$\sigma_t=\alpha p\left(\frac{D}{t}\right)^2\times10^{-3}\qquad 参见式（B. 1\text{-}37）$$

式中　p——土压力及残余水压力作用于钢管板桩墙上的最大值（kN/m²）；

α——次应力系数（基于图 B. 1-23，$\alpha=0.210$）；

D——钢管板桩外径（$=798\text{mm}$）；

T——钢管板桩厚度（$=8\text{mm}$）。

次应力计算结果　　表 B. 2-72

工况	最大横向压力 p (kN/m²)	作用点位置(m)	次应力 σ_t(N/mm²)
荷载恒定工况	29.36	G. L. −4.000	61.3
荷载可变工况	40.37	G. L. −4.000	84.4

② 弯曲计算

弯曲应力的计算公式如式（B. 1-38）所示，合成应力的计算结果如表 B. 2-73 所示，应力的计算结果如表 B. 2-74 所示。

$$\sigma=\gamma_a\times\gamma_b\times\sqrt{\sigma_l+\sigma_t-\sigma_l\times\sigma_t}\leqslant f_{yd}$$ 参见式（B. 1-38）

$$f_{yd}=\frac{f_{yk}}{\gamma_m}$$

式中 σ_l——钢管板桩屈服应力（N/mm²）；

σ_t——钢管板桩次应力（N/mm²）；

γ_a——结构分析系数；

γ_b——构件系数；

f_{yd}——钢材设计弯曲屈服应力（N/mm²）；

γ_m——材料常数；

f_{yk}——钢材设计弯曲屈服应力特征值（N/mm²）。

合成应力 **表 B. 2-73**

工况	γ_a	γ_b	钢管板桩应力	次应力	合成应力
			σ_l	σ_t	σ (N/mm²)
荷载恒定工况	1.20	1.10	78.4	61.3	94.3
荷载可变工况	1.00	1.10	124.4	84.4	121.0

应力计算结果 **表 B. 2-74**

工况	屈服应力 f_{yd}(N/mm²)		合成应力 σ (N/mm²)		判断
	γ_m	f_{yk}	f_{yd}	σ	
荷载恒定工况	1.05	235.0	223.8	94.3	满足要求
荷载可变工况	1.05	235.0	223.8	121.0	满足要求

（5）圆弧滑动破坏校核

当场地中不存在软土层或饱和砂层时，可不进行圆弧滑动破坏检核计算。本节介绍一个计算实例，供读者参考。

1）计算模型

① 计算模型

本算例采用的计算模型如图 B. 2-50 所示。

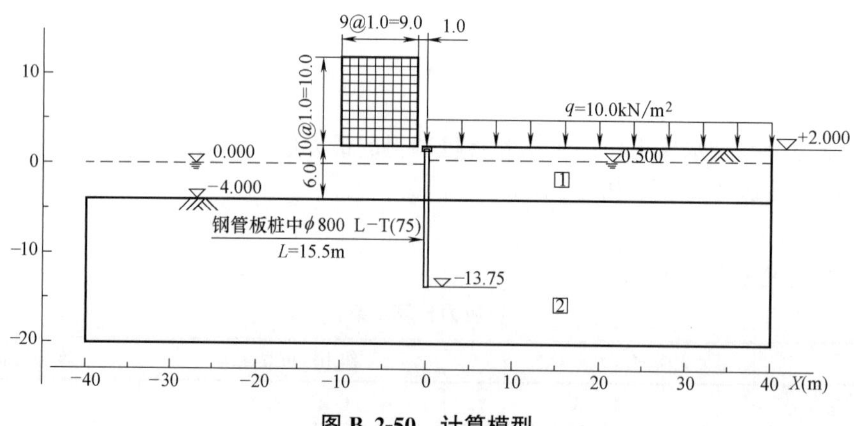

图 B. 2-50 计算模型

② 场地物理性质

场地物理性质如表 B.2-75 所示。

场地物理参数　　　　表 B.2-75

土层	饱和重度 γ (kN/m³)	剪切角 φ (°)	黏聚力 c (kN/m²)
1	19.0	30	0.0
2	20.0	36	0.0

③ 附加荷载

一般工况下，附加荷载为：$q=10.0\text{kN/m}^2$

④ 分项系数

圆弧滑动校核计算中采用的分项系数如表 B.2-76 所示。

分项系数　　　　表 B.2-76

		分项系数
$\gamma_{c'}$	场地强度：黏聚力	0.90
$\gamma_{\tan\varphi'}$	场地强度：剪切角	0.90
γ_{w1}	海底面以上场地重度	1.10
γ_{w2}	海底面以下砂土重度	0.90
γ_{w3}	海底面以下黏土重度	1.00
γ_{q}	附加荷载	1.60
γ_{RWL}	残余水压力	1.10
γ_{a}	分析方法	1.30

⑤ 计算公式

基于图 B.2-51，圆弧滑动破坏的安全系数计算公式如式（B.2-6）所示。

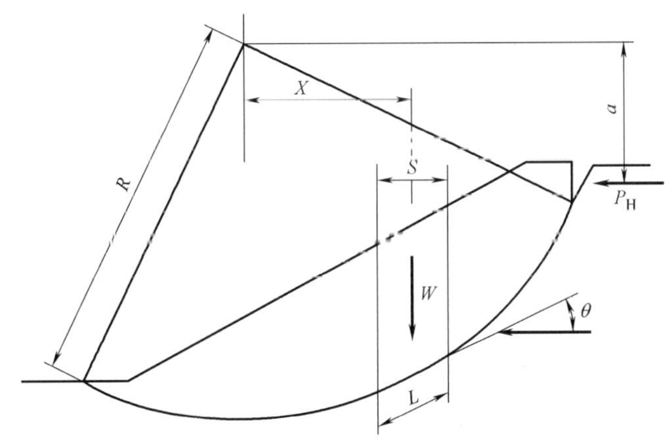

图 B.2-51　圆弧滑动破坏计算示意图

$$F_s=\frac{R\sum[c_d L+(W'_d+q_d)\cos\theta\tan\varphi_d]}{\gamma_a\sum[x(W_d+q_d)+aP_{Hd}]} \tag{B.2-6}$$

式中　F_s——安全系数；

R——滑动面半径；

c_d——黏聚力（kN/m²）；

L——滑动面的弧长（m）；

W'_d——单位长度设计有效重量（kN/m）；

q_d——滑块顶部的设计附加荷载（kN/m）；

θ——滑动面切线与水平方向的夹角（°）；

φ_d——剪切角（°）；

W_d——单位长度条块设计总重量（包含水和土体）（kN/m）；

u——孔隙水压力（kN/m²）；

x——条块重心与滑动圆弧圆心之间的水平距离（m）；

P_{Hd}——滑动圆弧内土体上的设计水平作用力（kN/m）；

a——P_{Hd}作用点位置的力臂长度（m）；

S——条块宽度（m）。

上述式（B. 2-8）中的设计值可由其特征值与分项系数的乘积得到，即：

$c_d=\gamma_c c_k$；$W'_d=\gamma_w W'_k$；$q_d=\gamma_q q_k$；$\varphi_d=\tan^{-1}$（$\gamma_{\tan\varphi}\tan\varphi_k$）；$P_{Hd}=\gamma_{PH}P_{Hk}$。

2）计算结果

计算结果如表 B. 2-77 所示，滑动面如图 B. 2-52 所示。

圆弧滑动计算结果　　**表 B. 2-77**

	滑动圆弧圆心坐标		圆弧半径(m)	滑动安全系数
	X(m)	Y(m)		
一般工况	−2.00	2.00	16.00	1.747>1.00

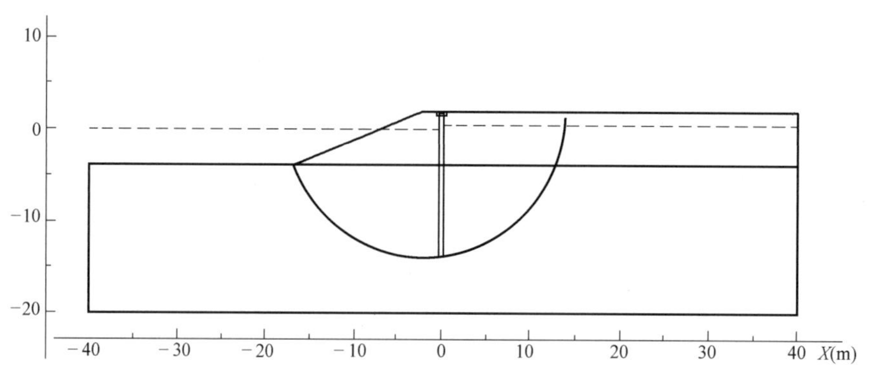

图 B. 2-52　圆弧滑动面

（6）计算结果总结

一般工况以及 1 级地震工况下的计算结果如表 B. 2-78 所示，本设计实例采用的计算截面如图 B. 2-53 所示。

计算结果　　**表 B. 2-78**

项目	一般工况	1 级地震工况
钢板桩长度(m)	14.50	15.50
弯矩(kN·m/m)	348.0	551.6
应力(N/mm²)	131.7≤235	139.1≤235
次应力(N/mm²)	94.3≤223.8	121.0≤223.8
墙顶部位移(mm)	28.6≤50	52.6≤150
滑动安全系数	1.75≥1.00	—

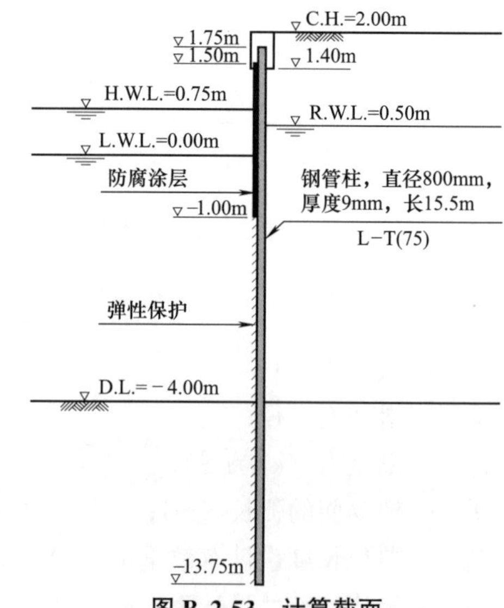

图 B. 2-53　计算截面

B.2.5　铁路：临时挡土结构（钢板桩）

本节介绍利用帽型钢板桩施工悬臂嵌入式临时挡土结构的设计实例。本节的设计实例基于日本国土交通省和铁路技术研究所编制的“铁路结构设计标准：开挖隧道、附录及挡土结构的开挖设计”。本节的公式编号同本手册附录 B.1.1 节。

（1）设计工况

1）高程

① 墙顶高度：C.H.＝3.00m

② 设计地表：D.L.＝0.00m

③ 钢板桩挡土墙后方水位：R.W.L.＝0.00m

④ 钢板桩挡土墙前方水位：L.W.L.＝0.00m

2）自重

设计时不考虑钢板桩的自重。钢板桩挡土墙的顶部没有其他结构。

3）场地上的荷载：

$$q=10\text{kN/m}^2\text{（施工过程中）}$$

4）土体状态

① 墙后场地（C.H.-D.L.）

剪切角 $\varphi=30°$

容重 $\gamma_t=19\text{kN/m}^3$（湿容重）

② 设计地表以下（D.L. 以下）

平均 SPT-N 值：$N=15$

重度 $\gamma_t=20\text{kN/m}^3$（饱和容重）

重度 $\gamma_t=10\text{kN/m}^3$（浮容重）

被动侧土体剪切角 $\varphi=36°$

③ 墙面剪切角

主动土压力计算时，砂土中墙面剪切角为 $\varphi/3$。

5）土压力

① 主动土压力

A. 砂土

$$p_a=\max(p_a, p_{amin}) \tag{B.2-7}$$

$$p_a=K_a(\sum\gamma h-p_w)-2c\sqrt{K_a}+p_w+p_s$$

$$c\neq0 \qquad K_a=\tan^2(45°-\varphi/2)\geqslant0.25$$

$$c=0 \qquad K_a=\tan^2(45°-\varphi/2)\geqslant0.00$$

式中　p_{amin}——取为 $0.30\sum\gamma h$；

p_w——水压力；

p_s——满足如下条件时附加荷载引起的水平压力：

$$2c\sqrt{K_a}\leqslant K_a(\sum\gamma h-p_w)$$

B. 黏土

$$p_a=K_{a1}(\sum\lambda h_1)+K_{a2}(\sum\gamma h_2)+p_s \tag{B.2-8}$$

式中　K_{a1}——开挖基底以上黏土主动土压力系数；

K_{a2}——开挖基底以下黏土主动土压力系数；

p_s——附加荷载引起的水平压力。

② 被动土压力

A. 砂土

$$p_p = K_p(\sum\gamma h - p_w) + 2c\sqrt{K_p} + p_w + p_s \quad (B.2\text{-}9)$$

$$K_p = \frac{\cos^2\varphi}{\left[1-\sqrt{\frac{\sin(\varphi+\delta)\times\sin\varphi}{\cos\delta}}\right]^2} \quad (\delta=\varphi/3)$$

B. 黏土

$$P_p = K_p(\sum\gamma h) + 2c\sqrt{K_p} + p_s \quad (B.2\text{-}10)$$

③ 土压力系数

利用上述公式计算得到的土压力系数如表 B. 2-79 所示。

土压力系数 **表 B. 2-79**

	剪切角 φ (°)	墙面摩擦角 δ (°)	主动土压力系数 K_a	被动土压力系数 K_p
设计地表以上	30	10	0.333	4.080
设计地表以下	36	12	0.260	5.947

6）钢构件

钢板桩的材料选用 SYW295 型钢材，$\sigma_{sa}=270\text{N/mm}^2$。

7）计算模型

本算例的计算模型如图 B. 2-54 所示。

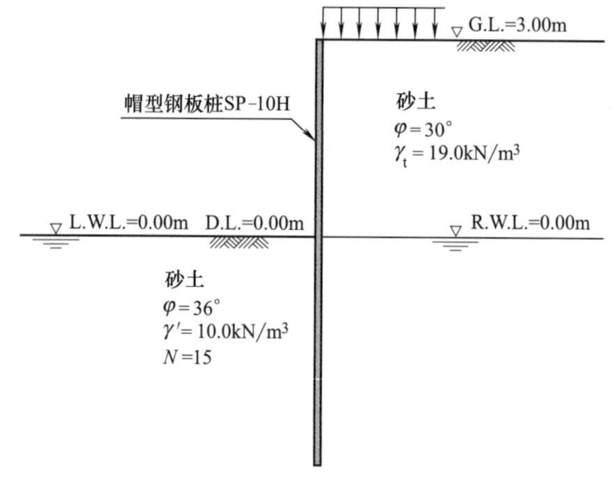

图 B. 2-54 计算模型

(2) 嵌入长度计算

1）嵌入长度的确定方法

嵌入长度由挡土墙结构下部的弯矩及水平力平衡确定。本算例将计算以下两类嵌入长度：①以设计地表为起点的嵌入长度 D；②以土压力开始出现变化的点为起点的嵌入长度 X，如图 B. 2-55 所示。计算结果满足如下两个方程：

$\sum M_p = 1.2\times\sum M_a$（$M_p$：开挖侧弯矩；$M_a$：墙后弯矩）

$\sum H_p = 1.2\times\sum H_a$（$H_p$：开挖侧水平力；$H_a$：墙后水平力）

2）荷载计算

荷载的计算结果如表 B. 2-80 和表 B. 2-82 所示，附加荷载的计算如表 B. 2-81 和表 B. 2-83 所示。

D=3. 420m，X=0. 450m，土压力变化点（n-n）高程：G. L. -2. 970m，必要嵌入长度处的高程：G. L. -3. 420m。

① 墙后

水平压力（墙后） **表 B. 2-80**

序号	高程 G. L. (m)	剪切角 φ (°)	墙面摩擦角 δ (°)	土体重量附加荷载 $\sum\gamma h$ (kN/m²)	有效附加荷载 $\sum\gamma h'$ (kN/m²)	土压力系数 K_a	土压力 p_a (kN/m²)	水压力 p_w (kN/m²)	附加荷载引起的水平压力 p_s (kN/m²)	最小土压力 p_{amin} (kN/m²)	取值 p_a (kN/m²)
1	3.000	30.0	10.0	0.00	0.00	0.333	0.00	0.00	3.33	0.00	3.33
	0.000			57.00	57.00		19.00	0.00	3.33	17.10	22.33
2	0.000	36.0	12.0	57.00	57.00	0.260	14.80	0.00	2.60	17.10	17.39
	−2.970			116.40	86.70		22.51	29.70	2.60	34.92	54.80
3	−2.970	36.0	12.0	116.40	86.70	0.260	22.51	29.70	2.60	34.92	54.80
	−3.420			125.40	91.20	5.947	542.39	34.20	59.47	37.62	636.06

注：上表中下方最后一行为被动土压力。

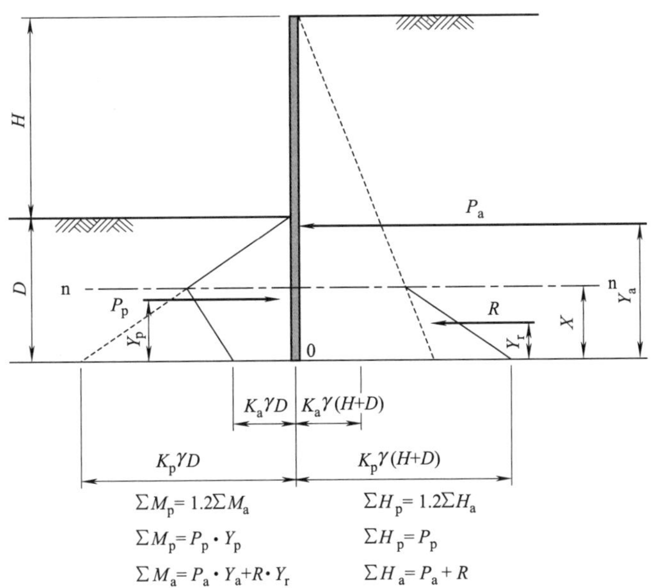

图 B.2-55 嵌入长度计算

注：H—开挖深度；D—设计嵌入长度（未知）；X—起点与土压力出现改变点之间的距离（未知）；p_a—墙后水平应力的合力；p_p—开挖侧水平应力的合力；R—反力的合力（被动土压力和水压力）；Y_a—起点与主动土压力合力作用点之间的距离；Y_p—起点与被动土压力合力作用点之间的距离；Y_r—起点与被动反力合力作用点之间的距离；K_a—主动土压力系数；K_p—被动土压力系数；γ—土体重度（当处于水位以下时采用水下重度）；n-n—土压力出现改变的点；H_p—开挖侧水平应力的合力（$=p_p$）；H_a—墙后水平应力的合力（$=p_p+R$）；M_p—H_p围绕起点的弯矩；M_a—H_a围绕起点的弯矩

附加荷载及水压力计算（墙后） **表 B.2-81**

序号	土体类型	高程 G.L.(m)	层厚 h(m)	土体重度 γ(kN/m³)	土体重度 γ'(kN/m³)	土层重量 γh(kN/m²)	土层重量 $\gamma' h$(kN/m²)	土体重量附加荷载 $\Sigma\gamma h$(kN/m²)	有效附加荷载 $\Sigma\gamma h'$(kN/m²)	水压力 p_w(kN/m²)
1	砂土	3.000 0.000	3.000	19.0	19.0	57.00	57.00	0.00 57.00	0.00 57.00	0.00 0.00
2	砂土	0.000 −2.970	2.970	20.0	10.0	59.40	29.70	57.00 116.40	57.00 86.70	0.00 29.70
3	砂土	−2.970 −3.420	0.450	20.0	10.0	9.00	4.50	116.40 125.40	86.70 91.20	29.70 34.20

② 开挖侧

水平压力（开挖侧） **表 B.2-82**

序号	高程 G.L.(m)	剪切角 φ(°)	墙面摩擦角 δ(°)	有效附加荷载 $\Sigma\gamma h'$(kN/m²)	土压力系数 K_p	土压力 p_p(kN/m²)	水压力 p_w(kN/m²)	取值 p_a(kN/m²)
1	0.000 −2.970	36.0	12.0	0.00 29.70	5.947	0.00 176.63	0.00 29.70	0.00 206.33
2	−2.970 −3.420	36.0	12.0	29.70 34.20	5.947 0.260	176.63 8.88	29.70 34.20	206.33 43.08

注：表中下方最后一行为被动土压力。

附加荷载及水压力计算（开挖侧）　　　　**表 B. 2-83**

序号	土体类型	高程 G. L. (m)	层厚 h (m)	土体容重 γ' (kN/m³)	土层重量 $\gamma' h$ (kN/m²)	有效附加荷载 $\Sigma\gamma h'$ (kN/m²)	水压力 p_w (kN/m²)
1	砂土	0.000 −2.970	2.970	10.0	29.70	0.00 29.70	0.00 29.70
2	砂土	−2.970 −3.420	0.450	10.0	4.50	29.70 34.20	29.70 34.20

③ 荷载示意图

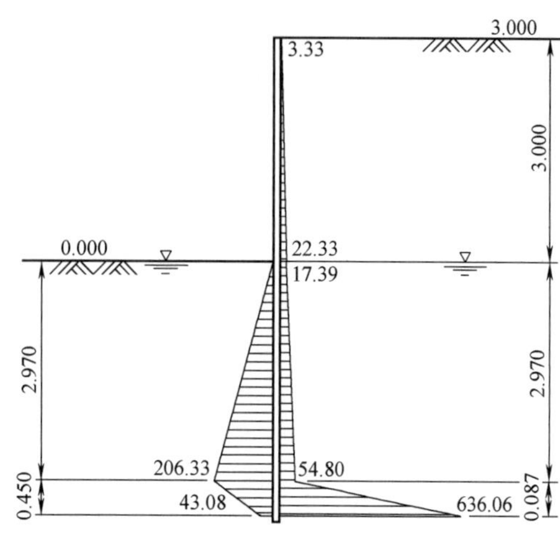

图 B. 2-56　水平荷载分布

计算必要嵌入长度时采用的荷载分布如图 B. 2-56 所示。

④ 荷载

本算例的荷载如表 B. 2-84 和表 B. 2-85 所示。

⑤ 嵌入长度

钢板桩嵌入位置处（G. L. −3. 420 m）的外力如表 B. 2-86 所示。

最终确定的钢板桩嵌入长度如表 B. 2-87 所示。

（3）确定钢板桩截面

1）截面力的计算方法

根据挡土墙结构下部弯矩及水平力的平衡确定钢板桩的截面力。本算例将计算以下两类嵌入长度：①以设计地表为起点的嵌入长度 D；②以土压力开始出现变化的点为起点的嵌入长度 X，如图 B. 2-57 所示。计算结果满足如下两个方程：

$\Sigma M_p = \Sigma M_a$（M_p：开挖侧弯矩；M_a：墙后弯矩）

$\Sigma H_p = \Sigma H_a$（H_p：开挖侧水平力；H_a：墙后水平力）

荷载（墙后）　　　　**表 B. 2-84**

序号	高程 G. L. (m)	层厚 h (m)	水平压力 (kN/m²)	水平作用力 (kN/m)	力臂 y (m)	弯矩 M_a (kN·m/m)
1	3.000 0.000	3.00	3.33 22.33	38.50	4.550	175.17
2	0.000 −2.970	2.970	17.39 54.80	107.22	1.679	179.96
3	−2.970 −3.420	0.450	54.80 636.06	155.44	0.162	25.17
Σ				301.16		380.30

荷载（开挖侧）　　　　**表 B. 2-85**

序号	高程 G. L. (m)	层厚 h (m)	水平压力 (kN/m²)	水平作用力 (kN/m)	力臂 y (m)	弯矩 M_p (kN·m/m)
1	0.000 −2.970	2.970	0.00 206.33	306.40	1.440	441.22
2	−2.970 −3.420	0.450	206.33 43.08	56.12	0.274	15.38
Σ				362.52		456.60

嵌入深度处的荷载　　**表 B.2-86**

项目	弯矩		水平作用力	
墙后	M_a(kN·m/m)	380.30	P_a(kN/m)	301.16
开挖侧	M_p(kN·m/m)	456.60	P_p(kN/m)	362.52
比值	M_p/M_a	1.20	P_a/P_p	1.20

嵌入长度　　**表 B.2-87**

钢板桩顶部高程		G.L.3.000m
开挖基底位置		G.L.0.000m
必要的嵌入长度	安全系数 F	1.200
	必要嵌入长度 D(m)	3.420(G.L.−3.420)m
最小嵌入长度(m)		3.000(G.L.−3.000)m
确定必要的嵌入长度	最终确定的嵌入长度(m)	4.000(G.L.−4.000)m
	判断	满足要求
最终确定的总长度		7.000m

钢板桩截面力计算时假定其为悬臂梁，悬臂梁的平衡位置为悬臂梁的嵌固端。

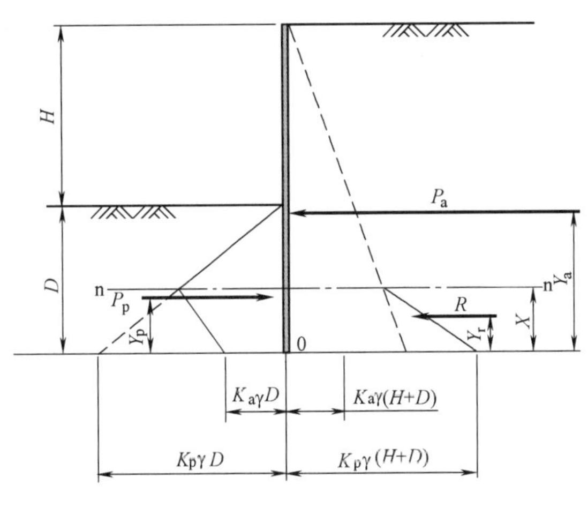

$\Sigma M_p=1.2\Sigma M_a$　　$\Sigma H_p=1.2\Sigma H_a$

$\Sigma M_p=P_p \cdot Y_p$　　$\Sigma H_p=P_p$

$\Sigma M_a=P_a \cdot Y_a+R \cdot Y_r$　　$\Sigma H_a=P_a+R$

H——开挖深度；
D——设计嵌入长度（未知）；
X——起点与土压力出现改变点之间的距离（未知）；
p_a——墙后水平应力的合力；
p_p——开挖侧水平应力的合力；
R——反力的合力（被动土压力和水压力）；
Y_a——起点与主动土压力合力作用点之间的距离；
Y_p——起点与被动土压力合力作用点之间的距离；
Y_r——起点与被动反力合力作用点之间的距离；
K_a——主动土压力系数；
K_p——被动土压力系数；
γ——土体重度（当处于水位以下时采用水下重度）；
n-n——土压力出现改变的点；
H_p——开挖侧水平应力的合力（$=p_p$）；
H_a——墙后水平应力的合力（$=p_p+R$）；
M_p——H_p围绕起点的弯矩；
M_a——H_a围绕起点的弯矩。

图 B.2-57　钢板桩平衡位置的确定方法

2）荷载计算

荷载的计算结果如表 B.2-88 和表 B.2-90 所示，附加荷载的计算如表 B.2-89 和表 B.2-91 所示。

D=3.050 m，X=0.470m，土压力变化点（n-n）高程：G.L. −2.580m，必要嵌入长度处的高程：G.L. −3.050m。

① 墙后

水平压力（墙后） 表 B.2-88

序号	高程 G.L.（m）	剪切角 φ（°）	墙面摩擦角 δ（°）	土体重量附加荷载 $\Sigma\gamma h$（kN/m²）	有效附加荷载 $\Sigma\gamma h'$（kN/m²）	土压力系数 K_a	土压力 p_a（kN/m²）	水压力 p_w（kN/m²）	附加荷载引起的水平压力 p_s（kN/m²）	最小土压力 p_{amin}（kN/m²）	取值 p_a（kN/m²）
1	3.000 0.000	30.0	10.0	0.00 57.00	0.00 57.00	0.333	0.00 19.00	0.00 0.00	3.33 3.33	0.00 17.10	3.33 22.33
2	0.000 −2.580	36.0	12.0	57.00 108.60	57.00 82.80	0.260	14.80 21.49	0.00 25.80	2.60 2.60	17.10 32.58	17.39 49.89
3	−2.580 −3.050	36.0	12.0	108.60 118.00	82.80 87.50	0.260 5.947	21.49 520.38	25.80 30.50	2.60 59.47	32.58 35.40	49.89 610.35

注：表中下方最后一行为被动土压力。

附加荷载及水压力计算（墙后） 表 B.2-89

序号	土体类型	高程 G.L.（m）	层厚 h（m）	土体重度 γ（kN/m³）	土体重度 γ'（kN/m³）	土层重量 γh（kN/m²）	土层重量 $\gamma' h$（kN/m²）	土体重量附加荷载 $\Sigma\gamma h$（kN/m²）	有效附加荷载 $\Sigma\gamma h'$（kN/m²）	水压力 p_w（kN/m²）
1	砂土	3.000 0.000	3.000	19.0	19.0	57.00	57.00	0.00 57.00	0.00 57.00	0.00 0.00
2	砂土	0.000 −2.580	2.580	20.0	10.0	51.60	25.80	57.00 108.60	57.00 82.80	0.00 25.80
3	砂土	−2.580 −3.050	0.470	20.0	10.0	9.40	4.70	108.60 118.00	82.80 87.50	25.80 30.50

② 开挖侧

水平压力（开挖侧） 表 B.2-90

序号	高程 G.L.（m）	剪切角 φ（°）	墙面摩擦角 δ（°）	有效附加荷载 $\Sigma\gamma h'$（kN/m²）	土压力系数 K_p	土压力 p_p（kN/m²）	水压力 p_w（kN/m²）	取值 p_a（kN/m²）
1	0.000 −2.580	36.0	12.0	0.00 25.80	5.947	0.00 153.44	0.00 25.80	0.00 179.24
2	−2.50 −3.050	36.0	12.0	25.80 30.50	5.947 0.260	153.44 7.92	25.80 30.50	179.24 38.42

注：表中下方最后一行为被动土压力。

附加荷载及水压力计算（开挖侧） 表 B.2-91

序号	土体类型	高程 G.L.（m）	层厚 h（m）	土体重度 γ'（kN/m³）	土层重量 $\gamma' h$（kN/m²）	有效附加荷载 $\Sigma\gamma h'$（kN/m²）	水压力 p_w（kN/m²）
1	砂土	0.000 −2.580	2.580	10.0	25.80	0.00 25.80	0.00 25.80
2	砂土	−2.580 −3.050	0.470	10.0	4.70	25.80 30.50	25.80 30.50

③ 荷载示意图

计算必要嵌入长度时采用的荷载分布如图 B.2-58 所示。

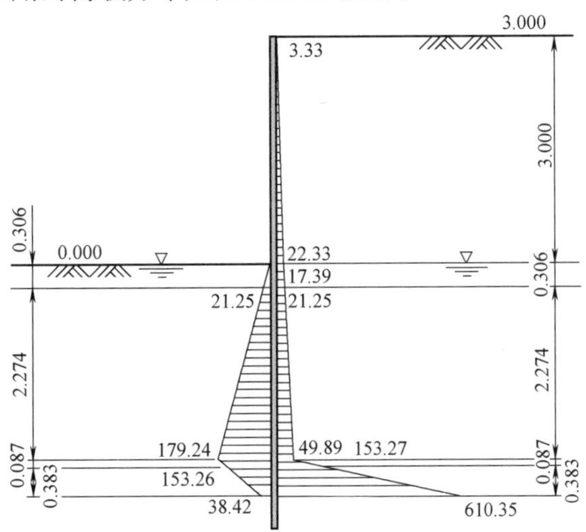

图 B.2-58　水平压力分布图

④ 荷载

本算例的荷载如表 B.2-92 和表 B.2-93 所示。

荷载（墙后）　　表 B.2-92

序号	高程 G.L.（m）	层厚 h（m）	水平压力（kN/m²）	水平作用力（kN/m）	力臂 y（m）	弯矩 M_a（kN·m/m）
1	3.000 0.000	3.00	3.33 22.33	38.50	4.180	160.92
2	0.000 −2.580	2.580	17.39 49.89	86.80	1.552	134.74
3	−2.580 −3.050	0.470	49.89 610.35	155.16	0.169	26.15
Σ				280.46		321.81

荷载（开挖侧）　　表 B.2-93

序号	高程 G.L.（m）	层厚 h（m）	水平压力（kN/m²）	水平作用力（kN/m）	力臂 y（m）	弯矩 M_p（kN·m/m）
1	0.000 −2.580	2.580	0.00 179.24	231.22	1.330	307.52
2	−2.580 −3.050	0.470	179.24 38.42	51.15	0.286	14.61
Σ				282.37		322.13

⑤ 平衡性验算

墙后作用力与开挖侧作用力的比值如表 B.2-94 所示。

平衡处的荷载　　表 B.2-94

项目	弯矩		水平作用力	
墙后	M_a(kN·m/m)	321.81	P_a(kN/m)	280.46
开挖侧	M_p(kN·m/m)	322.13	P_p(kN/m)	282.37
比值	M_p/M_a	1.00	P_p/P_a	1.01

3）设计截面力

① 设计荷载

将图 B. 2-57 所示的荷载进行分类处理，如表 B. 2-95 所示。

荷载（开挖侧）　　表 B. 2-95

序号	高程 G. L. (m)	层厚 h (m)	开挖侧水平作用力 (kN/m²)	墙后水平作用力 (kN/m²)	作用荷载 p (kN/m²)
1	3.000 0.000	3.000	0.00 0.00	3.33 22.33	3.33 22.33
2	0.000 −2.580	2.580	0.00 179.24	17.39 49.89	17.39 −129.35
3	−2.580 −3.050	0.470	179.24 38.42	49.89 610.35	−129.35 571.93

② 设计截面力

计算钢板桩的截面力时假定其为悬臂梁，悬臂梁的平衡位置为悬臂梁的嵌固端。计算结果如表 B. 2-96 所示。

荷载（开挖侧）　　表 B. 2-96

		单位	值
开挖基底位置		m	G. L. 0.000
平衡位置(相当于开挖基底)		m	3.050(G. L. −3.050)
悬臂梁长度		m	6.050
最大弯矩	弯矩	kN. m/m	88.84
	最大弯矩出现位置 (相对于墙顶)	m	4.509(G. L. −1.509)
位移 (参考)	容许位移	m	0.0900
	墙体顶部	m	0.0440(G. L. 3.000)
	地表	m	—
	墙后水位	m	—

4）弯矩验算

① 验算截面

使用的截面：钢板桩 SP-10H（SYW295）

截面模量：$Z=902\times10^3$（mm³/m）

② 弯曲应力

$$\sigma=\frac{M}{Z}=\frac{88.84\times10^6}{902\times10^3}=98.5\text{N/mm}^2\leqslant\sigma_a=270\text{N/mm}^2\qquad\text{满足要求}$$

(4) 圆弧滑动破坏校核

当场地中不存在软土层或饱和砂层时，可不进行圆弧滑动破坏检核计算。本节介绍一个计算实例，供读者参考。

1）计算工况

① 计算模型

本算例采用的计算模型如图 B. 2-59 所示。

② 场地物理性质

场地物理性质如表 B. 2-97 所示。

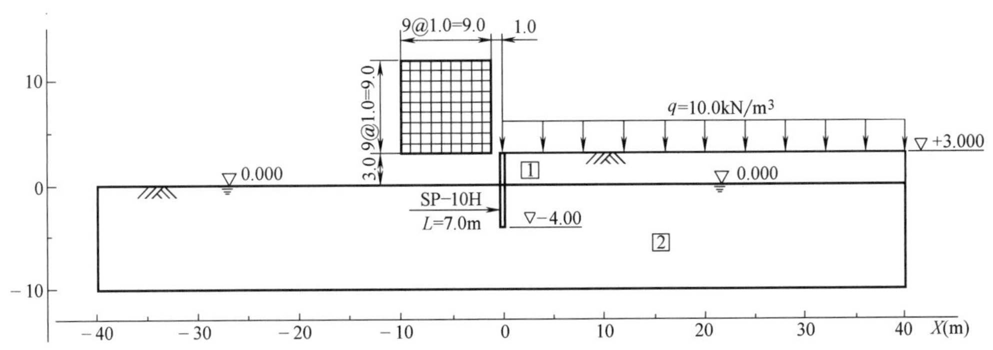

图 B.2-59 计算模型

场地物理参数 表 B.2-97

土层	饱和重度 γ (kN/m^3)	剪切角 φ (°)	黏聚力 c (kN/m^2)
1	19.0	30	0.0
2	20.0	36	0.0

③ 附加荷载

施工过程中的附加荷载为：$q=10.0kN/m^2$。

④ 计算公式

滑动安全系数可在图 B.2-60 的基础上由式（B.2-11）进行计算。

$$F_s=\frac{\sum\{cL+(W-ub)\cos\alpha\tan\varphi\}}{\sum W\sin\alpha} \tag{B.2-11}$$

式中：F_s——安全系数；

c——黏聚力（kN/m^2）；

φ——剪切角（°）；

L——滑动面的弧长（m）；

u——孔隙水压力（kN/m^2）；

b——条分后每一条的宽度（m）；

W——条分后每一条的重量（kN/m）；

α——滑动圆弧圆心与每一段滑动弧中点连线与垂直方向的夹角（°）。

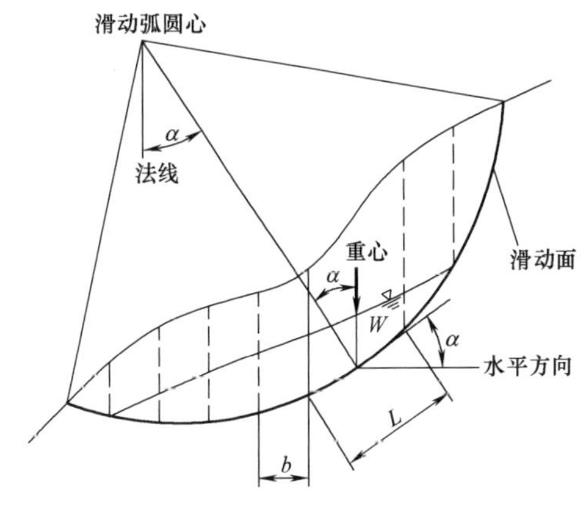

图 B.2-60 圆弧滑动破坏计算示意图

⑤ 计算依据

本节的计算依据为日本道路学会 2009 年 6 月编制的“高速公路土方工程 切坡指南及边坡稳定性（2009 版）”

2）计算结果

计算结果如表 B.2-98 所示，滑动面如图 B.2-61 所示。

圆弧滑动计算结果 表 B.2-98

	滑动圆弧圆心坐标		圆弧半径(m)	滑动安全系数
	X(m)	Y(m)		
施工过程中	−2.00	3.00	7.40	2.12>1.20

（5）计算结果总结

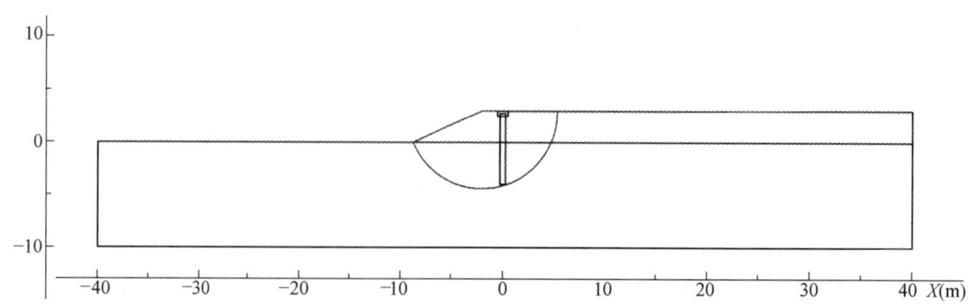

图 B. 2-61　圆弧滑动面

本算例的计算结果如表 B. 2-99 所示，本计算实例采用的计算截面如图 B. 2-62 所示。

计算结果　　表 B. 2-99

项目	计算结果	项目	计算结果
钢板桩长度(m)	7.00	应力(N/mm²)	98.5≤270
弯矩(kN·m/m)	88.84	滑动安全系数	2.12≥1.20

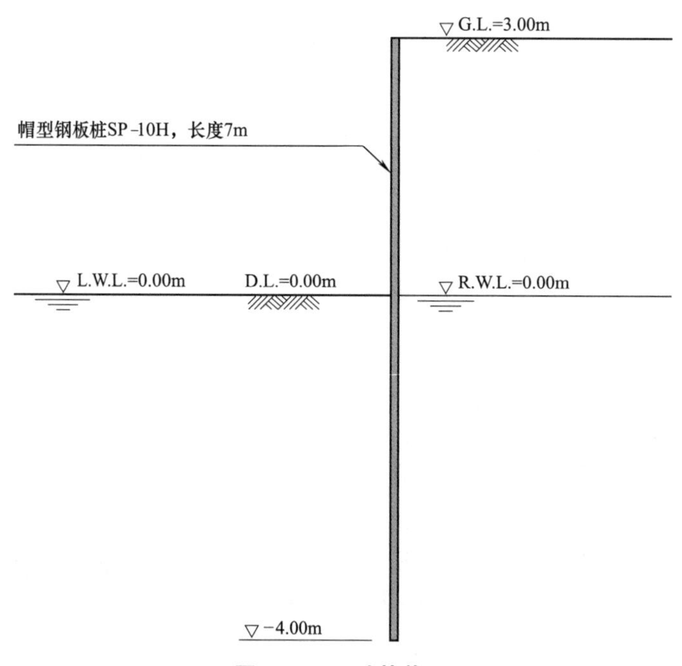

图 B. 2-62　计算截面

基于以上计算结果，钢板桩的长度取为 L=7.00m。

B.3　其他应用实例

B.3.1　组合螺旋法

利用组合螺旋法施工的墙体结构如图 B. 3-1～图 B. 3-3 所示。墙体结构由具有良好截水性能的帽型钢板桩和具有较高刚度的钢管桩组成。组合螺旋法可根据拟修建墙体结构的高度和场地条件，通过调整钢板桩的长度、桩径和桩间距，建造具有多种功能且经济节约的墙体结构。需要注意的是，如果钢管桩的间距过大，墙体结构将丧失其均匀性。因此，标准的布桩方式为间隔一根钢板桩设置一根钢管桩，即每两根钢板桩后方设置一根钢管桩，如图 B.3-1 所示。

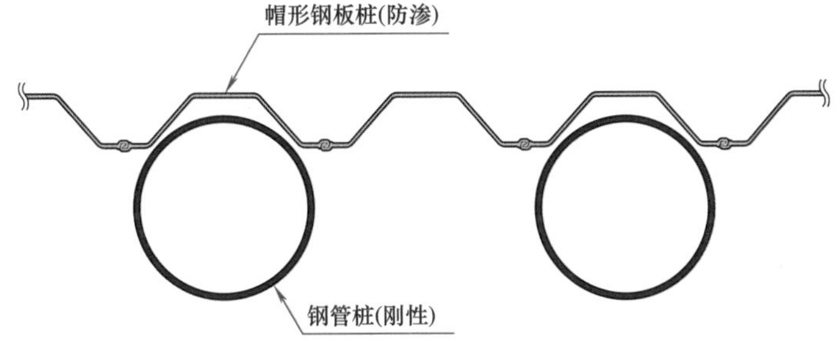

图 B.3-1　墙体结构截面图

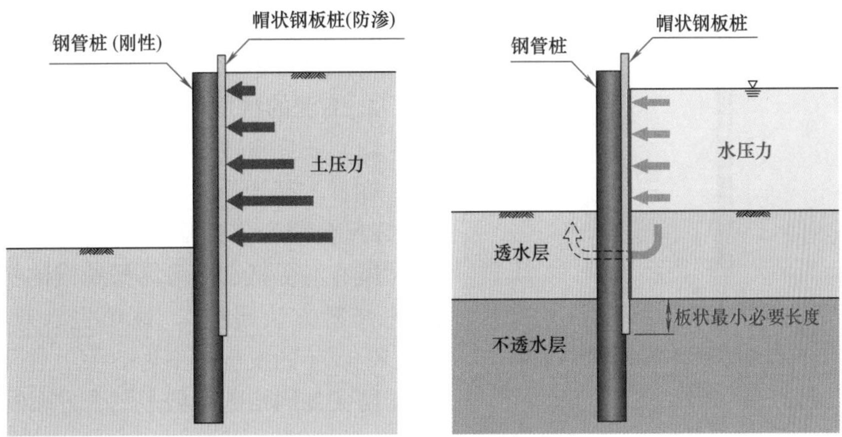

图 B.3-2　墙体结构特征

图 B.3-3　施工完成后（试验段）

B.3.2　海堤抗震加固

1. 海堤抗震加固措施（钢板桩或钢管桩）

东日本大地震中，堤坝结构遭受了严重的震害损伤。堤坝结构往往遭受多种灾害的影响，例如地震、液化引起的地表沉降，地震诱发的海啸等。因此，堤坝结构应具有一定的可修复能力，在灾害事件中能够保持结构性能，不出现致命的结构损伤。

作为一种抵抗上述灾害的工程措施，钢管桩和双排钢板桩越来越多地运用于堤坝加固中。

图 B.3-4 为利用钢板桩和钢管桩加固既有堤坝的工程实例，这一方法被视作抵抗复杂自然灾害的有效工程措施（图 B.3-5）。

当采用双排钢板桩进行堤坝加固时，即使边坡在地震作用下出现失稳，由于双排钢板桩之间的场地保持稳定，堤坝不会出现大的位移。当场地出现液化时，钢板桩可限制由堤坝结构自重引起的

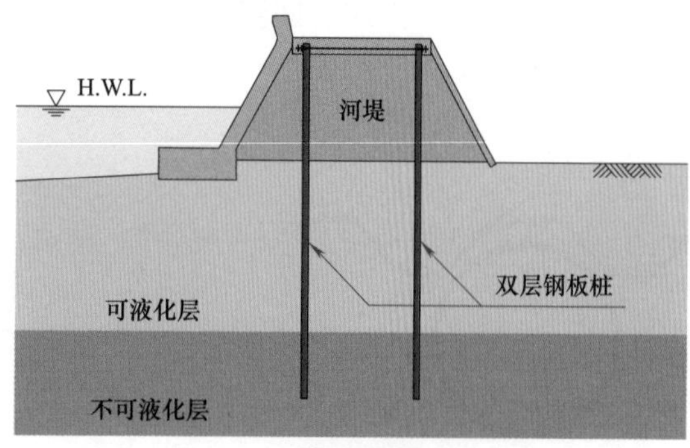

通过双层钢板桩加固

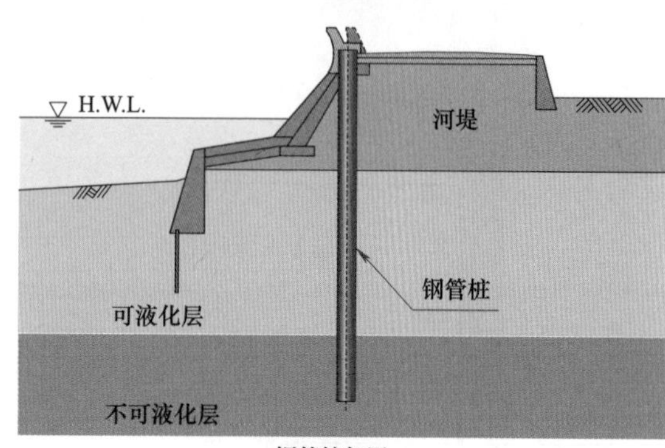

钢管桩加固

图 B. 3-4　利用钢板桩和钢管桩的堤坝加固

液化场地水平位移。当钢板桩嵌入至非液化地层时，钢板桩自身不会出现液化位移，因此能保证液化情况下堤坝的高度不发生变化。当堤坝结构遭受海啸时，海水漫过堤坝并对堤坝边坡进行冲刷，这种情况下，双排钢板桩可以保证双排钢板桩之间的结构不被破坏，进而能够保证堤坝不丧失防护功能。需要注意的是，因双排钢板桩之间土体的横向移动可能导致钢板桩鼓出，因此，应对钢板桩内的应力状态进行校核。采用钢管桩进行堤坝加固时也可能出现类似现象，也应对钢管桩的应力状态进行校核。如图 B. 3-6 所示，东日本大地震中日本山田市附近一处堤坝被海啸完全冲蚀破坏，而附近的一处临时双排桩钢板桩围堰则几乎没有出现破坏。

2. 海堤的抗震加固

（1）研究概述

在日本高知县政府的资助下，日本高知大学和 GIKEN 公司合作开展了一项研究，研究课题名称为“既有海堤抵御南海海槽地震的抗震加固措施及快速修复方法研究”。该项目针对南海海槽地震（未来 30 年的发生概率为 70%）作用下，高知县海堤的防灾加固措施开展了三个方面的研究。

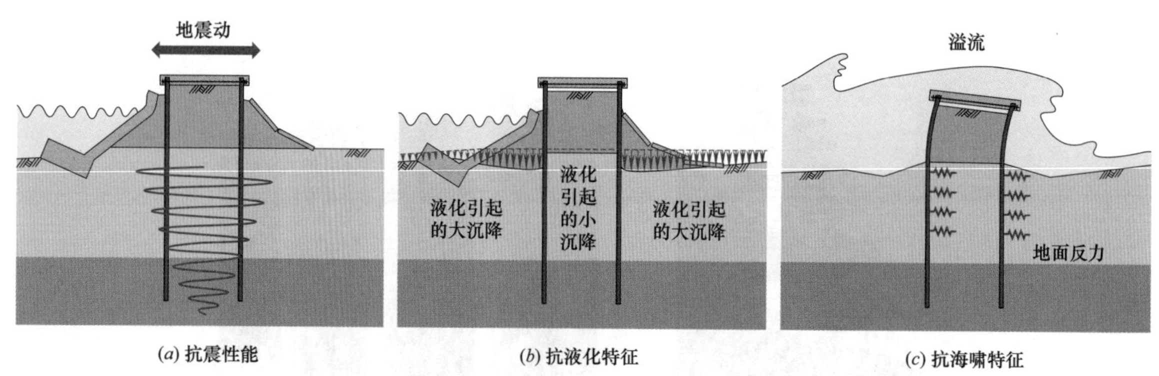

(*a*) 抗震性能　(*b*) 抗液化特征　(c) 抗海啸特征

图 B. 3-5　利用钢板桩进行堤坝加固

项目周期：2011 年 10 月 11 日～2014 年 3 月 31 日

项目承担方：高知大学，GIKEN 公司

研究内容：① 现有海堤的抗震加固（双排钢板桩）；

② 基于传感器网络的灾害信息获取；

③ 灾后快速恢复措施研究。

（2）研究内容

在上述三项研究内容中，本条介绍第①项研究内容。作为一种预加固措施，本研究利用双排钢板桩对既有海堤进行加固，如图 B. 3-7 所示，并利用数值分析方法对其在地震、液化以及海啸作用下的稳定性进行研究，对双排钢板桩的加固效果进行检验。本研究的细节如下：

1）双排桩的位移约束效应验证及超静孔隙水压消散引起的地基反力恢复验证

本研究针对有无双排钢板桩加固两种工况，进行动有效应力分析，并对双排钢板桩的加固效果进行检验，研究结果如图 B. 3-8 所示。采用双排钢板桩对海堤进行加固时，双排钢板桩之间土体的

图 B.3-6 双排钢板桩临时围堰

横向位移受到双排钢板桩的横向约束，因此，海堤墙体顶部的沉降也得到有效约束。与未加固海堤相比，液化后 8 小时，双排钢板桩加固后海堤顶部的沉降小于未加固海堤的四分之一。另外，研究中假定地震发生 10 分钟后海啸开始对海堤造成影响，研究结果表明，海啸作用时地基内的超静孔隙水压力开始出现消散，钢板桩嵌入段的地基反力开始恢复。

2）双排钢板桩加固海堤的海啸稳定性验证

本研究采用一种可以进行大变形计算的分析程序对双排桩加固海堤的海啸稳定性进行验证，这一稳定性验证同时能反映前述动有效应力的分析结果。计算时设定海啸的高度为 5.5m（比海堤高 0.5m），计算工况包括 3 条正向作用波和 3 条反向作用波。计算中分析了作用于Ⅳ型钢板桩上的弯矩以及海堤顶部的横向位移。计算结果表明，钢板桩的弯矩和位移并未出现持续增大，如图 B.3-9 所示。钢板桩上的横向位移范围为－0.5m～1.3m，钢板桩上的最大弯矩并未超过极限值。计算结果表明在重复的海啸荷载作用下，加固后的海堤能够保持安全的高度。

图 B.3-7 双排钢板桩加固河堤示意图

3. 海堤抗震加固工程实例（钢板桩和钢管桩）

本节将介绍利用钢板桩和钢管桩进行海堤抗震加固的工程实例。钢板桩和钢管桩可有效地防止地震中海堤可能出现的液化沉降以及海堤变形。海堤设计中，应利用动力变形分析检核场地沉降后海堤的高度，以及海堤变形对海堤稳定性的影响。

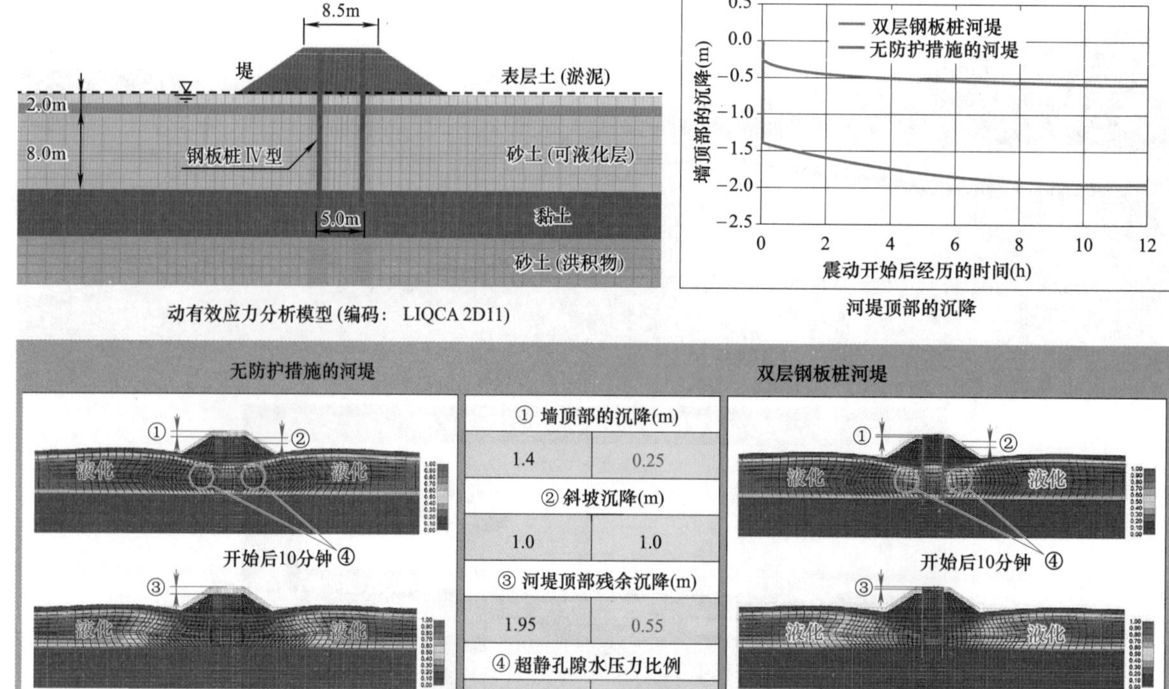

图 B. 3-8 液化引起的地表沉降以及地基反力恢复评价结果

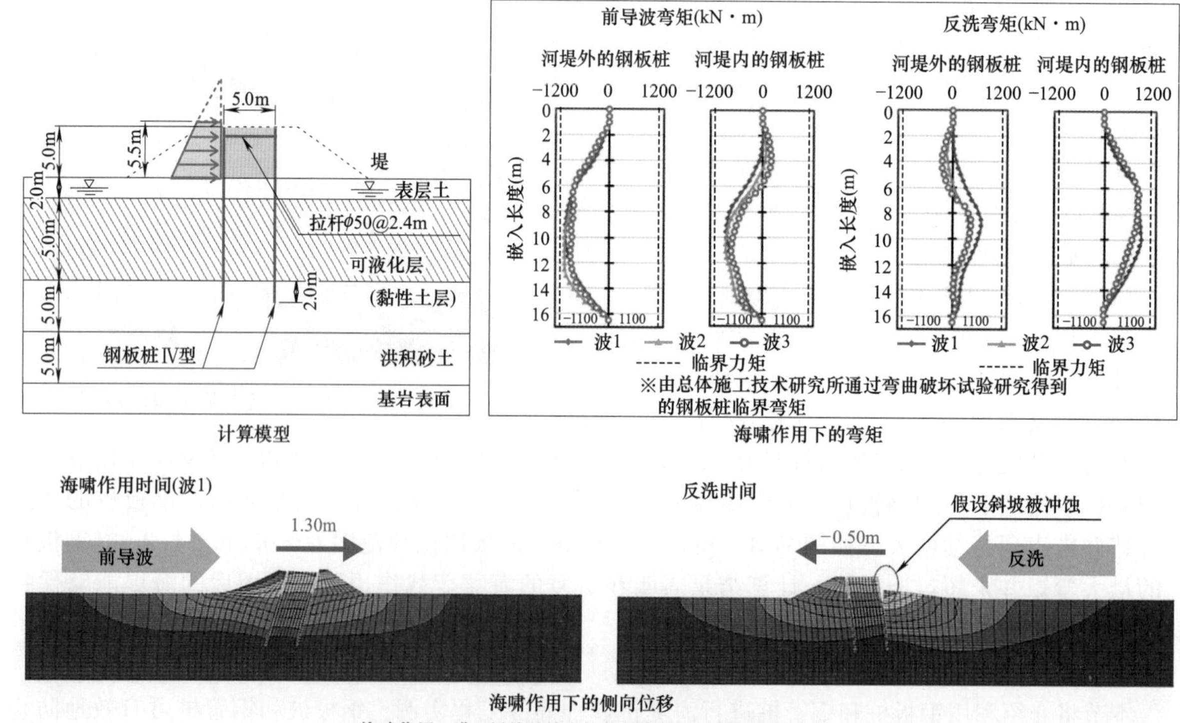

图 B. 3-9 海啸稳定性评价结果

(1) Nino 海堤抗液化加固

位置：日本高知县

工程概况：2399 型$\mathrm{IV_w}$宽钢板桩（双排钢板桩），桩长 $L=15.0-16.5$m，海堤长 700m。如图 B.3-10 所示。

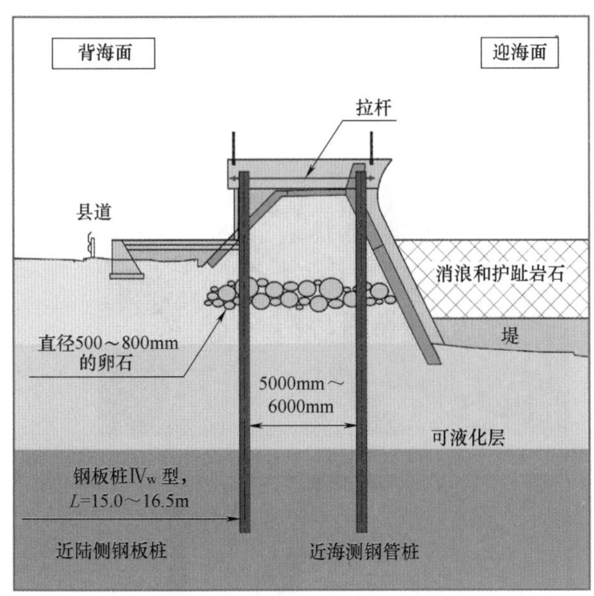

(a) 断面图

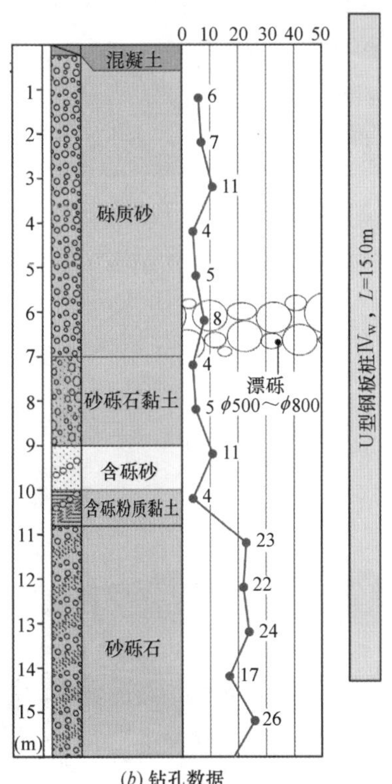

(b) 钻孔数据

(c) 建设前

(d) 建设中

(e) 建设后

图 B.3-10 Ninoi 海堤抗液化加固

（2）Nii 海堤抗液化加固

位置：日本高知县土佐市

工程概况：564 钢管桩，直径 1000mm，桩长 L＝19.5m；1800 型Ⅲ$_w$宽钢板桩（双排钢板桩），桩长 L＝19.5～23.0m。如图 B.3-11 和图 B.3-12 所示。

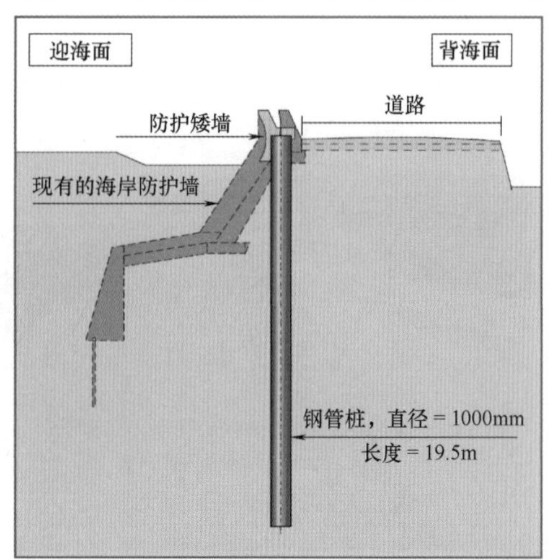

(*a*) 断面图

(*c*) 钢管桩施工

(*b*) 建设中

(*d*) 压入桩头

图 B.3-11　钢管桩施工截面

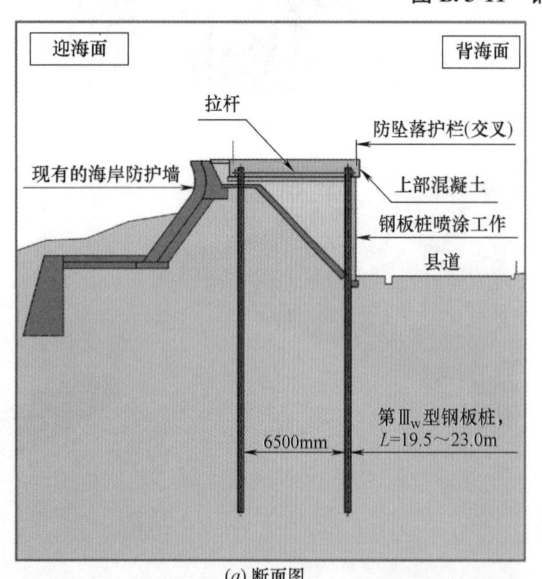

(*a*) 断面图

(*b*) 钢板桩施工

图 B.3-12　双排钢板桩施工截面

4. 双排桩加固海堤研究方向已经发表的文章

双排钢板桩加固海堤研究方向已经发表的研究论文如下：

(1) Nakayama, T., Furuichi, H., Hara, T. and Nishi, T. (a): Verification of performance of levee reinforced by continuous steel sheet pile/steel tubular pile walls against tsunami, *Proc. of* 69th *Japan Society of Civil Engineers (JSCE) Annual Meeting*, September 2014 (日文).

(2) Nakayama, T., Furuichi, H., Hara, T. and Nishi, T. (b): Verification of stability of levee reinforced by double steel sheet piles against tsunami, *Proc. of* 49th *Japanese Geotechnical Society (JGS) Annual Meeting*, pp. 975-976, 2014 (日文).

(3) Fujiwara, K., Sawada, K., Yashima, A., Abe, Y., Nakayama, H. and Otsushi, K.: Experimental study on reinforcement measure of coastal levees by steel sheet piles under huge earthquake, Special Symposium on Getting over the Great East Japan Earthquake Disaster, JGS, pp. 417-423, 2014 (日文).

(4) Fujiwara, K., Yashima, A., Sawada, K., Abe, Y. and Otsushi, K.: Analytical study on levees reinforced by double sheet piles with partition walls, 14th *IACMAG International Conference*, pp. 711-717, 2014.

(5) Noda, S., Kobori, Y., Sawada, K., Yashima, A., Fujiwara, K. and Otsushi, K.: Study on reinforcement method of coastal levees against huge earthquakes, Part 1: model test on shaking table, *Proc. of* 49th *JGS Annual Meeting*, pp. 1627-1628, 2014 (日文).

(6) Noda, S., Kobori, Y., Sawada, K., Yashima, A., Fujiwara, K. and Otsushi, K.: Study on reinforcement method of coastal levees against huge earthquakes, Part 2: examination by numerical analysis, *Proc. of* 49th *JGS Annual Meeting*, pp. 1629-1630, 2014 (日文).

(7) Mitobe, Y., Otsushi, K., Kurosawa, T., Adityawan, M.B., Ro, B. and Tanaka, H.: Experimental study on the effect of reinforcement on levees with steel sheet pile wall structures against tsunami overflow, *Journal of JSCE, B2 (coastal engineering), Vol.* 70, *No.* 2, pp. 1976-1980, 2014 (日文).

(8) Mitobe, Y., Adityawan, M.B., Ro, B., Tanaka, H., Otsushi, K. and Kurosawa, T.: Hydraulic experiment on the effect of reinforcement on levees with double steel sheet pile walls against tsunami overflow, *Proc. of* 69th *JSCE Annual Meeting*, pp. 61-62, 2014 (日文).

(9) Otsushi, K., Fruichi, H., Nishi, T. and Yoshihara, K.: Dynamic effective stress analysis of levees reinforced by steel sheet piles, taking recovery of ground stiffness into consideration, *Proc. of* 10th *Japan Earthquake Engineering Annual Meeting*, pp. 299-300, November 2013 (日文).

(10) Nakayama, T., Furuichi, H., Hara, T. and Otoshi, K.: Verification of performance of double sheet pile levee against earthquake and tsunami by numerical analysis, *Proc. of* 48th *JGS Annual Meeting*, pp. 1431-1432, 2013 (日文).

(11) Otsushi, K., Yoshihara, K., Fujiwara, K., Yasuoka, H. and Furuichi, H.: Experimental study on disaster reduction technology of embankment structures with steel sheet piles, Proc. *Nankai Geotechnical Symposium*, *Vol.* 7, pp. 51-58, 2013 (日文).

(12) Furuichi, H., Fukuchi, Y., Hara, T. and Otoshi, K.: Technology development to mitigate long-term flood damages in the Kochi city due to the Nankai Earthquake, *Nankai Earthquake and Disaster Prevention in the* 21st *Century*, *Vol.* 7, JSCE Shikoku Branch, pp. 43-50, 2013 (日文).

(13) Otsushi, K., Yoshihara, K., Fujiwara, K., Yasuoka, H. and Furuichi, H.: Verification of behavior of double steel sheet pile structure on a comparatively hard liquefiable ground, *Proc. of* 68th *JSCE Annual Meeting*, 2013 (日文).

(14) Sumida, T., Iida, T., Ota, M., Otsushi, K., Hara, T. and Fujiwara, K.: Model test on aseismic reinforcement of river levee by steel sheet piles, *Proc. of* 68th *JSCE Annual Meeting*, September 2013 (日文).

(15) Suzuki, D., Iida, T., Ota, M., Sumida, T., Tanaka, H. and Otsushi, K.: Model test on aseismic reinforcement of river levee by the steel sheet piles, Part 1, *Proc. of* 67th *JSCE Annual Meeting*, September 2012 (日文).

(16) Otsushi, K., Koseki, J., Kaneko, M., Tanaka, H. and Nagao, N.: Experimental study on the reinforcement of levees by the steel sheet piles, *JGS Journal*, *Vol.* 6, *No.* 1, pp. 1-14, 2011 (日文).

(17) Nagao, N., Tanaka, H., Otsushi, K., Kaneko, M. and Koseki, J.: Model test on the reinforcement of levees by the steel sheet piles, Part 1, *Proc. of* 65th *JSCE Annual Meeting*, 2010 (日文).

(18) Otsushi, K., Tanaka, H., Nagao, N., Kaneko, M. and Koseki, J.: Model test on the reinforcement of levees by the steel sheet piles, Part 2, *Proc. of* 65th *JSCE Annual Meeting*, 2010 (日文).

(19) Kaneko, M., Tanaka, H., Otsushi, K., Nagao, N. and Koseki, J.: Model test on the reinforcement of levees by the steel sheet piles, Part 3, *Proc. of* 65th *JSCE Annual Meeting*, 2010 (日文).

(20) Otsushi, K., Tanaka, H., Nagao, N., Fujiwara, K. and Koseki, J.: Model test on the levee reinforcement using double floating sheet pile walls, *Proc. of* 66th *JSCE Annual Meeting*, *Vol.* 166, pp. 101-102, 2011 (日文).

(21) Suzuki, D., Iida, T., Ota, M., Fujioka, D., Yamamoto, T., Tanaka, H. and Otsushi, K.: Fundamental study on aseismic reinforcement method of the river levees by the steel sheet piles, *Proc. of* 66th *JSCE Annual Meeting*, *Vol.* 66, pp. 109-110, 2011 (日文).

(22) Koseki, J., Tanaka, H., Otsushi, K., Nagao, N. and Kaneko, M.: Model test of levee reinforced by sheet piles, *Seisan Kenkyu*, *Institute of Industrial Science*, *the University of Tokyo*, *Vol.* 61, *No.* 6, pp. 113-116, 2009 (日文).

(23) Okamura, M. and Matsuo, O.: Dynamic centrifugal model test of double steel sheet pile temporary coffer dam on liquefiable ground, *Proc. of* 36th *JGS Annual Meeting*, pp. 1349-1350, 2001 (日文).

(24) Onda, K., Tatsuta, M., Tanaka, H., Saimura, Y. and Utsunomiya, S.: Evaluation on a new liquefaction measure construction method by the steel sheet piles, Part 2: Evaluation by dynamic effective stress analysis, *Proc. of* 56th *JSCE Annual Meeting*, *Vol.* 56, pp. 260-261, 2001 (日文).

(25) Kaneko, M. and Koseki, J.: Analysis of bending strain characteristics of reinforced steel sheet piles used as coffer dam of an embankment of liquefiable ground, *Proc. of* 64th *JSCE Annual Meeting*, *Vol.* 56, pp. 258-259, 2001 (日文).

(26) Tanaka, H., Tatsuta, M., Onda, K., Utsunomiya, S. and Saimura, Y.: Evaluation on a new liquefaction measure construction method by the steel sheet piles, Part 1: evaluation by shaking table model tests, *Proc. of* 56th *JSCE Annual Meeting*, pp. 1563-1564, 2000 (日文).

(27) Tanaka, H., Tatsuta, M., Onda, K. and Utsunomiya, S.: Evaluation on the stability of levee with steel sheet pile core under earthquake, *Proc.* 35th *JGS Annual Meeting*, pp. 1563-1564, 2000 (日文).

(28) Tanaka, H., Tatsuta, M., Harada, N. Onda, K., Utsunomiya, S. and Nakano, K.: Sha-

king table model test on aseismic performance of levee with steel sheet pile core, *Proc. of* 54*th* *JSCE Annual Meeting*, *Vol*. 154, pp. 440-441, 1999 (日文).

(29) Matsuo, O., Okamura, M., Tsutsumi, T. and Saito, Y.: Report on shaking table test on the construction method of sheet pile coffer dam as a liquefaction measure of embankment, *Public Works Research Institute Report*, 3539, 1998 (日文).

B.3.3　地下自行车、汽车停车场

1. 概述

在城市中，因空间狭窄且地价昂贵，往往不能在需要的地方修建适当规模的自行车和汽车停车场。城市里人行道或广场上自行车的随意停放以及街道上汽车的违章停放已是较大的社会问题，不但影响交通，影响城市的美观，而且阻碍了城市的应急救援。

静压法可在地下开挖出一定的圆形空间，用于存放自行车或汽车。因静压法所需的施工场地面积较小，且施工完成后所需的停车场入口较小，因此可在人们出行目的地附近利用静压法修建地下停车场。这不仅能有效地减少地面自行车和汽车的随意停放，而且能在不影响地面景观的前提下充分利用城市的地下空间。

目前已有大量的静压法施工地下停车场的施工实例。地下自行车停车场称为 ECO Cycle，如图 B.3-13 所示。地下汽车停车场称为 ECO Park，如图 B.3-14 所示。

图 B.3-13　地下自行车停车场（ECO Cycle）

图 B.3-14　地下汽车停车场（ECO Park）

2. 地下自行车、汽车停车场的特征

(1) 结构简单，施工快捷

静压法是一种与传统施工方法不同的压桩方法。传统施工方法需要大型的施工机械，施工过程需要临时封锁交通，且在较长时间内需要施工支撑结构。一方面，静压法施工的连续墙可直接作为地下自行车和汽车停车场的抗震结构。另一方面，与传统施工方法相比，静压法施工可采用预制结构，因此静压法修建地下停车场的施工周期更短。

静压法修建地下停车场的流程如图 B.3-15 所示。施工过程中首先利用静压桩机施工一个环形地下连续墙（图 B.3-16），然后对连续墙内部的土体进行开挖，形成地下空间，随后将停车场设备安放于这一地下空间内，最后在地面安装预制的停车场入口设备，至此地下停车场施工结束。施工结束

后的地下停车场如图 B. 3-17 所示。

(*a*) 静压桩机施工地下连续墙

(*b*) 开挖连续墙结构内部的土体

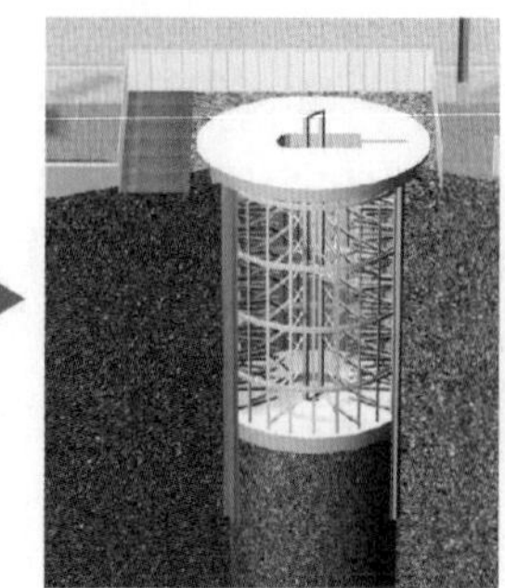

(*c*) 停车场设备安放在开挖后的地下空间内

(*d*) 在地面上安置预制的停车场入口设备

图 B. 3-15　施工流程

图 B. 3-16　施工过程

图 B. 3-17　施工结束后

（2）低噪声，低振动

静压法的低噪声和低振动使得压桩施工对周围环境的影响较小，因此，静压法是最适用于城市内的压桩施工方法。

（3）施工安全性高

静压法施工时，施工机械夹钳住已经压入的桩，施工机械无倾覆的风险，这确保了施工过程的安全性。基于这一优势，目前已有较多临近既有铁路、建筑及狭窄住宅区内的静压法施工实例。

（4）施工简便

静压法施工机械轻便，且不需要较大的外部重量以获取施工反作用力。另外，静压法施工集成性高，施工影响范围较小。

参考文献

[1] International Press-in Association: *Design and Construction Guideline for Steel Tubular Pile Earth Retaining Wall by Gyropress Method* (*Rotary Cutting Press-in Method*), March 2014 (日文).

[2] Association of Nationwide Disaster Prevention: *Design Instruction of Disaster Restoration Works*, July 2012 (日文).

[3] The Overseas Coastal Area Development Institute of Japan: *Technical Standards and Commentaries for Port and Harbour Facilities in Japan*, July 2007 (日文).

[4] Railway Technical Research Institute (RTRI): *Design Standards for Railway Structures and Commentary* (*Cut and Cover Tunnels*), March 2001 (日文).

[5] Japanese Association for Steel Pipe Piles and Advanced Construction Technology Center: *Design Manual of Can-*

tilever Steel Sheet Pile Retaining Walls, December 2007 (日文).

[6] Japan Road Association: *Specifications for Highway Bridges*, *Part I*: *Common*, *IV*: *Substructures*, March 2012 (日文).

[7] Japan Road Association: *Road Earthwork*, *Guideline for the Construction of Temporary Structures*, March 1999 (日文).

[8] Architectural Institute of Japan: *Guideline of Building Foundation Design*, October 2000 (日文).

[9] Architectural Institute of Japan: *Handbook of Small Building Foundation Design*, January 2008 (日文).

[10] Japan Road Association: *Road Earthwork*, *Guideline for Cut Slope Works and Slope Stabilization Works*, June 2009 (日文).

[11] Japan Road Association: Road Earthwork, *Guideline for the Construction of Retaining Structures*, July 2012 (日文).

[12] Japan Road Association: *Specifications for Highway Bridges*, *Part V*: *Seismic Design*, March 2012 (日文).

[13] Japan Road Association: *Specifications for Protection Fence Installation*, January 2008 (日文).

[14] Japan Road Association: *Standard Specifications of Protection Fence for Vehicles*, March 2004 (日文).

[15] Architectural Institute of Japan: *Guidelines for Design and Construction of Earth Retaining Structures*, February 2002 (日文).

附　录　C

相关参考资料——静压法特征研究

自静压桩机问世以来，针对静压法已开展大量的研究，本节将对静压法的特征进行介绍。

C.1　静压法施工数据的自动获取及应用

静压施工过程中，静压桩机在施工的同时可以自动获取压桩数据，比如贯入力和旋转扭矩。静压法的数据采集和应用说明如图C.1-1所示。静压桩机获得的数据可用于压桩参数优化、场地状态评估和桩体性能评估。在压桩参数优化方面，可根据静压桩机获得的压桩数据确定压桩施工参数的最优值，例如最优的压桩速率。在场地状态评估方面，利用压桩数据可对场地状态信息进行评估，例如静力触探试验（CPT）的 q_t 值或标准贯入试验（SPT）的 N 值。在桩体性能评估方面，压桩数据可用于对桩体性能参数进行评估，例如承载力。

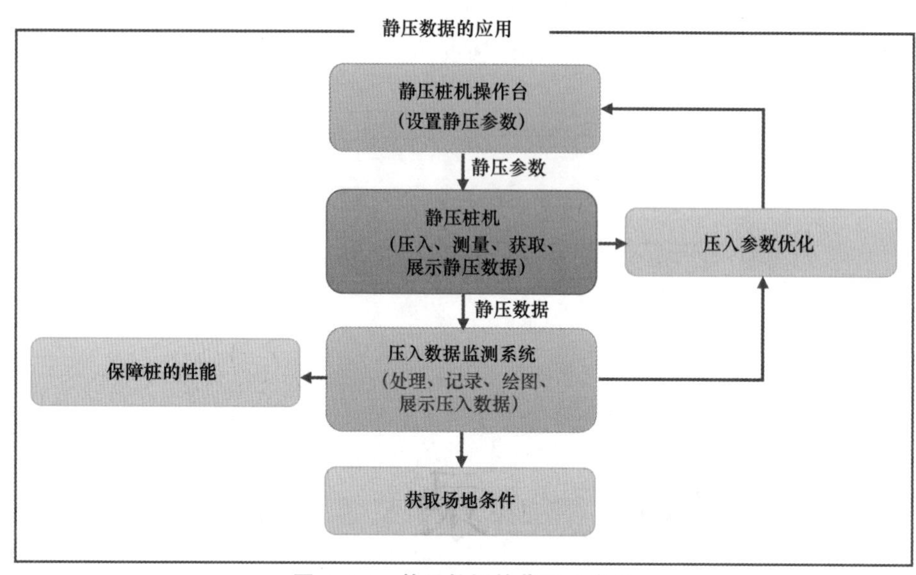

图C.1-1　静压数据的获取及应用

如图C.1-2所示，利用静压施工监测数据获取场地状态信息的方法如下：在标准静压施工时，根据反复压桩和拔桩过程中贯入力的波动估算桩端阻力和侧阻力，随后将桩端阻力和侧阻力转换为静力触探试验的锥头阻力和摩阻比。基于既有经验方法，可根据锥头阻力和摩阻比估算SPT-N 值。

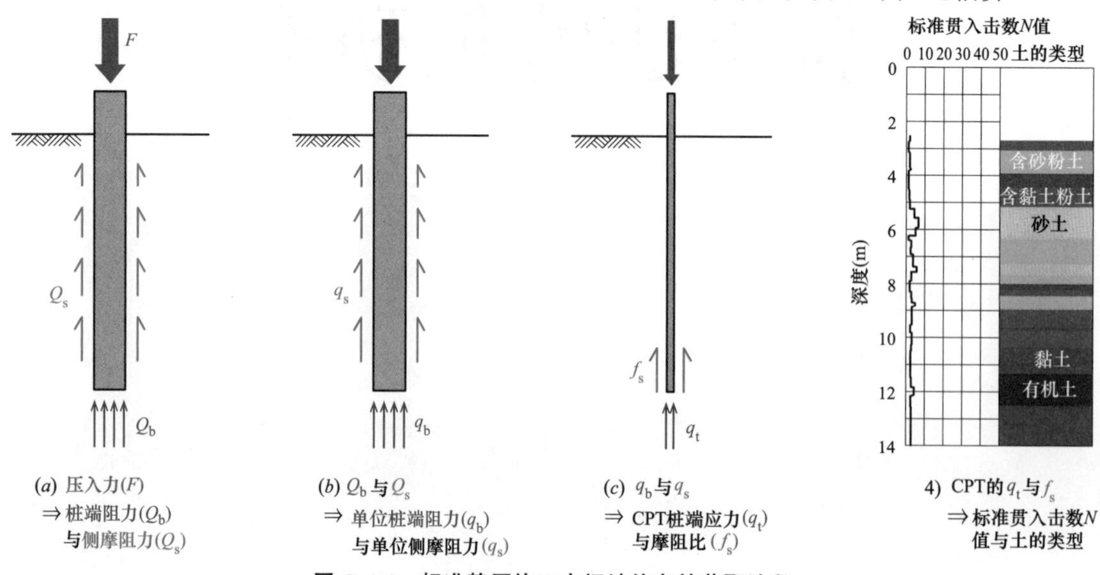

图C.1-2　标准静压施工中场地信息的获取流程

当采用螺旋钻并用工法或旋转切削工法进行压桩施工时，可从监测数据获得压入桩体端部的能量耗损，这一能量的耗损值也可用于估算 SPT-N 值。

根据压桩施工监测数据估算的场地状态信息与既有场地信息对比如图 C.1-3 所示。一般情况下，场地状态信息的估算值与既有值吻合较好。当场地内存在大尺寸的砾石或卵石时，估算值与既有值之间可能出现较大差异。标准贯入试验结果在深度上是间断的，但基于压桩监测数据的估算值在深度上是连续的，因此，基于压桩监测数据的估算值可描绘标准贯入试验中未知的薄地层。

压桩数据可用于确定终桩位置或者用作判断是否需要改变压桩方法的依据。

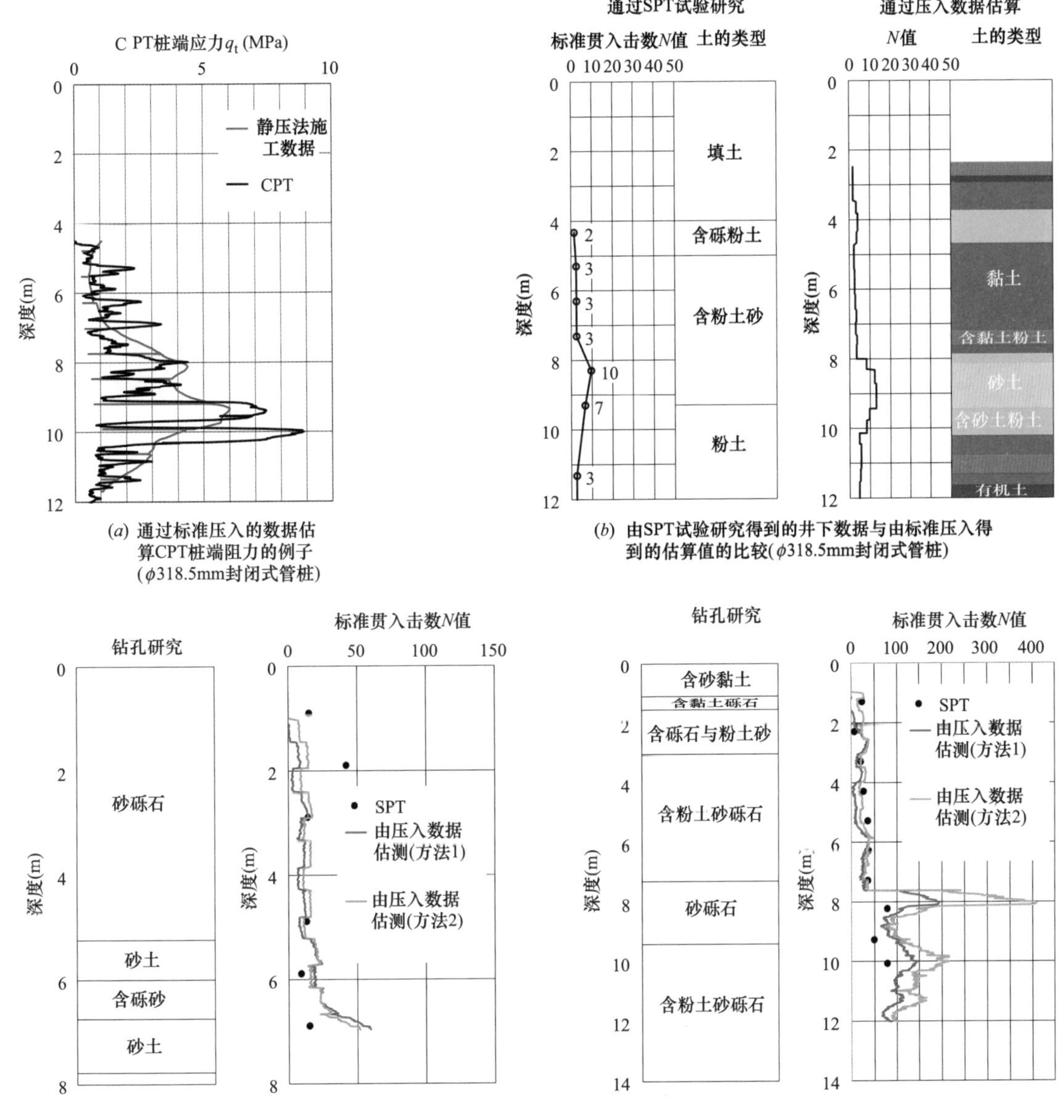

(a) 通过标准压入的数据估算CPT桩端阻力的例子（ϕ318.5mm封闭式管桩）

(b) 由SPT试验研究得到的井下数据与由标准压入得到的估算值的比较（ϕ318.5mm封闭式管桩）

(c) 通过螺旋钻井法的压入数据估计SPT的N值的方法（使用ϕ450mm钻头）

图 C.1-3　利用静压监测数据评估场地状态信息示例

C.2　降低压桩过程中的场地阻力

C.2.1　压入速率的影响

在桩体压入点附近，土体被挤压变形，土体中将产生超静孔隙水压力，进而引起土体内有效应力的变化，这表明压桩时桩端阻力受场地排水条件的影响。Finnie 系数（vD/c_v，其中 v—压桩速率；D—端头封闭桩的外径；c_v—固结系数）是一个表征场地排水条件的无量纲量。

图 C. 2-1 展示了 Finnie 系数和压桩阻力与完全不排水压桩阻力比之间的关系。本节介绍两个例子，一个为具有膨胀性的致密淤泥（正膨胀），另一个为具有收缩性的软黏土（负膨胀）。在这两种情况下，若 Finnie 系数大于 200，则桩底周围的土体会在完全不排水的状态下（恒定体积条件）变形和失效。如果 Finnie 系数小于 0. 01，上述两种情况下土体将在完全排水状态下（不产生超静孔隙水压力）变形和失效。图 C. 2-1 展示了 Finnie 系数与场地压桩阻力之间的关系。对于收缩性土而言，压桩阻力随 Finnie 系数增加而降低。这是由于压入桩周围土体中出现正的超静孔隙水压力，导致土体中的应力水平降低。对于膨胀土而言，压桩阻力随 Finnie 系数增加而增加。这是由于压入桩周围土体中出现负的超静孔隙水压力，导致土体中的应力水平增加。由图 C. 2-1 可知，可通过增加收缩性土中的压桩速率以降低压桩阻力，也可通过降低膨胀性土中的压桩速率以降低压桩阻力。前者已通过离心机模型试验得到验证，后者已通过数值分析得到验证。

通常可由静力触探试验的锥头阻力 q_t 估算压桩施工过程中的桩端阻力。需要注意的是，即使场地条件一致，静力触探试验和压桩施工的 Finnie 系数也会存在差异。图 C. 2-2 对这一现象作了详细的解释，图中横轴为固结系数 c_v，纵轴为压桩时的桩端阻力与静力触探试验 q_t 值的比值。一般情况下，静力触探试验锥体的直径为 35mm，锥体的贯入速度为 20mm/s。如果固结系数小于 1m²/年，在采用普通桩径和压桩速率的压桩施工中，以及在采用普通锥径和贯入速率的静力触探试验中，土体将处于完全不排水状态。如果固结系数大于 1×10^8m²/年，在采用普通桩径和压桩速率的压桩施工中，以及在采用普通锥径和贯入速率的静力触探试验中，土体将处于完全排水状态。在上述两种情况下，压桩施工的场地排水状态和静力触探试验的排水状态是一致的，因此，可直接利用静力触探试验的 q_t 值估计压桩施工的桩端阻力（图 C. 2-2 中纵轴的值为 1）。另一方面，在部分排水条件下，压桩施工和静力触探试验中不同的直径和贯入速率导致了不同的压桩施工桩端阻力和静力触探试验锥头阻力。对于膨胀土而言，桩端阻力和静力触探试验锥头阻力的比值大于 1，且随着 vD 的增加而增加，而收缩性土具有相反的变化趋势。正如前文所述，当压桩施工和静力触探试验时土体排水条件转变为完全排水或者完全不排水时，压桩施工桩端阻力和静力触探试验锥头阻力之间的差异将逐渐变小。

然而，对于端部开放式的管桩或板桩，由于尚无相关的理论确定 D 值，因此难以根据 Finnie 系数定量地解释其速率效应。

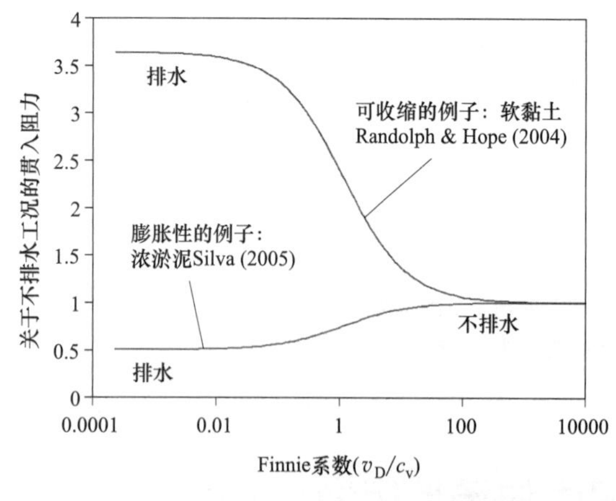

图 C. 2-1 Finnie 系数与场地压桩阻力之间的关系

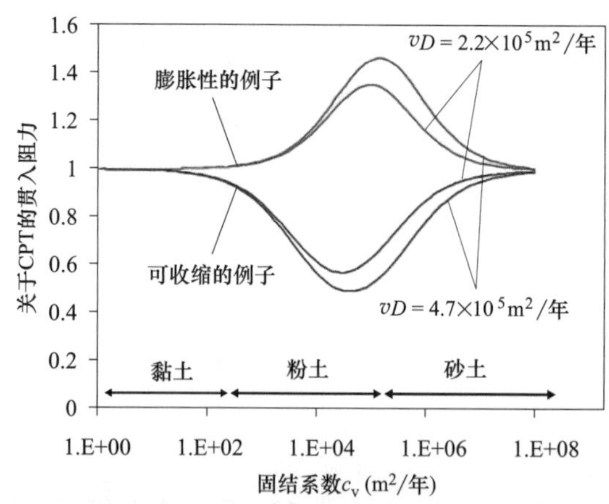

图 C. 2-2 基于 Finnie 系数的速率效应解释

已有研究发现干砂中也会存在速率效应。图 C. 2-3 为密砂载荷试验得到的荷载-位移曲线。从图中可知，如果加载速率较大，其刚度（任意给定位移处的荷载）也较大，原因为较大的加载速率将带来更大的强度参数（例如内摩擦角和弹性模量）以及更大的应力传播范围（承载机制发生变化）。

图 C. 2-2 和 C. 2-3 的研究对象为端头封闭的管桩，未来可进一步针对端头开放的钢管板或钢板桩进行研究。

研究表明压桩速率会影响端头开放式钢管桩内的堵塞情况。当压桩速率较高时（不排水条件），钢管桩内部土体和桩体内表面之间的摩擦力（内侧阻力）较小。当压桩速率较低时（排水条件），内侧阻力较大。图 C. 2-4 介绍了钢管桩内侧阻力的速率效应，管桩的外径和内径分别为 0.32m 和 0.20m，场地为冲积软土。图 C. 2-4 包含两条理论曲线，一条表示完全排水情况，另一条表示完全不排水情况，两条曲线表明场地排水条件的不同将导致内侧阻力的显著差异。从图 C. 2-4 中可以看出，具有较高压桩速率的试验结果更接近完全不排水情况下的理论曲线。

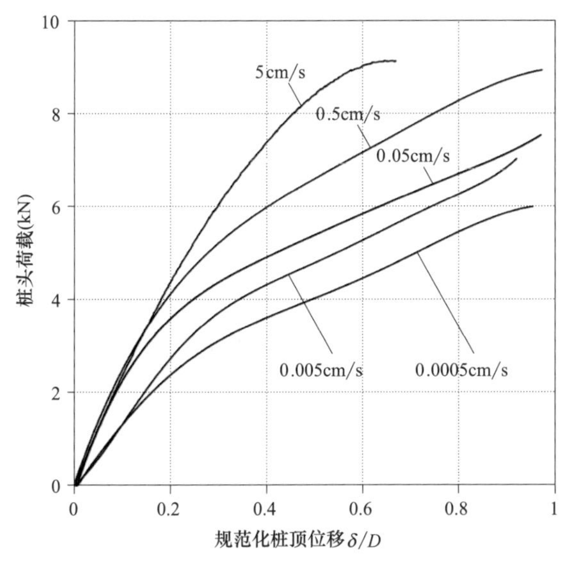

图 C. 2-3　密砂中桩体刚度的速率效应

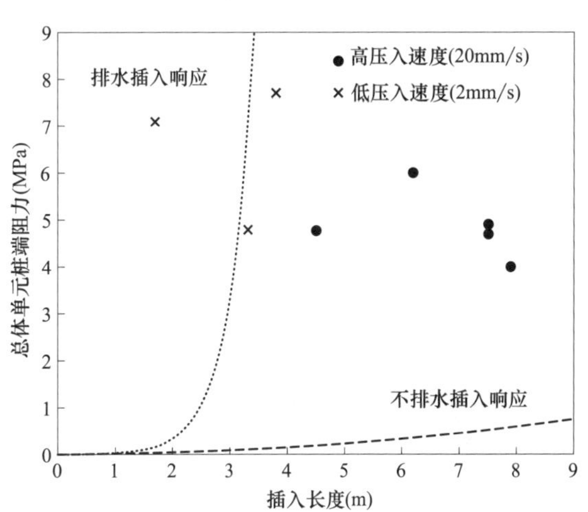

图 C. 2-4　内侧阻力的速率效应

C. 2. 2　反复压桩和拔桩的影响

如图 C. 2-5 所示，在反复压桩和拔桩过程中，与桩体相邻的土体被反复剪切，与桩体相邻的土体体积减小，导致桩身上水平应力减小，桩体和土体之间的摩擦力减小，侧阻力减小，这种效应被称为“摩擦疲劳”或“摩擦退化”。这一现象已在全尺寸试验和离心机模型试验中得到验证。桩和土体之间摩擦力的减小可表示为与桩端距离的函数（与重复压桩和拔桩的次数相关）。

通过压桩施工时的重复压桩和拔桩，可利用上述摩擦疲劳效应减小压桩摩擦力。图 C. 2-6 为使用直径为 318.5mm 的端头封闭式管桩在冲积软土中的现场试验结果，试验结果表明反复压桩和拔桩最多可降低约 50%的侧阻力。

虽然反复压桩和拔桩过程中侧阻力将逐渐减小，但直径为 318.5mm 的端头封闭式管桩现场试验表明，冲积软土中的反复压桩和拔桩不能降低桩端阻力，如图 C. 2-7 所示，而且砂土场地中一定深度范围内的反复压桩和拔桩还可能导致桩端阻力增加。

C. 2. 3　水刀并用压入的影响

压桩施工时将大量的水注入到桩底，可降低压桩过程中的场地阻力。研究表明其主要机理为桩底附近土体中超静孔隙水压力的增加降低了土体中的有效应力，并且水沿着桩壁由桩底流向地表的过程中降低了桩的侧阻力。

图 C. 2-8 为验证水刀并用压桩影响的离心机模型试验结果，包括喷水压桩试验（D，E）和非喷水压桩试验（A）两种工况。试验离心加速度为 $60g$，试验对象为管桩。试验中场地阻力在深度 70mm 或 100mm 处几乎降至 0，而在更大的压桩深度时未出现降低，出现这一现象的原因为随着压桩深度的增大，桩机水泵的性能不足以保证有足够的水流能够用于降低桩底附近土体中的有效应力。

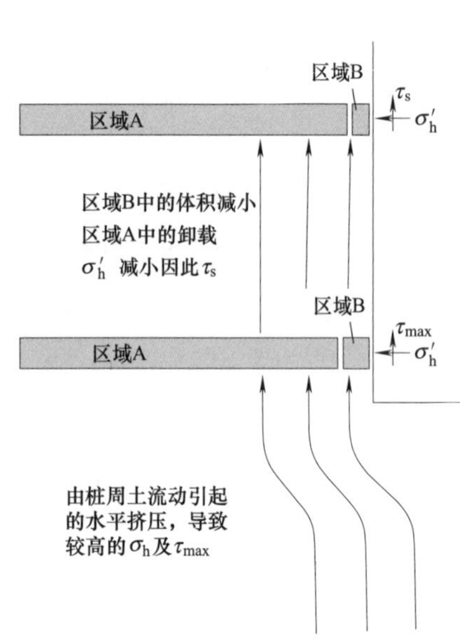

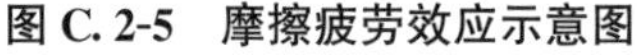

图 C. 2-5 摩擦疲劳效应示意图

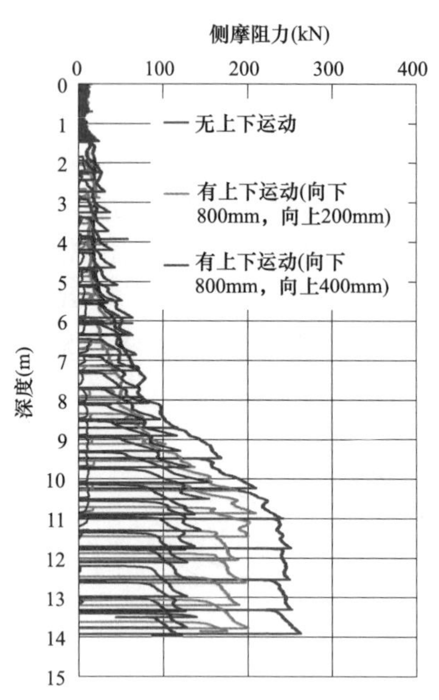

图 C. 2-6 冲积软土中反复压桩和拔桩引起侧阻力降低

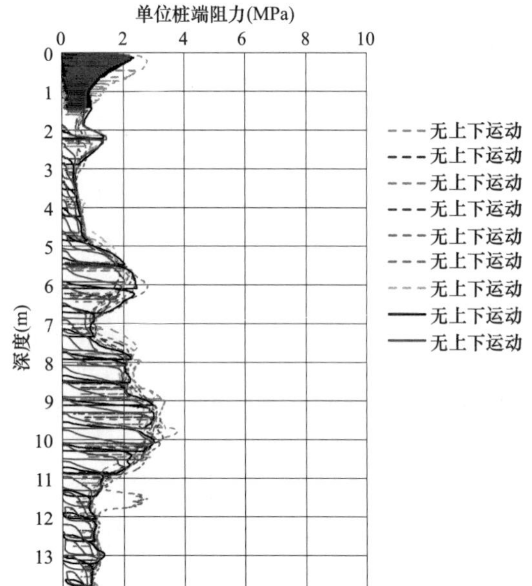

图 C. 2-7 冲积软黏土中反复压桩和拔桩对桩端阻力的影响

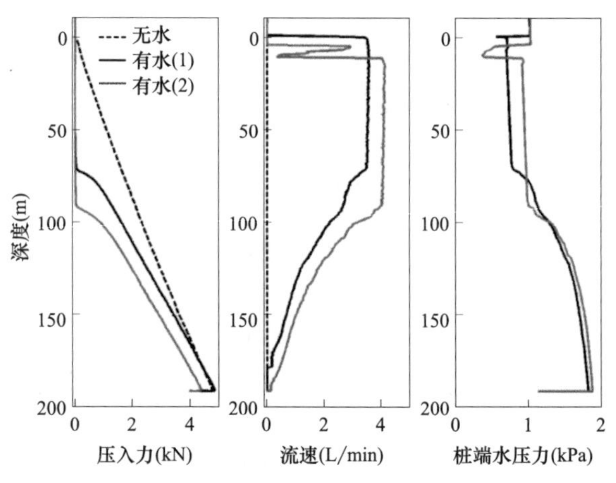

图 C. 2-8 水刀并用压入影响的离心机试验结果

C. 2. 4 转桩的影响

压桩施工中转桩能有效地降低垂直方向上的侧阻力。如图 C. 2-9 所示，当压桩过程中不进行转桩时，土和桩之间的摩擦力 100%转化为垂直方向的侧阻力。当压桩过程中进行转桩时（例如旋转切削工法），土与桩之间的摩擦力将被分为垂直分量和水平分量，垂直方向的侧阻力将减小。

转桩将增大桩体的摩擦疲劳，进而降低摩擦力。根据直径 318.5mm 的端头封闭式管桩现场试验结果，冲积软土中摩擦力的减小幅度为桩与土之间累积相对位移的函数。

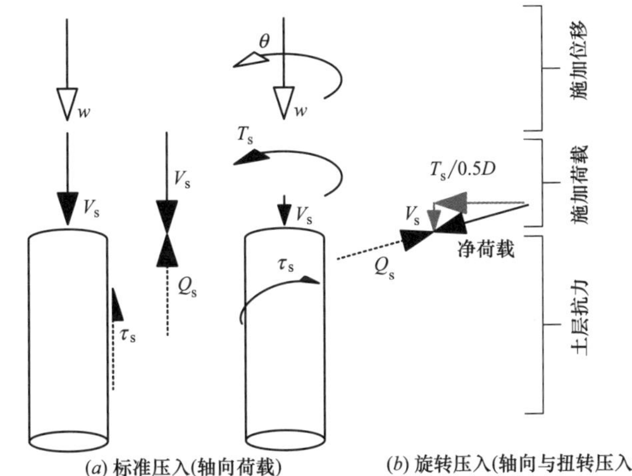

(a) 标准压入(轴向荷载)　　(b) 旋转压入(轴向与扭转压入相结合)

图 C.2-9　压桩施工时转桩和不转桩两种情况下摩擦力和侧阻力示意图

C.3　压桩后场地阻力的恢复

场地阻力（尤其是侧阻力）随着压桩施工完成后时间的推移将逐渐减小，这种现象被称为"时间效应"，如图 C.3-1 所示。时间效应的主要原因为施工引起的超静孔隙水压力的消散。除了压桩过程中产生的负孔隙水压力以外，在压桩施工结束后，侧阻力会随着时间的推移而逐渐恢复（增加）。

静压法中，已经压入的桩体部分恢复的侧阻力将用作新桩压入的反作用力。桩侧阻力的恢复程度取决于场地条件以及其他因素。图 C.3-2 为时间效应的现场实测结果，从图中可以看出，压桩施工结束几个小时后，桩基的静承载力与压桩力的比值最大值可达到 2 左右。

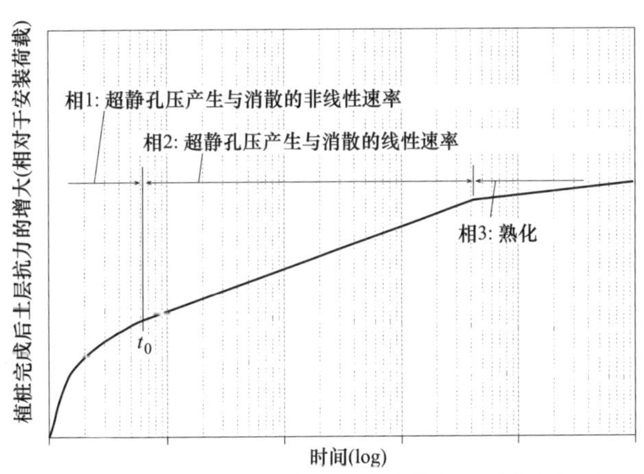

图 C.3-1　压桩施工结束后侧阻力恢复的趋势和机理

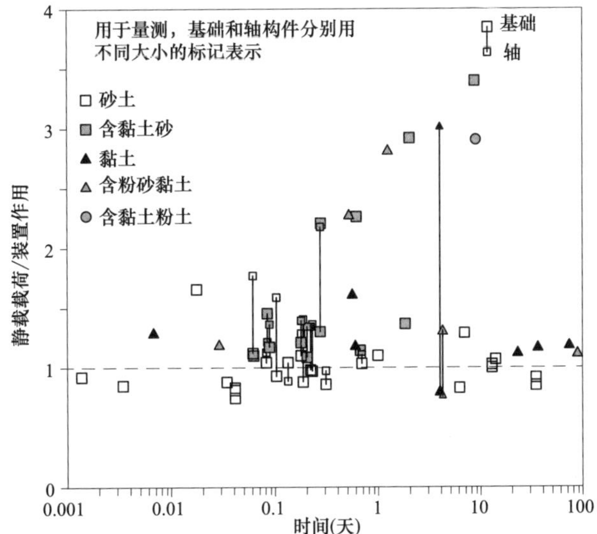

数据来源：BRE(1985), Deeks et al.(2005), Dingle et al.(2007), Chow(1997), Lehane(1992), Medzvieckas & Slizyte(2005), Mitchell & Jones(2004), Pellew(2002), Powell et al.(2003), Wardle et al.(1992) & Yetginer(2003)

图 C.3-2　现场实测结果

C.4 剪胀和吸力对提高抗拔力的影响

桩被拔出时，桩周土体的膨胀或者桩端的吸力将导致土体内有效应力增加，进而增大桩体的抗拔力。静压法中可利用这些力作为新桩压入的反作用力。

本节介绍一个利用渗透压力研究剪胀和吸力影响的模型试验。试验模型桩如图C.4-1所示。试验结果表明，相较于吸力而言，剪胀能更加显著地增大桩的抗拔力。图C.4-2（a）表明，对于表面光滑（SSP）和表面粗糙的桩（RSP），如果增大拔桩速率，孔隙水压力（吸力幅值）的降低幅度均增大。图C.4-2（b）表明RSP抗拔力的增大幅度大于SSP抗拔力的增大幅度，这表明桩体抗拔力增大的主要原因为剪胀。

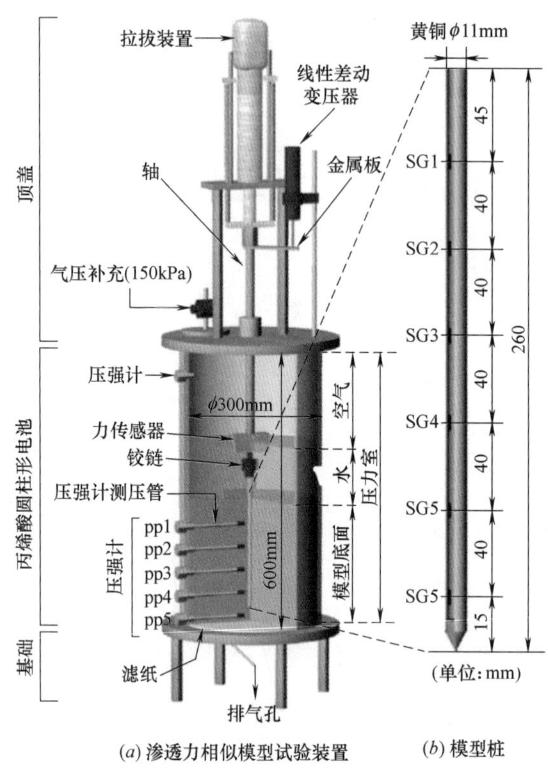

(a) 渗透力相似模型试验装置 (b) 模型桩

图C.4-1 验证剪胀和吸力影响的试验模型

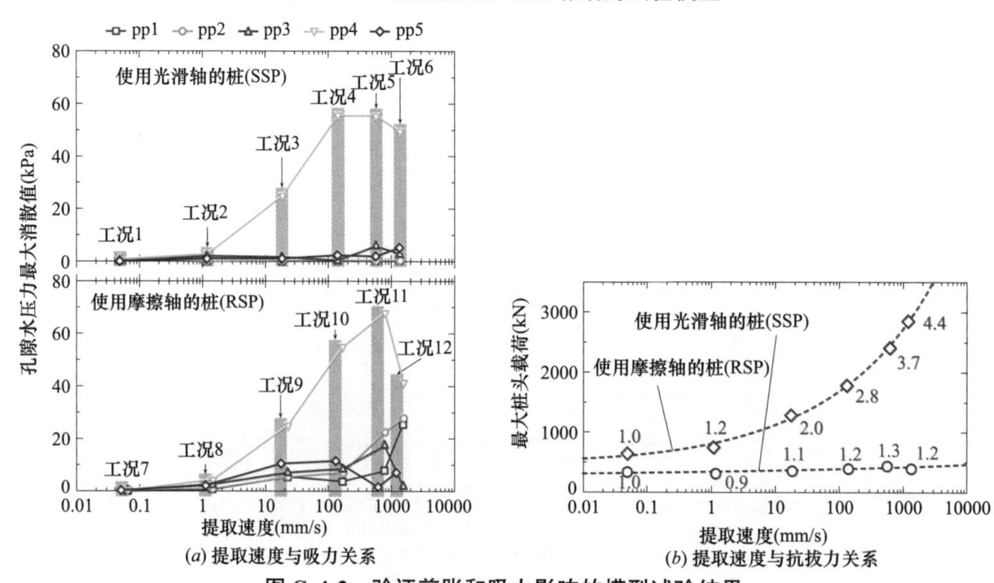

(a) 提取速度与吸力关系 (b) 提取速度与抗拔力关系

图C.4-2 验证剪胀和吸力影响的模型试验结果

C.5 压入桩的性能

C.5.1 竖向承载能力及刚度

现有众多桩的竖向承载力计算公式中，UWA-05 方法是一种能够考虑压桩施工过程的计算方法。这种方法考虑了桩体规模效应、桩内堵塞、摩擦疲劳等因素对竖向承载力的影响。利用静力触探试验的锥头阻力可估算桩端承载力和桩侧承载力，估算方法如式（C.5-1）、式（C.5-2）和图 C.5-1 所示。表 C.5-1 中的粗体数字表示 UWA-05 方法承载能力计算公式中静压桩的承载能力大于锤击桩或钻孔桩的承载能力。

出现上述现象的原因如下：①与钻孔桩相比，静压桩在压桩施工过程中置换了更多的土体，压桩施工完成后土体中的应力水平会更高；②由于静压桩在压桩结束时经历了静力加载和卸载的过程，在其服役期间（重新加载时）桩底土体具有更高的刚度；③由于静压桩施工过程中桩与土体之间循环剪切次数小于锤击桩，因此压入桩的摩擦疲劳幅值小于锤击桩，静压桩的侧阻力大于锤击桩。上述原因均已通过全尺寸现场试验的验证。另一个原因为静压法压桩过程中施加于桩内土体上的惯性力更小，桩内土体将会出现更加严重的堵塞，这一点已在数值分析中得到验证。

$$q_{b,0.1}\sqrt{q_c}=0.15+0.45A_r \tag{C.5-1}$$

$$\tau_{sf}=aq_cA_r^b\left[\max\left(\frac{h}{D},2\right)\right]^c\tan\delta_{cv} \tag{C.5-2}$$

式中 $q_{b,0.1}$——桩端承载力；

$\bar{q}_c$——静力触探试验平均锥头阻力；

A_r——桩体面积比（钢截面面积与总截面面积之比）；

τ_{sf}——单位桩侧承载力；

q_c——静力触探试验锥头阻力；

h——与桩端的距离；

D——桩径；

δ_{cv}——恒定体积桩土摩擦角；

a——表征桩端附近应力降的参数；

b——表征桩体堵塞状态影响的参数；

c——表征摩擦疲劳影响的参数。

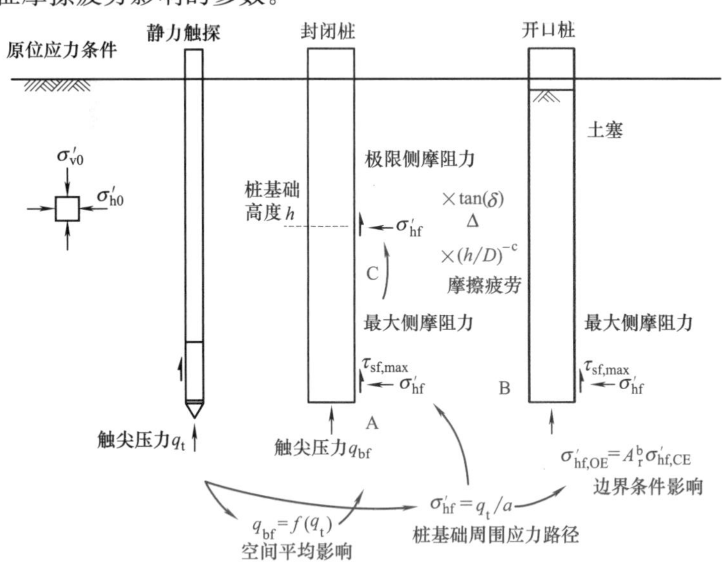

图 C.5-1 UWA-05 方法示意图

UWA-05 方法推荐参数对比　　表 C.5-1

机理	锤击桩	压入桩
单位场地阻力 $\alpha=q_{b,0.1}/q_c$	α=0.15−0.6 随 A_r 线性变化	α=0.15−0.9 随 A_r 线性变化
最大单位侧阻力 $a=q_c/\tau_{sf,max}$	a=1/33(压缩) a=1/44(张拉)	
桩端状态(堵塞情况) $\tau_{sf,max}$开放/关闭$=A_r^b$	b=0.3	
摩擦疲劳×$(h/D)^c$	c=−0.5	$-0.4<c<-0.2$

桩端封闭桩（桩径 318.5mm）的现场试验表明，静压桩比利用其他施工方法压入的桩具有更高的桩端刚度。如图 C.5-2 所示，在桩服役期间的位移水平下（桩径的 1/100），静压桩的桩端刚度是钻孔桩的 10 倍，是锤击桩的 5 倍。

C.5.2　一定深度范围内反复压桩和拔桩对提高桩端阻力的影响

如图 C.5-3 所示，离心机模型试验和现场试验（桩径 318.5mm 的桩端封闭式管桩）表明，砂土场地中一定深度范围内的反复压桩和拔桩可提高桩端阻力。对于其他类型的场地而言，如附录 C.2.2 节所述，压桩过程中反复压桩和拔桩对桩端阻力的影响较小。因此，压桩过程中通过反复压桩和拔桩降低桩端阻力的概率较低。

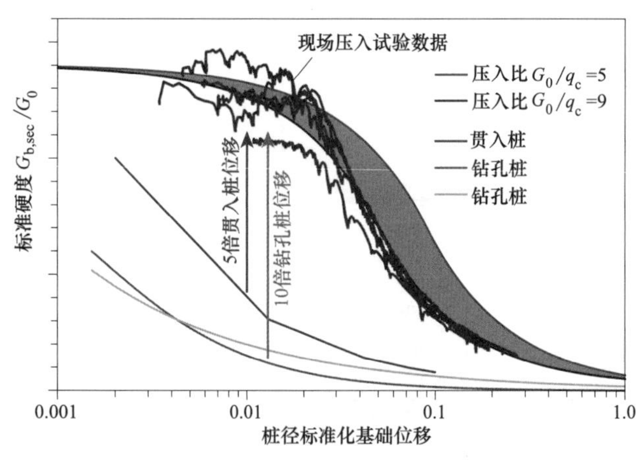

图 C.5-2　静压桩、锤击桩和钻孔桩的桩端刚度对比

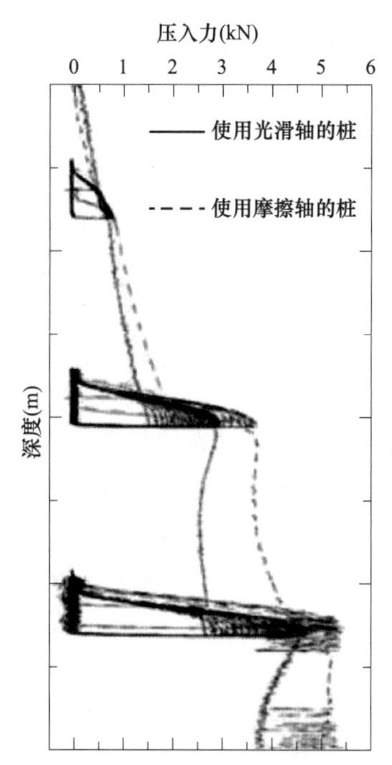

图 C.5-3　砂土场地中反复压桩和拔桩对提高桩端阻力的影响

C.5.3　水平承载力

离心机模型试验表明静压桩具有较高的水平阻力和垂直阻力。图 C.5-4 为密砂中管桩（原型桩径为 635mm）水平位移与荷载之间的关系。试验中以位移控制的方式对管桩施加水平循环荷载。图 C.5-4 中曲线斜率表示场地的水平刚度。图（a）为钻孔桩，图（b）和（c）为静压桩，其中图（c）压桩过程中进行了反复压桩和拔桩（图中红线代表第一个循环荷载）。比较图（a）和图（b），或图

(*a*) 和图 (*c*) 可以发现，静压桩的水平阻力（刚度）比钻孔桩大 40%左右。比较图 (*b*) 和图 (*c*) 可知压桩时的反复压桩和拔桩对静压桩的水平阻力（刚度）几乎没有影响。

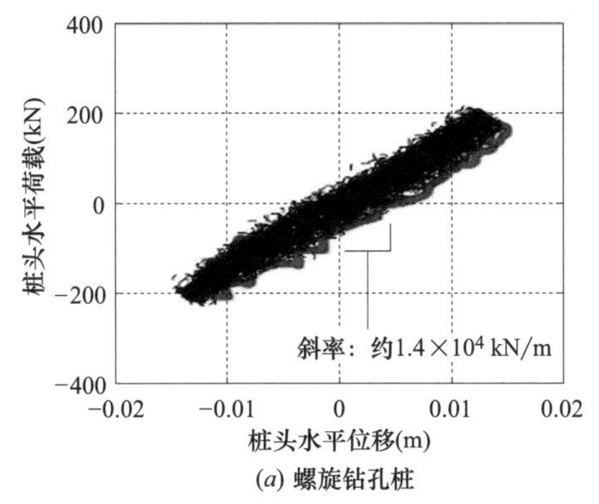

(*a*) 螺旋钻孔桩

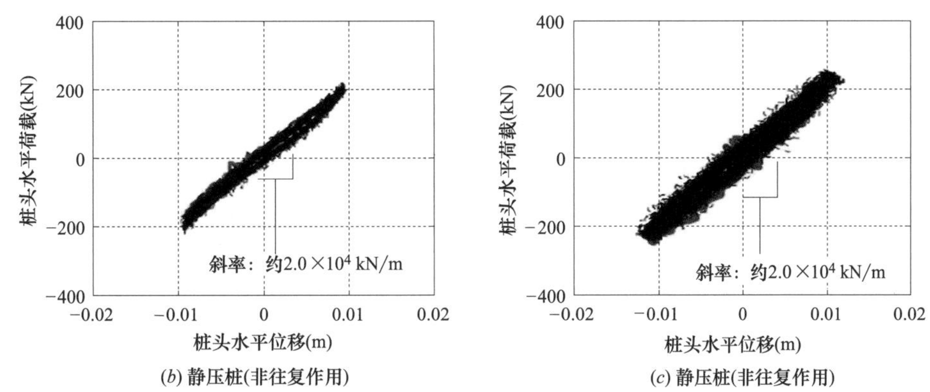

(*b*) 静压桩(非往复作用)　　(*c*) 静压桩(非往复作用)

图 C. 5-4　水平阻力试验结果对比

C. 6　竖向承载力的群桩效应

静压法中，桩体被视作连续的群桩。为了验证压入桩的群桩效应，利用桩径为 100mm 的桩体进行圆形和方形群桩的静力竖向载荷试验。试验结果表明桩体的竖向承载力存在群桩效应，对于静压桩而言，群桩效应使得桩体具有更高的承载能力。

参考文献

[1] White, D. J. and Deeks, A. D.: Recent research into the behaviour of jacked foundation piles, *Advances in DeepFoundations*, pp. 3-26, 2007.

[2] White, D. J., Finlay, T., Bolton, M. and Bearss, G.: Press-in piling: ground vibration and noise during pile installation, *International Deep Foundations Congress*, *ASCE*, *Special Publication* 116, pp. 363-371, 2002.

[3] White, D. J., Deeks, A. D. and Ishihara, Y.: Novel piling: axial and rotary jacking, *Proceedings of the 11th International Conference on Geotechnical Challenges in Urban Regeneration*, CD, 2010.

[4] Ishihara, Y., Ogawa, N., Okada, K. and Kitamura, A.: Estimating subsurface information from data in press-in piling, *5th IPA International Workshop in Ho Chi Minh*, *Press-in Engineering* 2015, pp. 53-67, 2015.

[5] Ishihara, Y., Haigh, S. and Bolton, M. D.: Estimating base resistance and N value in rotary press-in, *Soils and Foundations*, *Vol.* 55, *No.* 4, pp. 788-797, 2015.

[6] Bolton, M. D., Haigh, S. K., Shepley, P. and Burali d' Arezzo, F.: Identifying ground interaction mecha-

nisms for press-in piles, *Proceedings of 4th IPA International Workshop in Singapore*, *Press-in Engineering* 2013, pp. 84-95, 2013.

[7] Jeager, R. A., DeJong, J. T., Boulanger, R. W., Low, H. E. and Randolph, M. F.: Variable penetration rate CPT in an intermediate soil, 2nd *International Symposium on Cone Penetration Testing*, *CPT* 2010, 8p., 2010.

[8] Finnie, I. M. S. and Randolph, M. F.: Punch-through and liquefaction-induced failure of shallow foundations on calcareous sediments, *Proceedings of International Conference on Behaviour of Offshore Structures*, *BOSS'* 94, pp. 217-230, 1994.

[9] Ishihara, Y., Okada, K., Nishigawa, M., Ogawa, N., Horikawa, Y. and Kitamura, A.: Estimating PPT Data Via CPT-Based Design Method, *Proceedings of 3rd IPA International Workshop in Shanghai*, *Press-in Engineering* 2011, pp. 84-94, 2011.

[10] Randolph, M. F., Leong, E. C. and Houlsby, G. T.: One-dimensional analysis of soil plugs in pipe piles, *Geotechnique*, *Vol.* 41, *No.* 4, pp. 587-598, 1991.

[11] Silva, M. F., White, D. J. and Bolton, M. D.: An analytical study of the effect of penetration rate on piezocone tests in clay, *International Journal for Numerical and Analytical Methods in Geomechanics*, *Vol.* 30, pp. 501-527, 2006.

[12] Burali d'Arezzo, F., Haigh, S. K. and Ishihara, Y.: Cyclic jacking of piles in silt and sand, *Installation Effects in Geotechnical Engineering - Proceedings of the International Conference on Installation Effects in Geotechnical Engineering*, *ICIEGE* 2013, pp. 86-91, 2013.

[13] White, D. J. and Bolton, M. D.: Observing friction fatigue on a jacked pile, *Centrifuge and Constitutive Modelling*: *Two Extremes*, pp. 347-354, 2002.

[14] Tsinker, G. P.: Pile jetting, *Journal of Geotechnical Engineering*, *Vol.* 114, *No.* 3, pp. 326-334, 1988.

[15] Shepley, P.: An investigation into the plugging of open-ended jacked-in tubular piles, *M. Eng. Thesis*, *University of Cambridge*, 47p., 2009.

[16] Komurka, V. E., Wagner, A. B. and Edil, T. B.: Estimating soil/pile set-up, *Wisconsin Highway Research Program*#0092-00-14, *Final Report*, 43p., 2003.

[17] Fujita, K. and Ueda, K.: On the elapsed time after the completion of pile driving and its capacity, *Prodeedings of the Symposium on Problems in the Method of Vertical Load Test on Piles*, *Soils and Foundations*, *Vol.* 19, *No.* 6, p. 28, 1971 (日文).

[18] Koto, T. and Kokusho, T.: Rate-dependent pull-out bearing capacity of piles by similitude model tests using seepage force, *Journal of Japan Society of Civil Engineers*, *Ser. C* (*Geotechnical Engineering*), *Vol.* 68, *No.* 1, pp. 117-126, 2012 (日文).

[19] Liyanapathirana, D. S., Deeks, A. D. and Randolph, M. F.: Numerical modelling of the driving response of thin-walled open-ended piles, *International Journal for Numerical and Analytical Methods on Geomechanics*, *Vol.* 25, *No.* 9, pp. 933-953, 2001.

[20] Lehane, B. M., Schneider, J. A. and Xu, X.: CPT-based design of displacement piles in siliceous sands, *Advancesin Deep Foundations*, pp. 69-86, 2007.

[21] Lehane, B. M., Schneider, J. A. and Xu, X.: The UWA-05 method for prediction of axial capacity of driven piles in sand, *International Symposium on Frontiers in Offshore Geotechnics*, pp. 683-689, 2005.

[22] Yetginer, A. G., White, D. J. and Bolton, M. D.: Field measurements of the stiffness of jacked piles and pile groups, Geotechnique, Vol. 56, No. 5, pp. 349-354, 2006.

[23] Li, Z.: Piled foundations subjected to cyclic loads or earthquakes, *Ph. D. Thesis*, *University of Cambridge*, 290p., 2010.

[24] Koji Watanabe, Mamoru Sahara: Effect of Loading Rate on Bearing Capacity and Soil Spring of Pile Foundations, Report of Obayashi Technical Research Institute, No. 76, pp. 1-8, 2012 (日文).

[25] Shepley, P.: Water injection to assist pile jacking, Ph. D. Thesis, University of Cambridge, 235p., 2013.

注：以上参考文献和最新研究成果均可在国际静压桩学会官方网站上（http：//www. press-in. org）获取。